有机化学简明教程

（第二版）

齐　欣　高鸿宾　主编

天津大学出版社

TIANJIN UNIVERSITY PRESS

内 容 简 介

根据近年来有机化学和有关学科的发展,本书在高鸿宾主编的《有机化学简明教程》基础上作了适当修改和增删。全书仍按官能团体系,采用脂肪族和芳香族混合系统编写而成。全书共 14 章。本书仍保留第一版原有特色,即理论问题分散在相关各章中介绍,各章中在适当位置有插题,每章后附有小结、例题和习题。全书内容简明,适用性强,文字通俗便于自学。通过对有机反应的论述,适当增加了一些绿色化学知识,增强学生的环保意识和创新思想。为拓宽知识面,适当增加了一些生产和生活方面有实用价值的内容。红外光谱和核磁共振谱作了较大修改。全书最后附有 7 个合成实验,实验中所需要的基本操作分散在有关合成实验中介绍,供各校根据自己情况选用。

本书可作为高等学校本科少学时有机化学课程教材,高职、高专有机化学课程教材及大学专科有机化学课程教材。

图书在版编目(CIP)数据

有机化学简明教程/齐欣,高鸿宾主编. —2 版. —天津:
天津大学出版社,2011.6(2023.7 重印)
ISBN 978-7-5618-3971-3

Ⅰ.①有… Ⅱ.①齐… ②高… Ⅲ.①有机化学 – 教材
Ⅳ.①062

中国版本图书馆 CIP 数据核字(2011)第 107955 号

出版发行	天津大学出版社
地　　址	天津市卫津路 92 号天津大学内(邮编:300072)
电　　话	发行部:022-27403647
网　　址	www.tjupress.com.cn
印　　刷	廊坊市海涛印刷有限公司
经　　销	全国各地新华书店
开　　本	185mm×260mm
印　　张	20.5
字　　数	594 千
版　　次	2001 年 8 月第 1 版　2011 年 6 月第 2 版
印　　次	2023 年 7 月第 15 次
定　　价	46.00 元

第二版前言

本书自第一版出版以来,已历时 10 年,仍被兄弟院校及我校一些相关专业作为教材使用。为了更好地适应当前有机化学及相关学科的发展,以及当前教育改革的需要,本书根据 2001 年 8 月由天津大学出版社出版的高鸿宾主编《有机化学简明教程》进行了修订。

修订的指导思想是:除延续第一版已实行的指导思想外,还力求加强本书的实用性。通过对有机化学反应的论述,适当增加一些绿色化学知识,加强学生的环保意识。引导学生要有创新思想。

此次修订在保留第一版原有的结构和特色的基础上,在不增加过多篇幅的前提下,对某些内容进行了删改。为拓宽知识面,增加了一些与有机化学相关的在生产和生活方面有实用价值的内容。另外,对少数图形进行了修改,重新绘制。

本书由齐欣、高鸿宾主编,参加修订工作的有齐欣、高鸿宾和高振胜。

限于修订者的水平,错误和不妥之处,敬请兄弟院校师生、同行专家和读者批评指正。

修订者

2011 年 3 月于天津大学

第一版前言

近年来,教育部实施了"高等教育面向 21 世纪教学内容和课程体系改革计划"。为了适应当前有机化学教学改革和培养面向 21 世纪科技人才的需要,编者根据多年来的教学实践,编写了这本有机化学教材。

编写本书的指导思想是:在确保科学性和先进性的同时,加强基本概念、基本反应和基本理论的介绍,突出结构与性质之间的辩证关系,加强理论联系实际的内容,着重培养学生分析和解决问题的能力,内容组织要有利于教和学,力求少而精,文字表述通俗易懂,便于自学。

本书由四部分组成。(1)有机化学教学部分:按官能团体系,采用脂肪族和芳香族合编系统编写。全书共 14 章,其中对映异构以及红外光谱和核磁共振谱独立成章,后者作为第 14 章,各校是否讲授以及何时讲授,依具体情况自行决定。(2)小结:主要以"联络图"形式概括本章和前面有关章节的内容,并指出本章要求掌握的内容、重点和难点,以便于自学和复习巩固需要掌握的知识。(3)例题:各章选出几个以本章内容为主并联系前面有关章节内容的不同类型题进行解答,读者可以学习解题的方法。(4)实验:通过几个比较简单的合成实验,希望在较短的时间内,对常见的基本操作和实验程序等有概括认识;当条件允许时,可分别选做液体化合物和固体化合物的合成,以便学到更多的基本操作。

本书由高鸿宾主编。参加本书编写等工作的还有高振胜、仲崇山、王庆文、黄立红和高振意。

限于编者水平,书中错误和不妥之处,敬请各校师生、同行专家和读者批评指正。

编者
2000 年 10 月于天津大学

目　　录

第1章　绪　　论

1.1　有机化合物和有机化学

自然界存在的物质虽然多种多样,但从化学上可将它们分为两大类:无机化合物和有机化合物。例如,氧气(O_2)、水(H_2O)、食盐(NaCl)等是无机化合物;甲烷(CH_4)、葡萄糖($C_6H_{12}O_6$)、醋酸($C_2H_4O_2$)、尿素(CH_4N_2O)等是有机化合物。从化合物的组成来看,有机化合物分子中都含有碳元素,因此,含碳元素的化合物称为有机化合物。但一些简单的含碳元素的化合物,如二氧化碳(CO_2)、碳酸盐(Na_2CO_3、$CaCO_3$等)等,其性质与无机化合物相似,仍归结为无机化合物。

研究有机化合物的化学称为有机化学。研究内容包括来源、结构、制法、性质、用途以及相关理论等问题。有机化学作为一门基础课程,则是许多有关学科的理论基础和/或技术基础,因此学好有机化学对学习有关专业知识非常重要。

1.2　有机化合物的一般特点

有机化合物与无机化合物并无截然不同的界线,但两者由于结构上的不同,在性质上也有明显差异。有机化合物的主要特性是:①容易燃烧,如酒精、石油等,同时对热的稳定性较差;②熔点和沸点一般较低,有机物的熔点一般低于400℃,例如,醋酸的熔点16.6℃,沸点118℃,而氯化钠的熔点801℃,沸点1 413℃;③较难溶于水,较容易溶于非极性的或极性弱的有机溶剂;④反应速率较慢,通常需要加热、加催化剂或在光照下才能使反应进行,而且一般除主反应外还有副反应发生,产物通常是混合物,为得到所需的产物,还需要进行认真仔细地分离和提纯工作。

有机化合物的上述特性,只是一般情况,例外也不少。例如,四氯化碳(CCl_4)不但不燃,而且可用作灭火剂;酒精可与水无限混溶;2,4,6-三硝基甲苯(梯恩梯,TNT)反应可在瞬间进行,是一种重要的猛烈炸药。其他例子还有不少,在以后学习中将会发现。这也说明了共性与个性之间的关系。

1.3　有机化合物中的共价键

分子中相邻的两个或多个原子之间强烈的相互作用,称为化学键。有机化合物分子中的化学键主要是共价键,所谓共价键是指原子之间通过共用电子而产生的化学结合作用。例如,在由一个碳原子分别与四个氢原子结合而成的甲烷分子中,由于碳原子最外层有四个价电子,氢原子最外层有一个价电子,碳原子分别与四个氢原子通过共用电子对形成八隅体的稳定结构,同时共用电子对还与两个成键原子的原子核相互吸引,分别构成甲烷分子中的共价键。

$$\cdot \overset{..}{\underset{..}{C}} \cdot + 4H \rightarrow H \overset{H}{\underset{H}{\overset{..}{\underset{..}{:}}{C}}} H \quad \text{或写成} \quad H-\overset{H}{\underset{H}{\overset{|}{\underset{|}{C}}}}-H$$

（Ⅰ）　　　　　　（Ⅱ）

式中:"·"代表原子的价电子;":"代表原子相互结合成分子时构成的共价键;（Ⅰ）和（Ⅱ）均

1

代表甲烷分子的结构式,其中(Ⅰ)式称为电子式或路易斯(Lewis)式,(Ⅱ)式称为价键式或凯库勒(Kekulé)式。

对于共价键的形成,常用的理论解释有两种:价键理论和分子轨道理论(本书只简单介绍价键理论)。

价键理论认为,共价键是由两个成键原子的原子轨道最大交盖形成的。所谓原子轨道,是指原子的一个电子在空间可能出现的区域,它有不同的大小和形状,而且以一定的方式围绕在原子核的周围。当两个原子彼此接近形成共价键时,两个原子各用一个原子轨道相互交盖,两个自旋方向相反的电子在原子轨道交盖的区域内运动,为两个原子所共有,因此增加了成键两原子的原子核之间的吸引力,减少了两原子核之间的排斥力,从而降低了体系的能量而结合成键。轨道交盖程度越大,形成的共价键越牢固。例如,氢分子的形成是由两个氢原子的 1s 轨道相互交盖而成,如图 1-1 所示。

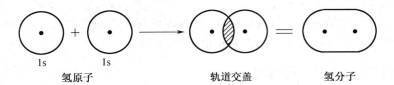

氢原子   氢原子   轨道交盖   氢分子

图 1-1　氢原子的 s 轨道交盖形成氢分子

电子在原子核外的运动也可用电子云来描述,因此共价键的形成也可以说是电子云交盖的结果。电子云交盖越多,共价键越牢固。

按照价键理论的观点,成键电子必须是两个自旋方向相反的未成对电子组成,而不能容纳第三个未成对电子,因此价键理论也叫电子配对法,这就是共价键的饱和性。另外,成价电子只处于以共价键相连的区域内,即处于两个成键原子之间,这就是价键理论的定域观点。

由于形成共价键的原子轨道不全是 s 轨道,有的轨道在某个方向上有最大值,如 p 轨道,只有在此方向上两个轨道之间才能最大交盖形成共价键,因此共价键具有方向性。例如,氢原子与氯原子形成的氯化氢分子,是由氢原子的 1s 轨道沿着氯原子具有未成对电子的 $3p_x$ 轨道方向发生最大交盖形成共价键,这就是共价键的方向性,如图 1-2 所示。

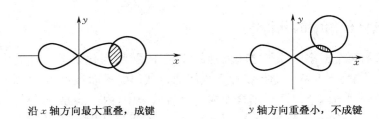

沿 x 轴方向最大重叠,成键 y 轴方向重叠小,不成键

图 1-2　共价键的方向性

像氢分子和氯化氢分子中那样,连接两原子核之间的直线称为键轴。从图 1-1 和图 1-2 可以看出,s 轨道与 s 轨道和 s 轨道与 p 轨道交盖生成的轨道是圆柱形对称的,键轴是它们的对称轴。这样的轨道称为 σ 轨道,σ 轨道上的电子称为 σ 电子,形成的共价键称为 σ 键。

1.4 共价键的属性

1.4.1 键长

成键两原子的核间距离称为键长。由于成键两原子的原子核吸引共用电子对将两原子连系在一起,距离近,两原子核对共用电子对的吸引力强,但两原子核之间的排斥力也强,因此,键长是两原子核之间最远和最近距离的平均值(平衡距离)。键长的单位用 nm 表示。

表 1-1 有机化合物中一些常见的共价键键长

共价键	键长(nm)	共价键	键长(nm)
C—H	0.109	C—O	0.143
C—C	0.154	C＝O	0.122
C＝C	0.134	C—F	0.141
C≡C	0.120	C—Cl	0.176
C—N	0.147	C—Br	0.194
C≡N	0.116	C—I	0.214

1.4.2 键角

两价和两价以上的原子与其他两个原子形成的共价键之间的夹角,称为键角。例如:

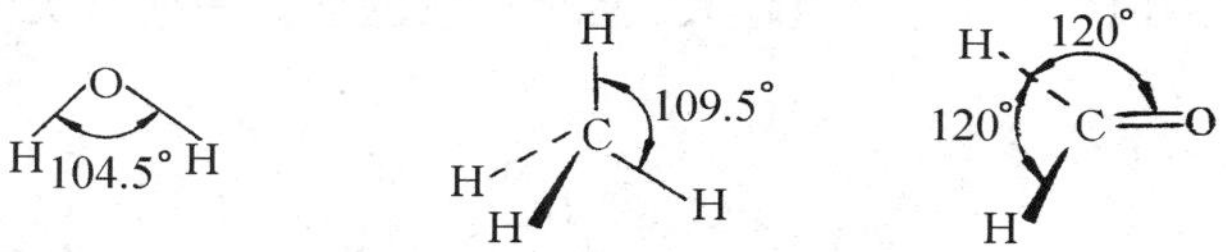

水　　　　　　甲烷　　　　　　甲醛

1.4.3 键离解能和键能

在双原子分子中,将 1 mol 气态分子离解为两个气态原子时所需要的能量,称为键离解能(D)。例如,氢分子 H—H 键的键离解能 $D = 436$ kJ/mol。对于双原子分子,键离解能就是键能。然而对于多原子分子,分子中含有多个同类型的键,键能则是这些键离解能的平均值,因此键离解能与键能是不同的。例如,甲烷的四个 C—H 键依次离解时的键离解能分别为

$$CH_4 \rightarrow \cdot CH_3 + H\cdot \qquad D(CH_3—H) = 439.3 \text{ kJ/mol}$$

$$\cdot CH_3 \rightarrow \cdot\dot{C}H_2 + H\cdot \qquad D(CH_2—H) = 442 \text{ kJ/mol}$$

$$\cdot\dot{C}H_2 \rightarrow \dot{\cdot}\dot{C}H + H\cdot \qquad D(CH—H) = 442 \text{ kJ/mol}$$

$$\dot{\cdot}\dot{C}H \rightarrow \dot{\cdot}\dot{C}\cdot + H\cdot \qquad D(C—H) = 338.9 \text{ kJ/mol}$$

甲烷分子中 C—H 键的键能则是$(439.3 + 442 + 442 + 338.9)/4 = 415.5$ kJ/mol。有机化合物中一些常见的共价键的键能如表 1-2 所示。

表 1-2　一些共价键的键能

共价键	键能(kJ·mol^{-1})	共价键	键能(kJ·mol^{-1})
C—C	347	C—O	360
C≡C	611	C—F	485
C≡C	837	C—Cl	339
C—H	414	C—Br	285
C—N	305	C—I	218

键能可作为衡量共价键牢固程度的键参数,键能越大,说明键越牢固。

1.4.4　键的极性和诱导效应

1)键的极性

两个相同原子形成的共价键,如 H—H 中,电子云在两原子之间对称分布着,正电荷与负电荷中心重合,键没有极性,这种键称为非极性键。当两个不同原子形成共价键时,由于两个原子的电负性不同,正负电荷中心不能重合,其中电负性较强的原子一端电子云密度较大,带有部分负电荷(用 δ^- 表示),电负性较弱的原子一端带有部分正电荷(用 δ^+ 表示),这种共价键称为极性共价键。例如在 H—Cl 分子中,Cl 原子的电负性为 3.0,H 原子的电负性为 2.1(差值为 0.9),Cl 原子带部分负电荷,H 原子带部分正电荷,H—Cl 键为极性共价键,用 $\overset{\delta^+}{H}$—$\overset{\delta^-}{Cl}$表示。组成共价键的两原子的电负性差值越大,键的极性越强。一些常见元素的电负性如下所示。

$$
\begin{array}{ccccc}
H & C & N & O & F \\
2.1 & 2.5 & 3.0 & 3.5 & 4.0 \\
Si & P & S & Cl & \\
1.9 & 2.2 & 2.5 & 3.0 & \\
 & & & Br & \\
 & & & 2.8 & \\
 & & & I & \\
 & & & 2.5 &
\end{array}
$$

键的极性用偶极矩(用 μ 表示)来度量。偶极矩的定义为

$$\mu = q \cdot d$$

式中:q 为正、负电荷中心之一所带的电荷量(单位为库仑,C);d 为正、负电荷中心之间的距离(单位为米,m)。偶极矩的单位为库仑·米(C·m)。

偶极矩是矢量,具有方向性,一般用→箭头来表示(箭头指向带部分负电荷的原子)。如上述的 H—Cl 分子:

$$\underset{\longrightarrow}{H—Cl} \quad \mu = 3.44 \times 10^{-30} C \cdot m$$

在氯化氢等这种双原子分子中,键的偶极矩就是分子的偶极矩,但多原子分子的偶极矩则是分子中各键偶极矩的矢量和。例如:

$\mu = 6.24 \times 10^{-30}$ C·m $\mu = 6.14 \times 10^{-30}$ C·m $\mu = 0$

氯甲烷   水   四氯化碳

键的极性对有机化合物的物理性质和化学性质有明显的影响。

2）诱导效应

由前面的讨论可知,分子中两个相互连接的原子的电负性不同时,由于原子电负性的影响,电负性大的原子带有部分负电荷(用 δ^- 表示),电负性小的原子带有部分正电荷(用 δ^+ 表示),使两原子之间的共价键产生极性。在多原子分子中,这种极性不仅存在于两个相互结合的原子之间,还影响着分子中不直接相连的其他原子,使得这些键上的电子云密度或多或少向电负性大的原子转移,致使不与电负性较大原子直接相连的原子也呈现较少的部分正电荷。例如,在1-氯丁烷分子中,由于电负性较大的氯原子的影响,不仅 C—Cl 键之间的电子云密度偏向氯原子,而且 C_1—C_2 键之间的电子云密度也或多或少偏向于 C_1。C_1 原子又通过静电诱导作用使 C_2—C_3 键之间的电子云密度偏向 C_2,依此类推。如下所示:

$$CH_3 \longrightarrow \overset{\delta\delta\delta^+}{CH_2} \rightarrow \overset{\delta\delta^+}{CH_2} \rightarrow \overset{\delta^+}{CH_2} \rightarrow \overset{\delta^-}{Cl}$$

这种原子或基团对电子云偏移的影响沿着分子中的键传递,引起分子中电子云密度分布不均匀,且依原子或基团的性质所决定的方向而转移的效应,称为诱导效应。但这种诱导效应将随着原子或基团的距离不断增大而迅速减弱直至消失,通常经过三个原子后即可忽略不计。

诱导效应是有机化合物中普遍存在的一种电子效应,它影响着有机化合物的性质。

1.5　分子结构和结构式表示法

分子内原子间相互结合的顺序和方式称为分子结构。表示分子结构的化学式称为结构式。一种分子只有一种结构,但有些不同的有机化合物虽然具有相同的组成和分子式,其结构是不同的。例如,乙醇和甲醚组成相同,分子式都是 C_2H_6O,但其分子中原子相互结合的顺序和方式不同,它们具有不同的结构,是不同的化合物,性质也不相同。

乙醇   甲醚

具有不同结构的化合物,其性质不同。结构是本质,性质是现象,结构决定性质。因此,根据分子的结构可以预测分子的性质,反之,根据分子的性质可以确定分子的结构。

需要指出,在一些有机化学教材中,将分子中原子间相互连接的顺序称为构造,表示分子构造的化学式称为构造式。将分子中原子间相互连接的顺序及各原子(或基团)在空间的排布称为结构,即结构包括的内容较广泛,它包括构造、构型和构象(将在以后讨论)。本书从第2章开始也采用这种说法。表示分子结构的化学式称为结构式。

表示分子结构(按上述说法,此处所说的结构应为构造)的结构(构造)式,通常可用三种

5

方法表示:短线式、缩简式和键线式。例如,正戊烷和2-氯丁烷可表示如下:

正戊烷

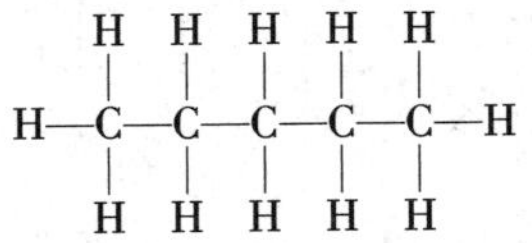

$CH_3CH_2CH_2CH_2CH_3$

2-氯丁烷

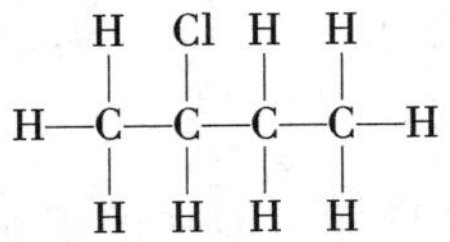

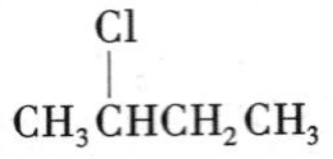

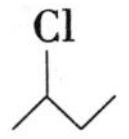

$CH_3CHCH_2CH_3$

|短线式|缩简式|键线式|

上述键线式是应用近似的键角,只写出碳碳键和除与碳原子相连的氢原子以外的其他原子,如 O、S、N、X(卤原子)等。

1.6 共价键的断裂和反应类型

化学反应是旧键的断裂和新键的形成过程。共价键的断裂方式,最常见的有两种方式。

一种是共价键断裂时,成键的一对键合电子分别由两个原子各保留一个,这种断裂方式称为均裂。

$$X:Y \xrightarrow{均裂} X\cdot + \cdot Y$$

均裂产生的带有单电子的原子或基团,称为自由基(亦称游离基)。有机反应中生成的自由基,通常是很活泼的中间体(称为活性中间体),能很快反应生成产物。按这种方式进行的反应,称为自由基型反应。

另一种是共价键断裂时,成键的一对键合电子为两原子之一所占有,形成正、负离子,这种断裂方式称为异裂。

$$X:Y \xrightarrow{异裂} X:^- + Y^+$$

在有机反应中,异裂产生的碳正离子或碳负离子也是很活泼的活性中间体,它们进一步反应生成产物。按这种方式进行的反应,称为离子型反应。

自由基型反应和离子型反应是有机反应中最常见的两种反应类型。除此之外,还有一类反应是旧键的断裂和新键的形成同时进行,经环状过渡态生成产物,没有自由基或离子等活性中间体生成,这类反应称为协同反应或周环反应。

1.7 有机化合物的分类

有机化合物数目繁多,形态各异。为了更好地进行研究,从结构上进行比较,通常按以下两种方法进行分类,以便系统地进行研究和学习。

1.7.1 按碳架分类

1)开链化合物

分子中的碳原子连接成链状。由于脂肪类化合物具有这种结构,故这类化合物亦称脂肪族化合物。例如:

CH_3CH_3 $CH_3CH=CH_2$ $HC\equiv CH$ CH_3CH_2OH

乙烷   丙烯   乙炔   乙醇

2）脂环化合物

分子中的碳原子连接成环状,其性质与脂肪族化合物相似,称为脂环(族)化合物。例如:

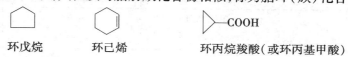

环戊烷　　　环己烯　　　　　环丙烷羧酸(或环丙基甲酸)

3）芳香族化合物

分子中至少含有一个苯环结构的化合物,与脂肪族化合物不同,具有特殊的"芳香性",称为芳香族化合物。例如:

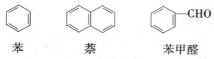

苯　　　　　萘　　　　　苯甲醛

4）杂环族化合物

分子中含有由碳原子和至少一个其他原子(如 O、S、N 等,通常称为杂原子)连接成环的一类化合物,称为杂环族化合物。例如:

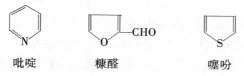

吡啶　　　　糠醛　　　　　　噻吩

1.7.2　按官能团分类

官能团是指分子中比较活泼而易发生反应的原子或基团,它决定化合物的主要性质。含有相同官能团的化合物具有相似的性质,因此按官能团将有机化合物分类,有利于研究和学习。一些常见的重要官能团如表 1-3 所示。

表 1-3　一些常见的重要官能团

化合物类别	化合物举例	官能团构造	官能团名称
烯烃	$CH_3CH{=}CH_2$	$C{=}C$	双键
炔烃	$CH{\equiv}CH$	$-C{\equiv}C-$	三(叁)键[①]
卤代烃	CH_3-X	$-X$	卤基(卤原子)
醇和酚	C_2H_5-OH　　C_6H_5-OH	$-OH$	羟基
醚	$C_2H_5-O-C_2H_5$	$(C)-O-(C)$	醚键
醛	CH_3-C-H ‖ O	$-C-H$ ‖ O	醛基
酮	CH_3-C-CH_3 ‖ O	$-C-$ ‖ O	酮基(羰基)
羧酸	CH_3-C-OH ‖ O	$-C-OH$ ‖ O	羧基
腈	CH_3-CN	$-CN$	氰基
胺	CH_3-NH_2	$-NH_2$	氨基
硝基化合物	$C_6H_5-NO_2$	$-NO_2$	硝基

化合物类别	化合物举例	官能团构造	官能团名称
硫醇和硫酚	C_2H_5—SH C_6H_5—SH	—SH	巯基
磺酸	C_6H_5—SO_3H	—SO_3H	磺(酸)基

①"三键"一词中的"三"字,过去一直用"叁"字,《英汉化学化工词汇》第三版(1984年科学出版社出版)则将 triple bond 译为"三键",本书也采用"三键"。

上述两种分类方法均已被采用,而且有些时候是将两种分类方法结合在一起使用。

1.8 有机化合物的天然来源

1.8.1 石油和天然气

石油主要是由碳和氢两种元素组成的多种烃类的混合物,其中有的组分还含有氧、氮、硫等元素,石油成分因产地不同而异。石油在精馏过程中,按不同蒸馏温度,可分馏成若干馏分,他们组成不同,用途各异。参见第2章烷烃的天然来源。

天然气是蕴藏于地下的主要含低级烷烃的混合气体,分为干气和湿气。干气的主要成分是甲烷,可用作燃料,或用于制造氨、甲醇及炭黑等;湿气除含甲烷外,还含有较多的乙烷、丙烷和丁烷等低级烷烃,经压缩得到液化天然气,可用作燃料,或经高温热裂制取乙烯等化工原料。

甲烷水合物($CH_4 \cdot nH_2O$)的外形像冰,可以燃烧,也叫"可燃冰",已发现蕴藏于深海海底,是未来的一种潜在能源。

1.8.2 煤

煤经干馏(在950~1 050℃隔绝空气加热)可得到气、液、固三类物质。气体是焦炉气,主要成分是氢、甲烷和一氧化碳,及少量乙烷、乙烯、氮气和二氧化碳;液体是氨水和煤焦油(见第4章芳烃的工业来源);固体是焦炭,主要用于钢铁和其他金属的冶炼和铸造。

煤经加工还可以得到合成气($CO + H_2$)、碳化钙、苯、稠环芳烃和杂环化合物等。另外,煤也是重要的能源。

1.8.3 农副产品及其他

许多动植物也是有机化合物的重要来源。例如:动物毛发水解可得到胱氨酸;由猪、羊、牛等内脏可提取激素;由含淀粉的野生植物可制取乙醇、丁醇和丙酮等物质;玉米芯或谷糠可用来制取糠醛、木糖等。我国的中药,不论植物药如甘草、人参、丁香等,还是动物药如阿胶、牛黄等,均为人类健康作出了重要贡献。中药中含有各种有机物,例如,由丁香得到的丁香油中,含有丁香油酚、2-庚酮、水扬酸甲脂、苯甲醛、苄醇、乙酸苄酯及胡椒酚等。

另外,一些植物和少数动物含有的有机物是重要的香原料,如大花茉莉的主要成分有酯类(如乙酸苄酯、苯甲酸叶醇酯等)、醇类(如芳樟醇等)及吲哚、丁香酚等,可作为香精的主香剂或修饰剂使用。麝香既是香料也是中药材,其中含有麝香酮(3-甲基环十五酮),以及5-环十五烯酮和麝香吡喃等。

以农副产品和一些动植物为原料,提取并研究其中有机物的结构和性能,然后加以利用,不仅可以变废为宝、造福人类,而且可以减少污染、美化环境。对于中药更是一种革新,使之更好地为人类健康服务。

1.9　有机化学和有机化学工业的"绿色化"

有机化学及其工业不仅与人们的衣、食、住、行密切相关,也与一些尖端技术和生命科学的发展有着紧密关系,对许多方面均作出了巨大贡献。但不可否认,其负面影响也是不可低估的,如对环境的污染、生态的破坏、有害物质对人畜的侵害、原料和能源的浪费等。故在20世纪90年代提出了"绿色化学"的概念。

绿色化学被定义为:利用一系列原理,对化学产品的设计、生产和应用等消除或减少危险品的使用或生产。绿色化学又叫环境无害化学,其重要原理之一是"原子经济性"。即高效的有机合成反应,必须最大限度地利用原料分子中每一个原子,使之结合到目标分子中,达到零排放。原子经济性可以利用"原子利用率"来衡量:

$$原子利用率 = \frac{预期产物的相对分子质量}{反应物质的相对原子质量的总和} \times 100\%$$

例如,乙烯与溴的加成反应:

$$CH_2{=\!=}CH_2 + Br_2 \longrightarrow \underset{\underset{Br}{|}}{CH_2}{-}\underset{\underset{Br}{|}}{CH_2}$$

在反应中所有原料全部转化为产物,其原子利用率为100%。原子利用率越高,表明污染物的排放量越少,能源和物质的消耗量将减少,对环境的保护起到了积极的作用。但并不是有机反应都像加成反应、异构化反应那样,很多反应如取代反应、消除反应等原子利用率并不很高,且有副产物生成,这些副产物还需进一步处理,增加了物质和能源的投入,对环境也有影响,这是不符合绿色化学要求的。例如:由乙烯生产环氧乙烷的方法,经典的方法是氯醇法:

$$CH_2{=\!=}CH_2 + Cl_2 + H_2O \longrightarrow \underset{\underset{Cl}{|}\ \ \ \underset{OH}{|}}{CH_2{-}CH_2} + HCl$$

$$\underset{\underset{Cl}{|}\ \ \ \underset{OH}{|}}{CH_2{-}CH_2} + HCl + Ca(OH)_2 \longrightarrow \underset{\underset{O}{\diagdown\!\diagup}}{CH_2{-}CH_2} + CaCl_2 + 2H_2O \qquad (\ +$$

$$CH_2{=\!=}CH_2 + Cl_2 + Ca(OH)_2 \longrightarrow \underset{\underset{O}{\diagdown\!\diagup}}{CH_2{-}CH_2} + CaCl_2 + H_2O$$

$$原子利用率 = \frac{44}{28+70+74} \times 100\% = 26\%$$

上述反应原子利用率比较低。同时所用原料 Cl_2 有刺激性、有毒;$Ca(OH)_2$ 虽参加反应,但未生成环氧乙烷,而是转变为 $CaCl_2$ 和水,既产生废渣又产生废水,污染环境,还需进一步处理,不符合绿色化学要求。后来,工业生产改为用空气直接氧化生产环氧乙烷:

$$2CH_2{=\!=}CH_2 + O_2(空气) \xrightarrow{活性\ Ag} 2\underset{\underset{O}{\diagdown\!\diagup}}{CH_2{-}CH_2}$$

直接氧化法排除了氯醇法的缺点,原子利用率也高(100%),符合绿色化学要求而被广泛采用。

总之,无污染的清洁合成,不使用有害试剂,提高反应的原子利用率,是绿色化学努力的目标。绿色化学的研究开发只有 20 年左右,许多问题需待解决,但它是今后发展的方向。

习　题

(一)解释下列名词:

(1)有机化学　　　　　　　(2)共价键　　　　　　　(3)键能

(4)诱导效应　　　　　　　(5)官能团　　　　　　　(6)脂肪族化合物

(二)下列化合物中哪些是有机化合物?

(1)C_2H_5OH(乙醇)　　　　(2)KCN(氰化钾)　　　　(3)CH_3COOH(乙酸)

(4)$NaHCO_3$(碳酸氢钠)　　(5)H_2NCONH_2(尿素)　　(6)KSCN(硫氰酸钾)

(三)指出下列化合物各属哪一族?

(1)CH_2=$CHCH_2CH$=CH_2　　(2)$CH_3CH_2CH_2C$≡CH　　(3) 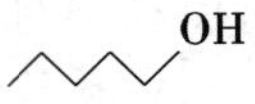 [结构式] OH

(4) [环戊基]—CH=CH_2　　(5) [环戊烷]　　(6) [联苯结构]

(7) [呋喃结构]　　(8) [苯基]—C—CH_3 (下方O)　　(9) [萘结构]—OH

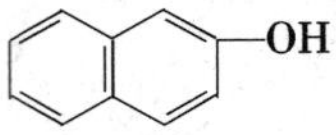

(四)指出下列化合物的官能团:

(1) 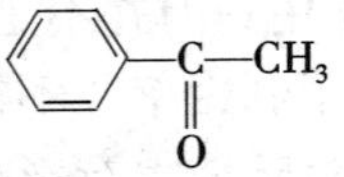 [苯基]—C—CH_3(苯乙酮) (下方O)　　(2) [结构]Cl (1-氯丙烷)　　(3)  [结构]NH_2(乙胺)

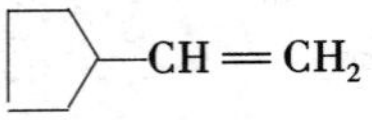

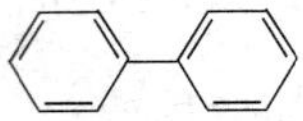

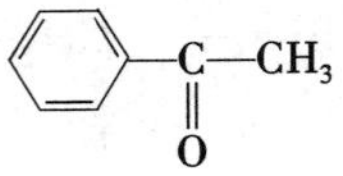

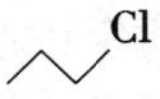

(4) 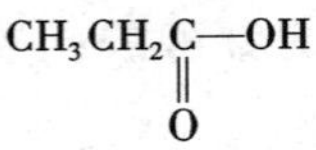 CH_3CH_2C—OH(丙酸) (下方O)　　(5) CH_2=CH—CN(丙烯腈)　　(6) 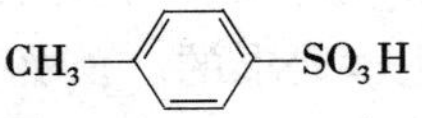 CH_3—[苯环]—SO_3H(对甲苯磺酸)

(五)在有机化合物中,分子中含有极性键是否一定是极性分子($\mu \neq 0$)?

10

第2章 饱和烃

由碳和氢两种元素组成的碳氢化合物称为烃。在烃分子中,如果碳原子之间以单键相连,碳原子的其他价键均与氢原子相连,则称为饱和烃。碳原子连接成开键的烃,称为脂肪烃,开链的饱和烃称为烷烃(亦称石蜡烃);碳原子连接成环状的烃,称为脂环烃,环状的饱和烃称为环烷烃。

第1节 烷 烃

2.1 烷烃的通式、同系列和构造异构

最简单的几个烷烃的构造式如下所示:

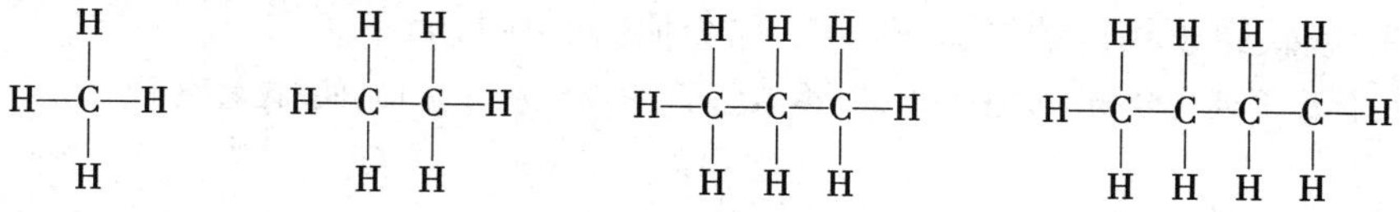

甲烷(CH_4)   乙烷(C_2H_6)   丙烷(C_3H_8)   丁烷(C_4H_{10})

比较甲烷、乙烷、丙烷和丁烷的组成和构造可以看出:每个烷烃的组成都可以用 $n(CH_2)$ +2H 表示,因此烷烃的通式为 C_nH_{2n+2};相邻两个烷烃组成上相差一个 CH_2,不相邻两个烷烃组成上相差 CH_2 的整倍数。这种具有同一通式、组成上相差 CH_2 及其整倍数的一系列化合物,称为同系列。同系列中的各化合物互为同系物。CH_2 称为同系列的系差。同系物具有相似的化学性质,因此掌握同系物中某个或某几个化合物的性质,就可以推测其他同系物的化学性质,为研究和学习提供了方便。

分子式相同的不同化合物称为异构体。分子式相同而分子构造不同的化合物,称为构造异构体。甲烷、乙烷和丙烷没有构造异构体。丁烷有两个构造异构体:正丁烷和异丁烷。它们具有不同的物理性质,在化学性质上也有某些差别。

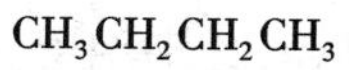

$$CH_3CH_2CH_2CH_3$$

$$\begin{array}{c} CH_3 \\ | \\ CH_3 \; CH \; CH_3 \end{array}$$

正丁烷

异丁烷

沸点:$-0.5℃$;相对密度(d_4^{20}):0.5788

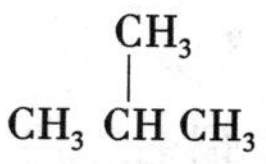

沸点:$-11.73℃$;相对密度(d_4^{25}):0.5510

从上式可以看出,正丁烷的四个碳原子结合成链状,而异丁烷则有一个碳原子处于支链。这种因碳架不同而形成的构造异构,称为碳架异构,正丁烷和异丁烷互为碳架异构体。

随着碳原子数的增加,烷烃构造异构体的数目迅速增多,如表 2-1 所示。

表 2-1 烷烃的构造异构体数

碳原子数	构造异构体数	碳原子数	构造异构体数
3	1	8	18
4	2	9	35
5	3	10	75
6	5	12	355
7	9	20	366 319

2.2 烷烃的命名

2.2.1 伯、仲、叔、季碳原子的概念

从烷烃的构造式可以看出,分子内各碳原子和氢原子不完全相同。由于不同的碳原子和氢原子的性质不尽相同,为了方便,分别给予不同的名称是必要的。

只与一个碳原子相连的碳原子称为伯(一级)碳原子,常用 1° 表示;与两个碳原子相连的称为仲(二级)碳原子,常用 2° 表示;与三个碳原子相连的称为叔(三级)碳原子,常用 3° 表示;与四个碳原子相连的称为季(四级)碳原子,常用 4° 表示。例如:

$$
\begin{array}{c}
\quad\quad CH_3 \quad\quad CH_3 \\
CH_3\!-\!\underset{4°}{\overset{|}{C}}\!-\!\underset{3°}{CH_2}\!-\!\underset{2°}{\overset{|}{CH}}\!-\!\underset{1°}{CH_2}\!-\!CH_3 \\
\quad\quad CH_3
\end{array}
$$

与伯、仲、叔碳原子相连的氢原子,分别称为伯、仲、叔氢原子。

问题 2-1 标出下列化合物中的伯、仲、叔、季碳原子,并指出有多少伯、仲、叔氢原子?

(1)
$$
\begin{array}{c}
CH_3CH_2CH\!-\!CHCH_3 \\
\quad\quad\quad | \quad\quad\; | \\
\quad\quad\quad CH_3 \quad CH_3
\end{array}
$$

(2)
$$
\begin{array}{c}
\quad\quad\quad CH_3 \\
\quad\quad\quad | \\
CH_3\!-\!C\!-\!CH_2CH\!-\!CH_3 \\
\quad\quad\quad | \\
\quad\quad\quad CH_3
\end{array}
$$

2.2.2 烷基

一个烷烃分子从形式上去掉一个氢原子后剩下的基团称为烷基。其通式为 C_nH_{2n+1} ,常用 R— 表示(R—H 常用来代表烷烃)。最常用的烷基有以下几个:

CH_3-	CH_3CH_2-	$CH_3CH_2CH_2-$	$(CH_3)_2CH-$
甲基	乙基	正丙基	异丙基
$CH_3(CH_2)_2CH_2-$	$CH_3CHCH_2CH_3$	$(CH_3)_2CHCH_2-$	$(CH_3)_3C-$
正丁基	仲丁基	异丁基	叔丁基

2.2.3 普通命名法

普通命名法亦称习惯命名法。碳原子数在十以下的烷烃,分别用甲、乙、丙、丁、戊、己、庚、辛、壬、癸等天干名称命名;碳原子数在十以上的依次用十一、十二等数字命名。例如,C_2H_6 叫乙烷,C_6H_{14} 叫己烷,$C_{12}H_{26}$ 叫十二烷,$C_{16}H_{34}$ 叫十六烷等。习惯上,把直链烷烃称为"正"某烷;

从端位数第二个碳原子连有一个甲基"支链"($CH_3\!-\!CH\!\sim\!\sim\!\sim$ 上连 CH_3)的烷烃,称为"异"某烷;从端位数第二个碳原子连有两个甲基"支链"的烷烃,称为"新"某烷。例如:

$CH_3CH_2CH_2CH_2CH_3$	$CH_3\!-\!C\!-\!CH_2CH_3$（上连 CH_3）	$CH_3\!-\!C\!-\!CH_3$（上下连 CH_3）
正戊烷	异戊烷	新戊烷

这种命名法只适用于少数比较简单的烷烃。另外,前面几个烷基的名称是由这种命名法衍生出来的。

12

2.2.4 衍生命名法

衍生命名法是以甲烷为母体,将其他烷烃看成是甲烷分子中的氢原子被烷基取代后的化合物。命名时,通常选择连接烷基最多的碳原子作为母体甲烷碳原子,烷基作为取代基,按照立体化学中的次序规则(见3.4.2)所规定的顺序列出,其中"较优"基团后列出,排列在"甲烷"名称之前。按照立体化学中次序规则的规定,几个常见烷基的优先顺序是:甲基 < 乙基 < 正丙基 < 正丁基 < 异丁基 < 异丙基 < 仲丁基 < 叔丁基(符号" > "表示"优先于",此处烷基按"较优"基团后列出顺序排列)。例如:

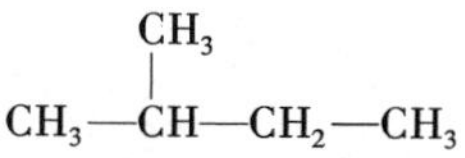

$$CH_3-CH-CH_2-CH_3$$
上方 CH_3

二甲基乙基甲烷

$$CH_3-CH-C-CH_2-CH_3$$
上方 CH_3,下方 $CH_3\ CH_3$

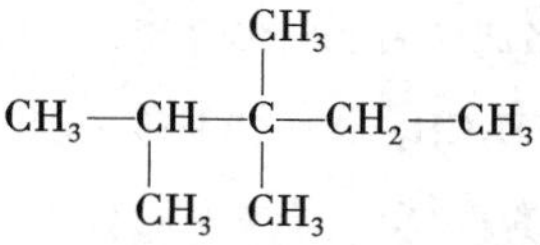

二甲基乙基异丙基甲烷

这种命名法对构造复杂的烷烃不适用。

2.2.5 系统命名法

系统命名法是根据国际纯粹和应用化学联合会(International Union of Pure and Applied Chemistry,缩写为IUPAC)命名原则,结合我国文字特点制定的一种命名法。有以下基本要点。

(1)选择最长碳链作为主链,支链作为取代基。根据主链所含碳原子数称为"某烷"。

(2)将主链上的碳原子从靠近支链的一端开始依次用阿拉伯数字1,2,3,……编号,取代基的位次用主链上碳原子的数字表示。然后将取代基的位次和名称依次写在主链名称之前,两者之间用短横线"-"相连。例如:

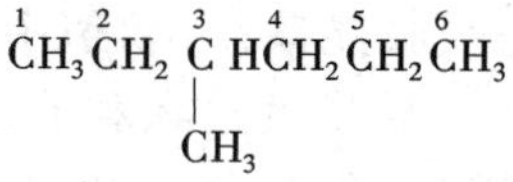

$$\overset{1}{C}H_3\overset{2}{C}H_2\overset{3}{C}H\overset{4}{C}H_2\overset{5}{C}H_2\overset{6}{C}H_3$$
下方 CH_3

3-甲基己烷

$$CH_3CH_2\overset{4}{C}H\overset{5}{C}H_2\overset{6}{C}H_2\overset{7}{C}H_2\overset{8}{C}H_3$$

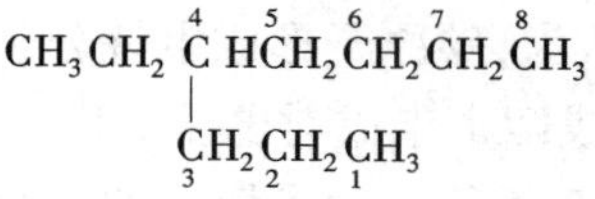

4-乙基辛烷

(3)主链上连有几个不同的取代基时,取代基排列的先后次序,按照立体化学中次序规则的规定(见3.4.2);主链上连有几个相同的取代基时,按相同合并原则,用汉字二、三、四等表示相同取代基的数目,并逐个标明其位次。例如:

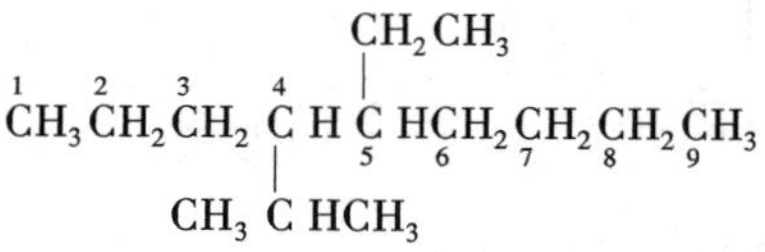

5-乙基-4-异丙基壬烷

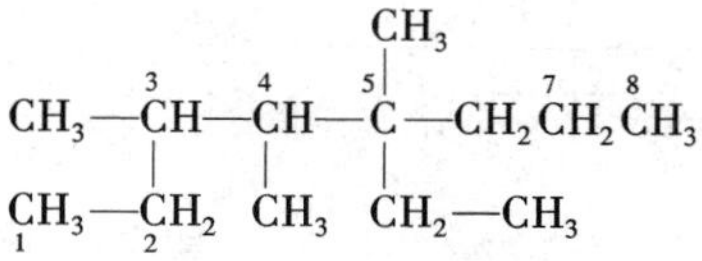

3,4,5-三甲基-5-乙基辛烷

(4)当最长碳链的选择不止一种时,应选取具有支链数目最多者作为主链,例如:

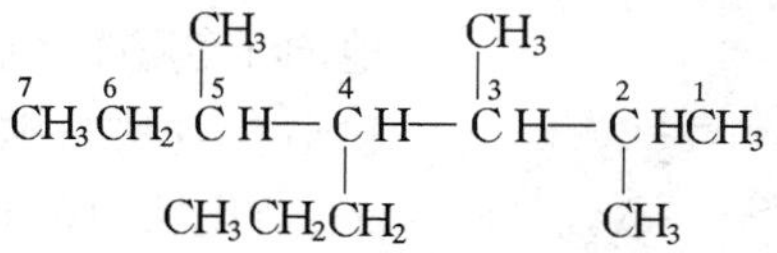

2,3,5-三甲基-4-丙基庚烷

当主链的编号有几种可能时,应遵循"最低系列"原则。即顺次逐项比较各系统的不同位次,最先遇到的位次最小者,定为"最低系列"。例如:

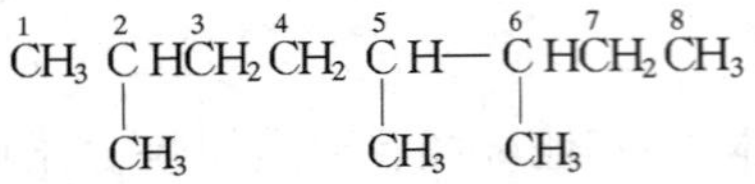

$$\overset{1}{C}H_3\overset{2}{C}H\overset{3}{C}H_2\overset{4}{C}H_2\overset{5}{C}H-\overset{6}{C}H\overset{7}{C}H_2\overset{8}{C}H_3$$

（结构式中 CH₃ 取代基位于 2、5、6 位）

2,5,6-三甲基辛烷

系统命名法是一种普遍适用的命名方法。

问题 2-2 用衍生命名法命名下列化合物：

(1) $(CH_3)_2C(C_2H_5)_2$ (2) 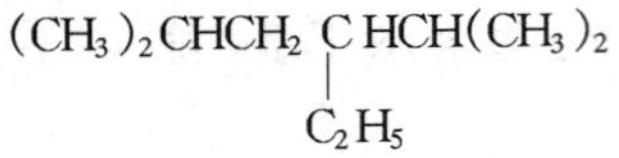 $(CH_3)_2CHCH_2\overset{|}{C}HCH(CH_3)_2$
                                                    $\underset{C_2H_5}{|}$

问题 2-3 用系统命名法命名下列化合物：

(1) 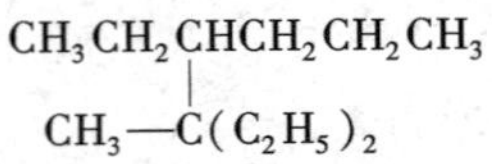 $CH_3CH_2CHCH_2CH_2CH_3$ (2)
      $\underset{CH_3-C(C_2H_5)_2}{|}$

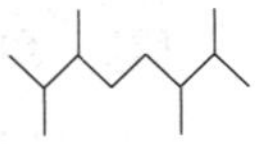

问题 2-4 写出下列烷基或化合物的构造式：

(1) 新戊基   (2) 2,5-二甲基-4-异丁基庚烷

2.3　烷烃的结构

实验证明,甲烷分子是四面体结构。从碳原子的外层电子排布考虑,其外层电子排布为 $2s^2 2p_x^1 2p_y^1$,因此碳原子的化合价(共价单键)应为两价而不是四价,这与事实不符。事实上有机化合物分子中的碳原子,绝大多数是四价,而且四价是相等的。为此,1931 年鲍林(Pauling)和斯来特(Slater)提出了轨道杂化理论。

2.3.1　碳原子的 sp^3 杂化轨道

轨道杂化理论认为,碳原子形成甲烷分子时,首先吸收能量,2s 轨道中的一个电子激发到空的 $2p_z$ 轨道中,形成四个未成对电子。由于 s 轨道和 p 轨道的形状和能量不同,将形成四个不同的价键,这与事实不符。为了形成四个相同的价键,一个 2s 轨道和三个 2p 轨道进行杂化(混合后再均分),形成四个能量相等的杂化轨道。每一个杂化轨道含有(1/4)s 轨道成分和(3/4)p 轨道成分,这种杂化轨道称为 sp^3 杂化轨道。sp^3 杂化轨道的能级略高于 2s 轨道而略低于 2p 轨道,如图 2-1 所示。

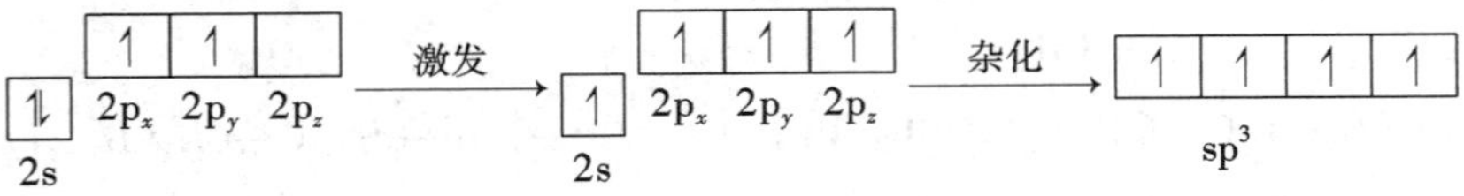

图 2-1　碳原子轨道的 sp^3 杂化

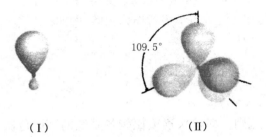

sp^3 杂化轨道的形状一头大一头小,如图 2-2(Ⅰ)所示。因此轨道的方向性加强,能与其他原子轨道形成较强的共价键。四个 sp^3 杂化轨道在空间的排布,是以碳原子核为中心,四个 sp^3 杂化轨道从正四面体的中心分别指向四个顶点,如图 2-2(Ⅱ)所示。这样四个轨道在空间相距最远,成键电子之间的相互排斥力最小,体系最稳定。

（Ⅰ）   （Ⅱ）

图 2-2　碳原子轨道的 sp^3 杂化

2.3.2 烷烃分子的结构

当甲烷分子中碳原子的四个 sp³ 杂化轨道分别与氢原子的 1s 轨道沿对称轴方向相互接近达到最大交盖,便形成了四个等同的 C—H σ 键,交盖的轨道上有两个自旋相反的电子,四个 C—H 键之间的夹角为 109.5°,这就是甲烷分子,它具有四面体构型,如图 2-3(Ⅰ)所示。

乙烷和其他烷烃分子中的碳原子也是 sp³ 杂化,如果两个碳原子各以一个 sp³ 杂化轨道形成 C—C σ 键,每个碳原子又以三个 sp³ 杂化轨道分别与三个氢原子的 1s 轨道形成 C—H σ 键,即为乙烷分子的结构,如图 2-3(Ⅱ)所示。

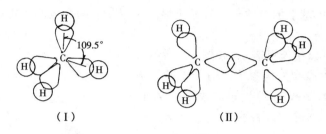

图 2-3 甲烷和乙烷分子中的 σ 键

烷烃分子中的 C—C 和 C—H σ 键轨道,其特征是沿键轴呈圆柱形对称,因此可沿键轴自由旋转。又由于 sp³ 杂化轨道为四面体构型,因此含三个和三个以上碳原子的烷烃分子不是直线型的。

2.3.3 烷烃分子的模型

为了形象地表示分子的立体形象,常用模型表示。常用的模型有两种:球棒模型(亦称克库勒(Kekulé)模型)及比例模型(亦称斯陶特(Stuart)模型)。比例模型与真实分子的原子半径和键长的比例为 2×10^8∶1。例如,甲烷和丁烷分子的模型如图 2-4 所示。

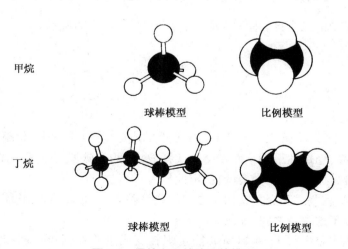

图 2-4 甲烷和丁烷分子的模型

2.4 烷烃的构象

2.4.1 乙烷的构象

在有机化合物分子中,围绕 σ 键旋转而产生的分子中原子或基团在空间不同的排列方式,称为构象。例如,在乙烷分子中,固定一个甲基,使另一个甲基围绕 C—C σ 键旋转,则两个甲基中的氢原子在空间的相对位置逐渐改变,从而产生了许多不同的空间排列方式,每一种排列方式即为一种构象。由于转动角度可以无穷小,故乙烷分子有无穷多的构象。其中有两种典型的极限构象:一种是两个碳原子上的各个氢原子处于相互重叠位置的构象,称为重叠式构象;另一种是一个甲基上的氢原子正好处于另一个甲基上两个氢原子正中间位置的构象,称为交叉式构象。

乙烷的构象也可以用模型表示,如图 2-5 所示。

分子构象的表达式称为构象式。分子的构象式一般用透视式和纽曼(Newman)投影式表示。例如,乙烷的构象式可用下列透视式表示。

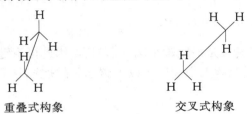

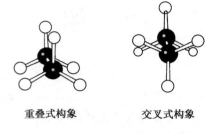

图 2-5 乙烷构象的模型示意图

乙烷的构象也用纽曼投影式表示如下。纽曼投影式是从 C—C σ 键的延长线上观察,两个碳原子在投影式中处于重叠位置,用 ⅄ 表示距离观察者较近的碳原子(三条线的交点)及其上的三个键(三条线),用 ⊥ 表示距离观察者较远的碳原子(圆圈)及其上的三个键(三条线),每一个碳原子上的三个键,在投影式中互呈 120°角,如下图所示。

在重叠式构象中,两个碳原子上的 C—H σ 键的成键电子(σ 电子)相距最近,彼此之间排斥力最大,能量最高,稳定性最小。而在交叉式构象中,两个碳原子上 C—H σ 键相距最远,σ 电子之间的相互排斥力最小,能量最低,稳定性最大。

在乙烷分子中,重叠式和交叉式构象之间的能量差为 12.6 kJ/mol,此能量差称为能垒,其他构象的能量差介于这两者之间,如图 2-6 所示。

乙烷的交叉式构象吸收 12.6 kJ/mol 能量则转变成重叠式,而在室温时分子所具有的动能已超过此能量,足以使 σ 键自由旋转,因此乙烷分子是各种构象形式的动态平衡混合体系,通常所说的单键可以自由旋转就是基于这一点。但在室温下,乙烷分子主要以较稳定的交叉式构象存在。

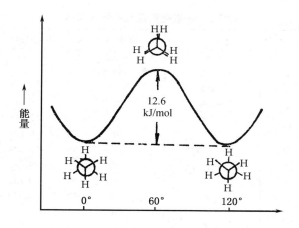

图 2-6　乙烷分子能量曲线图

2.4.2　丁烷的构象

丁烷可以看作是乙烷分子中的两个碳原子上各有一个氢原子分别被一个甲基取代的化合物,因此丁烷的构象比乙烷复杂。例如,在丁烷分子中,沿 C_2—C_3 σ 键键轴旋转可以产生四种极限构象,如下所示。

对位交叉式（反错式）　　部分重叠式（反叠式）　　邻位交叉式（顺错式）　　全重叠式（顺叠式）

在这四种典型的极限构象中,对位交叉式构象的能量最低、最稳定,其次是邻位交叉式能量较低、较稳定。在室温时,丁烷分子主要以这两种构象形式存在,而能量较高、较不稳定的部分重叠式构象和能量最高、最不稳定的全重叠式构象则存在较少。与乙烷相似,丁烷分子的构象也是许多构象的动态平衡混合体系,但在室温时以对位交叉式为主。通常把能量最低、最稳定的构象称为优势构象。

在乙烷和丁烷分子中,每一种构象是一种异构体,这种由于单键旋转而产生的异构体称为构象异构体,简称异象体。但在讨论有关构象问题时,通常利用能量最低和较低等极限构象作为构象异构体的代表。例如,丁烷分子的对位交叉式构象和邻位交叉式构象是构象异构体。

构象对有机化合物的性质有重要影响,因此,了解有机分子的构象是非常必要的。

2.5　烷烃的物理性质

有机化合物的物理性质,通常是指物态、熔点、沸点、溶解度、折射率、相对密度和波谱性质等。通过对这些物理常数的测定,常常可以鉴定有机化合物及其纯度。

在烷烃同系列中,物理常数随相对分子质量的增减而有规律地变化,如表 2-2 所示。

表 2-2　一些直链烷烃的物理常数

名称	物态	熔点(℃)	沸点(℃)	相对密度(d_4^{20})	折射率 n_D^{20}
甲烷		−183	−162	—	—
乙烷	气	−172	−88.5	—	—
丙烷	体	−187	−42	—	—
丁烷		−138	0	—	—
戊烷		−130	36	0.626	1.357 5
己烷		−95	69	0.659	1.375 1
庚烷	液	−90.5	98	0.684	1.387 8
辛烷		−57	126	0.703	1.397 4
壬烷		−54	151	0.718	1.405 4
癸烷		−30	174	0.730	1.410 2
十一烷		−26	196	0.740	1.417 2
十二烷		−10	216	0.749	1.421 6
十三烷		−6	234	0.757	1.425 6
十四烷	体	5.5	252	0.764	1.429 0
十五烷		10	266	0.769	1.431 5
十六烷		18	280	0.775	1.434 5
十七烷		22	292	—	—
十八烷	固	28	308	—	—
十九烷	体	32	320	—	—
二十烷		36	—	—	—

2.5.1　物态

在室温下，$C_1 \sim C_4$ 的烷烃是气体，$C_5 \sim C_{16}$ 的烷烃是液体，C_{17} 和 C_{17} 以上的烷烃是固体。由于烷烃是由碳和氢两种元素组成的，因此烷烃基本上是非极性分子。

2.5.2　沸点

直链烷烃的沸点随碳原子数的增加而升高。如表 2-2 和图 2-7 所示。因为对于非极性或极性很弱的烷烃，分子结合在一起的作用力（范德华力）是很弱的，只有当分子的表面积越大时，即分子越大时，分子间的作用力才越强，破坏这种力所需要的能量也越高，故沸点越高。

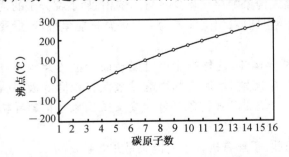

图 2-7　正烷烃的沸点与分子中所含碳原子数关系图

在烷烃的同系列中，每增加一个 CH_2，沸点升高 20℃ ~30℃。其中相对分子质量大的烷烃，两个相邻同系物的沸点差较小，因为相对分子质量越大，CH_2 在分子中所占比例越小。

在碳原子数相同的烷烃异构体中，直链烷烃的沸点比支链烷烃的沸点高，支链越多，沸点越低。因为支链越多，支链的空间阻碍越大，分子间接触越少，分子间作用力越小，故沸点越低。例如：

	正戊烷	异戊烷	新戊烷
$CH_3CH_2CH_2CH_2CH_3$	$CH_3-CH-CH_2CH_3$ 带 CH_3	CH_3-C-CH_3 带 CH_3	
沸点(℃)	36	28	9.5

18

2.5.3 熔点

直链烷烃的熔点也是随着碳原子数的增加而升高,但规律性比沸点差。若以熔点为纵坐标、碳原子数为横坐标作图,则得到一条折线,在此折线中,分别将奇数和偶数碳原子烷烃的熔点值连接起来,则得到偶数碳原子在上、奇数碳原子在下的两条曲线。如图2-8所示。

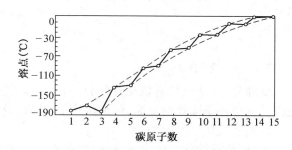

图2-8　正烷烃的熔点与分子中所含碳原子数关系图

与沸点相似,熔点的高低也是由于分子间的作用力不同造成的,但影响熔点的分子间作用力,不仅取决于分子的大小,而且取决于分子在晶格中填充的情况。分子在晶格中排列的越紧密,分子间作用力越大,熔点也就越高。烷烃分子的对称性越高,则在晶格中排列越紧密,熔点越高。偶数碳原子比奇数碳原子的烷烃具有较高的对称性,故熔点较高。对于烷烃的构造异构体,也是对称性越高的异构体,熔点也越高。例如,戊烷中新戊烷的对称性最高,熔点也最高,异戊烷的对称性最差,熔点也最低。

$$CH_3-\underset{\underset{CH_3}{|}}{\overset{\overset{CH_3}{|}}{C}}-CH_3 \qquad CH_3CH_2CH_2CH_2CH_3 \qquad CH_3-\underset{\underset{|}{CH_3}}{CH}-CH_2CH_3$$

熔点(℃)　　　　　　　　−17　　　　　　　　　−130　　　　　　　　　−160

2.5.4 相对密度

相对密度是密度与4℃水密度(~ 1 g/cm^3)的比值。直链烷烃的相对密度也是随碳原子数的增加而增大,但都小于1,即比水轻。

2.5.5 溶解度

由于烷烃没有极性或极性很小,因此不溶于极性很强的水和其他强极性溶剂,而溶解于非极性的或极性很小的有机溶剂,如四氯化碳和苯等。即烷烃在有机溶剂中的溶解度,符合"相似互溶"的经验规律。

2.5.6 折射率

直链烷烃的折射率也是随碳原子数的增加而逐渐缓慢增大。折射率是液体有机化合物纯度的标志,也可作为鉴定液体有机化合物方法之一。

问题2-5 为什么正丁烷的熔点和沸点都比异丁烷高?试解释之。

问题2-6 正辛烷和2,2,3,3-四甲基丁烷哪一个熔点高?哪一个沸点高?为什么?

问题2-7 将等量的己烷和水放在一起用力摇荡,然后静置,己烷和水是否分层?如果你认为分层,何者在上层?何者在下层?

2.6 烷烃的化学性质

在烷烃分子中,原子之间是以比较牢固的 C$_{sp^3}$—C$_{sp^3}$ σ 键和 C$_{sp^3}$—H$_s$ σ 键结合而成,分子整体没有极性或极性很弱,在常温下化学性质比较稳定,不与强酸、强碱、强氧化剂、强还原剂反应,因此,烷烃常被用作反应中的溶剂使用。但是,烷烃的这种稳定性是相对的,在一定条件下,如光照、加热、在催化剂的作用下等,烷烃也能与一些试剂发生化学反应。从烷烃的结构上分析,其所发生的反应或者是 C—H 键断裂,或者是 C—C 键断裂,或者是两者同时发生。烷烃的主要反应部位如下:

$$\begin{array}{c} \quad\quad H \\ \quad | \quad | \leftarrow ① \\ -C-C- \\ \quad | \quad | \uparrow \\ \quad\quad ② \end{array}$$

①C—H 键断裂,如氢原子被取代等
②C—C 键断裂,如氧化、裂解等反应

2.6.1 取代反应

烷烃分子(或其他有机化合物分子)中的氢原子被其他原子或基团取代的反应,称为取代反应。被卤原子取代的反应,称为卤代反应或卤化反应。

1)卤化反应

在光、热或催化剂作用下,烷烃与卤素反应,则烷烃分子中的氢原子被卤原子取代,生成烃的卤素衍生物。例如:

$$CH_4 + Cl_2 \xrightarrow[\text{或} 400 \sim 450℃]{\text{日光}} CH_3Cl + HCl$$
氯甲烷

由于氯甲烷分子中的氢原子也可以被氯原子取代,故甲烷的氯化反应很难停留在一氯代阶段,而是分子中的氢原子均有可能被取代:

$$CH_3Cl + Cl_2 \xrightarrow[\text{或} 400 \sim 450℃]{\text{日光}} CH_2Cl_2 + HCl$$
二氯甲烷

$$CH_2Cl_2 + Cl_2 \xrightarrow[\text{或} 400 \sim 500℃]{\text{日光}} CHCl_3 + HCl$$
三氯甲烷

$$CHCl_3 + Cl_2 \xrightarrow[\text{或} 400 \sim 500℃]{\text{日光}} CCl_4 + HCl$$
四氯化碳

产物通常是这四种氯化物的混合物,但调节甲烷和氯的比例,可以使其中一种产物为主,这是工业上生产这些氯化物的方法之一。

其他烷烃也能与卤素发生取代反应。例如,工业上利用固体石蜡($C_{10} \sim C_{30}$ 的烷烃,平均链长为 C_{25})在熔融状态下通入氯气生产氯化石蜡:

$$C_{25}H_{52} + 7Cl_2 \xrightarrow{95℃} C_{25}H_{45}Cl_7 + 7HCl$$

氯化石蜡是含氯量不等的混合物。具有无臭、无毒、不燃、挥发性低、价廉等特点。含氯量较低者(含氯量为 42%、48%、50% ~ 52%)主要用作增塑剂,含氯量较高者(含氯量为 65% ~ 70%)主要用作阻燃剂。

卤素与烷烃反应的相对活性是:$F_2 > Cl_2 > Br_2 > I_2$。由于氟化反应非常激烈,而碘化反应又难以进行,因此卤化反应通常是指氯化和溴化。

2)卤化的反应机理

反应机理是指反应物转变为产物所经历的途径,也称反应历程。它是根据大量实验事实做出的理论推测,根据的实验事实越多,其可靠程度越大。研究反应机理的目的,是为了了解反应发生的原因、找出反应的内在规律性、对影响反应的因素进行合理控制,以便指导有机化合物的合成。

烷烃的卤化反应是一个自由基链反应。自由基链反应一般分为三个阶段:链引发、链增长、链终止。现以甲烷的氯化反应为例说明如下。

链引发:在光照或加热下,首先氯分子吸收能量,分解成两个氯原子(自由基),即

$$Cl_2 \xrightarrow[\text{或}\triangle]{h\nu} 2Cl\cdot \quad (h\nu \text{ 代表光})$$

链增长:氯原子夺取甲烷分子中的一个氢原子,生成氯化氢和·CH_3(甲基自由基),后者再从氯分子中夺取一个氯原子,生成氯甲烷和氯原子。重复这两个反应,则甲烷与氯反应全部生成氯甲烷。然而,氯原子也可以夺取氯甲烷分子中的氢原子,生成氯化氢和氯甲基自由基(·CH_2Cl),后者再与氯分子反应,则生成二氯甲烷和氯原子,后者若与二氯甲烷、三氯甲烷反应,则最后产物是氯甲烷、二氯甲烷、三氯甲烷和四氯化碳的混合物。

$$Cl\cdot + CH_4 \longrightarrow HCl + \cdot CH_3$$

$$\cdot CH_3 + Cl_2 \longrightarrow ClCH_3 + Cl\cdot$$

$$Cl\cdot + CH_3Cl \xrightarrow[-HCl]{} \cdot CH_2Cl \xrightarrow{Cl_2} CH_2Cl_2 + Cl\cdot$$

$$Cl\cdot + CH_2Cl_2 \xrightarrow[-HCl]{} \cdot CHCl_2 \xrightarrow{Cl_2} CHCl_3 + Cl\cdot$$

$$Cl\cdot + CHCl_3 \xrightarrow[-HCl]{} \cdot CCl_3 \xrightarrow{Cl_2} CCl_4 + Cl\cdot$$

链终止:在停止引发时,反应会慢慢终止;在反应后期,反应体系内的原料逐渐减少,自由基之间接触机会增多,自由基彼此结合也会使反应终止,即

$$Cl\cdot + Cl\cdot \longrightarrow Cl_2$$

$$\cdot CH_3 + \cdot CH_3 \longrightarrow CH_3-CH_3$$

$$Cl\cdot + \cdot CH_3 \longrightarrow CH_3Cl$$

3)其他烷烃的卤化

在同一烷烃分子中,由于氢原子的不同(伯氢、仲氢或叔氢),它们被卤原子取代的难易程度不同。实验结果表明,不同氢原子被卤原子取代时,由易到难的次序是:叔氢 > 仲氢 > 伯氢。例如:

$$2CH_3CH_2CH_3 + 2Cl_2 \xrightarrow[25℃]{\text{日光}} \underset{\substack{\text{正丙基氯}\\45\%}}{CH_3CH_2CH_2} + \underset{\substack{\text{异丙基氯}\\55\%}}{CH_3\overset{Cl}{\underset{}{C}}HCH_3} + 2HCl$$

丙烷含有 6 个伯氢和 2 个仲氢,它们被取代的机率为 6:2 = 3:1。但从氯化产物实际生成的相对含量计算,则伯氢和仲氢被取代的机率分别为

$$\frac{\text{伯氢}}{\text{仲氢}} = \frac{45/6}{55/2} \approx \frac{1}{4}$$

说明仲氢比伯氢活泼。同理,通过异丁烷氯化反应所得产物,可以知道伯氢和叔氢取代的几率。

$$2CH_3\overset{CH_3}{\underset{}{C}}HCH_3 + 2Cl_2 \xrightarrow[25℃]{\text{日光}} \underset{\substack{\text{异丁基氯}\\64\%}}{CH_3\overset{CH_3}{\underset{}{C}}HCH_2Cl} + \underset{\substack{\text{叔丁基氯}\\36\%}}{(CH_3)_3CCl} + 2HCl$$

伯氢和叔氢被取代的几率分别为

$$\frac{\text{伯氢}}{\text{叔氢}} = \frac{64/9}{36/1} \approx \frac{1}{5}$$

说明叔氢比伯氢更活泼。

不同氢原子的活泼性不同的原因与反应过程中生成的自由基的稳定性不同有关,将在以后有关章节中讨论。

2.6.2 氧化反应

在有机化学中,通常把在有机化合物分子中引入氧或脱去氢的反应,称为氧化反应。反之,脱去氧或引入氢的反应,称为还原反应。

烷烃在空气中燃烧,当空气(氧气)充足时,生成二氧化碳和水,并放出大量热。例如:

$$CH_4 + 2O_2 \xrightarrow{\text{燃烧}} CO_2 + 2H_2O + 89 \text{ kJ/mol}$$

$$\underset{\underset{CH_3}{|}}{CH_3CHCH_2CCH_3} + \frac{25}{2}O_2 \xrightarrow{\text{燃烧}} 8CO_2 + 9H_2O + 5\,450 \text{ kJ/mol}$$

这是汽油、柴油等作为动力燃料的依据。燃烧可看成是强烈的氧化反应。但当燃烧不完全时,则有游离碳生成,在动力车尾气中有黑烟冒出。

在适当条件下,烷烃可被氧化成醇、醛、酮和羧酸等有机含氧化合物。有些反应已被工业上用来制备相应的有机化合物。例如,由丁烷用空气氧化制乙酸,由高级烷烃用空气或氧气氧化制备 $C_{12} \sim C_{18}$ 的脂肪酸:

$$C_4H_{10} + O_2 \xrightarrow[150 \sim 250℃]{CO^{2+},5 \text{ MPa}} CH_3COOH + \text{其他有机物} + CO_2 + CO + H_2O$$

$$R{-}CH_2{-}CH_2{-}R' + O_2 \xrightarrow[107 \sim 110℃]{MnO_2} RCOOH + R'COOH + \cdots$$

含 $C_{12} \sim C_{18}$ 的羧酸可用来代替动植物油脂制造肥皂,俗称皂用酸。

2.6.3 异构化反应

化合物由一种异构体转变成另一种异构体的反应,称为异构化反应。例如:

$$CH_3{-}CH_2{-}CH_2{-}CH_3 \xrightarrow[]{AlCl_3,\,HCl} \underset{\underset{CH_3}{|}}{CH_3{-}CH{-}CH_3}$$

异构化反应是可逆反应。烷烃的异构化通常在酸性催化剂(如 $AlCl_3$、BF_3、$SiO_2\text{-}Al_2O_3$、H_2SO_4 等)作用下进行,温度低有利于支链烷烃的生成。

烷烃的异构化反应在石油工业中具有重要意义。例如,将直链烷烃异构化为支链烷烃可提高汽油的辛烷值。辛烷值是汽油抗爆性的表示单位。辛烷值大,抗爆性好,辛烷值小,抗爆性差。人为规定异辛烷(2,2,4-三甲基戊烷)的辛烷值为 100,正庚烷的辛烷值为 0(零)。辛烷值的大小与汽油组成有关。在规定条件下,将汽油样品与标准燃料(异辛烷和正庚烷的混合物)相比,若二者抗爆性相同,则标准燃料中异辛烷的体积分数即为该汽油的辛烷值。

2.6.4 裂化和裂解

烷烃在没有氧气存在下进行的热分解反应,称为裂化反应或裂解反应。例如:

$$CH_3{-}CH_2{-}CH_2{-}CH_3 \xrightarrow{500℃} \begin{cases} CH_4 + C_3H_6 \\ C_2H_6 + C_2H_4 \\ C_4H_8 + H_2 \end{cases}$$

裂化反应或裂解反应是个复杂的过程,其产物是很多化合物的混合物。但从反应本质来看,无非是 C—C 键和 C—H 键断裂的反应。由于 C—C 键的键能(347 kJ/mol)比 C—H 键的键能(414 kJ/mol)小,故一般 C—C 键比 C—H 键容易断裂。

从化学的观点来看,裂化和裂解的涵义是相同的,但在石油工业中,这两个名词的涵义是不同的。在炼油厂的石油炼制中,加热使大分子烃裂解成小分子烃的过程,称为裂化。温度一般为 500℃。目的主要是用来由柴油或重油等生产轻质油或改善重油的质量。在石油化工厂中,将石油馏分(烃)在高于 700℃ 温度下进行深度裂解的加工过程,称为裂解,目的是为了得到乙烯、丙烯和丁二烯等重要化工原料。

2.7 烷烃的天然来源

1)天然气

天然气的主要成分是甲烷,另外还含有乙烷、丙烷、丁烷以及二氧化碳、硫化氢、氮、氩、氧等。除用作燃料外,也是重要的化工原料,如用于合成氨、甲醇、乙炔、炭黑等的生产,还可从中提取氢气。

2)石油

石油一般是深褐色的粘稠液体。它是多种烃的混合物,其中包括直链烷烃、支链烷烃、环烷烃和芳烃。此外,还含有少量非烃化合物,如硫化氢、硫醇、噻吩、吡咯、吡啶等。

石油经分馏可以得到若干馏分,它们有不同的用途。石油的一些馏分还可进一步加工处理,或用来提高油品的产量或质量,或用来生产化工原料。石油分馏产品的组成和用途如表 2-3 所示。

表 2-3 石油馏分的组成和用途

名 称		主要成分	分馏区间(℃)	用 途
石油气		$C_1 \sim C_4$	<30	化工原料,燃料
轻油	汽油	$C_5 \sim C_8$	30~150	溶剂,内燃机燃料
	溶剂汽油	$C_7 \sim C_{10}$	120~175	化工原料
	煤油	$C_{11} \sim C_{16}$	150~270	燃料,工业洗油
中油	柴油	$C_{15} \sim C_{25}$	270~340	柴油机、蒸汽机和锅炉燃料
	轻质润滑油	$C_{18} \sim C_{22}$	>300	润滑剂
重油	柴油	$C_{15} \sim C_{25}$	340~400	燃料
	润滑油	$C_{18} \sim C_{22}$	>350	润滑油
	石蜡	$C_{20} \sim C_{30}$	>540	化工原料
渣油 沥青		$> C_{30}$	固体	铺路及建筑材料

3)其他

据报道,木星、土星和冥王星等行星大气层的主要成分是甲烷。另外,如烟叶和苹果等植物的叶或果实的表面有很薄一层防止水分蒸发的保护层,被证明是高级烷烃。某些昆虫同类之间借以传递各种信息而分泌的物质,这种物质被称为"昆虫外激素",其中含有高级烷烃。例如,有一种蚁能分泌一种有气味的用以传递警戒信息的物质,其中含有正十一烷和正十三烷。又如,雌虎蛾引诱雄虎蛾的性外激素(昆虫外激素分为性外激素、聚集外激素、告警外激素和追踪外激素)是 2-甲基十七烷。这样,人们合成这种性外激素来引诱雄虎蛾而将其杀死,从而达到消灭害虫的目的,但又不伤害其他昆虫,且对环境无污染,这是近年来发展起来的第三代农药的特点。值得注意,这里列举的两种昆虫外激素都是烷烃,但决不限于此。例如,雌蚕蛾尾部"香腺"分泌的一种引诱雄蚕蛾的性外激素则是一种不饱和醇。

第 2 节 环 烷 烃

环烷烃可以看成是由相应烷烃从两个不相邻碳原子上各失去一个氢原子连接而成,故其通式为 C_nH_{2n}。自然界存在的环烷烃,大多数是含有五元环或六元环的化合物。

2.8 环烷烃的构造异构和命名

2.8.1 环烷烃的构造异构

碳原子数相同的环烷烃,除最简单的环丙烷外,从含有四个碳原子的环烷烃开始能够产生异构现象。含碳原子越多,异构现象越复杂。例如,分子式为 C_4H_8 的环烷烃有以下两种构造异构体:

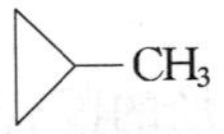

▷CH₃ 　　　 □

甲基环丙烷　　　环丁烷

含有五个和五个以上碳原子的环烷烃,除组成环的碳架不同产生异构现象外,烷基在环上的相对位次不同和烷基碳架的不同,均能产生异构现象。例如,分子式为 C_5H_{10} 的环烷烃有如下构造异构体:

环戊烷 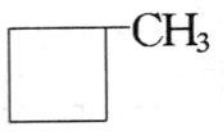　　　甲基环丁烷 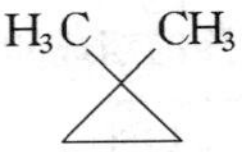　　　1,1-二甲基环丙烷 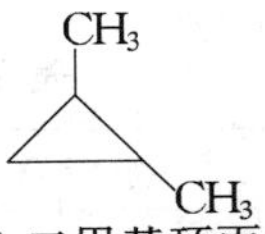　　　1,2-二甲基环丙烷 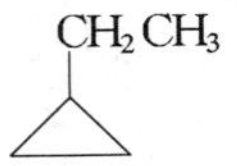　　　乙基环丙烷

2.8.2 环烷烃的命名

环烷烃的命名与烷烃相似,没有取代基的环烷烃命名时,是在相应烷烃名称之前加一个"环"字,称环某烷。例如:

环丙烷　　　环己烷　　　环庚烷

当环上连有支链,命名时则以环为母体,支链作为取代基。当环烷烃连有不止一个取代基时,由连有次序规则(见 3.4.2)中序号最低的取代基的碳原子开始,依次将环上碳原子编号,并使所有取代基的位次尽可能小,即应符合"最低系列"原则。最后将取代基的名称和位次写在"环某烷"之前,其原则与烷烃相同。例如:

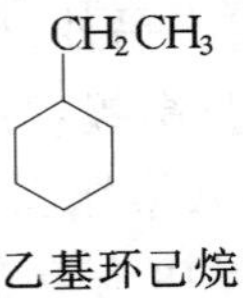

乙基环己烷 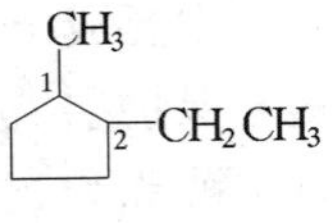　　　1-甲基-2-乙基环戊烷 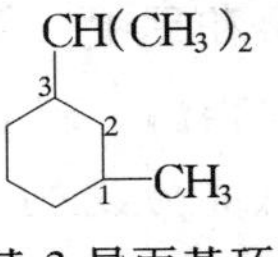　　　1-甲基-3-异丙基环己烷

问题 2-8 命名下列化合物:

24

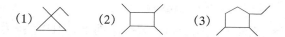

(1)　　　(2)　　　(3)

2.9　环烷烃的结构

2.9.1　环的大小与环的稳定性

实验证明,在环烷烃分子中,环的稳定性与环的大小有关。热化学实验表明,环烷烃在燃烧时,由于环的大小不同,亚甲基(—CH₂—)单元的燃烧热不同。一些环烷烃的燃烧热如表2-4所示。

表2-4　一些环烷烃的燃烧热

名称	分子燃烧热（kJ/mol）	—CH₂—平均燃烧热（kJ/mol）	名称	分子燃烧热（kJ/mol）	—CH₂—平均燃烧热（kJ/mol）
环丙烷	2 091	697	环庚烷	4 637	662
环丁烷	2 744	686	环辛烷	5 310	664
环戊烷	3 320	664	环壬烷	5 981	665
环己烷	3 951	659	环癸烷	6 636	664

从表2-4可以看出,环越小,每个亚甲基单元的平均燃烧热越大,随着环的加大,每个亚甲基单元的平均燃烧热逐渐降低,至环己烷以后则趋于恒定值,其值与正烷烃的每个亚甲基单元的平均燃烧热(659 kJ/mol)相差不多。这一事实说明,环越小,能量越高,越不稳定。三元环最不稳定,四元环比三元环稳定些,五元环和六元环以及更大的一些环则比较稳定。这种现象与不同环烷烃在化学性质上的表现是一致的。

2.9.2　环丙烷的结构

现代理论认为,环丙烷分子中的三元环不稳定的原因,是由于成环碳原子的sp^3(或接近sp^3)杂化轨道彼此之间不能形成最大程度交盖所致。因为在环丙烷分子中,三个碳原子在同一平面上,∠C—C—C键角是60°,而正常的sp^3杂化轨道对称轴之间的夹角是109.5°。因此,两个相邻碳原子以sp^3杂化轨道交盖形成C—C σ键时,既要尽量使键角达到正常键角,又要使三个碳原子形成环,因此相邻两个sp^3杂化轨道交盖时,与丙烷不同,不能在对称轴(两个成键碳原子核的联线)的直线上交盖,即不能形成最大交盖,故形成的C—C σ键是弯曲的,称为弯曲键。

物理方法测定结果表明,环丙烷分子中的∠C—C—C是105.5°,C—C键长为0.152 nm(比烷烃中的C—C键长0.154 nm短),也说明C—C σ键是弯曲键。

环丙烷和丙烷分子中C—C σ键的形成如图2-9所示。

在环丙烷分子中,由于碳原子之间成环时的几何形状所限,碳碳之间形成了弯曲键,使C—C σ键变弱,一般称之为分子内存在着张力。这种张力是由于键角偏差形成的,故称为角张力。即由于角张力的影响,环丙烷与丙烷相比,其稳定性差得多。角张力是影响环烷烃稳定性的因素之一,尤其对环丙烷和环丁烷的

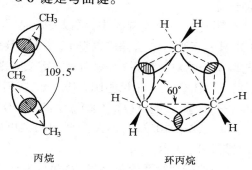

图2-9　丙烷及环丙烷分子中的碳碳 σ键

25

影响更大。

从环丁烷开始,由于组成环的碳原子不在同一平面上,因此角张力减小或不存在,较环丙烷略稳定(如环丁烷)或与开链烃相似而稳定(如环己烷)。

2.10 环己烷和一取代环己烷的构象

2.10.1 环己烷的构象

在环己烷分子中,组成环的碳原子均为 sp^3 杂化,∠C—C—C 为 109.5°,与开链烃相似,轨道达到最大重叠,故环己烷稳定。环己烷有两种常见的极限构象:一种构象是四个碳原子(如 C_2、C_3、C_5、C_6)在同一平面上,一个碳原子(如 C_1)在平面上方,另一个碳原子(如 C_4)在平面的下方,形似"椅子",称为椅型构象;另一种构象则是 C_1 和 C_4 两个碳原子在平面的同侧,形似"船",称为船型构象。可用模型和透视式表示(见图 2-10)。

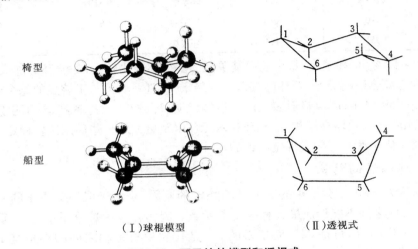

椅型

船型

（Ⅰ）球棍模型   （Ⅱ）透视式

图 2-10 环己烷的模型和透视式

船型比椅型构象能量高 30 kJ/mol,故在常温下,环己烷几乎全部以较稳定的椅型构象存在(在平衡体系中,椅型构象约占 999‰,船型构象约占 1‰)。因为在椅型构象中,每一个C—C键上的基团均以邻位交叉式存在。而在船型构象中,C_2—C_3 和 C_5—C_6 上连接的基团为全重叠式,同时 C_1 和 C_4 上的两个氢原子相距很近,彼此间的排斥力很大,而椅型构象不存在这种情况。

在环己烷的椅式构象中,可以看成是 C_1、C_3、C_5 和 C_2、C_4、C_6 分别构成两个平面(Ⅰ)和(Ⅱ),且相互平行。这样可以将 12 个 C—H 键分成两类:其中 6 个 C—H 键垂直于两个平面,且与两平面的对称轴平行,称为直立键或 a 键,C_1、C_3、C_5 上的直立键向上,C_2、C_4、C_6 上的直立键向下;另外 6 个 C—H 键则以 19.5°的倾斜角,分别伸向平面(Ⅰ)和(Ⅱ)的下方(C_1、C_3、C_5 上的 C—H 键)和上方(C_2、C_4、C_6 上的 C—H 键),称为平伏键或 e 键,见图 2-11。

在环己烷的构象中,不仅椅型和船型可以相互转变,而且一种椅型还可转变成另一种椅型,如图 2-12 所示。

由一种椅型转变成另一种椅型时,每一个 a 键都转变为 e 键,同时,每一个 e 键则转变为 a 键。

26

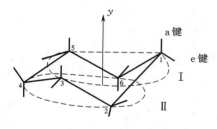

图 2-11 环己烷的 a 键与 e 键

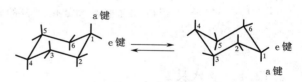

图 2-12 环己烷分子椅型构象的翻转

2.10.2 一取代环己烷的构象

在一取代环己烷的构象中,取代基处于 e 键比 a 键稳定。因为取代基在 a 键时,与 C_3 和 C_5 上同侧 a 键的氢原子相距很近,彼此之间产生很大排斥力的缘故,如图 2-13 所示。

图 2-13 环己烷的一烷基取代衍生物

在多取代环己烷的构象中,一般的规律是:大的取代基处于 e 键的构象和较多的取代基处于 e 键的构象,通常是较稳定的构象。

2.11 环烷烃的物理性质

环烷烃的物理性质与烷烃相似,低级环烷烃是气体,从环戊烷开始是液体,高级环烷烃是固体。环烷烃不溶于水,比水轻,但它的熔点、沸点和相对密度都比相应的烷烃高。一些环烷烃的物理常数如表 2-5 所示。

表 2-5 一些环烷烃的物理常数

名称	熔点(℃)	沸点(℃)	相对密度(d_4^{20})
环丙烷	−127.6	−32.9	0.720(−79℃)
环丁烷	−80	12	0.703(0℃)
环戊烷	−93	49.3	0.745
甲基环戊烷	−142.4	72	0.779
环己烷	6.5	80.8	0.779
甲基环己烷	−126.5	100.8	0.769
环庚烷	−12	118	0.810
环辛烷	11.5	148	0.836

2.12 环烷烃的化学性质

由于环烷烃与烷烃结构上很相似,因此化学性质也相似。如五元环以上的环烷烃一般也较稳定,在一定条件下,也可发生取代反应和氧化反应等。三元环和四元环由于结构的特殊性,与烷烃和其他环烷烃不同,容易开环发生加成反应,这是小环的特殊性。环烷烃所发生的反应部位,也是 C—C 键和 C—H 键断裂。

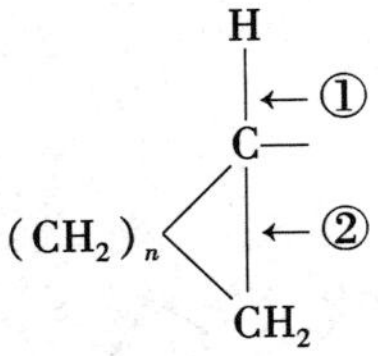

①C—H 键断裂,如取代、氧化反应
②C—C 键断裂,如氧化、小环的加成反应

$n = 1, 2, 3 \cdots$

2.12.1　取代反应

在光或热的作用下,环戊烷、环己烷与卤素(氯和溴)发生取代反应。例如:

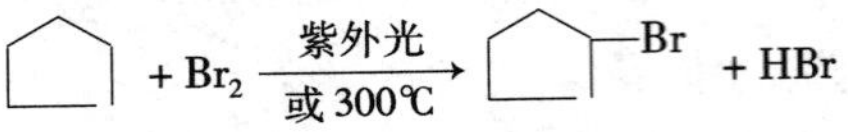

溴(代)环戊烷

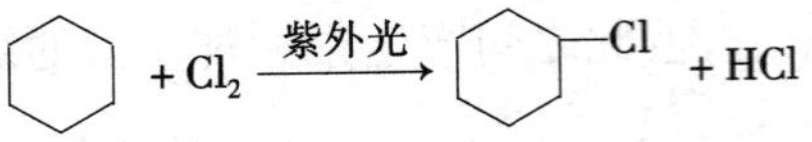

氯(代)环己烷

与烷烃相似,环烷烃的卤化反应也是按自由基机理进行的。

2.12.2　氧化反应

在室温下,环烷烃不与氧气和一般氧化剂(如 $KMnO_4$、O_3 等)反应,但在一定条件下,环烷烃也可被氧化,且随氧化条件不同,产物不同。例如:

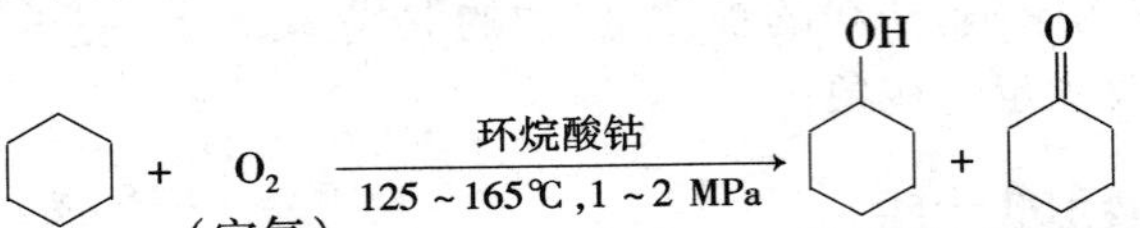

环己醇　环己酮

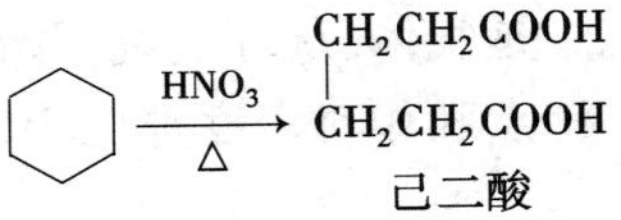

己二酸

2.12.3　加成反应

环丙烷和环丁烷不稳定,容易发生加成反应。

1)加氢

在催化剂(如镍、钯、铂等)存在下,环丙烷和环丁烷能与氢进行开环加成反应,生成烷烃。

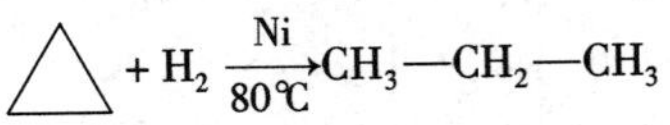

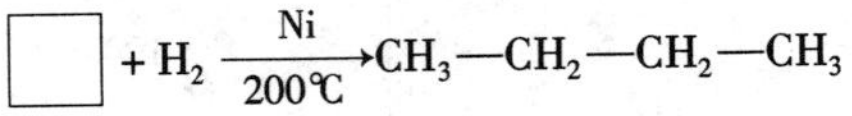

2)加溴

环丙烷和环丁烷与溴能发生开环加成反应,其中环丙烷在室温即可进行,而环丁烷则需在加热下才能进行。

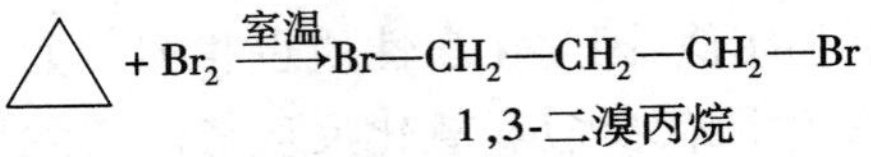

1,3-二溴丙烷

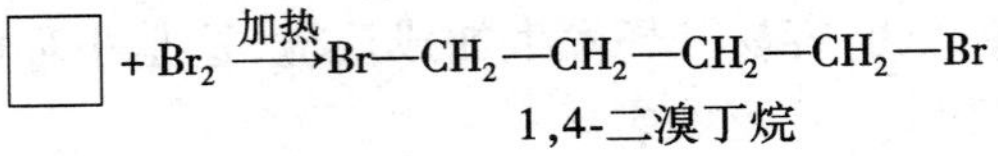

1,4-二溴丁烷

28

3）加卤化氢

环丙烷及其烷基衍生物与卤化氢能发生开环加成反应。例如：

$$\triangle + HI \longrightarrow CH_3—CH_2—CH_2—I$$
1-碘丙烷

烷基取代的环丙烷与卤化氢发生开环反应时，连接烷基最多和连接烷基最少的两个环上碳原子之间的键断裂，卤原子加到含氢较少的碳原子上，氢原子加到含氢较多的碳原子上。例如：

$$CH_3—\triangleright + HBr \longrightarrow CH_3—\underset{\underset{Br}{|}}{C}H—CH_2—CH_3$$
2-溴丁烷

环丁烷能与碘化氢发生加成反应。

问题 2-9 完成下列反应式（若不反应，请说明）：

(1) $\triangle \xrightarrow[Br_2]{H_2,Ni}$ (2) $\pentagon + Cl_2 \xrightarrow{\text{紫外光}}$

(3) $\triangle \xrightarrow[\text{室温}]{KMnO_4}$ (4) $\triangle + HI \longrightarrow$

小　结

（一）本章的重点是：烷烃和环烷烃的同分异构和命名；了解构象产生的原因和构象表达式——透视式和纽曼投影式；了解环己烷和一取代环己烷的构象；了解烷烃的结构和相应的物理性质如熔点、沸点和溶解度等之间的关系；烷烃的卤化反应及自由基取代反应机理；环丙烷等小环的开环加成反应。本章介绍的基本概念、名词、术语较多，对学习以后章节很重要，应该掌握。

（二）烷烃的化学性质，现以丙烷为例概括如下：

$$CH_3—\underset{\underset{X}{|}}{C}H—CH_3 + CH_3—CH_2—\underset{\underset{X}{|}}{C}H_2$$

$$\uparrow \text{卤化}$$

$$H_2O + CO_2 \xleftarrow{\text{燃烧}} \boxed{CH_3—CH_2—CH_3} \xrightarrow{\text{氧化}} CH_3COOH + CO_2 + H_2O$$

$$\downarrow \text{裂解}$$

$$CH_2{=}CH_2 + CH_4 \text{ 和/或 } CH_3—CH{=}CH_2 + H_2$$

（三）环烷烃的化学性质，普通环（5~7个碳原子组成的环，即5~7元环）的环烷烃与烷烃相似，小环（3和4元环）环烷烃则比较特殊，容易发生开环加成反应。现以一烷基环丙烷为例概括如下：

$$R—CH_2—CH_2—CH_3$$

$$\uparrow H_2|Ni$$

$$R—\underset{\underset{Br}{|}}{C}H—CH_2—CH_3 \xleftarrow{HBr} \boxed{\underset{R}{\triangle}} \xrightarrow{Br_2} R—\underset{\underset{Br}{|}}{C}H—CH_2—\underset{\underset{Br}{|}}{C}H_2$$

例　题

(一)写出分子式为 C_6H_{14} 烷烃的构造异构体。

解: 为了比较准确、简便、快速地写出某一烷烃的全部构造异构体,通常可采用如下一般方法。

(1)按指定碳原子数写出直链碳骨架。

(2)从(1)的直链碳骨架中去掉一个碳原子作为取代基,然后分别与余下的直链碳骨架的 C_2、C_3……相连,直至得到相同碳骨架为止。

(3)从(1)的直链碳骨架中去掉两个碳原子作为取代基,此时有两种情况:两个碳原子为一体(即 C—C)作为取代基,分别与余下的直链碳骨架的 C_3、C_4……相连,至得到相同碳骨架为止;将两个碳原子作为两个取代基,分别与余下的直链碳骨架的 C_2、C_3……相连(可连在相同或不同碳原子上),至得到相同碳骨架为止。

(4)从(1)的直链碳骨架去掉三个、四个……碳原子作为取代基,按类似于(3)的方法进行,则得到全部构造异构体的碳骨架。

(5)书写出碳骨架后,将不满四价的碳原子用氢原子补上,即得到全部完全的构造异构体。

(1) C—C—C—C—C　　CH_3—CH_2—CH_2—CH_2—CH_2—CH_3

(2) C—C—C—C—C
$$\begin{cases} \begin{array}{c} \text{C—C—C—C—C} \\ | \\ \text{C} \end{array} \quad CH_3—CH_2—CH_2—\overset{|}{C}H—CH_3 \\ \quad\quad\quad\quad\quad\quad\quad\quad\quad\quad CH_3 \\ \\ \begin{array}{c} \text{C—C—C—C—C} \\ | \\ \text{C} \end{array} \quad CH_3—CH_2—\overset{|}{C}H—CH_2—CH_3 \\ \quad\quad\quad\quad\quad\quad\quad\quad\quad\quad CH_3 \end{cases}$$

(3) C—C—C—C
$$\begin{cases} \begin{array}{c} \text{C—C—C—C} \\ | \quad | \\ \text{C} \quad \text{C} \end{array} \quad CH_3—\overset{|}{C}H—\overset{|}{C}H—CH_3 \\ \quad\quad\quad\quad\quad\quad CH_3 \ CH_3 \\ \\ \begin{array}{c} \text{C—C—C—C} \\ | \\ \text{C} \\ | \\ \text{C} \end{array} \quad \begin{array}{c} CH_3 \\ | \\ CH_3—\overset{|}{C}—CH_2—CH_3 \\ | \\ CH_3 \end{array} \end{cases}$$

(二)用系统命名法命名　$(CH_3CH_2)_2CCH_2CH_2CHCH_2CH_3$
$$\quad\quad\quad\quad\quad\quad\quad\quad\quad\quad\quad\quad CH_3 \quad\quad CH(CH_3)_2$$

解: 首先按本章2.2.5系统命名法要点中的(4)确定主链,然后按(2)、(3)、(4)的原则进行命名,则该化合物的名称为:2,6-二甲基-3,6-二乙基辛烷。

(三)写出2,5-二甲基-4-异丙基庚烷的构造式(分别用短线式和键线式表示)。

解: 书写烷烃短线式构造式的一般原则是:①首先写出作为最长碳链的"母体烷烃"的碳骨架;②将碳骨架编号;③按题目要求,把取代基连接在相关碳原子上;④将不满四价的碳原子用氢原子补上。其构造式为

$$\begin{array}{c} CH_3—\overset{4}{C}H—CH_3 \\ | \\ \overset{1}{C}H_3—\overset{2}{C}H—\overset{3}{C}H_2—\overset{4}{C}H—\overset{5}{C}H—\overset{6}{C}H_2—\overset{7}{C}H_3 \\ | \quad\quad\quad\quad\quad\quad\quad | \\ CH_3 \quad\quad\quad\quad\quad CH_3 \end{array}$$

书写烷烃键线式构造式的一般原则是:①应用近似键角首先写出作为最长碳链的"母体烷烃"碳骨架的碳碳键;②将碳碳键编号;③应用近似键角写出有关烷基的碳碳键,并将其连接在相关位置上。其构造式为

30

习 题

（一）写出分子式为 C_5H_{12} 烷烃的全部构造异构体（分别用缩简式和键线式表示），并用系统命名法命名。

（二）写出分子式为 C_6H_{12} 环烷烃的全部构造异构体，并命名。

（三）写出下列化合物的构造式，并指出 $1°$、$2°$、$3°$、$4°$ 碳原子和 $1°$、$2°$、$3°$ 氢原子。

(1) 四甲基甲烷　　　　　　(2) 2,2,3-三甲基戊烷

(3) 3-甲基-4-乙基己烷　　　(4) 甲基二乙基甲烷

(5) 二异丙基甲烷　　　　　(6) 3-甲基-3-乙基-6-异丙基壬烷

(7) 乙基环戊烷　　　　　　(8) 1-甲基-4-异丙基环己烷

（四）命名下列各化合物：

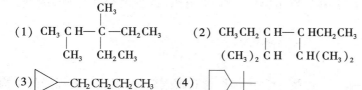

（五）写出符合下列条件的烷烃的构造式，并命名。

(1) 含有一个甲基侧链和相对分子质量为 86 的烷烃。

(2) 只有伯氢而无其他氢原子的 C_5H_{12} 烷烃。

(3) 含有一个叔氢原子的己烷。

(4) 有四种一氯取代物的戊烷。

（六）按下列要求书写构象式。

(1) 已知丁烷沿 C_2 和 C_3 键旋转可以写出四种极限构象，如果沿 C_1 和 C_2 之间的键轴旋转，可以写出几种极限构象？分别用透视式和纽曼投影式表示。

(2) $BrCH_2$—CH_2Br 最稳定的构象式。

(3) 叔丁基环己烷最稳定的构象式。

(4) 1,4-二甲基环己烷最稳定的构象式。

（七）将下列各组化合物的沸点和熔点由高至低排列。

(1) (A) 3,3-二甲基戊烷；(B) 正庚烷；(C) 2-甲基庚烷；(D) 正戊烷；(E) 2-甲己烷

(2) (A) 环己烷；(B) 正己烷；(C) 2-甲基戊烷

(3) (A) 正辛烷；(B) 2,2,3,3-四甲基丁烷

（八）回答下列问题：

(1) 2,2,4-三甲基戊烷在进行氯化反应时，可能得到几种一氯代产物？写出其构造式。

(2) 相对分子质量为 86 的哪一种烷烃溴化时得到两种一溴取代物？写出其构造式。

（九）完成下列反应式：

(1) $(CH_3)_3CH + Br_2 \xrightarrow[127℃]{h\nu}$

(2) 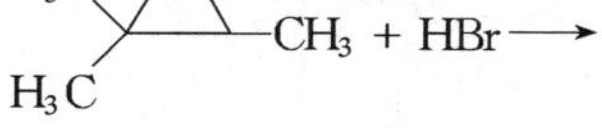
$$\begin{array}{c} H_3C \\ \diagup \\ H_3C \end{array} \triangle\!\!\!-CH_3 + HBr \longrightarrow$$

第3章 不饱和烃

在烃分子中含有碳碳双键($C=C$)或/和碳碳三键($C\equiv C$)时,称为不饱和烃。它包括开链不饱和烃和环状不饱和烃,其中最重要和最常见的是烯烃、炔烃和二烯烃。

第1节 烯 烃

分子中含有一个碳碳双键的不饱和烃,称为烯烃。碳碳双键($C=C$)是烯烃的官能团。由于分子中含有一个 $C=C$ 双键,因此,比相应的烷烃少两个氢原子,通式为 C_nH_{2n}。与环烷烃是同分异构体(构造异构体)。环烯烃与相应的环烷烃相比,也少两个氢原子,故通式为 C_nH_{2n-2}。

3.1 烯烃的结构

烯烃与相应烷烃相比,在结构上的最大差别是,烯烃含有碳碳双键,因此了解烯烃的结构,就是要了解碳碳双键的构成。现以最简单的乙烯为例说明如下。

3.1.1 碳原子的 sp^2 杂化轨道

在乙烯分子中,每一个碳原子只与三个原子(一个碳原子和两个氢原子)相连。因此,轨道杂化理论认为,碳原子在形成乙烯分子时,激发态的碳原子用一个 2s 轨道和两个 2p 轨道进行杂化,形成三个等同的 sp^2 杂化轨道,余下一个 2p 轨道不参与杂化。

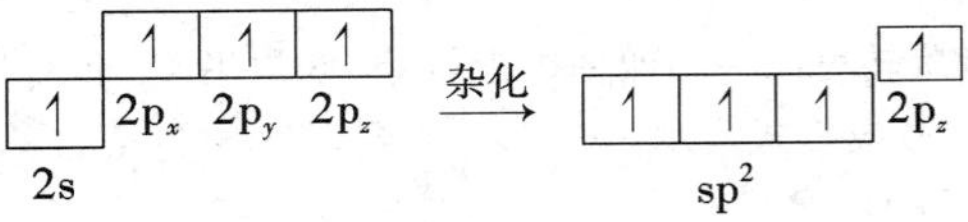

图 3-1 碳原子轨道的 sp^2 杂化

每个 sp^2 杂化轨道含有 1/3 s 轨道成分和 2/3 p 轨道成分,其形状与 sp^3 杂化轨道相似。如图 3-2(Ⅰ)所示。三个 sp^2 杂化轨道在同一平面上对称地分布在碳原子核的周围,轨道对称轴的夹角互成 120°,如图 3-2(Ⅱ)所示。轨道这样分布,使轨道之间的电子排斥力最小,体系最稳定。余下 p 轨道的对称轴垂直于 sp^2 杂化轨道的对称轴所在平面,如图 3-2(Ⅲ)所示。

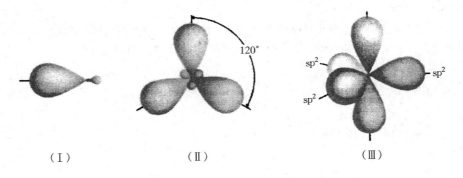

（Ⅰ）　　　　　　（Ⅱ）　　　　　　（Ⅲ）

图 3-2 碳原子的 sp^2 杂化轨道

3.1.2 乙烯分子的结构

由碳原子和氢原子形成乙烯分子时，两个碳原子的 sp^2 杂化轨道在对称轴的方向相互交盖，构成 C_{sp^2}—C_{sp^2} σ 键，每一个碳原子的 sp^2 杂化轨道又分别与两个氢原子的 1s 轨道在对称轴的方向相互交盖，构成两个 C_{sp^2}—H_s σ 键。如图 3-3（Ⅰ）所示。构成 σ 键的轨道称为 σ 轨道，上述五个 σ 轨道的对称轴都在同一平面上。每一个 σ 轨道中各有一对电子，称为 σ 电子。

每一个碳原子余下的一个未参与杂化的 p 轨道，它们的对称轴都垂直于 σ 轨道对称轴所在平面，相互平行，在侧面相互交盖形成另一种键，这种键与 σ 键不同，称为 π 键，如图 3-3（Ⅰ）和（Ⅱ）所示。构成 π 键的轨道，称为 π 轨道。π 轨道中的电子，称为 π 电子。

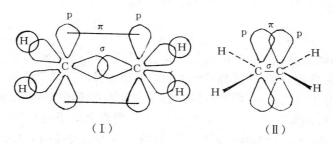

（Ⅰ）   （Ⅱ）

图 3-3　乙烯分子中的 σ 键和 π 键

为了形象地表示乙烯分子的立体结构，常用球棒模型和比例模型表示，如图 3-4 所示。

3.1.3 σ 键和 π 键的比较

通过上述讨论可以看出，σ 键和 π 键是两种不同的键，其差别如表 3-1 所示。

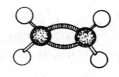

球棒模型　　　　比例模型

图 3-4　乙烯分子的模型

表 3-1　σ 键和 π 键的比较

	σ 键	π 键
存在	存在于含共价键的任何分子中，且可单独存在	只与 σ 键共存于双键或三键中，不能单独存在
成键情况	①由原子轨道彼此"头"对"头"交盖而成 ②交盖程度较大 ③轨道对键轴呈圆柱形对称分布	①由原子轨道彼此"肩"并"肩"交盖而成 ②交盖程度较小 ③轨道以 σ 键轴所在平面为对称面分布成上下两层
性质	①键能较大 ②可沿键轴自由旋转 ③键的极化性较小	①键能较小 ②不能沿键轴自由旋转 ③键的极化性较大

3.2　烯烃的同分异构

与烷烃相似，烯烃也存在同分异构现象，但比烷烃复杂。含有四个和四个以上碳原子的烯烃，除了具有烷烃那样的碳架异构外，还因碳碳双键位次不同产生异构体，这种异构称为官能团位置异构；另外，某些烯烃还存在顺反异构。例如，丁烯具有如下三种异构，共有四种异构体。

（1）碳架异构

$$CH_3-CH_2-CH=CH_2$$
1-丁烯

$$CH_3-\overset{\overset{\textstyle CH_3}{|}}{C}=CH_2$$
异丁烯

（2）官能团位置异构

$$CH_3-CH_2-CH=CH_2$$
1-丁烯

$$CH_3-CH=CH-CH_3$$
2-丁烯

（3）顺反异构

$$\overset{\textstyle H_3C}{\underset{\textstyle H}{}}C=C\overset{\textstyle CH_3}{\underset{\textstyle H}{}}$$
顺-2-丁烯（Ⅰ）

$$\overset{\textstyle H_3C}{\underset{\textstyle H}{}}C=C\overset{\textstyle H}{\underset{\textstyle CH_3}{}}$$
反-2-丁烯（Ⅱ）

与烷烃不同,烯烃能够产生官能团位置异构,是因为烯烃含有碳碳双键（C =C）官能团。含有官能团的有机化合物分子,许多都能产生官能团位置异构。烯烃能够产生顺反异构,是由于其他烯烃与乙烯分子结构相似,两个双键碳原子和与其直接相连的四个原子在同一平面上,且双键不能自由旋转,因此当每个双键碳原子所连接的两个原子或基不同时,即具有 abC =Cab、abC =Cad 或 abC =Cde 构造时,可以产生两种不同的空间排列方式,从而产生顺反异构体。例如上式中的 2-丁烯（Ⅰ）和（Ⅱ）,是顺反异构体。（Ⅰ）式是两个双键碳原子上连接的两个相同原子（如氢原子）或基（如甲基）处在双键同侧,称为顺式;（Ⅱ）式是两个相同原子或基处在双键异侧,称为反式。这种异构体称为顺反异构体,这种异构现象称为顺反异构。

2-丁烯（Ⅰ）和（Ⅱ）的分子式相同,原子在分子中的排列和结合顺序也相同,即两者的构造相同,但它们分子中的原子在空间的排列不同,分子中原子在空间的排列,称为构型,故（Ⅰ）和（Ⅱ）是构型不同的化合物,因此顺反异构是一种构型异构。

问题 3-1 写出戊烯（C_5H_{10}）的碳架异构体、官能团位置异构体和顺反异构体的结构式。

问题 3-2 下列烯烃有无顺反异构体? 若有,写出其顺反异构体的结构式。

（1）$C_2H_5CH=CHC_2H_5$ 　　　　　　　　（2）$(CH_3)_2C=C(C_2H_5)_2$

（3）$CH_3CH=\overset{\overset{\textstyle }{|}}{C}-CH_2CH_3$ 　　　　（4）$CH_2=\overset{\overset{\textstyle }{|}}{C}CH_2CH_3$
　　　　　$\underset{\textstyle C_2H_5}{}$　　　　　　　　　　　　　　　$\underset{\textstyle CH_3}{}$

3.3　烯烃的命名

3.3.1　烯基

烯烃分子从形式上去掉一个氢原子后余下的基团,称为烯基。最常见的烯基有:

$$CH_2=CH-$$
乙烯基

$$CH_3-CH=CH-$$
丙烯基

$$CH_2=CH-CH_2-$$
烯丙基

3.3.2　衍生命名法

衍生命名法是以乙烯作为母体,将其他烯烃看成是乙烯的烷基取代物来命名。例如:

$$(CH_3)_2C=C(CH_3)_2$$
四甲基乙烯

$$(CH_3)_2C=CH_2$$
不对称二甲基乙烯

$$CH_3CH=CHCH_2CH_3$$
对称甲基乙基乙烯

3.3.3　系统命名法

烯烃的系统命名法与烷烃有很多相同之处,其基本要点是:

（1）选择含有 C＝C（碳碳双键）在内的最长碳链作为主链,支链作为取代基,根据主链所含碳原子数称为"某烯";

（2）主链碳原子从 C＝C 最靠边的一端开始编号（环烯烃则从双键开始编号,即 1,2 位留给双键）,C＝C 的位次用两个双链碳原子中编号小的号数表示,放在"某烯"之前,数字与"某烯"之间用短横线相连;

（3）取代基的位次、数目、名称写在烯烃名称之前,其原则与烷烃相同。例如：

$$CH_3—CH_2—\overset{3}{\underset{\underset{CH_2CH_3}{|}}{C}}=\overset{4}{CH}—CH_3$$

3-甲基-2-乙基-1-丁烯

$$CH_3—CH_2—\overset{3}{\underset{\underset{CH_3}{|}{\underset{|}{CH_2—CH_2—CH_3}}}{C}}=\overset{2}{CH}—\overset{1}{CH_3}$$

3-乙基-2-己烯

$$\overset{6}{CH_3}—\overset{5}{CH_2}—\overset{4}{CH}=\overset{3}{\underset{CH_3}{|}}—\overset{2}{\underset{CH_3}{|}}—\overset{1}{CH_3}$$

2,3-二甲基-3-己烯

4-甲基-1-乙基环己烯

与烷烃不同,当烯烃主碳链的碳原子数多于 10 个时,命名时在烯字之前加一个碳字。例如：

$$CH_3(CH_2)_9CH=CH_2 \qquad CH_3(CH_2)_9CH_2CH_3$$

1-十二碳烯 　　　 十二烷

像 1-十二碳烯那样,双键在 C_1 和 C_2 之间的烯烃统称 α-烯烃。这一术语在石油化学工业中使用较多。

问题 3-3　用衍生命名法命名下列化合物:

(1) $(CH_3)_2C=CHCH_3$ 　　(2) $CH_3CH=CH—\overset{\underset{CH_3}{|}}{\underset{|}{\underset{CH_3}{C}}}—CH_3$

问题 3-4　用系统命名法命名下列化合物:

(1) $CH_3CH_2—\underset{\underset{CH_2=CH}{|}}{CH}—CH_2CH_2CH_3$ 　　(2) $(CH_3)_2CHC=CHCH_3$　$\underset{CH_3}{|}$

(3) $CH_3CH_2CH_2—C=CH—CH_2CH_3$　$\underset{CH_3}{|}$ $\underset{CH_2}{|}$ 　　(4) 环戊烯 $—CH_3$

3.4　顺反异构体的命名

3.4.1　顺反命名法

在顺式烯烃和反式烯烃名称之前分别冠以"顺-"和"反-"即得。例如：

$$\underset{H}{\overset{CH_3CH_2}{}}C=C\underset{H}{\overset{CH_3}{}}$$

顺-2-戊烯

$$\underset{H}{\overset{CH_3CH_2}{}}C=C\underset{CH_3}{\overset{H}{}}$$

反-2-戊烯

当两个双键碳原子所连接的四个原子或基都不相同时,则难用顺反命名法命名。例如：

$$\underset{C_2H_5}{\overset{CH_3}{}}C=C\underset{CH_2CH_2CH_3}{\overset{H}{}}$$

此时需用 Z,E 命名法命名。

3.4.2 Z,E 命名法

1)次序规则

为了表达分子内原子间的立体化学关系,需要决定有关原子或基的排列次序的几项规定,称为次序规则。有如下主要内容。

(1)将与双键碳原子直接相连的原子按原子序数大小排列,大者为“较优”基团。如果是同位素,则质量高的定为“较优”基团。未共用电子对(:)定为最小。“较优”基团排在前面。例如:

I > Br > Cl > S > F > O > N > C > D > H > :

符号“ > ”表示“优先于”,即前者优先于后者。

(2)若双键碳原子连接的两个原子的原子序数相同,则比较由该原子向外推算的第二个原子的原子序数,依次外推至比较出较优基团为止。例如,与双键碳原子连接的两个基分别是—CH_3和—CH_2CH_3,它们与双键碳原子直接相连的都是碳原子,因此需要外推至第二个原子。在—CH_3 中,与 C 相连的是三个 H(H,H,H);而在—CH_2—CH_3 中,与 C 相连的是一个 C 和两个 H(C,H,H),由于碳原子的原子序数比氢原子大,所以—CH_2—CH_3 与—CH_3 相比是“较优”基团,即—CH_2—CH_3 >—CH_3。同理,—C(CH_3)$_3$ >—CH(CH_3)$_2$ >—CH_2CH_3。

(3)若基团是含有双键或三键的不饱和基时,可以认为双键和三键原子分别连接两个和三个相同的原子。例如:

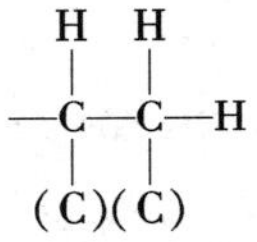

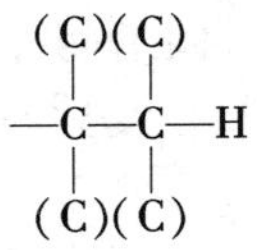

—CH ═CH_2 相当于

—C≡CH 相当于

由此可见—C≡CH >—CH ═CH_2。

根据次序规则可知,几种常见烃基的优先次序是:

—C≡CH >—C(CH_3)$_3$ >—CH ═$CHCH_3$ >—CH ═CH_2 >—CH(CH_3)$_2$ >—CH_2CH ═CH_2 >—$CH_2CH_2CH_3$ >—CH_2CH_3 >—CH_3。

2)Z,E 命名法

Z,E 命名法亦称 Z,E 标记法。首先根据次序规则比较出两个双键碳原子上所连接的两个原子或基的优先次序,当两个双键碳原子上的“较优”原子或基处于双键的同侧时,其构型用 Z(德文 zusammen,同一侧之意)表示,称为 Z 式。“较优”原子或基在异侧时,其构型用 E(德文 entgegen,相反之意)表示,称为 E 式。然后在相应烯烃名称之前分别冠以“(Z)-”或“(E)-”,即得全称。例如:

(Z)-2-丁烯

CH_3 > H

CH_3 > H

(E)-2-丁烯

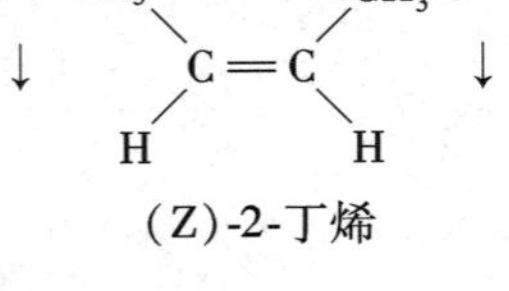

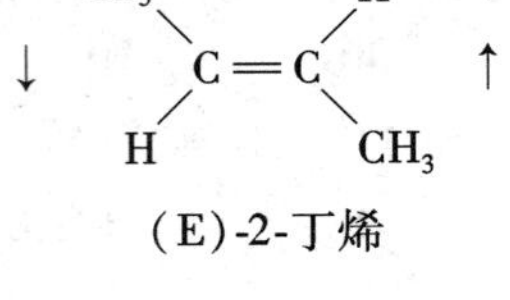

$$
\begin{array}{ccc}
CH_3 \quad CH_2CH_3 & & CH_3 \quad H \\
\downarrow \quad C=C \quad \downarrow & CH_3 > H & \downarrow \quad C=C \\
H \qquad\qquad H & CH_3CH_2 > H & H \qquad CH_2CH_3 \quad \uparrow
\end{array}
$$

(Z)-2-戊烯 　　　　　　　　　　　　　　　(E)-2-戊烯

式中箭头"→"表示双键碳原子上的两个原子或基的优先次序由大到小方向,当两个箭头的方向一致时,是 Z 式,反之是 E 式。

在一些常见烯烃的顺反异构体中,顺式多数也是 Z 式,反式多数也是 E 式,但决不能误解为顺和 Z、反和 E 是对应关系。例如:

$$
\begin{array}{ccc}
H \quad CH_2CH_3 & & CH_3 \quad CH_2CH_3 \\
\uparrow \quad C=C \quad \downarrow & CH_3 > H & \downarrow \quad C=C \quad \downarrow \\
CH_3 \qquad CH_3 & CH_3CH_2 > CH_3 & H \qquad CH_3
\end{array}
$$

(E)-3-甲基-2-戊烯 　　　　　　　　　　　(Z)-3-甲基-2-戊烯
顺-3-甲基-2-戊烯 　　　　　　　　　　　　反-3-甲基-2-戊烯

问题 3-5 用 Z,E 命名法命名下列各化合物:

(1)
$$
\begin{array}{c}
CH_3 \quad CH_2CH_3 \\
C=C \\
CH_3CH_2 \quad CH_3
\end{array}
$$

(2)
$$
\begin{array}{c}
H \quad CH_2CH_3 \\
C=C \\
CH_3 \quad CH_2CH_2CH_3
\end{array}
$$

(3)
$$
\begin{array}{c}
CH_3CH_2 \quad CH(CH_3)_2 \\
C=C \\
CH_3 \quad CH_2CH_2CH_3
\end{array}
$$

(4)
$$
\begin{array}{c}
H \quad CH(CH_3)_2 \\
C=C \\
CH_3 \quad CH_3
\end{array}
$$

3.5　烯烃的物理性质

与烷烃相似,烯烃也是无色物质。在常温下,丁烯以下是气体,从戊烯开始是液体,高级烯烃是固体;相对密度小于 1;难溶于水,能溶于某些非极性或极性小的有机溶剂中,如苯、氯仿和乙醚等。一些烯烃的物理常数如表 3-2 所示。

表 3-2　一些烯烃的物理常数

名称	构造式	熔点(℃)	沸点(℃)	相对密度(d_4^{20})
乙烯	$CH_2=CH_2$	−169.5	−103.7	0.570(在沸点)
丙烯	$CH_3CH=CH_2$	−185.2	−47.7	0.610(在沸点)
1-丁烯	$CH_3CH_2CH=CH_2$	−130	−6.4	0.625(在沸点)
顺-2-丁烯	$\begin{array}{c} H \quad H \\ C=C \\ H_3C \quad CH_3 \end{array}$	−139.3	3.5	0.621 3
反-2-丁烯	$\begin{array}{c} H \quad CH_3 \\ C=C \\ H_3C \quad H \end{array}$	−105.5	0.9	0.604 2
2-甲基-1-丙烯	$(CH_3)_2C=CH_2$	−140.8	−6.9	0.631(−10℃)
1-戊烯	$CH_3(CH_2)_2CH=CH_2$	−166.2	30.1	0.641
1-己烯	$CH_3(CH_2)_3CH=CH_2$	−139	63.5	0.673
1-庚烯	$CH_3(CH_2)_4CH=CH_2$	−119	93.6	0.697
1-十八碳烯	$CH_3(CH_2)_{15}CH=CH_2$	17.5	179	0.791

从表 3-2 可以看出,顺-2-丁烯的沸点比反-2-丁烯略高,而熔点则是反-2-丁烯比顺-2-丁烯略高。这是因为顺-2-丁烯是非对称分子,偶极矩不等于零,具有弱极性,故沸点略高;而反-2-丁烯是对称分子,它在晶格中的排列比顺式较紧密,故熔点略高。其他烯烃的顺反异构体也存在这种现象。

问题 3-6 在 2-戊烯的顺反异构体中,哪一个熔点高?哪一个沸点高?为什么?

3.6 烯烃的化学性质

与烷烃不同,烯烃含有碳碳双键($C=\!\!=\!\!C$)官能团,其中 π 键又比较弱而容易断裂,因此碳碳双键能发生多种反应。另外,受碳碳双键的影响,与双键碳原子直接相连的碳原子,即与官能团直接相连的碳原子,也比较活泼而发生某些反应。与官能团直接相连的碳原子称为 α-碳原子,α-碳原子上的氢原子称为 α-氢原子。

综上所述,烯烃发生反应的主要部位是:

$$\underset{②}{\underset{\uparrow}{R}}—CH_2—\underset{①}{\underset{\uparrow}{CH}}=\!\!=CH_2$$ 　①双键上的反应,如加成、氧化、聚合等反应
②α-碳原子上的反应,如取代、氧化等反应

3.6.1 加成反应

在一定条件下,烯烃与试剂作用,双键中的 π 键断开,每个双键碳原子与试剂的一部分结合,形成两个较强的 σ 键,由两个分子结合成为一个分子,这种反应称为加成反应。如下式所示:

$$\overset{}{\underset{}{>}}C=\!\!=C\overset{}{\underset{}{<}} + X—Y \longrightarrow \underset{\underset{X}{|}}{-\overset{|}{C}}-\underset{\underset{Y}{|}}{\overset{|}{C}}-$$

1)催化加氢

在催化剂存在下,烯烃与氢在一定条件下进行加成,生成相应的烷烃。

$$R—CH=\!\!=CH_2 + H_2 \xrightarrow{\text{催化剂}} R—CH_2—CH_3$$

常用的催化剂有骨架镍(或称 Raney(阮内)镍)、铂、钯等。反应条件则依具体情况而定。

烯烃的催化加氢反应,在实验室和工业上均具有重要意义。例如,石油加工生产的粗汽油常含有少量烯烃,由于烯烃易发生氧化和聚合等反应,影响油品的质量,因此,对粗汽油进行加氢处理,将其中的烯烃转变为相应的烷烃,可提高油品的稳定性。加氢处理后的汽油称加氢汽油。

2)加卤素及亲电加成反应机理

(A)加卤素

烯烃与卤素容易进行加成反应,生成邻二卤化物(两个卤原子所在碳原子直接相连,也称连二卤化物)。例如:

$$CH_3CH=\!\!=CH_2 + Br_2 \xrightarrow{CCl_4} \underset{\underset{Br}{|}}{CH_3CH}—\underset{\underset{Br}{|}}{CH_2}$$

1,2-二溴丙烷

$$\underset{}{\bigcirc}\!\!\!= + Br_2 \xrightarrow{CCl_4} \bigcirc\!\!\!\!<\overset{Br}{\underset{Br}{}}$$

1,2-二溴环己烷

烯烃与溴的反应,不仅可用来制备邻二卤化物,而且由于反应过程中溴的红棕色逐渐消失,现象很明显,因此也常被用来鉴别和定量测定含有碳碳双键的化合物。

对于同一烯烃,不同卤素的加成活性由大到小顺序是:

$$F_2 > Cl_2 > Br_2 > I_2$$

其中氟非常活泼,反应难于控制;而碘的活性很差,除少数烯烃外,一般不与烯烃发生加成反应;因此常用氯和溴与烯烃反应。氯也很活泼,为了使氯和烯烃顺利进行加成反应,通常采取既加入溶剂稀释,又加入催化剂的办法来进行。例如:工业上由乙烯和氯生产 1,2-二氯乙烷时,用 1,2-二氯乙烷为溶剂,三氯化铁为催化剂,于 40℃、2 MPa 下进行。

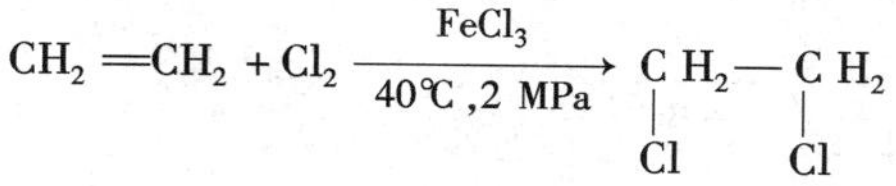

$$CH_2 = CH_2 + Cl_2 \xrightarrow[40℃,2\ MPa]{FeCl_3} \underset{\underset{Cl}{|}}{C}H_2 \underset{\underset{Cl}{|}}{—} CH_2$$

1,2-二氯乙烷

1,2-二氯乙烷可用作溶剂,制造氯乙烯以及谷物、谷仓等的气体消毒杀虫剂。

对于同一卤素,不同烯烃的加成活性由大到小的顺序是:

$$(CH_3)_2C = C(CH_3)_2 > (CH_3)_2C = CHCH_3 > (CH_3)_2C = CH_2 > CH_3CH = CH_2 > CH_2 = CH_2$$

烯烃与氢、卤素(氯、溴)的加成反应,原子利用率从理论上讲均为 100%,符合绿色化学的要求(见第 1 章 1.9)。

(B)亲电加成反应机理

许多实验结果表明,烯烃与卤素的加成反应是分步进行的离子型亲电加成反应。现以烯烃和溴的加成为例表示如下:

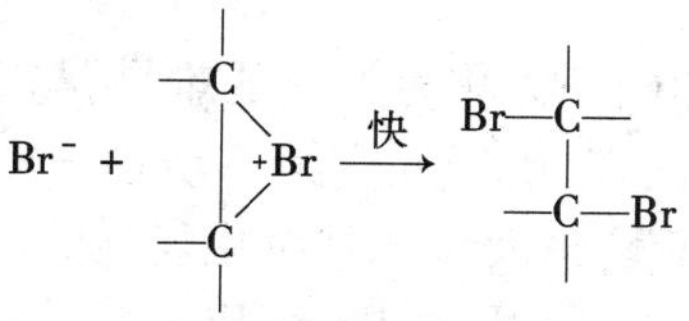

第一步反应是溴分子与烯烃分子接近,受烯烃 π 电子的影响,溴分子中的 σ 键发生极化,靠近 π 键的溴原子带有部分正电荷(δ^+),远离 π 键的溴原子则带有部分负电荷(δ^-),进而 Br—Br σ 键发生异裂,并与两个双键碳原子相互作用,形成三元环状溴鎓离子中间体和溴负离子。这步反应是慢的一步,是决定反应速率的一步。这种由亲电试剂(带有部分正电荷或带有正电荷的溴原子)进攻 C=C 双键碳原子而进行的加成反应,称为亲电加成反应。

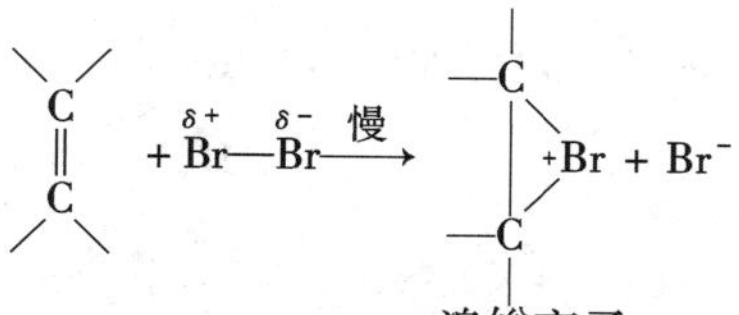

第二步是溴负离子从溴鎓离子的背面(远离 Br$^+$ 的一面)进攻两个碳原子之一,生成反式连二溴化物。这步反应是离子之间的反应,是快的一步。这种由 Br$^+$ 和 Br$^-$ 在 C=C 的两侧分别加到两个双键碳原子上的加成,称为反式加成。

上述机理得到许多实验的支持。例如,乙烯与溴在氯化钠水溶液中进行反应时,除生成预期的加成产物 1,2-二溴乙烷外,还生成了 1-氯-2-溴乙烷和 2-溴乙醇,说明反应是分步进行的离子型亲电加成:

$$CH_2 = CH_2 + Br_2 \xrightarrow{-Br^-} \begin{matrix} CH_2 \\ | \\ CH_2 \end{matrix}^+ Br$$

反应分支：

$Br^- \longrightarrow$ CH_2-CH_2 （Br、Br）　1,2-二溴乙烷

$\dfrac{Cl^-}{(NaCl)} \longrightarrow$ CH_2-CH_2 （Br、Cl）　1-氯-2-溴乙烷

$\dfrac{H_2O}{-H^+} \longrightarrow$ CH_2-CH_2 （Br、OH）　2-溴乙醇

又如,环戊烯与溴反应生成反-1,2-二溴环戊烷,说明溴对碳碳双键(C=C)的加成是反式加成:

3) 加卤化氢及马氏规则

(A) 加卤化氢

烯烃与卤化氢反应生成卤代烷。例如:

$$CH_2 = CH_2 + HCl \xrightarrow[130 \sim 250℃]{AlCl_3} CH_2-CH_2 \ (\text{H、Cl})$$
氯乙烷

与烯烃和卤素的加成反应相同,烯烃与卤化氢的加成反应也是亲电加成。例如,烯烃与卤化氢的加成反应机理可表示如下:

$$\begin{matrix} \diagdown \\ C \end{matrix} = \begin{matrix} \diagup \\ C \end{matrix} + H-X \longrightarrow -\overset{|}{\underset{|}{C}}-\overset{+}{\underset{H}{C}}- \ + X^-$$

$$-\overset{|}{\underset{|}{C}}-\overset{+}{\underset{H}{C}}- \ + X^- \longrightarrow -\overset{|}{\underset{H}{C}}-\overset{|}{\underset{X}{C}}-$$

由于是亲电加成,不同烯烃和同一卤化氢加成的难易,与不同烯烃和同一卤素加成的难易顺序是一致的。对于不同卤化氢而言,由于反应第一步是 HX 解离出 H^+ 与碳碳双键加成,因此容易解离出 H^+ 的 HX,其反应活性越大。不同卤化氢与同一烯烃的反应活性是:

$$HI > HBr > HCl$$

(B) 马氏规则

乙烯是对称分子,它与卤化氢加成时,无论氢原子或卤原子加到哪一个双键碳原子上,均得到相同产物。但不对称烯烃与卤化氢加成时,则可能生成两种产物。例如,丙烯与氯化氢的加成,由于丙烯是不对称烯烃,则可能得到以下两种产物:

$$CH_3-CH=CH_2 + HCl \longrightarrow CH_3-\overset{|}{\underset{Cl}{CH}}-CH_2 \ (\text{H}) + CH_3-\overset{|}{\underset{H}{CH}}-\overset{|}{\underset{Cl}{CH_2}}$$
　　　　　　　　　　　　　　　　　2-氯丙烷　　　　　　1-氯丙烷

但实验结果表明,此反应的主要产物是 2-氯丙烷。

马尔柯夫尼柯夫(Markovnikov)通过实验总结出了一个规律,即不对称烯烃与卤化氢等不对称试剂加成时,试剂中的氢原子加到含氢较多的双键碳原子上,卤原子加到含氢较少的双键碳原子上。此规律被称为马尔柯夫尼柯夫规则,简称马氏规则,也称不对称加成规则。马氏规

则的另一种表述方式是:不对称烯烃与卤化氢等不对称试剂加成时,试剂中的氢原子加到取代基较少的双键碳原子上,卤原子加到取代基较多的双键碳原子上。

(C)马氏规则的理论解释

现仍以丙烯与氯化氢的加成为例说明如下。在丙烯分子中,甲基碳原子为 sp^3 杂化,双键碳原子为 sp^2 杂化,由于 sp^2 杂化轨道比 sp^3 杂化轨道含有较多的 s 成分,轨道的 s 成分越多,原子核对电子的吸引力越大,因此甲基碳原子与双键碳原子之间的电子云密度偏向双键碳原子。即 C_{sp^2} 的电负性比 C_{sp^3} 大,因此,甲基表现出供电性。由于甲基供电诱导效应影响的结果,使得双键上的电子云发生偏移,离甲基较远的双键碳原子上带有部分负电荷。当与卤化氢加成时,带部分正电荷的氢原子(或带电荷的质子)加到带有部分负电荷的双键碳原子上,而带有部分负电荷的氯原子(或带负电荷的氯离子)则加到带有部分正电荷的双键碳原子上。

$$CH_3 \rightarrow \overset{\delta+}{C}H = \overset{\delta-}{C}H_2 + \overset{\delta+}{H} \rightarrow \overset{\delta-}{Cl} \longrightarrow CH_3 - \underset{Cl}{C}H - \underset{H}{C}H_2$$

另外,也可利用反应过程中生成的碳正离子中间体的稳定性进行解释。如丙烯与氯化氢的加成,首先可能生成两种碳正离子(Ⅰ)和(Ⅱ):

$$CH_3 - CH = CH_2 + HCl \xrightarrow[-Cl^-]{} CH_3 - \underset{(Ⅰ)H}{\overset{+}{C}H} - CH_2 + CH_3 - \underset{H}{\overset{+}{C}H} - CH_2(Ⅱ)$$

已知带电体的稳定性随电荷的分散而增加,由此可见,碳正离子的稳定性也将取决于带正电荷碳原子上正电荷的分散情况。由于甲基和其他烷基均是供电基,通过它们的供电诱导效应(还有超共轭效应,将在以后章节中讨论)使正电荷得到分散,因此带正电荷碳原子上连接的烷基越多,碳正离子越稳定。碳正离子稳定性由大到小的顺序是:

$$R \rightarrow \underset{\underset{R}{\uparrow}}{\overset{+}{C}} \leftarrow R \quad > \quad R \rightarrow \underset{\underset{H}{\uparrow}}{\overset{+}{C}} \leftarrow R \quad > \quad R \rightarrow \underset{\underset{H}{\uparrow}}{\overset{+}{C}} - H \quad > \quad H - \underset{\underset{H}{\uparrow}}{\overset{+}{C}} - H$$

叔碳正离子(3°)　仲碳正离子(2°)　伯碳正离子(1°)　甲基碳正离子

在上述碳正离子(Ⅰ)和(Ⅱ)中,(Ⅰ)中带正电荷的碳原子与两个烷基相连,而(Ⅱ)中只与一个烷基相连,因此(Ⅰ)中的正电荷分散较好而较稳定,容易生成,成为反应中生成的主要活泼中间体(活性中间体)。然后(Ⅰ)中带正电荷的碳原子与氯负离子反应生成2-氯丙烷。

$$CH_3 - \overset{+}{C}H - CH_3 + Cl^- \longrightarrow CH_3 - \underset{Cl}{C}H - CH_3$$

其他不对称烯烃与不对称试剂加成也遵从马氏规则的原因,和丙烯与氯化氢加成的道理是一样的。

(D)过氧化物效应

在过氧化物(可用 R—O—O—R 表示)存在下,不对称烯烃与溴化氢加成时,违反马氏规则,出现"反常"的加成产物。例如:

$$CH_3 - CH_2 - CH = CH_2 \xrightarrow{HBr} \begin{cases} \xrightarrow[90\%]{无过氧化物} CH_3 - CH_2 - \underset{Br}{C}H - \underset{H}{C}H_2 \\ \\ \xrightarrow[95\%]{有过氧化物} CH_3 - CH_2 - \underset{H}{C}H - \underset{Br}{C}H_2 \end{cases}$$

不对称烯烃与溴化氢加成,生成违反马氏规则的产物,这种加成称为反马氏加成。这种由于过氧化物的存在而引起烯烃加成取向的改变,也称为过氧化物效应。烯烃与卤化氢的加成,只有溴化氢存在过氧化物效应。

不对称烯烃与溴化氢的加成,有无过氧化物存在产物不同,是由于反应机理不同之故。已知无过氧化物存在时,烯烃与溴化氢的加成是离子型亲电加成。而有过氧化物存在时,则是按自由基机理进行的,即活性中间体是自由基而不是碳正离子,其反应机理与烷烃的卤化反应一样,也是一个链反应,但这里是加成反应而不是取代反应。反应机理如下所示。

链引发:

$$R—O—O—R \xrightarrow[\text{或光}]{\triangle} 2R—O·$$

$$R—O· + HBr \longrightarrow R—OH + Br·$$

链传递:

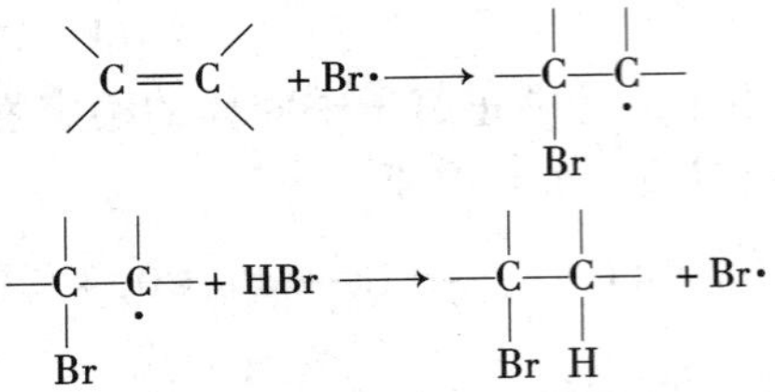

重复链传递,直至链终止

链终止:

$$自由基 + 自由基 \longrightarrow 分子$$

不对称烯烃与溴化氢的加成按自由基机理进行时,生成反马氏规则产物,是由于在链传递步骤中,若溴原子加到 CH₂ 双键碳原子上,将生成仲烷基自由基,而加到 CH 双键碳原子上则生成伯烷基自由基。烷基自由基的稳定性与烷基正离子相同,也是 3° > 2° > 1°:

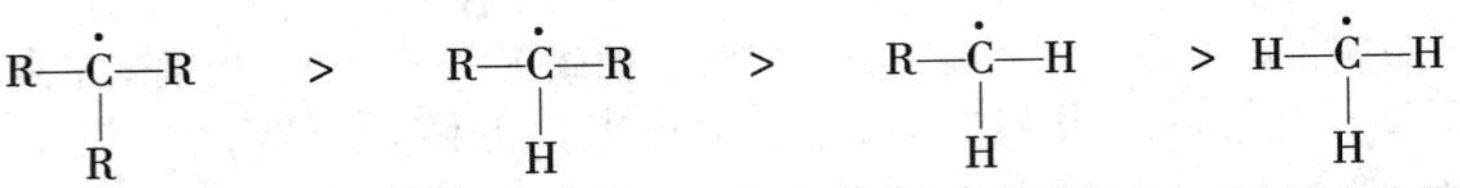

叔烷基自由基(3°)　仲烷基自由基(2°)　伯烷基自由基(1°)　甲基自由基

由于越稳定的自由基越容易生成,因此反应过程中主要生成了仲烷基自由基,后者与溴化氢反应则得到反马氏规则的加成产物。

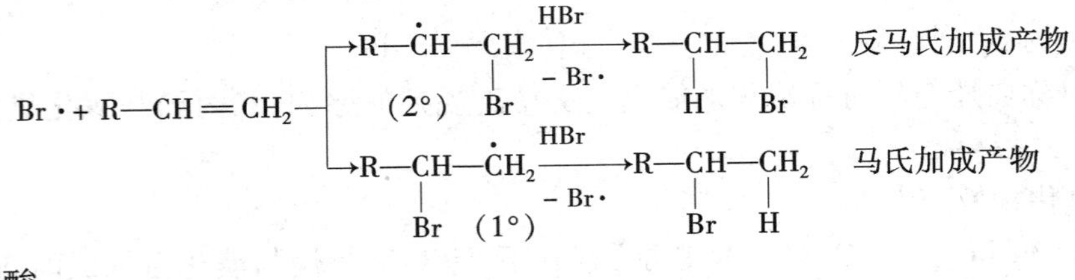

4)加硫酸

烯烃与硫酸容易进行加成反应,生成硫酸氢烷基酯(酸性硫酸酯)。例如:

$$CH_2{=}CH_2 + 98\% \ HOSO_2OH \longrightarrow CH_3—CH_2OSO_3H$$

硫酸氢乙酯

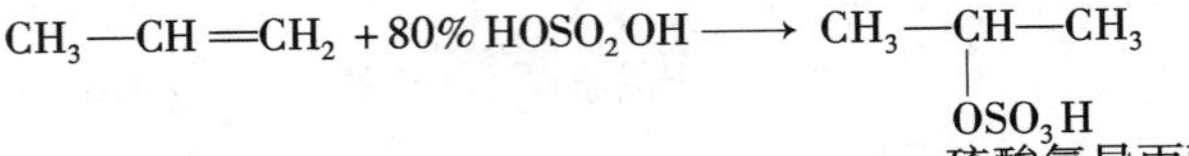

$$CH_3—CH{=}CH_2 + 80\% \ HOSO_2OH \longrightarrow CH_3—CH—CH_3$$
$$|$$
$$OSO_3H$$

硫酸氢异丙酯

42

$$CH_3-\underset{\underset{CH_3}{|}}{C}=CH_2 + 63\%\ HOSO_2OH \longrightarrow CH_3-\underset{\underset{OSO_3H}{|}}{\overset{\overset{CH_3}{|}}{C}}-CH_3$$
硫酸氢叔丁酯

由上式可以看出:①不同烯烃和硫酸加成的难易顺序,与烯烃和卤化氢加成的难易顺序是一致的;②不对称烯烃与硫酸的加成也服从马氏规则。

由于硫酸氢烷酯溶于硫酸中,因此可以利用上述反应提纯某些类型的化合物。例如,烷烃中混有少量烯烃杂质,可用浓硫酸洗涤,则烯烃转变为硫酸氢烷酯溶于硫酸中而被除去。

若将硫酸氢烷酯用水稀释并加热,则被水分解(称为水解)生成醇和硫酸。

$$CH_3-CH_2-OSO_3H + H_2O \xrightarrow{\triangle} CH_3-CH_2-OH + H_2SO_4$$
乙醇(伯醇)

$$CH_3-\underset{\underset{OSO_3H}{|}}{CH}-CH_3 + H_2O \xrightarrow{\triangle} CH_3-\underset{\underset{OH}{|}}{CH}-CH_3 + H_2SO_4$$
异丙醇(仲醇)

$$CH_3-\underset{\underset{OSO_3H}{|}}{\overset{\overset{CH_3}{|}}{C}}-CH_3 + H_2O \xrightarrow{\triangle} CH_3-\underset{\underset{OH}{|}}{\overset{\overset{CH_3}{|}}{C}}-CH_3 + H_2SO_4$$
叔丁醇(叔醇)

烯烃与硫酸作用后再水解,反应的总结果是在烯烃分子中引入了一个水分子生成醇,这是制备醇的一种方法称为烯烃的间接水合法。

5)加水

在酸(常用硫酸和磷酸)的催化下,烯烃与水加成生成醇。例如:

$$CH_2=CH_2 + H_2O \xrightarrow[260\sim290℃,7\ MPa]{磷酸\text{-}硅藻土} CH_3-CH_2-OH$$

$$CH_3CH=CH_2 + H_2O \xrightarrow[95℃,2\ MPa]{磷酸\text{-}硅藻土} CH_3-\underset{\underset{OH}{|}}{CH}-CH_3$$

在酸催化下,由烯烃与水反应制备醇的方法,称为烯烃的直接水合法。该法与烯烃间接水合法相比有许多相同之处:不同烯烃的加成活性顺序和加成取向是一致的。它们是由低级烯烃制备相应低级醇的主要工业方法。不同之处:直接水合法对原料和设备要求较高,但工艺简单,三废很少且原子利用率高,符合绿色化学的要求;间接水合法对原料和设备要求不高,但工艺流程长,对设备腐蚀严重,三废较严重,硫酸参与了反应,但并未参加到最终产物中,故原子利用率也比较低,从多方面考虑均不符合绿色化学要求(见第 1 章 1.9)。因此直接水合法具有较大发展前景。

6)加次卤酸

在水存在下,卤素(氯和溴)与烯烃反应生成相邻碳原子上连有卤原子和羟基的化合物——卤代醇。例如:

$$CH_2=CH_2 + Br_2 + H_2O \longrightarrow \underset{\underset{Br}{|}}{CH_2}-\underset{\underset{OH}{|}}{CH_2} + HBr$$
2-溴乙醇

$$CH_3-CH=CH_2 + Cl_2 + H_2O \longrightarrow CH_3-\underset{\underset{OH}{|}}{CH}-\underset{\underset{Cl}{|}}{CH_2} + CH_3-\underset{\underset{Cl}{|}}{CH}-\underset{\underset{OH}{|}}{CH_2} + HCl$$
1-氯-2-丙醇　　　2-氯-1-丙醇

此反应产物是由烯烃与卤素、水相继反应而形成的,但相当于烯烃与次卤酸加成:

$$\overset{|}{\underset{|}{C}}=\overset{|}{\underset{|}{C} + HO-X \longrightarrow -\overset{|}{\underset{OH}{C}}-\overset{|}{\underset{X}{C}}-$$

在工业上常利用此反应由烯烃、氯和水制备相应的氯代醇,称为次氯酸化反应。所得产物可进一步生产其他化工产品。

问题 3-7 用化学方法鉴别下列各组化合物:

(1)$CH_3—CH_3$ 和 $CH_2=CH_2$ (2)环己烷和环己烯

问题 3-8 将乙烯通入溴的四氯化碳溶液中和将乙烯通入溴的水溶液中所得产物是否相同?为什么?

问题 3-9 $CH_3CH=CH_2$ 和 $(CH_3)_2C=C(CH_3)_2$ 分别与 HBr 反应,哪一个烯烃反应快?为什么?

7)硼氢化-氧化反应

烯烃与硼氢化物(简称硼烷)可以进行加成反应,生成烷基硼。常用的硼烷是乙硼烷 B_2H_6 或写成 $(BH_3)_2$(甲硼烷 BH_3 不能单独游离存在)。例如:

$$CH_2=CH_2 + 1/2(BH_3)_2 \xrightarrow[0℃]{} CH_3—CH_2—BH_2 \xrightarrow{CH_2=CH_2} (CH_3—CH_2)_2BH \xrightarrow{CH_2=CH_2} (CH_3—CH_2)_3B$$
$$\text{一乙基硼} \qquad\qquad \text{二乙基硼} \qquad\qquad \text{三乙基硼}$$

由于反应第一步生成的一乙基硼还有两个氢原子,当乙烯过量时,反应继续进行,最后生成三乙基硼。这种烯烃和硼烷的加成反应,称为硼氢化反应。此反应通常在醚溶液中进行,反应步骤简单、方便,产率很高。

不对称烯烃与硼烷加成时,加成方向是反马氏规则的。例如:

$$3CH_3CH_2\overset{|}{\underset{\underset{CH_3}{|}}{C}}=CH_2 + 1/2(BH_3)_2 \longrightarrow (CH_3CH_2\overset{}{\underset{\underset{CH_3}{|}}{C}HCH_2)_3B}$$
$$\text{三(2-甲基丁基)硼}$$

因为氢原子的电负性(2.1)比硼原子(2.0)大,硼原子是亲电中心,它加到带部分负电荷的含氢较多的双键碳原子上,氢原子则加到带部分正电荷的含氢较少的双键碳原子上;另外,由于硼原子的体积较大,有利于进攻空间拥挤程度较小的含氢较多(即含烷基较少,空间效应较小)的双键碳原子上。由于这两种因素的影响,导致烯烃的硼氢化反应发生反马氏加成。

生成的烷基硼通常不分离出来,而是将其中的硼原子转化为其他原子或基团,使烯烃转变成其他类型的化合物,其中应用最广的是,用过氧化氢的氢氧化钠水溶液处理,使硼烷被氧化同时水解生成醇。例如:

$$(CH_3CH_2CH_2)_3B \xrightarrow[25~30℃]{H_2O_2,OH^-,H_2O} 3CH_3CH_2CH_2OH + B(OH)_3$$
$$\text{丙醇}$$

以上两步反应联合起来称为硼氢化-氧化反应,这是实验室制备醇的一种重要方法,凡是 α-烯烃经硼氢化-氧化反应均得到伯醇。

3.6.2 氧化反应

烯烃分子中双键的活泼性还表现在容易被氧化。当所用氧化剂和反应条件不同时,氧化产物不同。

1)催化氧化

在活性银的催化作用下,用空气氧化乙烯,则双键中的 π 键断裂,生成环氧乙烷(亦称氧化乙烯)。该反应的专属性很强,仅可用于环氧乙烷的合成。

$$CH_2\!=\!CH_2 + 1/2O_2 \xrightarrow[200\sim300℃,1\sim3\ MPa]{Ag} \underset{O}{\overset{CH_2\!-\!CH_2}{\diagup\!\diagdown}}$$

若在氯化钯-氯化铜水溶液中,用空气或氧气氧化乙烯、丙烯等烯烃,则生成相应的醛或酮。例如:

$$CH_2\!=\!CH_2 + 1/2O_2 \xrightarrow[120\sim130℃,0.29\ MPa]{PdCl_2\text{-}CuCl_2} \underset{\text{乙醛}}{CH_3\!-\!CHO}$$

$$CH_3\!-\!CH\!=\!CH_2 + 1/2O_2 \xrightarrow[120℃]{PdCl_2\text{-}CuCl_2} \underset{\underset{\text{丙酮}}{O}}{CH_3\overset{\parallel}{C}CH_3}$$

上述方法是目前工业上生产环氧乙烷和乙醛的主要方法。由丙烯氧化制备丙酮也已被工业上采用。

2) 用氧化剂氧化

烯烃用过氧化氢、过氧酸、高锰酸钾或重铬酸钾氧化,或双键中的 π 键断裂,或双键断裂,分别生成不同产物。

烯烃用过氧酸氧化生成环氧化物。例如:

$$C_3H_7CH\!=\!CH_2 + \underset{\underset{\text{过三氟乙酸}}{O}}{CF_3\overset{\parallel}{C}\!-\!O\!-\!O\!-\!H} \xrightarrow[CH_2Cl_2,81\%]{Na_2CO_3} \underset{\underset{\text{1,2-环氧戊烷}}{O}}{C_3H_7\overset{CH\!-\!CH_2}{\diagup\!\diagdown}} + \underset{\underset{\text{三氟乙酸}}{O}}{CF_3\overset{\parallel}{C}\!-\!O\!-\!H}$$

此反应称为环氧化反应。反应条件温和,产率较高,是制备 1,2-环氧化物的一种好方法。

过氧酸可看成是过氧化氢分子中的一个氢原子被酰基($R\!-\!\overset{\parallel}{\underset{O}{C}}\!-\!$)取代后的化合物。常用的过氧酸有过甲酸($H\!-\!\overset{\parallel}{\underset{O}{C}}\!-\!O\!-\!O\!-\!H$ 简写为 HCO_3H)、过乙酸(CH_3CO_3H)、过苯甲酸($C_6H_5CO_3H$)和过三氟乙酸等。

烯烃用稀、冷的高锰酸钾在中性或碱性溶液中氧化,双键中的 π 键断裂,生成 α-二醇(两个羟基分别连接在两个相邻碳原子上的化合物)。例如:

$$3CH_3CH\!=\!CH_2 + 2KMnO_4 + 4H_2O \xrightarrow{OH^-} 3CH_3\!-\!\underset{\underset{OH}{|}}{CH}\!-\!\underset{\underset{OH}{|}}{CH_2} + 2MnO_2\!\downarrow + 2KOH$$

由于反应过程中紫色高锰酸钾的颜色逐渐消失,同时生成褐色二氧化锰沉淀,现象非常明显,故此反应常用于烯烃的鉴别。由于 α-二醇易被高锰酸钾氧化,而较少用于制备 α-二醇。

在比较强烈的条件下,如在加热下用浓的高锰酸钾碱溶液或利用酸性高锰酸钾水溶液氧化,则双键和与双键碳原子相连的碳氢 σ 键均发生断裂,生成氧化产物。例如:

$$\underset{\underset{CH_3}{|}}{CH_3\!-\!C}\!=\!CHCH_2CH_3 \xrightarrow[\triangle]{MnO_4^-,\ H^+ \text{或} OH^-} \underset{\underset{\text{丙酮}}{O}}{CH_3\overset{\parallel}{C}CH_3} + \underset{\underset{\text{丙酸}}{O}}{HO\overset{\parallel}{C}CH_2CH_3}$$

烯烃氧化的产物取决于烯烃的构造,$CH_2\!=\!$ 被氧化成 CO_2 和 H_2O,$R\!-\!CH\!=\!$ 被氧化成 $RCOOH$(羧酸),$RRC\!=\!$ 被氧化成酮,因此可根据所得产物的构造推测烯烃的构造。

3)臭氧化

烯烃与臭氧作用生成臭氧化物,后者在还原剂(如锌粉)存在下用水分解,则生成醛或酮。例如:

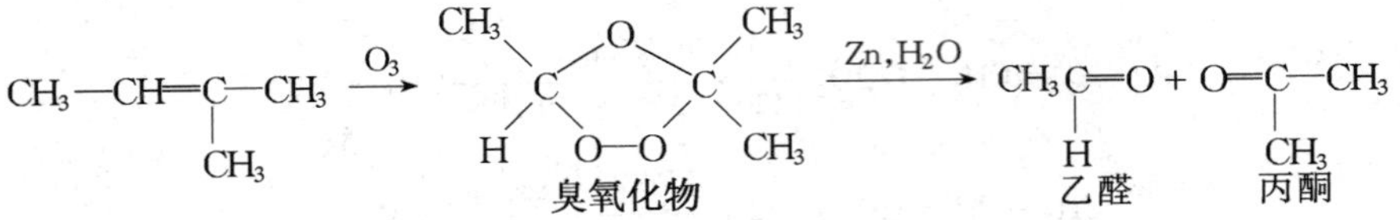

$$CH_3-CH=CH-CH_3 \xrightarrow{O_3} 臭氧化物 \xrightarrow{Zn,H_2O} CH_3C=O + O=C-CH_3$$

乙醛   丙酮

利用此反应也可以根据产物醛或酮的构造推测烯烃的构造。另外,有时也可用来合成某些醛或酮。

3.6.3 聚合反应

烯烃分子中的 C=C 双键,不仅能与卤素等试剂进行加成,也可在相同分子间进行加成,这种反应称为加成聚合反应或称聚合反应。能进行聚合反应的小分子化合物,称为单体;聚合后的产物称为聚合物。由二、三或四分子聚合的产物,分别称为二、三或四聚体。由许多分子聚合而成的产物,称为高聚物。例如:

$$nCH_2=CH_2 \xrightarrow[2MPa \quad 60\sim150℃]{三乙基铝-四氯化钛} +CH_2-CH_2+_n$$
聚乙烯

$$nCH_3-CH=CH_2 \xrightarrow[50\sim70℃,1\sim2\ MPa]{二乙基氯化铝-三氯化钛} +CH-CH_2+_n$$
$$|$$
$$CH_3$$
聚丙烯

上式中 $+CH_2-CH_2+$ 等称为链节,右下角码 n 称为聚合度。

聚乙烯和聚丙烯具有非常广泛的用途。但聚合条件不同,聚合度不同,用途也不尽相同。例如,低压聚乙烯密度较大,主要用于制造瓶、罐、槽、管和壳体结构等工业制品和生活用品;高压聚乙烯密度较低,广泛用作包装薄膜、农用薄膜、抽丝织网、吹塑容器等,也用作电缆包皮等绝缘材料。

3.6.4 α-氢的反应

1)氯化反应

在高温或光照下,烯烃的 α-氢原子可被卤原子取代,生成取代产物。例如:

$$CH_3-CH=CH_2 + Cl_2 \xrightarrow[80\%]{500℃} Cl-CH_2-CH=CH_2 + HCl$$
3-氯-1-丙烯

2)氧化反应

在一定条件下,α-氢原子也可被氧化。例如:

$$CH_2=CH-CH_3 + O_2 \xrightarrow[350\sim450℃,0.1\sim0.5\ MPa]{CuO-SiO_2} CH_2=CH-CHO + H_2O$$
丙烯醛

丙烯在较高的温度和压力下进行氧化则生成丙烯酸。

$$CH_2=CH-CH_3 \xrightarrow[400℃,0.7\sim1.4\ MPa]{O_2,MoO_3} CH_2=CH-COOH + H_2O$$
丙烯酸

若丙烯的氧化反应在氨存在下进行,则生成丙烯腈。

$$CH_2{=\!\!=}CH{-\!\!}CH_3 + 3/2 O_2 + NH_3 \xrightarrow[\text{440℃,63~74 kPa}]{\text{磷、钼、铋系催化剂}} CH_2{=\!\!=}CH{-\!\!}CN + 3H_2O$$
丙烯腈

此反应既发生了氧化反应,也发生了氨化反应,故又称氨氧化反应。

上述三个反应已被工业上用来生产丙烯醛、丙烯酸和丙烯腈。这三个化合物都是非常重要的化工原料。

3.7 低级烯烃的工业来源

乙烯、丙烯和丁烯等低级烯烃是重要的化工原料,它们主要来源于石油裂解气和炼厂气。

石油的一个镏分在高温(>750℃)裂解,生成大量的气体产物,称石油裂解气。其中主要含有氢、$C_1 \sim C_4$ 烷烃、$C_2 \sim C_4$ 烯烃和 1,3-丁二烯等。

炼油厂将原油加工成各种石油产品(如汽油、煤油、柴油等)的过程,称为石油炼制或炼油。它除了生产出各种石油产品外,还产生大量气体,通称炼厂气。其中主要含有氢、$C_1 \sim C_4$ 烷烃、$C_2 \sim C_4$ 烯烃(总量比烷烃少)和少量其他气体。

第 2 节 炔 烃

分子中含有一个碳碳三键的不饱和烃,称为炔烃。碳碳三键($C{\equiv}C$)是炔烃的官能团。它比相应的烯烃还少两个氢原子,故通式为 C_nH_{2n-2}。与环烯烃是同分异构体(构造异构体)。

3.8 炔烃的结构

3.8.1 碳原子的 sp 杂化轨道

现以乙炔为例说明如下。在乙炔分子中,每一个碳原子与两个原子相连,因此轨道杂化理论认为,碳原子在构成乙炔分子时,激发态的碳原子用一个 2s 轨道和一个 2p 轨道进行杂化,形成两个等同的 sp 杂化轨道,余下两个 2p 轨道不参与杂化。

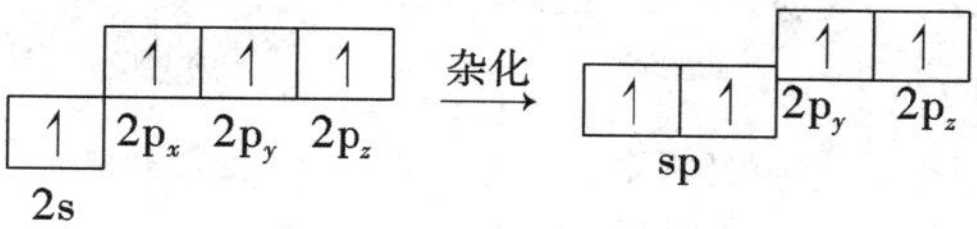

每个 sp 杂化轨道含有 1/2 s 成分和 1/2 p 成分,其形态与 sp^2 杂化轨道相似,如图 3-5(Ⅰ)所示。两个 sp 杂化轨道的对称轴处于以碳原子为中心的同一直线上,形成180°夹角,如图 3-5(Ⅱ)所示。两个未参与杂化的 p 轨道相互垂直,并垂直于 sp 杂化轨道对称轴所在的直线,如图 3-5(Ⅲ)所示。

3.8.2 乙炔分子的结构

由碳原子和氢原子构成乙炔分子时,两个碳原子各以一个 sp 杂化轨道在对称轴方向相互交盖,形成 $C_{sp}{-}C_{sp}$ σ 键。每一个碳原子的另一个 sp 杂化轨道则分别与氢原子的 1s 轨道相互交盖,形成 $C_{sp}{-}H_s$ σ 键。它们处于同一直线上。如图 3-6(Ⅰ)所示。每个碳原子未参与杂化的两个相互垂直的 p 轨道彼此两两相互平行,并在侧面相互交盖形成了两个 π 键。如图 3-6(Ⅰ)和(Ⅱ)所示。

由此可知,乙炔分子中的两个碳原子和两个氢原子是通过两个 C—H σ 键和一个 C≡C 三

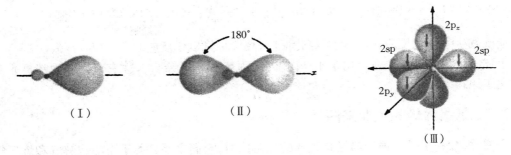

图 3-5 碳原子的 sp 杂化轨道

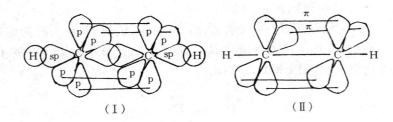

图 3-6 乙炔分子中的 σ 键和 π 键

键彼此连接而成的直线型结构。其中的 C≡C 三键是由一个 σ 键和两个 π 键组成的。实验结果也表明,乙炔分子是直线型的(键角 ∠HCC 是 180°),C≡C 三键的键能(837 kJ/mol)不是 C—C 单键键能(347 kJ/mol)的三倍。

乙炔分子的立体形象也可用球棒模型和比例模型表示,见图 3-7。

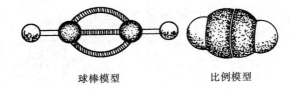

球棒模型   比例模型

图 3-7 乙炔分子的模型

3.9 炔烃的构造异构和命名

3.9.1 炔烃的构造异构

与烯烃相似,简单的乙炔和丙炔没有构造异构体,但含有五个和五个以上碳原子的炔烃,由于碳骨架和三键位次的不同,也产生构造异构体。例如:

$$CH_3CH_2CH_2C≡CH \qquad CH_3CH_2C≡CCH_3 \qquad CH_3\overset{\displaystyle CH_3}{\underset{\displaystyle |}{C}}C≡CH$$

1-戊炔   2-戊炔   3-甲基-1-丁炔

与烯烃不同,由于乙炔分子是直线型的,因此炔烃不存在顺反异构现象。

3.9.2 炔烃的命名

1) 衍生命名法

与烯烃相似,比较简单的炔烃是以乙炔为母体,将其他炔烃看成是乙炔的烃基衍生物来命名。例如:

$$CH_3CHC \equiv CH \qquad CH_3C \equiv CCH_2CH_3 \qquad CH_2 = CH—C \equiv CH$$
$$\underset{CH_3}{\mid}$$

异丙基乙炔   甲基乙基乙炔   乙烯基乙炔

2) 系统命名法

炔烃的系统命名法与烯烃相似,只需将相关的"烯"字改成"炔"字即可。例如:

$$CH_3CHCH_2C \equiv CCH_3 \qquad HC \equiv C—C \equiv CH$$
$$\underset{CH_3}{\mid}$$

5-甲基-2-己炔   1,3-丁二炔

3.9.3 烯炔的命名

分子中同时含有碳碳双键和三键的链烃称为烯炔。其系统命名法是,选择含有双键和三键在内的最长碳链作为主链,主链的编号也遵循"最低系列"原则,若主链编号时双键、三键处于相同位次可供选择时,则优先给双键以最低编号。例如:

$$\overset{5}{C}H_3\overset{4}{C}H = \overset{3}{C}H\overset{2}{C} \equiv \overset{1}{C}H \qquad \overset{7}{C}H_3\overset{6}{C} = \overset{5}{\underset{4}{C}}\overset{}{C}HCH_2\overset{2}{C}H = \overset{1}{C}H_2 \qquad \overset{5}{H}C \equiv \overset{4}{C}\overset{3}{C}H_2\overset{2}{C}H = \overset{1}{C}H_2$$

3-戊烯-1-炔   4-乙基-1-庚烯-5-炔   1-戊烯-4-炔

问题 3-10 "丁炔"有无构造异构体? 若有是如何产生的?

问题 3-11 命名下列化合物:

(1) $CH_3CH_2C \equiv CCH_2C(CH_3)_3$ (2) $CH_3CH_2CHC \equiv CCH_3$ (3) $CH_3C \equiv CCHCH_2CH = CHCH_3$
$\qquad\qquad\qquad\qquad\qquad\qquad\qquad\qquad\quad \underset{CH(CH_3)_2}{\mid} \qquad\qquad\qquad\qquad\qquad\qquad \underset{C_2H_5}{\mid}$

3.10 炔烃的物理性质

炔烃的物理性质与烯烃相似。常温常压下,低级炔烃是气体,中级炔烃是液体,高级炔烃是固体。一些炔烃的物理常数如表3-3所示。

表3-3 一些炔烃的物理常数

名称	构造式	熔点(℃)	沸点(℃)	相对密度(d_4^{20})
乙炔	$HC \equiv CH$	−81.8(压力下)	−83.4	0.618(沸点时)
丙炔	$CH_3C \equiv CH$	−101.5	−23.3	0.671(沸点时)
1-丁炔	$CH_3CH_2C \equiv CH$	−112.5	8.5	0.668(沸点时)
1-戊炔	$CH_3CH_2CH_2C \equiv CH$	−98	39.7	0.695
1-己炔	$CH_3(CH_2)_3C \equiv CH$	−124	71.4	0.719
1-庚炔	$CH_3(CH_2)_4C \equiv CH$	−80.9	99.8	0.733
1-十八碳炔	$CH_3(CH_2)_{15}C \equiv CH$	22.5	180(2 kPa)	0.869 5(0℃)

3.11 炔烃的化学性质

炔烃进行化学反应的主要部位是:

$$R-C\equiv C-H \qquad \text{①三键上的反应,如加成、氧化、聚合等反应}$$
$$\qquad\quad ①\quad ② \qquad \text{②活泼氢(炔氢)的反应}$$

3.11.1 加成反应

与烯烃相似,炔烃也能进行加成反应。由于三键中有两个 π 键,既可与一分子试剂加成,也可与两分子试剂加成,其反应通式如下:

$$-C\equiv C- \xrightarrow{X-Y} \underset{X}{-}\overset{}{C}=\underset{Y}{C}- \xrightarrow{X-Y} \underset{X}{\overset{X}{-}}\underset{}{\overset{}{C}}-\underset{Y}{\overset{Y}{C}}-$$

1)催化加氢

在催化剂作用下,炔烃与氢加成可生成相应的烯烃或进一步加成生成烷烃。例如:

$$HC\equiv CH \xrightarrow{H_2}{Pd} H_2C=CH_2 \xrightarrow{H_2}{Pd} H_3C-CH_3$$

在催化加氢反应中,炔烃比烯烃更容易加氢,因此,选择适当的催化剂和反应条件,可使炔烃加氢停留在烯烃阶段。如用喹啉部分毒化的 Pd-BaSO$_4$、用醋酸铅部分毒化的 Pd-CaCO$_3$(一般称为林德拉(Lindlar)催化剂)或用 Ni$_2$B(一般称为 P-2 催化剂)作催化剂,则炔烃加氢生成相应的烯烃。例如:

$$CH_3CH_2C\equiv CCH_2CH_3 \xrightarrow{H_2}{Ni_2B} CH_3CH_2CH=CHCH_2CH_3$$

炔烃部分加氢生成烯烃的反应,在工业上已被用于使石油裂解得到的乙烯中所含的微量乙炔加氢成乙烯,以提高乙烯的纯度。

2)与卤素加成

与烯烃相似,炔烃与卤素(氯和溴)也能进行加成反应,生成烯烃或烷烃的卤素衍生物。例如:

$$HC\equiv CH \xrightarrow{Br_2} \underset{Br}{HC}=\underset{Br}{CH} \xrightarrow{Br_2} \underset{Br}{\overset{Br}{HC}}-\underset{Br}{\overset{Br}{CH}}$$
$$\qquad\qquad\quad \text{1,2-二溴乙烯} \qquad \text{1,1,2,2-四溴乙烷}$$

$$HC\equiv CH \xrightarrow[FeCl_3,80\sim85℃]{Cl_2,CCl_4} \underset{Cl}{HC}=\underset{Cl}{CH} \xrightarrow[FeCl_3,80\sim85℃]{Cl_2,CCl_4} \underset{Cl}{\overset{Cl}{HC}}-\underset{Cl}{\overset{Cl}{CH}}$$
$$\qquad\qquad\qquad\qquad \text{1,2-二氯乙烯} \qquad\qquad \text{1,1,2,2-四氯乙烷}$$

炔烃与溴加成,溴的红棕色消失,故此反应可用来检验炔烃(或碳碳三键)的存在。

与烯烃相比,炔烃虽然也能与卤素加成,但比烯烃较难。因为 sp 杂化的三键碳原子比 sp^2 杂化的双键碳原子具有较多的 s 轨道成分,s 成分越多轨道越靠近原子核,轨道中的电子受原子核的束缚力越大,因此较难给出电子而与卤素等亲电试剂进行亲电加成反应。例如,分子中同时含有双键和三键,而且两者不直接相连时,与溴反应首先是双键进行加成。

$$CH_2=CH-CH_2-C\equiv CH + Br_2 \xrightarrow[90\%]{CCl_4,-20℃} \underset{Br}{CH_2}-\underset{Br}{CH}-CH_2-C\equiv CH$$
$$\qquad\qquad\qquad\qquad\qquad\qquad\qquad\qquad \text{4,5-二溴-1-戊炔}$$

3）与卤化氢加成

炔烃与卤化氢也能进行加成反应,既可加一分子也可加两分子卤化氢。例如:

$$HC\equiv CH \xrightarrow[150\sim160℃]{HCl,HgCl_2} CH_2=CHCl \xrightarrow{HCl,HgCl_2} CH_3CHCl_2$$
氯乙烯　　　　　　1,1-二氯乙烷

这是工业上早年生产氯乙烯和1,1-二氯乙烷的方法。

不对称炔烃与卤化氢的加成也服从马氏规则。炔烃与一分子卤化氢加成生成卤代烯,继续与卤化氢加成则生成同碳二卤代烷。例如:

$$CH_3C\equiv CH \xrightarrow[HgCl_2]{HCl} \underset{\underset{Cl}{|}}{CH_3C}=CH_2 \xrightarrow[HgCl_2]{HCl} \underset{\underset{Cl}{|}}{\overset{\overset{Cl}{|}}{CH_3-C-CH_3}}$$
2-氯丙烯　　　　　　　　2,2-二氯丙烷

4）与水加成

与烯烃不同,炔烃在酸催化下直接加水是困难的,但在强酸和汞盐存在下,比较容易与水加成,首先生成烯醇,然后重排为羰基化合物(醛或酮)。例如:

$$HC\equiv CH + HOH \xrightarrow[90\sim95℃,0.1\sim0.2 MPa]{HgSO_4,稀H_2SO_4} [\underset{\underset{OH}{|}}{H_2C}=CH] \xrightarrow{重排} \underset{\underset{O}{\|}}{CH_3-CH}$$

这是工业上生产乙醛的方法之一。由于汞盐有毒,因此很早就开始了非汞催化剂的研究,已取得很大进展。但出于成本上的考虑,目前乙醛主要由乙烯氧化生产(参见第3章3.6.2)。

不对称炔烃与水加成遵循马氏规则。例如:

$$CH_3(CH_2)_5C\equiv CH \xrightarrow[HgSO_4,H_2SO_4]{H_2O} [\underset{\underset{OH}{|}}{CH_3(CH_2)_5C}=CH_2] \xrightarrow{重排} \underset{\underset{O}{\|}}{CH_3(CH_2)_5CCH_3}$$
2-辛酮

炔烃与水加成,除乙炔生成乙醛外,其他炔烃均生成酮。

羟基连接在双键碳原子上的化合物称为烯醇。烯醇一般很不稳定,羟基中的氢原子转移到不与羟基相连的另一个双键碳原子上,生成羰基化合物,这是一个普遍的规律。

$$[\underset{\underset{H\,\,O}{|\,\,\,|}}{-C\,\,C-}]\rightleftharpoons \underset{\underset{H\,\,O}{|\,\,\,\|}}{-C\,\,C-}$$
烯醇式　　　　　酮式

这种由烯醇式转变为酮式或相反的重排,称为烯醇式和酮式的互变异构。互变异构属于构造异构。

5）与醇、羧酸等加成

如前所述,由于sp杂化碳原子较难给出电子,炔烃比烯烃较难发生亲电加成反应。相反,较易与容易给出电子的试剂,如$RCOO^-$、$R\overset{..}{O}H$、CN^-等带有负电荷的离子或能提供未共用电子对的分子,称为亲核试剂,进行加成反应,这种由亲核试剂的进攻而进行的加成反应,称为亲核加成。例如:

$$HC\equiv CH + CH_3OH \xrightarrow[160\sim165℃,2\sim2.2 MPa]{20\% NaOH} CH_2=CH-O-CH_3$$
甲基乙烯基醚

$$HC \equiv CH + CH_3\underset{\underset{O}{\|}}{C}-OH \xrightarrow[150 \sim 180℃, 0.1 \sim 1.5\ MPa]{\text{碱}} CH_3\underset{\underset{O}{\|}}{C}-O-CH=CH_2$$
乙酸乙烯酯

$$HC \equiv CH + HCN \xrightarrow[80 \sim 90℃, 0.7\ MPa]{CuCl} H_2C=CH-CN \quad 丙烯腈$$

这是工业上生产甲基乙烯基醚和乙酸乙烯酯的方法之一。前者是合成高分子材料、涂料和增塑剂等的原料;后者是生产聚乙烯醇的原料。但丙烯腈的生产,因需高浓度乙炔,且 HCN 有毒,已不用此法生产,而被丙烯氨氧化法所代替。

3.11.2 氧化反应

与烯烃相似,炔烃的 C≡C 三键也可以被氧化。例如,用高锰酸钾氧化炔烃,炔烃被氧化成羧酸或二氧化碳和水,而高锰酸钾则被还原成褐色二氧化锰:

$$3HC \equiv CH + 10KMnO_4 \longrightarrow 10MnO_2 \downarrow \underline{4K_2CO_3 + 2KHCO_3 + 2H_2O}$$
$$\xrightarrow{10HCl} 10KCl + 6CO_2 \uparrow + 6H_2O$$

$$CH_3CH_2CH_2C \equiv CCH_3 \xrightarrow[OH^-]{KMnO_4, H_2O} \xrightarrow{H^+} CH_3CH_2CH_2\underset{\underset{OH}{|}}{C}=O + O=\underset{\underset{OH}{|}}{C}CH_3$$
丁酸   乙酸

反应过程中,紫色高锰酸钾颜色逐渐消失,同时生成褐色二氧化锰沉淀,故可用于检验炔烃。另外,还可通过确定羧酸的结构来推测 C≡C 三键的位置和炔烃的结构。

3.11.3 聚合反应

与乙烯相似,乙炔也能发生聚合反应。条件不同时,聚合产物不同。例如,乙炔在氯化亚铜-氯化铵的强酸溶液中,主要发生双分子聚合,生成乙烯基乙炔。

$$HC \equiv CH + HC \equiv CH \xrightarrow[HCl, \sim 70℃]{CuCl-NH_4Cl} CH_2=CH-C \equiv CH$$
乙烯基乙炔

乙烯基乙炔是生产氯丁橡胶的原料。它还能进一步与乙炔反应,生成二乙烯基乙炔。

在齐格勒-纳塔(Ziegler-Natta)催化剂(由 I ~ III 族金属烷基化合物和 IV ~ VIII 族过渡金属衍生物组成的催化剂,如烷基铝和四氯化钛等)作用下,乙炔可以聚合成线型高分子化合物——聚乙炔。

$$nHC \equiv CH \xrightarrow{\text{Ziegler-Natta 催化剂}} \text{——}[CH=CH]\text{——}_n$$
聚乙炔

聚乙炔是结晶性高聚物半导体。若在其中掺杂 I_2、Br_2 或 BF_3、AsF_3 等路易斯酸,其导电率可达到金属水平,故被称为"合成金属"。目前正在研究利用它作为太阳能电池、电极和半导体材料等。

问题 3-12 说明下列反应中碳原子杂化状态的变化:

$$CH_3C \equiv CH \xrightarrow{\underset{\text{催化剂}}{H_2}} CH_3CH=CH_2 \xrightarrow{\underset{\text{催化剂}}{H_2}} CH_3CH_2CH_3$$

问题 3-13 完成下列反应式:

$$(1)\ CH_3CH=\underset{\underset{CH_3}{|}}{C}-CH_2CH_2-C \equiv CH \xrightarrow{Br_2}$$

$$(2)\ CH_3CH_2CH_2C \equiv CH \xrightarrow{\ HBr(过量)\ }$$

$$(3)\ CH_3(CH_2)_2 \equiv C(CH_2)_2CH_3 + H_2O \xrightarrow{\ HgSO_4, H_2SO_4\ }$$

(4) $C \equiv CH + H_2O \xrightarrow{\ HgSO_4, H_2SO_4\ }$

问题 3-14 用 Ni(CN$_2$)(氰化镍)作催化剂,于 50℃、1.5 ~ 2MPa 压力下,乙炔在溶剂四氢呋喃

(　　) 中聚合成环状四聚体,试写出该反应的反应式。

问题 3-15 某炔烃用碱性高锰酸钾水溶液氧化生成乙酸,试写出该炔烃的构造式。

3.11.4 炔烃的活泼氢反应

由于碳原子的杂化状态不同,原子核对电子的束缚力不同,即不同杂化碳原子的电负性不同。sp 杂化的三键碳原子与 sp^2 杂化的双键碳原子和 sp^3 杂化的单键碳原子相比,其电负性由大到小的次序是:

$$C_{sp} > C_{sp^2} > C_{sp^3}$$

如乙炔、乙烯和乙烷分子中碳原子的电负性分别为 3.29、2.75 和 2.48。不同杂化碳原子的电负性不同,导致与之直接相连的氢原子离去的难易程度不同,即氢原子的酸性不同。乙炔、乙烯和乙烷分子的 pKa 值如下:

$$HC \equiv CH \qquad H_2C = CH_2 \qquad H_3C—CH_3$$
$$pKa \qquad 25 \qquad\qquad 36.5 \qquad\qquad 42$$

其中炔烃分子中与三键碳原子直接相连的氢原子酸性较强(但比水 pKa = 16 的酸性弱)较活泼,而称为活泼氢或炔氢。

由于炔氢具有一定酸性,能与强碱(如 Na、NaNH$_2$ 的液氨溶液等)作用,生成金属炔化物。例如:

$$HC \equiv CH \xrightarrow[-H_2]{Na} HC \equiv CNa \xrightarrow[-H_2]{Na} NaC \equiv CNa$$
$$乙炔一钠 \qquad\qquad 乙炔二钠$$

$$HC \equiv CH \xrightarrow[液氨]{NaNH_2} HC \equiv CNa \xrightarrow[液氨]{NaNH_2} NaC \equiv CNa$$

$$CH_3C \equiv CH \xrightarrow[液氨]{NaNH_2} CH_3C \equiv CNa$$

凡是端位炔烃(三键位于 C$_1$ 和 C$_2$ 之间)都能发生此反应。

炔钠能与伯卤代烷(卤原子连接在烷烃的伯碳原子上,RCH$_2$X)反应,在原炔烃分子中引入烷基,生成较高级炔烃。例如:

$$NaC \equiv CNa + 2CH_3CH_2CH_2Br \xrightarrow[60\% \sim 66\%]{液氨, -33℃} CH_3CH_2CH_2C \equiv CCH_2CH_2CH_3$$

$$CH_3CH_2C \equiv CNa + C_2H_5Br \xrightarrow[75\%]{液氨, 6\ h} CH_3CH_2C \equiv CC_2H_5$$

这类反应称为炔烃的烷基化反应,是制备炔烃的方法之一,也是增长碳链的一种方法。

炔氢还可以被 Ag$^+$ 或 Cu$^+$ 离子取代,生成炔银或炔亚铜。例如:

$$HC \equiv CH + 2Ag(NH_3)_2NO_3 \longrightarrow AgC \equiv CAg \downarrow + 2HNO_3 + 2NH_3$$
$$乙炔银(白色)$$

$$HC \equiv CH + 2Cu(NH_3)_2Cl \longrightarrow CuC \equiv CCu \downarrow + 2NH_4Cl + 2NH_3$$
$$乙炔亚铜(红棕色)$$

此反应现象明显,可用来鉴别乙炔和端位炔烃。生成的重金属炔化物,在干燥时受撞击、震动或受热容易发生爆炸,因此生成后需用酸处理,使之转变为原来的炔烃。例如:

$$AgC \equiv CAg + 2HNO_3 \longrightarrow HC \equiv CH + 2AgNO_3$$

利用炔烃的这种性质,可用来萃取重金属以及分离和精制端位炔烃。

3.12 乙炔的工业生产

1)碳化钙法

碳化钙俗称电石,故此法亦称电石法。先将碳酸钙焙烧成生石灰,再将生石灰与焦炭按一定比例混合,在电弧高温炉中熔融则得到碳化钙,将碳化钙放在乙炔发生器中与水反应则生成乙炔。

$$CaCO_3 \xrightarrow{\text{焙烧}} CaO + CO_2 \uparrow$$

$$CaO + 3C \xrightarrow[2\,500 \sim 3\,000\,℃]{\text{电炉}} CaC_2 + CO \uparrow$$

$$CaC_2 + 2H_2O \longrightarrow HC \equiv CH + Ca(OH)_2$$

此法工艺简单、成熟,但耗电量大、成本高。

2)甲烷裂解法

天然气(主要成分是甲烷)与氧气混合进行部分氧化裂解,则可得到乙炔。

$$2CH_4 \xrightarrow[0.01 \sim 0.001\,s]{1\,500 \sim 1\,600\,℃} HC \equiv CH + 3H_2$$

生成的反应气中含8% ~9%的乙炔,需用溶剂(如 N-甲基吡咯烷酮等)提取(提浓),因此需要增加生产流程和设备,但此法耗电量低,副产物氢气可作为合成氨的原料。

另外,也可采用石油的某些馏分(如石脑油、煤油或柴油等)在高温进行裂解,也可制得乙炔。

第3节 二 烯 烃

分子中含有两个碳碳双键的开链不饱和烃,称为二烯烃,亦称双烯烃。其通式为 C_nH_{2n-2}。最简单的二烯烃是丙二烯,它具有三个碳原子。

3.13 二烯烃的分类

二烯烃根据分子中两个双键相对位次的不同,分为三种类型。

1)累积双键二烯烃

两个双键连接在同一个碳原子上的二烯烃。例如丙二烯($CH_2 \!=\! C \!=\! CH_2$)。

2)隔离双键二烯烃

两个双键被两个或两个以上单键隔开的二烯烃。例如1,4-戊二烯($CH_2 \!=\! CH \!-\! CH_2 \!-\! CH \!=\! CH_2$)。

3)共轭双键二烯烃

两个双键被一个单键隔开的二烯烃,亦称共轭二烯烃。例如1,3-丁二烯($CH_2 \!=\! CH \!-\! CH \!=\! CH_2$)。

在三类二烯烃中,累积双键二烯烃很活泼,不易得到;隔离双键二烯烃的性质与单烯烃相似;共轭双键二烯烃的性质比较特殊,在理论和实际应用上都比较重要,本节将重点讨论这类化合物。

3.14　二烯烃的命名

二烯烃的命名与烯烃相似,不同的是分子中含有两个双键称为二烯,而且两个双键的位次均需标出。例如:

$$\overset{1}{C}H_2=\overset{2}{C}-\overset{3}{C}H=\overset{4}{C}H_2 \qquad \overset{5}{C}H_3-\overset{4}{C}=\overset{3}{C}H-\overset{2}{C}=\overset{1}{C}H_2$$
$$\quad\ \ |\qquad\qquad\qquad\ \ |\qquad\quad\ |$$
$$\quad\ \ CH_3\qquad\qquad\qquad CH_3\quad CH_2-CH_3$$

2-甲基-1,3-丁烯　　　　　4-甲基-2-乙基-1,3-戊二烯
（异戊二烯）

二烯烃因有两个碳碳双键,当双键碳原子上连有不同的原子或基时,也有顺反异构且比单烯烃复杂。命名这些顺反异构体时,每个双键的构型均需用顺,反或 Z,E 标明。例如 2,4-己二烯有如下三个顺反异构体,其名称是:

顺,顺-2,4-己二烯　　　　　　　反,顺-2,4-己二烯
或(Z,Z)-2,4-己二烯　　　　　　或(E,Z)-2,4-己二烯

反,反-2,4-己二烯
或(E,E)-2,4-己二烯

问题 3-16　2,4-庚二烯有无顺反异构体? 若有,写出全部顺反异构体并命名。

3.15　1,3-丁二烯的结构

实验测定结果表明,1,3-丁二烯分子中的四个碳原子和六个氢原子在同一平面上,所有键角都接近 120°,C =C 键长与乙烯的 C =C 键长相近,C—C 键长是 0.146 nm,比乙烷键长(0.154 nm)短。说明 1,3-丁二烯分子中的碳碳键长趋于平均化。

在 1,3-丁二烯分子中,每个碳原子都以 sp^2 杂化轨道与其他碳原子的 sp^2 杂化轨道或氢原子的 1s 轨道相互交盖,形成三个 C—C σ 键和六个 C—H σ 键。这些 σ 键以及四个碳原子和六个氢原子均处在同一平面上,所有键角都接近 120°。每个碳原子余下的一个未参与杂化且与该平面垂直的 p 轨道,它们在侧面相互交盖形成 π 键。如图 3-8 所示。

在构成 π 键时,不仅 C_1 与 C_2 的 p 轨道和 C_3 与 C_4 的 p 轨道从侧面交盖,而且 C_2 与 C_3 之间的 p 轨道也有一定程度的交盖,因此 C_2 与 C_3 之间的键长缩短,而具有部分双键性质。从而使单键和双键发生了部分平均化,形成一个整体,在此整体中,每一个碳原子的 p 电子(共四个 p 电子)不再定域于相邻两

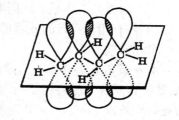

图 3-8　1,3-丁二烯 π 键的构成

个碳原子之间,而是离域在四个碳原子上,形成一个包括四个原子轨道、四个电子的"大 π 键",称为共轭 π 键或离域 π 键。含有共轭 π 键的分子称为共轭分子,即 1,3-丁二烯分子是一个共轭分子,但分子的构造仍可采用经典的构造式 CH_2=CH—CH=CH_2 表示。

3.16 共轭体系和共轭效应

通常所谓的共轭体系是双键(或其他不饱和键)与单键彼此相间所构成的体系,如 1,3-丁二烯就属于该种体系。这种体系的特征是具有离域电子。由于电子离域使分子的能量降低而趋于稳定,由此产生的稳定化能称为离域能(亦称为共轭能或共振能)。因此含有电子离域的体系均是共轭体系。由于电子的离域体现了分子内原子间相互影响的电子效应,因此将在共轭体系中原子间相互影响的电子效应称为共轭效应。共轭效应与诱导效应不同,只有共轭体系才存在共轭效应;共轭效应在共轭链上产生电荷正负交替现象;共轭效应的传递不因共轭链的增长而减弱。

常见的共轭体系有以下三类。

1)π,π-共轭

不饱和键与单键交替存在,各原子上的 p 轨道相互交盖组成共轭 π 键。这种体系称为 π,π-共轭体系。例如:

$$CH_2=CH—CH=CH_2 \qquad CH_2=CH—CH=O$$
1,3-丁二烯 丙烯醛
$$CH_2=CH—C\equiv CH \qquad CH_2=CH—C\equiv N$$
乙烯基乙炔 丙烯腈

π,π-共轭体系中分子内原子间相互影响的电子效应,称为 π,π-共轭效应。

2)p,π-共轭

一个 π 键和与此 π 键平行的 p 轨道直接相连组成的共轭体系称为 p,π-共轭体系。例如,烯丙基正离子(见图 3-9)、烯丙基自由基(见图 3-10)和氯乙烯(见图 3-11)。

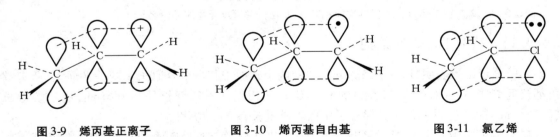

图 3-9 烯丙基正离子   图 3-10 烯丙基自由基   图 3-11 氯乙烯

p,π-共轭体系中分子内原子间相互影响的电子效应称为 p,π-共轭效应。

以上两类共轭体系的共同特点是,由 σ 键连接起来的三个或三个以上的原子在同一平面上,它们都有相互平行的 p 轨道。

3)超共轭

由 α-碳氢 σ 键轨道与组成 π 键的 p 轨道在侧面交盖形成整体,引起 σ 电子和 π 电子的离域,这种体系称为超共轭体系,亦称 σ,π-共轭体系。其分子内原子间相互影响的电子效应,称为超共轭效应,亦称 σ,π-共轭效应。例如,丙烯属于超共轭体系(见图 3-12),分子内存在着超共轭效应。

在丙烯分子中,由于碳氢 σ 键轨道与 π 键的 p 轨道并不平行,侧面交盖较少,因此超共轭

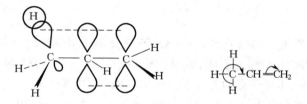

图 3-12　丙烯分子中的超共轭

效应比以上两种共轭效应弱得多。由于碳碳单键的转动,甲基中的三个碳氢 σ 键轨道都有可能与 π 轨道在侧面交盖,参与超共轭。因此参与超共轭的碳氢 σ 键轨道越多,超共轭效应越强。利用超共轭效应,可以解释 2-丁烯比 1-丁烯稳定。

共轭效应是有机化学中很重要的一种电子效应,利用它可以解释有机化学中很多问题。例如,丙烯 α-氢原子的活泼性可利用超共轭效应解释。另外,当氢原子离去后生成了烯丙基自由基,由于 p,π-共轭效应的影响,自由基得到稳定而容易生成。同理,超共轭效应也可解释碳正离子和烷基自由基的稳定性。

在碳正离子中,带正电荷的碳原子是 sp^2 杂化,还有一个空的 p 轨道,与 σ,π 共轭相似,体系中也能发生碳氢 σ 键轨道同空的 p 轨道在侧面相互交盖,即存在超共轭效应,这种超共轭亦称 σ,p-共轭。如图 3-13 所示。

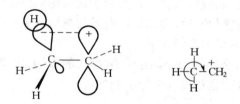

图 3-13　乙基正离子中的超共轭

由于超共轭效应的存在,使 p 轨道上的正电荷得到分散,碳正离子得到稳定。碳正离子的稳定性大小顺序如下:

$$3° \qquad 2° \qquad 1° \qquad 1°$$

参与的 C—H σ 键数　　9　　　　　6　　　　　3　　　　　0

与碳正离子类似,自由基的稳定性从电子效应方面解释,也是由于诱导效应和超共轭效应引起的。烷基自由基稳定性的顺序也是 3° >2° >1° >甲基自由基。

叔烷基自由基　　　仲烷基自由基　　　伯烷基自由基　　　甲基自由基

3.17 共振论

人们在研究共价键的本质时发现，许多分子（离子或自由基）的结构，只用一个路易斯结构式是不能正确地反映出来的。为此，鲍林（Pauling）于 1931 ~ 1933 年提出了共振论。按照共振论的观点，一个分子（离子或自由基）的真实结构，是共振于两个或多个路易斯结构之间的共振杂化体。这样的分子称为共振分子，这些路易斯结构称为极限结构或共振结构。极限结构之间的共振用双箭头（↔）表示。例如：

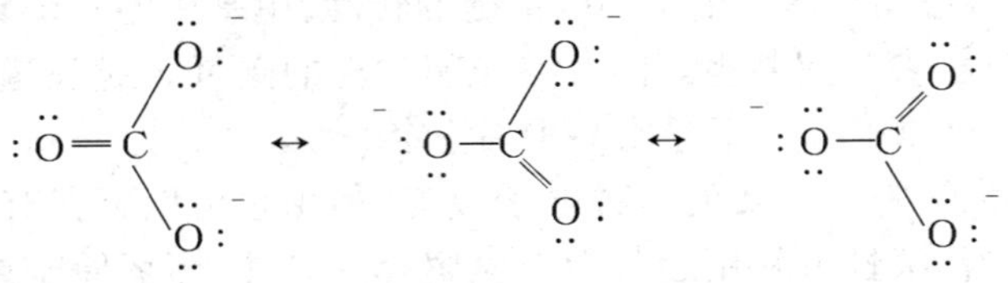

（Ⅰ）　　　（Ⅱ）　　　（Ⅲ）

碳酸根负离子的结构不是（Ⅰ）、（Ⅱ）或（Ⅲ）中的任何一个，也不是它们的混合体，但它们都是参与杂化体的。碳酸根负离子的结构只有一种，这种结构是介于（Ⅰ）、（Ⅱ）和（Ⅲ）三种极限之间的共振杂化体。共振杂化体的能量最低、最稳定。与能量最低、最稳定的极限结构相比，共振杂化体所降低的能量称为共振能。每一个极限结构未必是真实的，只有共振杂化体才能代表分子的真实结构。共振能越大，表明真实分子比假想的极限结构更稳定。

共振论是价键理论的延伸和发展，用来描述电子的离域现象，因此书写极限结构式时要符合价键理论的要求，其遵循的基本原则如下。

（1）书写极限结构式时，必须符合书写经典结构式的原则，如碳原子不能高于四价，第二周期元素价电子层的电子数不能超过八个等。例如：

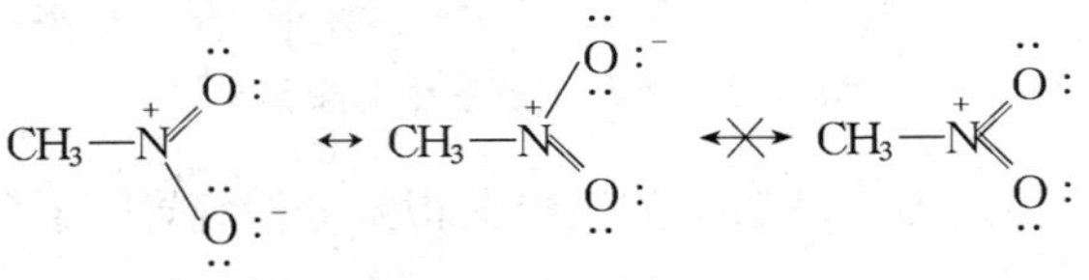

（2）同一化合物分子的所有极限结构式，其原子核的相对位置不变，只是电子排列不同。例如：

$$CH_2=CH-\overset{+}{C}H_2 \longleftrightarrow \overset{+}{C}H_2-CH=CH_2$$

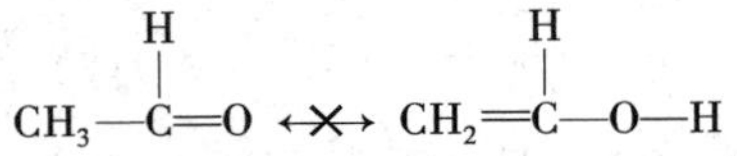

上面第二个式子是两种化合物之间的动态平衡，属于互变异构（两个结构式之间用⇌表示），而不是共振。由此可见，共振结构与互变异构现象有明显区别。

（3）同一化合物分子的极限结构式之间必须保持成对电子（或未成对电子）的数目相等。例如：

$$\dot{C}H_2-\dot{C}H_2 \nleftrightarrow CH_2=CH_2 \longleftrightarrow \overset{+}{C}H_2-\ddot{C}^{-}H_2 \longleftrightarrow {}^{-}\ddot{C}H_2-\overset{+}{C}H_2$$

（4）同一化合物分子的不同极限结构式的贡献大小不同，其中能量较低较稳定的极限结构在共振杂化体中的贡献较大。这里有以下几种情况：

①共价键数目相同的极限结构的能量相同，其贡献相同，它们之间的共振称为等价共振；

共价键多的极限结构比共价键少的稳定,贡献较大。例如:

$$CH_2=CH_2 \longleftrightarrow \overset{+}{C}H_2—\overset{..}{\underset{-}{C}}H_2$$

两个共价键　　　一个共价键
贡献较大　　　　贡献较小

②含有电荷分离的极限结构的贡献,比没有电荷分离的极限结构贡献小,其中电荷分离不遵守电负性原则的极限结构贡献最小,可忽略不计。例如:

$$H_2\overset{+}{C}—\overset{..}{\underset{-}{O}}: \longleftrightarrow H_2C=O \longleftrightarrow \overset{-}{H_2}C—\overset{..}{\underset{+}{O}}:$$

负电荷在电负性较大　　　无电荷分离　　　负电荷在电负性较小
原子上,贡献次之　　　　贡献较大　　　　原子上,贡献最小

(5)参与极限结构的原子必须在同一平面或几乎在同一平面上。因为只有这样 p 轨道的重叠才最有效,才能发生电子的离域。

共振论发表以后,利用它可以解释共轭分子中许多结构和性质上的问题。例如,按照共振论的解释,1,3-丁二烯单键和双键有平均化的趋势,是由于其共振杂化体是:

$$CH_2=CH—CH=CH_2 \leftrightarrow \overset{+}{C}H_2—CH=CH—\overset{..}{C}H_2 \leftrightarrow \overset{..}{C}H_2—CH=CH—\overset{+}{C}H_2$$

　　　（Ⅰ）　　　　　　　　　　　　（Ⅱ）　　　　　　　　　　（Ⅲ）

极限结构(Ⅱ)和(Ⅲ)是电荷分离的极限结构,其贡献较小,但由于它们的贡献,C_2 和 C_3 之间也有部分双键性质。

3.18　共轭二烯烃的化学性质

共轭二烯烃除具有一般单烯烃的性质外,由于结构的特殊性,还具有某些特殊性质。

3.18.1　1,2-加成与1,4-加成

共轭二烯烃与卤素、卤化氢等亲电试剂加成时,不仅可与两分子试剂进行加成,而且与一分子试剂加成时也可以生成两种加成产物。例如:

$$\overset{4}{C}H_2=\overset{3}{C}H—\overset{2}{C}H=\overset{1}{C}H_2 \xrightarrow[-80℃]{HBr} \begin{cases} \underset{80\%}{1,2-加成} \to CH_2=CH—\underset{Br}{C}H—\underset{H}{C}H_2 \\ \\ \underset{20\%}{1,4-加成} \to CH_2—CH=CH—\underset{H}{C}H_2 \\ _{Br} \end{cases}$$

当一分子 HBr 加到同一个双键的两个碳原子上时,生成1,2-加成产物;而加到共轭双键两端的双键碳原子上则生成1,4-加成产物。

共轭二烯烃既能发生1,2-加成也能发生1,4-加成,是由于共轭二烯烃的结构特征所决定的。现以1,3-丁二烯与溴化氢的加成为例说明。

1,3-丁二烯与溴化氢的加成也属于亲电加成。反应的第一步是质子加到1,3-丁二烯的一个双键碳原子上,生成碳正离子。这一步反应有两种可能:

$$\overset{1}{C}H_2=\overset{2}{C}H—\overset{3}{C}H=\overset{4}{C}H_2 \xrightarrow{H^+} \begin{cases} \to CH_2—\overset{+}{C}H—CH=CH_2（Ⅰ） \\ _{H} \\ \overset{+}{C}H_2—CH—CH=CH_2（Ⅱ） \\ _{H} \end{cases}$$

H^+加到C_1上生成仲碳正离子（Ⅰ），加到C_2上生成伯碳正离子（Ⅱ），由于（Ⅰ）比（Ⅱ）稳定，因此反应按生成（Ⅰ）的机理进行。

从碳正离子（Ⅰ）的结构可以看出，带正电荷的碳原子与双键碳原子直接相连，构成烯丙型正离子，由于p,π-共轭效应的影响，正电荷发生离域，C_2和C_4上均带有部分正电荷。

$$CH_2\!=\!CH\!-\!\overset{+}{CH}\!-\!CH_3 \quad 或 \quad CH_2\!\overset{+}{\cdots}\!CH\!\cdots\!CH\!-\!CH_3$$

因此，在第二步反应时，Br^-既可进攻C_2生成1,2-加成物，也可进攻C_4生成1,4-加成物。其反应机理可表示如下：

$$CH_2\!=\!CH\!-\!CH\!=\!CH_2 \xrightarrow[-\,Br^-]{HBr} CH_2\!\cdots\!CH\!\cdots\!\overset{+}{CH}\!-\!CH_2$$

进攻C_2 → $CH_2\!=\!CH\!-\!\underset{Br}{CH}\!-\!\underset{H}{CH_2}$ 　1,2-加成产物

进攻C_4 → $\underset{Br}{CH_2}\!-\!CH\!=\!CH\!-\!\underset{H}{CH_2}$ 　1,4-加成产物

共轭二烯烃与一分子亲电试剂加成时，究竟主要生成1,2-加成产物抑或1,4-加成产物，则取决于反应物的结构、试剂的性质、产物的稳定性和反应条件（如温度、溶剂的极性等）等因素。例如：

$$CH_2\!=\!CH\!-\!CH\!=\!CH_2 + HBr \xrightarrow[40℃]{-80℃} \underset{H}{CH_2}\!-\!CH\!-\!CH\!=\!CH_2 \;(80\%,20\%) + \underset{}{CH_2}\!-\!CH\!=\!CH\!-\!\underset{Br}{CH_2}\;(20\%,80\%)$$

$$CH_2\!=\!CH\!-\!CH\!=\!CH_2 + Br_2 \xrightarrow[\substack{氯仿\\-15℃}]{\substack{正己烷\\-15℃}} \underset{Br}{CH_2}\!-\!\underset{Br}{CH}\!-\!CH\!=\!CH_2 \;(62\%,38\%) + \underset{Br}{CH_2}\!-\!CH\!=\!CH\!-\!\underset{Br}{CH_2}\;(38\%,62\%)$$

在一般情况下，低温有利于1,2-加成，在较高温度和/或增加溶剂的极性则有利于1,4-加成。

问题3-17 写出下列反应的主要产物：

$$CH_2\!=\!CH\!-\!CH\!=\!CH_2 + Cl_2 \xrightarrow[65\sim75℃]{<0℃}$$

3.18.2　双烯合成

共轭二烯烃和具有不饱和键的化合物进行1,4-加成，生成环状化合物的反应，称为双烯合成，或称狄尔斯（Diels）-阿尔德（Alder）反应。例如：

在这类反应中，含有共轭双键的二烯烃及其衍生物，称为双烯体；含有不饱和键的烯或炔

及其衍生物,称为亲双烯体;产物称加合物。如果亲双烯体含有吸电基或/和双烯体含有供电基,则反应容易进行。例如:

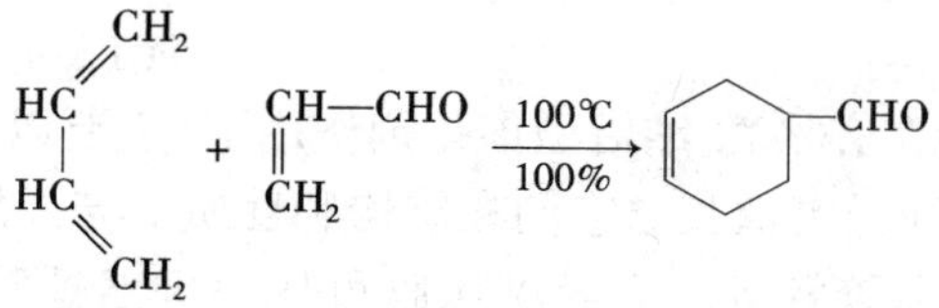

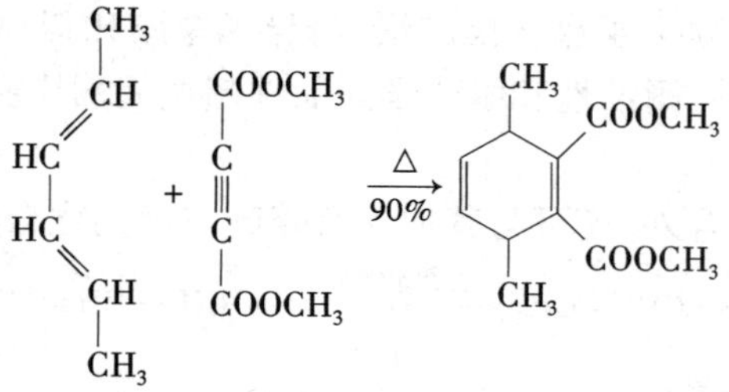

双烯合成在理论及应用上都有重要价值。这是由链状化合物合成环状化合物的方法之一。由于可生成易分离的加合物而用于混合物的提纯,也可用于共轭二烯烃的鉴定。

双烯合成是一步完成的协同反应,即旧键断裂和新键的生成同时进行,经环状过渡态生成产物,这类反应称为周环反应。它是三大类有机反应(离子型反应、自由基型反应和周环反应)之一。

问题 3-18 完成下列反应式:

(1) 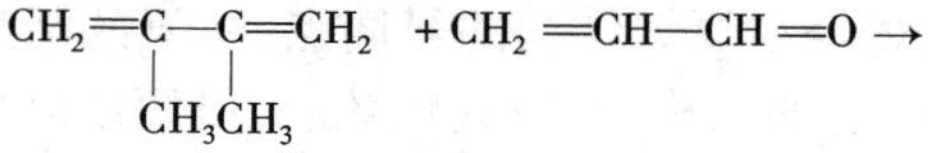 CH_2=C—CH=CH_2 + CH_2=CH—CH=O →
    　　　CH_3CH_3

(2)

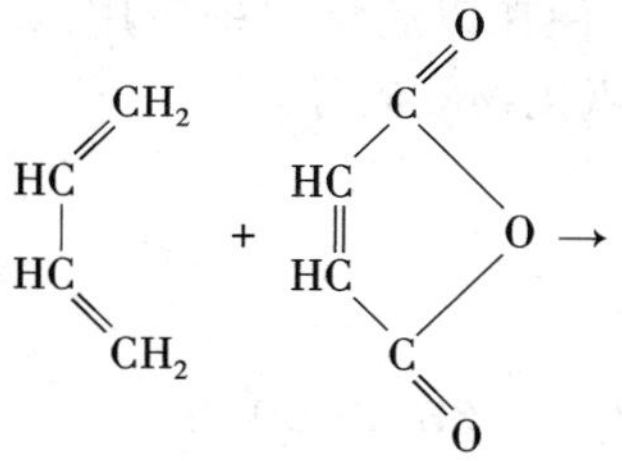

3.18.3 聚合反应与合成橡胶

共轭二烯烃容易进行聚合反应,生成高分子聚合物,是合成橡胶的重要原料。例如:

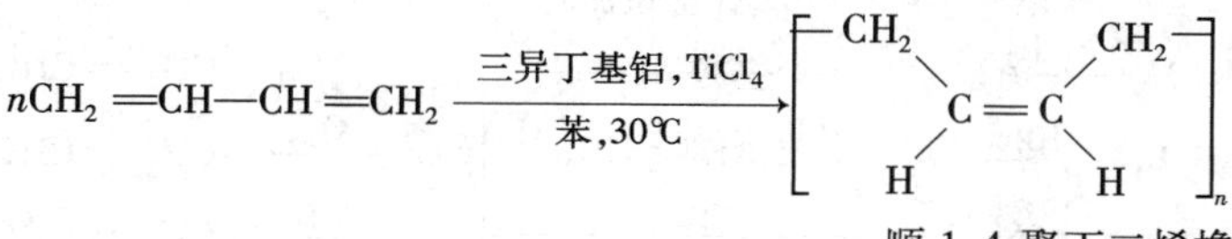

顺-1,4-聚丁二烯橡胶
顺丁橡胶

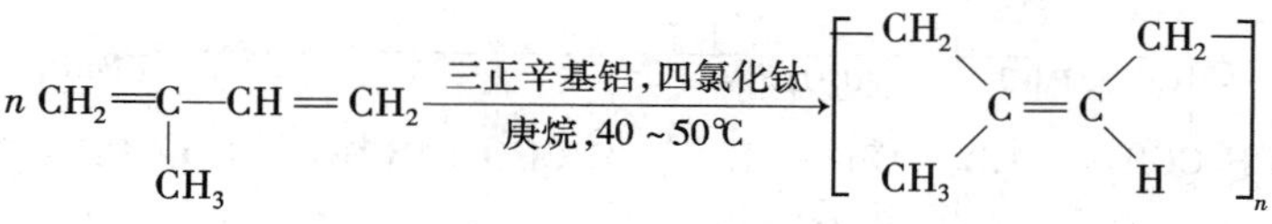

顺-1,4-聚异戊二烯橡胶
异戊橡胶(合成天然橡胶)

61

$$n\ CH_2=\underset{\underset{Cl}{|}}{C}-CH=CH_2 \xrightarrow[30\sim50℃]{\text{过硫酸盐}} \left[\!\!\left[CH_2-\underset{\underset{Cl}{|}}{C}=CH-CH_2 \right]\!\!\right]_n$$

氯丁橡胶

　　1,3-丁二烯及异戊二烯在齐格勒-纳塔型催化剂作用下,主要以1,4-加成方式进行顺式加成聚合,分别生成顺丁橡胶和异戊橡胶。它们在结构和性质上与天然橡胶相似,其中顺丁橡胶主要用于制造轮胎、运输袋和胶管等。而异戊橡胶可代替天然橡胶在各种橡胶制品中使用。由于天然橡胶的结构相当于顺-1,4-聚异戊二烯,与异戊橡胶相似,故后者又称合成天然橡胶。氯丁橡胶的耐候性、耐臭氧性、耐油性和耐化学药品性超过天然橡胶,用于制造运输带、输油软管和汽缸内燃机垫圈等。

　　共轭二烯烃除能自身聚合外,还可与其他含有碳碳双键的化合物进行共聚合。例如:

$$m\ CH_2=CH-CH=CH_2 + nCH=CH_2 \xrightarrow{\text{过氧化物}} \cdots-CH_2-CH=CH-CH_2-CH-CH_2-\cdots$$

苯乙烯　　　　　　　　　　　　丁苯橡胶

　　丁苯橡胶具有良好的耐老化、耐热和耐磨性,主要用于制造轮胎,是产量最大的合成橡胶。

小　结

　　(一)本章的重点:烯烃的命名和顺反异构;烯烃和炔烃结构的异同点,炔氢的活泼性;烯烃、炔烃和二烯烃的化学性质;通过了解共轭二烯烃的结构,掌握共轭效应,以便以后应用之;本章涉及的重要名词、术语、规律等应了解其真正的内涵,以便在以后学习中应用,如亲电试剂、亲电加成、亲核试剂、亲核加成、马尔柯夫尼柯夫规则、过氧化物效应等。

　　(二)烯烃的化学性质,现用丙烯概括如下:

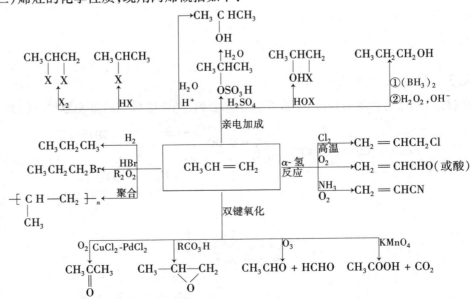

（三）炔烃的化学性质，现用乙炔概括如下：

$$CH_3CHCl_2 \xleftarrow{\ HCl\ } CH_2=CHCl \qquad CH_3CHO \qquad XCH=CHX \xrightarrow{\ X_2\ } X_2CHCHX_2$$

$$\text{HCl} \qquad \text{H}_2\text{O} \quad \text{HgSO}_4,\text{H}_2\text{SO}_4 \qquad X_2$$

$$RO-CH=CH_2 \xleftarrow{\ ROH\ } \qquad 亲电加成 \qquad \xrightarrow{\ NaNH_2\ } HC\equiv CNa \xrightarrow{\ RX\ } HC\equiv CR$$

$$CH_2=CH-CN \xleftarrow{\ HCN\ } \begin{array}{c}亲核\\加成\end{array} \quad HC\equiv CH \quad \begin{array}{c}炔氢\\反应\end{array} \xrightarrow{\ Ag(NH_3)_2NO_3\ } AgC\equiv CAg$$

$$\underset{\underset{O}{\|}}{CH_3COCH}=CH_2 \xleftarrow{\ CH_3COOH\ } \qquad \xrightarrow{\ Cu(NH_3)_2Cl\ } CuC\equiv CCu$$

$$\text{H}_2 \qquad \text{KMnO}_4 \qquad 二聚 \qquad 聚合$$

$$CH_2=CH_2 \qquad CO_2 \qquad CH_2=CH-C\equiv CH \qquad {-\!\!}[CH=CH]\!\!{-}_n$$

（四）共轭二烯烃的化学性质，现用1,3-丁二烯概括如下：

$$\underset{(X)H\quad X(X)}{CH_2-CH-CH=CH_2} \qquad \underset{X(X)\qquad H(X)}{CH_2-CH=CH-CH_2}$$

$$1,2-加成 \qquad\qquad 1,4-加成$$

$$HX(或 X_2)$$

$${-\!\!}[CH_2-CH=CH-CH_2]\!\!{-}_n \xleftarrow{\ 聚合\ } CH_2=CH-CH=CH_2 \qquad CH_2=CH-CHO$$

（图：与 CHO 相连的环己烯结构）

共聚 （与 苯环-CH=CH_2 反应）

$$\cdots-CH_2-CH=CH-CH_2-CH-CH_2-\cdots$$
（末端 CH 连苯环）

例　　题

（一）用化学方法鉴别乙烷、乙烯和乙炔。

解：乙烷、乙烯、乙炔是三类不同的化合物，因此可利用每一类化合物所具有的特性，采用鉴别反应鉴别之。在鉴别时需注意两个问题：①操作简便；②反应容易进行，且有明显现象，便于观察。如有颜色变化、有气味产生、有温度变化（吸热或放热）、有气体产生、溶液发生混浊或有沉淀生成等。

从结构上考虑，乙烷无不饱和键，而乙烯和乙炔有不饱和键，因此可利用不饱和键能发生且有明显现象的反应，将它们与乙烷区别开。然后利用乙炔有活泼氢（炔氢）这一特性，选择有明显现象的反应，将乙烯和乙炔区别开，如下式所示：

$$\left.\begin{array}{c}乙烷\\乙烯\\乙炔\end{array}\right\}\xrightarrow{溴水}\left[\begin{array}{l}不褪色\\褪色\\褪色\end{array}\right.\xrightarrow{Ag(NH_3)_2NO_3}\left[\begin{array}{l}不反应\\白色沉淀\end{array}\right.$$

（二）1,3-戊二烯有无顺反异构体？若有，写出其顺反异构体的结构式，并用顺反命名法和Z,E命名法命名。

解：含有碳碳双键的化合物是否存在顺反异构体，还决定于每个双键碳原子所连接的两个原子或基是否相同。从1,3-戊二烯的构造式可以看出：

$$\overset{5}{CH_3}-\overset{4}{CH}=\overset{3}{CH}-\overset{2}{CH}=\overset{1}{CH_2}$$

C_1 双键碳原子连接两个相同的原子(两个氢原子),因此由 C_1 和 C_2 组成的双键部分不能形成顺反异构体;由 C_3 和 C_4 组成的双键部分,每个双键碳原子都连接两个不同的原子或基(分别为 H 和—CH=CH_2;H 和 CH_3),因此能形成顺反异构体。即 1,3-戊二烯虽有两个碳碳双键,但只有两个顺反异构体,其顺反异构体的结构式和名称如下:

顺-1,3-戊二烯   反-1,3-戊二烯
(Z)-1,3-戊二烯   (E)-1,3-戊二烯

(三)试写出分子式为 C_5H_8 的所有开链烃的构造异构体,并用系统命名法命名。

解:利用通式考查 C_5H_8,符合通式 C_nH_{2n-2}。符合该通式的开链烃有炔烃和二烯烃,然后分别推导分子式为 C_5H_8 的炔烃和二烯烃的构造异构体。

(1)炔烃   炔烃产生构造异构体的原因有二:碳架异构;官能团位置异构(三键位次不同)。

C—C—C—C—C   C—C—C—C(带支链C)   C—C—C(带上下C)

C—C—C—C≡C   C≡C—C—C(带支链C)   无
C—C—C≡C—C

由此可见,分子式为 C_5H_8 的炔烃有以下三种构造异构体:

$CH_3CH_2CH_2C≡CH$ $CH_3CH_2C≡CCH_3$ $HC≡C-CHCH_3$ 带 CH_3
1-戊炔   2-戊炔   3-甲基-1-丁炔

(2)二烯烃   与炔烃相似,分子式为 C_5H_8 的二烯烃有以下六种构造异构体:

$CH_3CH_2CH=C=CH_2$ $CH_3CH=CH-CH=CH_2$ $CH_2=CHCH_2CH=CH_2$
1,2-戊二烯   1,3-戊二烯   1,4-戊二烯

$CH_3CH=C=CHCH_3$ $CH_2=C-CH=CH_2$ 带 CH_3 $CH_2=C=C-CH_3$ 带 CH_3
2,3-戊二烯   2-甲基-1,3丁二烯   3-甲基-1,2-丁二烯

(四)分子式为 C_5H_8 的化合物,能使高锰酸钾水溶液和溴的四氯化碳溶液褪色;和硫酸汞的稀硫酸溶液反应,生成一个含氧化合物;与硝酸银氨溶液反应,生成白色沉淀。试写出 C_5H_8 所有可能的构造式。

解:C_5H_8 符合通式 $C_nH_{2n-2}(n=5)$,可能是炔烃、二烯烃或环烯烃。能使高锰酸钾水溶液和溴的四氯化碳溶液褪色,进一步说明分子中含有不饱和键。和硫酸汞的稀硫酸溶液反应,生成一个含氧化合物,说明 C_5H_8 是炔烃。与硝酸银氨溶液反应,生成白色沉淀,说明 C_5H_8 是端位炔烃而不是其他炔烃。

通过上述分析,C_5H_8 可能的构造式有以下两种:

$CH_3CH_2CH_2C≡CH$ $CH_3CHC≡CH$ 带 CH_3

其反应式为

$$
\begin{array}{l}
\text{CH}_3\text{CH}_2\text{CH}_2\text{C}\equiv\text{CH} \\
(\text{CH}_3\text{CHC}\equiv\text{CH}) \\
\qquad\quad | \\
\qquad\quad \text{CH}_3
\end{array}
\quad
\left\{
\begin{array}{l}
\xrightarrow[\text{H}_2\text{O}]{\text{KMnO}_4} \text{CH}_3\text{CH}_2\text{CH}_2\text{COOH} \quad (\text{CH}_3\text{CHCOOH}) \\
\hspace{6cm} | \\
\hspace{6cm} \text{CH}_3 \\[2mm]
\xrightarrow[\text{CCl}_4]{\text{Br}_2} \text{CH}_3\text{CH}_2\text{CH}_2\text{C}=\text{CH} \quad (\text{CH}_3\text{CH}-\text{C}=\text{CH}) \\
\hspace{4.5cm} | \;\; | \hspace{1.5cm} | \quad | \;\; | \\
\hspace{4.5cm}\text{Br Br} \hspace{1.5cm}\text{CH}_3 \text{ Br Br} \\[2mm]
\xrightarrow[\text{H}_2\text{SO}_4]{\text{H}_2\text{O, HgSO}_4} \text{CH}_3\text{CH}_2\text{CH}_2\text{CCH}_3 \quad (\text{CH}_3\text{CH}-\text{CCH}_3) \\
\hspace{5cm} \| \hspace{2cm} | \;\;\; \| \\
\hspace{5cm}\text{O} \hspace{2cm}\text{CH}_3\; \text{O} \\[2mm]
\xrightarrow{\text{Ag(NH}_3)_2\text{NO}_3} \text{CH}_3\text{CH}_2\text{CH}_2\text{C}\equiv\text{CAg} \quad (\text{CH}_3\text{CHC}\equiv\text{CAg}) \\
\hspace{7cm} | \\
\hspace{7cm}\text{CH}_3
\end{array}
\right.
$$

从反应式可以看出,所推测的两种可能构造完全符合题意,从而也进一步确认了上述两种构造式是正确的。

(五)烯烃与溴的四氯化碳溶液或溴的水溶液(溴水)反应,溴的红棕色褪色,因此常利用此反应鉴别烯烃或其他含有碳碳不饱和键的化合物。若将乙烯分别通入到溴的四氯化碳溶液和溴水中,均发生溴的红棕色褪色,试问产物是否相同,为什么? 试写出其反应机理。

解:乙烯分别通入到溴的四氯化碳溶液和溴水中后,溴立即与乙烯反应,因此溴的红棕色褪色,但由于所用试剂不同,即反应介质不同,所发生的反应不完全相同,产物也不同。四氯化碳是惰性的,它不参与反应。水是弱的亲核试剂,当反应过程中能生成强的亲电的物种时,水能参加反应。因此乙烯分别与溴的四氯化碳溶液和溴水反应,产物不同。其反应机理如下:

$$
\text{CH}_2=\text{CH}_2 + \text{Br}_2\text{-CCl}_4 \xrightarrow[-\text{Br}^-]{}
\begin{array}{c}\text{CH}_2 \; \overset{+}{\underset{\text{Br}}{\diagup\!\!\!\backslash}} \; \text{CH}_2\end{array}
\xrightarrow{\text{Br}^-}
\begin{array}{c}\text{Br}\\ |\\ \text{CH}_2-\text{CH}_2\\ \hspace{1.5cm}|\\ \hspace{1.5cm}\text{Br}\end{array}
$$

$$
\text{CH}_2=\text{CH}_2 + \text{Br}_2\text{-H}_2\text{O} \xrightarrow[-\text{Br}^-]{}
\begin{array}{c}\text{CH}_2 \; \overset{+}{\underset{\text{Br}}{\diagup\!\!\!\backslash}} \; \text{CH}_2\end{array}
\left\{
\begin{array}{l}
\xrightarrow{\text{Br}^-} \begin{array}{c}\text{Br}\\|\\ \text{CH}_2-\text{CH}_2\\ \hspace{1.5cm}|\\ \hspace{1.5cm}\text{Br}\end{array} \\[4mm]
\xrightarrow[-\text{H}^+]{\text{H}_2\text{O}} \begin{array}{c}\text{OH}\\|\\ \text{CH}_2-\text{CH}_2\\ \hspace{1.5cm}|\\ \hspace{1.5cm}\text{Br}\end{array}
\end{array}
\right.
$$

(六)以乙炔为主要原料合成橡胶单体 2-氯-1,3-丁二烯。

解:解答合成题时,常采用如下一般方法:①写出指定原料和产物的构造式或结构式(根据需要而定)进行对比;②将产物分子(亦称目标分子)逐步分解(亦称拆开),直至得到与原料相似或相同的简单的结构单元(亦称合成分子)(这种方法称为逆推法);③比较原料与产物的碳骨架是否相同,若不相同,需考虑建立相同的碳骨架;④考查原料和产物分子中的官能团和取代基,考虑是否需要引入官能团或取代基,若需要,则在建立碳骨架后或建立碳骨架同时引入官能团或取代基。现以本题为例,具体说明如下。

(1)写出原料和产物的构造式:

$$
\text{HC}\equiv\text{CH} \qquad \text{CH}_2=\text{CH}-\underset{\underset{\text{Cl}}{|}}{\text{C}}=\text{CH}_2
$$

通过对比发现,产物比原料的碳骨架多一倍,因此原料可以通过增长碳链的方法得到产物的碳骨架。

(2)将产物分子拆开:

$$
\text{CH}_2=\underset{\underset{\text{Cl}}{|}}{\text{C}}-\text{CH}=\text{CH}_2 \Rightarrow \text{HC}\equiv\text{CH} + \underset{\Downarrow}{\text{H}_2\text{C}=\text{CH}_2}
$$
$$
\hspace{7cm}\text{HC}\equiv\text{CH}
$$

由于乙烯不能与乙炔反应生成产物碳骨架,而两分子乙炔则可以,故需将乙烯转化为乙炔,乙炔则是给定原料。

(3)原料中无氯原子,因此建立碳骨架后需引入氯原子。

具体合成的反应式如下:

$$HC\equiv CH + HC\equiv CH \xrightarrow[\text{少量盐酸,}\sim70℃]{CuCl-NH_4Cl} HC\equiv C-CH=CH_2$$

$$\overset{\delta-}{HC}\equiv C-\overset{\delta+}{CH}=CH_2 + HCl \xrightarrow[\sim45℃]{CuCl-NH_4Cl} \underset{\underset{H}{|}}{HC}=C-CH=CH_2 \quad (\text{Cl on右侧CH})$$

$$H_2C=C\underset{\underset{Cl}{|}}{-}CH-CH_2 \xrightarrow{\text{重排}} H_2C=C\underset{\underset{Cl}{|}}{-}CH=CH_2$$

习　题

(一)用系统命名法命名下列各化合物:

(1) $(C_2H_5)_2C=CCH_3$ 　　　(2) $CH_3CH_2C(CH_3)_2CH=CH_2$
　　　　　$\underset{C_2H_5}{|}$

(3) $CH_3CH_2-C=CH-CH_3$ 　　(4) $C_2H_5C\equiv CC(CH_3)_3$
　　　　　$\underset{CH_2CH_3}{|}$

(5) $CH_2=CH-CH=C(CH_3)_2$ 　　(6) $CH_3-CH=C=C(CH_3)_2$

(7) $HC\equiv C-CH=CH_2$ 　　　(8) $(CH_3)_2C=CH-CH=CHCH_3$
　　　　$\underset{CH_3}{|}$

(二)写出下列化合物的构造式:

(1)对称甲基异丙基乙烯　　　　(2)不对称甲基乙基乙烯

(3)甲基异丙基乙炔　　　　　　(4)二乙烯基乙炔

(三)写出碳骨架是 $\underset{\underset{C}{|}}{C}-C-C-C-C$ 的烯烃、炔烃和二烯烃的构造异构体,并用系统命名法命名。

(四)用 Z,E 命名法命名下列化合物:

(1) $\begin{array}{c}CH_3\\|\\C\end{array}=\begin{array}{c}CH_2CH_3\\|\\C\\|\\CH(CH_3)_2\end{array}$ 下H

(2) $\begin{array}{c}H\\C\\CH_3\end{array}=\begin{array}{c}CH_2CH_2CH_3\\C\\CH_3\end{array}$

(3) $\begin{array}{c}Cl\\C\\F\end{array}=\begin{array}{c}CH_3\\C\\C_2H_5\end{array}$

(4) $\begin{array}{c}C_2H_5\\C\\H\end{array}=\begin{array}{c}H\\C\end{array} \quad \begin{array}{c}H\\C\\C_2H_5\end{array}=\begin{array}{c}H\\C\\H\end{array}$

(五)写出下列化合物的结构式,其命名如有错误,给出正确名称。

(1)顺-2-甲基-3-戊烯　　　　　(2)E-3-乙基-3-戊烯

(3)1-溴异丁烯　　　　　　　　(4)3-丁烯-1-炔

(六)将下列各组烯烃按其进行酸催化水合反应的活性由大到小排列,并说明理由。

(1) $CH_2=CH_2$ 　 $CH_3CH=CH_2$ 　 $(CH_3)_2C=CH_2$

(2) $(CH_3)_2C=CH_2$ 　 $ClCH_2CH=CH_2$ 　 环己烯

（七）在聚丙烯生产中,常用己烷或庚烷作溶剂,但要求溶剂中不能含有不饱和烃。如何检验溶剂中有无烯烃杂质？若有,如何除去？

（八）完成下列反应式：

(1)
$$\text{(甲基环己烯)} \xrightarrow{\text{HCl}}$$

(2)
$$CH_3CH_2C=CH_2 \text{（CH}_3\text{）} \xrightarrow[\text{（Cl}_2+H_2O\text{）}]{\text{HOCl}}$$

(3)
$$(CH_3)_2C=CH_2 \xrightarrow[\text{NaCl 水溶液}]{Br_2}$$

(4)
$$(CH_3)_2C=CH_2 \xrightarrow[\text{②}H_2O]{\text{①}H_2SO_4}$$

(5)
$$(CH_3)_2C=CHCHCH_3 \text{（CH}_3\text{）} \xrightarrow[\text{过氧化物}]{\text{HBr}}$$

(6)
$$\xrightarrow[\triangle]{KMnO_4}$$

(7)
$$C_{10}H_{21}CH=CH_2 \xrightarrow{CF_3CO_3H}$$

(8)
$$\xrightarrow[\text{②}H_2O_2,\ OH^-]{\text{①}1/2(BH_3)_2}$$

(9)
$$+ \begin{array}{c} COOCH_3 \\ COOCH_3 \end{array} \longrightarrow$$

(10)
$$+ \longrightarrow$$

（九）用化学方法鉴别下列各组化合物：

(1) 己烷　1-己炔　2-己烯

(2) 1-戊炔　2-戊炔

(3) 丁烷　乙烯基乙炔　1,3-丁二烯

(4) 1,3-戊二烯　1,4-戊二烯

（十）化合物 $CH_3CH=CHCH_2CH(CH_3)_2$ 在高温进行氯化反应,其一元氯代产物主要有哪些？

（十一）将下列各组活性中间体,按稳定性由大到小次序排列。

(1) $CH_3\overset{+}{C}HCH_3$　$CH_3CH_2\overset{+}{C}H_2$

(2) $CH_3CH_2CH_2\overset{\cdot}{C}H_2$　$CH_3\overset{\cdot}{C}HCH_2CH_3$

(3) $CH_3\overset{+}{C}HCH_2CH=CH_2$　$\overset{+}{C}H_2CH=CHCH_2CH_3$

(4) $CH_3CH-\overset{+}{C}H-CH=CH_2$　$CH_3\overset{+}{C}-CH_2-CH=CH_2$
　　　　　$\underset{CH_3}{|}$　　　　　　　$\underset{CH_3}{|}$

（十二）写出下列反应的机理：

$$CH_3-CH=CH_2+Cl_2 \xrightarrow{500℃} ClCH_2-CH=CH_2+HCl$$

（十三）用 3-氯-2-甲基-1,2-环氧丙烷（$ClCH_2\underset{\underset{O}{\diagdown\diagup}}{\overset{CH_3}{\underset{|}{C}}}CH_2$）可以合成性能优良的环氧树脂,试以异丁烯和必要的无机原料合成之。

（十四）完成下列转变：

(1) $CH_3CH_2CHCl_2 \longrightarrow CH_3CCl_2CH_3$

(2) $CH_3CHBrCH_3 \longrightarrow CH_3CH_2CH_2Br$

(3) $CH_3CH=CH_2 \longrightarrow CH_3C\equiv CCH_2CH_3$

(4) $HC\equiv CH \longrightarrow CH_3\underset{\underset{O}{\|}}{C}CH_3$

(十五)由指定原料合成:

(1)由 1-己炔合成 2-己酮

(2)由乙炔合成 3-己炔

(3)由乙炔和丙烯以及必要的其他试剂合成丙基乙烯基醚

(十六)推导化合物的结构:

(1)有两个分子式为 C_6H_{12} 的烃,分别用浓的高锰酸钾酸性溶液处理,其一生成 $CH_3\overset{\underset{\displaystyle \|}{O}}{C}CH_2CH_3$ 和 CH_3COOH;另一个生成 $(CH_3)_2CHCH_2COOH$、CO_2 和 H_2O,试写出两个烃的构造式。

(2)某烃 C_7H_{14} 经高锰酸钾氧化后的两个产物,与臭氧化然后还原水解所得到的两个产物相同,写出 C_7H_{14} 的构造式。

(3)某化合物分子式为 C_6H_{12},能使溴水褪色,能溶于浓硫酸,加氢生成正己烷,用过量的酸性高锰酸钾水溶液氧化,可得到两种不同的羧酸,写出该化合物的构造式及各步反应式。

(4)具有相同分子式的两种化合物(C_5H_8),经加氢后都生成 2-甲基丁烷,这两种化合物都可以与两分子溴加成,但其中一种可以使硝酸银氨溶液产生白色沉淀,另一种则不能。试推测这两个异构体的构造式,并写出各步反应式。

(5)有四种化合物 A、B、C 和 D,分子式都是 C_5H_8。它们都能使溴的四氯化碳溶液褪色。A 能与 $AgNO_3$ 的氨溶液作用生成沉淀,B、C 和 D 则不能。当用热的高锰酸钾氧化时,A 得到 CO_2 和 $CH_3CH_2CH_2COOH$;B 得到 CH_3COOH 和 CH_3CH_2COOH;C 得到 $HOOCCH_2CH_2CH_2COOH$;D 得到 $HOOCCH_2COOH$ 和 CO_2。试写出 A、B、C 和 D 的构造式。

第4章 芳　　烃

芳烃是芳香族碳氢化合物的总称,亦称芳香烃。它最早是指那些从各种天然香树脂、香精油中提取得到且有香味的物质。随着有机化合物的增多,在这类化合物中,有些不仅没有香味甚至还有不愉快的气味,因此,只凭气味作为分类依据并不合适。现在仍称芳香烃是历史沿用下来的。后来发现,这类化合物都含有由六个碳原子和六个氢原子(C_6H_6)组成的特殊碳环——苯环结构,因此,把苯及其衍生物总称为芳香族化合物。这类化合物虽然不饱和程度大,但与烯烃和炔烃不同,它较易进行取代反应,而较难进行加成反应和氧化反应。随着有机化学的进一步发展,发现一些不具有苯环结构的环状烃也有这类化合物的特征,即其电子构型和性质与芳烃相似。这些不含苯环结构而具有芳香性的环状烃,其环上的 π 电子数符合休克尔(Hückel)规则(见本章第 3 节);苯环的 π 电子数亦符合休克尔规则,从这个意义上讲,芳烃是符合休克尔规则的碳环化合物。通常所说的芳烃,一般仍指分子中含有苯环结构的烃,而不含苯环结构的称为非苯芳烃。

芳烃根据构造的不同可分为三类。

1)单环芳烃

分子中只有一个苯环的芳烃,称为单环芳烃。例如:

苯 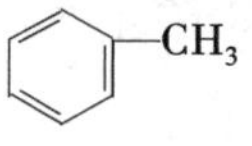　　　　　　甲苯 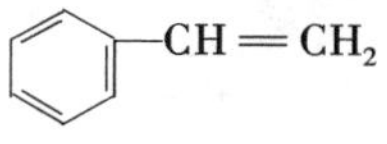　　　　　　　苯乙烯

2)多环芳烃

分子中含有两个或两个以上独立苯环构造的芳烃,称为多环芳烃。例如:

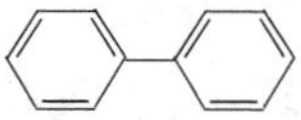

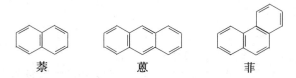

联苯 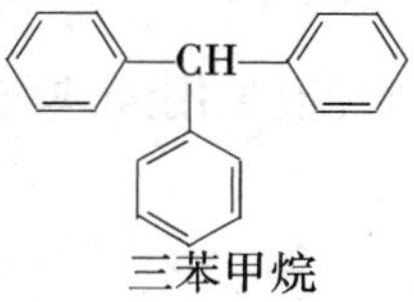　　　　　三苯甲烷 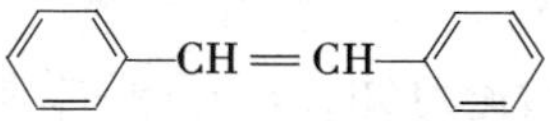　　　　　1,2-二苯乙烯

3)稠环芳烃

分子中含有两个或多个苯环共用两个相邻碳原子的芳烃,称为稠环芳烃。例如:

萘　　　　　　蒽　　　　　　　　菲

4.1　苯分子的结构

苯是最简单的芳烃。元素分析和相对分子质量测定结果表明,苯的分子式为 C_6H_6,碳氢比为1: 1。从碳氢比来看,苯似乎与烯烃和炔烃相似,是高度不饱和的,容易进行加成反应和氧化反应,但事实恰相反,苯不易进行加成反应和氧化反应。相反,苯容易进行取代反应,而且一元取代物只有一种,说明在苯分子中,所有六个碳原子和六个氢原子都是等同的。另外,苯具有很高的热稳定性。

物理方法测定结果表明,苯分子的六个碳原子和六个氢原子都在同一平面内,六个碳原子

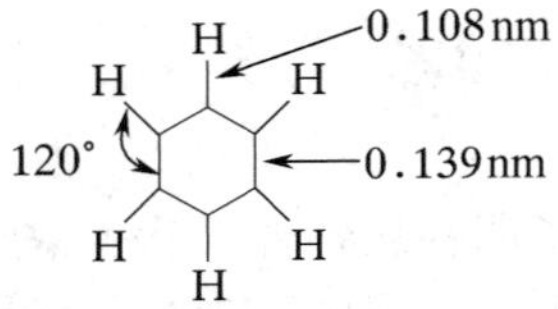

彼此相连构成平面正六边形，所有键角均为 120°，碳碳键键长都是 0.139 nm，碳氢键键长都是 0.108 nm，如图 4-1 所示。

轨道杂化理论认为，在苯分子中，每个碳原子均以两个 sp^2 杂化轨道分别与相邻碳原子的 sp^2 杂化轨道相互交盖，构成六个等同的碳碳 σ 键。每个碳原子又以一个 sp^2 杂化轨道分别与一个氢原子的 1s 轨道相互交盖，构成六个等同的碳氢 σ 键，如图 4-2（Ⅰ）所示。六个碳原子和六个氢原子都在同一平面内。每个碳原子剩下的一个 p 轨道，其对称轴垂直于该平面且相互平行，它们在两侧相互交盖，构成闭合的 π 轨道，如图 4-2（Ⅱ）所示。处于这样 π 轨道中的 π 电子能够高度离域，使 π 电子云完成平均化，在苯环上面和下面构成两个圆形电子云，如图 4-2（Ⅲ）所示。

图 4-1 苯分子的形状

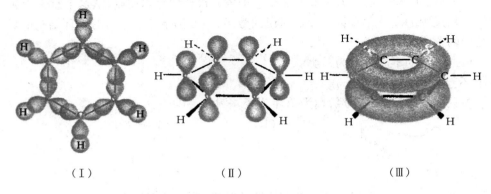

（Ⅰ）　　　　　　　（Ⅱ）　　　　　　　（Ⅲ）

图 4-2 苯分子的轨道结构

通过上述讨论可知，苯分子是非常对称的，很难用经典结构式表示，但现在仍采用 Kekulé 结构式  或  表示，或用  表示。

共振论也对苯分子的结构作出了解释。共振论认为，苯分子的结构是下列极限结构的共振杂化体：

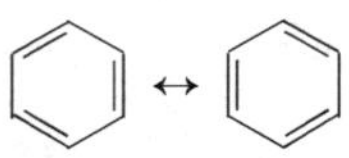

（Ⅰ）　　（Ⅱ）

苯分子的真实结构不是（Ⅰ）和（Ⅱ）中的任何一个，而是它们的共振杂化体。共振使苯的能量比假想的 1,3,5-己三烯低 149.9 kJ/mol，此能量即苯的共振能（或叫离域能），此能量越大，分子越稳定，因此苯比较稳定。

4.2 单环芳烃的构造异构和命名

4.2.1 构造异构

苯及其同系物的通式是 C_nH_{2n-6}。由于苯分子中的六个碳原子和六个氢原子是等同的，所以苯及一取代苯只有一种，而无构造异构体（不包括取代基的异构）。例如：

70

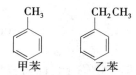

甲苯　　　　　乙苯

当苯环上的取代基(也叫侧链)含有三个或三个以上碳原子时,由于碳链异构,也产生构造异构体。例如:

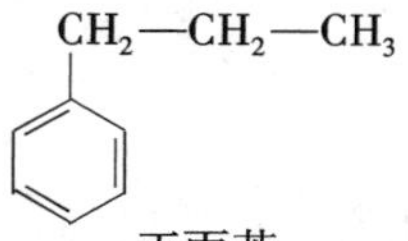

正丙苯 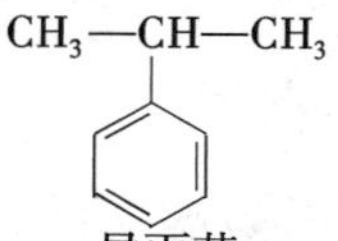　　　　　异丙苯

当苯环上连有两个和两个以上取代基时,因取代基在环上的相对位次不同,也产生异构体。例如:

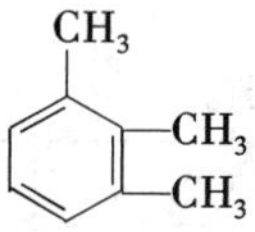

1,2,3-三甲苯　　1,2,4-三甲苯　　1,3,5-三甲苯
连三甲苯　　　　偏三甲苯　　　　均三甲苯

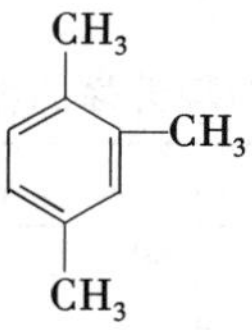

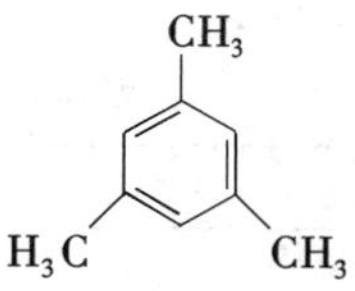

4.2.2　命名

单环芳烃的命名有两种方法。

(1)以苯环为母体,烃基作为取代基,称为某烃基苯("基"字常省略)。例如:

仲丁苯　　　　　叔丁苯

当苯环上连有两个或两个以上取代基时,可用阿拉伯数字标明其相对位次。若苯环上仅有两个取代基,也常用邻或 o-(ortho)、间或 m-(meta)、对或 p-(para)等字头表示。例如:

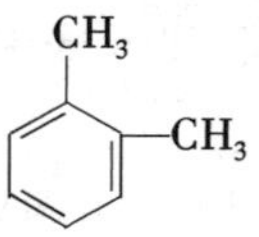

1,2-二甲苯　　1,3-二甲苯　　1,4-二甲苯
邻二甲苯　　　间二甲苯　　　对二甲苯

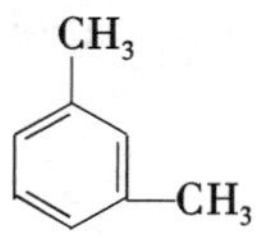

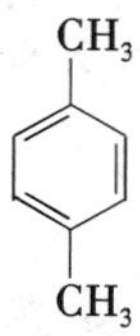

若苯环上连有三个相同的取代基时,也常用连、偏、均等字头表示,如4.2.1构造异构中三甲苯。

(2)当苯环上连接较复杂的烃基,或连接不饱和烃基时,则通常以苯环作为取代基命名。例如:

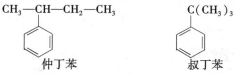

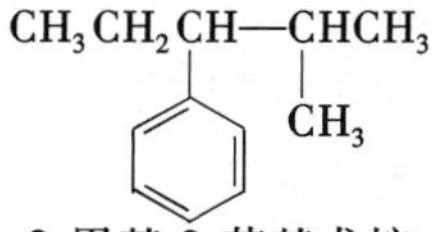

2-甲基-3-苯基戊烷 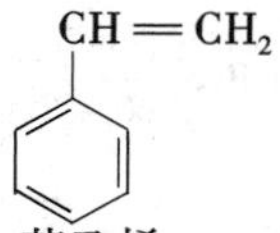　　苯乙烯 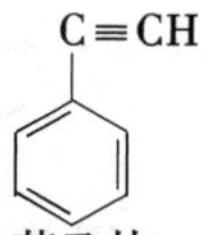　　　苯乙炔

但例外情况也是有的,例如:

$$CH_2=CH-\underset{对二乙烯苯}{\bigcirc}-CH=CH_2$$

芳烃从形式上去掉一个氢原子剩下的原子团,称为芳基(常用 Ar 表示)。最常见的一价芳基是苯基 C_6H_5—(常用 Ph(phenyl 的缩写)表示)和苄基或称苯甲基 $C_6H_5CH_2$—(或 $PhCH_2$—)。

4.3 单环芳烃的物理性质

苯及其同系物一般为无色液体,相对密度在 0.86 ~ 0.9 之间。有一定毒性,尤其是苯毒性较大。不溶于水,溶于乙醚、石油醚、四氯化碳等非极性溶剂。某些特殊溶剂如环丁砜、N-甲基吡咯烷酮、N,N-二甲基甲酰胺等,对芳烃有很高的选择性,因此常被用来萃取芳烃。一些单环芳烃的物理常数如表 4-1 所示。

表 4-1　一些单环芳烃的物理常数

名称	熔点(℃)	沸点(℃)	相对密度(d_4^{20})
苯	5.5	80.1	0.879
甲苯	−95	110.6	0.867
乙苯	−95	136.1	0.867
正丙苯	−99.6	159.3	0.862
异丙苯	−96	152.4	0.862
苯乙烯	−31	145	0.907
苯乙炔	−45	142	0.929
邻二甲苯	−25.2	110.6	0.880
间二甲苯	−47.9	144.4	0.864
对二甲苯	13.2	139.1	0.861

4.4 单环芳烃的化学性质

从单环芳烃的碳氢比来看,虽然其不饱和程度大,但与烯烃和炔烃不同,它们较易进行取代反应,而较难进行加成反应和氧化反应。另外,与苯环直接相连的碳原子(α 碳原子)上的氢原子(α 氢原子),与丙烯的 α 氢原子相似,也容易进行取代反应和氧化反应。单环芳烃的主要化学反应部位是:

$H_2C—H \leftarrow$ ④α 氢原子的反应

—H ← ① 取代反应
← ② 加成反应
← ③ 苯环破裂

4.4.1 取代反应

1)卤化反应

苯与卤素在一般条件下不发生反应,但在催化剂作用下,苯环上的氢原子可以被卤原子取代,生成卤(代)苯,这类反应称为卤化反应。例如:

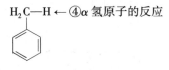

$$\bigcirc + Br_2 \xrightarrow[60~70℃]{FeBr_3} \underset{溴苯}{\bigcirc}-Br + HBr$$

这是工业上和实验室生产溴苯和氯苯的方法之一。

在比较强烈条件下,溴苯可继续与溴作用,主要生成邻和对二溴苯。

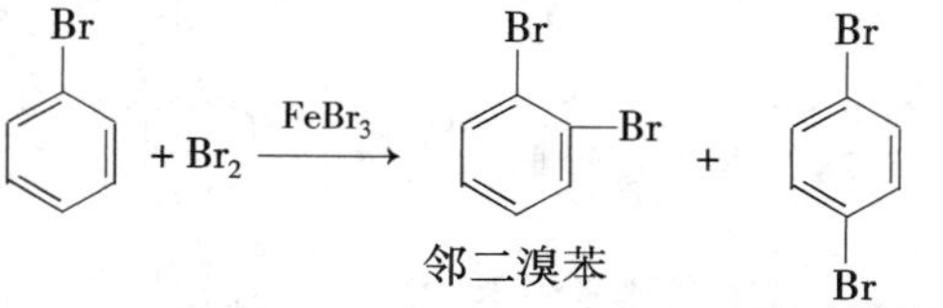

在类似情况下,烷基苯与卤素反应也发生环上取代,不仅比苯容易进行,而且主要生成邻位和对位取代物。例如:

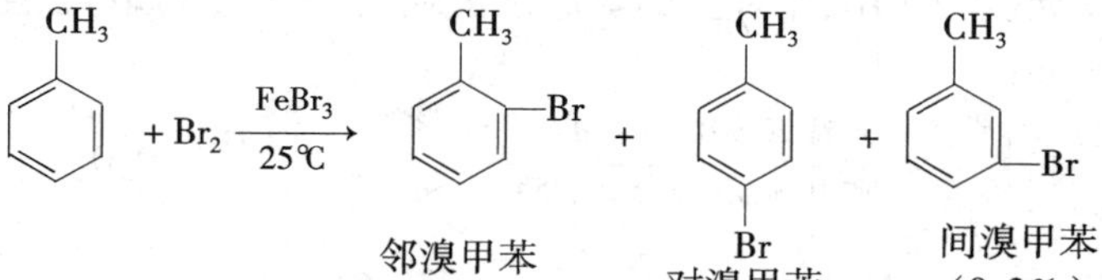

邻溴甲苯　　　　对溴甲苯　　　　间溴甲苯
(32.9%)　　　　(65.8%)　　　　(0.3%)

若用氯代替溴进行上述反应,则是工业上生产一氯甲苯的方法之一。

不同卤素与苯环发生取代反应的活性次序是:氟>氯>溴>碘。其中氟化反应很猛烈,放出大量热,使反应难以控制;碘化反应因生成还原性碘化氢,而使反应成为可逆反应,因此卤化反应通常是指氯化和溴化。

在加热和光的作用下,或有过氧化物存在时,烷基苯与卤素作用,则卤原子取代侧链上的氢原子。例如:

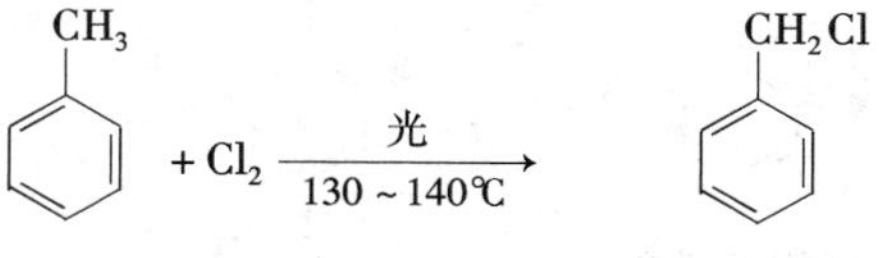

苯氯甲烷(氯化苄)

这是工业上生产苯氯甲烷的方法之一。

2)硝化反应

苯与浓硝酸和浓硫酸的混合物(通称混酸)作用,苯环上的氢原子被硝基($-NO_2$)取代,生成硝基苯,这类反应称为硝化反应。例如:

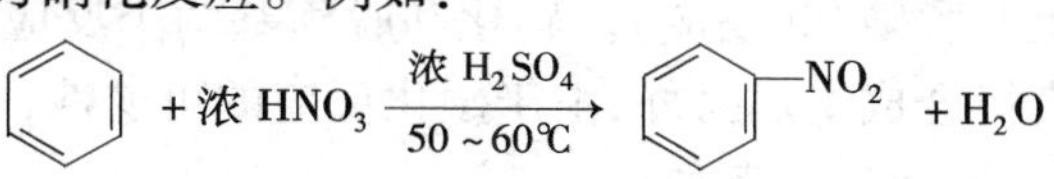

硝基苯

在较高温度下,硝基苯继续与混酸作用,主要生成间二硝基苯。

间二硝基苯　　　邻二硝基苯　　　对二硝基苯
(93%)　　　　(6%)　　　　(1%)

在类似条件下,烷基苯与混酸作用也发生苯环上的取代反应,不仅比苯容易进行,而且主

73

要生成邻位和对位取代物。例如：

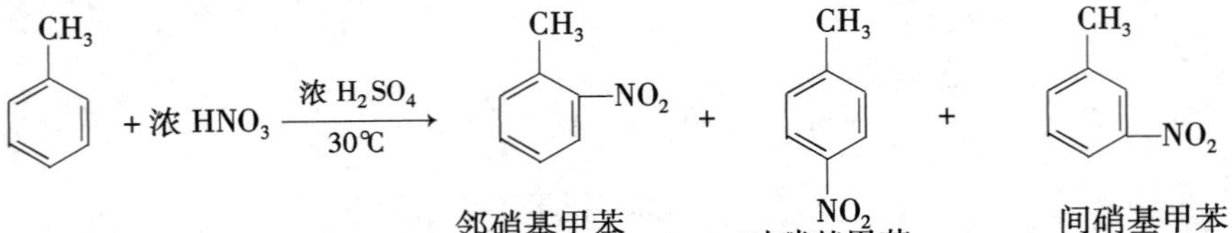

邻硝基甲苯
（59%）　　对硝基甲苯
（37%）　　间硝基甲苯
（4%）

3）磺化反应

苯与浓硫酸或发烟硫酸作用，苯环上的氢原子被磺基（-SO₃H）取代，生成苯磺酸，这类反应称为磺化反应。例如：

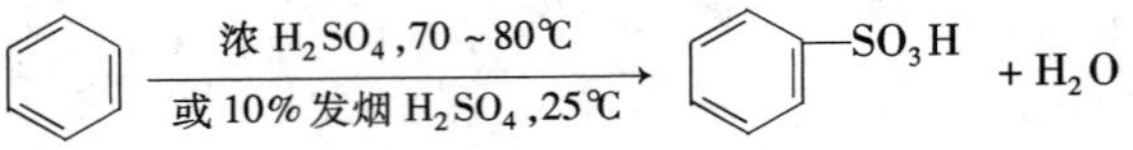

苯磺酸

在较高温度下，苯磺酸可继续与发烟硫酸反应，生成苯二磺酸，且主要生成间位异构体。

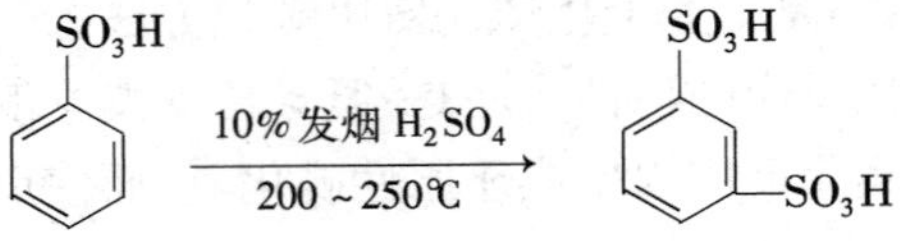

间苯二磺酸

烷基苯比苯容易进行磺化，且产物主要是邻位和对位取代物。例如：

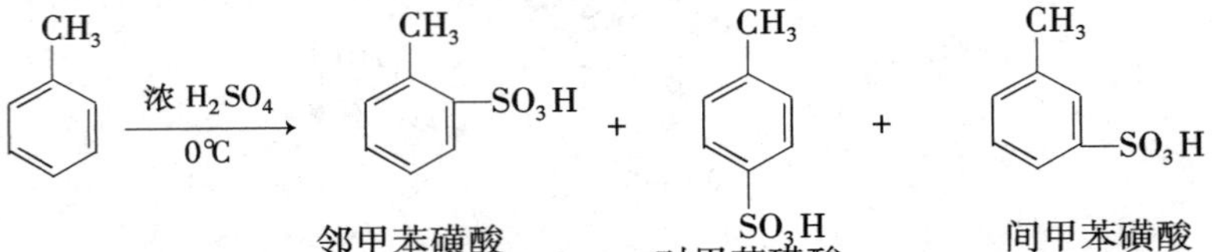

邻甲苯磺酸
（32%）　　对甲苯磺酸
（62%）　　间甲苯磺酸
（6%）

与卤化反应和硝化反应不同，磺化反应是可逆反应。

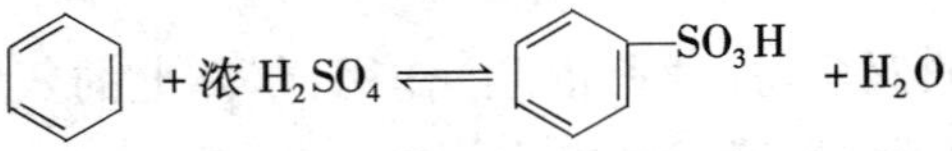

磺化反应的逆反应也叫脱磺基（反应）。磺化和脱磺基两个反应联合使用，可用于某些异构体的分离和提纯以及有机合成上。另外，由于磺化反应的可逆性，烷基苯经磺化所得邻和对位异构体的比例，随温度不同而异。例如：

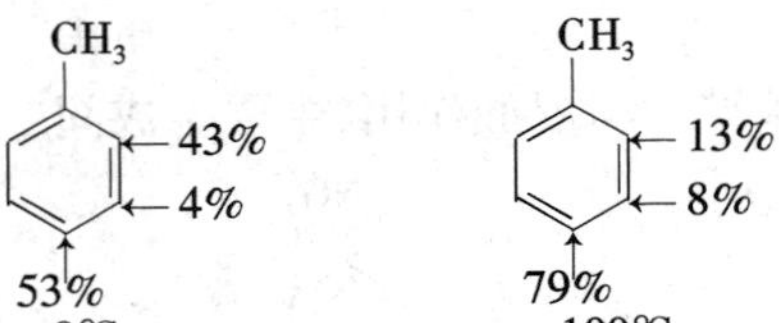

磺化温度　　　0℃　　　　　　100℃

这是由于磺基的体积较大，反应时邻位取代所受的空间阻碍作用较大，因此在较高温度下反应达到平衡时，磺基占据没有空间阻碍的对位是比较稳定的，越稳定的产物越容易生成，因此对位异构体成为主要产物。

74

4）付列德尔-克拉夫茨反应

在无水氯化铝等催化剂作用下，苯环上的氢原子被烷基（R—）或酰基（R—CO—）取代的反应，分别称为付列德尔-克拉夫茨烷基化反应和酰基化反应，统称付列德尔-克拉夫茨（Friedel-Crafts）反应。例如：

$$\text{苯} + CH_3CH_2Br \xrightarrow[80℃]{AlBr_3} \text{苯}-CH_2CH_3 + HBr$$

$$\text{苯} + (CH_3CO)_2O \xrightarrow[70～80℃]{AlCl_3} \text{苯}-\underset{O}{\overset{\|}{C}}-CH_3 + CH_3COOH$$

苯乙酮

常用的催化剂有无水氯化铝、氯化铁、氯化锌、氟化硼和硫酸等；常用的烷基化试剂有卤代烷、烯烃和醇；常用的酰基化试剂有酰卤（RCOX）、酸酐（(RCO)$_2$O）和羧酸（RCOOH）。

烷基化和酰基化反应有许多相似之处：催化剂相同；反应机理相似；环上连有强吸电基时，如硝基、磺基、酰基和氰基（CN）等，一般不发生反应。但也有不同之处：由于酰基化产物通过氧原子与等量催化剂（如氯化铝）形成络合物，因此，酰基化的催化剂用量比烷基化多；当烷基化试剂含有三个或更多碳原子时，烷基往往发生重排。例如：

$$\text{苯} + CH_3CH_2CH_2CH_2Cl \xrightarrow[0℃]{AlCl_3} \text{苯}-\underset{CH_3}{\overset{}{CH}}CH_2CH_3 + \text{苯}-CH_2CH_2CH_3$$

（66%）　　　　　　（34%）

$$\text{苯} + (CH_3)_3CCH_2OH \xrightarrow[60℃]{BF_3} \text{苯}-\underset{CH_3}{\overset{CH_3}{\underset{|}{\overset{|}{C}}}}-CH_2CH_3$$

（唯一产物）

由于烷基化是可逆反应，故烷基化反应常常伴随歧化反应。即一分子烷基苯脱烷基，而另一分子烷基苯增加烷基。例如：

$$2\ \text{甲苯} \xrightarrow[\triangle]{AlCl_3} \text{苯} + \text{二甲苯}$$

（o-、m-、p-）

工业上经常利用甲苯的歧化反应增产苯和二甲苯。

酰基化反应不发生异构化反应和歧化反应，因此制备直链烷基苯时，可以通过先进行酰基化合成芳酮，然后将酮的羰基还原成亚甲基来实现。例如：

$$\text{苯} + Cl-\underset{O}{\overset{\|}{C}}-CH_2CH_3 \xrightarrow{AlCl_3}{\triangle} \text{苯}-\underset{O}{\overset{\|}{C}}CH_2CH_3 + HCl$$

$$\text{苯}-\underset{O}{\overset{\|}{C}}CH_2CH_3 \xrightarrow[\triangle]{Zn-Hg,\ HCl} \text{苯}-CH_2CH_2CH_3 + H_2O$$

这后一反应是羰基直接还原成亚甲基的方法之一，称为克莱门森（Clemmenson）还原法。

5）氯甲基化反应

在无水氯化锌存在下，芳烃与甲醛（常用聚甲醛代替甲醛）和氯化氢作用，苯环上的氢原子被氯甲基（—CH$_2$Cl）取代的反应，称为氯甲基化反应。例如：

$$3\,\text{C}_6\text{H}_6 + (\text{CH}_2\text{O})_3 + 3\text{HCl} \xrightarrow[\text{60℃}]{\text{无水 ZnCl}_2} 3\,\text{C}_6\text{H}_5\text{CH}_2\text{Cl} + 3\text{H}_2\text{O}$$

三聚甲醛

当芳环上连有强吸电基(如硝基等)时,氯甲基化的产率很低甚至不发生反应。

由于—CH$_2$Cl 能顺利地转变为—CH$_3$、—CH$_2$OH、—CH$_2$CN、—CHO、—CH$_2$COOH 以及—CH$_2$N(CH$_3$)$_2$等,因此氯甲基化反应具有广泛用途。

问题 4-1 完成下列反应式:

(1) 甲苯 + Cl$_2$ $\xrightarrow{\text{FeCl}_3}$

(2) 苯 + CH$_3$CH=CH$_2$ $\xrightarrow{\text{AlCl}_3}$

(3) 苯 + 苯甲酰氯(C$_6$H$_5$—CO—Cl) $\xrightarrow{\text{AlCl}_3}$

(4) 甲苯 + (CH$_3$CO)$_2$O $\xrightarrow{\text{AlCl}_3}$

4.4.2 苯环上亲电取代反应机理

从苯的结构已知,苯环上的 π 电子云分布在碳原子所在平面的上下两边。因此,苯环上的碳原子比较容易受亲电试剂的进攻,由亲电试剂的进攻而发生的取代反应,称为亲电取代反应。上述卤化、硝化、磺化、付列德尔-克拉夫茨反应、氯甲基化反应等均属于亲电取代反应。这些反应虽然各不相同,但它们的反应机理是相似的,现以苯的硝化反应为例说明。

苯与混酸作用生成硝基苯的反应,混酸是硝化试剂,在混酸中,硝酸作为碱,酸性更强的硫酸作为酸,两者作用生成质子化硝酸,后者分解成硝酰正离子和硫酸氢根负离子:

$$\text{HO—NO}_2 + \text{H}_2\text{SO}_4 \Longleftrightarrow \overset{+}{\text{HO}}\text{—NO}_2 + \text{HSO}_4^- $$
$$\qquad\qquad\qquad\qquad\quad\ \underset{\text{H}}{|}$$

$$\overset{+}{\text{HO}}\underset{\underset{\text{H}}{|}}{\text{—NO}_2} + \text{H}_2\text{SO}_4 \Longleftrightarrow {}^+\text{NO}_2 + \text{H}_3{}^+\text{O} + \text{HSO}_4^-$$

总反应　$\text{HNO}_3 + 2\text{H}_2\text{SO}_4 \Longleftrightarrow {}^+\text{NO}_2 + \text{H}_3{}^+\text{O} + 2\text{HSO}_4^-$

硝酰正离子

硝酰正离子是一个强的亲电试剂,它进攻苯环,从苯环的 π 体系中得到两个电子,与苯环上的一个碳原子形成 σ 键,生成一个碳正离子,称为 σ 络合物。这一步反应很像烯烃的碳碳双键的加成反应,也是慢的控制反应速度的一步。但又与碳碳双键的加成不同,苯环形成 σ 络合物以后,与亲电试剂中氮原子相连的碳原子,由原来的 sp^2 杂化转变为 sp^3 杂化,它不再有 p 轨道,使苯环的闭合共轭体系被破坏。虽然 σ 络合物的正电荷离域在五个碳原子上而比较稳定,容易生成,但仍不如苯环稳定,所以 σ 络合物是一个活性中间体。该活性中间体与体系中的 HSO$_4^-$ 作用,HSO$_4^-$ 夺取 σ 络合物中的氢离子,使其又恢复了苯环结构,最终形成硝基苯。后一步反应易于发生,因而是反应速率快的一步。

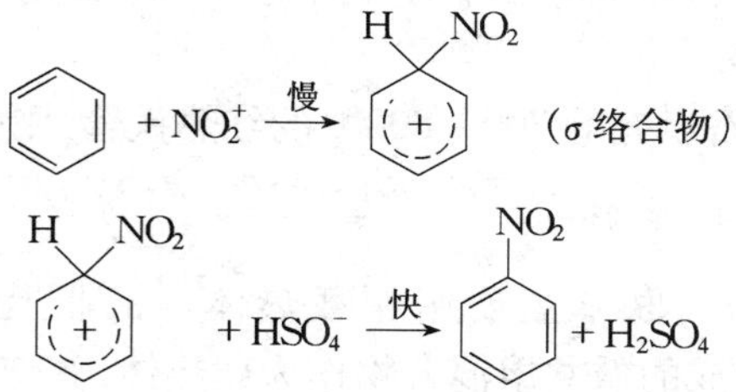

由以上可以看出,亲电取代反应的机理是分两步进行的,第一步是加成,第二步是消除(消去),因此这种机理也叫加成-消除机理。苯环上的卤化和磺化的反应机理与硝化的反应机理相似,也是按这种加成-消除机理进行的。

问题 4-2 苯与浓硫酸作用生成苯磺酸的反应,一般认为磺化试剂可能是三氧化硫。试写出该反应的机理。

4.4.3 加成反应

苯环虽然具有特殊的稳定性,不易进行加成反应,但在一定条件下,苯环也能进行加氢反应,例如:

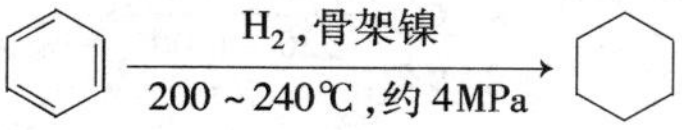

这是工业上生产环己烷的主要方法。

苯也能与氯进行加成反应。

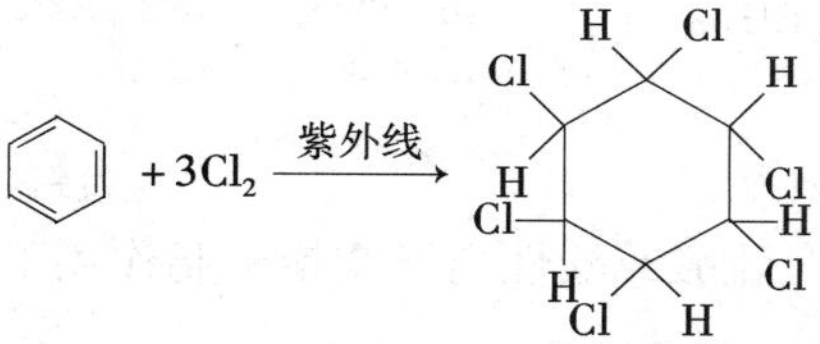

六氯化苯

六氯化苯分子式为 $C_6H_6Cl_6$,简称六六六,又称六氯环己烷。它有八种异构体,其中 r 异构体(丙体)(约占 12% ~ 16%)杀虫效力最强。六六六是一种广谱有机氯杀虫剂,但由于对人畜有害,残留污染严重,以及因长期使用而害虫的抗药性增强,现已禁止使用。但六六六的无毒体可用来制备六氯代苯(C_6Cl_6),俗称灭黑穗药。它是一种农业杀菌剂,用于防治麦类黑穗病,另外对种子和土壤的传染病菌,均有很大杀灭效果。

4.4.4 氧化反应

在一定条件下,单环芳烃也能被氧化,其中烷基苯比苯容易被氧化,烷基侧链比苯环容易被氧化。

1)苯环的氧化

在高温和催化剂的作用下,苯被氧气(空气)氧化生成顺丁烯二酸酐:

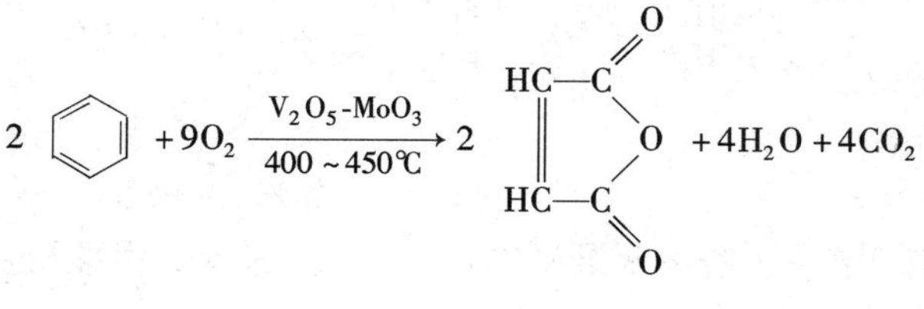

这是工业上生产顺丁烯二酸酐(俗称顺酐)的方法之一。顺酐用于制造医药、农药、染料中间体以及聚酯树脂、醇酸树脂等。

若将苯的蒸气通过用浮石填充的 700~800℃ 的红热铁管,则生成联苯:

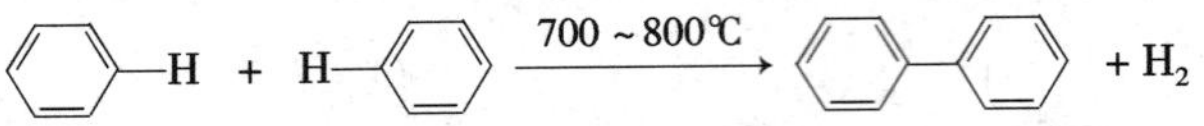

$$\text{Ph—H} + \text{H—Ph} \xrightarrow{700~800℃} \text{Ph—Ph} + H_2$$

此反应也称为脱氢反应。联苯主要用作载热体。工业上曾利用由 26.5% 的联苯和 73.5% 的二苯醚(Ph-o-Ph)组成的低共熔混合物作为载热体,其熔点是 12℃,沸点是 260℃,对热很稳定,在 0.1 MPa 压力下加热至 400℃ 也不分解,可重复使用。但由于毒性较大,现已很少使用。

2) 侧链的氧化

在烷基苯分子中,由于 α-氢原子受苯环影响而较活泼,在较弱的氧化条件下,反应一般发生在 α-位。例如:

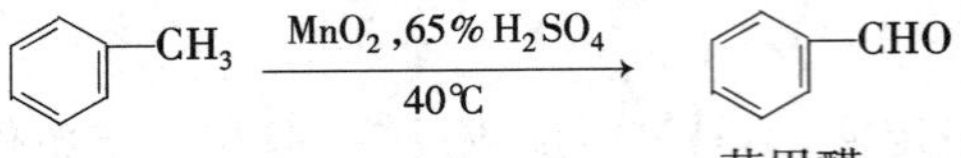

$$\text{Ph—CH}_3 \xrightarrow[40℃]{MnO_2,65\% H_2SO_4} \text{Ph—CHO}$$
苯甲醛

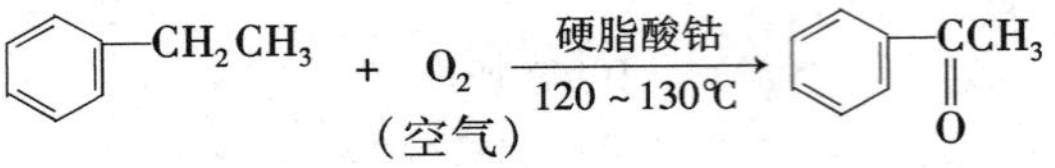

$$\text{Ph—CH}_2CH_3 + O_2(\text{空气}) \xrightarrow[120~130℃]{\text{硬脂酸钴}} \text{Ph—CO—CH}_3$$
苯乙酮

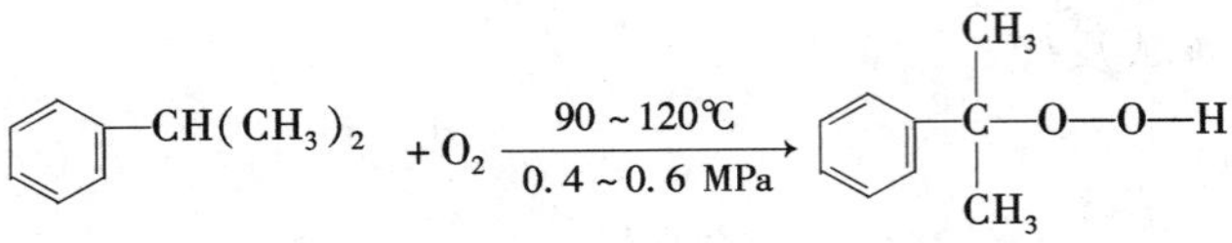

$$\text{Ph—CH(CH}_3)_2 + O_2 \xrightarrow[0.4~0.6\ MPa]{90~120℃} \text{Ph—C(CH}_3)_2\text{—O—O—H}$$
氢过氧化异丙苯

这后一反应生成的产物,在硫酸或酸性离子交换树脂作用下水解,则生成苯酚和丙酮。

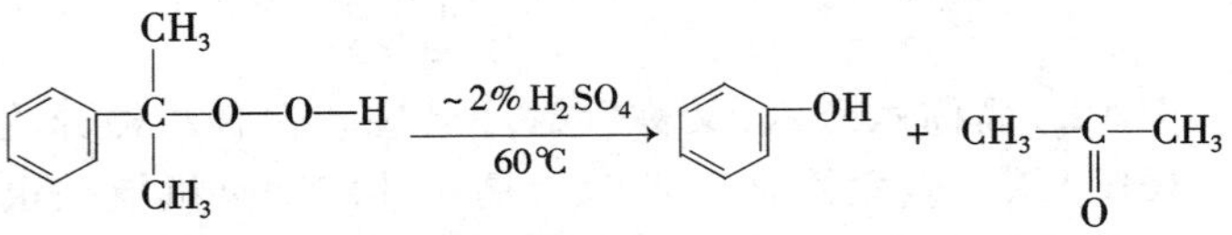

$$\text{Ph—C(CH}_3)_2\text{—O—O—H} \xrightarrow[60℃]{\sim 2\% H_2SO_4} \text{Ph—OH} + CH_3\text{—CO—CH}_3$$

这是目前工业上生产苯酚的主要方法,同时联产丙酮。

在强烈的氧化条件下,含有 α-氢原子的烷基,通常被氧化成羧基;当苯环上连有不止一个烷基时,一般均被氧化成羧基;当两个烷基处于邻位时氧化的最终产物是酸酐。例如:

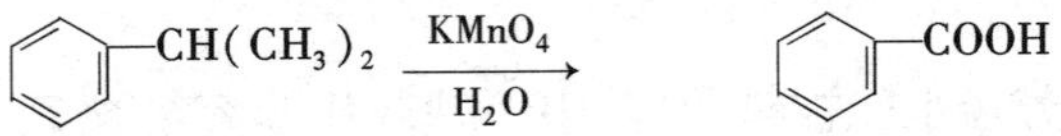

$$\text{Ph—CH(CH}_3)_2 \xrightarrow[H_2O]{KMnO_4} \text{Ph—COOH}$$
苯甲酸

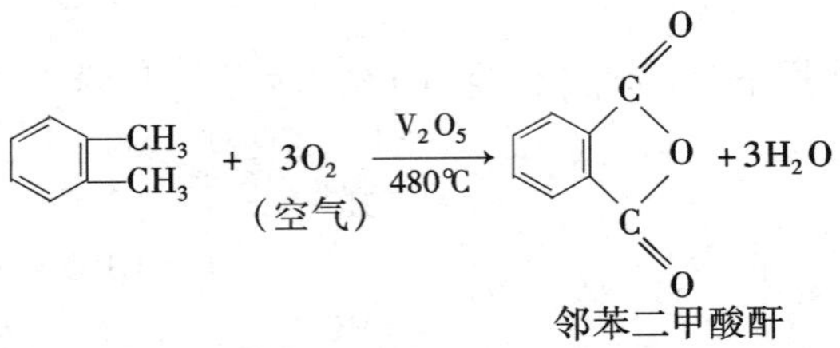

$$\text{邻-二甲苯} + 3O_2(\text{空气}) \xrightarrow[480℃]{V_2O_5} \text{邻苯二甲酸酐} + 3H_2O$$
邻苯二甲酸酐

这是工业上生产邻苯二甲酸酐(俗称苯酐)的方法之一。邻苯二甲酸酐主要用于制造增塑剂、染料、药物、聚酯树脂、醇酸树脂等。

烷基苯的烷基也可进行脱氢反应。例如：

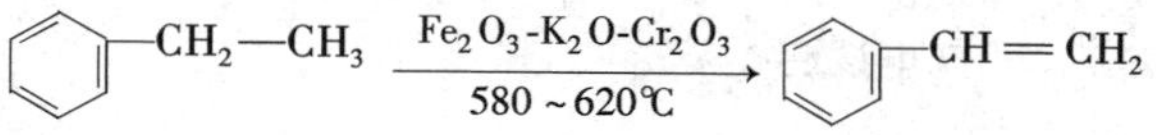

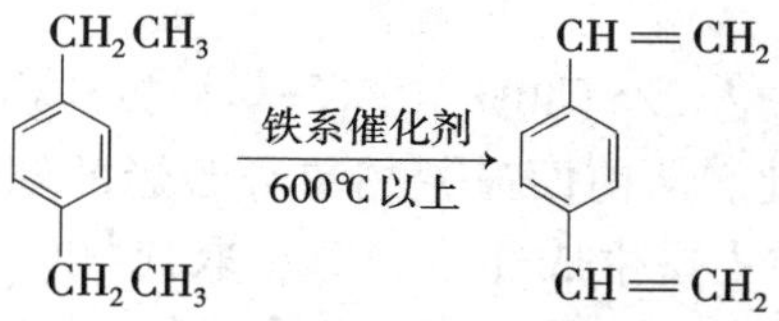

$$C_6H_5-CH_2-CH_3 \xrightarrow[580\sim620℃]{Fe_2O_3-K_2O-Cr_2O_3} C_6H_5-CH=CH_2$$

这是工业上生产苯乙烯和对二乙烯苯的主要方法。苯乙烯主要用于制造树脂、塑料、合成橡胶等；对二乙烯苯主要用作交联剂如制造离子交换树脂等。

问题 4-3 写出下列反应物的构造式：

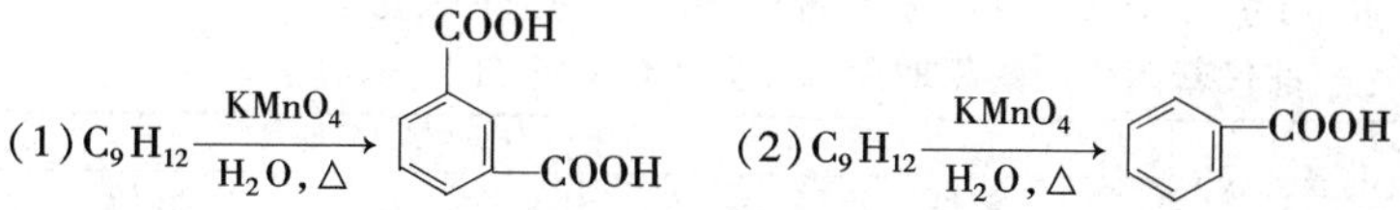

问题 4-4 叔丁苯在强氧化剂如高锰酸钾作用下，被氧化的是苯环而不是叔丁基。试写出叔丁苯与高锰酸钾作用的反应式。

4.4.5 聚合反应

当苯环的侧链含有碳碳双键时，如苯乙烯和对二乙烯苯，与烯烃相似，也可发生聚合反应或共聚反应。例如：

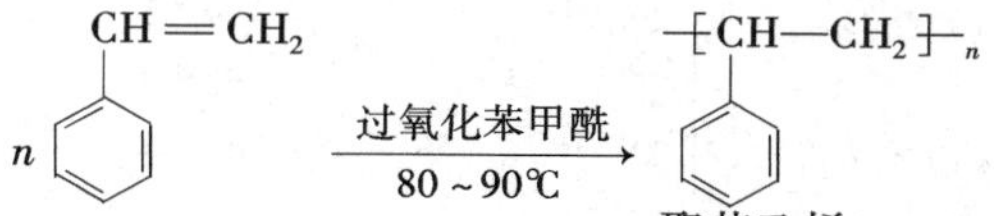

聚苯乙烯具有良好的透光性、绝缘性和化学稳定性，但强度低、耐热性差。可用作光学仪器、绝缘材料及日用品等。

苯在一定条件下也能发生聚合反应。如用氯化铝作催化剂，氯化铜作氧化剂，于 35～50℃苯聚合生成聚苯（聚对苯或聚对亚苯基）。

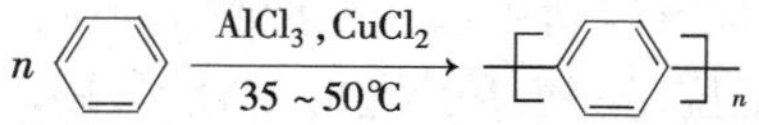

聚苯是最简单的全芳香环高聚物，整个分子是一个很大的共轭体系，因此具有类似导体的特性。除浓硝酸和吡啶外，不溶于任何溶剂。热稳定性高，分解温度为 530℃，可在 300℃长期使用。耐辐射性好，自润滑性好（优于石墨）。它与石棉等的复合层压材料，可用于火箭发动机部件、高速轴承、原子能反应堆部件、耐辐射耐氧化结构件等。

4.5 苯环上亲电取代反应的定位规律

4.5.1 两类定位基

与苯不同，一取代苯进行亲电取代反应时，苯环上的五个位置因与苯环上原有取代基的相对位次不同，新引进的取代基可以进入原取代基的邻位、间位或对位，因此可以生成三种互为异构体的产物：

从统计观点来看,邻位异构体应占 2/5(40%),间位异构体应占 2/5(40%),对位异构体应占 1/5(20%)。然而事实并非如此。从前面讨论的单环芳烃的取代反应可以看出:甲苯无论进行卤化、硝化还是磺化反应,均主要生成邻位和对位取代物(>60%),同时反应比苯容易进行;硝基苯的硝化、苯磺酸的磺化,都主要生成间位取代物(>40%),同时反应比苯较难进行。大量实验事实表明,一取代苯在进行亲电取代反应时,苯环上原有取代基对新引进基团进入苯环的位置起着制约作用,这种作用称为取代基的定位效应。苯环上原有的取代基称为定位基。表 4-2 给出了一些一取代苯在相同条件下硝化时的相对速率和异构体的量。

表 4-2　一取代苯硝化时的相对速率和异构体的分布

取代基	相对速率(与氢比较)	异构体分布(%)		
		邻位	对位	间位
—H	1			
—OCH$_3$	~2×10^5	74	11	15
—NHCOCH$_3$	很快	19	79	2
—CH$_3$	24.5	58	38	4
—C(CH$_3$)$_3$	15.5	15.8	72.7	11.5
—CH$_2$Cl	3.02×10^{-1}	32	52.5	15.5
—Cl	3.3×10^{-2}	29.6	69.5	0.9
—Br	3×10^{-2}	36	62.9	1.1
—COOC$_2$H$_5$	3.67×10^{-3}	24	4	72
—COOH	<10^{-3}	18.5	1.3	80.2
—NO$_2$	6×10^{-8}	6.4	0.3	93.3
—$\overset{+}{N}$(CH$_3$)$_3$	1.2×10^{-8}			~100

实验结果表明,一取代苯进行亲电取代反应,苯环上原有取代基,或像甲基那样,使新引进的取代基主要进入它的邻位和对位,或像硝基那样,新引进的取代基主要进入它的间位。因此,可以按一取代苯进行亲电取代反应所生成主要产物的不同,将其大致分为两类。

第一类定位基——邻对位定位基:使新引进的取代基主要进入它的邻位和对位(邻位和对位异构体之和大于 60%);同时除少数取代基(如卤原子等)外,一般使苯环活化,即反应速率比苯快。例如,—O$^-$(氧负离子基)、—N(CH$_3$)$_2$(二甲氨基)、—NH$_2$、—OH、—OCH$_3$(甲氧基)、—NHCOCH$_3$(乙酰氨基)、—OCOCH$_3$(乙酰氧基)、—R(如—CH$_3$、—C$_2$H$_5$ 等)、—Cl、—Br、—I、—C$_6$H$_5$ 等。

第二类定位基——间位定位基:使新引进的取代基主要进入它的间位(间位异构体大于 40%);同时使苯环钝化,即反应速率比苯慢。例如,—$\overset{+}{N}$(CH$_3$)$_3$(三甲铵基)、—NO$_2$、—CN、—SO$_3$H、—CHO、—COCH$_3$(乙酰基)、—COOH、—COOCH$_3$(甲氧羰基或叫甲酯基)、—CONH$_2$(氨基甲酰基)、—$\overset{+}{N}$H$_3$(铵基)等。

上述两类定位基的定位能力强弱是不同的,其定位能力由强到弱的次序,大致按上述次序。

4.5.2 定位规律的理论解释

苯环上亲电取代反应的定位规律,即取代基的定位效应,与取代基的诱导效应、共轭效应和超共轭效应等电子效应以及取代基的空间效应有关。下面分别进行讨论。

4.5.2.1 电子效应

许多取代基与苯环直接相连时,既存在诱导效应,也存在共轭效应,某些取代基还存在超共轭效应,这些电子效应的方向有些是一致的,也有些是不一致的,但最终表现则是这些电子效应的综合结果。因此考查一取代苯分子中的电子效应,可以预测进行亲电取代时新引进的取代基进入原取代基的相对位置。

另外,与苯相似,一取代苯进行亲电取代的反应机理,也是通过 σ 络合物完成的。但由于取代基的性质以及它与新引进的取代基之间的相对位置不同,它将对 σ 络合物的稳定性产生不同的影响。因此利用电子效应考查 σ 络合物的稳定性,也能很好地说明新引进的取代基进入原取代基哪个相对位置。

总之,从上述两方面均能解释取代基的定位效应,但近年来一般利用 σ 络合物的稳定性来解释,本书采用上述两方面进行解释。现举几例说明。

第一类定位基对苯环的影响及其定位效应。

现以甲基、羟基和氯原子为例说明。

1)甲基

甲基和苯环相连时,与甲基和碳碳双键相连相近,即甲苯与丙烯相似,由于甲基的供电诱导效应(以 +I 表示)和超共轭效应的作用,而且两者的作用方向相同,从而导致苯环上电子云密度增高,尤其是甲基的邻位和对位增加的较多。

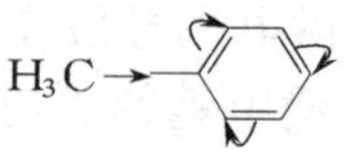

+I效应 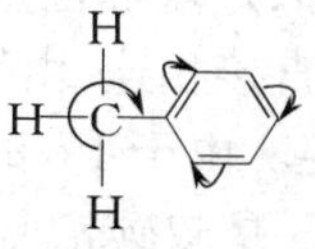　　　　　　　超共轭效应

因此,甲苯比苯不仅容易进行亲电取代反应,而且新引进的取代基主要进入甲基的邻和对位。

考查 σ 络合物的稳定性可以得出同样的结论。甲苯进行亲电取代反应时,可以生成以下三种 σ 络合物:

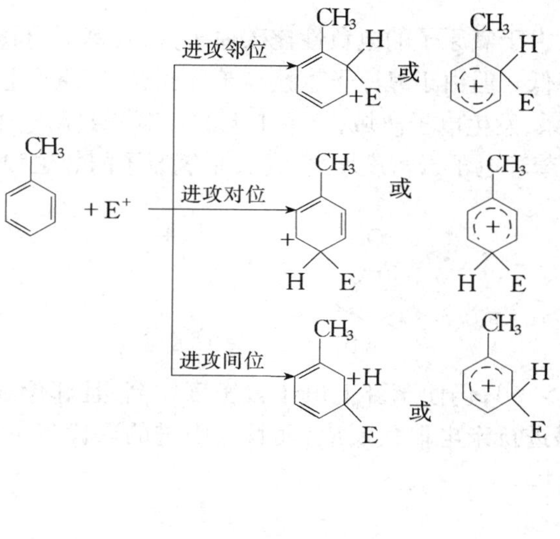

亲电试剂进攻邻位和对位所生成的 σ 络合物(碳正离子),甲基通过碳碳双键与带正电荷的碳原子形成了共轭体系,由于甲基超共轭效应的影响,这两种 σ 络合物均得到稳定,故亲电取代反应容易在邻位和对位进行。但进攻间位所生成的 σ 络合物(碳正离子),甲基通过碳碳双键与带正电荷的碳原子不能构成共轭体系,因此甲基的超共轭效应对碳正离子不能起到稳定作用,与进攻邻位和对位所得到的 σ 络合物相比,进攻间位所得到的 σ 络合物稳定性较差,而较难生成。因此,甲苯的亲电取代反应主要在甲基的邻位和对位进行。

利用共振论解释也能得到同样的结论。共振论认为,甲苯进行亲电取代反应所生成的三种 σ 络合物,分别是下列极限结构的共振杂化体,即

进攻邻位

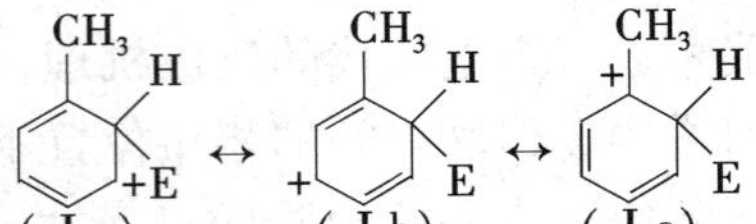

（Ⅰa）↔（Ⅰb）↔（Ⅰc）

进攻对位

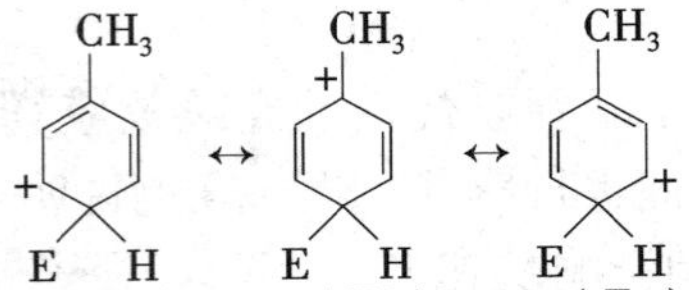

（Ⅱa）↔（Ⅱb）↔（Ⅱc）

进攻间位

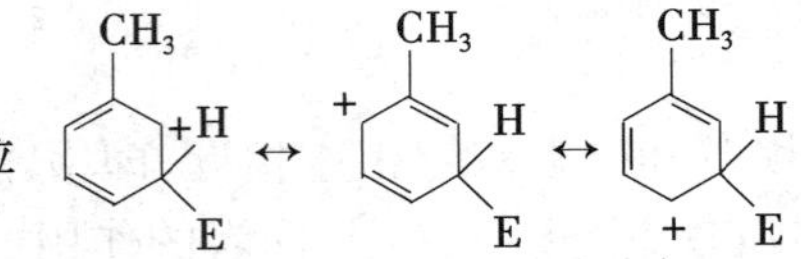

（Ⅲa）↔（Ⅲb）↔（Ⅲc）

比较三种 σ 络合物的结构可知,进攻邻位生成的 σ 络合物的三种极限结构中,Ⅰc 是叔碳正离子,带正电荷的碳原子与甲基直接相连,由于甲基供电诱导效应和超共轭效应的作用,使正电荷分散较好,能量较低,较稳定。由于Ⅰc的贡献,使甲基的邻位取代物更容易生成。同理,进攻对位生成的 σ 络合物中,Ⅱb 是叔碳正离子,比较稳定,由于它的贡献,对位异构体也容易生成。然而进攻间位时生成的碳正离子中,没有甲基直接与带正电荷碳原子相连的叔碳正离子,因此正电荷分散较差,能量较高,较难生成。总之,由于甲基的存在,甲苯比苯容易进行亲电取代反应,其中邻位和对位比间位更容易,所以主要生成邻位和对位取代物。

2)羟基

羟基与苯环相连时,由于氧原子的电负性比碳原子大,羟基吸电诱导效应(−I)作用的结果,使苯环电子云密度降低。但由于氧原子直接与苯环相连,氧原子上的未共用电子对与苯环上的 π 电子形成共轭体系,发生电子离域,氧原子上的一对未共用电子向苯环方向转移,产生供电共轭效应(+C),使苯环电子云密度增高,尤其是氯原子的邻位和对位。

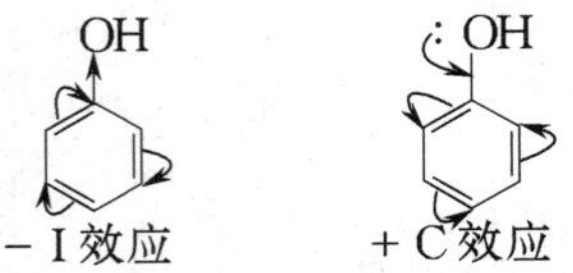

−I效应　　　　+C效应

但总的结果是:由于 +C > −I,仍使苯环上电子云密度增高,且邻位和对位比间位增高较多。因此,苯酚比苯不仅容易进行亲电取代反应,而且新引进的取代基主要进入羟基的邻位和对

位。

考查 σ 络合物的稳定性，也得出同样的结论。苯酚进行亲电取代反应时，可生成下列 σ 络合物：

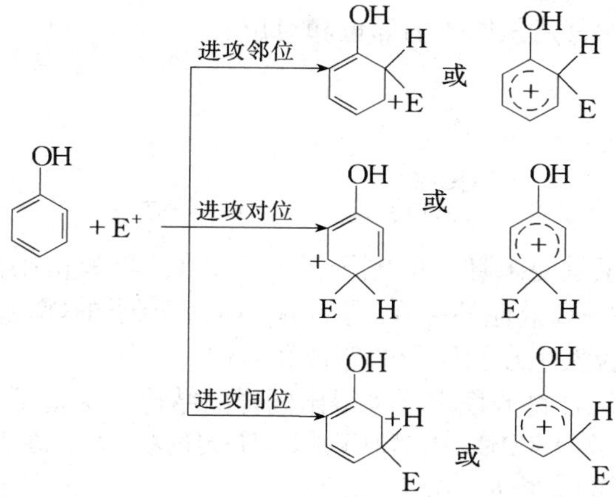

进攻邻位和对位所生成的 σ 络合物，羟基氧原子上的未共用电子对参与了共轭，由于共轭效应（p，π-和 π，π-共轭效应）的作用，苯环上的正电荷得到分散而稳定。但进攻间位所生成的 σ 络合物则不存在这种共轭效应，因此进攻间位生成的 σ 络合物的稳定性比较差。由于越稳定的 σ 络合物越容易生成，因此，苯酚进行亲电取代反应时，主要生成邻位和对位取代物。

利用共振论解释也能得到同样的结论。共振论认为，苯酚进行亲电取代反应时，生成的三种 σ 络合物，分别是下列极限结构的共振杂化体：

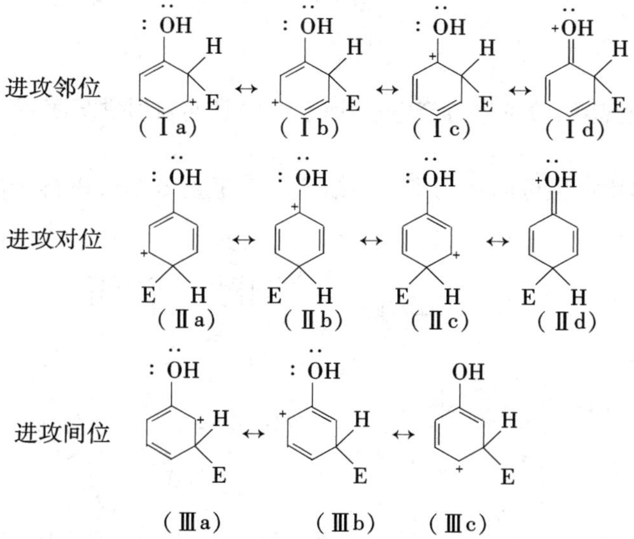

在上述极限结构 Ⅰd 和 Ⅱd 中，每个原子都有完整的外电子层结构，因此稳定。分别由于 Ⅰd 和 Ⅱd 的贡献，使进攻邻位和对位生成的 σ 络合物稳定而容易生成。但进攻间位则得不到像 Ⅰd 和 Ⅱd 那样的极限结构，因此，进攻间位所生成的 σ 络合物的稳定性较差而较难生成。因此，苯酚进行亲电取代反应时，亲电试剂主要进攻羟基的邻位和对位。

3）氯原子

氯原子与苯环相连时，由于氯原子的电负性比碳原子大，氯原子吸电诱导效应（-I）作用的结果，使苯环电子云密度降低。由于氯原子上的未共用电子对与苯环上的 π 电子形成共轭体系，氯原子上的一对未共用电子向苯环方向转移，即分子中存在着供电共轭效应（+C），使苯环上电子云密度增高，尤其是氯原子的邻位和对位。

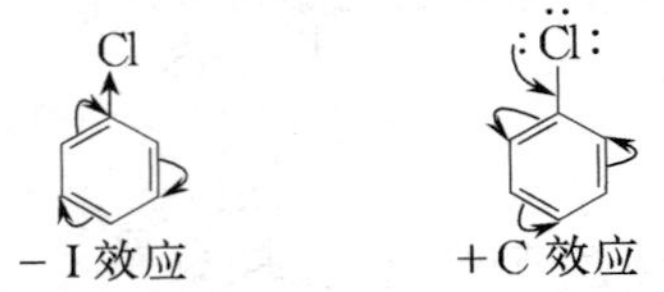

$-I$ 效应　　　　　　$+C$ 效应

但由于 $-I > +C$，总的结果是使苯环上的电子云密度降低（与苯相比），所以亲电取代反应比苯较难进行。由于分子中 +C 效应的存在，导致苯环上氯原子的邻位和对位的电子云密度比间位大，所以亲电取代反应发生在氯原子的邻位和对位。

与苯酚相似，考查 σ 络合物的稳定性也得出同样的结论。这里不再讨论。

问题 4-5　试利用 σ 络合物的稳定性解释氯原子是邻对位定位基（提示：仿照羟基）。

第二类定位基对苯环的影响及其定位效应。

现以三甲铵基和硝基为例说明。

1）三甲铵基

当三甲铵基与苯环直接相连时，由于氮原子的电负性比碳原子大，同时氮原子上又带有正电荷，因此三甲铵基是强的吸电基，它的吸电诱导效应使苯环上的电子云密度降低（与苯相比），并导致苯环中的 π 电子按下面弯箭头所示方向共轭转移，从而使苯环上的邻位和对位的电子云密度比间位还低。

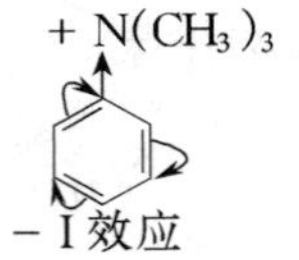

$-I$ 效应

因此三甲铵基不仅钝化苯环，较难进行亲电取代反应，而且使新引进基团主要进入三甲铵基的间位。

考查 σ 络合物的稳定性可以得到相同的结论。三甲基苯基铵进行亲电取代反应时，可生成如下三种 σ 络合物：

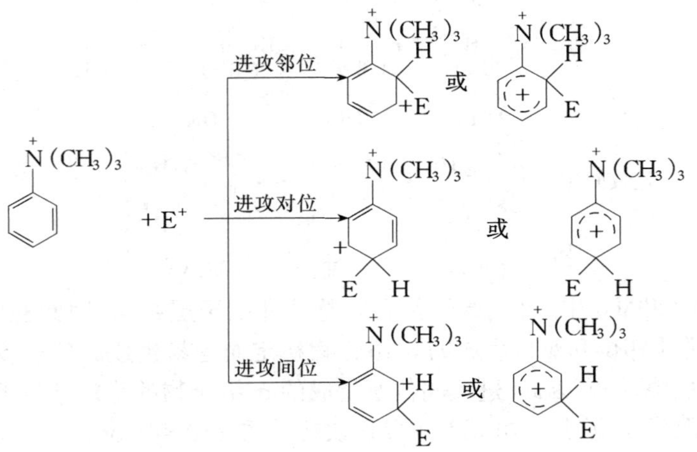

84

进攻邻位和对位所生成的 σ 络合物，带正电荷的碳原子通过双键与三甲铵基直接相连，由于它吸电子的结果，使正电荷更加集中而不稳定。但进攻间位所生成的 σ 络合物，带正电荷的碳原子与三甲铵基不直接相连，正电荷不像前两种 σ 络合物那样集中，故较稳定，而较容易生成。因此三甲基苯基铵在进行亲电取代反应时，主要生成间位取代物。

利用共振论解释可以得到同样的结果。共振论认为，三甲基苯基铵进行亲电取代反应时，生成的三种 σ 络合物分别是如下极限结构的共振杂化体：

进攻邻位 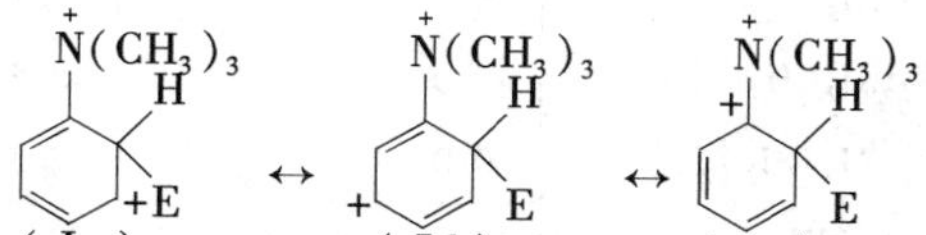
（Ⅰa）　　　　　　（Ⅰb）　　　　　　（Ⅰc）

进攻对位 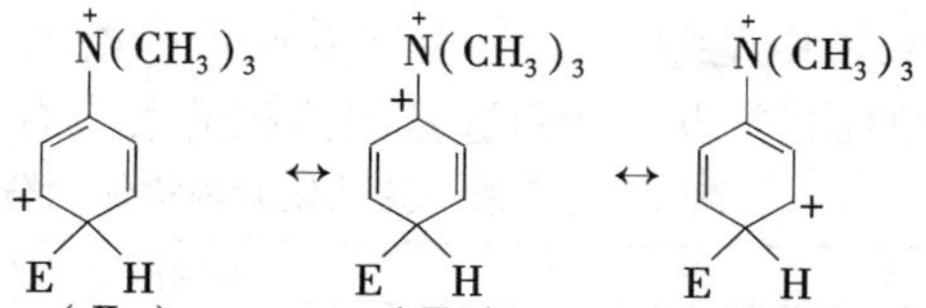
（Ⅱa）　　　　　　（Ⅱb）　　　　　　（Ⅱc）

进攻间位 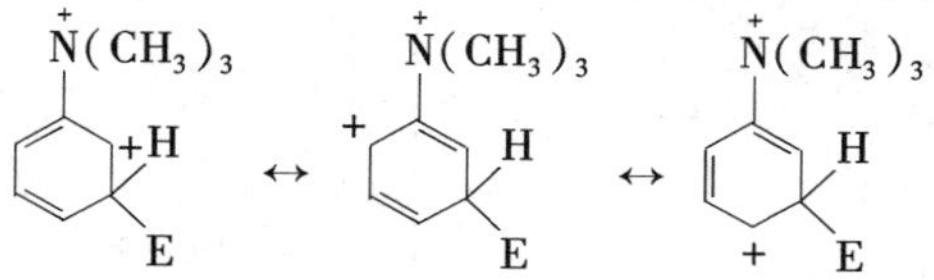
（Ⅲa）　　　　　　（Ⅲb）　　　　　　（Ⅲc）

进攻邻位和对位时，极限结构Ⅰc和Ⅱb中带正电荷的碳原子直接与强吸电基——三甲铵基相连，正电荷更加集中而不稳定，故不易形成。而进攻间位所形成的三种极限结构，带正电荷的碳原子都不直接与三甲铵基相连，因此比较稳定而较易生成。所以，三甲基苯基铵的亲电取代反应主要发生在间位。但与苯所生成的 σ 络合物相比，由于三甲铵基的存在，环上的正电荷比较集中，稳定性较差而较难生成，因此三甲基苯基铵比苯较难进行亲电取代反应。

2）硝基

当硝基与苯环直接相连时，由于氮原子和氧原子的电负性均比碳原子大，硝基吸电子的结果（$-I$ 效应），使苯环的电子云密度降低。另外，硝基的 π 轨道与苯环的 π 轨道构成共轭体系，吸电子共轭效应（$-C$ 效应）也使苯环的电子云密度降低，尤其是硝基的邻位和对位。

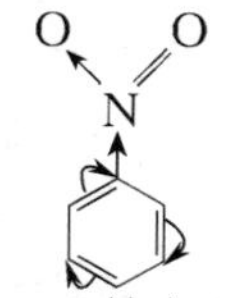

$-I$ 效应 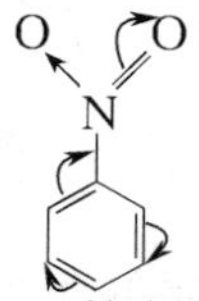　　　　　　$-C$ 效应

由于 $-I$ 和 $-C$ 是一致的，总的结果使苯环电子云密度降低，尤其是硝基的邻位和对位降低更多。因此，硝基苯的亲电取代反应，不仅比苯较难进行，而且主要生成间位取代物。

利用 σ 络合物的稳定性或共振论进行解释，与三甲基苯基铵相似，也能得到上述结果，这里不再讨论。

问题 4-6　利用前面已学知识，解释：$-CCl_3$ 为什么是间位定位基？

4.5.2.2　空间效应

苯环上原有取代基是第一类定位基时,虽然指导新引进基团进入其邻位和对位,但邻对位异构体的比例将随原取代基体积大小不同而变化,如表4-3所示。

表4-3　一烷基苯硝化时异构体的分布

化合物	环上原有取代基(—R)	异构体分布(%)		
		邻位	对位	间位
甲苯	—CH₃	58.45	37.15	4.40
乙苯	—CH₂CH₃	45.0	48.5	6.5
异丙苯	—CH(CH₃)₂	30.0	62.3	7.7
叔丁苯	—C(CH₃)₃	15.8	72.7	11.5

由表4-3可以看出,由甲基到叔丁基,空间效应依次增大,邻位异构体则依次减少。

另外,邻对位异构的比例,也与新引进基团体积的大小有关,如表4-4所示。

表4-4　甲苯一烷基化时异构体的分布

新进入基团	异构体分布(%)		
	邻位	对位	间位
甲基	53.8	28.8	17.3
乙基	45	25	30
异丙基	37.5	32.7	29.8
叔丁基	0	93	7

由表4-4可以看出,甲苯的烷基化反应,引入的烷基由甲基到叔丁基空间效应逐渐增大,邻位异构体则逐渐减少。

如果苯环上原有取代基和新引进基团的空间效应都很大时,则邻位异构体的比例更少。例如,叔丁苯、氯苯和溴苯的磺化,几乎都生成100%的对位异构体。

4.5.3　二取代苯的定位规律

苯环上已有两个取代基时,第三个取代基进入苯环的位置,主要由原有的两个取代基决定。

(1)苯环上原有的两个取代基,对于引入第三个取代基的定位作用一致时,仍由上述定位规律决定。例如,下列化合物引入第三个取代基时,取代基主要进入箭头所示位置:

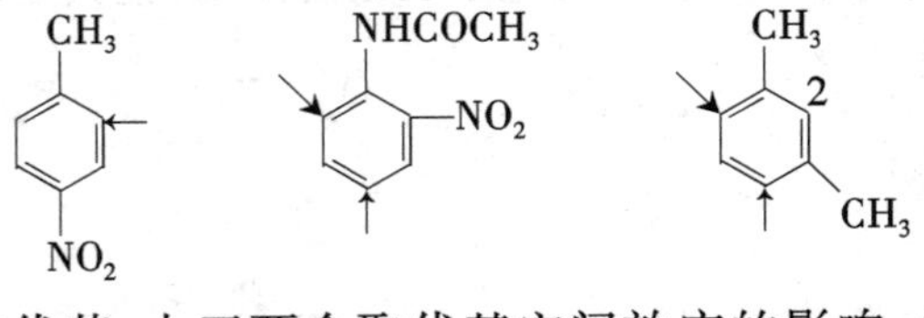

像间二甲苯这样二取代苯,由于两个取代基空间效应的影响,处于两个取代基之间的2位,第三个取代基很难进入。

(2)苯环上原有两个取代基,对引入第三个取代基的定位作用不一致时,有两种情况。①两个取代基属于同一类时,第三个取代基进入苯环的位置,主要由较强的定位基决定。若两个取代基定位作用的强弱相差较小时,则得到混合物。例如:

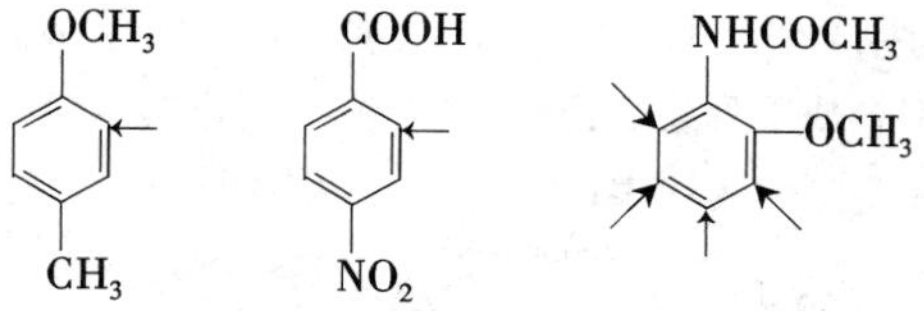

②两个取代基属于不同类时,第三个取代基进入苯环的位置,一般由第一类定位基起主要定位作用。例如:

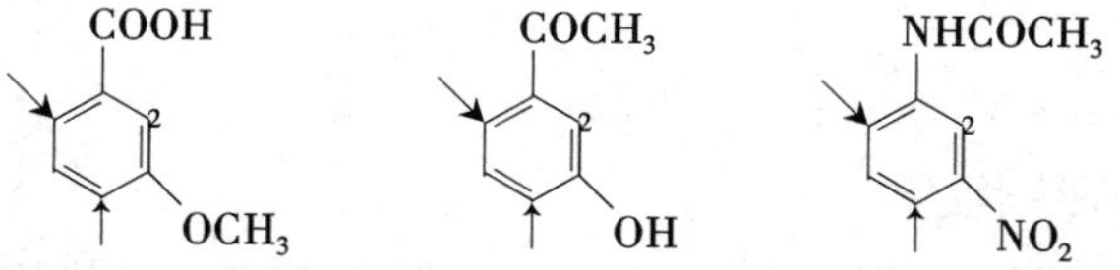

2 位由于空间效应较大,第三个取代基很难引入。

  问题 4-7 写出下列化合物硝化时(一取代)的主要产物:

(1) 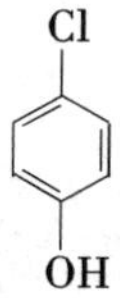 对氯苯酚 (2) 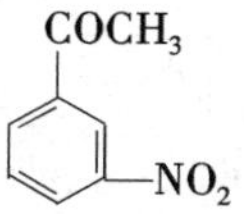 间硝基苯乙酮 (3) 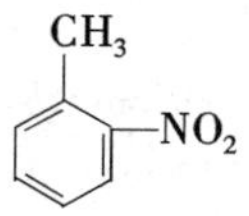 邻硝基甲苯 (4) 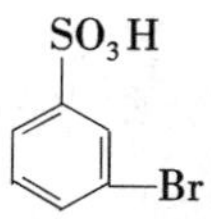 间溴苯磺酸

4.5.4 定位规律的应用

苯环上亲电取代定位规律对于合成多官能团取代苯具有重大的指导作用。现举两例以兹说明。

  例 1 由苯合成间硝基氯苯。

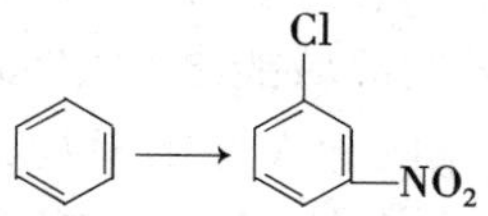

合成路线有两种可能:先氯化后硝化;先硝化后氯化。由于氯原子是邻对位定位基,因此先氯化后硝化主要得到邻和对硝基氯苯;由于硝基是间位定位基,因此先硝化后氯化则主要得到间硝基氯苯。

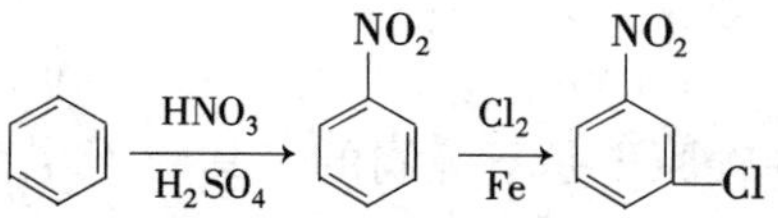

$$\text{苯} \xrightarrow[\text{H}_2\text{SO}_4]{\text{HNO}_3} \text{硝基苯} \xrightarrow[\text{Fe}]{\text{Cl}_2} \text{间硝基氯苯}$$

  例 2 由对硝基甲苯合成 2,4-二硝基苯甲酸。其合成方法有如下两条路线:

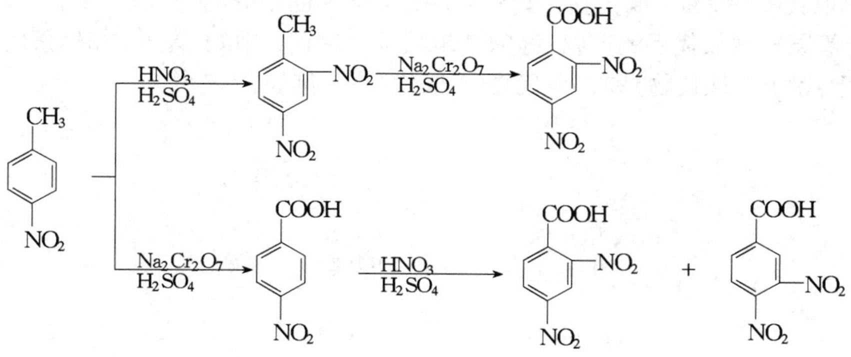

87

显然第一条合成路线将被采用。

问题4-8 由苯及必要的原料合成下列化合物:

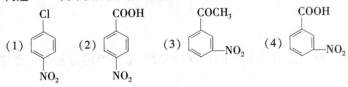

(1) (2) (3) (4)

4.6 萘

4.6.1 萘分子的结构

萘的分子式为 $C_{10}H_8$,是由两个苯环共用一个边稠合而成。与苯相同,所有碳原子在同一平面内。但与苯不同,分子中虽然没有典型的碳碳单键和双键,然而碳碳键键长并不完全相同。

$a = 0.139\ nm$ $b = 0.142\ nm$
$c = 0.132\ nm$ $d = 0.140\ nm$

与苯相似,萘的每一个碳原子也都是 sp^2 杂化,分别与相连的三个原子的轨道构成 C—C σ 键或 C—H σ 键,每一个碳原子剩下的一个 p 轨道(含一个 p 电子)垂直于萘环所在平面,且相互平行。在侧面相互交盖,构成包括 10 个碳原子(10个电子)在内的闭合的共轭 π 键,如图4-3 所示。

萘具有芳香性,但萘的离域能(254.98 kJ/mol)比两个独立苯环的离域能之和(150.48 kJ/mol × 2 = 300.96 kJ/mol)为低,故萘的芳香性比苯差。

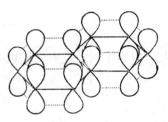

图4-3 萘分子的共轭 π 键

萘的构造式可用下式表示,本书采用(Ⅰ)式。

(Ⅰ)   (Ⅱ)

与苯分子不同,萘分子中的碳原子是不等同的。其中 1,4,5,8 四个碳原子都与两环共用碳原子直接相连,其位置相同,称为 α 位。α 位上的任何一个碳原子上的氢原子被取代,都得到相同的一元取代物,称为 α-取代物。2,3,6,7 四个位置也是等同的,但与 α 位不同,称为 β 位。β 位上的氢原子被取代后的产物,称为 β-取代物。因此,当取代基相同时,萘的一元取代物有两种:α-取代物(1-取代物)和 β-取代物(2-取代物)。例如:

α-甲基萘
1-甲基萘

β-甲基萘
2-甲基萘

4.6.2 萘的化学性质

4.6.2.1 取代反应

与苯相似,萘也较容易进行亲电取代反应,且比苯容易。由于萘环上电子云密度的分布不像苯环那样完全平均化,而是 α 碳原子上电子云密度较高,β 碳原子上次之,中间两个共用的碳原子上更小,因此,萘的亲电取代反应一般发生在 α 位。例如萘的硝化反应,α 位比苯快 750 倍,β 位比苯快 50 倍。

1）卤化

萘与氯或溴作用生成 α-取代物。例如:

$$\text{萘} + Cl_2 \xrightarrow[\text{100} \sim \text{110℃}]{FeCl_3} \text{α-氯萘} + HCl$$

α-氯萘(1-氯萘)是无色液体,沸点 259℃,可用作高沸点溶剂和增塑剂等。

2）硝化

萘与混酸在较低温度下反应,主要生成 α-硝基萘。工业上通常在温热下,用较低浓度的混酸与萘反应制备 α-硝基萘。

$$\text{萘} + HNO_3 \xrightarrow[\text{30} \sim \text{60℃}]{H_2SO_4} \text{α-硝基萘} + H_2O$$

α-硝基萘(1-硝基萘)是黄色针状晶体,熔点 61℃,是制造染料中间体(如 α-萘胺)的原料。

3）磺化

萘的磺化与卤化和硝化不同,磺基进入萘环的位置与温度有关。较低温度（60℃）下磺化,主要生成 α-萘磺酸(1-萘磺酸);较高温度（165℃）下磺化,主要生成 β-萘磺酸(2-萘磺酸)。α-萘磺酸与硫酸共热至 165℃时,也转变成 β-萘磺酸。

$$\text{萘} + H_2SO_4 \begin{cases} \xrightleftharpoons{60℃} \text{α-萘磺酸 } (SO_3H) + H_2O \\ \xrightleftharpoons{165℃} \xrightarrow[\ ]{165℃\ |\ H_2SO_4} \text{β-萘磺酸 } (SO_3H) + H_2O \end{cases}$$

磺化反应是可逆反应。萘的 α 位虽然比较活泼,但由于磺基的体积较大,空间效应大,所以 α-萘磺酸的稳定性较差,温度高时更是如此。因此,高温时 β-萘磺酸成为主要产物。β 位虽然不易进行磺化,但 β 位的空间效应较小,生成的 β-萘磺酸比较稳定。

α-和 β-萘磺酸都是化工原料。由于磺基可被其他基团取代,而萘的 β 位直接引入某些基团又较困难,因此,通过萘的高温磺化制备 β-萘磺酸,是制备某些 β-取代物的桥梁。

4）与氯乙酸的反应

在一定条件下,萘与(一)氯乙酸反应,生成 α-萘乙酸。此反应属于付列德尔-克拉夫茨烷基化反应。

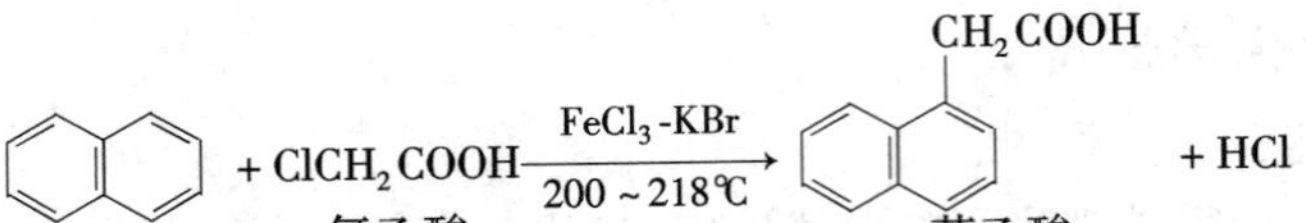

氯乙酸　　α-萘乙酸

这是生产α-萘乙酸的方法之一。α-萘乙酸是无色晶体，无臭、无味，熔点131℃。难溶于冷水，易溶于热水、乙醇和乙酸等。它是一种植物生长激素，用于水稻浸秧和小麦浸种，可以增产；能促进植物生根、开花、早熟、多产；也能防止果树和棉花的落花、落果；对人畜无害。通常加工成钠盐或钾盐的水溶液使用。

4.6.2.2　萘的二元取代

萘环上已有一个取代基，再引入第二个取代基时，其进入的位置由原取代基决定。

如环上有一个第一类定位基时，由于它对环有致活作用，第二个取代基进入同环，即发生同环取代。当原有取代基在1位，引进的取代基优先进入4位；当原有取代基在2位，则新引进的取代基优先进入1位。例如：

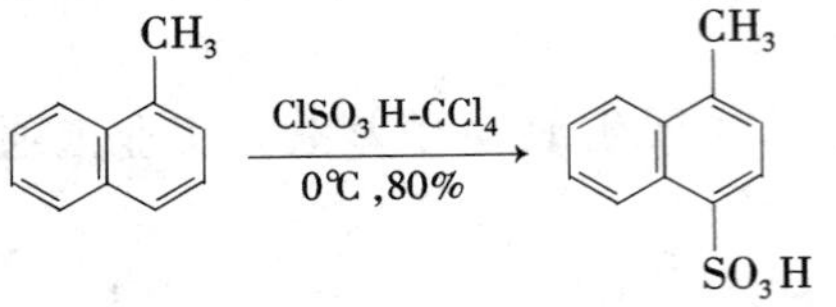

4-甲基-1-萘磺酸

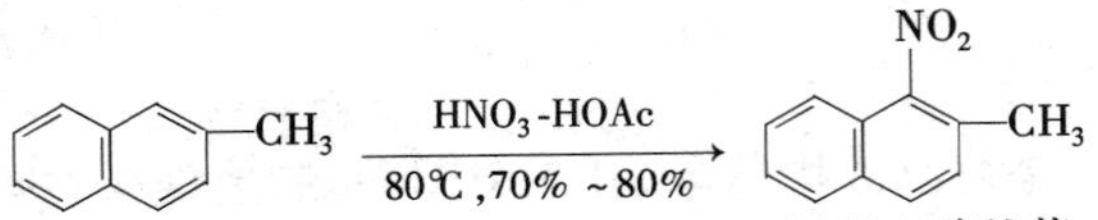

2-甲基-1-硝基萘

如环上有一个第二类定位基时，由于它对环有致钝作用，无论原有取代基在1位或2位，新引进的取代基均进入异环的5位或8位。例如：

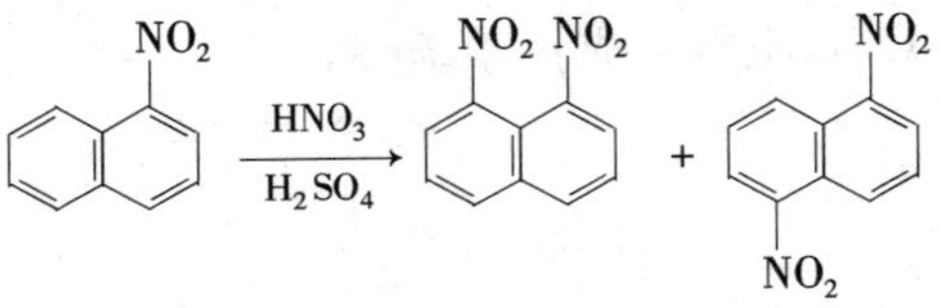

(13%)　　(45%)

1,8-二硝基萘　1,5-二硝基萘

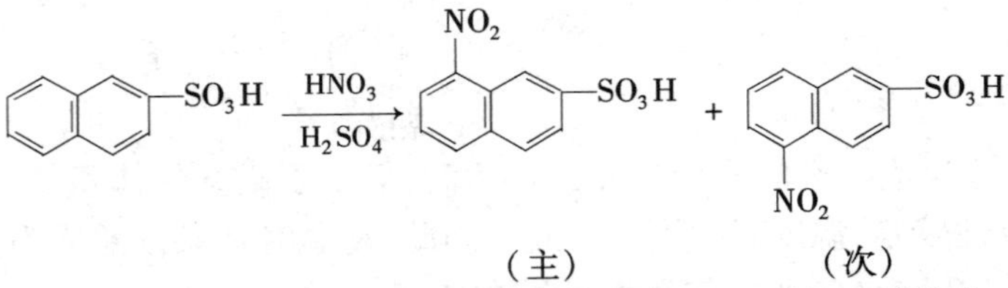

(主)　　(次)

8-硝基-2-萘磺酸　5-硝基-2-萘磺酸

萘环二元取代反应比苯环复杂得多，上述规则只是一般情况，有些反应是例外的，这里不再进一步讨论。

问题4-9　完成下列反应式：

(1) 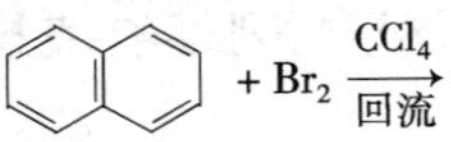

(2) 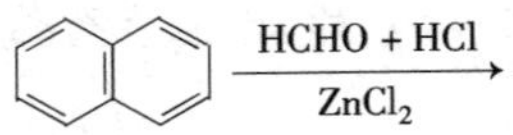

(3) $\xrightarrow[\text{HOAc}]{\text{HNO}_3}$ 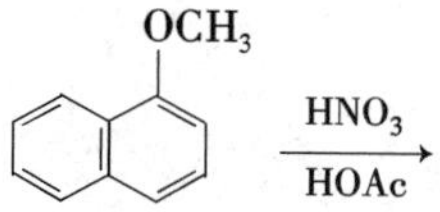 (4)  $\xrightarrow[\text{HOAc}]{\text{HNO}_3}$

(5) 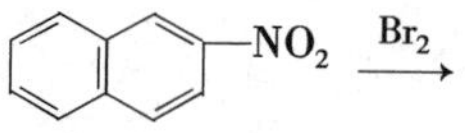 $\xrightarrow{\text{Br}_2}$ (6) 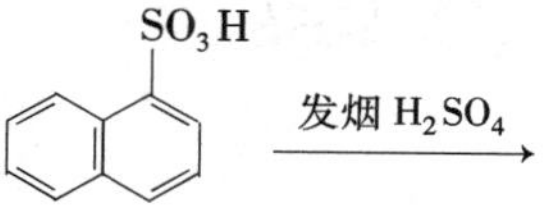 $\xrightarrow{\text{发烟 H}_2\text{SO}_4}$

4.6.2.3 加成反应

萘比苯容易进行加成反应,但比烯烃难。例如,萘比苯容易加氢(还原),条件不同时,加氢产物不同。

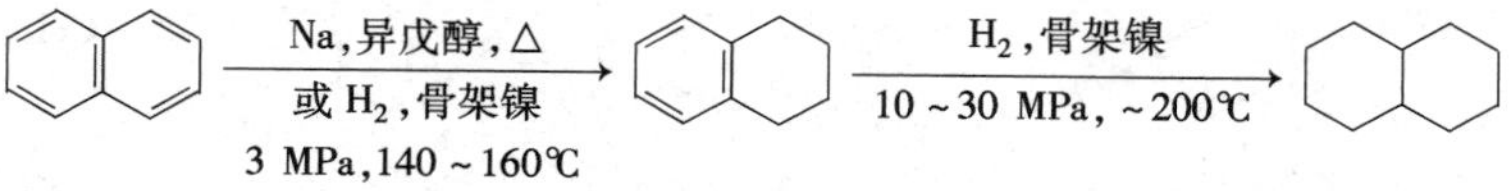

四氢化萘　　　　　　　　　　　十氢化萘

四氢化萘(沸点 207.2℃)和十氢化萘(沸点 191.7℃)都是无色液体,都是良好的高沸点溶剂。

4.6.2.4 氧化反应

萘比苯容易被氧化,条件不同,氧化产物不同。例如,萘用三氧化铬氧化生成 1,4-萘醌。

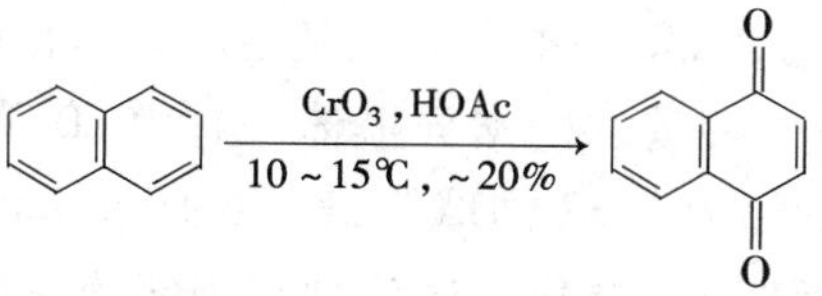

　1,4-萘醌

但在强烈条件下氧化,则一个环破裂,生成邻苯二甲酸酐。

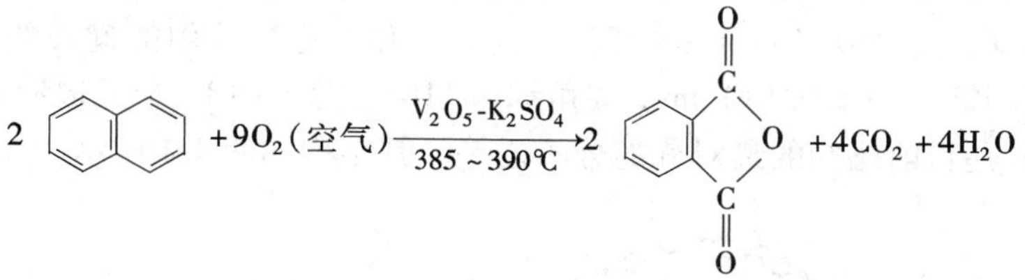

邻苯二甲酸酐

这是工业上生产邻苯二甲酸酐的方法之一。

4.7 其他稠环芳烃

除萘以外,其他比较重要的稠环芳烃还有蒽和菲等。蒽和菲的分子式都是 $C_{14}H_{10}$,它们互为构造异构体。它们都是由三个苯环稠合而成,且都在同一平面上。与萘相似,它们也是闭合的共轭体系,碳碳键的键长也不完全相等,环上电子云密度的分布也不完全平均化,其芳香性比萘还差。构造式如下所示。

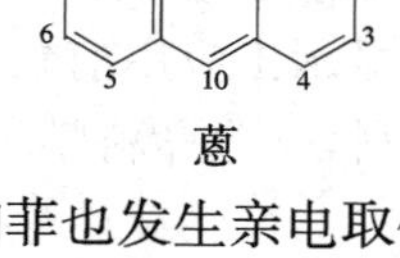

蒽　　　　　　　　　　菲

与萘相似,蒽和菲也发生亲电取代、加成和氧化反应,但由于它们的 9,10 位比较活泼,反

91

应主要发生在 9,10 位。例如,蒽易被氧化成蒽醌。

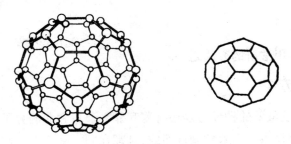

9,10- 蒽醌

这是工业上生产 9,10-蒽醌的方法之一。

在稠环芳烃中,有的具有致癌性,称为致癌烃。例如:

1,2-苯并芘　　　　1,2,5,6-二苯并蒽　　　　3-甲基胆蒽

某些致癌烃存在于煤焦油中,有些致癌烃在煤、石油、木材和烟草等燃烧不完全时能够产生。目前已知的致癌物质中,以 3-甲基胆蒽的致癌效力最强。

4.8　富勒烯

富勒烯(fullerene)是包含 C_{50}、C_{60}、C_{70} 等一类化合物的总称。目前研究最多的是 C_{60}。

C_{60} 是除石墨和金刚石以外的另一种碳的同素异形体。它由 60 个碳原子组成,分子式为 C_{60},是由 12 个五边形和 20 个六边形组成的 32 面球体,直径约 0.8 nm,60 个顶点为 60 个碳原子占据。每一个碳原子均以 sp^2 或近似 sp^2 杂化轨道分别与相邻的三个碳原子形成 σ 键,它们不在同一平面上。每个碳原子剩下的一个 p 轨道或近似 p 轨道彼此构成离域 π 键,具有某些芳香性。分子中碳碳键的键长不完全相同,由五边形和六边形共用的键长约为 0.146 nm,由两个六边形共用的键长约为 0.140 nm。键角约为 116°。分子中 12 个五边形最大程度地被 20 个六边形所分隔,是目前已知的最对称的分子之一。其结构如图 4-4 所示。

图 4-4　C_{60} 的分子结构

C_{60} 的密度为 1.7 g·cm^{-3},不溶于水及大多数普通有机溶剂。可以进行还原、氧化和加成等多种反应。

C_{60} 是纳米级材料,可用作超级耐高温润滑剂等。纯的 C_{60} 是绝缘体,但嵌入钾等金属离子后具有超导体性质,因而具有重要用途。在医学等领域也显示出应用前景。

富勒烯的出现,为化学、物理学、电子学、天文学、材料科学、生命科学和医学等学科开辟了崭新的研究领域,意义非常重大。

4.9 非苯芳烃

前面讨论的芳烃,都是分子中含有一个或多个苯环的化合物,它们是有芳香性的。是否必须具有苯环结构的化合物才具有芳香性呢? 通过研究发现,所有的芳香性的化合物具有如下共同性质。

具有芳香性的化合物是高度不饱和的化合物,但不易进行加成反应,而容易进行像苯那样的亲电取代反应;它们具有低的氢化热和燃烧热,而异常稳定。

1931 年休克尔(Hückel)指出,具有芳香性的化合物,是单环共轭多烯分子,其成环原子都在一个平面或接近一个平面内,该体系像苯一样具有闭壳层结构的离域 π 电子,且离域的 π 电子数是 $4n+2(n=0,1,2,\cdots)$,这样的分子具有芳香性,称为休克尔$(4n+2)\pi$ 电子规则,简称休克尔规则,或 $4n+2$ 规则。

单环共轭多烯称为轮烯。例如,环丁二烯、苯、环辛四烯、环十八碳九烯,分别称为[4]轮

环丁二烯　　　苯　　　　环辛四烯　　　　环十八碳九烯

烯、[6]轮烯、[8]轮烯和[18]轮烯(方括号中的数字代表成环碳原子的数目)。利用休克尔规则可以判断这些化合物是否具有芳香性。判断时要看组成环的原子是否在同一平面上和 π 电子数是否是 $4n+2$。环丁二烯的四个成环碳原子在同一平面上,但 π 电子数是 4,不符合 $4n+2$,因此不具有芳香性;苯的六个成环碳原子在同一平面上,π 电子数是 6,符合 $4n+2(n=1)$,因而具有芳香性;环辛四烯是盆形结构而不是平面分子,且 π 电子数是 8,不符合 $4n+2$,故无芳香性;环十八碳九烯既是平面形分子,π 电子数也符合 $4n+2(n=4,4\times4+2=18)$,因此,也具有芳香性。

如果将休克尔规则应用到稠环芳烃上,则是考虑外围成环原子的 π 电子数。例如萘和薁:

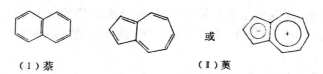

（Ⅰ）萘　　　　　　　　（Ⅱ）薁

萘是平面形分子,π 电子数 10,符合 $4n+2(n=2)$,具有芳香性;薁也是平面形分子,离域的 π 电子数也符合 $4n+2(n=2)$,也具有芳香性。

离子是否具有芳香性也可用休克尔规则判断。例如,环戊二烯的 C_5 原子是 sp^3 杂化,它不参与共轭,因此环戊二烯不是环状共轭分子,无芳香性。但环戊二烯与金属钠等反应所生成的环戊二烯负离子则具有芳香性。因为在环戊二烯负离子中,原 C_5 原子已由 sp^3 杂化转变为 sp^2 杂化,其 p 轨道中有一对电子,故环戊二烯负离子不仅成环碳原子在同一平面,且其 π 电子数符合 $4n+2(n=1)$,因此具有芳香性。

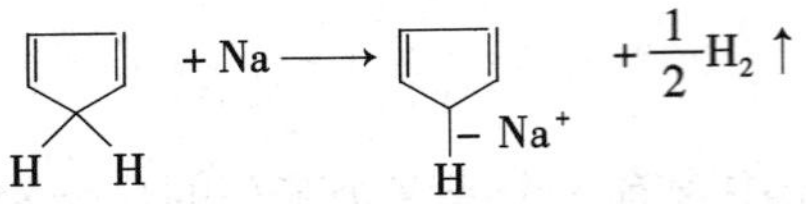

$$\text{(cyclopentadiene)} + Na \longrightarrow \text{(cyclopentadienyl)}^- Na^+ + \frac{1}{2}H_2 \uparrow$$

另外,环辛四烯双负离子也具有芳香性。因为环辛四烯形成双负离子后,所有成环碳原子都在同一平面上,且 π 电子数是 10,符合 $4n+2(n=2)$。

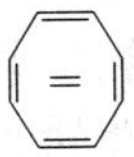

如上所述,环十八碳九烯、䓛、环戊二烯负离子和环辛四烯双负离子都具有芳香性,像这些化合物或离子那样,分子中不含苯环结构而具有芳香性的烃或离子,统称非苯芳烃。

4.10 芳烃的工业来源

4.10.1 从煤焦油分离

煤干馏所得黑色粘稠液体称为煤焦油,其中约含一万种以上有机物,经分馏成若干馏分后,可从不同馏分中获得不同芳烃,如表 4-5 所示。

表 4-5　芳烃在煤焦油各馏分中的大致分布

馏分名称	沸点范围(℃)	所含的主要烃类
轻　　油	<170	苯、甲苯、二甲苯
酚　　油	170~210	异丙苯、均四甲苯等
萘　　油	210~230	萘、甲基萘、二甲基萘等
洗　　油	230~300	联苯、苊、芴等
蒽　　油	300~360	蒽、菲及其衍生物、芘、䓛等

4.10.2 从石油裂解产物中分离

以石油原料裂解制乙烯、丙烯时,所得副产物中含有芳烃。副产物经分馏得到裂解轻油——主要含苯,以及裂解重油——含有烷基萘等。

4.10.3 催化重整——生产芳烃

石油中芳烃的含量一般较少,但利用石油经催化重整可以生产芳烃。在炼油中,催化重整用来提高汽油的辛烷值,而在化学品的制造中则是用来生产芳烃。催化重整是在一定温度(450~550℃)和压力(1~5 MPa)下,在氢气存在下,将原料蒸气通过催化剂(如 Pt/Al₂O₃)而发生反应。

催化重整所发生的反应有如下主要类型。

环烷烃脱氢形成芳烃,例如:

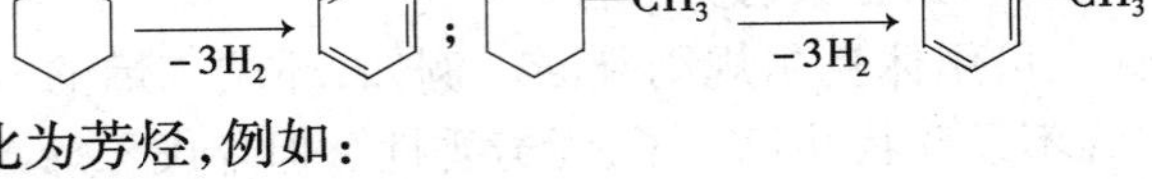

环烷烃脱氢异构化为芳烃,例如:

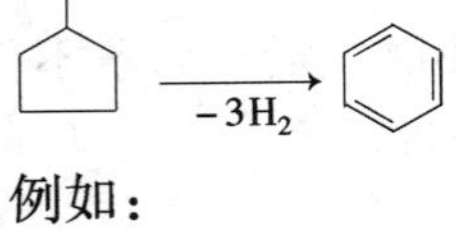

烷烃脱氢环化、再脱氢形成芳烃,例如:

94

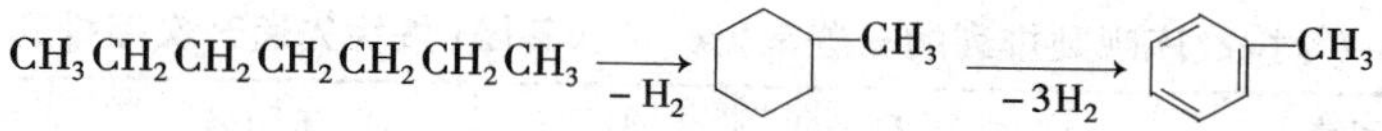

$$CH_3CH_2CH_2CH_2CH_2CH_3 \xrightarrow{-H_2} \langle \text{环己烷} \rangle -CH_3 \xrightarrow{-3H_2} \langle \text{苯环} \rangle -CH_3$$

上述反应是将石油中的烷烃和环烷烃转变为芳烃的反应,称为石油芳构化反应。重整得到的产物除芳烃外还有烷烃和环烷烃,由于它们的沸点很接近,不能用蒸馏法将其分离,因此需采用能溶解芳烃而不溶解烷烃和环烷烃的溶剂进行抽提(萃取),一些常用的溶剂有一缩二乙二醇、二甲亚砜、N-甲酰吗啉、N-甲基吡咯烷酮、环丁砜等。

4.11　多官能团化合物的命名

含有多个不同官能团化合物命名时,首先选择一个官能团作为母体,确定该化合物的名称,其余官能团均作为取代基,然后将取代基的位次和名称放在母体名称之前,即得全名。

选择母体官能团时,一般参照表4-6进行。即比较各官能团在表4-6中的优先次序,以其中最优者(在表4-6中最靠前者)为母体命名。例如:

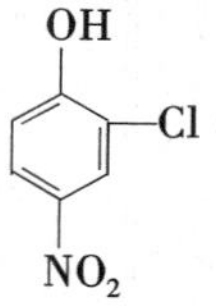

由表4-6可知,—OH 排在—Cl 和—NO₂ 之前,应以—OH 为母体,称为酚。

表 4-6　主要官能团的优先次序(按优先递降排列)

类别	官能团	类别	官能团	类别	官能团
羧酸	—COOH	醛	—CHO	炔烃	—C≡C—
磺酸	—SO₃H	酮	C=O	烯烃	C=C
羧酸酯	—COOR	醇	—OH	醚	—OR
酰氯	—COCl	酚	—OH	氯化物	—Cl
酰胺	—CONH₂	硫醇,硫酚	—SH	硝基化合物	—NO₂
腈	—CN	胺	—NH₂		

母体确定后,其命名原则与单官能团化合物相似,其他取代基仍按"次序规则"中规定的"较优基团后列出"的原则排列(参见第 3 章 3.4.2)。如在上例中确定母体为酚后,则按"次序规则"比较—Cl 和—NO₂,由于 Cl 的原子序数大于 N,即—Cl 优于—NO₂,按较优基团后列出原则,上述化合物的全称为 4-硝基-2-氯苯酚。又如:

H₂NCH₂CH₂OH　　　CH₃CH₂CHCHO　　　CH₃OCH₂CH₂CHCOOH
　　　　　　　　　　　　　|OH　　　　　　　　　　|NH₂

2-氨基乙醇　　　　2-羟基丁醛　　　2-氨基-4-甲氧基丁酸

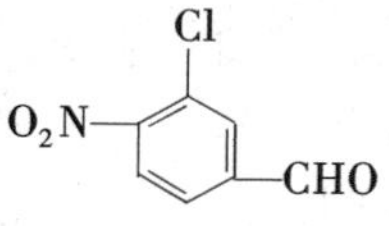

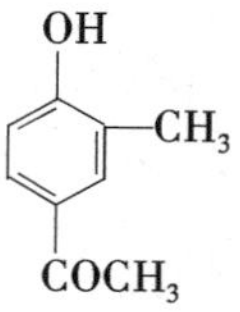

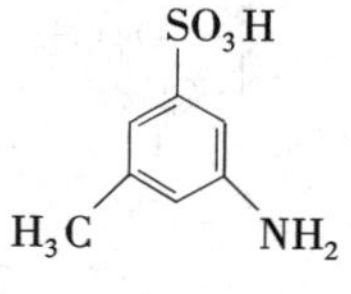

4-硝基-3-氯苯甲醛　　3-甲基-4-羟基苯乙酮　　5-甲基-3-氨基苯磺酸

为了使用方便,一些常见原子和基团按次序规则列于表4-7中,供确定基团优先次序时参考。

表 4-7 按次序规则排列的一些常见原子和基团（按优先递升次序排列）

编号	基团名	构造式	编号	基团名	构造式
1	氢	H	18	乙酰基	—COCH$_3$
2	氘	^{2}H 或 D	19	羧基	—COOH
3	甲基	—CH$_3$	20	甲氧羰基（甲酯基）	—COOCH$_3$
4	乙基	—CH$_2$CH$_3$	21	氨基	—NH$_2$
5	2-丙烯基（烯丙基）	—CH$_2$CH=CH$_2$	22	二甲氨基	—N(CH$_3$)$_2$
6	苯甲基	—CH$_2$C$_6$H$_5$	23	硝基	—NO$_2$
7	异丙基	—CH(CH$_3$)$_2$	24	羟基	—OH
8	乙烯基	—CH=CH$_2$	25	甲氧基	—OCH$_3$
9	环己基	⬡	26	苯氧基	—OC$_6$H$_5$
10	1-丙烯基（丙烯基）	—CH=CHCH$_3$	27	乙酰氧基	—OCCH$_3$ ‖ O
11	叔丁基	—C(CH$_3$)$_3$	28	氟	—F
12	乙炔基	—C≡CH	29	巯基	—SH
13	苯基	⬡	30	甲磺酰基	—SO$_2$CH$_3$
14	1-丙炔基（丙炔基）	—C≡CCH$_3$	31	磺基	—SO$_3$H
15	氰基	—CN	32	氯	—Cl
16	羟甲基	—CH$_2$OH	33	溴	—Br
17	甲酰基	—CHO	34	碘	—I

小　结

本章的重点是：在了解芳烃结构的基础上，掌握芳环上的亲电取代反应；苯环上亲电取代反应的定位规律；萘的化学性质及其二元取代反应；多官能团化合物的命名。

现以苯、甲苯和萘为例，将芳烃的主要反应列表如下：

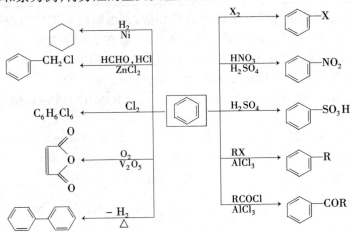

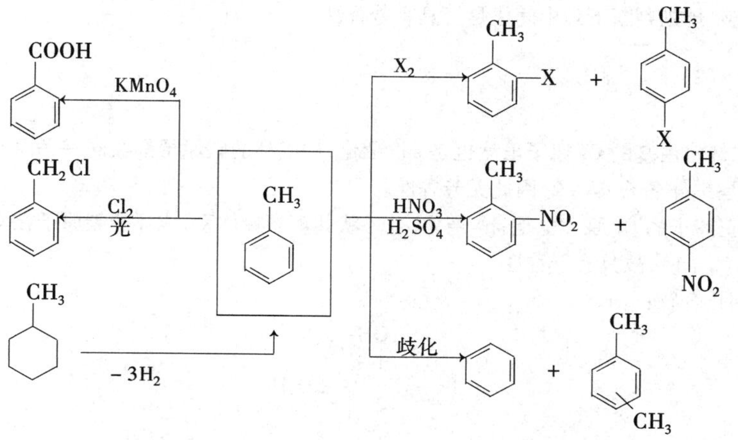

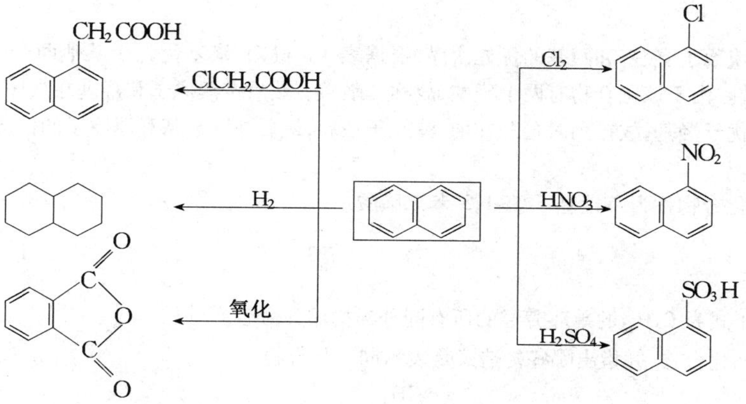

例 题

（一）以苯为原料合成 3-硝基-4-氯苯磺酸。

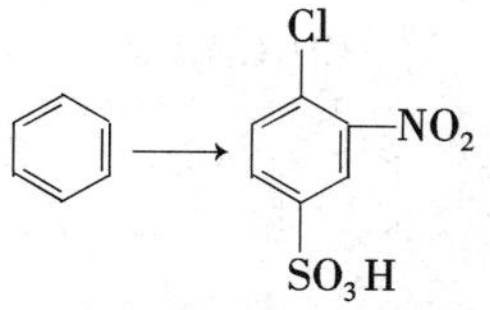

解：在确定合成路线时，应根据亲电取代规律考虑取代基引入的先后次序。

反应的第一步不能是硝化或磺化，因为硝基和磺基都是间位定位基，而该分子中的氯原子是在硝基的邻位和磺基的对位，故第一步应是氯化。反应的第二步也不能是硝化，因为氯苯硝化将生成邻位和对位两种异构体，还需要分离以除去对位异构体，这样不仅麻烦，而且产率也低。若氯苯在 100℃ 进行磺化，由于空间效应的影响，几乎都生成对氯苯磺酸，这正是所需要的，因此第二步应进行磺化。最后再进行硝化，由于氯原子与磺基均指导硝基进入同一位置，故产物较单一，产率较高。

综上所述，3-硝基-4-氯苯磺酸的合成路线应是：氯化、磺化、硝化，即

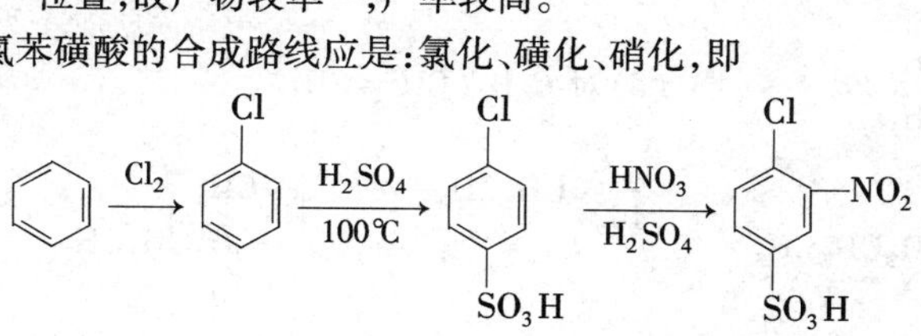

（二）利用休克尔规则判断下列中间体是否具有芳香性。

(1) 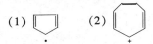　　(2)

解：（1）环戊二烯自由基的 C_5 原子虽然也是 sp^2 杂化，构成环的碳原子都在同一平面上，属于环状共轭多烯，但其 π 电子数是 5，不符合 $4n+2$，因此无芳香性。

（2）环庚三烯正离子的 C_7 原子也是 sp^2 杂化，是环状共轭多烯体系，成环的碳原子在同一平面上，π 电子数是 6，符合 $4n+2(n=1)$，故具有芳香性。

（三）命名下列化合物：

$$\begin{array}{c}OH\\Br\ \underset{SO_3H}{\overset{}{\bigcirc}}\ SO_3H\\ \end{array}$$

解：首先比较溴原子、羟基和磺基的优先次序，根据表 4-6 得知，磺基优先于其他两个基团，因此，以磺基为母体而称为磺酸。由于该化合物有两个磺酸，故称二磺酸。然后按溴原子和羟基在次序规则中的优先次序排列，由于溴原子优于羟基，故排列时羟基在前、溴原子在后，最后注明羟基和溴原子的位次，放在二磺酸之前即得全名。

综上所述，该化合物称为 4-羟基-5-溴-1,3-苯二磺酸。

习　题

（一）写出分子式为 C_9H_{12} 的单环芳烃的所有同分异构体并命名。

（二）命名下列化合物，并指出哪些构造式是表示同一化合物。

(1)

$$\begin{array}{c}C_2H_5\\ \underset{CH_2CH_2CH_3}{\overset{CH_3}{\bigcirc}}\end{array}$$

(2)

$$\begin{array}{c}CH_3\\ \underset{CH_2CH_2CH_3}{\overset{CH_2CH_3}{\bigcirc}}\end{array}$$

(3)

$$\begin{array}{c}CH_3\\ \underset{CH_3}{\overset{CH_3}{\bigcirc}}\end{array}$$

(4)

$$\begin{array}{c}CH_2CH_2CH_3\\ \underset{CH_2CH_3}{\overset{CH_3}{\bigcirc}}\end{array}$$

(5) 偏-$C_6H_3(CH_3)_3$

(6)

$$\begin{array}{c}CH{=}CH_2\\ \underset{CH{=}CH_2}{\bigcirc}\end{array}$$

(7)

$$CH_3\underset{\overset{CH_3}{}}{\overset{CH_3}{\bigcirc}}CH_3$$

(8) 对-$C_6H_4(CH{=}CH_2)_2$

(9)

$$\begin{array}{c}CH_3\\ CH_3\end{array}\bigcirc\ CH_2CH_2CH_3$$

(10)

$$CH_3CH_2\underset{\overset{CH_3}{}}{\overset{}{\bigcirc}}\underset{CH_2CH_2CH_3}{\overset{CH_3}{}}$$

98

（三）完成下列反应式：

（1）$\text{C}_6\text{H}_5\text{—CH(CH}_3\text{)}_2 \xrightarrow{\text{Cl}_2}{\text{光}}$ （2）苯 + 环己基氯 $\xrightarrow{\text{AlCl}_3}$

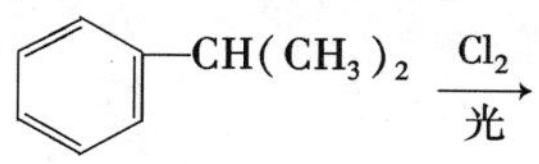

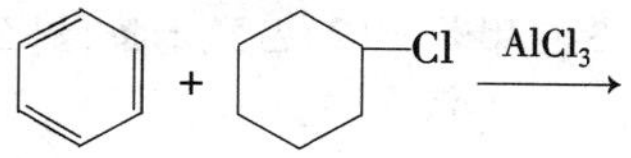

（3）$\text{C}_6\text{H}_5\text{—CH}_2\text{CH}_3 \xrightarrow{\text{Br}_2}{\text{AlBr}_3}$ （4）苯 + 邻苯二甲酸酐 $\xrightarrow{\text{AlCl}_3}$

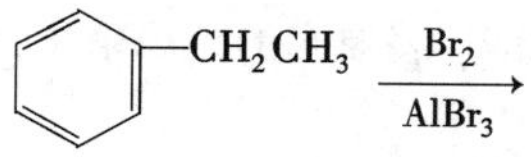

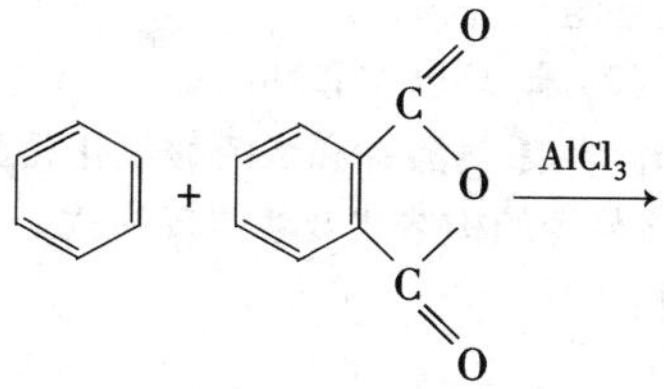

（5）$\text{C}_6\text{H}_5\text{—CH}_2\text{CH}_3 \xrightarrow{\text{HNO}_3}{\text{H}_2\text{SO}_4}$ （6）$\text{C}_6\text{H}_5\text{—CH}_3 \xrightarrow{\text{H}_2,\text{Ni}}{\triangle,\text{加压}}$

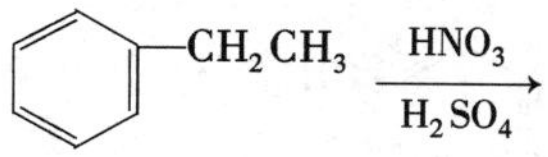

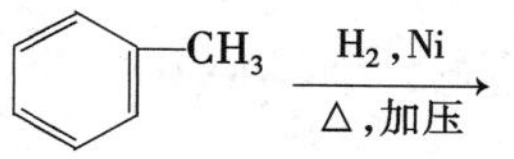

（7）$\text{C}_6\text{H}_5\text{—C(CH}_3\text{)}_3 \xrightarrow{\text{H}_2\text{SO}_4}$ （8）正-$\text{C}_6\text{H}_{14} \xrightarrow{\text{Pt/Al}_2\text{O}_3}{\text{加热,加压}}$

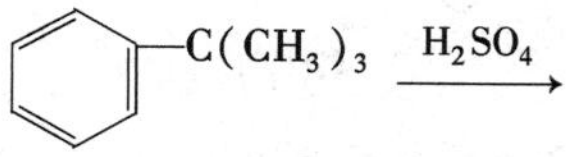

（四）写出下列化合物一次硝化的主要产物：

（1）对-ClC₆H₄OCH₃（苯环，上Cl，下OCH₃）

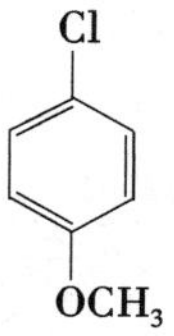

（2）对甲基苯酚（上OH，下CH₃）

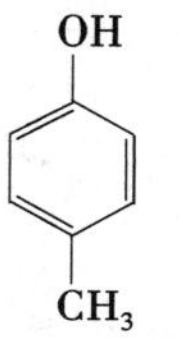

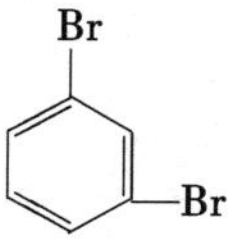

（3）对硝基苯酚（上OH，下NO₂）

（4）间二溴苯（Br，Br）

（5）对溴硝基苯（上Br，下NO₂）

（6）对氯乙酰苯胺（上Cl，下NHCOCH₃）

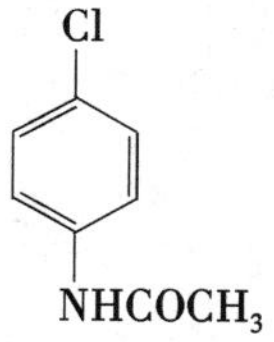

（五）写出下列化合物经强氧化所得到的主要产物：

（1）1-甲基-4-叔丁基苯（上CH₃，下C(CH₃)₃）

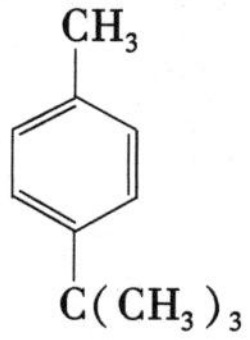

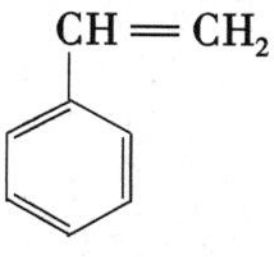

（2）苯乙烯（CH=CH₂）

（3）环己基苯

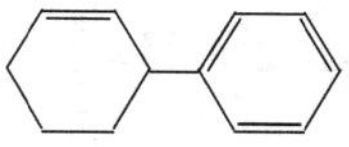

（六）以苯为主要原料合成下列化合物：

（1）间氯硝基苯（Cl，NO₂）

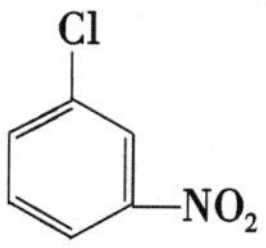

（2）对氯苄氯（上Cl，下CH₂Cl）

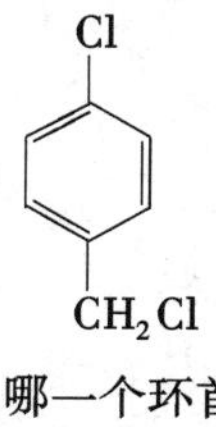

（3）聚苯乙烯 $\text{—}[\text{CH—CH}_2]_n\text{—}$

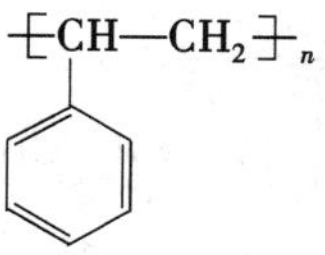

（七）下列化合物进行硝化时，哪一个环首先进行反应？写出主要产物。

（1）$\text{C}_6\text{H}_5\text{—CH}_2\text{—C}_6\text{H}_4\text{—Cl}$

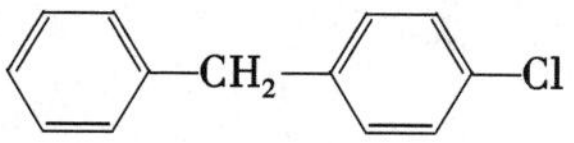

（2）二苯甲酮（—C(=O)—，其中一个苯环带NO₂）

（3）$\text{C}_6\text{H}_5\text{—C(=O)—O—C}_6\text{H}_5$

（4）$\text{C}_6\text{H}_5\text{—C(=O)—NH—C}_6\text{H}_5$

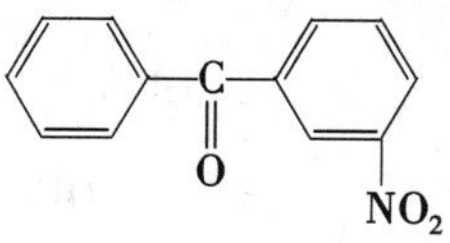

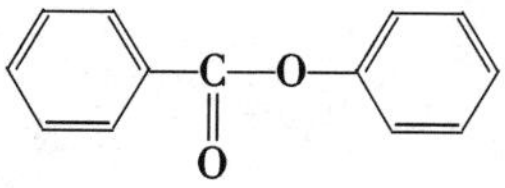

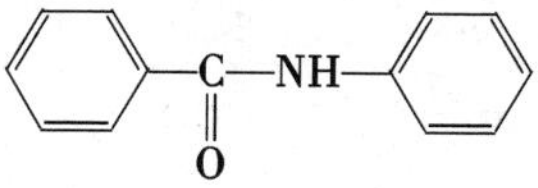

（八）将下列化合物按其硝化的难易次序排列：

(1)苯、间二甲苯、甲苯、1,2,3-三甲苯　　(2)乙酰苯胺、苯乙酮、氯苯、苯

(3)乙苯、苯、硝基苯

（九）用化学方法区别下列各组化合物：

(1)苯、苯乙烯和苯乙炔　　(2)苯、环己烷和环己烯

（十）某芳烃分子式为 C_9H_{12}，用重铬酸钾和浓硫酸氧化得到一种二元酸。将原来的芳烃硝化，得到的一元硝基化合物只有两种，写出该芳烃的构造式及各步反应式。

（十一）命名下列各化合物：

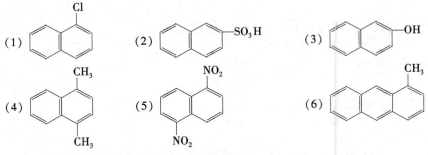

（十二）指出下列化合物一硝化时的主要产物：

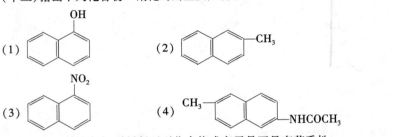

（十三）根据休克尔规则判断下列化合物或离子是否具有芳香性。

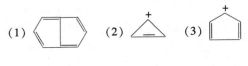

(6)环壬烯负离子

（十四）命名下列多官能团化合物：

(1) CH₃CHCH=CH₂
　　　|
　　　OH

(2) CH₃CCH₂COOH
　　　‖
　　　O

(3) CH₃CHCOOH
　　　|
　　　OH

(4)  HOOC—⟨benzene⟩—SO₃H

(5) 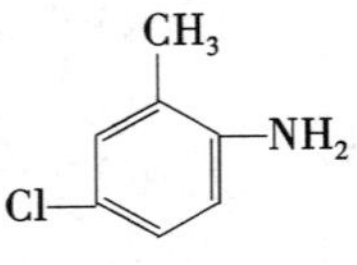
CH₃
Cl—⟨benzene⟩—NH₂

(6) 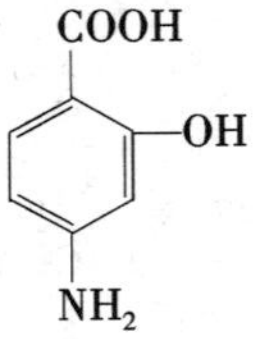
COOH
⟨benzene⟩—OH
NH₂

第5章 对映异构

与构造异构不同,对映异构属于立体异构。凡分子式和构造式都相同,但因原子在空间的排列不同而产生的异构体,称为立体异构体。立体异构包括构型异构和构象异构(构象异构已在第2章中讨论过)。构型异构又分为对映异构和非对映异构。第3章中讨论过的烯烃的顺反异构属于非对映异构,本章讨论对映异构。

5.1 物质的旋光性和比旋光度

5.1.1 物质的旋光性

光是一种电磁波,其振动方向与传播方向垂直。普通光的光波可在垂直于其前进方向的所有方向上振动,若使之通过一个尼科尔(Nicol)棱镜(其作用像栅栏),则只有与棱镜晶轴平行平面上振动的光线通过,这种只在一个平面上振动的光,称为平面偏振光,简称偏振光或偏光。

当偏振光通过某些液体物质或某些物质的溶液时(如葡萄糖溶液和乳酸溶液等),其振动方向将发生偏转,即偏振光出来时将在另一个平面上振动。像葡萄糖和乳酸这种能使偏振光振动平面旋转的物质,称为旋光性物质或光学活性物质。其中使偏振光振动平面向右(顺时针方向)旋转的,称为右旋物质。例如,从自然界得到的葡萄糖是右旋的,称为右旋葡萄糖,用(+)-葡萄糖表示,"(+)"代表右旋。其中使偏振光振动平面向左(反时针方向)旋转的,称为左旋物质。例如,从蔗糖发酵得到的乳酸是左旋的,称为左旋乳酸,用(−)-乳酸表示,"(−)"代表左旋。

当偏振光通过某种液体物质或物质的溶液时(如乙醇、丙酮等),偏振光可以通过这些物质,即这种物质对偏振光没有影响,偏振光仍按原振动方向振动。像乙醇和丙酮这种对偏振光无影响的物质,称为非旋光性物质,这种物质是无旋光性的。

5.1.2 比旋光度

偏振光通过旋光物质时,偏振光振动平面所转动的角度,称为旋光物质的旋光度,通常用 α 表示。测定旋光度的仪器称为旋光仪,其工作原理如图5-1所示。

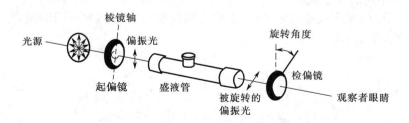

图 5-1 旋光仪示意图

旋光仪主要由光源(单色光,如钠光灯)、起偏镜(一个固定的尼科尔棱镜)、盛液管、检偏镜(一个可转动的尼科尔棱镜)等组成。使用前盛液管是空的,使单色光依次通过起偏镜、盛液管、检偏镜,达到人的眼睛,调节检偏镜,令光线完全通过(此时两个棱镜的轴平行),人观察到的是光亮最强。然后将待测的旋光物质放入盛液管内,此时观察到的光亮变暗(这是由于旋光物质将偏振光振动平面旋转了一定角度所致),然后向左或右旋转检偏镜,以便恢复光亮最强,此时检偏镜旋转的度数即旋光仪刻度盘上所示的数值即为旋光度。

物质的旋光度与旋光管的长度(即光程)、溶液的浓度、溶剂以及测定时的温度和光源的波长等均有关系。条件不同,测量结果也不尽相同。当旋光管的长度是 1dm,被测物质的浓度是 1 g 溶质/1 mL 溶剂时,测出的旋光度称为比旋光度,用[α]表示。它与旋光度的关系是

$$[\alpha]_\lambda^t = \frac{\alpha}{l \times c}$$

式中:α 代表旋光仪上所测得的旋光度数;λ 代表测定时所用光源的波长,当用钠光作光源时,则用 D 表示;t 代表测定时的温度;l 代表旋光管的长度(单位 dm);c 代表溶液的浓度(单位 g/mL),若被测物质是液体,则用 d 代表 c,d 代表该液体的密度(单位 g/cm^3)。由于比旋光度未规定测定时的温度和光源的波长,故测定时需注明温度和波长,以及配制溶液时所使用的溶剂。又由于旋光物质有的是右旋的,有的是左旋的,故表示比旋光度时,需注明旋光方向,以(+)代表右旋,(−)代表左旋。例如,天然葡萄糖水溶液是右旋的,20℃时用钠光灯作光源,测得的比旋光度是 52.5°,应表示为

$$[\alpha]_D^{20} = +52.5°(水)(溶剂是水时,也可不注明)$$

又如,在 20℃时,用钠光灯测定 5% 的右旋酒石酸的乙醇溶液,得到比旋光度为 3.79°,应表示为

$$[\alpha]_D^{20} = +3.79°(乙醇,5\%)$$

与熔点、沸点、相对密度和折光率等一样,比旋光度也是化合物的一种性质。其不同之处是,比旋光度是定量表示旋光物质旋光性的一个物理常数。

5.2　分子的手性和对映异构

最早从酸牛乳中得到的一种化合物,称为乳酸。其相对分子质量为 90.08,分子式为 $C_3H_6O_3$,构造式为 $CH_3\underset{\underset{OH}{|}}{CH}COOH$。实验发现:从肌肉中得到的乳酸是右旋乳酸,而利用葡萄糖在左旋乳酸菌作用下发酵得到的乳酸是左旋乳酸。它们的旋光方向相反,但使偏振光旋转的角度相同,构造也相同,其分子中有一个碳原子分别与 —CH$_3$、—H、—OH 和 —COOH 四个不同的原子或基团相连。经过研究后发现,在一个化合物分子中,如果有一个碳原子与四个不同的原子或基团相连时,该化合物在空间可有两种不同的排列。乳酸即属于这种情况,如图 5-2 所示。

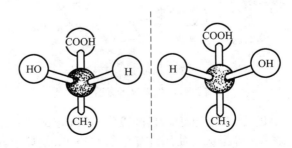

图 5-2　乳酸分子模型示意图

102

乳酸这两种分子结构彼此之间的关系,好像左手和右手或实物与镜像的关系,相似但不能重叠,它们是两种化合物。像乳酸这样由于实物和镜像不能重合而产生的异构现象,称为对映异构。这样的异构体称为对映异构体,简称对映体。凡与自身的镜像不能重叠的分子,称为手性分子,手性分子一般具有旋光性。反之,具有旋光性的分子也必然是手性分子。凡可以与镜像重叠的分子,称为非手性分子,即没有手性。分子中连有四个不同原子或基团的碳原子,称为手性碳原子或不对称碳原子,常用 C* 表示。

5.3 对称因素

一个分子是否是手性分子,除根据分子的物像是否能重合来判断外,还可根据分子是否有对称因素来判断。具有对称因素的分子,是非手性分子。在有机化学中应用较多的对称因素是对称面和对称中心,本章仅讨论这两种对称因素。

5.3.1 对称面

若组成分子的所有原子均在同一平面上,或通过分子的一个平面可将该分子分为互为镜像两部分,这样的平面均称为对称面。例如,E-1,2-二氯乙烯有一个包括所有原子在内的平面,该平面即为 E-1,2-二氯乙烯的对称面,如图 5-3(Ⅰ)所示。又如,二氯甲烷有两个相互垂直的平面,其一是 Cl、C、Cl 所在平面,位于纸面上,另一个是 H、C、H 所在平面,它垂直于纸面。这两个平面均可将二氯甲烷分割为互为镜像的两部分,是该分子的对称面。如图 5-3(Ⅱ)所示。

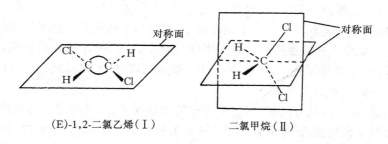

(E)-1,2-二氯乙烯(Ⅰ)　　　　二氯甲烷(Ⅱ)

图 5-3 分子的对称面

5.3.2 对称中心

通过分子的中心与分子中的任何一个原子或基连一直线,然后将此直线向相反方向延长,在距中心等距离处均遇到相同的原子或基,则此中心是该分子的对称中心。例如,(E)-1,2-二氯乙烯和反-1,3-二氟-反-2,4 二氯环丁烷均具有一个对称中心,如图 5-4(Ⅰ)和(Ⅱ)所示。

一个化合物分子,既没有对称面又没有对称中心,这种分子就可能是手性分子,通常具有旋光性。而有对称面或/和对称中心的分子,则无手性,无旋光性。

问题 5-1 下列分子有无手性碳原子? 若有,用 * 标出。

(1) $CH_3CH_2CH_3$　　　(2) CH_3CHCH_3
　　　　　　　　　　　　　　　　　　OH

(3) $CH_3CHCOOH$　　　(4) $CH_3CHCH_2CH_3$
　　　OH　　　　　　　　　　　　Cl

(5) ⬡—Cl

(6) ⬡—$CHCH_3$
　　　　　　Br

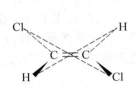

(E)-1,2-二氯乙烯（Ⅰ）

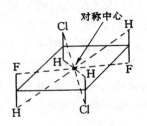

反-1,3-二氟-反-2,4-二氯环丁烷（Ⅱ）

图5-4　对称中心

问题5-2　写出符合下列条件的化合物的构造式：

（1）含有一个手性碳原子的庚烷。

（2）含有一个手性碳原子的二氯丁烷。

（3）含有一个对称面的1,2-二甲基环丙烷。

（4）含有一个对称中心的二甲基环丁烷。

5.4　具有一个手性碳原子的对映异构

具有一个手性碳原子的化合物，是最简单的旋光物质，它有一对对映体。例如乳酸有（＋）-乳酸和（－）-乳酸，它们是一对对映体，它们都是手性分子。

对映体的性质与环境有关。在非手性环境中，对映体的性质是相同的。例如，对映体的熔点和沸点相同，一般化学性质也相同。而在手性环境中，它们的性质则不相同。例如，利用偏振光（手性环境）测定其比旋光度，数值大小虽然相同，但旋光方向相反，在手性环境中进行化学反应时，对映体的行为也不相同。

由于一对对映体的旋光方向相反，比旋光度的数值相等，因此将等量的左旋体和右旋体混合，所得混合物则无旋光性，这种混合物称为外消旋体。它还可以拆分为左旋体和右旋体。外消旋体的物理性质与左旋体和右旋体不同。例如，（＋）-乳酸和（－）-乳酸的熔点都是26℃，而外消旋乳酸［即（±）-乳酸］的熔点是18℃；（＋）-乳酸的$[\alpha]_D^{15} = +3.82°$，（－）-乳酸的$[\alpha]_D^{15} = -3.82°$，（±）-乳酸则无旋光性。

具有一个手性碳原子的化合物还有很多，它们都有左旋体和右旋体，等量的左旋体和右旋体同样组成外消旋体，这三者在性质上的差别与乳酸相似。

5.5　分子构型

5.5.1　构型的表示方法

由前面的讨论可知，（＋）-乳酸和（－）-乳酸的分子组成和构造均相同，只是分子内的原子在空间排列不同，即构型不同，它们是构型异构体。

表示分子立体形象的方法，即表示分子构型的方法最常用的有：模型、透视式和费歇尔（Fischer）投影式。

1）模型

用模型表示化合物分子的立体构型，是一种既简单又直观的方法。乳酸的分子模型如图

5-2 所示,但在纸面上表示时很难书写。

2）透视式

透视式是在纸面上的立体表达式。书写时首先确定观察方向,然后按分子呈现的形状直接画出。用透视式表示时,将手性碳原子置于纸面,与手性碳原子相连的四个键:两个处于纸面上,用实线表示;一个伸向纸面前方,用粗实线或楔形实线表示;一个伸向纸面后方,用虚线表示。例如,乳酸的一对对映体可表示如下:

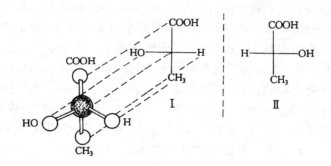

3）费歇尔投影式

费歇尔投影式是利用模型在纸面上投影得到的一种表达式。投影时,模型在空间的放置,有几项公认的规定必须遵守。投影的规定是:将手性碳原子置于纸面,在投影式中横竖两线的交点代表手性碳原子;将碳链竖着摆放,令两个竖的含碳基团一上一下处于纸面下方,且将命名时编号最小的碳原子(一般是氧化态较高的碳原子)放在上端;横的两个基一左一右呈水平状处于纸面上方。例如,乳酸对映体的费歇尔投影式如图 5-5 所示。

图 5-5　乳酸对映体的投影式

在使用费歇尔投影式时,应注意以下两点:①投影式可以在纸面上旋转 180°,而不能旋转 90°或 270°;②投影式不能离开纸面翻转 180°。因为这两点违反了模型投影时的规定,无论在纸面上旋转 90°或 270°,还是离开纸面翻转 180°,其结果都不再是投影的化合物,而得到的是它的对映体。

5.5.2　构型的命名法

构型的命名法也叫构型标记法,通常采用两种方法:一种是 D,L-命名法,或 D,L-标记法;另一种是 R,S-命名法,或 R,S-标记法。

1）D,L-命名法

一对对映体具有不同的构型,经测定旋光,一为左旋体,另一为右旋体,但其构型无法从旋光方向上判断。为了标明分子的构型,人为规定以甘油醛为基准;且假定按费歇尔投影式表示时,羟基在右侧的甘油醛是右旋体。这种构型为 D 构型,记作 D-(+)-甘油醛。其对映体为 L 构型,记作 L-(－)-甘油醛。

$$\begin{array}{ccc}
& \text{CHO} & \text{CHO} \\
\text{H} & \!\!-\!\!-\!\!-\!\! \text{OH} \quad & \text{HO} \!\!-\!\!-\!\!-\!\! \text{H} \\
& \text{CH}_2\text{OH} & \text{CH}_2\text{OH}
\end{array}$$

D-(+)-甘油醛　　　L-(−)-甘油醛

这种人为规定的构型是相对的,称为相对构型。其他化合物构型的确定,则是与甘油醛进行关联。在不涉及手性碳原子的前提下,通过化学反应可以从 D-(+)-甘油醛得到的,或能够生成 D-(+)-甘油醛的,即为 D 型。同理,与 L-(−)-甘油醛具有相同构型的称为 L 型。如此确定的化合物的构型也是相对构型。后来经过实验证实了 D-甘油醛是右旋的,L-甘油醛是左旋的,恰好与最初的人为规定相符合,故以前所确定的化合物的相对构型也就是绝对构型了。但由于有些化合物不易与甘油醛相关联,或因采用不同方法关联所得构型不同,因此 D,L-命名法有一定局限性,使用受到限制。但目前氨基酸和糖的构型仍采用 D,L-命名法(将在后面有关章节中介绍)。

利用上述关联的方法所确定的化合物是 D 型还是 L 型,只说明该化合物的构型,而与其旋光方向无关。即 D 型化合物不一定是右旋的,L 型也不一定是左旋的。

(2)R,S-命名法

利用 R,S-命名法确定化合物的构型时,采用化合物的模型或透视式或费歇尔投影式均可,虽然表达形式不同,但结论是相同的。

采用模型或透视式时,确定构型的方法是:①根据次序规则将手性碳原子所连接的四个不同原子或基按优先顺序排列;②将优先顺序中编号最小的原子或基(通常是氢原子)放在距离眼睛最远处,并使最小原子或基、手性碳原子和眼睛三者成一条直线,其他三个原子或基距离眼睛最近,并在同一平面上;③观察其他三个原子或基的排列位次,若优先顺序编号由大到小是按顺时针排列,则该化合物的构型是 R 型(R 来自拉丁文 Rectus,"右"之意),若是反时针排列,则为 S 型(S 来自拉丁文 Sinister,"左"之意)。例如,2-丁醇的一对对映体的命名。在 2-丁醇分子中,C_2 是手性碳原子,它连接的四个不同原子或基的优先顺序为: —OH ＞ —CH$_2$CH$_3$ ＞ —CH$_3$ ＞ —H ,按照上述确定构型的方法,如图 5-6 所示,则可确定其一是 R-2-丁醇,另一个是 S-2-丁醇:

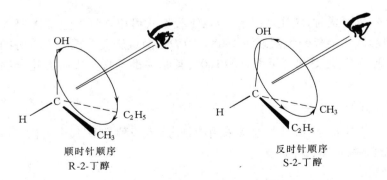

图 5-6　2-丁醇一对对映体的构型

当化合物以费歇尔投影式表示时,确定构型的方法是:与手性碳原子所连接的四个不同原子或基团,当按优先顺序编号最小的原子或基处于投影式的上方或下方,其他三个原子或基的编号由大到小按顺时针排列,则该化合物的构型是 R 型;反之,其他三个原子或基按反时针排列,则是 S 型。例如:

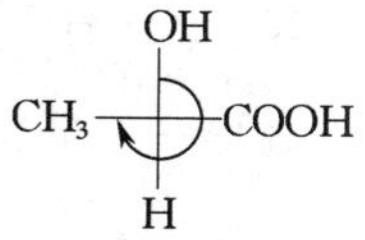

R-乳酸(Ⅰ) 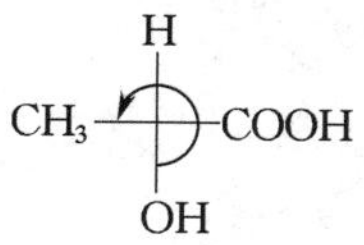　　　　S-乳酸(Ⅱ)

当按优先顺序编号最小的原子或基处于投影式的左面或右面时,若其他三个原子或基的编号由大到小按顺时针排列,该化合物的构型是 S 型;反之,按反时针排列,则为 R 型。例如:

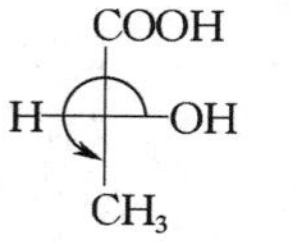

R-乳酸(Ⅲ) 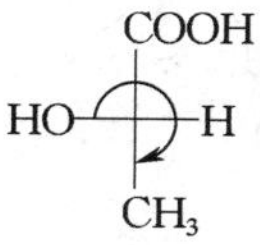　　　　S-乳酸(Ⅳ)

由以上乳酸构型的标记也可以看出:在使用费歇尔投影式时,关于投影时的规定以及使用费歇尔投影式时的几项公认的规定是需要遵守的,否则标记的化合物的构型将相反。如上式(Ⅰ)和(Ⅱ)在纸面上反时针旋转 90°,即分别为(Ⅳ)和(Ⅲ)。

R,S-命名法是一种普遍应用的方法,这是它的最大优点。

问题 5-3　用 R,S-命名法命名下列手性化合物:

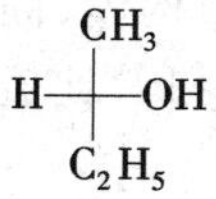

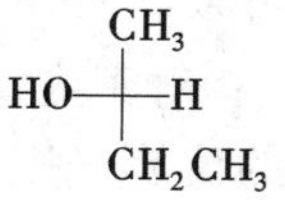

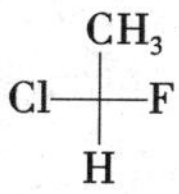

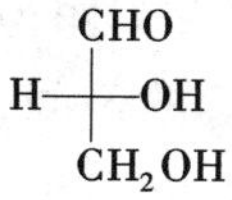

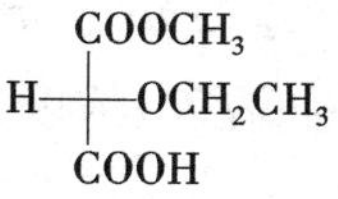

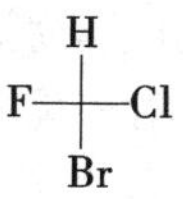

问题 5-4　写出下列化合物的透视式和费歇尔投影式:

(1)R-氟氯溴甲烷　　　(2)R-2-氯丁烷

(3)S-2-丁醇　　　　　(4)S-2-羟基丙醛

5.6　具有两个手性碳原子化合物的对映异构

在自然界中有许多化合物含有不止一个手性碳原子,如碳水化合物、生物碱和多肽等,因此,了解含有多个手性碳原子化合物的对映异构是必要的。

已知具有一个手性碳原子的化合物有一对对映体,即两个构型异构体。若分子中具有不止一个手性碳原子,则其构型异构体就不止两个。事实表明,分子中含有 $n(n=1,2,3\cdots)$ 个不相同手性碳原子的化合物,具有 2^n 个构型异构体。在具有多个手性碳原子的化合物中,以含有两个化合物比较简单且具有代表性,因此这里只介绍含有两个手性碳原子化合物的对映异构。

5.6.1 具有两个不相同手性碳原子化合物的对映异构

具有两个不相同手性碳原子的化合物,根据 2^n 可知,n 为 2 应具有四个构型异构体。例如,3-苯基-2-丁醇有如下四个构型异构体,如图 5-7 所示。

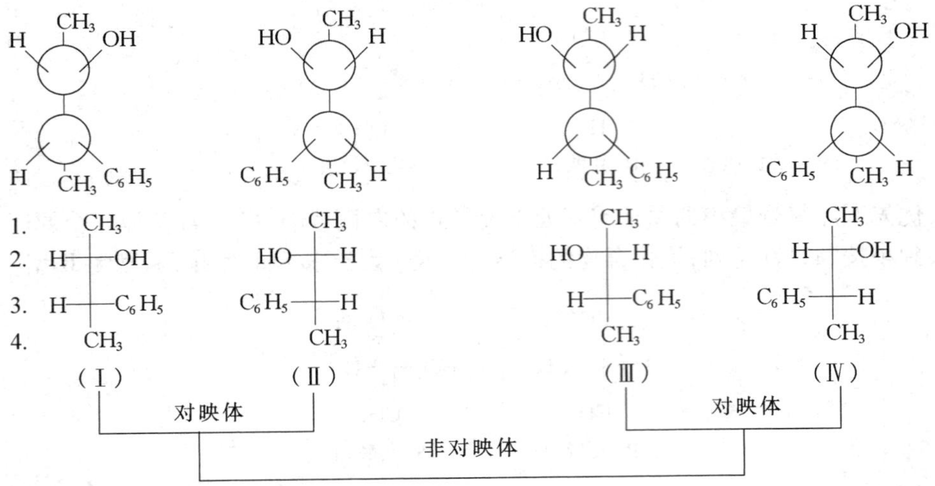

图 5-7 3-苯基-2-丁醇的构型异构体

在 3-苯基-2-丁醇的四个构型异构体中,(Ⅰ)与(Ⅱ)、(Ⅲ)与(Ⅳ)分别是物像关系,即分别是对映体。对映体的等量混合物构成外消旋体。但(Ⅰ)与(Ⅲ)或(Ⅳ)、(Ⅱ)与(Ⅲ)或(Ⅳ)则分别不是物像关系,这种不互为物像关系的构型异构体,称为非对映异构体,简称非对映体。非对映体与对映体不同,非对映体之间的熔点、沸点、相对密度、折光率以及比旋光度等物理性质均不相同。例如,3-苯基-2-丁醇中的(Ⅰ)和(Ⅱ)的比旋光度分别为 $[\alpha]_D^{25} = -0.69°$ 和 $[\alpha]_D^{25} = +0.69°$。(Ⅲ)和(Ⅳ)的比旋光度分别为 $[\alpha]_D^{25} = -30.2°$ 和 $[\alpha]_D^{25} = +30.9°$(理论上对映体的旋光性方向相反、大小相等,但由于实验条件如温度、浓度、纯度等的不同,以及实验误差等因素,有时数值不完全相等)。

具有两个和多个手性碳原子的分子,其手性碳原子构型的标记,与具有一个手性碳原子的分子相同。例如,上述 3-苯基-2-丁醇中(Ⅰ)式所表示的构型异构体,C_2 和 C_3 是手性碳原子。其中 C_2 所连接的四个原子或基编号由大到小的顺序是:$OH > CH(C_6H_5)CH_3 > CH_3 > H$,其中最小原子 H 处于手性碳原子的左边,其他三个基团由大到小按顺时针排列,因此 C_2 的构型是 S 型;C_3 所连接的四个原子或基是:$CH(OH)CH_3 > C_6H_5 > CH_3 > H$,最小原子 H 处于手性碳原子的左边,其他三个基团由大到小按顺时针排列,因此 C_3 的构型是 S 型。综上所述,(Ⅰ)的名称是:(2S,3S)-(-)-3-苯基-2-丁醇。

问题 5-5 用 R,S-命名法命名图 5-7 中 3-苯基-2-丁醇构型异构体(Ⅱ)、(Ⅲ)和(Ⅳ)。

5.6.2 具有两个相同手性碳原子化合物的对映异构

分子中具有两个相同手性碳原子的化合物的对映异构,与具有两个不相同手性碳原子的化合物不完全相同。例如,2,3-二羟基丁二酸(酒石酸),分子中也有两个(C_2 和 C_3)手性碳原子,似应与 3-苯基-2-丁醇相同,也存在着如下四个构型异构体,如图 5-8 所示。

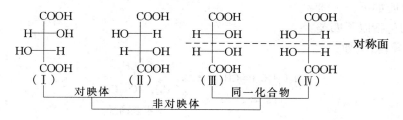

图 5-8 酒石酸的构型异构体

由图 5-8 可以看出：（Ⅰ）和（Ⅱ）是物像关系，是一对对映体；（Ⅲ）和（Ⅳ）也像是物像关系，似为一对对映体，但如果将其中之一在纸面上旋转 180°，则（Ⅲ）和（Ⅳ）将重合，说明它们是同一化合物。由此可见，酒石酸只有三个构型异构体。

这类分子中手性碳原子的标记方法，与两个手性碳原子不相同时一样。例如在图 5-8 中，（Ⅰ）的 C_2 的构型是 R 型，C_3 的构型也是 R 型，其名称是 (2R,3R)-2,3-二羟基丁二酸；（Ⅱ）的 C_2 是 S 型，C_3 也是 S 型，其名称是 (2S,3S)-2,3-二羟基丁二酸。由此可知，（Ⅰ）和（Ⅱ）是一对对映体。然而，（Ⅲ）和（Ⅳ）与（Ⅰ）和（Ⅱ）不同，（Ⅲ）的 C_2 是 R 型，C_3 是 S 型，两者构型相反，旋光能力抵消，而无旋光性，（Ⅲ）和（Ⅳ）相同。这样的分子称为内消旋体，通常用 m 表示，其名称为 (2R,3S)-m-2,3-二羟基丁二酸，或简称 m-酒石酸。（Ⅰ）和（Ⅱ）与内消旋体不是物像关系，它们是非对映体。

内消旋体与外消旋体不同，内消旋体和外消旋体虽然都无旋光性，但内消旋体的物和像可以重合，它是一种化合物，它无旋光性是由于分子内部手性碳原子的旋光能力相互抵消之故，它不能拆分为两个具有旋光性的对映体，如 (2R,3S)-m-2,3-二羟基丁二酸，C_2 和 C_3 的旋光能力抵消。另外 C_2—C_3 之间有一个对称面具有对称因素，故无旋光性。内消旋体的物理性质与左和右旋体也不相同，如左旋和右旋酒石酸 (2,3-二羟基丁二酸) 熔点均为 170℃，在水中的溶解度 (g/100g 水) 均为 139，$[\alpha]_D^{25}$ 为 + 或 − 12°；而内消旋体则熔点为 140℃，溶解度为 125，$[\alpha]_D^{25} = 0°$。

问题 5-6 指出下列化合物中的手性碳原子，并用 R,S-命名法标记其构型。
(1) 1,2-二氯丙烷   (2) 2,3-丁二醇
(3) 2,3-二氯戊烷   (4) 3-氯-1-丁烯

5.7 异构体的分类

有机化学中，异构现象是普遍存在的，这也是造成有机化合物数目繁多的原因之一。现将有机化学中所涉及的各种异构现象汇总如下：

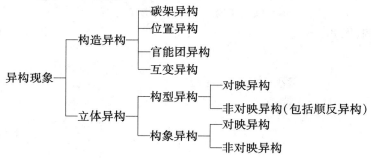

现举例说明如下。

构造异构包括以下四类：

（1）碳架异构，例如：

$$CH_3CH_2CH{=\!=}CH_2$$
1-丁烯

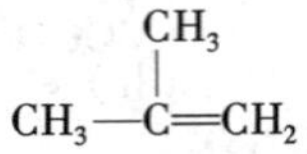

$$CH_3{-}\underset{\underset{CH_3}{|}}{C}{=\!=}CH_2$$
2-甲基丙烯

（2）位置异构，例如：

① $CH_3C{\equiv}CCH_3$
2-丁炔

$CH_3CH_2C{\equiv}CH$
1-丁炔

② $CH_3CH_2CH_2CH_2{-}OH$
1-丁醇

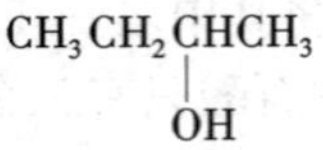

$CH_3CH_2\underset{\underset{OH}{|}}{C}HCH_3$
2-丁醇

（3）官能团异构（将在本书第7章进行讨论），例如：

① $CH_3{-}O{-}CH_3$
二甲醚

$CH_3{-}CH_2{-}OH$
乙醇

② CH_3CH_2CHO
丙醛

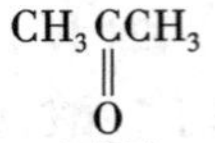

$CH_3\underset{\underset{O}{\|}}{C}CH_3$
丙酮

（4）互变异构，是官能团异构的一种特殊表现形式（将在第9章中讨论），例如：

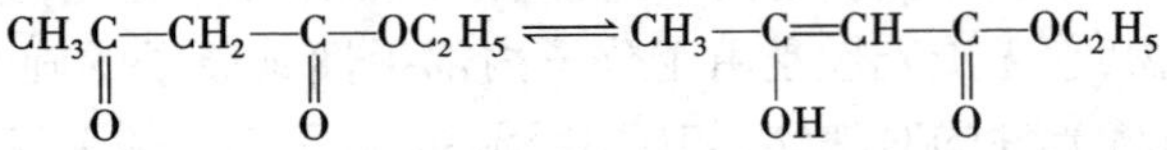

$$CH_3\underset{\underset{O}{\|}}{C}{-}CH_2{-}\underset{\underset{O}{\|}}{C}{-}OC_2H_5 \rightleftharpoons CH_3{-}\underset{\underset{OH}{|}}{C}{=\!=}CH{-}\underset{\underset{O}{\|}}{C}{-}OC_2H_5$$

酮式　　　乙酰乙酸乙酯　　　烯醇式

立体异构包括构型异构和构象异构，它们又都包括对映异构和非对映异构。

（1）构型异构，例如：

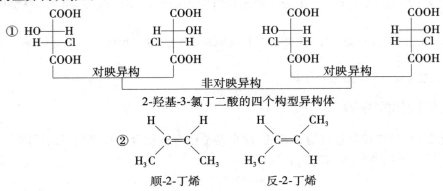

2-羟基-3-氯丁二酸的四个构型异构体

顺-2-丁烯　　　反-2-丁烯

（2）构象异构，例如：

110

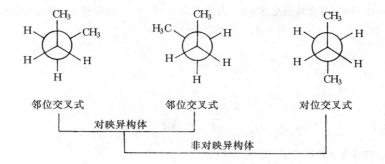

邻位交叉式   邻位交叉式   对位交叉式

对映异构体

非对映异构体

值得注意,构型异构体中的对映体和非对映体与构象异构体中的对映体和非对映体是有区别的。由于构象异构体是分子绕 C—C 单键旋转形成的,未涉及到分子的构型。因此,构象异构体及其对映体和非对映体的构型都是相同的。构型异构体可以分离出来,而构象异构体一般不能分离出来。

小　结

本章应重点了解和掌握以下内容:

(一)物质的旋光性和旋光性物质。

(二)手性碳原子和手性分子。

(三)含有一个手性碳原子分子的透视式和费歇尔投影式的表示方法,及其相互转换。

(四)D,L-命名法和 R,S-命名法。

(五)对映异构体和非对映异构体的异同点。

(六)内消旋体和外消旋混合物的区别。

(七)异构体的分类。

例　题

试写出 S-2-丁醇的构型式。

解　①首先写出 2-丁醇的构造式 $CH_3—CH_2—\underset{\underset{OH}{|}}{CH}—CH_3$;②根据构造式找出手性碳原子,然后写出手性碳原子及其四个键$\overset{|}{\underset{|}{C}}$;③将与手性碳原子相连的四个原子或基团,按次序规则中的优先顺序编号由大到小排列,$OH > CH_2CH_3 > CH_3 > H$;④将 H 放在手性碳原子之下,并与之相连,$\underset{H}{\overset{|}{C}}$;⑤其他三个基团 OH、$CH_2CH_3$、$CH_3$ 按反时针顺序分别与手性碳原子相连,则得到 S-2-丁醇的构型式:

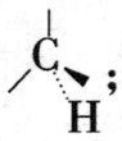

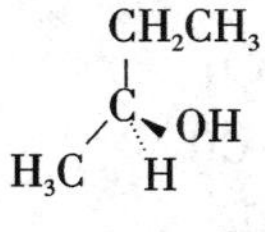

$$CH_2CH_3$$
$$\underset{H_3C\quad\quad H}{\overset{|}{C}}{-}OH \quad\quad S\text{-}2\text{-}丁醇$$

如果书写成费歇尔投影式,则将上述④改为⑥,⑥将 H 放在手性碳原子的左或右边并与之相连,$H{-}\!\!\!-\!\!\!|$ 或 $|\!\!\!-\!\!\!{-}H$;将上述⑤改为⑦,⑦其他三个基团与手性碳原子连接的顺序,将含碳基团放在手性碳原子的上下方,且将命名时编号小的放在上方,OH、CH_2CH_3、CH_3 按顺时针排列并与手性碳原子相连。至于采用⑥中的

H———— 还是 ————H ,则以符合构型是 S 为准,因此需采用 H————,则得到用费歇尔投影式表示的 S-2-丁醇的构型式:

$$\begin{array}{c} CH_3 \\ H—\!\!\!\!—\!\!\!\!|—\!\!\!\!—OH \\ CH_2CH_3 \end{array}$$

习 题

(一)下列化合物有无手性碳原子?若有,用＊标出。

(1) $CH_3CH_2CHClCH_3$ (2) $ClCH_2CHClCH_2Cl$

(3)

(4) （环氧丙烷） O——CH_3

(5) $CH_3CH_2CH\!=\!CHCH(CH_3)CH_2CH_3$ (6) $HOOCCHClCH(OH)COOH$

(二)在下列各组构型式中,哪些是相同的?哪些是对映体?哪些是非对映体?

(1)
$$\begin{array}{c} CH_3 \\ H—|—OH \\ H—|—Br \\ CH_3 \end{array} \qquad \begin{array}{c} Br \\ H—|—CH_3 \\ H—|—OH \\ CH_3 \end{array}$$

(2)
$$\begin{array}{cc} \text{(环己烷 H H / H_3C CH_3)} & \text{(环己烷 H H / H_3C CH_3)} \end{array}$$

(3)
$$\begin{array}{c} CH_3 \\ H—|—Br \\ H—|—Cl \\ CH_3 \end{array} \qquad \begin{array}{c} CH_3 \\ H—|—Cl \\ H—|—Br \\ CH_3 \end{array}$$

(4)
$$\begin{array}{c} CH_3 \\ Br—|—H \\ Br—|—H \\ C_2H_5 \end{array} \qquad \begin{array}{c} CH_3 \\ H—|—Br \\ H—|—Br \\ C_2H_5 \end{array}$$

(5)
$$\begin{array}{c} CHO \\ HO—|—H \\ CH_2OH \\ (A) \end{array} \quad \begin{array}{c} OH \\ H—|—CHO \\ CH_2OH \\ (B) \end{array} \quad \begin{array}{c} CHO \\ HO—|—CH_2OH \\ H \\ (C) \end{array} \quad \begin{array}{c} CHO \\ HOCH_2—|—H \\ OH \\ (D) \end{array}$$

(三)写出下列化合物的费歇尔投影式:

(1)
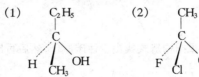

(2) C 中心: CH_3 上, F—C—C_2H_5, Cl 下

(四)写出下列化合物的透视式:

(1)
$$\begin{array}{c} CH_2OH \\ H—|—OH \\ CH_3 \end{array}$$

(2)
$$\begin{array}{c} COOH \\ H—|—NH_2 \\ CH_3 \end{array}$$

(五)用 R,S-命名法标记下列化合物的构型:

(1)
$$\begin{array}{c} H \\ CH_3—|—CH_2Cl \\ CHCl_2 \end{array}$$

(2)
$$\begin{array}{c} SO_3H \\ H—|—CH_3 \\ C_2H_5 \end{array}$$

(3)
$$\begin{array}{c} CHO \\ H—|—OH \\ H—|—OH \\ CH_2OH \end{array}$$

(4)
$$\begin{array}{c} CH_2OH \\ H—|—OH \\ H—|—OH \\ CH_2OH \end{array}$$

（六）写出下列化合物的构型式：

（1）R-2-溴丁烷 　　　　　　　　　　（2）m-2,3-二溴丁烷

（七）在下列化合物中，哪个有对称面？哪个有对称中心？各有几个？

（1）顺-1,2-二甲基环丙烷 　　　　　　（2）

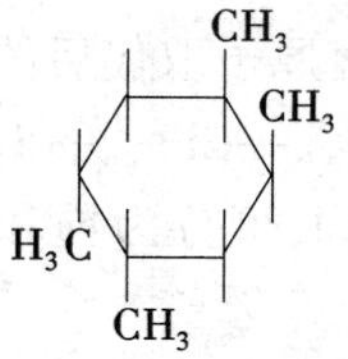

$$\underset{\substack{| \\ CH_3}}{\overset{\substack{CH_3 \\ |}}{\bigcirc}} \quad \underset{\substack{H_3C \\ CH_3}}{}$$

（八）（＋）-乳酸与甲醇反应生成了（－）-乳酸甲酯，旋光方向发生了变化，构型有无变化？为什么？

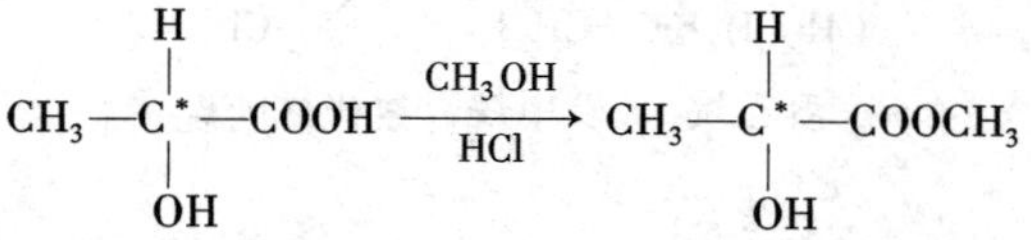

$$CH_3-\overset{\overset{\displaystyle H}{|}}{\underset{\underset{\displaystyle OH}{|}}{C^*}}-COOH \xrightarrow[HCl]{CH_3OH} CH_3-\overset{\overset{\displaystyle H}{|}}{\underset{\underset{\displaystyle OH}{|}}{C^*}}-COOCH_3$$

　　　　（＋）-乳酸　　　　　　　　　（－）-乳酸甲酯
　　　　$[\alpha]_D^{20} = +3.3°$　　　　　　　$[\alpha]_D^{20} = -8.2°$

（九）写出二溴丁烷（$C_4H_8Br_2$）的所有异构体，并指出哪些是构造异构体？哪些是构型异构体？哪些是对映体？哪些是非对映体？哪些是内消旋体？

第6章 卤 代 烃

烃分子中的一个或几个氢原子被卤原子取代后的化合物,称为卤代烃,简称卤烃。卤原子是卤代烃的官能团。卤原子包括 —F 、—Cl 、—Br 、—I 。

卤代烃按其分子中烃基种类的不同,可分为饱和卤代烃、不饱和卤代烃和芳香族卤代烃(也叫卤代芳烃)。例如:

饱和卤代烃

$$CH_3CH_2Br \qquad CH_3I \qquad \triangleright\!\!-Cl$$

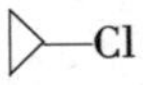

溴乙烷　　　　碘甲烷　　　氯代环丙烷

不饱和卤代烃

$$CH_2{=}CHBr \qquad CH_2{=}CHCH_2Cl \qquad \langle\rangle\!\!-Cl$$

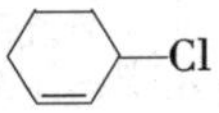

溴乙烯　　　　3-氯-1-丙烯　　　　3-氯环己烯

卤代芳烃

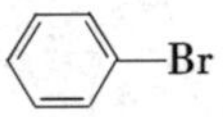

溴苯 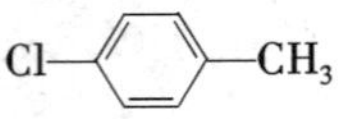　　　　对氯甲苯 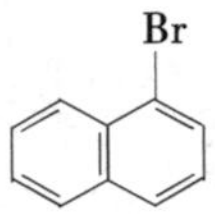　　　α-溴萘

另外,按分子中所含卤原子数目的多少,又可分为一元卤代烃、二元卤代烃、三元卤代烃等,二元和二元以上统称多元卤代烃。前面所列举的例子均为一元卤代烃。多元卤代烃例如:

$$\begin{matrix} CH_2{-}CH_2 \\ | \qquad | \\ Cl \qquad Cl \end{matrix} \qquad Br\!\!-\!\!\langle\rangle\!\!-Br \qquad CHI_3$$

1,2-二氯乙烷　　　　对二溴苯　　　三碘甲烷(碘仿)

卤代烃虽然包括氟、氯、溴和碘代烃,但由于氟代烃的制法和性质比较特殊,因此一般讨论的卤代烃多指氯代烃和溴代烃以及少量碘代烃(因碘稀少,使用不普遍)。

第1节 卤 代 烷

6.1 卤代烷的分类

根据卤代烃的定义可知,卤代烷是烷烃分子中的氢原子被卤原子取代后的化合物,常用R—X表示。它可以按照分子中所含卤原子多少,分为一卤代烷和多卤代烷。其中一卤代烷又可根据卤原子所连接的碳原子类型不同分为三种:卤原子连在伯碳原子上的称为伯卤代烷;卤原子连接在仲碳原子上的称为仲卤代烷;卤原子连在叔碳原子上的称为叔卤代烷。例如:

$$CH_3CH_2CH_2CH_2Cl \qquad \begin{matrix} CH_3CHCH_3 \\ | \\ Br \end{matrix} \qquad \begin{matrix} CH_3 \\ | \\ CH_3CHCH_2CH_2CH_3 \\ | \\ Br \end{matrix}$$

1-氯丁烷　　　　2-溴丙烷　　　　2-甲基-2-溴戊烷
(伯卤代烷)　　　(仲卤代烷)　　　(叔卤代烷)

114

6.2 卤代烷的命名

6.2.1 普通命名法

简单卤代烷的命名,是由烷基的名称加上卤原子的名称构成的。例如:

$$CH_3CH_2Br \qquad CH_3CHCH_3 \qquad \overset{\displaystyle CH_3}{\underset{\displaystyle Cl}{CH_3\overset{|}{C}CH_3}}$$

$$\underset{\displaystyle |}{\quad} \underset{\displaystyle Cl}{\quad}$$

乙基溴　　　　　　　　　　　　　　　　　　

(溴乙烷)　　　异丙基氯　　　叔丁基氯

该命名法只适用于几个常见烷基与卤原子相连的卤代烷。

6.2.2 系统命名法

卤代烷系统命名法的要点如下。

(1)选择连有卤原子的最长碳链作为主链,根据主链碳原子数称为"某烷"。

(2)支链和卤原子均作为取代基。主链碳原子的编号也遵循最低系列原则。当从两端编号使两个取代基位次号相同时,若取代基之一是卤原子,则根据次序规则中卤原子优于烷基,给予卤原子所连接的碳原子以较大的编号。

(3)将取代基的名称和位次按次序规则顺序列出("较优"基团后列出),依次写在主链烷烃名称之前,即得全名。例如:

$$\underset{\displaystyle CH_3}{\overset{\displaystyle Cl}{CH_3\overset{|}{CH}CHCH_2CH_2CH_3}} \qquad \underset{\displaystyle CH_2Cl}{CH_3CH_2\overset{|}{CH}CH_2CH_3}$$

2-甲基-3-氯己烷　　　　　2-乙基-1-氯丁烷

$$\underset{\displaystyle Br\quad CH_3}{CH_3CH_2\overset{|}{CH}CH_2\overset{|}{CH}CH_2CH_3} \qquad \underset{\displaystyle Cl\ \ CH_3}{CH_3\overset{\overset{\displaystyle Cl}{|}}{\underset{|}{C}}CHCH_2CH_3}$$

3-甲基-5-溴庚烷　　　　　3-甲基-2,2-二氯戊烷

问题 6-1 命名下列各化合物,并指出它们属于伯、仲、叔卤烷中哪一种?

(1) $\underset{\displaystyle Cl\ \ CH_3}{CH_3\overset{|}{CH}\overset{|}{CH}CH_3}$ 　　(2) $\underset{\displaystyle C_2H_5}{BrCH_2CH_2\overset{|}{CH}CH_2CH_2CH_3}$

(3) $\underset{\displaystyle CH_3}{CH_3-\overset{\overset{\displaystyle CH_3}{|}}{\underset{|}{C}}-CH_2Cl}$ 　　(4) $\underset{\displaystyle Cl\ \ Br}{CH_3CH_2\overset{|}{CH}CHCH_2CH_3}$

(5) $\underset{\displaystyle Cl}{\diagup\!\diagdown\!\diagup}$ 　　(6) $\underset{\displaystyle Cl\ \ Cl\ \ CH_3}{CH_3CHCH_2\overset{|}{C}\overset{\overset{\displaystyle Cl}{|}}{\underset{|}{C}}CHCH_3}$

6.3 卤代烷的物理性质

在常温下,氯甲烷、氯乙烷、溴甲烷是气体,其他常见的一卤代烷为液体,15 个碳原子以上

为固体。多数一卤代烷有不愉快气味,其蒸气有毒。除一氯代烷的相对密度小于 1 以外,一溴代烷和一碘代烷的相对密度大于 1。卤代烷难溶于水,易溶于有机溶剂。某些一卤代烷的物理常数如表 6-1 所示。

表 6-1　某些一卤代烷的物理常数

烷　基	—Cl		—Br		—I	
	沸点(℃)	相对密度	沸点(℃)	相对密度	沸点(℃)	相对密度
CH_3—	−23.8	0.92	3.6	1.73	42.5	2.28
CH_3CH_2—	−13.3	0.91(15°)	38.4	1.46	72	$1.95(d_{20}^{10})$
$CH_3CH_2CH_2$—	46.6	0.89	70.8	1.35	102	1.74
$(CH_3)_2CH$—	34	0.86	59.4	1.31	89.4	1.70
$CH_3(CH_2)_2CH_2$—	78.4	0.89	101	1.27	130	1.61
$CH_3CH_2CH(CH_3)$—	68	0.87	91.2	1.26	120	1.60
$(CH_3)_2CHCH_2$—	69	0.87	91	1.26	119	1.60
$(CH_3)_3C$—	51	0.84	73.3	1.22	100(分解)	1.57
$CH_3(CH_2)_3CH_2$—	108.2	0.88	129.6	1.22	155(99 kPa)	1.52
$(CH_3)_3CCH_2$—	84.4	0.87	105	1.20	127(分解)	1.53(13℃)

问题 6-2　由表 6-1 可以看出,当卤原子相同时,直链一卤代烷的沸点随碳原子数的增加而升高;卤原子和碳原子数均相同时,支链越多沸点越低;烷基结构相同时,不同的卤代烷的沸点由高到低的次序是 RI > RBr > RCl。试解释之。

6.4　卤代烷的化学性质

卤代烷分子发生化学反应的主要部位如下:

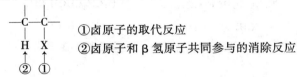

①卤原子的取代反应
②卤原子和 β 氢原子共同参与的消除反应

6.4.1　取代反应

卤原子的电负性比碳原子强,故卤代烷分子中的碳卤键是极性共价键,其成键电子对偏向卤原子,卤原子带有部分负电荷,碳原子带有部分正电荷,因此碳原子易被带有负电荷或带有未共用电子对的原子或基团(如 OH^-、RO^-、CN^-、H_2O、ROH、NH_3 等)进攻,结果卤原子被其他原子或基团取代,生成相应的化合物。这种带有负电荷或未共用电子对的试剂,称为亲核试剂(nucleophile,常用 Nu 表示)。由亲核试剂的进攻而发生的取代反应,称为亲核取代反应。卤代烷所发生的取代反应,多数是亲核取代反应。

1)水解

卤代烷与氢氧化钠(钾)的水溶液作用,卤原子被羟基取代生成醇。此反应也称为卤代烷的水解反应。例如:

$$C_5H_{11}Cl \quad + NaOH \xrightarrow[\triangle]{H_2O} C_5H_{11}OH + NaCl$$
混合一氯戊烷　　　　　　　　　混合戊醇

这是工业上生产混合戊醇的方法之一。混合戊醇是一种工业用有机溶剂。此反应也用于在复杂有机分子中引入羟基。

同碳二卤化物水解则得到相应的羰基 $\diagdown$ C=O 化合物,而不是同碳二元醇(一个碳原子上

连接两个或两个以上羟基一般是不稳定的,容易失水)。例如:

$$\text{C}_6\text{H}_5\text{-CHCl}_2 \xrightarrow[95\sim100\text{℃}]{\text{H}_2\text{O},\text{Fe}} \left[\text{C}_6\text{H}_5\text{-}\underset{\text{OH}}{\overset{}{\text{CH-OH}}} \right] \xrightarrow{-\text{H}_2\text{O}} \text{C}_6\text{H}_5\text{-CHO}$$

苯甲醛

这是工业上生产苯甲醛的方法之一。

2)与醇钠作用

在相应醇的存在下卤代烷与醇钠作用,卤原子被烷氧基取代生成醚。此反应也称为卤代烷的醇解反应。例如:

$$\text{CH}_3(\text{CH}_2)_2\text{CH}_2\text{Br} + \text{CH}_3\text{CH}_2\text{ONa} \xrightarrow[\text{回流}]{\text{CH}_3\text{CH}_2\text{OH}} \text{CH}_3(\text{CH}_2)_2\text{CH}_2\text{OCH}_2\text{CH}_3 + \text{NaBr}$$

乙醇钠　　　　　　　　　　　　　　乙(基)正丁(基)醚

此反应是制备醚(混醚)(见第 7 章)的一种常用方法,称为威廉森(Williamson)合成法。此反应通常采用伯卤代烷制备混醚,因为仲卤代烷的产率较低,叔卤代烷通常得到烯烃。

3)与氰化钠作用

卤代烷与氰化钠(钾)的醇溶液共热,卤原子被氰基取代生成腈。例如:

$$\text{CH}_3\text{CH}_2\text{CH}_2\text{CH}_2\text{Br} + \text{NaCN} \xrightarrow[\text{回流}]{\text{水-乙醇}} \text{CH}_3\text{CH}_2\text{CH}_2\text{CH}_2\text{CN}$$

(正)戊腈

与卤代烷的醇解相似,此反应以采用伯卤代烷为佳。

产物腈比原料卤代烷分子中增加了一个碳原子,这是有机合成中增长碳链的方法之一。由于氰基可以转变为其他基团(如羧基等),因此可以利用此反应合成其他化合物,但由于氰化钠(钾)等有剧毒,因此应用受到很大限制。

4)与氨作用

卤代烷与氨作用,卤原子被氨基取代生成胺。例如:

$$\text{CH}_3\text{CH}_2\text{CH}_2\text{CH}_2\text{Br} + 2\text{NH}_3 \longrightarrow \text{CH}_3\text{CH}_2\text{CH}_2\text{CH}_2\text{NH}_2 + \text{NH}_4\text{Br}$$

(正)丁胺(伯胺)

$$\text{ClCH}_2\text{CH}_2\text{Cl} + 4\text{NH}_3 \xrightarrow[115\sim120\text{℃}]{\text{封闭容器}} \text{H}_2\text{NCH}_2\text{CH}_2\text{NH}_2 + 2\text{NH}_4\text{Cl}$$

乙二胺

此反应可用来制备伯胺,所用原料也以伯卤代烷为佳。由于产物伯胺也能与卤代烷反应生成仲胺等,所以反应时氨应过量。

5)与硝酸银作用

卤代烷与硝酸银的醇溶液作用,生成卤化银沉淀和硝酸酯。

$$\text{R-X} + \text{AgNO}_3 \xrightarrow{\text{乙醇}} \text{R-ONO}_2 + \text{AgX}\downarrow$$

硝酸酯

当卤代烷的烷基结构相同而卤原子不同时,其活性次序是:RI > RBr > RCl;当卤代烷的卤原子相同而烷基结构不同时,其活性次序是:叔卤代烷 > 仲卤代烷 > 伯卤代烷。其中伯卤代烷通常需要加热才能使反应进行。此反应常用于卤代烷的鉴别。

问题 6-3　完成下列反应式:

(1)$\text{C}_2\text{H}_5\text{I} + \text{CH}_3\text{CH}_2\text{CH}_2\text{ONa} \xrightarrow[\triangle]{\text{正丙醇}}$　　　(2)$\text{Br}(\text{CH}_2)_3\text{Br} + 2\text{NaCN} \xrightarrow[\triangle]{\text{水}}$

(3)$\text{CH}_3\text{Cl} + 2\text{NH}_3 \longrightarrow$　　　(4)$\text{C}_6\text{H}_{11}\text{-Br} + \text{AgNO}_3 \xrightarrow{\text{乙醇}}$

问题 6-4　用简单的化学方法鉴别下列各组化合物：

(1) $CH_3(CH_2)_2CH_2Cl$、$CH_3(CH_2)_2CH_2Br$、$CH_3(CH_2)_2CH_2I$

(2) $CH_3(CH_2)_2CH_2Cl$、$CH_3CH_2CH(CH_3)Cl$、$(CH_3)_3CCl$

6.4.2　亲核取代反应机理

1) 双分子亲核取代反应机理

实验证明,伯卤代烷与稀碱水溶液反应,一般是按双分子亲核取代反应(S_N2,S(substitution)表示取代,N(nucleophilic)表示亲核,2 表示双分子)机理进行。现以溴甲烷为例,其反应机理可表示如下:

过渡态

反应中,一般认为氢氧根负离子(OH^-)沿碳卤键的键轴方向,从卤原子的背面进攻 α-碳原子,碳氧原子之间逐渐形成新键,而碳卤键同时逐渐断裂,当体系处于碳氧键尚未完全形成,碳卤键尚未完全断裂时,此种状态称为过渡态。过渡态能量高,不稳定,不能分离出来。随着反应的继续进行,最后碳氧键完全形成,碳卤键完全断裂。反应的结果是由卤代烷转变为醇。

此反应的速率取决于卤代烷和亲核试剂两者的浓度,故这类反应称为 S_N2 反应。反应的特点是:旧键的断裂和新键的形成一般几乎同时进行;产物的构型与反应物的构型相反,称为构型反转,或构型转化,亦称瓦尔登(Walden)转化。按这种机理进行时,不同结构卤代烷的活性次序是:

卤代甲烷 > 伯卤代烷 > 仲卤代烷 > 叔卤代烷

2) 单分子亲核取代反应机理

实验证明,叔卤代烷与稀碱水溶液作用,一般按单分子亲核取代反应(S_N1,1 表示单分子)机理进行。现以叔丁基溴为例,其反应机理可表示如下:

$$(CH_3)_3C—Br \xrightarrow{\text{慢}} [\overset{\delta^+}{(CH_3)_3C}\cdots\overset{\delta^-}{Br}] \longrightarrow (CH_3)_3C^+ + Br^-$$

过渡态　　　　　叔丁基正离子

$$(CH_3)_3C^+ + OH^- \xrightarrow{\text{快}} [\overset{\delta^+}{(CH_3)_3C}\cdots\overset{\delta^-}{OH}] \longrightarrow (CH_3)_3C—OH$$

过渡态　　　　　叔丁醇

反应分两步进行。第一步,在溶剂的作用下,叔丁基溴分子逐步极化,经过渡态,解离为叔丁基正离子和溴负离子。由于碳溴共价键解离成离子需要的能量较高,故反应速率慢。生成的叔丁基正离子是活性中间体,能量也较高,也不稳定,但比过渡态稳定。第二步是活性中间体叔丁基正离子与亲核试剂氢氧根负离子反应,经过渡态形成产物,由于离子间反应,所需能量较少,故反应速率快。

此反应速率只与卤代烷的浓度有关,故称为 S_N1 反应。由于反应速度取决于卤代烷的异裂,故第一步慢步骤是控制反应速率的步骤。由于叔丁基正离子具有平面型结构,OH^- 从平面两边进攻带正电荷碳原子的几率是几乎相等的,故产物的构型一半应与反应物相同,一半是构型反转,这是 S_N1 反应的特点。不同结构的卤代烷,按 S_N1 反应机理进行时,其活性次序是:

叔卤代烷 > 仲卤代烷 > 伯卤代烷 > 卤代甲烷

值得注意的是,卤代烷按 S_N1 反应机理进行时,常有一些重排产物生成,有时重排产物甚至是主要产物。例如,新戊基溴的碱性水解反应,其主要产物是 2-甲基-2-丁醇,而不是 2,2-二甲基-1-丙醇。

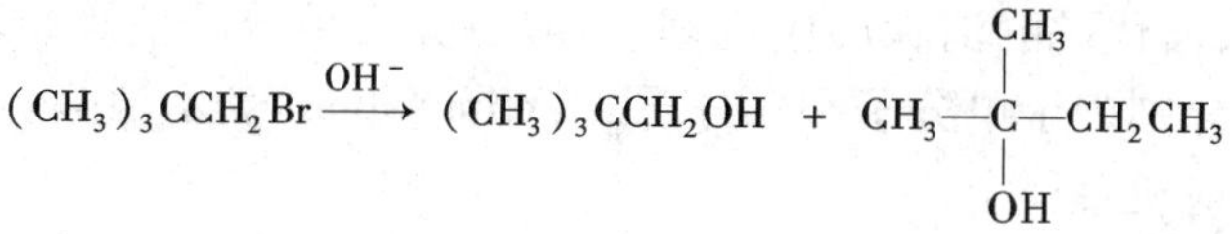

$$(CH_3)_3CCH_2Br \xrightarrow{OH^-} (CH_3)_3CCH_2OH \ + \ CH_3-\underset{\underset{OH}{|}}{\overset{\overset{CH_3}{|}}{C}}-CH_2CH_3$$

2,2-二甲基-1-丙醇 　　　　2-甲基-2-丁醇
（次）　　　　　　　（主）

此反应机理如下:

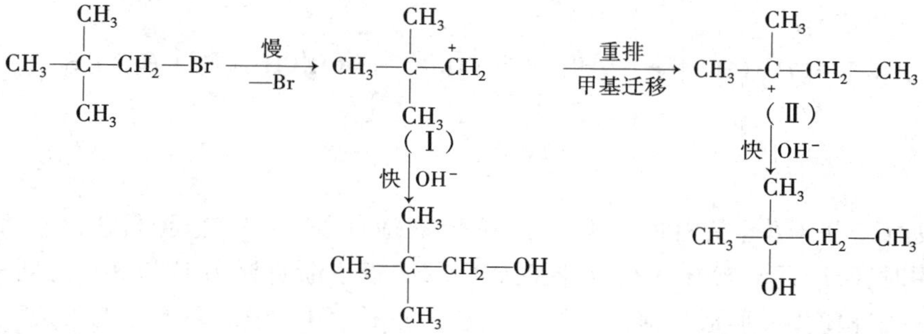

新戊基溴解离为碳正离子（Ⅰ）,（Ⅰ）是伯碳正离子,带正电荷碳原子只受叔丁基诱导效应的影响,正电荷分散较差,稳定性较小。重排后生成的碳正离子（Ⅱ）,带正电荷碳原子上的正电荷,除受两个甲基和一个乙基诱导效应的影响而分散外,还有 8 个 C—H σ 键与之发生超共轭。受超共轭效应的影响,正电荷分散较好,因此比较稳定而容易生成。即稳定性较小的（Ⅰ）,容易重排为稳定性较大的（Ⅱ）,故 2-甲基-2-丁醇是主要产物。

卤代烷在进行亲核取代反应时,究竟按 S_N2 还是按 S_N1 反应机理进行,除与卤代烷的结构有关外,还与亲核试剂的性质以及溶剂的极性等因素有关。这里不再进一步讨论。

6.4.3　消除反应

卤代烷与强碱的醇溶液共热时,可脱去一分子卤化氢生成烯烃:

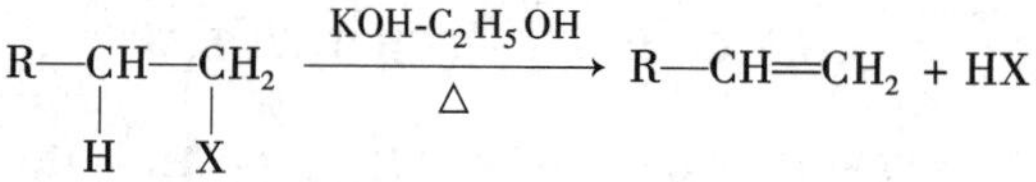

$$R-\underset{\underset{H}{|}}{CH}-\underset{\underset{X}{|}}{CH_2} \xrightarrow[\triangle]{KOH-C_2H_5OH} R-CH=CH_2 \ + \ HX$$

从一分子中脱去两个原子或基团的反应,称为消除反应,像卤代烷脱卤化氢那样,从一分子中的两个相邻碳原子上分别脱去一个原子或基团的反应,称为 α,β-消除反应,简称 β-消除反应,也称 1,2-消除反应。β-消除反应是分子中引入碳碳双键的重要方法之一。

卤代烷进行消除反应的活性次序为:叔卤代烷 > 仲卤代烷 > 伯卤代烷

6.4.3.1　消除反应的取向

在卤代烷的消除反应中,当有两种或三种 β-氢原子可供消除时,实验证明,氢原子主要是从含氢较少的 β-碳原子上脱去,这是一条经验规律,称为查依采夫(Saytzeff)规则。例如:

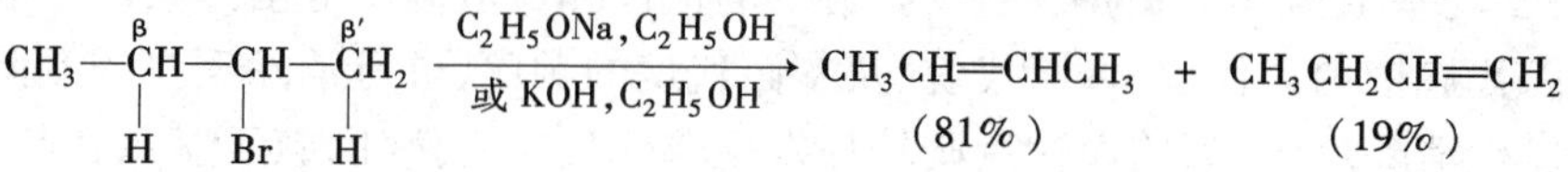

$$CH_3-\underset{\underset{H}{|}}{\overset{\overset{\beta}{}}{CH}}-\underset{\underset{Br}{|}}{CH}-\underset{\underset{H}{|}}{\overset{\overset{\beta'}{}}{CH_2}} \xrightarrow[\text{或 KOH,C_2H_5OH}]{C_2H_5ONa, C_2H_5OH} CH_3CH=CHCH_3 \ + \ CH_3CH_2CH=CH_2$$

（81%）　　　　　　（19%）

在 2-丁烯分子中,有六个 C—H σ 键与 C=C 双键发生超共轭,而 1-丁烯则只有两个 C—H σ 键与 C=C 双键发生超共轭,因此 2-丁烯较 1-丁烯稳定,容易生成。所以,查依采夫规则也可以这样阐述:卤代烷脱卤化氢时,主要生成双键碳原子上连有较多烷基的烯烃。

6.4.3.2　消除反应机理

与取代反应相似,卤代烷的消除反应机理,一般也分为单分子消除(E1)机理和双分子消除(E2)机理。1 和 2 分别表示单分子和双分子,E(elimination)表示消除。

1)双分子消除反应机理

伯卤代烷脱卤化氢时,主要按双分子消除反应机理进行。例如,1-溴丙烷的消除反应机理如下所示:

$$
\begin{array}{c}
\overset{HO\curvearrowright H}{\underset{Br}{CH_3-CH-CH_2}} \longrightarrow
\left[\underset{Br}{CH_3-CH\cdots\cdots CH_2}^{HO\cdots H} \right] \longrightarrow CH_3CH{=}CH_2 + H_2O + Br^-
\end{array}
$$

过渡态

在 1-溴丙烷分子中,受卤原子吸电子诱导效应的影响,β-氢原子显正电性。与强碱 (OH^-) 作用时,OH^- 逐渐与 β-H 结合,同时,C—Br 键逐渐断裂,α-C 与 β-C 之间逐渐形成双键,当达到一定程度时,形成过渡态。随着反应的进行,OH^- 中的氧原子与 β-氢原子结合成键,生成水分子而离去;溴原子带着一对键合电子以负离子的形式离去;α-碳原子与 β-碳原子之间形成碳碳双键。反应是一步完成的。

此反应速率取决于卤代烷和试剂(OH^-)的浓度,所以,此反应机理称为双分子消除反应机理,常用 E2 表示。

2)单分子消除反应机理

叔卤代烷和某些仲卤代烷脱卤化氢时,主要按单分子消除反应机理进行。与单分子亲核取代反应相似,反应也是分两步进行的:第一步,卤代烷解离为烷基正离子和卤素负离子,这一步是慢步骤;第二步是进攻试剂(OH^-)夺取碳正离子的 β-氢原子生成水和烯烃,这一步是快步骤。

$$
(CH_3)_3C{-}Br \xrightarrow{\text{慢}} (CH_3)_3\overset{+}{C} + Br^-
$$

$$
\underset{H}{\overset{}{CH_2}}{-}\overset{+}{\underset{CH_3}{C}}{-}CH_3 + OH^- \xrightarrow{\text{快}} (CH_3)_2C{=}CH_2 + H_2O
$$

由于决定反应速率的慢步骤(第一步),只与卤代烷的浓度有关,所以,此反应机理称为单分子消除反应机理,常用 E1 表示。

6.4.3.3　消除反应与取代反应对比

当卤代烷与碱溶液(OH^-)作用时,由于 OH^- 既是亲核试剂又是强碱,它既可进攻 α-碳原子发生亲核取代反应,又可进攻 β-氢原子发生消除反应,因此两者经常相伴而生。究竟以何者为主,取决于烃基结构、试剂的碱性强弱、溶剂的极性和反应温度等诸因素。一般说来,烷基结构不同的卤代烷依伯卤代烷、仲卤代烷、及叔卤代烷的顺序,进行消除反应的倾向增加;即叔卤代烷较易发生消除反应,而伯卤代烷则较易发生取代反应。例如,叔丁基氯在与氰化钠反应时,其主要产物是异丁烯,而非2,2-二甲基丙腈。

$$CH_3-\underset{\underset{CH_3}{|}}{\overset{\overset{CH_3}{|}}{C}}-Cl \xrightarrow{NaCN} CH_3-\underset{\underset{CH_2}{\|}}{\overset{\overset{CH_3}{|}}{C}}$$

进攻试剂的碱性越强,对消除反应越有利;另外,碱的浓度增加也有利于消除反应。反之,碱性减弱、浓度降低时有利于亲核取代反应。反应温度越高、越有利于消除反应,反之,则有利于亲核取代反应。而溶剂的极性越强,越有利于亲核取代反应,反之,才有利于消除反应。故而消除反应往往在浓碱的醇溶液中进行,例如:

$$CH_3CH_2CH_2CH_2Br \xrightarrow[\text{乙醇},\triangle]{\text{浓 NaOH}} CH_3CH_2CH=CH_2$$

问题6-5 写出下列反应的主要产物:

(1) $(CH_3)_2\underset{\underset{Br}{|}}{C}CH_2CH_2CH_3 \xrightarrow[C_2H_5OH,\triangle]{C_2H_5ONa}$

(2) $CH_3\underset{\underset{Br}{|}}{C}HCH_2CH_2\underset{\underset{Br}{|}}{C}HCH_3 \xrightarrow[C_2H_5OH]{\text{过量 NaOH}}$

6.4.4 与金属作用

卤代烷和某些活泼金属(如 Li、Na、K、Mg 等)进行反应,可以生成相应的有机金属化合物。后者是指分子中金属原子直接与碳原子相连的一类化合物。例如:

$$CH_3-\underset{\underset{H}{|}}{\overset{\overset{H}{|}}{C}}-Li \qquad\qquad CH_3-CH_2-\underset{\underset{H}{|}}{\overset{\overset{H}{|}}{C}}-MgBr$$
$$\text{乙基锂} \qquad\qquad\qquad \text{(正)丙基溴化镁}$$

有机金属化合物在理论研究和有机合成上都具有重要意义。例如,有机锂和有机镁化合物是有机合成中广泛使用的试剂,由烷基铝组成的一类催化剂(Ziegler-Natta 催化剂)是烯烃等聚合反应的重要催化剂。现以有机镁化合物为例简介如下。

在干醚(无水无乙醇的乙醚叫无水乙醚或绝对乙醚,简称干醚)中,卤代烷和金属镁反应,生成烷基卤化镁。

$$R-X + Mg \xrightarrow[\triangle]{\text{干醚}} R-Mg-X$$
$$\text{烷基卤化镁}$$

产物烷基卤化镁称为格利雅(Grignard)试剂。制备格利雅试剂时,卤代烷的活性次序是:

$$\text{碘代烷} > \text{溴代烷} > \text{氯代烷}$$

由于碘代烷价格昂贵,氯代烷的活性较低,故实验室中一般采用溴代烷制备格利雅试剂。

在格利雅试剂中,由于碳原子的电负性比镁原子大,C—Mg 键是极性共价键,碳原子带有部分负电荷,镁原子带有部分正电荷,因此,格利雅试剂是一类比较活泼的化合物,能与许多有活泼氢的化合物(如水、醇、酸、氨、端位炔烃等)反应,自身被分解为烷烃。例如:

$$RMgX \begin{cases} \xrightarrow{H_2O} RH + Mg(OH)X \\ \xrightarrow{R'OH} RH + Mg(OR')X \\ \xrightarrow{HX} RH + MgX_2 \\ \xrightarrow{R'CO_2H} RH + Mg(OOCR')X \\ \xrightarrow{NH_3} RH + Mg(NH_2)X \\ \xrightarrow{R'C\equiv CH} RH + R'C\equiv CMgX \end{cases}$$

通过上述反应可知：①在制备和使用格利雅试剂时,应避免接触含有活泼氢化合物,否则将导致反应失败;②利用上述反应可以制备烷烃(通常是用酸分解格利雅试剂);③当采用 CH_3MgI 与含活泼氢的化合物反应时,由于上述反应是定量完成,可通过生成的甲烷体积计算出化合物中含有的活泼氢数目;④利用易得的格利雅试剂与端位炔烃反应,制备炔基格利雅试剂。

问题 6-6　在干醚中, $HOCH_2CH_2Br$ 与 Mg 作用,能否生成格利雅试剂,为什么?

第 2 节　卤代烯烃和卤代芳烃

卤代烯烃和卤代芳烃的分子中,同时含有卤原子和碳碳双键或芳环(如苯环)。由于卤原子与双键或芳环的相对位置不同,彼此之间相互影响不同,卤原子表现出不同的化学活泼性。

当卤原子与 sp^2 杂化碳原子直接相连时(如 $CH_2=CH—X$ 或 〈 〉—X),其卤原子的化学活性降低。当卤原子与双键或苯环相隔一个饱和的 sp^3 杂化碳原子时(如 $CH_2=CHCH_2—X$ 和 〈 〉—$CH_2—X$),其卤原子的化学活性增高。而当卤原子与双键或苯环相隔两个(或者两个以上)饱和碳原子时(如 $CH_2=CH\!-\!(CH_2)_n\!X$ 或 〈 〉—$(CH_2)_n\!X$,其中 $n\geqslant2$),其卤原子的化学活性与卤代烷分子中卤原子的化学活性相似,这里不再赘述。前两种情况是本节讨论的重点。

6.5　乙烯型和苯基型卤化物

当卤原子直接与双键碳原子相连时,称为乙烯型卤化物,如氯乙烯等。当卤原子直接与苯环相连时,称为苯基型卤化物,如氯苯等。现以氯乙烯和氯苯为例进行讨论。

6.5.1　氯乙烯和氯苯分子的结构

具有 $CH_2=CH—Cl$ 结构的氯乙烯,氯原子的 p 轨道与碳碳双键的 π 轨道构成共轭体系,分子中存在着 p,π-共轭效应,如图 6-1 所示。

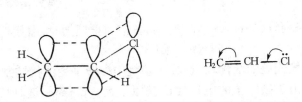

图 6-1　氯乙烯分子中的 p,π-共轭

氯苯分子与氯乙烯分子相似,从氯苯的结构 〈 〉—Cl 可以看出,分子中也存在着 p,π-共轭效应,如图 6-2 所示。

在氯乙烯和氯苯分子中,由于 p,π-共轭效应的影响,两者的偶极矩都比氯乙烷小, C—Cl 键的键长都比氯乙烷中的短。因此氯乙烯和氯苯分子中的氯原子都不如氯乙烷分子中的氯原子活泼。其偶极矩和 C—Cl 键键长数据如下所示。

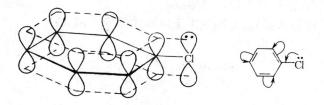

图 6-2　氯苯分子中的 p,π-共轭

	$CH_3CH_2—Cl$	$CH_2=CH—Cl$	$\bigcirc—Cl$
偶极矩($\times 10^{-30}$C·m)	6.84	4.8	5.8
C—Cl 键长(nm)	0.178	0.172	0.169

6.5.2　卤原子的反应

在氯乙烯和氯苯分子中,由于氯原子不活泼,在一般条件下,很难与 NaOH、NaOR、NaCN、NH_3 等发生取代反应。另外,它们与硝酸银的醇溶液也很难发生反应,例如,溴乙烯与硝酸银的醇溶液一起加热数日也不发生反应。因此,可利用这一性质来鉴别卤代烷与乙烯型和苯基型卤化物。然而选择合适的条件或反应物,它们也能进行反应。例如,在较强烈的条件下,氯苯也能与 NaOH 水溶液或 NH_3 等发生取代反应。

$$\bigcirc—Cl + 2NaOH \xrightarrow[350\sim370℃,20\ MPa]{Cu} \bigcirc—ONa + NaCl + H_2O$$

$$\bigcirc—Cl + 2NH_3 \xrightarrow[200℃]{Cu_2O} \bigcirc—NH_2 + NH_4Cl$$

乙烯型和苯基型卤化物也可用于制备格利雅试剂,但有时需采用四氢呋喃等高沸点的醚类溶剂,以提高反应温度。例如:

$$\bigcirc—Br + Mg \xrightarrow{无水乙醚} \bigcirc—MgBr$$

$$CH_2=CH—Br + Mg \xrightarrow{四氢呋喃(THF)} CH_2=CH—MgBr$$

$$\bigcirc—Cl + Mg \xrightarrow{四氢呋喃(THF)} \bigcirc—MgCl$$

用金属钠处理卤苯和卤代烷的混合物,主要生成烷基苯,该反应可用来制备直链烷基苯。例如:

$$\bigcirc—Br + 2Na + BrCH_2(CH_2)_2CH_3 \xrightarrow[20℃]{醚} \bigcirc—CH_2(CH_2)_2CH_3$$

6.5.3　烃基的反应

在卤乙烯分子中,$C=C$ 双键也能发生加成反应。由于卤原子吸电诱导效应的影响,其亲电加成反应比乙烯难,但加成取向仍符合马氏规则。另外,分子中的 $C=C$ 双键也能发生聚合反应。例如:

$$n\ CH_2=CH \atop | \atop Cl \quad \xrightarrow[40\sim80℃,0.63\sim1.5\ MPa]{偶氮二异丁腈} \quad \left[CH_2—CH \atop \quad\quad | \atop \quad\quad Cl \right]_n$$

123

聚氯乙烯用于制造塑料、涂料及合成纤维等。

卤苯分子中的苯环与苯相似,也能发生亲电取代反应。例如:

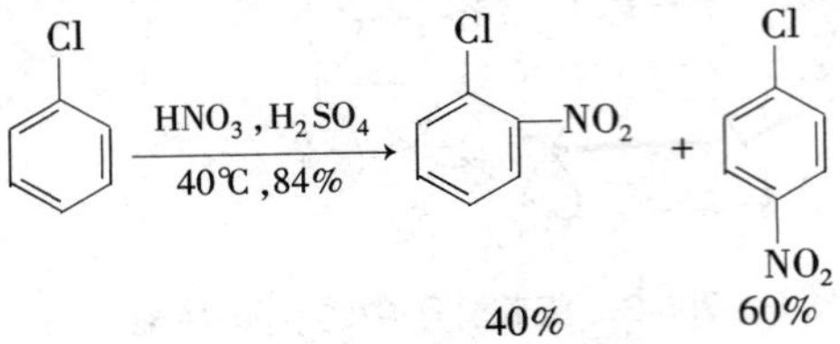

$$\text{(Cl-C}_6\text{H}_5) \xrightarrow[40℃,84\%]{HNO_3,H_2SO_4} \text{(邻硝基氯苯)} + \text{(对硝基氯苯)}$$

邻硝基氯苯和对硝基氯苯是制造染料、农药和医药的中间体。

6.6 烯丙型和苄基型卤化物

与乙烯型和苯基型卤化物不同,烯丙型和苄基型卤化物中的卤原子,比卤代烷分子中的卤原子活泼,容易与 NaOH、NaOR、NaCN 和 NH$_3$ 等发生取代反应。例如:

$$CH_2\!=\!CH\!-\!CH_2\!-\!Cl + NaOH \longrightarrow CH_2\!=\!CH\!-\!CH_2\!-\!OH + NaCl$$
（水溶液）

$$2\ \text{(C}_6\text{H}_5)\!-\!CH_2\!-\!Cl + Na_2CO_3 + H_2O \xrightarrow{95℃} 2\ \text{(C}_6\text{H}_5)\!-\!CH_2\!-\!OH + NaCl + CO_2$$

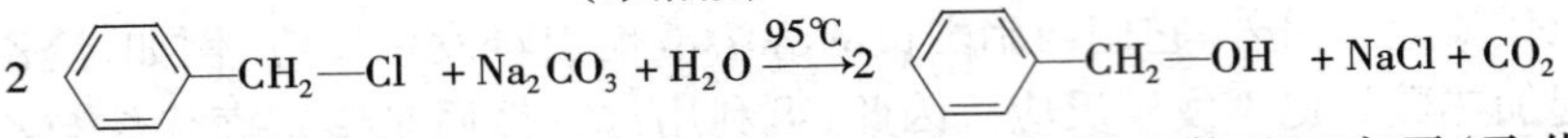

这是由于烯丙基氯和苄基氯失去 Cl$^-$ 后,生成了烯丙基正离子和苄基正离子(取代反应主要按 S$_N$1 机理进行)。在这两种正离子中,带正电荷碳原子的空 p 轨道与碳碳双键或苯环的 π 轨道构成共轭体系,如图 6-3 和图 6-4 所示。由于 p,π-共轭效应的影响,正电荷得到分散,从而降低了正离子的能量,使正离子得到稳定。由于越稳定的正离子越容易生成,这是烯丙型和苄基型卤原子比较活泼的原因。

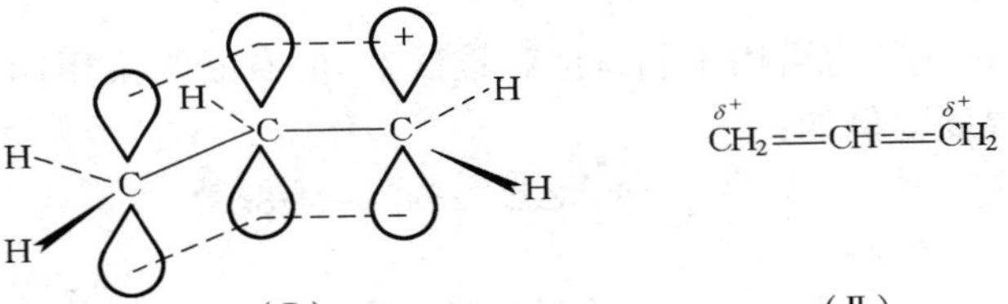

（Ⅰ）　　　　　　　　（Ⅱ）

图 6-3　烯丙基正离子的 p 轨道

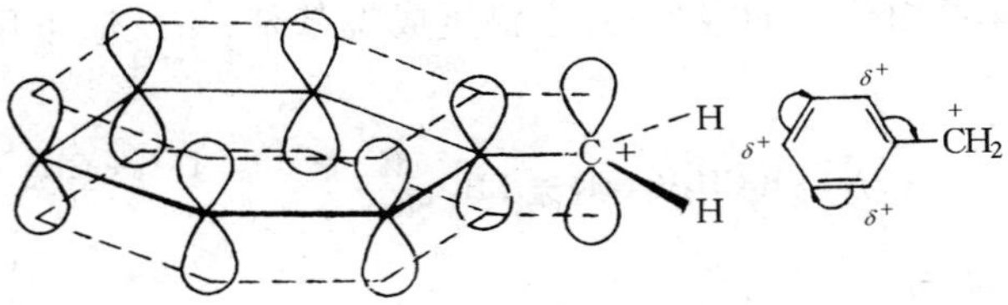

图 6-4　苄基正离子的 p 轨道

另外,烯丙型和苄基型卤化物也较容易与金属镁和硝酸银的醇溶液反应,分别生成格利雅试剂和卤化银沉淀。例如:

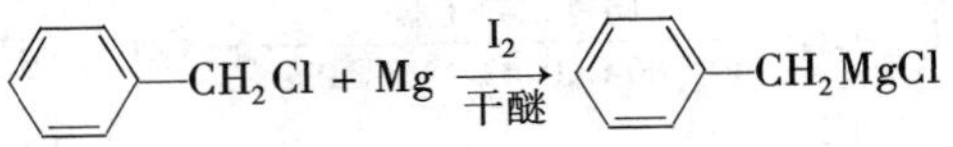

$$\text{(C}_6\text{H}_5)\!-\!CH_2Cl + Mg \xrightarrow[\text{干醚}]{I_2} \text{(C}_6\text{H}_5)\!-\!CH_2MgCl$$

$$\text{C}_6\text{H}_5\text{—CH}_2\text{Cl} + \text{AgNO}_3 \longrightarrow \text{C}_6\text{H}_5\text{—CH}_2\text{ONO}_2 + \text{AgCl}\downarrow$$

问题 6-7 完成下列反应式：

(1) $\text{O}_2\text{N—C}_6\text{H}_4\text{—Cl} \xrightarrow[\text{H}_2\text{O},\triangle]{\text{Na}_2\text{CO}_3}$

(2) $\text{CH}_2\text{=CHCH}_2\text{Cl} \xrightarrow[\text{干醚}]{\text{Mg}}$

(3) $\text{C}_6\text{H}_5\text{—CH}_2\text{Cl} \xrightarrow{\text{NaCN}}$

(4) $\text{CH}_2\text{=CCH}_2\text{Br}(\text{Br}) \xrightarrow[\text{H}_2\text{O}]{\text{KOH}}$

(5) $\text{CH}_2\text{=CHCH}_2\text{I} \xrightarrow{\text{NH}_3}$

(6) $\text{C}_6\text{H}_5\text{—CH}_2\text{Cl} \xrightarrow[\triangle]{\text{RONa}}$

第3节 氟 代 烃

与其他卤代烃不同，由于氟很活泼，与烃反应很剧烈，甚至燃烧和爆炸，故一般采用氯、溴和碘代烷与无机氟化物进行置换反应来制备氟代烷。

由于氟原子的体积较小和电负性很大，因此氟代烃等含氟化合物具有独特的物理和化学性质，因此，有机氟化合物的研究与应用开发一直表现出蓬勃发展的趋势。下面略举几例以兹说明。

1) 氟里昂

分子中含有氟的多卤代烷，其商品名称为氟里昂(freon)，以往，氟里昂以氯氟烃为主。氟里昂的命名采用 F-×××，其中，百位数代表碳原子数减 1，十位数代表氢原子数加 1，个位数代表氟原子数。在命名氯氟烃时，碳原子的剩余价是连接氯原子数。例如：

CF_2Cl_2	$\text{ClF}_2\text{C—CF}_2\text{Cl}$	$\text{F}_2\text{HC—CHF}_2$
F – 012	F – 114	F – 134

（称简 F – 12）

常温下，氟里昂是无色气体或易挥发液体，无毒、无腐蚀性、不燃，具有较高的化学稳定性。主要用作致冷剂和气雾剂，还可用作泡沫塑料用发泡剂、润滑油中的稳定剂、农药的气溶胶、清洗剂和高效灭火剂等。由于氯氟烃进入大气臭氧层后，受紫外线辐射分解出氯原子而破坏臭氧层。臭氧层被破坏后，紫外线可以大量直射到地球上，使人患皮肤癌、白内障增多，农作物减产，影响海洋浮游生物的生存，现在已基本上禁止使用。目前，主要采用不含氯的氟里昂（如F-134 等）替代传统的氯氟烃。

2) 四氟乙烯

无色气体，不溶于水，溶于有机溶剂。在引发剂作用下，加压聚合成聚四氟乙烯：

$$n\text{F}_2\text{C}=\text{CF}_2 \xrightarrow[50℃,490.5\ \text{kPa}]{(\text{NH}_4)_2\text{S}_2\text{O}_8,\text{H}_2\text{O},\text{HCl}} \text{—}[\text{CF}_2\text{—CF}_2]_n$$

聚四氟乙烯是白色或淡灰色固体，平均相对分子质量为 400～1000 万。它不溶于任何溶剂，不与强酸、强碱甚至"王水"作用，化学稳定性好，耐腐蚀性好，不燃烧，具有很好的耐磨性，良好的电绝缘性，耐高温可达 250℃，耐低温达 -200℃，号称"塑料王"。用于国防工业、电器工业、航空工业和尖端科学技术等部门。缺点是成本高，加工困难。

四氟乙烯与其他烯烃或其衍生物共聚生成氟树脂或氟橡胶。例如，四氟乙烯与乙烯共聚物是一种氟树脂，它具有良好的耐热性、耐辐射性、耐候性、耐化学反应性，可于 150℃ 连续使用,用作工程塑料。

含氟化合物因具有特殊性质,已在很多领域得到应用:由于氟碳化合物具有载氧能力,已成为碳氟代血液的成分,如二号氟碳代血液的主要成分为全氟三丙胺和全氟萘烷;由于含氟高聚物具有优异的耐高低温、耐苛刻环境等性能,在原子能、航空航天等工业中起着不可替代的重要作用;另外,在表面活性剂工业、医药和农药等方面,有机氟化物也发挥着重要作用。总之,随着科学技术的发展,有机氟化合物(不限于氟代烃)的应用将不断扩大。

小 结

(一)卤代烷

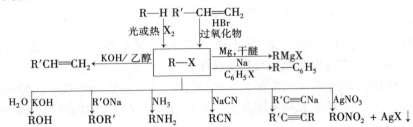

(二)乙烯型和苯基型卤化物

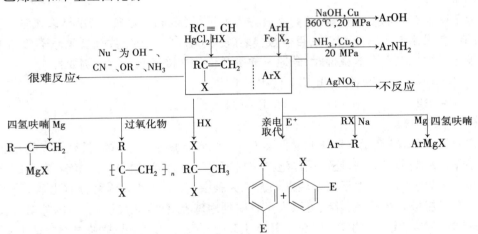

(三)烯丙型和苄基型卤化物

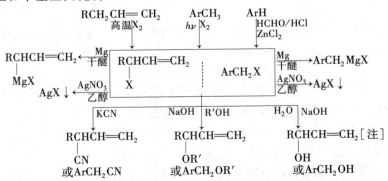

[注] 烯丙型卤化物与 Nu^-(OH^-、OR^-、CN^-、NH_3)等的反应有重排产物($RCH{=}CHCH_2Nu$)生成。

126

（一）试用简便的化学方法区别下列化合物：

$CH_3CH\!=\!CH\!-\!Cl$（A）、$CH_2\!=\!CHCH_2\!-\!Cl$（B）、$CH_2\!=\!CHCH_2CH_2\!-\!Cl$（C）、

$CH_3CH_2CH_2\!-\!Cl$（D）、$C_6H_5\!-\!Cl$（E）

解： 从给出的五个化合物的构造式可知，它们是由烃基与氯原子组成，属于卤代烃，氯原子是共同的官能团。但烃基是不同的，有的烃基含有碳碳双键官能团，有的则是烷基或苯基。因此，首先可以利用碳碳双键官能团的特征反应，将含有碳碳双键和不含碳碳双键官能团的卤代烃区别开，然后再根据氯原子所在碳原子的位置或杂化状态不同而活性不同的特性，将各个氯代烃区别开。

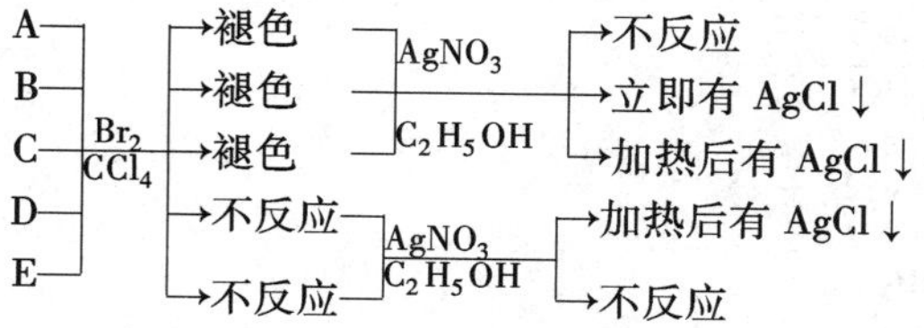

（二）由指定原料合成下列化合物：

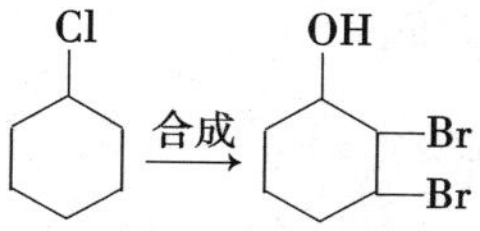

解： 对比原料和产物可知，它们的碳骨架相同，因此不需要用有机试剂。原料分子中的氯原子消失，代之以羟基，与羟基同侧的两个相邻碳原子各连有一个溴原子。一般相邻溴原子可能是通过双键与溴加成得到，双键可通过脱氯化氢实现。若如此，氯原子不能直接转变为羟基。但羟基一般可以通过卤原子的水解得到，而该卤原子的获得，可以通过"烯烃"的α-氢原子的卤代反应实现。综上所述，合成路线如下所示：

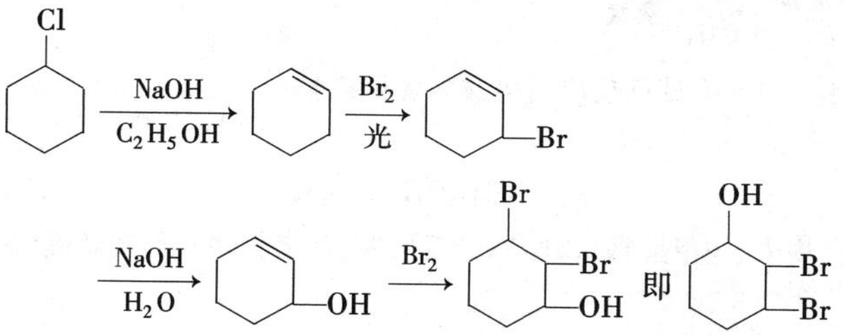

（一）命名下列化合物：

（1）$(CH_3)_2CHCH_2Br$

（2）$ClCH_2CH(Cl)CH_2Br$

（3）

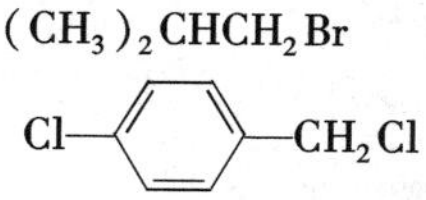

（4）

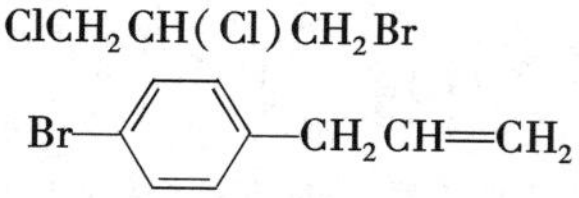

（5）

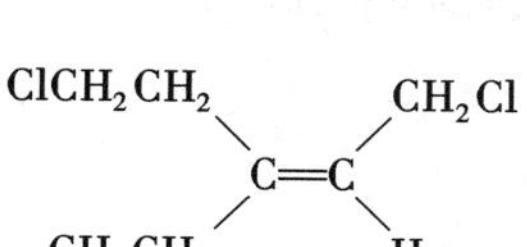

（6）

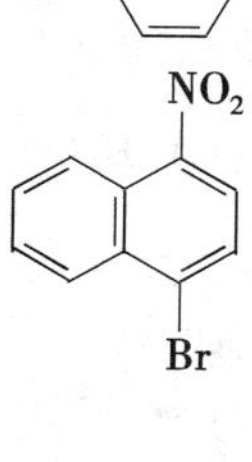

（二）写出下列化合物的构造式：

（1）2-氯仲丁基环己烷

（2）1,1,1-三氯-2-(对氯苯基)乙烷

(3)E-1-氯-1-溴丙烯　　　　　　(4)烯丙基溴化镁

（三）完成下列反应式：

(1) $CH_3CH_2CH_2Br + CH_3CH_2ONa \longrightarrow$

(2) $Br\!-\!\bigcirc\!-\!CH_2Br + H_2O \xrightarrow{OH^-}$

(3) $\bigcirc\!-\!\underset{\underset{Br}{|}}{C}HCH_3 + KOH \xrightarrow[\triangle]{C_2H_5OH}$

(4) $3\ \bigcirc + CHCl_3 \xrightarrow{AlCl_3}$

(5) $HC\!\equiv\!CH \xrightarrow{2Cl_2} ? \xrightarrow{-HCl}$

(6) $Cl\!-\!\bigcirc\!-\!CH_2Cl + Mg \xrightarrow{干醚}$

(7) $CH_2\!=\!CH_2 \xrightarrow{Cl_2}{CCl_4} ? \xrightarrow{NH_3}$

(8) $\bigcirc\!-\!Br + CH_3CH_2OK \xrightarrow{CH_3CH_2OH}$

（四）完成下列反应式，并写出反应机理。

(1) $CH_3CH_2\underset{\underset{Br}{|}}{C}HCH_3 \xrightarrow[乙醇]{KOH}$

(2) $CH_3CH_2Br \xrightarrow[H_2O]{KOH}$

(3) $(CH_3)_3CBr + NaC\!\equiv\!CCH_3 \xrightarrow{液氨}$

（五）写出正丙基溴化镁与下列试剂反应时生成的主要产物：

(1) C_2H_5OH　　　　　　　　(2) HBr

(3) NH_3　　　　　　　　　　(4) $CH_3CH_2CH_2C\!\equiv\!CH$

（六）在下列各组化合物中，与甲醇钠(CH_3ONa)反应时,何者较快？何者较慢？

(1)(A) $\bigcirc\!-\!Br$　　(B) $\bigcirc\!-\!Br$　　(C) $\bigcirc\!\underset{NO_2}{\overset{Br}{}}$

(2)(A) $\bigcirc\!-\!CH_2Br$　　(B) $\bigcirc\!-\!CH_2Br$　　(C) $\bigcirc\!-\!CH_2CH_2Br$

（七）下列三个化合物分别与硝酸银的乙醇溶液反应,按其反应速率由快到慢排列。

(A) $\bigcirc\!-\!Cl$　　(B) $\bigcirc\!-\!CH_2Cl$　　(C) $CH_3CH_2CH_2CH_2Cl$

（八）用简便的化学方法区别下列各组化合物：

(1)正己烷和1-溴己烷　　(2)对氯甲苯和苯氯甲烷

(3) $CH_3CH_2\underset{\underset{Cl}{|}}{C}\!=\!CH_2$　　$CH_2\!=\!CH\underset{\underset{Cl}{|}}{C}HCH_3$　　$CH_2\!=\!CHCH_2CH_2Cl$

128

(4)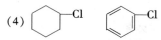

（九）完成下列转变：

(1) $C_6H_5CH_2CH_3 \longrightarrow C_6H_5CH_2CH_2Br$（经三步）

(2) 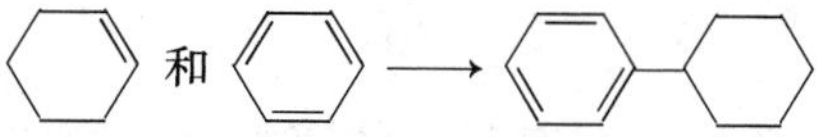 ⬡ 和 ⬡ → ⬡—⬡ （经两步）

(3) 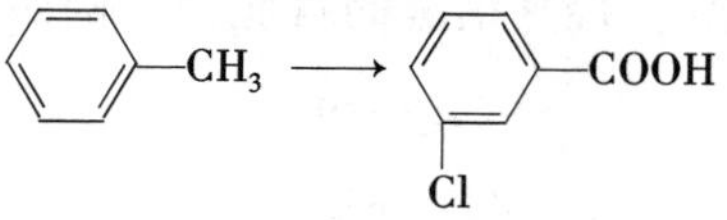 ⬡—CH_3 → ⬡—$COOH$（经两步）
（Cl 在间位）

(4) 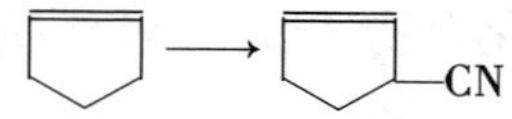 ⬠ → ⬠—CN （经两步）

（十）合成：

(1) 以甲苯为主要原料合成 4-溴苯基溴甲烷。

(2) 以 2-甲基-2-溴丁烷为主要原料合成 2-甲基-3-溴丁烷。

(3) 以苯为主要原料合成 1,2,4,5-四氯苯。

(4) 由甲苯合成对甲基苯甲醇（CH_3—⬡—CH_2OH ）。

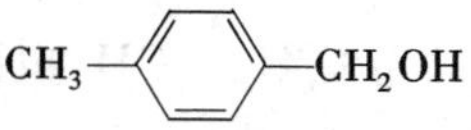

（十一）某卤代烃分子式为 $C_6H_{13}I$，用氢氧化钠醇溶液处理后，所得产物进行臭氧化反应，然后将臭氧化产物进行还原水解，得到 $(CH_3)_2CHCHO$ 和 CH_3CHO。试写出该卤代烃的构造式及各步反应式。

（十二）化合物 A 分子式为 C_3H_7Br，A 与氢氧化钠的醇溶液作用生成 C_3H_6(B)，氧化 B 得到 CH_3COOH 和 CO_2、H_2O，B 与 HBr 作用得到 A 的异构体 C。试写出 A、B、C 的构造式及各步反应式。

（十三）化合物 A 有旋光性，能与溴的四氯化碳溶液反应，生成三溴化合物 B，B 也具有旋光性。A 在热碱的醇溶液中生成一种化合物 C。C 能使溴的四氯化碳溶液褪色，C 经测定无旋光性。C 与丙烯醛

（ $CH_2=CH—CHO$ ）反应生成 ⬡—CHO 。试写出 A、B、C 的构造式。

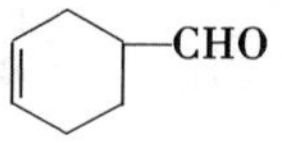

第7章 醇、酚、醚

第1节 醇

烃分子中的饱和碳原子上连有羟基的化合物,称为醇。羟基是醇的官能团。例如:

$$CH_3-OH \qquad CH_2=CHCH_2-OH \qquad \text{〈苯环〉}-CH_2-OH$$

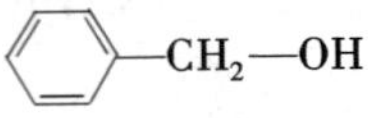

甲醇 　　　　　烯丙醇 　　　　　苯甲醇(苄醇)

而羟基与不饱和碳原子直接相连的化合物,一般称为烯醇。这类化合物一般是不稳定的,容易发生重排,生成羰基化合物(见第8章):

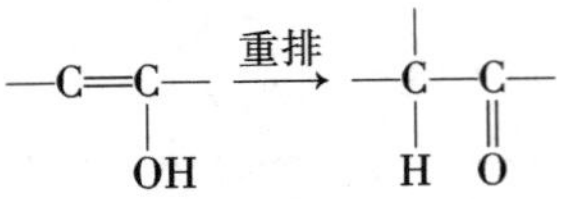

$$-C=C- \xrightarrow{\text{重排}} -\overset{|}{\underset{H}{C}}-\overset{|}{\underset{O}{C}}-$$
$$\quad\ \ OH$$

烯醇式 　　　酮式(羰基化合物)

在醇中,最重要的是饱和一元醇,其通式为 $C_nH_{2n+1}OH$,也可用 R—OH 表示。本章重点讨论这类醇。

7.1 醇的分类和构造异构

7.1.1 醇的分类

醇可根据分子中烃基的不同分为:饱和醇、不饱和醇、脂环醇、芳香醇等。例如:

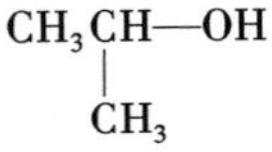

$$CH_3\overset{|}{\underset{CH_3}{C}H}-OH \qquad CH_2=CHCH_2-OH \qquad \text{〈环己〉}-OH \qquad \text{〈二苯甲〉}$$

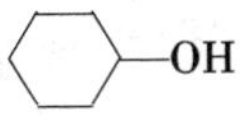

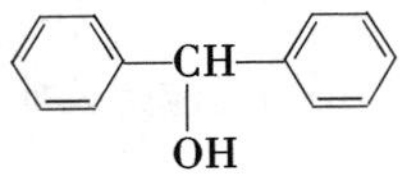

异丙醇 　　　　　烯丙醇 　　　　　环己醇 　　　　　二苯甲醇
(饱和醇)　　　　(不饱和醇)　　　(脂环醇)　　　　(芳香醇)

上式中的烯丙醇(不饱和醇),是由于分子中同时含有碳碳双键和羟基而得名,它与上述"烯醇"是不同的,烯丙醇的羟基是与饱和碳原子相连的。

醇还可根据分子中所含羟基的数目分为一元醇、二元醇、三元醇等。二元和二元以上的醇统称多元醇。例如:

$$CH_3CH_2-OH \qquad \overset{CH_2-CH_2}{\underset{OH\ \ \ OH}{|}} \qquad \overset{CH_2-CH-CH_2}{\underset{OH\ \ \ OH\ \ \ OH}{|}}$$

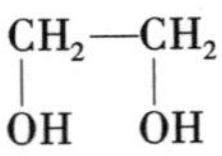

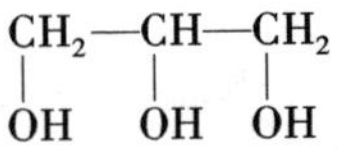

乙醇 　　　　　乙二醇 　　　　　丙三醇
(一元醇)　　　(二元醇)　　　　(三元醇)

从多元醇所举实例可以看出,多元醇分子中的多个羟基,分别连在不同的碳原子上。因为一个碳原子上连有两个或两个以上羟基时,一般是不稳定的,容易失去水,同碳二元醇失水生成羰基化合物:

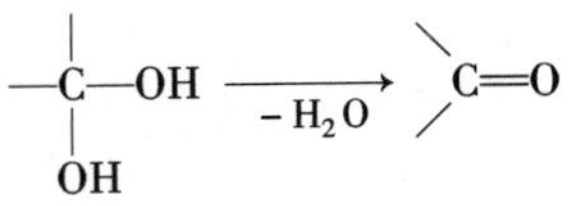

$$-\overset{|}{\underset{OH}{C}}-OH \xrightarrow{-H_2O} \overset{}{\underset{}{}}C=O$$

130

当醇分子中的烃基是饱和烃基且只有一个羟基时,称为饱和一元醇。饱和一元醇又可根据羟基所连接的碳原子不同分为伯醇、仲醇和叔醇。例如:

$$CH_3CH_2CH_2{-}OH \qquad \underset{\underset{OH}{|}}{CH_3CH_2CHCH_3} \qquad \underset{\underset{OH}{|}}{CH_3{-}\overset{\overset{CH_3}{|}}{C}{-}CH_3}$$

（正）丙醇 　　　　　 仲丁醇 　　　　　　 叔丁醇
（伯醇） 　　　　　 （仲醇） 　　　　　　 （叔醇）

7.1.2　醇的构造异构

含有三个和三个以上碳原子的饱和一元醇都有构造异构体。随着碳原子数的增多,异构体的数目也增加。产生异构体的原因有二:烃基碳架异构及羟基位置异构。例如,丁醇由于碳架异构和羟基位置异构,可以产生四个异构体,即

$$CH_3CH_2CH_2CH{-}OH \qquad \underset{\overset{|}{CH_3}}{CH_3CHCH_2{-}OH} \qquad \underset{\underset{OH}{|}}{CH_3\overset{\overset{CH_3}{|}}{C}CH_3} \qquad \underset{\overset{|}{OH}}{CH_3CH_2CHCH_3}$$

正丁醇 　　　　　 异丁醇 　　　　　 叔丁醇 　　　　　 仲丁醇

7.2　醇的命名

7.2.1　普通命名法

普通命名法是根据烃基名称命名,即烃基名加"醇"字而得。例如:

$$CH_3CH_2CH_2{-}OH \qquad HC{\equiv}C{-}CH_2{-}OH \qquad \langle\!\!\!\bigcirc\!\!\!\rangle{-}CH_2{-}OH$$

正丙醇 　　　　　　 炔丙醇 　　　　　 苯甲醇(苄醇)

7.2.2　系统命名法

系统命名法的要点是:①选择连有羟基的最长碳链作为主链,支链作为取代基;②主链碳原子从靠近羟基的一端开始依次编号;③根据主链所含碳原子数称为"某醇",取代基的位次和名称按照"次序规则"的原则放在"某醇"之前,即得全名。例如:

$$\underset{\overset{|}{OH}\ \ \ \overset{|}{CH_3}}{CH_3CHCH_2CHCH_3} \qquad \underset{\underset{OH}{|}}{CH_3CH_2\overset{\overset{CH_3\ CH_3}{|\ \ \ |}}{\underset{}{C}}CH_2CH_3}$$

4-甲基-2-戊醇 　　　　　　 2,3-二甲基-3-戊醇

有些醇还有俗名。例如:甲醇又称木精;乙醇又称酒精;丙三醇又称甘油。

问题7-1　写出分子式为 $C_5C_{11}OH$ 醇的构造异构体并命名。

问题7-2　写出下列各醇的构造式:

(1)异戊醇 　　　　　　　　　(2)4-甲基-2-辛醇

(3)4-戊烯-2-醇 　　　　　　(4)2,4,5-三甲基-3-氯-1-庚醇

问题7-3　命名下列各醇:

(1)$(CH_3)_3CCH_2CH_2OH$ 　　　(2)$\underset{\underset{OHCH_3}{|}}{(CH_3)_2CHCH_2CHCHCH_2CH_3}$

(3)

$$\begin{array}{c} CH_3 \\ \diagup \\ OH \end{array}$$

(4) $CH_3CH{-}CHCH_2OH$

   $\quad\ CH_3\ \ CH_2CH_3$

7.3 醇的物理性质 氢键

饱和一元醇是无色的,低级醇是液体,高级醇是固体。它们的相对密度小于 1,比水轻。低级醇的熔点变化没有规律性,从正丁醇开始,其熔点随碳原子数的增加而升高。醇的沸点变化也是如此。醇在水中的溶解度则是随碳原子数的增加而降低。一些醇的物理常数如表 7-1 所示。

表 7-1 一元醇的物理常数

名称	构造式	熔点(℃)	沸点(℃)	相对密度(d_4^{20})	溶解度(g/100g 水)
甲醇	CH_3OH	−97	64.5	0.793	∞
乙醇	CH_3CH_2OH	−115	78.3	0.789	∞
正丙醇	$CH_3CH_2CH_2OH$	−126	97.2	0.804	∞
异丙醇	$(CH_3)_2CHOH$	−86	82.5	0.789	∞
正丁醇	$CH_3(CH_2)_2CH_2OH$	−90	118	0.810	7.9
异丁醇	$(CH_3)_2CHCH_2OH$	−108	108	0.802	10.0
仲丁醇	$CH_3CH_2CH(OH)CH_3$	−114	99.5	0.806	12.5
叔丁醇	$(CH_3)_3COH$	25.5	83	0.789	∞
正戊醇	$CH_3(CH_2)_3CH_2OH$	−78.5	138	0.817	2.3
正己醇	$CH_3(CH_2)_4CH_2OH$	−52	156.5	0.819	0.6
正壬醇	$CH_3(CH_2)_7CH_2OH$	−5	214	0.827	不溶
十二醇	$CH_3(CH_2)_{10}CH_2OH$	24	259		不溶
十八醇	$CH_3(CH_2)_{16}CH_2OH$	58.5			不溶
烯丙醇	$CH_2{=}CHCH_2OH$	−129	97	0.855	∞
环己醇	⬡—OH	24	161.5	0.962	3.6
苄醇	$PhCH_2OH$	−15	205	1.046	4
二苯甲醇	Ph_2CHOH	69	298		0.05

醇的沸点和熔点比相对分子质量相当的烃高,在水中的溶解度大,这种差别在低级醇中表现最明显,如表 7-2 所示。

表 7-2 直链醇与烷烃沸点和熔点的比较

名称	构造式	相对分子质量	沸点(℃)	熔点(℃)
甲醇	CH_3OH	32	64.4	−97
乙烷	CH_3CH_3	30	−88.5	−172
乙醇	CH_3CH_2OH	46	78.3	−115
正丙烷	$CH_3CH_2CH_3$	44	−42	−187
正丙醇	$CH_3CH_2CH_2OH$	60	97.2	−126

名称	构造式	相对分子质量	沸点(℃)	熔点(℃)
正丁烷	$CH_3(CH_2)_2CH_3$	58	0	−138
正丁醇	$CH_3(CH_2)_2CH_2OH$	74	118	−90
正戊烷	$CH_3(CH_2)_3CH_3$	72	36	−130
十二醇	$CH_3(CH_2)_{10}CH_2OH$	186	259	24
十三烷	$CH_3(CH_2)_{11}CH_3$	184	234	−6
十六醇	$CH_3(CH_2)_{14}CH_2OH$	242		49
十七烷	$CH_3(CH_2)_{15}CH_3$	240		22
十八醇	$CH_3(CH_2)_{16}CH_2OH$	266		58.5
十九烷	$CH_3(CH_2)_{17}CH_3$	264		32

醇在物理性质上的特点,除与烃基结构有关外,主要是由羟基引起的。由于羟基中氧原子的电负性较强,氧氢键是高度极化的,氧原子带有部分负电荷,氢原子带有部分正电荷,因此一个醇分子羟基中的氧原子容易与另一分子醇中羟基的氢原子相互吸引,形成氢键。

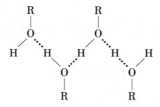

式中虚线代表氢键

醇中氢键键能为 21～25 kJ/mol

与水相似,醇在液态时,分子之间通过氢键形成缔合体。但醇以蒸气形式存在时,分子间并不存在氢键。因此,将液态醇转变为气态醇,不仅要克服分子间的范德华力,还必须供给较多的能量使氢键断裂,故醇的沸点比相应的烃高。随着碳链的增长,较大的烃基阻碍了醇分子间生成氢键,氢键的作用降低,醇与相应烃之间的沸点差变小。反之,当醇分子中的羟基增多,如乙二醇和丙三醇,由于不同羟基都能分别形成分子间氢键,因此,其沸点比相对分子质量相当的饱和一元醇还高。例如,乙二醇的沸点(197℃)比丙醇(97.2℃)高,丙三醇的沸点(290℃)比戊醇(138℃)高。

低级醇易溶于水是由于烷基在醇分子中所占比例较小,与水能形成分子间氢键。高级醇由于烃基较大,羟基在分子中的比例变小,整个分子像烷烃,故与水不能形成氢键而不溶于水。多元醇由于分子中羟基增多,与水形成氢键的能力增加,故可与水混溶甚至具有吸湿性。例如,丙三醇不仅与水混溶,且吸湿性强,故可在化妆品、印刷和烟草工业中用作润湿剂。

7.4 醇的化学性质

醇发生化学反应的主要部位如下:

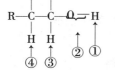

①氢原子被取代

②羟基被取代

③④受羟基影响,α-和β-氢原子比较活泼

7.4.1 酸碱性

1）酸性

醇与水相似，也能与活泼金属（如 Na、K、Mg、Al）作用，生成相应的醇化物（醇盐）并放出氢气。例如：

$$CH_3CH_2OH + Na \longrightarrow CH_3CH_2ONa + \frac{1}{2}H_2$$
$$\text{乙醇钠}$$

表明醇具有酸性，但是，醇与金属钠的反应没有水激烈，表明醇的酸性比水弱。乙醇可用来销毁残余的金属钠。随着醇分子中碳原子数的增加，与钠的反应速率随之减慢。不同类型醇与钠反应由快到慢的顺序为

$$\text{甲醇} > \text{伯醇} > \text{仲醇} > \text{叔醇}$$

因此，该反应可用来鉴别醇。

醇钠为无色固体，易溶于乙醇，不溶于乙醚。遇水通常分解为醇和氢氧化物。例如：

$$CH_3CH_2ONa + H_2O \Longrightarrow CH_3CH_2OH + NaOH$$

醇钠具有强碱性和强亲核性，在有机合成中常被用作缩合剂和烷氧化剂。

2）碱性

醇羟基中氧原子上的未共用电子对能与质子结合，形成质子化的醇（也称𨦼盐）。醇表现为碱性，是个碱。例如：

$$CH_3CH_2{-}OH + H_2SO_4 \Longrightarrow [CH_3CH_2\overset{\cdot\cdot}{\underset{\cdot\cdot}{O}}H]^+ HSO_4^-$$
$$\overset{|}{H}$$
$$\text{或} CH_3CH_2OH_2^+ HSO_4^-$$
$$\text{𨦼盐}$$

醇与强酸作用生成𨦼盐，后者溶于强酸中。利用这一性质可将不溶于水的醇与烷烃、卤代烷区别开，或将烷烃、卤代烷中含有的少量不溶于水的醇除去。另外，由于𨦼盐的生成，使醇中的 C—O 键变弱而容易断裂，因此醇羟基的取代反应和消除反应，通常在酸催化下进行。

综上所述，醇既呈现弱酸性又呈现弱碱性，其酸性和碱性都是相对的，将依具体条件而定。实际上，醇对 pH 试纸呈中性，故通常说醇是中性化合物。

7.4.2 卤代烷的生成

醇分子中羟基的氧原子具有较大的电负性，因此碳氧键是极性共价键，容易断裂，使得羟基较易被其他基团取代。

醇与氢卤酸作用，在酸的催化下，羟基被卤原子取代，生成卤代烷和水。这是制备卤代烷的方法之一。例如：

$$CH_3CH_2CH_2CH_2OH + HBr \xrightarrow[\triangle,95\%]{H_2SO_4} CH_3CH_2CH_2CH_2Br + H_2O$$

实验表明，醇与氢卤酸的反应速率、与醇的结构和氢卤酸的种类均有关系。不同结构的醇的活性次序是：

$$\text{烯丙型醇、苄基型醇} > \text{叔醇} > \text{仲醇} > \text{伯醇}$$

不同氢卤酸的活性次序则是：

$$\text{氢碘酸} > \text{氢溴酸} > \text{盐酸}$$

当使用盐酸时，通常加入无水氯化锌作催化剂，以利于氯代烷的生成。实验室通常采用浓盐酸

与氯化锌的溶液——通称卢卡氏（Lucas）试剂与醇作用,利用不同结构的醇反应速率的不同,来鉴别伯、仲、叔醇。例如:

$$(CH_3)_3C—OH \xrightarrow[20℃]{HCl-ZnCl_2} (CH_3)_3C—Cl + H_2O$$
1 min 变浑浊

$$CH_3CH_2\underset{\underset{OH}{|}}{C}HCH_3 \xrightarrow[20℃]{HCl-ZnCl_2} CH_3CH_2\underset{\underset{Cl}{|}}{C}HCH_3 + H_2O$$
10 min 变浑浊

$$CH_3CH_2CH_2CH_2—OH \xrightarrow[\triangle]{HCl-ZnCl_2} CH_3CH_2CH_2CH_2—Cl + H_2O$$
加热才变浑浊

醇与氢卤酸的反应,若反应按 S_N1 机理进行时,常发生重排,生成重排产物,有时甚至是主要产物。例如:

$$CH_3CH_2CH_2\underset{\underset{OH}{|}}{C}HCH_3 \xrightarrow{HBr} CH_3CH_2CH_2\underset{\underset{Br}{|}}{C}HCH_3 + CH_3CH_2\underset{\underset{Br}{|}}{C}HCH_2CH_3$$
（86%）　　　　　重排产物（14%）

$$CH_3-\underset{\underset{CH_3}{|}}{C}H-\underset{\underset{OH}{|}}{C}H-CH_3 \xrightarrow{HBr} CH_3-\underset{\underset{Br}{|}}{\overset{\overset{CH_3}{|}}{C}}-CH_2-CH_3$$
重排产物（主要产物）

另外,醇与三卤化磷或亚硫酰氯作用,也可用来制备卤代烃。例如:

$$3CH_3CH_2CH_2CH_2OH + PBr_3 \xrightarrow[90\% \sim 93\%]{165℃} 3CH_3CH_2CH_2CH_2Br + H_3PO_3$$

邻甲基苄醇 + SOCl₂ →(苯,△, 89%)→ 邻甲基苄氯 + SO₂ + HCl

问题 7-4　下列各组化合物中哪一个酸性较强?
(1)乙醇和 β-氯乙醇　　　(2)正丙醇和水

问题 7-5　用化学方法鉴别下列各组化合物:
(1)1-丁醇和1-氯丁烷　　　(2)α-苯乙醇和 β-苯乙醇

问题 7-6　完成下列反应式:

(1) 环己基-OH + Na ⟶

(2) $CH_3CH_2OH \xrightarrow{KBr + H_2SO_4}$

(3) $CH_3-\underset{\underset{CH_3}{|}}{\overset{\overset{CH_3}{|}}{C}}-CH_2OH \xrightarrow{HCl}$

(4) $CH_3CH_2CH_2CH_2OH \xrightarrow{SOCl_2}$

7.4.3　脱水反应

醇在催化剂作用下加热,可发生脱水反应。其脱水方式有二:分子间脱水,分子内脱水。究竟按何种方式进行,与醇的结构和反应条件(如温度等)有关。

通常在较低温度下主要发生分子间脱水,生成醚;而在较高温度下主要发生分子内脱水,生成烯烃。例如:

$$CH_3CH_2OH + HOCH_2CH_3 \xrightarrow[\text{或 } Al_2O_3, 240℃]{H_2SO_4, 140℃} CH_3CH_2OCH_2CH_3$$

$$CH_3CH_2OH \xrightarrow[\text{或 } Al_2O_3, 360℃]{H_2SO_4, 170℃} CH_2{=\!=}CH_2$$

醇的结构对脱水方式也有很大影响。一般叔醇主要是分子内脱水,生成烯烃。例如:

$$\underset{\underset{OH}{|}}{\overset{\overset{CH_3}{|}}{CH_3{-\!}C{-\!}CH_3}} \xrightarrow[85\sim90℃]{20\% \ H_2SO_4} CH_3{-\!}\overset{\overset{CH_3}{|}}{C}{=\!=}CH_2$$

醇脱水由易到难的顺序是:

叔醇 > 仲醇 > 伯醇

醇分子内脱水,若有不止一种取向时,一般遵循查依采夫规则,即脱水主要生成双键碳原子上连接烷基较多的烯烃。例如:

$$\underset{\underset{OH}{|}}{CH_3CH_2CH_2CHCH_3} \xrightarrow[\triangle]{H_2SO_4, \ H_2O} \underset{(80\%)}{CH_3CH_2CH{=\!=}CHCH_3} + \underset{(<5\%)}{CH_3CH_2CH_2CH{=\!=}CH_2}$$

与醇和氢卤酸反应相似,醇分子内脱水,在酸催化下也常发生重排反应。例如:

$$\underset{\underset{OH}{|}}{CH_3CHC(CH_3)_3} \xrightarrow{H_2SO_4} \underset{(61\%)}{(CH_3)_2C{=\!=}C(CH_3)_2} + \underset{(31\%)}{(CH_3)_2CHC{=\!=}CH_2} + \underset{(3\%)}{CH_2{=\!=}CHC(CH_3)_3}$$

问题 7-7 写出下列反应的主要产物:

(1) $\underset{\underset{OH}{|}}{\overset{\overset{CH_3}{|}}{CH_3CH_2CCH_3}} \xrightarrow[\triangle]{H_2SO_4}$

(2) ⬡$-CH_2CHCH_3 \xrightarrow[\triangle]{H^+}$ (OH 在 CHCH₃ 下)

(3) $\underset{\underset{OH}{|}}{(CH_3)_2CHCH_2CHCH_3} \xrightarrow[\triangle]{Al_2O_3}$

(4) $CH_3CH_2CH_2CH_2OH \xrightarrow[\triangle]{H_2SO_4}$

7.4.4 酯的生成

醇与酸作用,分子间脱水生成酯,这类反应统称酯化反应。所用酸既可是无机酸,也可是有机酸。常用的无机酸有硫酸、硝酸和磷酸等。例如,甲醇与硫酸作用,生成硫酸氢甲酯,后者经减压蒸馏则得到硫酸二甲酯,即

$$CH_3OH + H_2SO_4 {\rightleftharpoons} CH_3OSO_2OH + H_2O$$
硫酸氢甲酯

$$2CH_3OSO_2OH \xrightarrow{减压蒸馏} (CH_3O)_2SO_2 + H_2SO_4$$
硫酸二甲酯

硫酸二甲酯是常用的甲基化剂,有毒,使用时应注意防护。

醇与硝酸反应生成硝酸酯。在硝酸酯中,最重要的是甘油三硝酸酯(俗名硝化甘油):

136

$$\begin{matrix} CH_2OH \\ | \\ CHOH \\ | \\ CH_2OH \end{matrix} + 3HONO_2 \xrightarrow[\sim 10℃]{H_2SO_4} \begin{matrix} CH_2ONO_2 \\ | \\ CHONO_2 \\ | \\ CH_2ONO_2 \end{matrix}$$

甘油三硝酸酯是无色或淡黄色液体,有可燃性和爆炸性,爆炸温度260℃。它微溶于水,溶于乙醇、乙醚等。甘油三硝酸酯可用作炸药,医药上用作冠状动脉扩张药,治疗心绞痛等疾病。

醇与磷酸或三氯氧磷作用生成磷酸酯,其中醇与三氯氧磷反应是制备磷酸酯最常采用的方法。例如:

$$3C_4H_9OH + Cl_3P=O \xrightarrow{吡啶} (C_4H_9O)_3P=O + 3HCl$$

磷酸三丁酯是无色液体,稍溶于水,溶于有机溶剂。它被用作塑料的增塑剂和稀有金属的萃取剂等。

醇与有机酸作用生成有机酸酯(见第9章)。例如:

$$CH_3CH_2OH + CH_3COOH \xrightleftharpoons{H^+} CH_3COOCH_2CH_3 + H_2O$$

7.4.5 氧化

在醇分子中,由于羟基的影响,α-氢原子比较活泼,容易发生氧化反应。醇因种类不同,氧化的难易程度和产物均不相同。

伯醇因含有两个α-氢原子,容易被氧化,氧化产物是醛。例如:

$$CH_3CH_2CH_2OH \xrightarrow[\triangle,45\%\sim49\%]{K_2Cr_2O_7,H_2SO_4} CH_3CH_2CHO$$
丙醛

用于检验汽车驾驶员是否饮酒的呼吸分析仪,其原理是利用醇被重铬酸钾氧化的反应。

醛很容易被氧化成羧酸(见第8章),为防止醛进一步被氧化,可采取在反应过程中不断蒸出醛的方法。

实验室中常用的氧化剂除 $K_2Cr_2O_7$ 和 H_2SO_4 外,还有 $KMnO_4$。但工业上则常采用催化脱氢的方法。例如:

$$CH_3CH_2OH \xrightarrow[250\sim350℃]{Cu} CH_3CHO + H_2$$

这是工业上生产乙醛的方法之一。乙醛是重要的化工原料。

仲醇含有一个α-氢原子,也容易被氧化,但氧化产物是酮。例如:

$$CH_3(CH_2)_5\underset{\underset{OH}{|}}{C}HCH_3 \xrightarrow[\triangle,95\%]{K_2Cr_2O_7,H_2SO_4} CH_3(CH_2)_5\underset{\underset{O}{\|}}{C}CH_3$$
2-辛酮

$$\text{环己醇} -OH \xrightarrow[\triangle,丙酮]{K_2Cr_2O_7,H_2SO_4} \text{环己酮} =O$$
环己酮

工业上也可用催化脱氢的方法,由低级仲醇生产酮。例如:

$$CH_3\underset{\underset{OH}{|}}{C}HCH_3 \xrightarrow[400\sim480℃]{Cu} CH_3\underset{\underset{O}{\|}}{C}CH_3$$
丙酮

叔醇无 α-氢原子,不易被氧化。但在强烈条件下,则发生碳碳键断裂,生成小分子的氧化产物,实用价值不大。

多元醇由于分子内羟基的相互影响,具有某些特殊性质。例如,具有 1,2-二醇(也称 α-二醇)结构的多元醇(如乙二醇、丙三醇等),可被高碘酸氧化,连有羟基的两个邻接碳原子之间发生碳碳键断裂。

$$\begin{array}{c} CH_2-CH_2 \\ | \quad\quad | \\ OH \quad OH \end{array} + HIO_4 \longrightarrow HCHO + HCHO + HIO_3 + H_2O$$

$$\begin{array}{c} CH_2-CH-CH_2 \\ | \quad\quad | \quad\quad | \\ OH \quad OH \quad OH \end{array} + 2HIO_4 \longrightarrow 2HCHO + HCOOH + 2HIO_3 + H_2O$$

而 β-二醇 $\left(\begin{array}{c} | \quad | \quad | \\ -C-C-C- \\ \quad | \quad\quad | \\ \quad OH \quad OH \end{array} \right)$ 和 γ-二醇 $\left(\begin{array}{c} | \quad | \quad | \quad | \\ -C-C-C-C- \\ \quad | \quad\quad\quad\quad | \\ \quad OH \quad\quad\quad OH \end{array} \right)$ 则不反应。此反应常被用来检验

分子中是否含有 α-二醇结构。由于反应是定量进行的,故可从产物的性质、数量和消耗高碘酸的量来推测反应物的结构。

问题 7-8 完成下列反应式:

(1) $C_2H_5OH \xrightarrow{H_2SO_4} ? \xrightarrow{减压蒸馏}$

(2) $CH_3\underset{\underset{OH}{|}}{C}H\underset{\underset{OH}{|}}{C}HCH_3 \xrightarrow{HIO_4}$

(3)
$$\begin{array}{c} OH \\ | \\ \bigcirc\!-Ph \end{array} \xrightarrow[\triangle]{CrO_3}$$

(4) $(CH_3)_2CH\underset{\underset{OH}{|}}{C}H\text{—}C_6H_5 \xrightarrow{KMnO_4}$

第 2 节　酚

羟基直接和芳环相连的化合物称为酚。羟基也是酚的官能团,因此,酚与醇有某些共性。

7.5　酚的分类和命名

7.5.1　分类

根据芳环上所连接的羟基数目不同,酚可分为一元酚、二元酚、三元酚等,二元和二元以上的酚又称多元酚。例如:

一元酚

苯酚　　　　　　1-萘酚(α-萘酚)

多元酚

1,4-苯二酚　　　　　1,3,5-苯三酚(间苯三酚)

138

7.5.2 命名

酚的命名是在芳环名称之后加上"酚"字,如上述苯酚、1-萘酚。当芳环上有多个官能团时,首先根据官能团的优先次序确定母体,此时有两种情况:当在芳环上所有的官能团中,羟基是优先官能团时,即在第4章表4-6中,羟基在其他官能团之前,这类化合物称为取代酚;若羟基不是优先官能团,则这些化合物不属于取代酚,它们将根据优先官能团,分属不同类型化合物。

取代酚的命名,是以酚作为母体,其他官能团和基团均作为取代基,取代基的位次和名称放在母体名称之前(取代基排列的顺序仍按次序规则的规定)。例如:

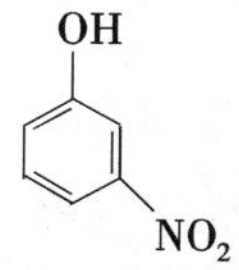

3-硝基苯酚
(间硝基苯酚)

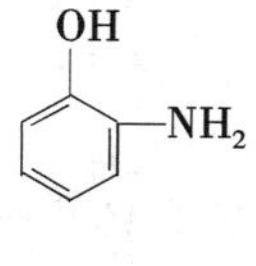

2-氨基苯酚
(邻氨基苯酚)

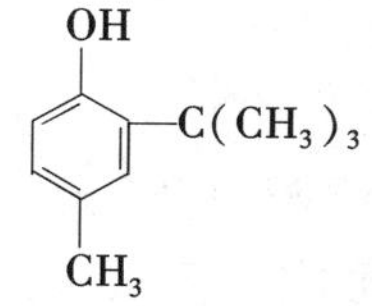

4-甲基-2-叔丁基苯酚

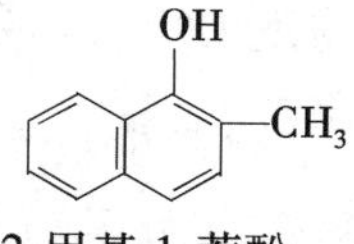

2-甲基-1-萘酚

非取代酚的命名,羟基作为取代基,按"多官能团化合物的命名"原则命名(见第4章4.11)。例如:

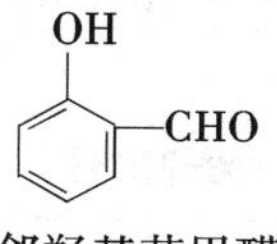

邻羟基苯甲醛
(水杨醛)

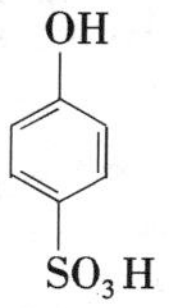

对羟基苯磺酸

问题 7-9 命名下列化合物:

(1) 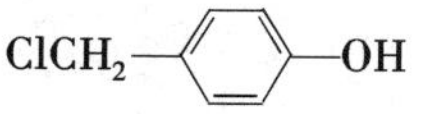 $ClCH_2$——OH

(2)

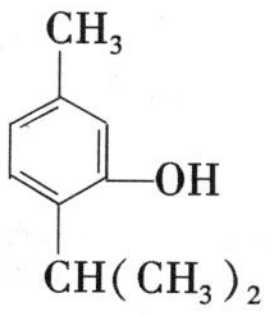

有些酚有俗名。例如:

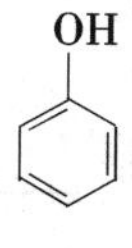

石炭酸 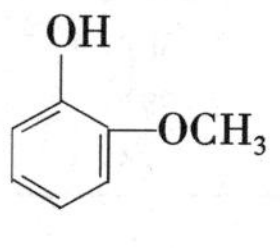   愈创木酚 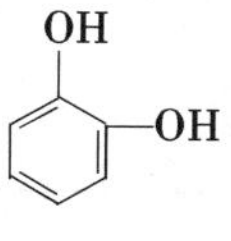   儿茶酚 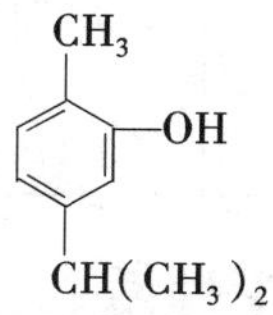   香芹酚

7.6 酚的结构

在酚分子中,酚羟基的氧原子是 sp^2 杂化,它以一个 sp^2 杂化轨道与芳环上碳原子的一个 sp^2 杂化轨道形成 C—O σ 键;以一个 sp^2 杂化轨道与氢原子的1s轨道形成 O—H σ 键;另一个 sp^2 杂化轨道为一对未共用电子所占据。另一对未共用电子所占据的 p 轨道,与芳环的 π 轨道在侧面相互交盖构成 p,π-共轭体系。由于 p,π-共轭效应的影响,氧原子上的电子云密度向苯环转移,不仅使 C—O 键增强而较难断裂(与醇分子中的 C—O 键相比);同时芳环上的电子云密度增高,而有利于芳环上的亲电取代反应;另外,也使得羟基中的 O—H 键减弱,而有利于

139

羟基中氢原子的解离。现以苯酚为例,其结构如图7-1所示。

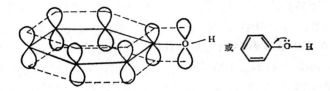

图 7-1　苯酚的结构

7.7　酚的物理性质

在常温下,除极少数烷基酚是液体外,大多数酚是无色晶体。与醇相似,由于羟基的存在,酚分子间或酚与水分子间也能形成氢键,因此,酚的沸点和熔点也都比相对分子质量相近的烃高,在水中也有一定的溶解度。由于酚的极性比相应的饱和醇稍大些,酚分子之间以及酚与水分子之间形成的氢键比相应的醇强,因此,酚的沸点、熔点和在水中的溶解度均比相应的醇高。

一元酚稍溶或不溶于水,易溶于乙醇和乙醚等有机溶剂。随着分子中羟基的增多,多元酚在水中的溶解度增加。由于酚易被氧化,因此往往带有颜色。一些酚的物理常数如表7-3所示。

表 7-3　一些酚的物理常数

名　称	熔点(℃)	沸点(℃)	溶解度(g/100g 水)
苯酚	40.8	181.8	8
邻甲苯酚	30.5	191	2.5
间甲苯酚	11.9	202.2	2.6
对甲苯酚	34.5	201.8	2.3
邻硝基苯酚	44.5	214.5	0.2
间硝基苯酚	96		2.2
对硝基苯酚	114	295	1.3
邻苯二酚	105	245	45
间苯二酚	110	281	123
对苯二酚	170	285.2	8
1,2,3-苯三酚	133	309	62
α-萘酚	94	279	
β-萘酚	123	286	0.1

7.8　酚的化学性质

酚发生化学反应的主要部位如下所示:

①羟基中氢原子被取代
②芳环上的取代反应
③与三氯化铁的反应

7.8.1　酚羟基中氢原子的反应

1)酸性

与醇相比,酚也含有羟基,故也显示弱酸性。但又与醇不同,由于酚分子中 p,π-共轭效应

140

的影响，氧氢键减弱，有利于氢原子以质子形式离去，同时形成稳定的芳氧负离子。而醇则不存在这种共轭效应，因此，醇羟基中的氢原子较难离去，故酚的酸性比醇强。例如，苯酚可与氢氧化钠水溶液作用，生成苯酚钠。

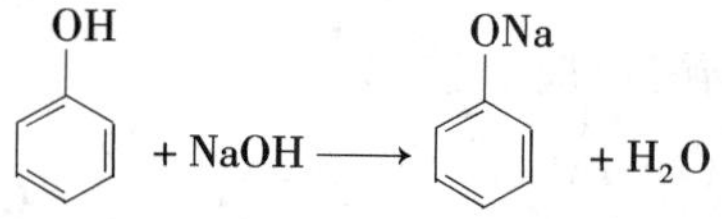

酚钠与醇钠不同，酚钠遇水不分解而溶于水中。由此可见，酚的酸性比醇和水强。其 p*K*a 值如下：

	ROH	H_2O	C_6H_5OH
p*K*a	16～19	15	10

苯酚虽具有酸性，但其酸性比碳酸（p*K*a＝6.38）还弱。因此，若在苯酚钠的水溶液中通入二氧化碳，则会重新析出苯酚。

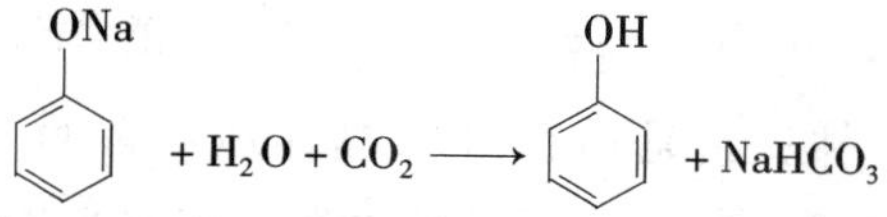

利用上述性质可以鉴别、分离或提纯酚。

问题 7-10 用化学方法区别下列各组化合物：

（1）1-己醇和苯酚　　（2）对甲苯酚和苯甲醇

（3）对乙苯酚、α-苯乙醇和对氯乙苯

2）醚的生成

在酚分子中，由于 p，π-共轭效应的影响，碳氧键较难断裂，因此与醇不同，一般不发生两分子间脱水生成醚的反应。通常是在碱存在下，酚先转变成酚盐，然后与卤烷或硫酸酯作用得到相应的醚，其成醚也比醇困难。例如：

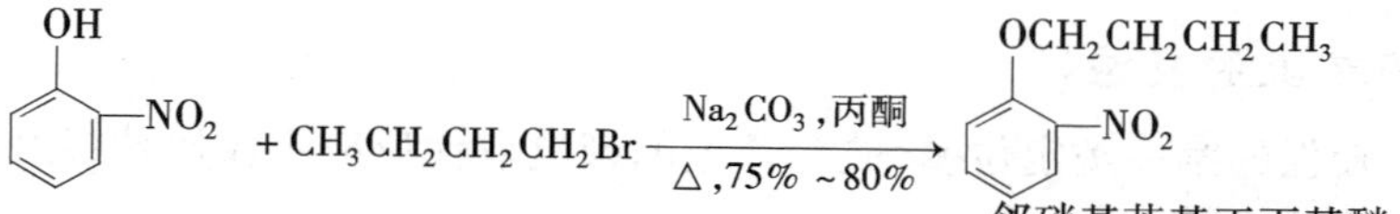

邻硝基苯基正丁基醚

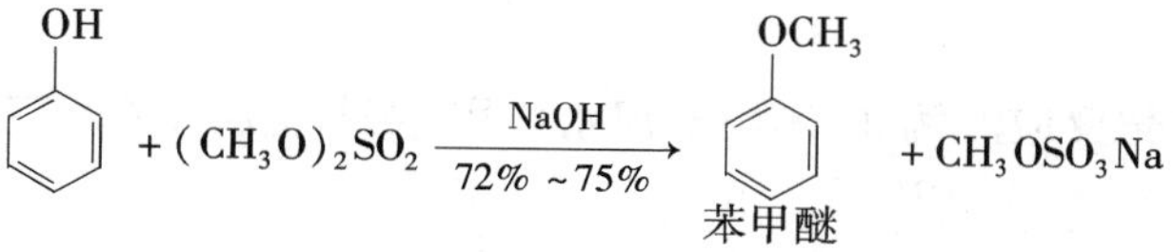

苯甲醚

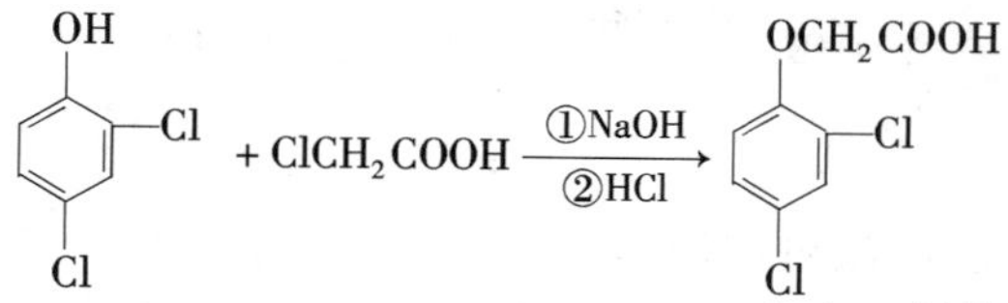

2，4-二氯苯氧乙酸

2，4-二氯苯氧乙酸又称 2，4-D。它是白色晶体，无臭，熔点 141℃，难溶于水，易溶于乙醇、乙醚等有机溶剂。用作除草剂和植物生长调节剂。

3）酯的生成

在酸催化下，酚与羧酸作用也能生成酯，但比醇难。例如：

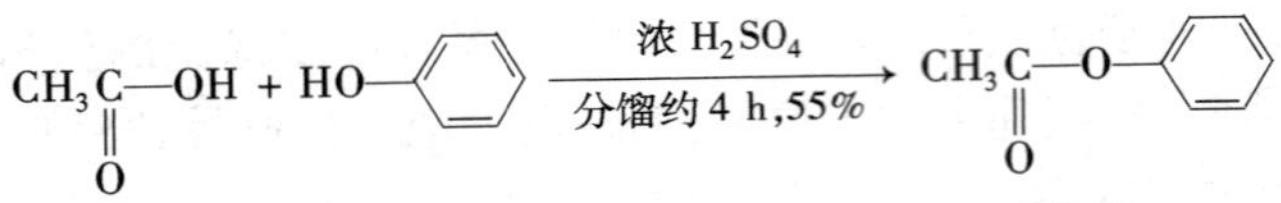

$$CH_3C-OH + HO-\langle\text{苯环}\rangle \xrightarrow[\text{分馏约 4 h,55\%}]{\text{浓 } H_2SO_4} CH_3C-O-\langle\text{苯环}\rangle$$

乙酸苯酯

酚的酯化通常采用酰氯或酸酐与酚反应。例如：

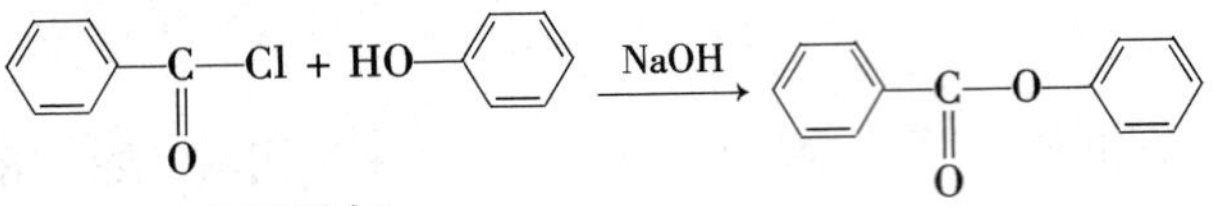

$$\langle\text{苯}\rangle-C-Cl + HO-\langle\text{苯}\rangle \xrightarrow{\text{NaOH}} \langle\text{苯}\rangle-C-O-\langle\text{苯}\rangle$$

苯甲酰氯   苯甲酸苯酯

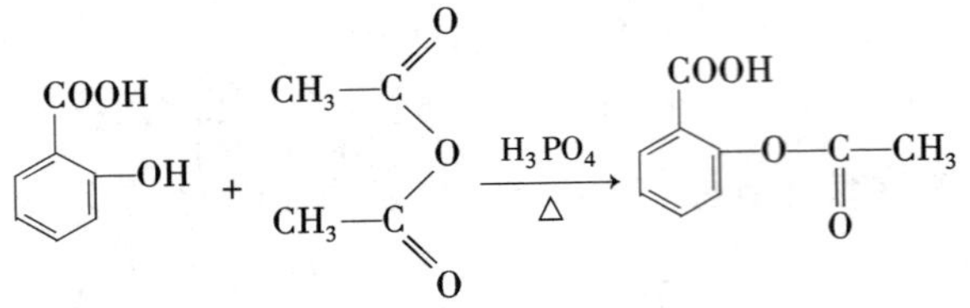

水杨酸   乙酐   乙酰水杨酸

乙酰水杨酸又称阿司匹林。它是白色针状晶体或结晶性粉末，无臭，略有酸味，熔点135℃，微溶于水，溶于乙醇、乙醚、氯仿，在沸水中分解。是常用的解热镇痛药、抗炎药。

问题 7-11 完成下列反应式：

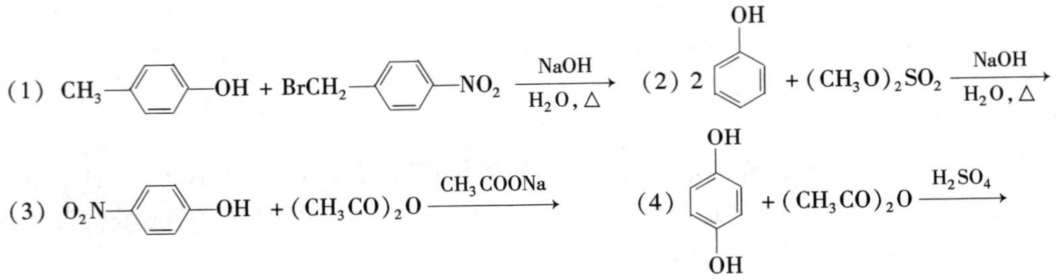

(1) $CH_3-\langle\text{苯}\rangle-OH + BrCH_2-\langle\text{苯}\rangle-NO_2 \xrightarrow[H_2O, \triangle]{\text{NaOH}}$

(2) $2\langle\text{苯酚}\rangle + (CH_3O)_2SO_2 \xrightarrow[H_2O, \triangle]{\text{NaOH}}$

(3) $O_2N-\langle\text{苯}\rangle-OH + (CH_3CO)_2O \xrightarrow{CH_3COONa}$

(4) $\langle\text{对苯二酚}\rangle + (CH_3CO)_2O \xrightarrow{H_2SO_4}$

7.8.2 芳环上的反应

由于羟基是较强的第一类定位基，故苯环上的亲电取代反应不仅比苯容易进行，而且主要生成邻位和对位取代产物。

1) 卤化反应

酚很容易进行卤化反应。例如，苯酚与溴水作用，立即生成 2,4,6-三溴苯酚白色沉淀；

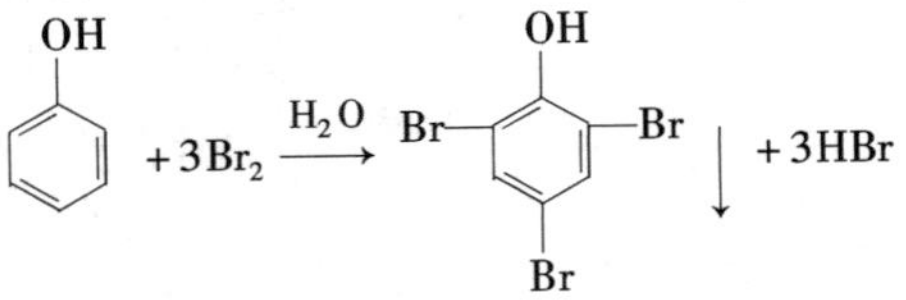

$$\langle\text{苯酚}\rangle + 3Br_2 \xrightarrow{H_2O} \langle\text{2,4,6-三溴苯酚}\rangle \downarrow + 3HBr$$

此反应迅速、灵敏，且可定量完成，故可用作苯酚的定性和定量分析。

为了获得一溴代酚，通常需在非极性或低极性溶剂（如二硫化碳、氯仿或四氯化碳等）中进行。例如，于 0℃，溴与苯酚在四氯化碳中反应，则得到一溴代苯酚，且以对位产物为主。

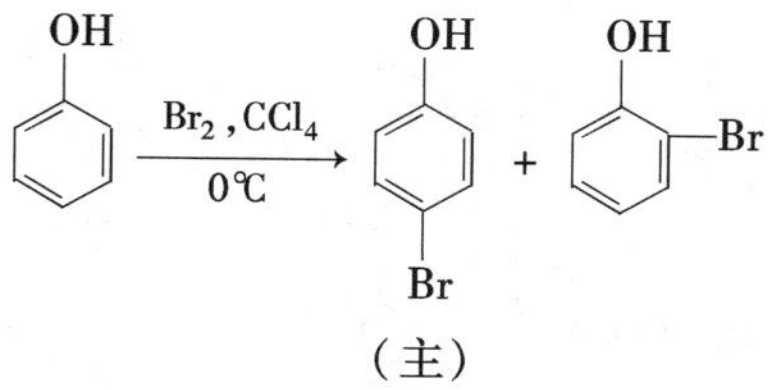

（主）

2）硝化反应

在室温下,稀硝酸可使苯酚硝化,生成邻和对硝基苯酚的混合物。因苯酚易被硝酸氧化,副反应较多,故产物的收率较低。

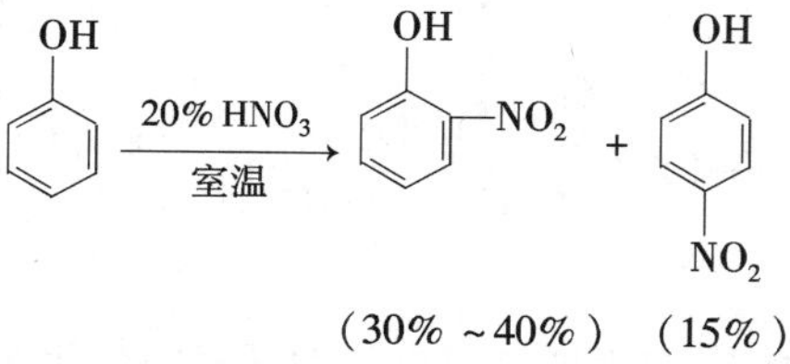

（30% ~ 40%）　（15%）

由于邻硝基苯酚能生成分子内氢键,挥发度高;对硝基苯酚因形成分子间氢键,不易挥发,因此两者容易分离和提纯,故此反应可用于实验室制备少量的硝基酚。

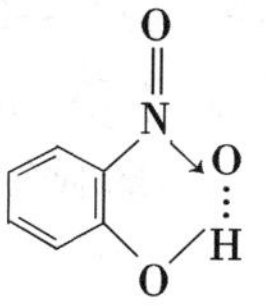

分子内氢键 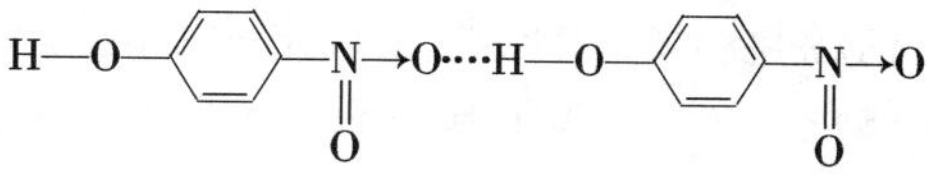　　　　　　　　　　　分子间氢键

3）磺化反应

酚的磺化反应与苯相似,也是可逆反应。邻位和对位异构体的比例与温度有关,温度升高有利于生成对位异构体。例如:

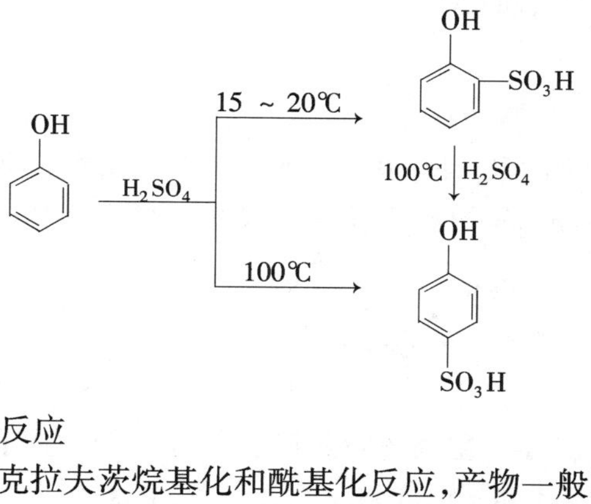

4）傅列德尔-克拉夫茨反应

酚容易进行傅列德尔-克拉夫茨烷基化和酰基化反应,产物一般以对位异构体为主。由于三氯化铝等强催化剂易于与酚发生反应,且羟基使苯环活化,因此酚的烷基化和酰基化反应通常在弱的催化剂或质子酸(如 H_2SO_4 等)的催化下进行。例如:

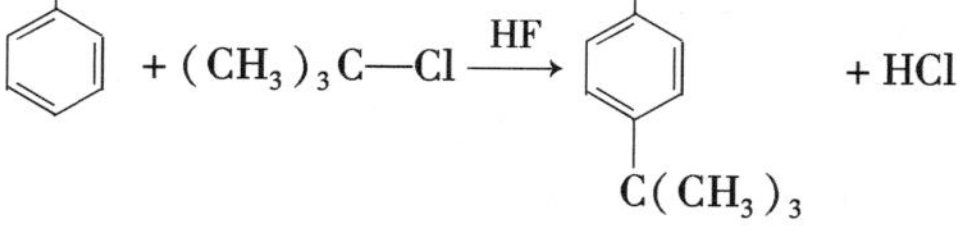

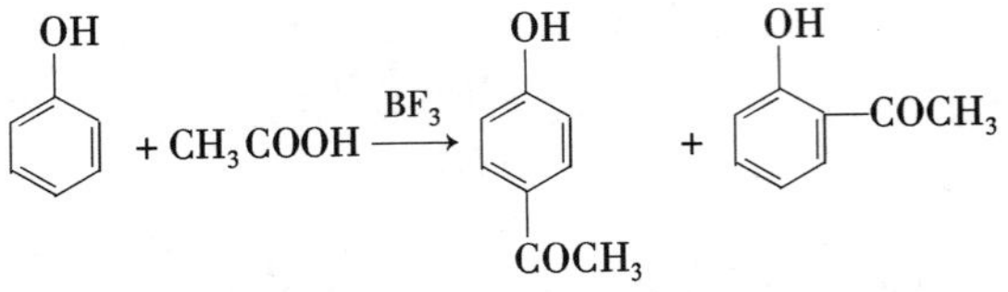

本反应的化学式：

$$\text{(苯酚)} + CH_3COOH \xrightarrow{BF_3} \text{(对位 COCH}_3\text{)} + \text{(邻位 COCH}_3\text{)}$$

（95%）　　　（微量）

当对位已有取代基时，则主要生成邻位取代物。例如：

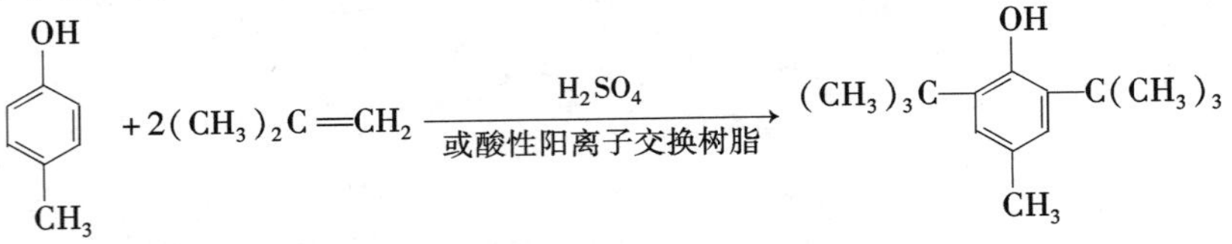

$$\text{(对甲基苯酚)} + 2(CH_3)_2C{=\!=}CH_2 \xrightarrow[\text{或酸性阳离子交换树脂}]{H_2SO_4} (CH_3)_3C\text{-}\text{(苯酚)}\text{-}C(CH_3)_3$$

4-甲基-2,6-二叔丁基苯酚(也叫二六四)是白色结晶固体,熔点70℃,可用作有机物的抗氧剂。

7.8.3　与三氯化铁的显色反应

酚由于羟基直接与苯环相连,可以认为分子中具有烯醇式结构($C{=\!=}C\text{—}OH$),因此与其他具有烯醇式结构的化合物一样,与三氯化铁溶液能发生颜色反应。由于不同的酚结构不同,从而显示不同的颜色。例如,苯酚显蓝紫色;邻苯二酚显深绿色;对苯二酚显绿色等。这种特殊的颜色反应,可用来鉴别酚。

酚与三氯化铁的颜色反应比较复杂,尚不十分清楚,其中苯酚与三氯化铁的反应,被认为形成如下络合物而显色,即

$$Fe^{3+} + 6\ HO\text{—}C_6H_5 \longrightarrow [Fe(O\text{—}C_6H_5)_6]^{3-} + 6H^+$$

问题 7-12　用化学方法鉴别下列各组化合物:
(1)甲苯和苯酚　　(2)环己醇和苯酚

7.8.4　缩合反应

1)与甲醛缩合——酚醛树脂的合成

苯酚与甲醛经一系列缩聚反应生成酚醛树脂,但条件不同,产物不同。

在酸催化下,过量的苯酚与甲醛反应,最后得到线型缩合产物。

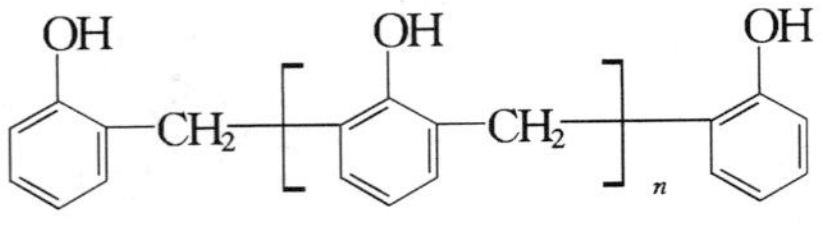

$$\text{(邻位)}\text{-}CH_2\text{-}[\text{(中间)}\text{-}CH_2\text{-}]_n\text{(邻位)}$$

这种缩合物受热熔化,称为热塑性酚醛树脂。它主要用作模塑粉,在使用时需加入固化剂(如环六亚甲基四胺),使其进一步缩聚而固化。

若苯酚与过量甲醛在碱性介质中反应,则可得到线型结构直至体型结构的缩合物,称为热固性酚醛树脂(俗称电木)。它具有电绝缘性好、耐酸性好等优点,但耐碱性差,主要用于制造日用品等。其部分结构如下所示:

144

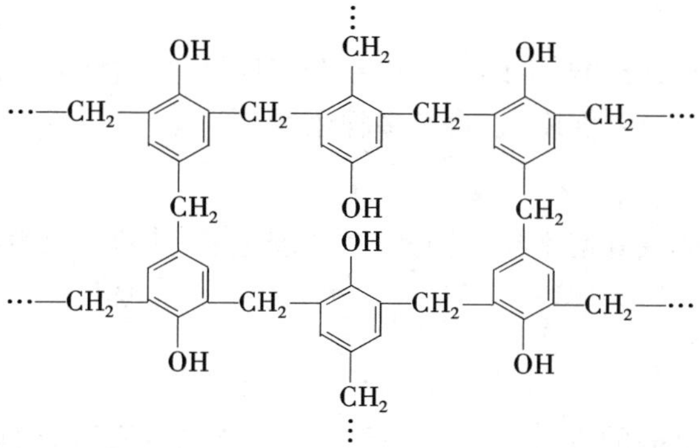

2）与丙酮缩合——环氧树脂的合成

在酸催化下,两分子苯酚与一分子丙酮反应,生成2,2-二对羟苯基丙烷(俗称双酚A)。

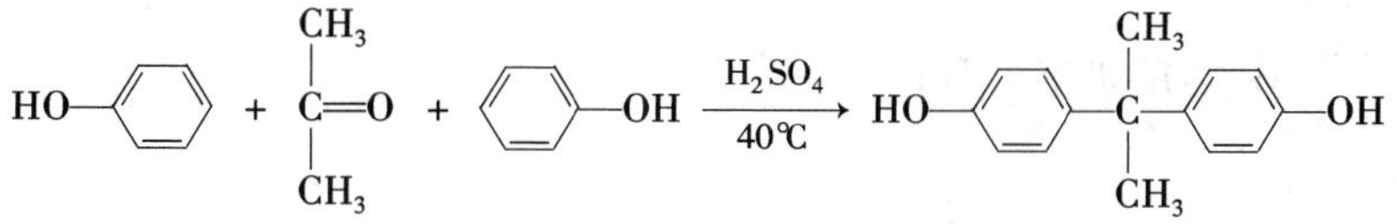

$$HO-\langle\ \rangle + \underset{CH_3}{\overset{CH_3}{C}}=O + \langle\ \rangle-OH \xrightarrow[40℃]{H_2SO_4} HO-\langle\ \rangle\underset{CH_3}{\overset{CH_3}{C}}\langle\ \rangle-OH$$

双酚A

在碱存在下,双酚A与环氧氯丙烷反应,生成末端具有环氧基的线型高分子化合物,称为环氧树脂。

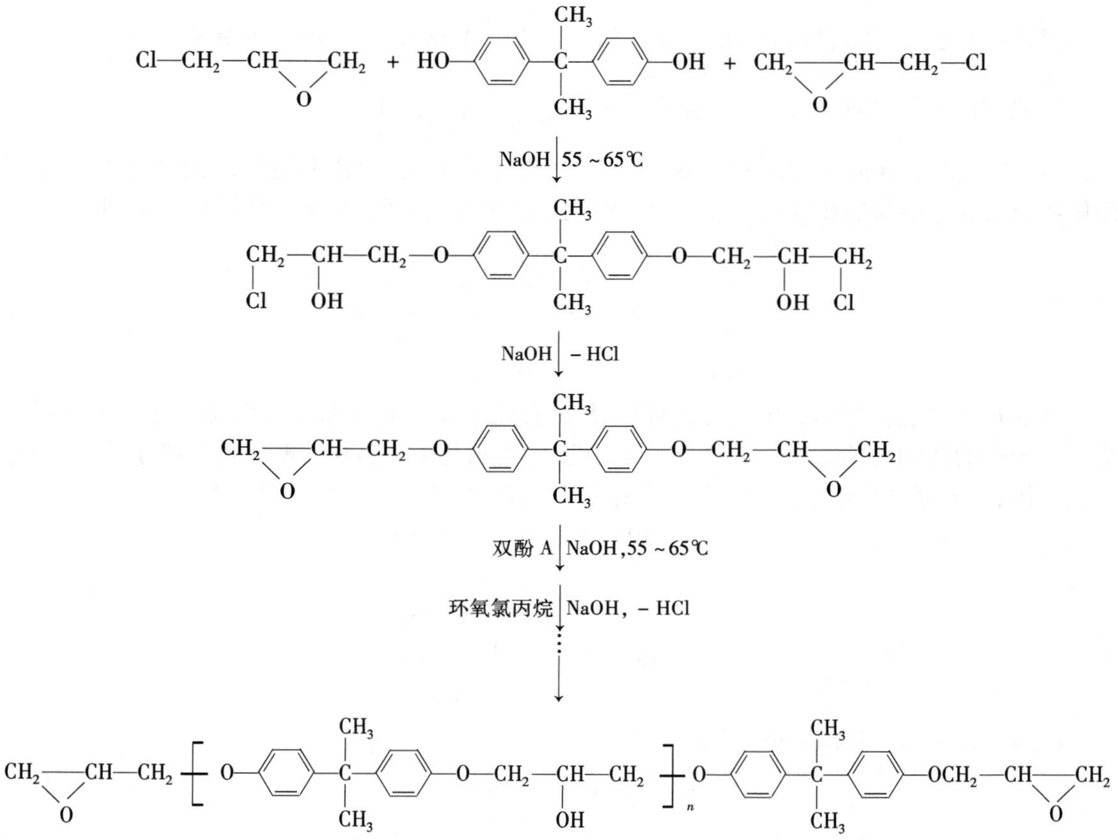

$$Cl-CH_2-CH-CH_2 + HO-\langle\ \rangle\underset{CH_3}{\overset{CH_3}{C}}\langle\ \rangle-OH + CH_2-CH-CH_2-Cl$$

NaOH 55～65℃

$$CH_2-CH-CH_2-O-\langle\ \rangle\underset{CH_3}{\overset{CH_3}{C}}\langle\ \rangle-O-CH_2-CH-CH_2$$
Cl   OH   OH   Cl

NaOH － HCl

$$CH_2-CH-CH_2-O-\langle\ \rangle\underset{CH_3}{\overset{CH_3}{C}}\langle\ \rangle-O-CH_2-CH-CH_2$$

双酚A | NaOH,55～65℃

环氧氯丙烷 | NaOH, － HCl

$$CH_2-CH-CH_2\left[O-\langle\ \rangle\underset{CH_3}{\overset{CH_3}{C}}\langle\ \rangle-O-CH_2-CH-CH_2\right]_n O-\langle\ \rangle\underset{CH_3}{\overset{CH_3}{C}}\langle\ \rangle-OCH_2-CH-CH_2$$

线型环氧树脂需加固化剂(如乙二胺、均苯四甲酸二酐等),使之成为体型结构,才可使

145

用。

环氧树脂有很强的粘结性能,可以牢固地粘合多种材料,俗称万能胶。用环氧树脂浸渍玻璃纤维制得的玻璃钢,质量轻、强度大,具有多种用途。

7.8.5 还原

酚经还原得到环己醇或其衍生物。例如,在镍催化下,苯酚加氢生成环己醇:

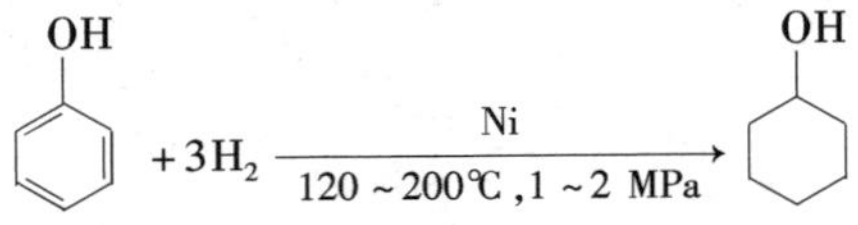

$$\text{C}_6\text{H}_5\text{OH} + 3\text{H}_2 \xrightarrow[\quad 120\sim200℃,1\sim2\text{ MPa}\quad]{\text{Ni}} \text{C}_6\text{H}_{11}\text{OH}$$

这是工业上生产环己醇的方法之一。环己醇是生产己二酸、己内酰胺、增塑剂、杀虫剂和表面活性剂等的原料。

7.8.6 氧化

在氧化剂的作用下,酚被氧化成醌。例如:

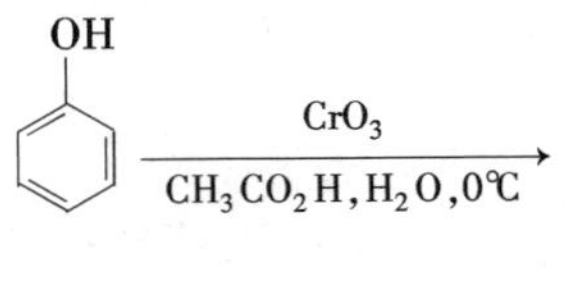

$$\xrightarrow[\text{CH}_3\text{CO}_2\text{H},\text{H}_2\text{O},0℃]{\text{CrO}_3}$$

对苯醌

醌是指环己二烯二酮(环状共轭二酮)及其衍生物而言。分子中具有 ==⟨⟩== 或

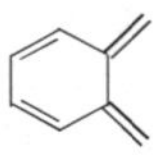

结构单位,这种结构常常与颜色有关,称为"醌型"结构。

酚的氧化具有实际用途。例如,对苯二酚可用作阻聚剂(自由基链反应的抑制剂),也可用作还原剂。它能使照相底片上感光后的溴化银还原为金属银,故可用作照相显影剂。

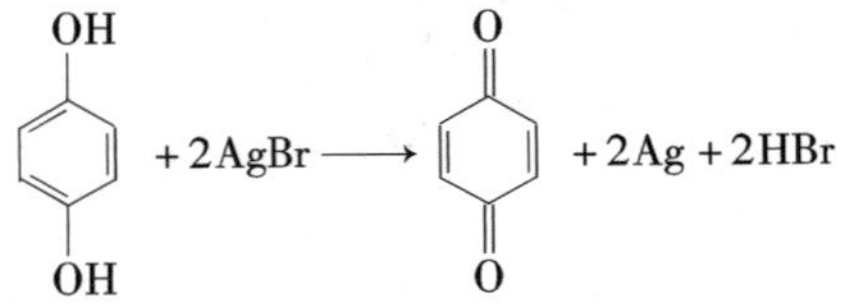

$$+ 2\text{AgBr} \longrightarrow + 2\text{Ag} + 2\text{HBr}$$

三氯化铁也能将对苯二酚氧化成对苯醌,后者还原又可生成对苯二酚,故对苯二酚又叫氢醌。等分子的醌和对苯二酚形成的分子络合物,称为醌氢醌。其中氢醌是电子给予体,醌是电子接受体,二者通过静电吸引作用结合起来形成络合物,称为电荷转移络合物。

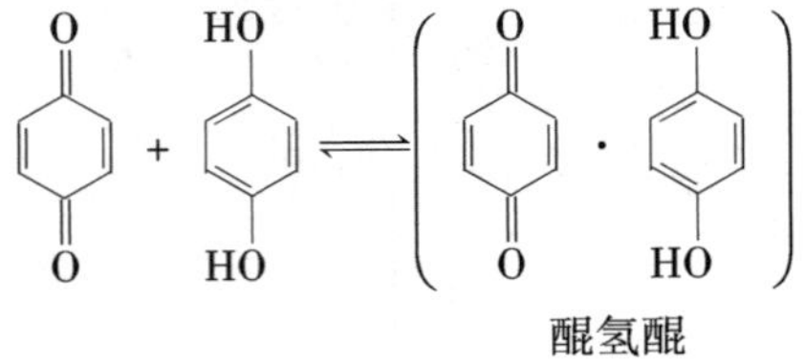

醌氢醌

醌氢醌的溶液,可作为标准参比电极。

第3节 醚

醚是由两个烃基通过氧原子连接在一起的化合物,它可以看作是醇分子中的羟基氢原子

146

或水分子中的两个氢原子被烃基取代后的化合物。醚键（C）—O—（C）是醚的官能团。醚常用 R—O—R 表示。

醚分子中的两个烃基可以相同也可以不同。两个烃基相同时,称为单醚;两个烃基不同时,称为混醚。两个烃基是烷基或烯基时,称为脂肪醚;两个烃基或其中之一是芳基时,称为芳（香）醚;组成环的原子除碳原子外还有氧原子的环状化合物,称为环醚或环氧化合物。例如:

$$CH_3—O—CH_3 \qquad CH_3—O—C_2H_5 \qquad \text{[苯基]}—O—CH_3 \qquad CH_2\text{[环氧]}CH_2$$

单醚 　　　　混醚 　　　　芳醚 　　　　环醚

7.9 醚的命名

构造比较简单的醚,一般以烃基的名称命名。对于单醚,称为"二某烃基醚",其中"二"和"基"字有时可以省略。例如:

$$CH_3—O—CH_3 \qquad CH_2{=}CH—O—CH{=}CH_2 \qquad \text{[苯基]}—O—\text{[苯基]}$$

（二）甲（基）醚 　　　　二乙烯基醚 　　　　（二）苯（基）醚

对于混醚,两个烃基排列的先后次序则按"次序规则",即较优基团后列出。例如:

$$CH_3—O—CH_2CH_2CH_3 \qquad CH_3—O—CH_2—CH{=}CH_2 \qquad \text{[苯基]}—O—CH_3$$

甲（基）正丙（基）醚 　　　甲（基）烯丙（基）醚 　　　甲（基）苯（基）醚
　　　　　　　　　　　　　　　　　　　　　　　　　（或苯甲醚、茴香醚）

构造比较复杂的醚,按照"次序规则"将分子中优先顺序编号较小的烃氧基（R—O—）作为取代基,其余部分作为母体来命名。例如:

$$CH_3—O—CH{=}CHCH_2CH_3 \qquad \underset{\underset{CH_2CH_3}{|}}{CH_3CH_2CH_2—CH—O—CH_2CH_3}$$

1-甲氧基-1-丁烯 　　　　　　　　　3-乙氧基己烷

$$\underset{\underset{CH_3}{|} \quad \underset{CH_3}{|}}{CH_3—O—CH—CH—O—CH_3}$$

2,3-二甲氧基丁烷

环醚则通常称为"环氧某烃",或按杂环命名。例如:

$$CH_3—CH\overset{\diagdown\diagup}{\underset{O}{—}}CH_2 \qquad \underset{\overset{|}{CH_2}\quad\overset{|}{CH_2}}{\underset{O}{CH_2\text{—}CH_2}}$$

1,2-环氧丙烷 　　　　　1,4-环氧丁烷（或四氢呋喃）

问题 7-13　命名下列化合物:

(1) $CH_3CH_2—O—C(CH_3)_3$ 　　　　(2) $CH_3—O—CH_2CH_2CH_2—O—CH_2CH_3$

(3) [萘基]—OCH_3 　　　　(4) $CH_3—\text{[苯基]}—O—CH_2CH_3$

7.10 醚的物理性质

常温时,甲醚、甲乙醚是气体,其他醚大多数为无色液体。醚有特殊气味,大多数醚比水

147

轻。由于醚分子间不能形成氢键,故醚的沸点与相对分子质量相近的烃相近,而比相对分子质量相近的醇低得多。例如,甲正戊醚的沸点(100℃)与正庚烷(98℃)接近,而比正己醇(157℃)低很多。但是低级醚能与水分子形成氢键:

$$
\begin{array}{c}
R \\
\underset{R}{\big|} O \cdots\cdots H{-}O{-}H
\end{array}
$$

因此,低级醚在水中的溶解度与相对分子质量的醇相近。例如,1 份体积水能溶解 37 份体积的甲醚;乙醚和正丁醇在水中的溶解度均约为 8 g/100 g 水。

醚易溶于有机溶剂,且能溶解很多有机物,因此是良好的有机溶剂。但由于多数醚易挥发、易燃,尤其是乙醚,其蒸气在空气中达到一定浓度时遇明火会发生爆炸,爆炸极限为 1.85% ~ 36.5%(体积),故使用时应注意安全。一些常见醚的物理常数如表 7-4 所示。

表 7-4　醚的物理常数

名　称	熔点(℃)	沸点(℃)	相对密度 d_4^{20}	溶解度(g/100 g 水)
甲醚	−140	−24		37/1(体积)
乙醚	−116	34.5	0.713	~8
正丙醚	−122	91	0.736	微溶
正丁醚	−95	142	0.773	微溶
二乙烯基醚		28.4	0.773	微溶
苯甲醚	−37.5	155	0.996 1	不溶
二苯醚	28	259	1.075	不溶
β-萘甲醚	72 ~ 73	274		不溶
环氧乙烷	−111	10.7	0.869 4	溶
四氢呋喃	−108.5	67	0.888 0(d_4^{21})	混溶

7.11　醚的化学性质

醚键对于碱、氧化剂、还原剂和金属钠都很稳定,是一类比较不活泼的化合物,因此常被用作有机反应的溶剂。但醚分子中的氧原子能与强酸成盐,醚键也可发生断裂。其发生化学反应的主要部位如下:

$$R{-}CH_2{-}O{-}CH_2{-}R$$

①氧原子上未共用电子对的反应
②醚键的断裂
③α-氢原子的反应

7.11.1　锌盐的生成

醚中氧原子上有未共用电子对,可以给出电子(路易斯碱),能与强质子酸(如浓盐酸和浓硫酸等)和缺电子的路易斯酸(如三氟化硼和氯化铝等)作用生成锌盐:

$$R{-}\overset{..}{\underset{..}{O}}{-}R + HCl \rightleftharpoons R{-}\overset{+}{\underset{\underset{H}{|}}{O}}{-}R + Cl^-$$

$$R{-}\overset{..}{\underset{..}{O}}{-}R + H_2SO_4 \rightleftharpoons R{-}\overset{+}{\underset{\underset{H}{|}}{O}}{-}R + HSO_4^-$$

$$R{-}\overset{..}{\underset{..}{O}}{-}R + BF_3 \longrightarrow \overset{\displaystyle R}{\underset{\displaystyle R}{\overset{+}{O}}}{\to}\overline{B}F_3$$

醚与强酸形成的钅羊盐溶于冷的浓酸中,它不稳定,遇水分解成原来的醚,因此利用此性质可以鉴别和分离醚。

7.11.2 醚的碳氧键断裂

醚形成钅羊盐后,由于带正电荷氧原子吸电子的结果,R—O 键变弱,因此,在强烈的条件下发生 R—O 键断裂。例如,醚与氢碘酸共热,则发生 R—O 键断裂,生成一分子碘代烷和一分子醇。例如:

$$CH_3CH_2-O-CH_2CH_3 + HI \rightleftharpoons CH_3CH_2-\overset{+}{\underset{H}{O}}-CH_2CH_3 + I^-$$

$$CH_3CH_2-\overset{+}{\underset{H}{O}}-CH_2CH_3 + I^- \xrightarrow{\triangle} CH_3CH_2-I + CH_3CH_2-OH$$

在此反应中,不仅由于氢碘酸是很强的质子酸,容易与醚形成钅羊盐,而且碘负离子(I^-)是很强的亲核试剂,它容易进攻与带有正电荷的氧原子直接相连的碳原子,结果生成碘代烷和醇。当使用过量的氢碘酸时,则醇也与氢碘酸作用,生成碘代烷,即

$$CH_3CH_2-OH + HI \longrightarrow CH_3CH_2-I + H_2O$$

氢溴酸和盐酸虽然也能进行上述反应,但其活性差,尤其是盐酸,需用浓酸且在高温下进行,故通常用氢碘酸。

对于混醚,当其中一个烃基是甲基(或乙基),另一个烃基是含碳原子数较多的伯烷基(或仲烷基)时,与氢碘酸作用,则生成碘甲烷(或碘乙烷)和醇。此反应已用于天然的复杂有机化合物分子中甲氧基(或乙氧基)的测定,称为蔡塞尔(Zeisel)甲氧基(—OCH$_3$)定量测定法。即将生成的碘甲烷与硝酸银反应,根据生成碘化银的量,计算出甲氧基含量。

当混醚中的一个烃基是芳基时,由于 p,π-共轭效应的影响,芳环与氧原子相连的键比较牢固,与氢碘酸反应时,发生烷氧键(R—O)断裂,生成碘代烷和酚。例如:

$$\text{(苯环)}-O-CH_3 \xrightarrow[120\sim130℃]{57\% \ HI} \text{(苯环)}-OH + CH_3I$$

7.11.3 过氧化物的生成

在光照下和/或在空气中久置,醚(如乙醚)被氧化生成过氧化物。过氧化物不稳定,受热易发生爆炸。考查醚(如乙醚)中是否含有过氧化物,可取少量乙醚、碘化钾溶液和几滴淀粉溶液一起摇荡,若呈现蓝色,表示有过氧化物存在。当乙醚中有过氧化物时,需将其除去后才能使用,以免发生危险。除去的方法,可用硫酸亚铁和硫酸的稀水溶液洗涤,即可破坏过氧化物。

为防止过氧化物的生成,可将醚放在棕色瓶中,避光、密封,并可加入少量抗氧剂。

乙醚过氧化物的生成、进一步反应和爆炸比较复杂,其最初生成的过氧化物结构如下:

$$CH_3CH_2-O-CH_2CH_3 + O_2 \longrightarrow CH_3CH_2-O-\underset{O-O-H}{CHCH_3}$$

问题 7-14 完成下列反应式:

(1) $CH_3CH_2CH_2OCH_2CH_3 + HI \longrightarrow$ 　　(2) $C_2H_5OC_2H_5 + AlCl_3 \longrightarrow$

(3) $CH_3CH_2CH_2CH_2OCH_3 + HI \longrightarrow$ 　　(4) （萘环上连 OC_2H_5）$+ HI \longrightarrow$

149

7.12　环醚

最简单和最重要的环醚是环氧乙烷。它是三元环状化合物,由于三元环具有张力而不稳定,能与多种化合物反应,开环生成很多重要的有机化合物,因此是重要的化工原料。

环氧乙烷所发生的反应,主要是与含有活泼氢化合物(如 H_2O、ROH、NH_3 等)的反应,以及与格利雅试剂的反应。

7.12.1　与水反应

在酸或碱催化下,环氧乙烷与水反应生成乙二醇。

$$H_2C\overset{\diagdown\diagup}{\underset{O}{}}CH_2 + HOH \xrightarrow[50\sim70℃]{0.5\%\ H_2SO_4} \underset{OH}{CH_2}-\underset{OH}{CH_2}$$

这是工业上生产乙二醇的方法之一。乙二醇用于制造树脂、合成纤维、化妆品、炸药等,还可用作溶剂和配制发动机的冷冻液等。

乙二醇分子中也有活泼氢原子,与水相似,它也能与环氧乙烷反应,生成一缩二乙二醇(二甘醇)。后者仍可与环氧乙烷反应,生成二缩三乙二醇(三甘醇)。因此在生产乙二醇时,不可避免地有少量二甘醇和三甘醇等副产物生成。

$$H_2C\overset{\diagdown\diagup}{\underset{O}{}}CH_2 + \underset{OH}{CH_2}-\underset{OH}{CH_2} \xrightarrow[50\sim70\ ℃]{0.5\%\ H_2SO_4} \underset{OH}{CH_2CH_2}-O\underset{OH}{CH_2CH_2}$$
二甘醇

$$H_2C\overset{\diagdown\diagup}{\underset{O}{}}CH_2 \longrightarrow \underset{OH}{CH_2CH_2}OCH_2CH_2O\underset{OH}{CH_2CH_2}$$
三甘醇

二甘醇主要用作气体脱水剂和萃取剂以及溶剂等。三甘醇主要用作硝酸纤维素、橡胶、树脂等的溶剂,以及火箭燃料和增塑剂等。

7.12.2　与醇反应

在酸或碱催化下,环氧乙烷与醇反应生成乙二醇(单)烷基醚。

$$H_2C\overset{\diagdown\diagup}{\underset{O}{}}CH_2 + ROH \xrightarrow{H^+} \underset{OH}{CH_2}-\underset{OR}{CH_2}$$
乙二醇(单)烷基醚

生成的乙二醇(单)烷基醚分子中仍有羟基,可进一步与环氧乙烷反应,生成二甘醇(单)烷基醚。

$$H_2C\overset{\diagdown\diagup}{\underset{O}{}}CH_2 + \underset{OR}{CH_2}-\underset{OR}{CH_2} \xrightarrow{H^+} \underset{OR}{CH_2CH_2}-O-\underset{OH}{CH_2CH_2}$$
二甘醇(单)烷基醚

乙二醇(单)烷基(如甲基等低级烷基)醚和二甘醇(单)烷基醚等具有醇和醚的性质,是一种优良溶剂。

7.12.3　与氨反应

环氧乙烷与20%~30%的氨水反应,首先生成2-氨基乙醇(一乙醇胺)。

$$\text{H}_2\text{C}\overset{\displaystyle\frown}{\underset{\text{O}}{}}\text{CH}_2 + \text{NH}_3 \xrightarrow{30\sim50\,^\circ\!\text{C}} \underset{\text{OH}}{\text{CH}_2}-\underset{\text{NH}_2}{\text{CH}_2}$$

一乙醇胺

由于一乙醇胺的氨基上仍有氢原子,还可与环氧乙烷反应生成二乙醇胺,再进一步反应生成三乙醇胺。

二乙醇胺   三乙醇胺

这是工业上生产三种乙醇胺的方法,其中以何者为主,取决于原料配比和反应条件。

三种乙醇胺均为无色粘稠液体,有碱性,溶于水和乙醇。它们均能吸收酸性气体,可用于工业气体的净化,以及用于制造洗涤剂等。

7.12.4　与格利雅试剂的反应

环氧乙烷与格利雅试剂反应,产物经水解得到伯醇。

$$\text{H}_2\text{C}\overset{\displaystyle\frown}{\underset{\text{O}}{}}\text{CH}_2 + \text{RMgX} \xrightarrow[\triangle]{\text{干醚}} \text{R}-\text{CH}_2\text{CH}_2-\text{OMgX} \xrightarrow[\text{H}_2\text{O}]{\text{H}^+} \text{R}-\text{CH}_2\text{CH}_2-\text{OH}$$

这是制备伯醇的一种方法。此反应可使碳链增加两个碳原子,在有机合成中可用来增长碳链。

问题 7-15　完成下列反应式:

(1) $\text{H}_2\text{C}\overset{\frown}{\underset{\text{O}}{}}\text{CH}_2 + \text{CH}_3\text{OH} \xrightarrow{\text{H}^+}$　　　(2) $\text{H}_2\text{C}\overset{\frown}{\underset{\text{O}}{}}\text{CH}_2 + \text{HBr} \longrightarrow$

(3) $\text{H}_2\text{C}\overset{\frown}{\underset{\text{O}}{}}\text{CH}_2 + $ ⬡—OH $\xrightarrow{\text{H}^+}$　　(4) $\text{H}_2\text{C}\overset{\frown}{\underset{\text{O}}{}}\text{CH}_2 + \text{CH}_3(\text{CH}_2)_3\text{MgBr} \xrightarrow[\text{微沸}]{\text{干醚}} \xrightarrow[\text{H}^+]{\text{H}_2\text{O}}$

7.13　冠醚

冠醚是一类含有多个氧原子的大环化合物,因其结构形状似王冠,故称冠醚,或大环醚。

冠醚的命名可用"X-冠-Y"表示,其中 X 代表组成环的总原子数,Y 代表环上的氧原子数。当环上连有烃基时,则应标明烃基的名称和数目。例如:

二苯并-18-冠-6   形似王冠   18-冠-6

在冠醚分子中,环上氧原子的未共用电子对向着环的内侧,当适合于环的大小的金属离子进入环内时,则氧原子与金属离子通过静电吸引形成络合物。例如,K^+ 的半径为 0.133 nm,18-冠-6 的空穴为 0.26～0.32 nm,K^+ 可以进入 18-冠-6 的空穴,因此,18-冠-6 可与 K^+ 形成络合物。同理,12-冠-4 可与 Li^+ 形成络合物。根据不同冠醚可以络合不同金属离子的特性,可以利用冠醚分离金属离子混合物;冠醚环上的亚甲基排列在环的外侧,由于亚甲基具有亲油性,因此,冠醚能溶于有机溶剂。由于冠醚既能络合金属离子,又能溶解在有机溶剂中,因此它可以将水相中的某些盐(如 NaCl、KCl、CH₃COONa 等)通过与金属离子络合转移到有机相中,即将不溶于有机溶剂的试剂转移到有机溶剂中,故冠醚可用作相转移剂或叫相转移催化剂。冠醚是一种有效的相转移催化剂。例如,苄基溴与固体氟化钾或苄基溴的甲苯溶液与氟化钾的水溶液均很难发生反应,但若在苄基溴的甲苯溶液(有机相)与氟化钾的水溶液(水相)的混合溶液中,加入少量 18-冠-6,则得到 100% 的苄基氟。

$$C_6H_5CH_2Br + KF \xrightarrow[\text{甲苯/水}]{\text{18-冠-6}} C_6H_5CH_2F + KBr$$
$$(100\%)$$

这是由于加入少量冠醚后,冠醚与 K⁺ 络合而将 F⁻ 裸露出来(通称"裸负离子",即没有溶剂包围的负离子,这样的负离子具有较高的活性),但它们仍以离子对的形式存在。随着冠醚从水相转移到有机相,裸氟负离子也随之被携带到有机相,从而使反应在有机相(均相)中进行,生成产物。冠醚不断地络合 K⁺,将 F⁻ 自水相转移至有机相,使反应完成。

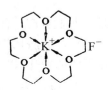

相转移催化反应比传统方法具有反应速率快、条件温和、操作方便、产率高等优点。例如:

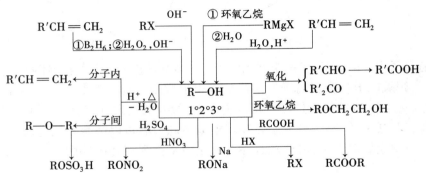

由于冠醚价格昂贵,且毒性较大,因此使用受到限制。

相转移催化剂不限于冠醚,其他还有:季铵盐,如溴化四丁基铵〔$(C_4H_9)_4\overset{+}{N}\overset{-}{Br}$〕、溴化三乙基苄基铵〔$PhCH_2\overset{+}{N}(C_2H_5)_3Br^-$〕等;胺类,如三烷基胺($R_3N$)等叔胺;非环多醚类,如聚乙二醇-600、聚乙二醇-800 等;高聚物负载催化剂,即将鎓盐(如季铵盐)等连接在聚苯乙烯等高聚物上而得到的一类相转移催化剂。

目前相转移催化反应在很多反应中已得到应用,有的已用于工业生产中。

小 结

醇和酚的官能团都是羟基,因此两者在性质上有相同之处。但由于它们所连接的烃基结构相差较大,分子内原子间相互影响不同,因此性质也有很大差别。这是本章重点。

现将醇、酚、醚的主要反应概括如下:

(一)醇

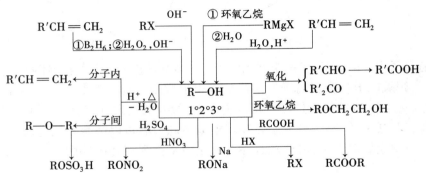

（二）酚

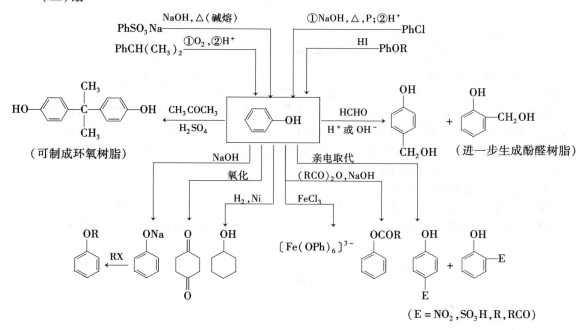

（三）醚

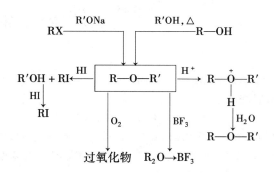

（四）环氧乙烷

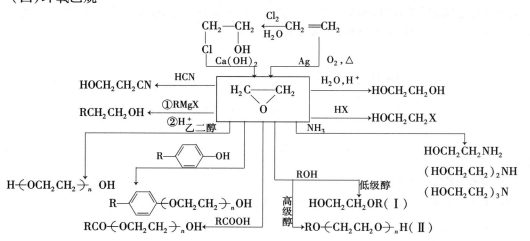

153

（一）1-溴丁烷中含有少量的1-丁醇和正丁醚,试除去之。

解:题中所给出的三个化合物是三类不同的化合物,因此可利用各类化合物所具有的特性进行考虑。

从一个化合物中除去杂质的一般原则是,在进行化学反应时尽量不使该化合物发生反应,这样不仅可减少操作手续,且可减少损失;对于被除去的少量物质,只要能除净即可。

题中给出的1-溴丁烷、1-丁醇和正丁醚三个化合物,1-丁醇和正丁醚分子中都含有氧原子,均能与浓硫酸形成锌盐而溶于浓硫酸中,但1-溴丁烷则不与浓硫酸反应,因此可利用浓硫酸除去1-丁醇和正丁醚。具体操作方法是:将浓硫酸加入到三者的混合物中,振荡或搅拌,静置分层,放出硫酸层。1-溴丁烷层先后用水、碳酸钠水溶液水洗、干燥、蒸馏,即得纯1-溴丁烷。

（二）用化学方法分离苯酚和环己醇。

解:分离既不同于鉴别,也不同于从混合物中除去杂质。一般原则是:被分离的化合物所进行的化学反应必须几乎定量完成;所得产物经处理后,必须几乎定量恢复为原来化合物。分离苯酚和环己醇的操作方法如下所示。

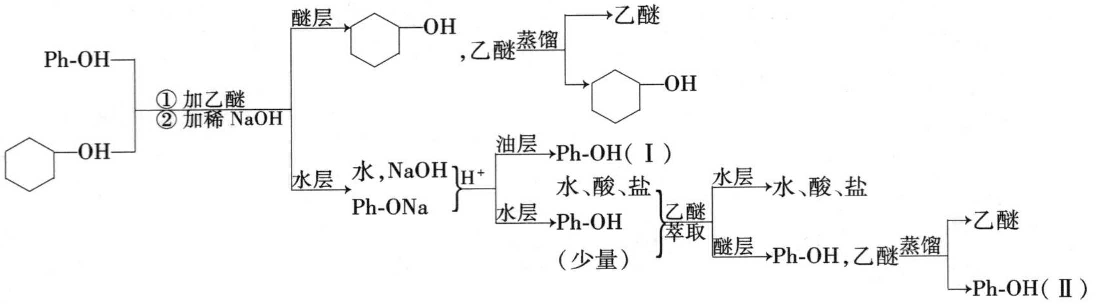

最后将（Ⅰ）和（Ⅱ）合并。

（三）试由甲苯和必要的原料合成 $PhCH_2CH_2CH_2OH$。

解:首先写出原料和产物的构造式:

$$PhCH_3 \qquad PhCH_2—CH_2CH_2OH$$

通过两者对比可知,原料需增加两个碳原子才能构成产物的碳架,因此需进行增碳反应;原料是烃,产物是伯醇,因此需引入羟基。已知环氧乙烷与格利雅试剂反应,能得到比格利雅试剂多两个碳原子的伯醇,因此可设想将 $PhCH_3$ 转变为 $PhCH_2MgX$,后者再与环氧乙烷反应即可。

然后再对比 $PhCH_3$ 和 $PhCH_2MgX$ 可知,$PhCH_2MgX$ 可由 $PhCH_2X$ 与 Mg 反应得,而 $PhCH_2X$ 可由 $PhCH_3$ 经卤化而得。通过上述分析得知,产物的具体合成路线如下:

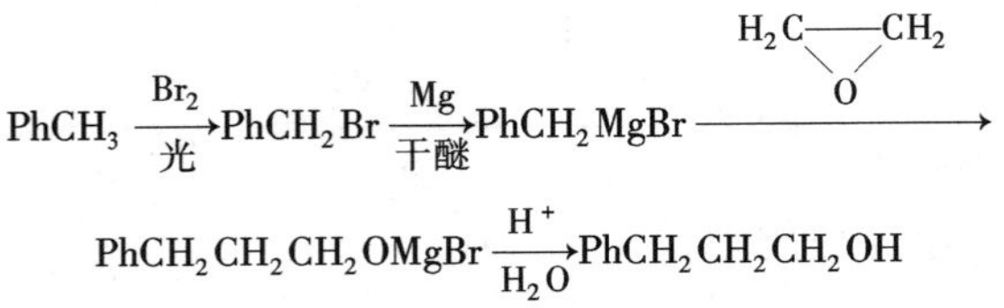

$$PhCH_2CH_2CH_2OMgBr \xrightarrow[H_2O]{H^+} PhCH_2CH_2CH_2OH$$

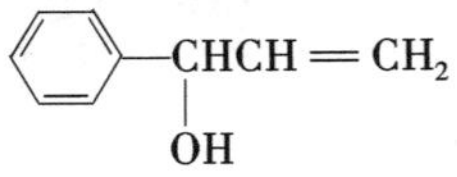

习　　题

（一）命名下列化合物和基或写出构造式:

（3）CH$_3$CHCH$_2$Cl
     |
    OH

（4）CH$_3$O—⟨benzene⟩—NO$_2$

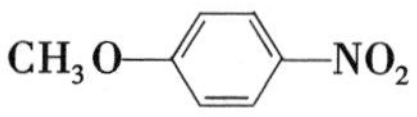

（5）

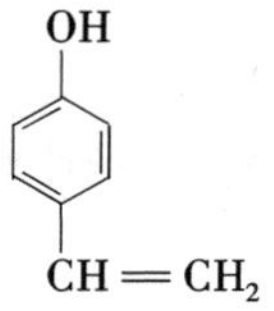

（6） 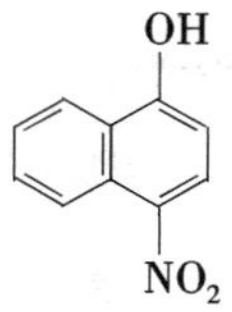
OH
⟨naphthalene⟩
NO$_2$

（7）CH=CHCH$_2$O—⟨phenyl⟩

（8）⟨phenyl⟩—CH$_2$O—⟨phenyl⟩

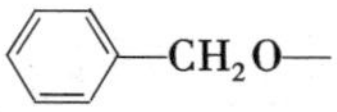

（9）对甲氧基苄醇

（10）2-乙氧基环己醇

（11）乙烯基烯丙基醚

（12）2,4-二硝基苯甲醚

（二）完成下列反应式：

（1）CH$_3$CHCH$_2$CH$_2$OH $\xrightarrow{\text{PBr}_3}$
      |
     CH$_3$

（2）CH$_3$CH$_2$CH$_2$CH$_2$OH $\xrightarrow[\triangle]{\text{KMnO}_4}$

（3） 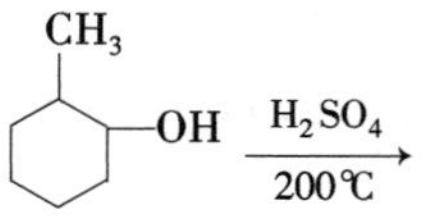
  CH$_3$
⟨cyclohexane⟩—OH $\xrightarrow[200℃]{\text{H}_2\text{SO}_4}$

（4）⟨tetrahydrofuran O⟩ $\xrightarrow[\text{（过量）}]{\text{HI}}$

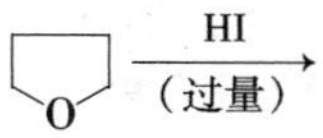

（5）$\left.\begin{array}{l}\text{Ph—OH + ? } \longrightarrow \text{PhONa}\\ \text{C}_2\text{H}_5\text{OH + HBr} \longrightarrow ?\end{array}\right\}\longrightarrow ?$

（6）⟨cyclohexane⟩—CH$_2$Br $\xrightarrow[\text{干醚}]{\text{Mg}}$? $\xrightarrow[\text{②?}]{\text{①?}}$ ⟨cyclohexane⟩—CH$_2$CH$_2$CH$_2$OH

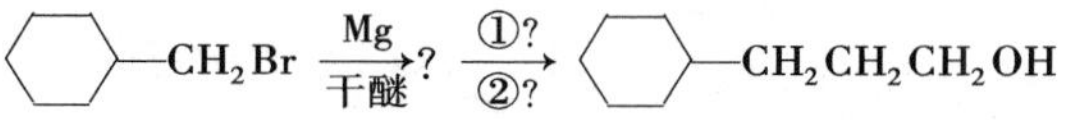

（7） 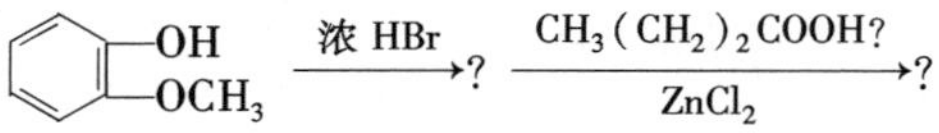
⟨benzene⟩—OH
      —OCH$_3$ $\xrightarrow{\text{浓 HBr}}$? $\xrightarrow[\text{ZnCl}_2]{\text{CH}_3(\text{CH}_2)_2\text{COOH?}}$?

（8）CH$_3$CH$_2$OH $\xrightarrow[\triangle]{\text{H}_2\text{SO}_4}$? $\xrightarrow{\text{RCO}_3\text{H}}$? $\xrightarrow{\text{C}_2\text{H}_5\text{MgBr}}$? $\xrightarrow[\text{H}^+]{\text{H}_2\text{O}}$

（三）用化学方法鉴别下列各组化合物：

（1）2-甲基-1-丙醇和叔丁醇　　　　　（2）邻二甲苯和苯酚

（3）1-丁醇、丁醚和苯酚　　　　　　　（4）甲苯和苯甲醚

（四）如何除去下列各组化合物中的少量杂质？

（1）溴乙烷中含有少量乙醇。

（2）己烷中含有少量乙醚。

（3）乙醚中含有少量水和乙醇。

（五）将下列各组化合物按酸性强弱的次序排列：

（1）碳酸、苯酚、硫酸、水。

（2）⟨phenyl⟩—CH$_2$OH 、CH$_3$—⟨phenyl⟩—OH 、⟨phenyl⟩—OH

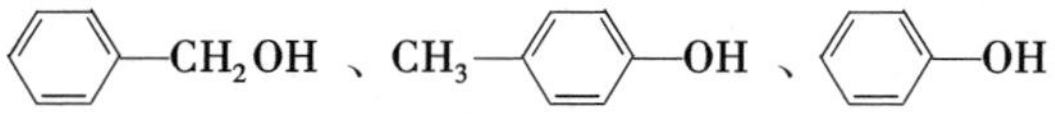

（六）由苯和两个碳原子以下的有机物为主要原料合成下列化合物：

（1）Cl—⟨benzene⟩—CH$_2$CH$_2$OH　　　　（2）CH$_3$O—⟨benzene⟩—C—⟨phenyl⟩
                                                ‖
                                               O

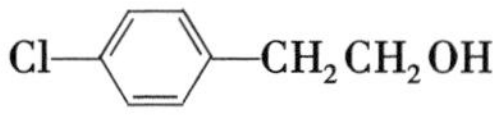

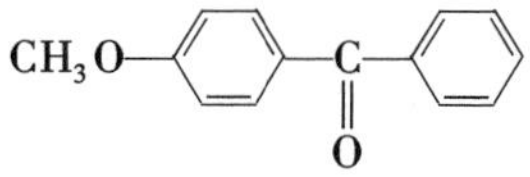

（七）由指定原料合成下列化合物（其他原料任选）：

（1） 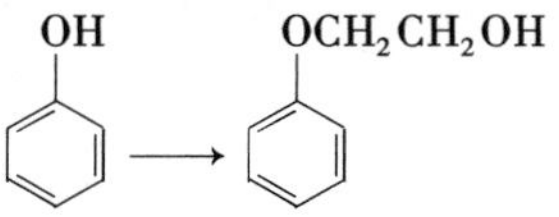
OH
⟨phenyl⟩ → ⟨phenyl⟩
         OCH$_2$CH$_2$OH

（2）⟨benzene⟩ →
OH
⟨benzene⟩
CH(CH$_3$)$_2$

155

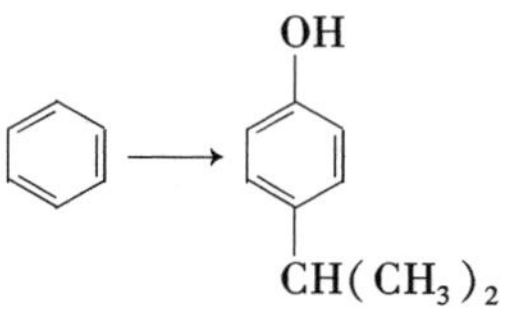

(3) $CH_3CH = CH_2 \longrightarrow CH_3CH_2CH_2-O-CH_2CH = CH_2$

(4) 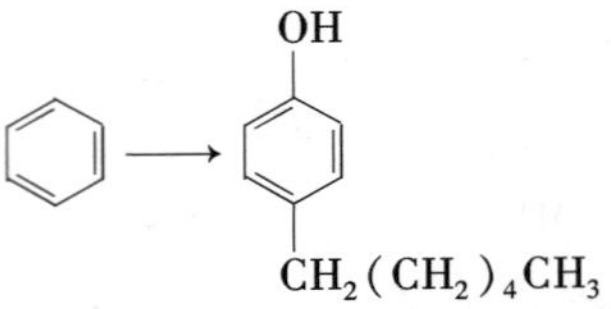 苯环 $\longrightarrow$ 对位取代苯酚 OH / $CH_2(CH_2)_4CH_3$

（八）间叔丁基苯酚与氯反应得到三氯衍生物，与溴反应得到二溴衍生物，与碘反应得到一碘衍生物。试写出这些产物的构造式。

（九）写出下列反应中 A ~ E 的构造式：

$$C_4H_{10}O(A) \xrightarrow{SOCl_2} C_4H_9Cl(B)$$

$$\triangle \Big\downarrow H_2SO_4$$

$$C_3H_6O(D) \xleftarrow[\text{②}Zn,H_2O]{\text{①}O_3} C_4H_8(C) \xrightarrow{HCl} C_4H_9Cl(E)$$

（十）化合物 A 分子式为 $C_6H_{14}O$，能与金属钠作用放出氢气；A 氧化后生成一种酮 B；A 在酸性条件下加热，则生成分子式为 C_6H_{12} 的两种异构体 C 和 D。C 经臭氧化再还原水解可得到两种醛；而 D 经同样反应则只得到一种醛。试写出 A ~ D 的构造式。

（十一）化合物 E 的分子式为 C_7H_8O，E 不溶于 $NaHCO_3$ 水溶液，但溶于 $NaOH$ 水溶液；当 E 与溴水作用时，能迅速生成白色沉淀 F（$C_7H_5OBr_3$）。试写出化合物 E 和 F 的构造式。

第8章 醛和酮

醛和酮分子中都含有羰基($>C=O$),统称羰基化合物。羰基是醛和酮的官能团。

在醛分子中,羰基位于碳链的一端,即羰基中的碳原子分别与一个烃基和一个氢原子相连
($R-\overset{\underset{\displaystyle O}{\|}}{C}-H$),但甲醛例外,甲醛分子中的羰基碳原子与两个氢原子相连($H-\overset{\underset{\displaystyle O}{\|}}{C}-H$)。

$-\overset{\underset{\displaystyle O}{\|}}{C}-H$ 称为醛基,可简写成—CHO,是醛的官能团。

在酮分子中,羰基不在碳链的一端,即羰基中的碳原子分别与两个烃基(烃基可以相同也
可以不同)相连($R-\overset{\underset{\displaystyle O}{\|}}{C}-R'$)。最简单的酮是丙酮。酮分子中的羰基也叫酮基。

分子组成相同的醛和酮是构造异构体。例如:

$$CH_3-CH_2-\overset{\underset{\displaystyle O}{\|}}{C}-H \qquad\qquad CH_3-\overset{\underset{\displaystyle O}{\|}}{C}-CH_3$$

丙醛   丙酮

它们的分子式均为 C_3H_6O ,只是构造不同,它们属于官能团异构。

8.1 醛和酮的分类和命名

8.1.1 分类

醛和酮可根据分子中烃基的不同,分为脂肪(族)醛和酮、脂环(族)醛和酮、芳香(族)醛
和酮。例如:

脂肪醛和酮

$$CH_3CHO \qquad CH_3CH_2\overset{\underset{\displaystyle O}{\|}}{C}CH_3 \qquad CH_2=CH-CHO \qquad CH_2=CHC\overset{\underset{\displaystyle O}{\|}}{C}CH_3$$

乙醛   丁酮   丙烯醛   3-丁烯-2-酮

脂环醛和酮

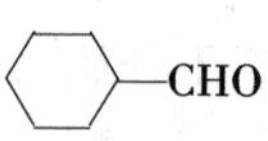

环己基甲醛 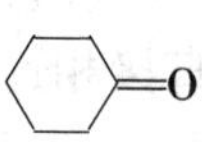   环己酮

芳香醛和酮

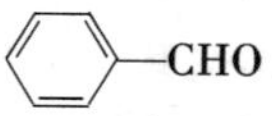

苯甲醛 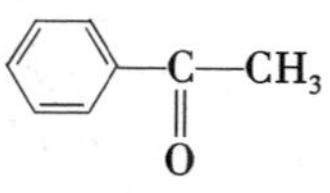   苯乙酮 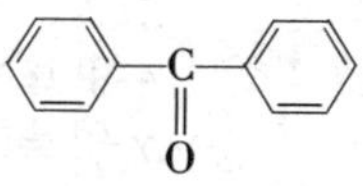   二苯甲酮

对于脂肪醛和酮,又可根据分子中的烃基是否是饱和的,而分为饱和醛和酮以及不饱和醛
和酮。如上述的乙醛和丁酮是饱和醛和酮,丙烯醛和 3-丁烯-2-酮是不饱和醛和酮。酮又根据
分子中的两个烃基是否相同,分为单酮(如丙酮)和混酮(如丁酮)。芳酮又分纯芳酮(如二苯

甲酮)和混芳酮(如苯乙酮)。

8.1.2 命名

1)普通命名法

醛的普通命名法与伯醇相似。例如:

$$CH_3CH_2CH_2CH_2OH \qquad (CH_3)_2CHCH_2CH_2OH$$

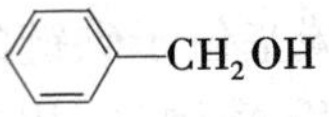

正丁醇 异戊醇 苯甲醇

$$CH_3CH_2CH_2CHO \qquad (CH_3)_2CHCH_2CHO$$

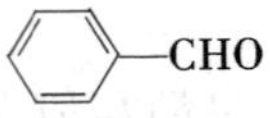

正丁醛 异戊醛 苯甲醛

有些醛也常采用俗名,它是由相应酸的名称而来。例如:

$$CH_3(CH_2)_{10}CHO \qquad CH_3CH\!\!=\!\!CHCHO$$

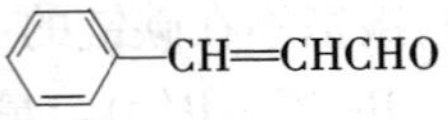

月桂醛 巴豆醛 肉桂醛

酮的普通命名法是按照羰基所连接的两个烃基的名称命名,称为"某(基)某(基)(甲)酮"。例如:

$$\underset{\overset{|}{O}}{CH_3CH_2CCH_3} \qquad \underset{\overset{|}{O}}{CH_3CCH_2CH\!\!=\!\!CH_2}$$

甲基乙基甲酮或甲乙酮 甲基烯丙基甲酮或甲烯丙酮 二苯基甲酮或二苯酮

2)系统命名法

脂肪族醛和酮的命名,是选择含有羰基碳原子的最长碳链作为主链,支链作为取代基,主链从靠近羰基的一端开始编号,取代基的位次和名称放在母体名称之前。其中醛基的位次和个别酮基的位次不需注明。例如:

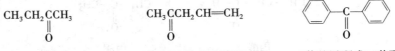

3-甲基丁醛 3-甲基-2-丁烯醛 丙炔醛

丁酮 5-甲基-3-庚酮 4-甲基-4-戊烯-2-酮

醛和酮以及某些有机化合物中取代基位次的表示方法,有时也用希腊字母 α、β、γ…… 表示,但此时的编号则是从与官能团直接相连的碳原子开始。例如:

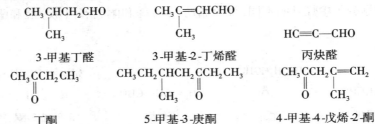

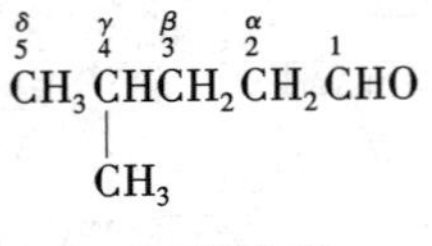

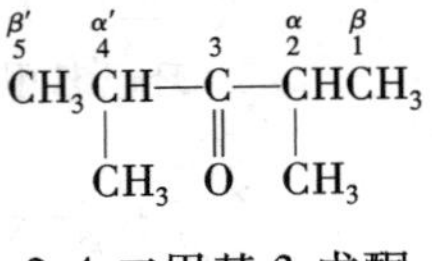

4-甲基戊醛 2,4-二甲基-3-戊酮
γ-甲基戊醛 α,α'-二甲基-3-戊酮

芳醛和芳酮的命名,是以脂肪醛和酮为母体,芳基作为取代基。例如:

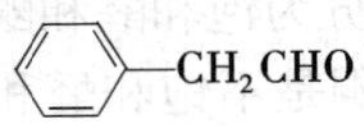

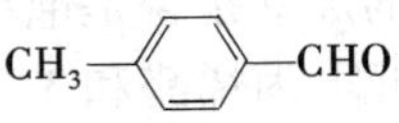

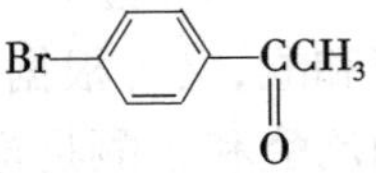

苯乙醛 对甲基苯甲醛 对溴苯乙酮

158

问题 8-1 命名下列各化合物：

(1) $CH_3CH_2CH{-}CHCHO$
$\quad\quad\quad\quad\quad\ \overset{|}{CH_3}\ \overset{|}{CH_2CH_3}$

(2) $(CH_3)_2C{=}CHCH_2CH_2CHO$

(3) $(CH_3)_3C{-}\underset{\underset{O}{\|}}{C}CH_2CH_3$

(4) $CH_3CH_2\underset{\underset{O}{\|}}{C}CH{=}CHCH_3$

(5)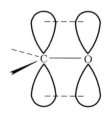

(6)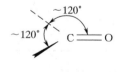

问题 8-2 写出下列化合物的构造式：

(1) 异戊醛　　　　　(2) 三氯乙醛
(3) α,β-不饱和戊醛　(4) α-氯-β'-溴丁酮
(5) 乙基环己基甲酮　(6) α-苯基丙酮

8.2　羰基的结构

与 $C{=}C$ 双键相似，羰基中的碳原子与氧原子之间也是以双键相连，而且也是一个 σ 键和一个 π 键。以醛为例，其羰基碳原子以一个 sp^2 杂化轨道与氧原子的一个轨道交盖形成一个 σ 键，碳原子的另外两个 sp^2 杂化轨道分别与氢原子的 1s 轨道或碳原子的 sp^3 杂化轨道交盖形成另外两个 σ 键，这三个 σ 键在同一平面上，键角约为 120°。碳原子剩下的一个 p 轨道与氧原子的一个 p 轨道都垂直于 σ 键所在平面，且彼此相互平行，它们在侧面相互交盖形成 π 键，见图 8-1。

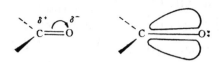

图 8-1　羰基的结构

但 $C{=}O$ 双键又与 $C{=}C$ 双键不同。由于氧原子的电负性比碳原子大，氧原子吸引电子的结果，使碳氧双键之间的电子云密度偏向氧原子一边，氧原子上带有部分负电荷，而碳原子上则带有部分正电荷，因此，羰基是极性基团，见图 8-2。

图 8-2　羰基的 π 电子分布示意图

羰基的这种极性结构，使得 $C{=}O$ 双键与 $C{=}C$ 双键相比，具有许多相似而不相同的性质。将在下面进行讨论。

8.3　醛和酮的物理性质

饱和一元醛和酮是无色物质。常温时，甲醛是气体，低级醛和酮是液体，高级醛和酮是固

体。低级醛(如甲醛、乙醛)有强烈的刺激气味,低级酮也有一些气味;但某些醛和酮则有香味,因而被用来配制香精。例如,辛醛具有脂肪-柑橘香气;十二醛具有橘子-琥珀香气;肉桂醛具有肉桂特殊香气;4-羟基-3-甲氧基苯甲醛(香草醛或称香兰素)具有香荚兰豆香气;十一酮具有特殊的芸香香气,稀释后具有桃香;环十五酮具有麝香香气等。

由于羰基的影响,醛和酮是极性分子,分子间存在着静电引力,故其沸点比相对分子质量相近的烃或醚高。但分子之间不能形成氢键,故其沸点比相应的醇低。然而,羰基的氧原子可以与水分子中的氢原子形成氢键,所以低级醛和酮(如甲醛、乙醛和丙酮等)易溶于水。随着分子中碳原子数的增加,它们在水中的溶解度逐渐减小,高级醛和酮不溶于水,而溶于有机溶剂。一些醛和酮的物理常数如表8-1所示。

表8-1　醛和酮的物理常数

名　　称	熔点(℃)	沸点(℃)	溶解度(g/100 g 水)
甲醛	−92	−21	易溶
乙醛	−121	20	∞
丙醛	−81	49	16
正丁醛	−99	76	7
正戊醛	−91	103	微溶
苯甲醛	−26	178	0.3
苯乙醛		194	微溶
丙酮	−94	56	∞
丁酮	−86	80	26
2-戊酮	−78	102	6.3
3-戊酮	−41	101	5
2-己酮	-57	127	2.0
3-己酮		125	微溶
环己酮	−45	157	2
苯乙酮	21	202	
二苯酮	48	306	

8.4　醛和酮的化学性质

醛和酮的化学性质,主要发生在羰基上和受羰基影响较大的 α-氢原子上。由于醛和酮分子中都含有羰基,故其化学性质有很多相似之处。但由于醛分子中的羰基碳原子还与氢原子相连,该氢原子受羰基的影响也具有一定的活泼性,因此醛和酮在化学性质上又有很多不同之处。醛和酮分子中发生化学反应的主要部位如下:

① 羰基的加成反应
② 醛的特有反应
③ α-氢原子的反应

8.4.1　羰基的加成反应

C=O 双键与 C=C 双键相同,也能进行加成反应。但由于 C=O 中的碳原子带有部分正电荷,氧原子带有部分负电荷,而带部分正电荷的碳原子通常比带部分负电荷的氧原子的活性大,因此 C=O 双键的加成不同于 C=C 双键的加成。 C=O 双键加成时,首先是试剂的亲核部分加到活性较大的羰基碳原子上(这一步是控制反应速率的一步,是慢的一步),然后是试剂的亲电部分加到羰基氧原子上(这是快的一步)。这种加成方式,首先是由亲核试剂的进攻开始的,因此是亲核加成。即 C=O 双键的加成是亲核加成,而 C=C 双键的加成则主要是亲电加成。

醛和酮的加成反应,可用通式表示如下:

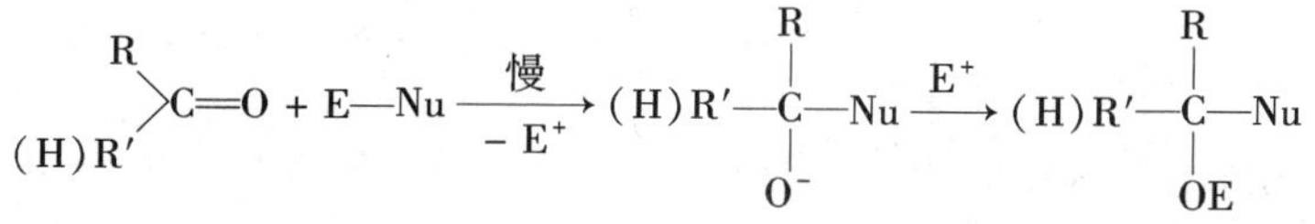

$$\begin{matrix}R\\ (H)R'\end{matrix}C{=}O + E{-}Nu \xrightarrow[-\ E^+]{慢} (H)R'{-}\overset{R}{\underset{O^-}{C}}{-}Nu \xrightarrow{E^+} (H)R'{-}\overset{R}{\underset{OE}{C}}{-}Nu$$

式中 E—Nu 代表进攻试剂,其中 E 代表亲电部分,Nu 代表亲核部分。与醛和酮进行亲核加成反应的试剂,最常见的有醇、氢氰酸、亚硫酸氢钠、氨及其衍生物、格利雅试剂等。构造不同的醛和酮进行亲核加成反应的活性不同,其加成速率的快慢,不仅与化合物的电子效应有关,而且与空间效应(空间位阻)有关。即由于与羰基相连的烃基供电的结果,羰基碳原子上的正电荷降低,不利于亲核试剂的进攻;由于烃基体积越大,其空间效应越大,同样不利于亲核试剂的进攻。由此可见,醛和酮进行亲核加成反应的活性顺序是:

甲醛 > 脂肪醛 > 芳醛 > 脂肪酮 > 芳酮

1)与氢氰酸的加成

在少量碱催化下,醛或酮与氢氰酸加成生成 α-羟基腈,或称氰醇。例如:

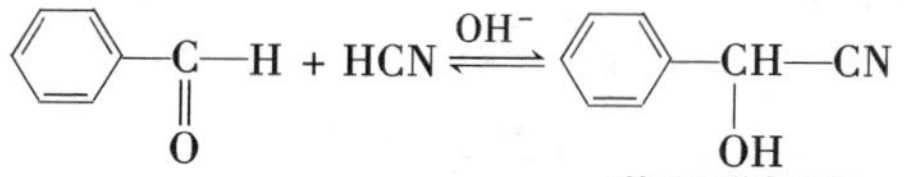

苯甲醛氰醇

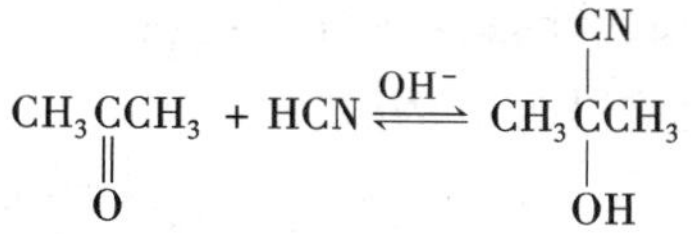

$$CH_3CCH_3 + HCN \xrightarrow{OH^-} CH_3\overset{CN}{\underset{OH}{C}}CH_3 \quad 丙酮氰醇$$

产物氰醇比原料醛或酮多一个碳原子,因此,该反应也是一种增碳反应。另外,氰醇是一类比较活泼的化合物,由它能转变成多种化合物,故在有机合成中具有重要意义。例如,丙酮氰醇在硫酸存在下与甲醇反应,生成 α-甲基丙烯酸甲酯。

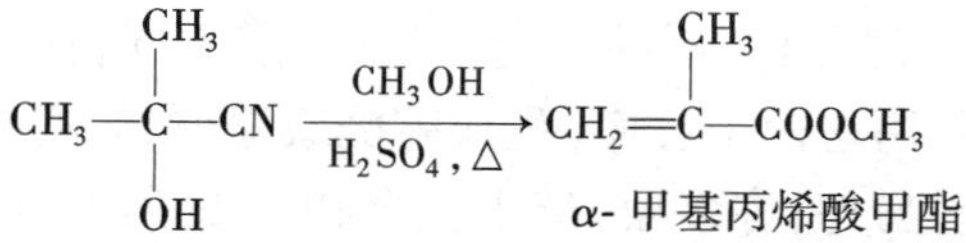

$$CH_3\overset{CH_3}{\underset{OH}{C}}{-}CN \xrightarrow[H_2SO_4,\ \triangle]{CH_3OH} CH_2{=}\overset{CH_3}{C}{-}COOCH_3$$

α-甲基丙烯酸甲酯

α-甲基丙烯酸甲酯是制备有机玻璃(聚 α-甲基丙烯酸甲酯)的单体。

醛及空间位阻较小的脂肪酮和脂环酮能与氢氰酸作用,生成相应的氰醇,而混芳酮产率较低,纯芳酮则不发生反应。

2)与亚硫酸氢钠的加成

醛和空间位阻较小的酮与过量的饱和亚硫酸氢钠作用,生成 α-羟基磺酸钠(类名,或统称亚硫酸氢钠加成物)。

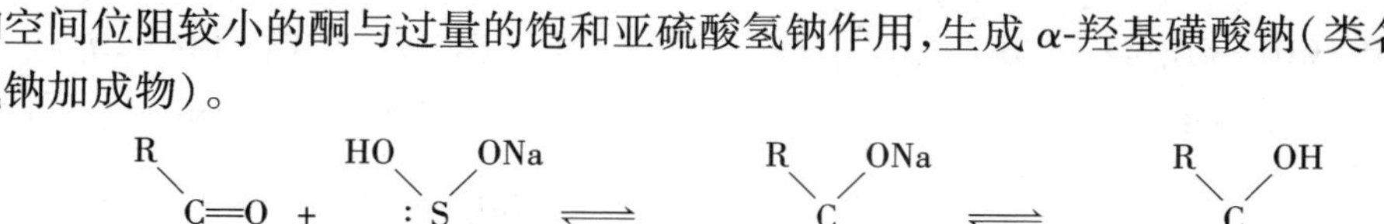

醛、甲基酮和七元以下脂环酮能与亚硫酸氢钠反应,生成相应的亚硫酸氢钠加成物,而空间位阻较大的酮则基本上不起反应或完全不起反应。

161

亚硫酸氢钠加成物是无色晶体,具有无机盐的性质。它溶于水,不溶于有机溶剂,也不溶于饱和亚硫酸氢钠溶液,因此,利用此反应可以鉴别醛和某些酮。另外,亚硫酸氢钠加成物与稀酸或稀碱共热则分解为原来的醛和酮。例如:

$$\begin{array}{c} R \quad OH \\ \underset{\underset{(CH_3)H}{\big|}}{C} \\ (CH_3)H \quad SO_3Na \end{array} \quad \begin{array}{c} \xrightarrow{HCl} R-\underset{\underset{O}{\|}}{C}-H(CH_3) + NaCl + SO_2 + H_2O \\ \xrightarrow{Na_2CO_3} R-\underset{\underset{O}{\|}}{C}-H(CH_3) + Na_2SO_3 + CO_2 + H_2O \end{array}$$

由于亚硫酸氢钠加成物容易生成、分离和分解,因此利用上述反应可以分离和提纯醛和某些酮。

问题 8-3 试用化学方法分离下列混合物:

(1)环己醇和环己酮　　　　(2)苯酚和苯甲醛

3)与醇的加成

在干燥氯化氢等强的无水酸作用下,醛和酮与过量醇反应,经半缩醛和半缩酮生成缩醛和缩酮。例如:

$$\begin{array}{c} CH_3 \\ \underset{H}{\overset{|}{C}}=O \end{array} + C_2H_5OH \underset{}{\overset{HCl}{\rightleftharpoons}} \begin{array}{c} CH_3 \quad OH \\ \underset{H}{\overset{|}{\underset{|}{C}}} \\ H \quad OC_2H_5 \end{array} \underset{}{\overset{C_2H_5OH,HCl}{\rightleftharpoons}} \begin{array}{c} CH_3 \quad OC_2H_5 \\ \underset{H}{\overset{|}{\underset{|}{C}}} \\ H \quad OC_2H_5 \end{array}$$

乙醛缩一乙醇　　　　　　乙醛缩二乙醇
（半缩醛）　　　　　　　（缩醛）

与醛相比,酮与醇较难生成缩酮,通常在特殊条件下进行。如利用二元醇代替一元醇,采用特殊设备随时除去生成的水,以使反应进行。例如:

$$\bigcirc\!\!=\!O + \begin{array}{c} HO-CH_2 \\ | \\ HO-CH_2 \end{array} \xrightarrow[\text{苯},\triangle]{\text{对甲苯磺酸}} \begin{array}{c} O-CH_2 \\ | \\ O-CH_2 \end{array} + H_2O$$

半缩醛(酮)是同一碳原子上连有羟基和烷氧基的化合物,既是醇又是醚。它是不稳定的,不能分离出来。与醇相似,在酸催化下,能与醇反应生成缩醛(酮)。缩醛(酮)可看成是同碳二元醇的醚,很稳定。它与醚相似,对碱稳定;但又与醚不同,在酸催化下,很容易水解成原来的醛(酮)和醇。因此可利用这两个反应(生成缩醛或缩酮,它们再水解为原来的醛和酮)在有机合成中来"保护"羰基。另外,许多糖(碳水化合物)(见第 13 章第 2 节)及其衍生物含有半缩醛(酮)或缩醛(酮)的结构,因此半缩醛(酮)和缩醛的化学对学习糖是非常必要的。

缩醛(酮)在工业上也具有重要意义。例如,聚乙烯醇是一个溶于水的不稳定的高分子化合物。但是它在硫酸催化下,与一定量的甲醛作用,就形成缩醛,从而生成性能优良、不溶于水的合成纤维,商品名维纶(维尼纶)。

$$\begin{array}{c} \text{—}\!\!\left[\!CH_2\!-\!CH\!-\!CH_2\!-\!CH\!\right]_n\!\! \\ \quad\quad | \quad\quad\quad | \\ \quad\quad OH \quad\quad OH \end{array} + n\,HCHO \xrightarrow[60\sim70^{\circ}\!C]{H_2SO_4} \begin{array}{c} \sim\!\!CH_2\!-\!CH\!-\!CH_2\!-\!CH\!-\!CH_2\!-\!CH\!-\!CH_2\!-\!CH\!\sim \\ \quad\quad | \quad\quad\quad | \quad\quad\quad | \quad\quad\quad | \\ \quad\quad O \quad\quad O \quad\quad OH \quad\quad OH \\ \quad\quad\quad \backslash\!\!\!\diagup \\ \quad\quad\quad CH_2 \end{array}$$

聚乙烯醇　　　　　　　　　　聚乙烯醇缩甲醛

问题 8-4 完成下列反应式:

(1)$CH_3CH_2CH_2CHO + 2CH_3OH \xrightarrow{HCl}$

(2)
$$\overset{\displaystyle \overset{O}{\parallel}}{\underset{}{\bigcirc}}\!\!-Br \xrightarrow[\text{H}^+]{\text{HOCH}_2\text{CH}_2\text{OH}} (\quad) \xrightarrow[\text{C}_2\text{H}_5\text{OH}]{\text{NaOH}} (\quad) \xrightarrow[\text{H}^+]{\text{H}_2\text{O}} (\quad)$$

4）与格利雅试剂的加成

醛和酮与格利雅试剂能进行加成反应,加成产物经水解得到醇。其中甲醛生成伯醇,其他醛生成仲醇,酮生成叔醇。例如:

$$\text{H}_2\text{C}=\text{O} + \text{C}_4\text{H}_9\text{MgBr} \xrightarrow{\text{干醚}} \text{C}_4\text{H}_9-\text{CH}_2-\text{OMgBr} \xrightarrow[\text{H}^+]{\text{H}_2\text{O}} \underset{92\%}{\text{C}_4\text{H}_9\text{CH}_2-\text{OH}}$$

$$\bigcirc\!\!-\overset{\overset{\displaystyle H}{\vert}}{\underset{}{\text{C}}}\!=\!\text{O} + \text{C}_3\text{H}_7\text{MgBr} \xrightarrow{\text{干醚}} \bigcirc\!\!-\overset{\overset{\displaystyle H}{\vert}}{\underset{\text{OMgBr}}{\text{C}}}\!\!-\text{C}_3\text{H}_7 \xrightarrow[\text{H}^+]{\text{H}_2\text{O}} \underset{85\% \sim 90\%}{\bigcirc\!\!-\overset{\overset{\displaystyle H}{\vert}}{\underset{\text{OH}}{\text{C}}}\!\!-\text{C}_3\text{H}_7}$$

$$\text{C}_6\text{H}_5\overset{\displaystyle \overset{}{\underset{O}{\parallel}}}{\text{CCH}_3} + \text{C}_6\text{H}_5\text{CH}_2\text{MgCl} \xrightarrow{\text{干醚}} \text{C}_6\text{H}_5\overset{\overset{\displaystyle \text{CH}_2\text{C}_6\text{H}_5}{\vert}}{\underset{\text{OMgCl}}{\text{CCH}_3}} \xrightarrow[\text{H}^+]{\text{H}_2\text{O}} \underset{92\%}{\text{C}_6\text{H}_5\overset{\overset{\displaystyle \text{CH}_2\text{C}_6\text{H}_5}{\vert}}{\underset{\text{OH}}{\text{CCH}_3}}}$$

上述反应也是一种增碳反应,所增加的碳原子数随格利雅试剂中烃基碳原子数而异。此反应是实验室合成醇的重要方法,常用于合成构造较复杂且较难用其他方法合成的醇。通常伯、仲烷基格利雅试剂生成醇的产率往往比叔烷基格利雅试剂高。空间阻碍较大的酮或/和格利雅试剂对反应速率和产率均有影响。

问题 8-5 完成下列反应式:

(1) $\bigcirc\!\!-\text{MgCl} + \text{HCHO} \xrightarrow{\text{干醚}} (\quad) \xrightarrow[\text{H}^+]{\text{H}_2\text{O}} (\quad)$

(2) $\overset{\text{Cl}\quad\quad\text{Br}}{\bigcirc} + \text{Mg} \xrightarrow[\text{I}_2]{\text{干醚}} (\quad) \xrightarrow[\text{干醚}]{\text{CH}_3\text{CHO}} (\quad) \xrightarrow[\text{NH}_4\text{Cl}]{\text{H}_2\text{O}} (\quad)$

(3) $\text{CH}_3\text{MgBr} + (\text{CH}_3)_2\text{CHCCH}(\text{CH}_3)_2 \xrightarrow{\text{干醚}} (\quad) \xrightarrow[\text{H}^+]{\text{H}_2\text{O}} (\quad)$
    （下标 $\overset{}{\underset{O}{\parallel}}$ 在CC之间）

5）与氨衍生物的反应

醛和酮与羟胺、苯肼、2,4-二硝基苯肼和氨基脲等氨的衍生物进行加成反应,加成物再脱去一分子水,分别生成肟、苯腙、2,4-二硝基苯腙和缩氨脲等含有 C=N 构造的亚胺化合物。其通式为

$$\underset{}{\overset{}{>}}\text{C}=\text{O} + \text{H}_2\text{N}-\text{Z} \rightleftharpoons \left[-\overset{\vert}{\underset{\text{O}^-}{\text{C}}}\!\!-\overset{+}{\text{N}}\text{H}_2-\text{Z}\right] \rightleftharpoons \left[-\overset{\vert}{\underset{\text{OH}}{\text{C}}}\!\!-\text{NH}-\text{Z}\right] \xrightarrow{-\text{H}_2\text{O}} >\text{C}=\text{N}-\text{Z}$$

式中 Z = —OH（羟胺）、—NH$\!-\!\bigcirc$（苯肼）、—NH$\!-\!\overset{}{\underset{\text{NO}_2}{\bigcirc}}\!\!-\text{NO}_2$（2,4-二硝基苯肼）、

—NH—$\overset{\overset{}{\vert}}{\underset{O}{\text{C}}}$—NH$_2$（氨基脲）

醛和酮生成的亚胺化合物都是具有一定熔点的晶体,且不同的醛和酮所生成的产物的熔

163

点不同,故可用于鉴定醛和酮,其中尤以 2,4-二硝基苯肼最常用。另外,肟、苯腙、2,4-二硝基苯腙和缩氨脲用稀酸处理,均水解为原来的醛和酮,故可利用上述反应分离和精制醛和酮。

问题 8-6 完成下列反应式:

(1) + H_2N—OH $\longrightarrow$

(2) $CH_3CHO + H_2N$—NH— $\longrightarrow$

(3) O + H_2NNH— $\longrightarrow$

(4) $CH_3CH_2\overset{\text{O}}{\underset{}{C}}CH_3 + H_2NNHC\overset{\text{O}}{\underset{}{NH_2}}$ $\longrightarrow$

6)与维悌希试剂的反应

醛或酮与维悌希(Wittig)试剂作用生成烯烃的反应称为维悌希反应。

$$\underset{(R')H}{\overset{R}{>}}C=O + Ph_3\overset{+}{P}—\overset{-}{C}HR'' \longrightarrow \underset{(R')H}{\overset{R}{>}}C=CHR'' + Ph_3P=O$$

维悌希试剂

维悌希试剂是磷内慃盐(也叫磷叶立德)。常用的维悌希试剂是由三苯基膦与卤代烃作用,首先生成季镴盐,后者再用强碱(如 C_4H_9Li、PhLi 等)处理而得。

$$Ph_3P + RCH_2X \longrightarrow [Ph_3P^+—CH_2R]X^- \xrightarrow{\text{强碱}} Ph_3\overset{+}{P}—\overset{-}{C}HR$$

三苯基膦 　　　　　季镴盐 　　　　　维悌希试剂

维悌希反应对于合成烯烃及其衍生物特别有用,尤其是可以制备用其他方法难以得到的烯烃或其衍生物。例如:

$$\text{}=O + Ph_3\overset{+}{P}—\overset{-}{C}H_2 \xrightarrow[35\%\sim40\%]{\text{二甲亚砜}} \text{}=CH_2 + Ph_3P=O$$

问题 8-7 完成下列反应式:

(1) $(CH_3)_2N$— —CHO + $Ph_3\overset{+}{P}—\overset{-}{C}Cl_2$ $\longrightarrow$

(2) + $Ph_3\overset{+}{P}—\overset{-}{C}H_2$ $\longrightarrow$

(3) —CH=CH—CHO + $Ph_3\overset{+}{P}—\overset{-}{C}H_2$ $\longrightarrow$

8.4.2　α-氢原子的反应

在醛和酮分子中,由于受极性羰基的影响,α-氢原子比较活泼而显示一定的酸性,不仅可被其他原子(如卤原子)等取代,而且能以质子的形式解离下来,使 α-碳原子具有碳负离子的性质。后者可作为亲核试剂,与另一分子的醛或酮的羰基发生亲核加成反应(如羟醛缩合反应等)。

1)羟醛缩合

在强碱(如 NaOH 等)作用下,含有 α-氢原子的醛,两分子之间相互作用,生成 β-羟基醛,这种反应称为羟醛缩合或醇醛缩合。例如:

$$CH_3CH=O + CH_3CHO \xrightarrow[5℃]{NaOH,H_2O} CH_3\underset{\underset{OH}{|}}{CH}CH_2CHO$$

β-羟基丁醛

反应时,首先是一分子醛中的一个 α-氢原子被碱夺取,形成碳负离子,后者作为亲核试剂与另一分子醛中的羰基进行加成反应,生成 β-羟基醛。

$$CH_3CHO + OH^- \rightleftharpoons \bar{C}H_2CHO + H_2O$$

$$CH_3CH{=}O + \bar{C}H_2CHO \rightleftharpoons CH_3CH\underset{O^-}{-}CH_2CHO \underset{H_2O}{\rightleftharpoons} CH_3CH\underset{OH}{-}CH_2CHO$$

β-羟基醛很容易脱水生成 α,β-不饱和醛。如反应温度较高时,得不到 β-羟基醛,而是生成 α,β-不饱和醛。

$$CH_3CH\underset{OH}{-}CH_2CHO \xrightarrow[\triangle]{OH^-} CH_3CH{=}CHCHO$$

2-丁烯醛

酮较难进行羟醛缩合反应,但采取一定措施也能使反应进行。例如,两分子的丙酮在催化量的氢氧化钡作用下,并使反应不断向生成物一方转化,或采用弱酸性阳离子交换树脂作催化剂,则生成二丙酮醇(羟醛缩合反应也可在酸的催化下进行)。

$$CH_3\underset{O}{\overset{}{C}}CH_3 + CH_3\underset{O}{\overset{}{C}}CH_3 \xrightarrow{Ba(OH)_2} CH_3\underset{OH}{\overset{CH_3}{\underset{|}{C}}}CH_2\underset{O}{\overset{}{C}}CH_3$$

4-甲基-4-羟基-2-戊酮
(二丙酮醇)

与 β-羟基醛相似,β-羟基酮也容易发生脱水反应,生成 α,β-不饱和酮。例如:

$$(CH_3)_2\underset{OH}{\overset{}{C}}CH_2\underset{O}{\overset{}{C}}CH_3 \xrightarrow{I_2} (CH_3)_2C{=}CH\underset{O}{\overset{}{C}}CH_3$$

4-甲基-3-戊烯-2-酮

羟醛缩合也是增长碳链的方法之一。由于是相同分子间反应,故碳原子数是成倍增长。当采用两种不同的含 α-氢原子的醛进行羟醛缩合(交叉羟醛缩合)时,可能生成四种产物,分离困难,无实用价值。若一个醛分子无 α-氢原子时,可减少两种产物;若同时控制好条件,某些交叉羟醛缩合也具有制备价值。例如:

$$3H_2C{=}O + H\underset{H}{\overset{H}{\underset{|}{C}}}CHO \xrightarrow{OH^-} HOCH_2\underset{CH_2OH}{\overset{CH_2OH}{\underset{|}{C}}}CHO \xrightarrow[OH^-]{HCHO} HOCH_2\underset{CH_2OH}{\overset{CH_2OH}{\underset{|}{C}}}CH_2OH$$

三羟甲基乙醛　　　　季戊四醇

这是工业上生产季戊四醇的方法。上述反应的第二步属于氧化还原反应(三羟甲基乙醛分子中的醛基被还原,甲醛分子中的醛被氧化成羧基),在实际生产中不需分离,而是一步完成的。季戊四醇可用于制造涂料、树脂和炸药。

2)克莱森-施密特反应

在强碱(或强酸)的作用下,芳醛与含有 α-氢原子的醛或酮发生交叉羟醛缩合反应,然后脱水生成 α,β-不饱和醛或酮,这种反应称为克莱森-施密特(Claisen-Schmidt)反应。例如:

$$\text{⬡}{-}CHO + CH_3CHO \xrightarrow[\text{室温},5\,h,82\%]{10\%\ NaOH,\ C_2H_5OH} \text{⬡}{-}CH{=}CHCHO$$

$$\text{C}_6\text{H}_5-\text{CHO} + \text{CH}_3\overset{\text{O}}{\underset{\|}{\text{CCH}_3}} \xrightarrow[\text{回流}, \sim 2\text{ h}, 65\% \sim 78\%]{10\% \text{ NaOH}} \text{C}_6\text{H}_5-\text{CH}=\text{CHCCH}_3$$

这也是合成 α,β-不饱和醛或酮的方法之一。

3）柏金反应

芳醛与脂肪族酸酐在相应酸的钠（或钾）盐存在下共热,发生缩合生成 α,β-不饱和酸的反应,称为柏金（Perkin）反应。例如：

$$\text{C}_6\text{H}_5-\text{CHO} + (\text{CH}_3\text{CO})_2\text{O} \xrightarrow[160 \sim 180\text{℃}, 62\%]{\text{CH}_3\text{COOK}} \text{C}_6\text{H}_5-\text{CH}=\text{CH}-\text{COOH}$$

肉桂酸

这是实验室和工业上生产肉桂酸的方法。

柏金反应需要较长的反应时间,温度也较高,产率有时也不好,但原料易得,故工业上还是经常采用。

问题 8-8 完成下列反应式：

(1) $\text{CH}_3\text{CH}_2\text{CHO} + \text{CH}_3\text{CH}_2\text{CHO} \xrightarrow[\triangle]{\text{OH}^-}$

(2) $\text{HCHO} + \text{CH}_3\text{CH}_2\text{CH}_2\text{CHO} \xrightarrow[\text{H}_2\text{O}]{\text{Na}_2\text{CO}_3}$

(3) $\text{C}_6\text{H}_5-\text{CHO} + \text{CH}_3\overset{\text{O}}{\underset{\|}{\text{CC}}}(\text{CH}_3)_3 \xrightarrow[\text{C}_2\text{H}_5\text{OH}-\text{H}_2\text{O}]{\text{NaOH}}$

(4) $\text{C}_6\text{H}_5-\text{C}_6\text{H}_4-\text{CHO} + (\text{CH}_3\text{CO})_2\text{O} \xrightarrow{\text{CH}_3\text{COONa}}$

4）卤化和卤仿反应

醛和酮分子中的 α-氢原子可被卤原子（Cl、Br、I）取代,生成 α-卤代醛或酮。一取代醛或酮还可以继续卤化生成二卤代产物和三卤代产物。例如：

$$\text{CH}_3\text{CHO} \xrightarrow[-\text{HX}]{\text{X}_2} \text{XCH}_2\text{CHO} \xrightarrow[-\text{HX}]{\text{X}_2} \text{X}_2\text{CHCHO} \xrightarrow[-\text{HX}]{\text{X}_2} \text{X}_3\text{CCHO}$$

这类反应可被碱或酸所催化。当具有 $\text{CH}_3-\overset{\text{O}}{\underset{\|}{\text{C}}}-$ 构造的醛（乙醛）和酮（甲基酮）与卤素-氢氧化钠溶液反应时,不仅反应速率快,不能停留在一卤代物和二卤代物阶段,而且生成的三卤代物被碱分解,能生成卤仿和羧酸钠。例如：

$$\text{CH}_3\overset{\text{O}}{\underset{\|}{\text{CCH}_3}} + 3\text{NaOX} \underset{(\text{X}_2 + \text{NaOH})}{\longrightarrow} \text{CH}_3\overset{\text{O}}{\underset{\|}{\text{C}}}-\text{ONa} + \text{CHX}_3 + 2\text{NaOH}$$

这种反应称为卤仿反应。此反应可用来制备用其他方法不易得到的羧酸。例如：

$$(\text{CH}_3)_2\text{C}=\text{CHCCH}_3 \xrightarrow[3 \sim 4\text{ h}, 49\% \sim 52\%]{\text{Cl}_2, \text{NaOH}, \text{回流}} (\text{CH}_3)_2\text{C}=\text{CHC}-\text{ONa}$$

所得产物比母体化合物少一个碳原子,故卤仿反应是一种减碳反应。

由于卤素-氢氧化钠溶液中的次卤酸钠（NaOX）是氧化剂,能将具有 $\text{CH}_3-\overset{\text{OH}}{\underset{|}{\text{CH}}}-$ 构造的

166

醇（乙醇和 CH_3—$\overset{\underset{|}{OH}}{CH}$—R 型仲醇）氧化成具有 $CH_3\overset{\underset{\|}{O}}{C}$— 构造的醛和酮,因此,具有

CH_3—$\overset{\underset{|}{OH}}{CH}$— 构造的醇也能发生卤仿反应。

　　当采用碘-氢氧化钠溶液进行反应时,则生成碘仿(碘仿反应),这是合成碘仿的方法之一。碘仿可用作消毒剂和防腐剂。由于碘仿是不溶于水的黄色固体,有特殊气味,因此常利用碘仿反应鉴别具有 CH_3—$\overset{\underset{\|}{O}}{C}$— 构造的醛和酮和在反应中能被氧化成这种构造的醇等。

问题 8-9　下列化合物中哪些可以发生碘仿反应?

(1) $(CH_3)_3CCHO$　　　(2) $C_6H_5\overset{\underset{\|}{O}}{C}CH_3$　　　(3) $(CH_3)_3C\overset{\underset{|}{OH}}{CH}CH_3$

问题 8-10　完成下列反应式:

(1) ▷$\overset{\underset{\|}{O}}{C}CH_3$ $\xrightarrow{NaOCl}$

(2) ⬡$\overset{\underset{\|}{O}}{C}CH_3$ $\xrightarrow[乙醚]{Br_2}$

(3) $(CH_3)_3C\overset{\underset{\|}{O}}{C}CH_3$ $\xrightarrow[OH^-]{Br_2}$

(4) $CH_3\overset{\underset{\|}{O}}{C}CH_3$ $\xrightarrow[乙酸]{Br_2}$

8.4.3　氧化和还原反应

1) 氧化反应

醛由于结构的特殊性——含有醛基,非常容易被氧化。

醛在空气中常温下能慢慢被氧化(称为自动氧化),最后生成羧酸。某些弱氧化剂也能使醛氧化,如土伦(Tollens)试剂和费林(Fehling)溶液等,它们是常用的弱氧化剂。

土伦试剂是硝酸银的氨水溶液。它是利用 Ag^+ 的氧化性,使醛氧化成羧酸(盐),而 Ag^+ 被还原为金属银。

$$RCHO + 2Ag(NH_3)_2OH \xrightarrow{\triangle} RCOONH_4 + 2Ag\downarrow + 3NH_3 + H_2O$$

如果试管(或反应器)很干净,析出的银将镀在试管的内壁,形成银镜,故此反应亦称银镜反应。玻璃制品镀银(制镜)就是根据此原理。

费林溶液是硫酸铜溶液和酒石酸钾钠碱溶液的混合物,氧化剂是二价铜离子。醛与费林溶液反应,醛被氧化为羧酸盐,而二价铜被还原为砖红色氧化亚铜沉淀。

$$RCHO + 2Cu^{2+} + NaOH + H_2O \xrightarrow{\triangle} RCOONa + Cu_2O\downarrow + 4H^+$$

土伦试剂与费林溶液均不与酮反应,故常用它们来鉴别醛和酮。但费林溶液与芳醛反应,需要较大浓度和较长时间(如 30 min)加热。因此费林试剂可用于鉴别脂肪醛和芳香醛。

167

醛和铜都能被强氧化剂(如高锰酸钾、重铬酸钾、硝酸等)氧化。其中醛较易被氧化成羧酸,而酮较难氧化。酮在强烈条件下氧化,发生碳链断裂,生成小分子羧酸混合物,故通常无制备价值。但脂环酮的氧化则可得到单一的二元酸。例如:

$$
\text{O=} \bigcirc \xrightarrow[30\sim40℃]{65\%\ HNO_3} \begin{array}{l} CH_2\text{—}CH_2\text{—}COOH \\ | \\ CH_2\text{—}CH_2\text{—}COOH \end{array}
$$
己二酸

这是制备己二酸的方法之一。己二酸是制备尼龙-66 等的原料。

2)还原反应

醛和酮分子中的羰基可被还原成羟基或亚甲基,将依具体条件而定。

$$
\text{>C=O} \xrightarrow{\text{还原}} \begin{cases} \text{>C—OH} \\ \quad | \\ \quad H \\ \text{>CH}_2 \end{cases}
$$

还原成羟基时,醛和酮可被还原剂(如异丙醇铝-异丙醇、硼氢化钠、硼氢化锂等)或催化加氢(铂、钯、镍等为催化剂、加氢)还原,分别生成伯醇和仲醇。例如:

$$
CH_3CH\text{=}CHCHO + CH_3\underset{\underset{OH}{|}}{CH}CH_3 \xrightarrow[\sim100\%]{Al[OCH(CH_3)_2]_3} CH_3CH\text{=}CHCH_2OH + CH_3\underset{\underset{O}{\|}}{C}CH_3
$$

$$
CH_3CH_2\underset{\underset{O}{\|}}{C}CH_3 \xrightarrow[87\%]{NaBH_4,H_2O} CH_3CH_2\underset{\underset{OH}{|}}{CH}CH_3
$$

利用异丙醇铝-异丙醇作还原剂,只有羰基被还原,而其他基团(如 >C=C< 、—C≡C— 、—NO$_2$)不被还原。这是一种选择性很强的还原剂。另外,该反应是可逆反应,其逆反应可将伯醇或仲醇氧化为醛或酮。

还原成亚甲基,常用的还原方法有两种:克莱门逊还原、黄鸣龙还原。

醛或酮与锌汞齐和盐酸共热,羰基被还原成亚甲基,称为克莱门逊(Clemmensen)还原。例如:

$$
\bigcirc\underset{\underset{O}{\|}}{C}CH_2CH_2CH_3 \xrightarrow[\triangle]{Zn\text{-}Hg,\ HCl} \bigcirc CH_2\text{—}CH_2CH_2CH_3
$$

这是由混芳酮制备相应芳烃的好方法,可还原大多数芳酮,且产率较高。但醛很少使用此方法,另外,对酸敏感的酮也不能使用。

醛和酮与氢氧化钠、肼的水溶液和高沸点水溶性溶剂一起加热,则醛和酮分子中的羰基被还原成亚甲基。此反应称为伍尔夫(Wolff)-凯惜纳(Kishner)-黄鸣龙还原反应,或称黄鸣龙还原反应。例如:

$$
\bigcirc\underset{\underset{O}{\|}}{C}CH_2CH_3 \xrightarrow[200℃]{H_2NNH_2,NaOH,二甘醇} \bigcirc CH_2CH_2CH_3
$$

此还原法能将脂肪、脂环、芳香和杂环醛和酮的羰基还原成亚甲基,故用途较广,但对碱敏感的羰基化合物不适用。因此,克莱门逊还原和黄鸣龙还原可以互补。

3)坎尼扎罗反应

无 α-氢原子的醛在浓碱溶液作用下,发生分子间的氧化还原反应,其中一分子醛被氧化成羧酸（盐），另一分子醛被还原成醇，这种反应称为坎尼扎罗（Cannizzaro）反应，也叫歧化反应。例如：

$$2HCHO \xrightarrow[\text{室温}]{50\% \text{ NaOH}} HCOO(Na) + CH_3OH$$

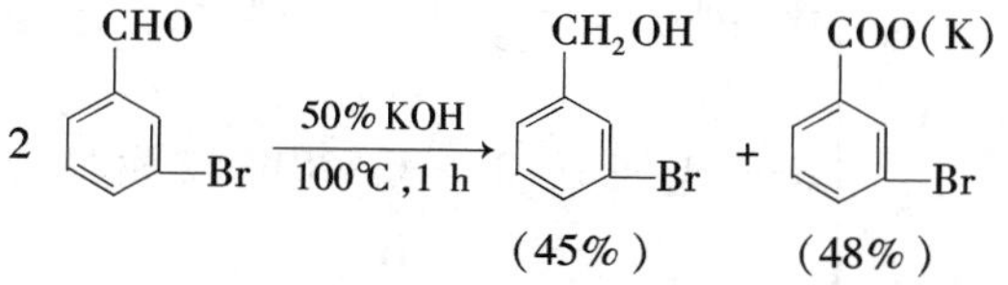

$$(45\%) \qquad (48\%)$$

两种不同的无 α-氢原子的醛，在浓碱作用下也能发生坎尼扎罗反应，称为交叉坎尼查罗反应，此时因生成四种产物的混合物而无制备价值。若其中之一是甲醛，由于甲醛的还原性比其他醛强，因此甲醛被氧化成甲酸（盐），而另一种无 α-氢原子的醛则被还原成醇。例如：

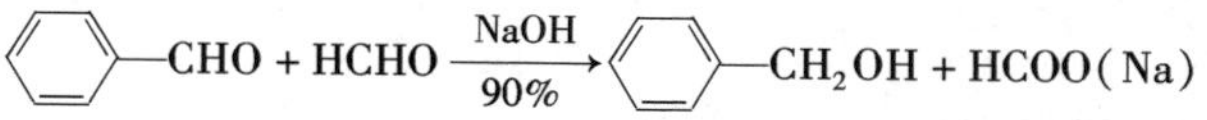

坎尼扎罗反应在有机合成上主要用于制备特殊的脂肪醇和芳醇。例如，季戊四醇的合成就应用了坎尼扎罗反应（见本章 8.4.2）。

问题 8-11 用化学方法鉴别下列各组化合物：

（1）1-丙醇、丙醛、丙酮 （2）苯乙酮、苯甲醛、苄醇

问题 8-12 完成下列反应式：

（1）$CH_3(CH_2)_5CHO \xrightarrow[H_2SO_4]{KMnO_4}$

（2）$CH_3(CH_2)_2CHO \xrightarrow[H_2O]{NaBH_4}$

（3）

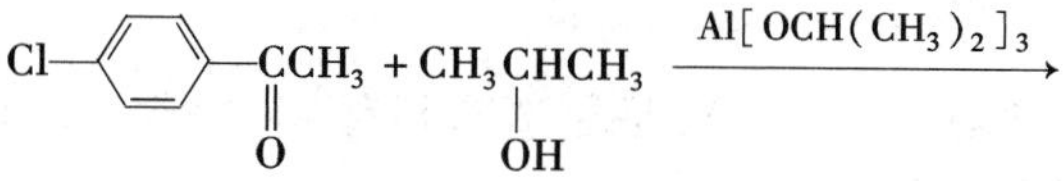

（4）

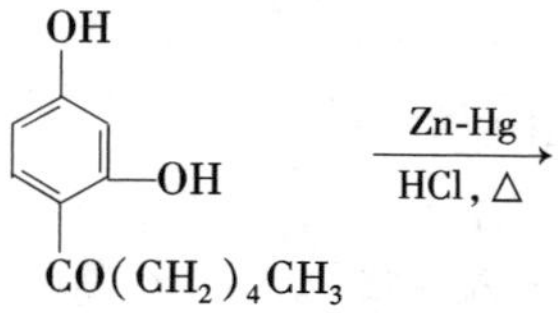

（5）

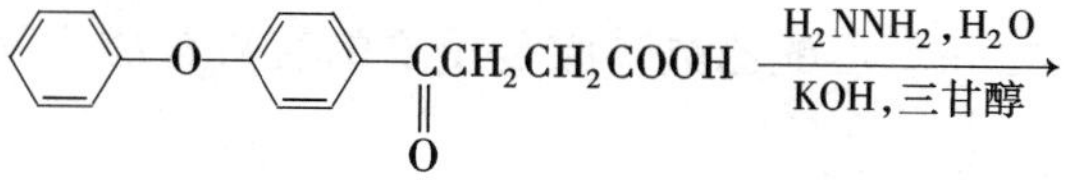

8.5 乙烯酮

乙烯酮是最简单、最重要的不饱和酮，工业上是由乙酸或丙酮裂解制备。

乙烯酮分子中具有累积双键，不稳定，化学性质很活泼，易与含有活泼氢的化合物（如水、

醇、氨、酸等)发生加成反应,生成乙酸或其衍生物。例如:

$$
CH_2=C=O + \begin{cases}
H-OH \longrightarrow CH_3-\underset{\underset{O}{\|}}{C}-OH \quad (乙酸) \\
H-OC_2H_5 \longrightarrow CH_3-\underset{\underset{O}{\|}}{C}-OC_2H_5 \quad (乙酸乙酯) \\
H-NH_2 \longrightarrow CH_3-\underset{\underset{O}{\|}}{C}-NH_2 \quad (乙酰胺) \\
HOOCCH_3 \longrightarrow CH_3-\underset{\underset{O}{\|}}{C}-O-\underset{\underset{O}{\|}}{C}-CH_3 \quad (乙酐) \\
H-Cl \longrightarrow CH_3-\underset{\underset{O}{\|}}{C}-Cl \quad (乙酰氯)
\end{cases}
$$

上述反应可用通式表示如下:

$$CH_2=C=O + H-Z \longrightarrow CH_2-\underset{\underset{Z}{|}}{\underset{H}{|}}C=O$$

通过上述反应可以看出,反应结果相当于在含有活泼氢化合物的分子中引入了乙酰基,因此乙烯酮是乙酰化剂。由于乙烯酮是无色有刺激性的气体,且有毒,使用时应注意安全防护。

另外,乙烯酮还容易发生聚合生成二聚体——二乙烯酮(双乙烯酮)。

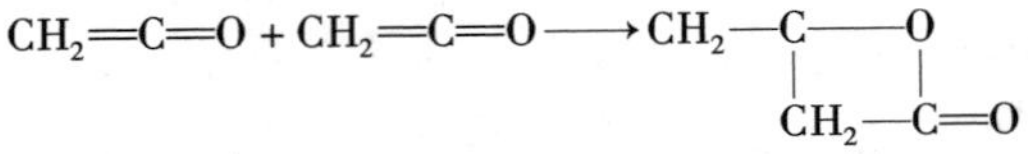

$$CH_2=C=O + CH_2=C=O \longrightarrow \underset{二乙烯酮}{CH_2-C-O \atop | \quad \| \atop CH_2-C=O}$$

二乙烯酮是无色有刺激臭味的液体(沸点 217.4℃),是制造有机颜料、染料、农药和医药等的重要原料。例如,二乙烯酮与苯胺作用生成乙酰乙酰苯胺。

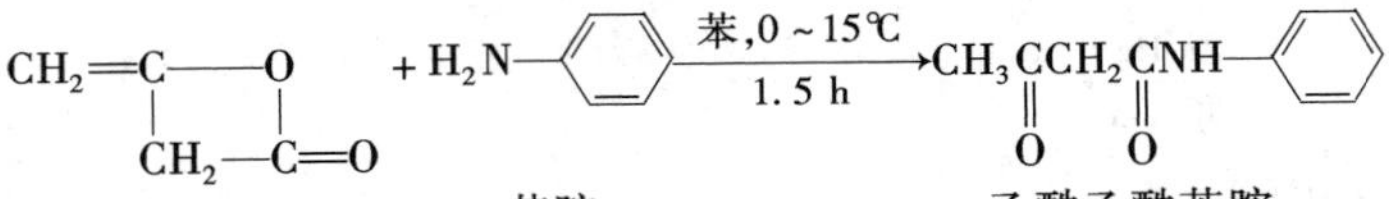

$$\underset{苯胺}{\overset{CH_2=C-O}{\underset{CH_2-C=O}{| \quad |}}} + H_2N-\langle\text{苯环}\rangle \xrightarrow[1.5\ h]{苯,0\sim15℃} CH_3CCH_2CNH-\langle\text{苯环}\rangle$$

乙酰乙酰苯胺

这是工业上生产乙酰乙酰苯胺的方法之一。乙酰乙酰苯胺是重要的有机合成中间体。

小　结

(一)醛和酮

现将醛和酮的主要反应以及前面各章中涉及到的醛和酮的制法汇总如下。

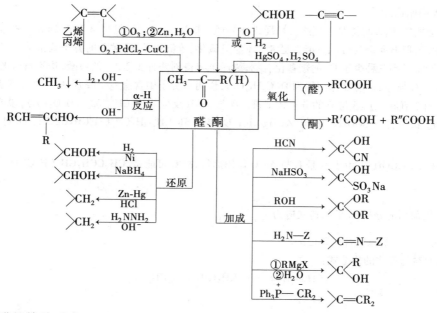

（二）醛的特殊反应

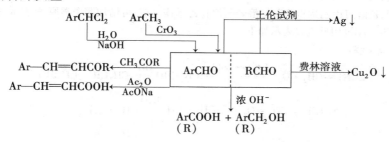

例　题

（一）试用化学方法鉴别下列化合物：

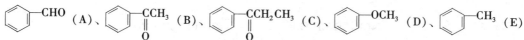

解：题中五个化合物分属三类，首先用羰基试剂将（A）、（B）、（C）与（D）、（E）分开。在（A）、（B）、（C）中，利用芳醛的特征反应将（A）与（B）、（C）分开；（B）和（C）虽均是酮，但可利用二者构造上的差别，采用特性反应将两者区别开。（D）和（E）属于不同类型化合物，可利用某一类反应的共性将两者区别开。例如，可采用下列程序进行鉴别：

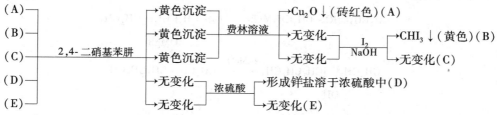

（二）某烃 A 分子式为 C_6H_{10}，催化加氢得到 B（C_6H_{12}），A 经臭氧化、分解得到 C（$C_6H_{10}O_2$），C 与湿的 Ag_2O 作用得到 D（$C_6H_{10}O_3$），D 与次碘酸钠反应生成碘仿和 E（$C_5H_8O_4$）。D 与 Zn-Hg 和盐酸反应得到正己

171

酸。试推测 A 的结构。

解:根据通式推测,A 可能是炔烃或二烯烃或环烯烃。根据 A 催化加氢得 B 和 B 的分子式推测,B 可能是环烷烃或烯烃,但 B 是环烷烃的可能性更大。A 经臭氧化、分解得 C,根据 C 的分子式推测,A 似应为环烯烃,因为二烯烃将得到三种少于 C_6 的羰基化合物,炔烃也将得到两种少于 C_6 的羧酸,均不符合题意,因此 A 可能是环烯烃。C 与湿的 Ag_2O 作用得到 $D(C_6H_{10}O_3)$,说明 C 分子中含有一个醛基,因为两个都是醛基时将得到二酸(含四个氧原子),这与 D 的分子式不符。D 与 NaOI 反应生成 CHI_3 和 $C_5H_8O_4$(E),说明 D 中含有

$CH_3\overset{\displaystyle O}{\underset{\displaystyle \|}{C}}$— 构造和一个—COOH。D 与 Zn-Hg/HCl 反应得到 $CH_3CH_2CH_2CH_2CH_2COOH$,说明 D 可能是

$CH_3\overset{\displaystyle O}{\underset{\displaystyle \|}{C}}CH_2CH_2CH_2COOH$。由于 D 是 C 与 Ag_2O 作用而得,故 C 可能是 $CH_3\overset{\displaystyle O}{\underset{\displaystyle \|}{C}}CH_2CH_2CH_2CHO$。由于 C 是

由 A 得到,根据前面的分析,A 的构造式应为 $\square\!\!=\!\!-CH_3$。

(三)以乙烯为主要原料合成 3-己酮。

解:对比原料与产物的构造式:

$$CH_2\!\!=\!\!CH_2 \longrightarrow CH_3CH_2\overset{\displaystyle O}{\underset{\displaystyle \|}{C}}CH_2CH_2CH_3$$

通过对比可以看出,此是增碳反应,且是成倍增长。可将 3-己酮分解为乙基和"丁醛",而丁醛可由两分子乙醛经羟醛缩合而得,乙醛可由乙烯得到。丁醛若与溴化乙基镁反应,可增加两个碳原子,且是直链。通过上述分析,由乙烯合成 3-己酮可用反应式表示如下。

(1)由乙烯合成丁醛:

$$2CH_2\!\!=\!\!CH_2 + O_2 \xrightarrow{PdCl_2 + CuCl} 2CH_3CHO \xrightarrow[\triangle]{OH^-} CH_3CH\!\!=\!\!CHCHO$$

$$CH_2\!\!=\!\!CH_2 + O_2 \xrightarrow{Ag} \underset{O}{\overset{\displaystyle CH_2-CH_2}{\triangle}} \xrightarrow[H^+]{H_2O} \underset{OH\ \ \ OH}{CH_2-CH_2}$$

$$CH_3CH\!\!=\!\!CHCHO + \underset{OH\ \ OH}{CH_2-CH_2} \xrightarrow{H^+} CH_3CH\!\!=\!\!CHCH\underset{O-CH_2}{\overset{O-CH_2}{<}}$$

$$\xrightarrow[Ni]{H_2} CH_3CH_2CH_2CH\underset{O-CH_2}{\overset{O-CH_2}{<}} \xrightarrow[H^+]{H_2O} CH_3CH_2CH_2CHO$$

(2)溴化乙基镁的制备:

$$CH_2\!\!=\!\!CH_2 + HBr \longrightarrow CH_3CH_2Br \xrightarrow[干醚]{Mg} CH_3CH_2MgBr$$

(3)3-己酮的合成:

$$CH_3CH_2CH_2CHO + CH_3CH_2MgBr \xrightarrow{干醚} CH_3CH_2\underset{OMgBr}{CH}CH_2CH_2CH_3$$

$$\xrightarrow[H^+]{H_2O} CH_3CH_2\underset{OH}{CH}CH_2CH_2CH_3 \xrightarrow{KMnO_4} CH_3CH_2\underset{O}{\overset{\|}{C}}CH_2CH_2CH_3$$

（一）命名下列各化合物：

(1) $CH_3—\overset{\underset{\displaystyle O}{\|}}{C}—CH_2Br$

(2) $CH_2\!=\!CHCH_2\overset{\underset{\displaystyle O}{\|}}{C}CH_3$

(3) $O_2N—\!\!\left\langle\!\!\bigcirc\!\!\right\rangle\!\!—\overset{\underset{\displaystyle O}{\|}}{C}CH_3$

(4) 环己酮3位甲基结构（环己酮，CH_3 在 3 位）

(5) $\left\langle\!\!\bigcirc\!\!\right\rangle\!\!—CH_2CH_2CHO$

(6) $HO—\!\!\left\langle\!\!\bigcirc\!\!\right\rangle\!\!—CHO$

（二）写出下列化合物的构造式：

(1) 对甲氧基苯甲醛

(2) 反-2-丁烯醛

(3) 2-乙基-3-羟基己醛

(4)（R）-2-溴丙醛

(5) 1,3-二苯基-2-丙酮

(6) 丁酮-2,4-二硝基苯腙

（三）写出对甲（基）苯甲醛与下列试剂反应的主要产物：

(1) 氢氰酸（微量 OH^-）　　　　　(2) 饱和亚硫酸氢钠

(3) 甲基碘化镁，然后酸化　　　　　(4) 羟胺

(5) 2,4-二硝基苯肼　　　　　　　　(6) 氨基脲

(7) $NaBH_4$　　　　　　　　　　　(8) $Ag(NH_3)_2OH$

(9) HCHO（浓 NaOH）　　　　　　(10) 丙酮（过量），OH^-

(11) 乙酐（乙酸钠）　　　　　　　 (12) 浓 HNO_3-浓 H_2SO_4

（四）与 $C\!=\!C$ 双键相似，$C\!=\!N$ 双键也能引起顺反异构。试判断苯甲醛肟、苯乙酮肟、二苯甲酮肟、4-甲氧基二苯甲酮肟有无顺反异构体？若有，写出其顺反异构体。

（五）用化学方法鉴别下列各组化合物：

(1) 丁醛和 1-丁醇　　　　　(2) 丁醛和丁酮

(3) 2-戊酮和 3-戊酮　　　　(4) 乙醚和丁酮

(5) 2-溴丁烷和丁酮　　　　(6) 1-丙醇和 2-丙醇

(7) 正庚醛、苯甲醛和苯乙酮

(8) 苯甲醇、苯酚、苯甲醛和正庚醛

（六）下列化合物哪些能发生碘仿反应？哪些能顺利地与 $NaHSO_3$ 加成？哪些能发生银镜反应？哪些能发生羟醛缩合反应？哪些能发生坎尼扎罗反应？哪些能与费林溶液反应？哪些能生成苯腙？

(1) CH_3CH_2CHO　　　　　　(2) $CH_3CH(OH)CH_2CH_2CH_3$

(3) $CH_3CH_2CH_2OH$　　　　　(4) $CH_3CH_2COCH_3$

(5) $C_6H_5COCH_3$　　　　　　 (6) $CH_3COCH_2CH_2COCH_3$

(7) $C_6H_5CH(OH)CH_3$　　　　(8) $C_6H_5CH_2CH_2OH$

(9) C_6H_5CHO　　　　　　　 (10) 环己酮（环己烷=O）

（七）由指定原料合成：

(1) 乙炔——→正丁醇

(2) 丙烯——→丙酮

（3）正庚醛──→正庚醚

（4）环戊酮──→2-氯环戊醇

（5）环戊酮──→1,2-二溴环戊烷

（6）乙烯──→丁酮

（7）乙醛──→CH₃CHCOOH
　　　　　　　　　|
　　　　　　　　　OH

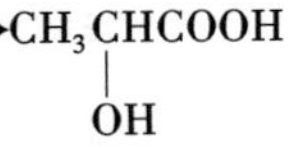

（8）乙烯──→CH₃CHCHCOOH
　　　　　　　　　|　|
　　　　　　　　　Br　Br

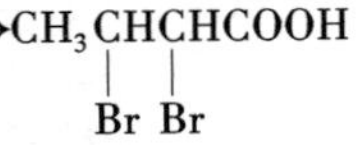

（9）苯──→4-甲基-3-硝基苯乙酮

（10）乙苯──→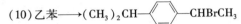

（八）用两种不同的格利雅试剂与适当的酮合成下列各醇,并写出全部反应式。

（1）2-甲基-2-丁醇　（2）1,1-二苯乙醇　（3）3-甲基-3-己醇

（九）试将下列化合物按亲核加成反应活性由强到弱排列成序:

（十）有一个化合物 A,分子式为 $C_8H_{14}O$,能使溴水褪色,与 2,4-二硝基苯肼反应生成黄色沉淀,氧化生成丙酮和化合物 B,B 与 NaOCl 反应生成 CHCl₃ 和 HOOCCH₂CH₂COOH。试写出 A 和 B 的构造式。

（十一）化合物 A,分子式为 $C_5H_{12}O$,有旋光性,当 A 用碱性 KMnO₄ 强烈氧化,则变成没有旋光性的 B,$C_5H_{10}O$。化合物 B 与正丙基溴化镁作用后再水解生成 C,后者能拆分出两个对映体。写出化合物 A、B 和 C 的构造式及各步反应式。

（十二）分子式为 $C_6H_{12}O$ 的化合物 A 能与羟胺反应,A 与土伦试剂、饱和 NaHSO₃ 溶液均不反应。A 经催化加氢得到分子式为 $C_6H_{14}O$ 的化合物 B。B 和浓 H_2SO_4 作用脱水生成分子式为 C_6H_{12} 的化合物 C。C 经臭氧化分解生成分子式为 C_3H_6O 的两种化合物 D 和 E。D 有碘仿反应而无银镜反应,E 有银镜反应而无碘仿反应。试写出 A～E 的构造式。

（十三）分子式为 C_7H_{12} 的化合物 A 给出下列实验结果:

（1）A 与 KMnO₄ 反应生成环戊烷羧酸(或称环戊基甲酸);（2）A 与浓 H_2SO_4 作用后再水解生成分子式为 $C_7H_{14}O$ 的醇,此醇有碘仿反应。试写出 A 的构造式。

174

第9章　羧酸及其衍生物

分子中含有羧基(—C—OH 或简写为—COOH)的化合物称为羧酸。可用 R—COOH 或
　　　　　　　　‖
　　　　　　　　O

Ar—COOH 表示。羧基是羧酸的官能团。

从羧酸分子的羧基中去掉羟基后剩下的部分(R—C—)称为酰基。羧酸分子的羧基中的
　　　　　　　　　　　　　　　　　　　　　　‖
　　　　　　　　　　　　　　　　　　　　　　O

羟基被其他原子或基团取代后的化合物,称为羧酸衍生物。最常见和最重要的羧酸衍生物有

$$R—\overset{\underset{\|}{O}}{C}—X \qquad R—\overset{\underset{\|}{O}}{C}—O—\overset{\underset{\|}{O}}{C}—R \qquad R—\overset{\underset{\|}{O}}{C}—OR \qquad R—\overset{\underset{\|}{O}}{C}—NH_2$$

　　　酰卤　　　　　　　　　酸酐　　　　　　　　　　酯　　　　　　　　酰胺

羧酸及其衍生物广泛存在于自然界中,它们在生产和生活中被广泛应用。某些羧酸是动、植物代谢中的重要物质。某些羧酸衍生物是许多昆虫幼虫的激素,能控制昆虫的发育;有的还可用于杀灭害虫且无药害;有的是性外激素,可用来捕杀害虫,是一种新兴的农药杀虫剂。例如,一种雌性食心虫能分泌7-十二碳烯-1-醇的乙酸酯(是一种性外激素),用以引诱雄蛾,人们利用这种性外激素引诱雄蛾,进而杀之。它与一般农药相比,有无毒、无污染、对人畜无害等优点。

$$CH_3—\overset{\underset{\|}{O}}{C}—O—CH_2(CH_2)_5CH=CH(CH_2)_3CH_3$$

乙酸-7-十二碳烯(-1-醇)酯

第1节　羧　　酸

9.1　羧酸的分类和命名

9.1.1　分类

羧酸可根据分子中烃基结构的不同分为:脂肪族羧酸、脂环族羧酸、芳香族羧酸等;另外,还可根据烃基是否饱和而分为饱和羧酸与不饱和羧酸。

脂肪族羧酸　　　　　$CH_3CH_2CH_2COOH$　　　　　　　　　$H_2C=CHCOOH$
　　　　　　　　　　　　丁酸　　　　　　　　　　　　　　　丙烯酸
　　　　　　　　　　　(饱和羧酸)　　　　　　　　　　　　(不饱和羧酸)

脂环族羧酸

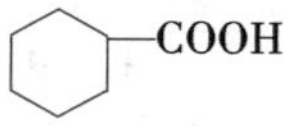

环己烷羧酸 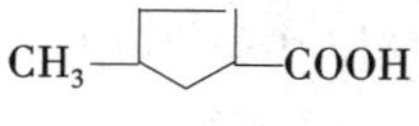　　　　　　　　　　　3-甲基环戊烷羧酸

芳香族羧酸

苯甲酸 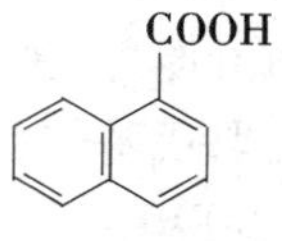　　　　　　　　　　　　　1-萘甲酸

羧酸又可根据分子中所含羧基数目的不同分为:一元羧酸、二元羧酸、三元羧酸等。二元以上羧酸统称多元羧酸。

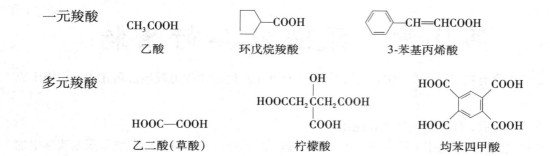

一元羧酸　　　CH_3COOH　　　　　　　　　—COOH　　　　　　　　　—CH=CHCOOH

　　　　　　　　　　乙酸　　　　　　　　　环戊烷羧酸　　　　　　　　3-苯基丙烯酸

多元羧酸

　　　　　　　　　　　　　　　　　　　　OH
　　　　　　　　　　　　　　　　　$HOOCCH_2\overset{|}{\underset{|}{C}}CH_2COOH$
　　　　　　　　　　　　　　　　　　　　COOH

　　　　　　　$HOOC—COOH$

　　　　　　　　乙二酸(草酸)　　　　　　　柠檬酸　　　　　　　　　　均苯四甲酸

9.1.2　命名

1)俗名

某些羧酸最初是根据来源命名,称为俗名。例如:甲酸来自蚂蚁,称为蚁酸;乙酸存在于食醋中,称为醋酸;丁酸存在于奶油中,称为酪酸;十八酸存在于油脂中,称为硬脂酸;苯甲酸存在于安息香胶中,称为安息香酸等。

2)系统命名法

饱和一元羧酸命名:选择含有羧基碳原子在内的最长碳链作为主链,根据主链碳原子数目称为"某酸";主链碳原子可从羧基开始用1、2、3……阿拉伯数字编号,或从与羧基碳原子直接相连的碳原子开始用α、β、γ……希腊字母编号;取代基的名称和位次放在"某酸"之前,其排列的顺序则按照"次序规则"。例如:

$$\overset{\gamma}{\underset{4}{CH_3}}-\overset{\beta}{\underset{3}{CH}}-\overset{\alpha}{\underset{2}{CH}}-\overset{1}{COOH}$$
　　　　　　　$\underset{CH_3}{|}$　$\underset{CH_3}{|}$

　　　　　　2,3-二甲基丁酸　　　　　　　　　　3-环己基丙酸
　　　　　　α,β-二甲基丁酸　　　　　　　　β-环己基丙酸

不饱和一元羧酸命名:选择包括羧基碳原子和重键碳原子在内的最长碳链作为主链,称为某烯酸或某炔酸。例如:

　　　$CH_3—CH=CH—COOH$　　　　　$CH_3—C≡C—CH—CH_2—COOH$
　　　　　　　　　　　　　　　　　　　　　　　　　　$\underset{CH_3}{|}$

　　　　　　2-丁烯酸　　　　　　　　　　　3-甲基-4-己炔酸

二元羧酸命名:选择包括两个羧基碳原子在内的最长碳链作为主链,根据主链的碳原子数,称其为某二酸。例如:

　　　　　$HOOCCH_2CH_2CH_2CH_2COOH$　　　　　　$CH_3CH_2CHCOOH$
　　　　　　　　　　　　　　　　　　　　　　　　　　　　　　$\underset{COOH}{|}$

　　　　　　　　己二酸　　　　　　　　　　　　2-乙基丙二酸

芳酸命名:以脂肪酸为母体,芳基作为取代基来命名。若苯环上连有取代基,则从羧基所在的碳原子开始编号,并使取代基的位次最小。例如:

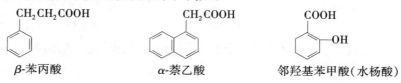

　　β-苯丙酸　　　　　　　　α-萘乙酸　　　　　　邻羟基苯甲酸(水杨酸)

问题 9-1 命名下列各化合物：

(1) CH_3CH—$\underset{\underset{CH_3}{|}}{\overset{\overset{CH_3}{|}}{C}}$—COOH

(2) CH_3CH_2C=$CHCOOH$ （下标 CH_3）

(3) $\underset{\underset{H}{|}}{\overset{\overset{HOOC}{|}}{C}}$=$\underset{\underset{COOH}{|}}{\overset{\overset{H}{|}}{C}}$

(4) $HOOCCHCH_2CH_2CHCH_2COOH$ （两个苯基取代）

(5) CH_3—⟨苯环⟩—COOH

(6) $\underset{\underset{CH_3}{|}}{⟨环⟩}$—$CH_2COOH$

问题 9-2 写出下列化合物的构造式：

(1) γ-氯戊酸 　　　　(2) E-4-甲基-3-己烯酸

(3) 1,3,5-苯三甲酸 　　 (4) 2,2-二甲基丙二酸

9.2 羧基的结构

在羧基中，碳原子是 sp^2 杂化。三个 sp^2 杂化轨道分别与碳原子的一个 sp^3 杂化轨道（甲酸是氢原子的 1s 轨道），以及羰基和羟基中氧原子的各一个原子轨道形成三个 σ 键，它们共处于同一平面，键角约为 $120°$。羰基碳原子上未参与杂化的 p 轨道与羰基氧原子的一个 p 轨道均垂直于三个 σ 键所在平面，且相互平行，它们在侧面相互交盖形成 π 键。另外，羟基氧原子的未共用电子对所在的 p 轨道，与羰基的 π 轨道形成 p,π-共轭体系，如图 9-1 所示。

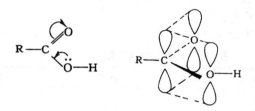

图 9-1　羧基的结构

由于共轭效应的影响，羟基氧原子上的电子云密度有所降低，羰基碳原子上的电子云密度有所增高。因此，羧基中的羰基对亲核试剂的活性比醛和酮分子中的羰基差，而不与 HCN 等亲核试剂进行加成。与羰基相似，羧基也是吸电基。由于羧基吸引电子的结果，羧酸中的 α-氢原子也比较活泼，但其活性比醛和酮中的 α-氢原子差。

9.3 羧酸的物理性质

直链饱和一元羧酸是无色物质。常温时，$C_1 \sim C_9$ 羧酸是液体，从 C_{10} 羧酸开始是固体。$C_1 \sim C_3$ 羧酸有刺激气味，$C_4 \sim C_6$ 羧酸有腐败气味，高级羧酸无味。羧酸沸点随分子中碳原子数的增加而升高。在碳原子数相同的构造异构体中，直链异构体沸点最高，支链越多，沸点越低。例如：

	$CH_3CH_2CH_2CH_2COOH$	$(CH_3)_2CHCH_2COOH$	$(CH_3)_3CCOOH$
沸点($℃$)	186	176	163

与醇相似，羧酸分子间也存在着氢键，且两分子间能形成两个氢键，故其氢键比醇强。因

此,羧酸的沸点比相对分子质量相近的醇高。例如:

	$CH_3CH_2CH_2OH$	CH_3COOH
相对分子质量	60.06	60.03
沸点(℃)	97	118

实验证明,羧酸在固态和液态时,通过氢键以双分子缔合体存在。甚至在羧酸蒸气中,也存在双分子缔合体,如甲酸等。

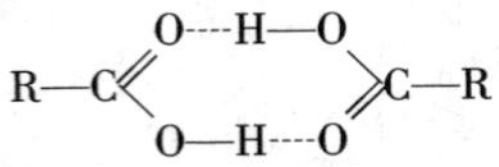

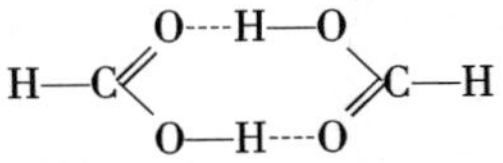

饱和一元羧酸的熔点变化规律与烷烃相似,即含偶数碳原子羧酸的熔点,比与之相邻的两个含奇数碳原子的羧酸熔点高。

羧酸与水也能形成氢键,见下图。

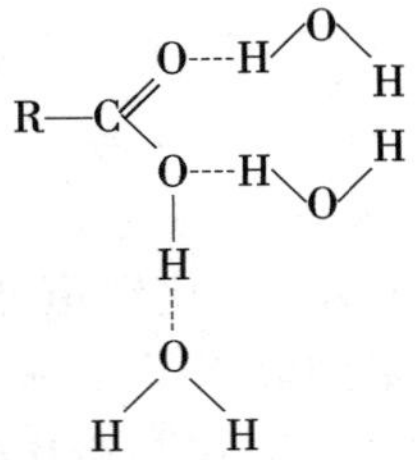

由于羧基中的羰基和羟基均能分别与水形成氢键,故羧酸与水形成氢键的能力比相应的醇大。因此,羧酸在水中的溶解度比相应的醇大。例如,正丁酸能与水混溶,而正丁醇在水中的溶解度为 8 g/(100 g 水)。甲酸至丁酸全能与水混溶,在水中的溶解度随相对分子质量的增加而减小,癸酸以上基本不溶于水。

一些羧酸的物理常数如表 9-1 所示。

表 9-1　羧酸的物理常数

名　　称	熔点(℃)	沸点(℃)	溶解度(g/100 g 水)
甲酸	8.4	101	∞
乙酸	16.6	118	∞
丙酸	−21	141	∞
正丁酸	−5	164	∞
正戊酸	−34	186	4.97
正己酸	−3	205	0.968
正庚酸	−8	223	0.244
正辛酸	17	239	0.068
正癸酸	31.5	270	0.015
丙烯酸	−13	141	溶
乙二酸	189.5	157(分解)	9
丙二酸	135.6	140(分解)	74
己二酸	153	276	1.5
顺丁烯二酸	139.5		78.8
反丁烯二酸	287		0.7
苯甲酸	122	249.2	0.34
对苯二甲酸	300(升华)		0.002
α-萘乙酸	135		微溶

问题9-3 在下列各组化合物中,哪一个沸点较高?

(1)乙醇、甲酸　　　　(2)丁烷、丙醛、正丙醇、乙酸

(3)正丁酸、异丁酸　　(4)乙酸、正丁酸

问题9-4 低级羧酸(如甲酸和乙酸等)与水无限混溶,而高级羧酸(如正十六酸和正十八酸等)则不溶于水,为什么?试解释之。

9.4 羧酸的化学性质

羧酸的官能团羧基是由羰基和羟基组成,因此羧酸与醛、酮和醇在化学性质上有某些相似之处。但由于羧基不是羰基和羟基的简单加合,而是构成了共轭体系,原子之间相互影响,因此羧酸具有不同于醛、酮和醇的某些特殊性质。羧酸分子易发生化学反应的主要部位如下:

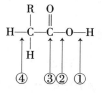

①羟基中的氢原子具有酸性,可与碱成盐

②羟基被取代,生成羧酸衍生物

③羧基的反应,如还原和脱羧等

④α-氢原子的取代反应等

9.4.1 羧酸的酸性

在羧酸分子中,由于 p,π-共轭效应的影响,羟基氧原子上的电子云密度降低,它吸引电子的结果,使 O—H 之间的电子云偏向氧原子一边,氢原子较易解离为质子,故羧酸具有酸性。

$$R-C-O-H$$

从另一方面来看,羧酸解离成羧酸根负离子后,由于 p,π-共轭效应的影响,电子发生离域,负电荷不再集中于一个氧原子上,而是均匀分布在两个氧原子上:

$$R-C \underset{O}{\overset{O-H}{}} \Longleftrightarrow R-C \underset{O}{\overset{O^-}{}} \quad 即 \quad R-C \underset{O^{\frac{1}{2}-}}{\overset{O^{\frac{1}{2}-}}{}}$$

因此羧酸根比较稳定而较容易生成,同样说明羧酸具有酸性。其表现为,羧酸与氢氧化钠和碳酸氢钠等碱性物质作用,生成羧酸盐:

$$R—COOH + NaOH \longrightarrow R—COONa + H_2O$$

$$R—COOH + NaHCO_3 \longrightarrow R—COONa + CO_2 + H_2O$$

$$R—COOH + NH_3 \longrightarrow R—COONH_4$$

这些盐类与强的无机酸(如硫酸和盐酸等)作用,又可转变成羧酸:

$$R—COONa + HCl \longrightarrow R—COOH + NaCl$$

以上事实说明,羧酸具有酸性,其酸性比碳酸强,但比盐酸等强无机酸弱。它们的 pKa 值也说明了这一事实:

	强无机酸	羧酸	碳酸
pKa	1～2	3.5～5	6.38

利用上述性质可分离羧酸与不溶于水的非酸性物质的混合物,也可用来鉴别羧酸。

不同羧酸酸性的强弱与其结构有关。几种不同羧酸的酸性如表9-2所示。

表 9-2　几种不同羧酸的 pK_a 值

名　　称	构造式	pK_a	名　　称	构造式	pK_a
甲酸	HCOOH	3.77	4-氯丁酸	ClCH$_2$CH$_2$CH$_2$COOH	4.52
乙酸	CH$_3$COOH	4.76	苯甲酸	⬡—COOH	4.20
丙酸	CH$_3$CH$_2$COOH	4.88			
异丁酸	(CH$_3$)$_2$CHCOOH	5.05	对甲基苯甲酸	CH$_3$—⬡—COOH	4.38
氯乙酸	ClCH$_2$COOH	2.86			
二氯乙酸	Cl$_2$CHCOOH	1.29	对羟基苯甲酸	HO—⬡—COOH	4.57
三氯乙酸	Cl$_3$CCOOH	0.65			
氟乙酸	FCH$_2$COOH	2.66	对甲氧基苯甲酸	CH$_3$O—⬡—COOH	4.47
溴乙酸	BrCH$_2$COOH	2.90			
碘乙酸	ICH$_2$COOH	3.18	对氯苯甲酸	Cl—⬡—COOH	3.97
丁酸	CH$_3$CH$_2$CH$_2$COOH	4.82			
2-氯丁酸	CH$_3$CH$_2$CHClCOOH	2.84	对硝基苯甲酸	O$_2$N—⬡—COOH	3.42
3-氯丁酸	CH$_3$CHClCH$_2$COOH	4.08			

不同结构的羧酸,其酸性不同的原因可用电子效应解释。例如,乙酸的酸性比丙酸强,但比氯乙酸弱。它们的 pK_a 值见表 9-2。丙酸可看成是乙酸分子中的一个 α-氢原子被甲基取代的化合物;氯乙酸可看成是乙酸分子中的一个 α-氢原子被氯原子取代的化合物。与氢原子相比,甲基通常表现为供电性;氯原子的电负性比氢原子和碳原子均大,表现为吸电性。由于甲基供电诱导效应的影响,不仅使甲基碳原子与亚甲基碳原子之间的 σ 电子云偏向亚甲基碳原子,而且这种影响沿着 C—C—C—O—H 链传递,使 O—H 键结合更加牢固,因此氢原子不易以质子的形式解离出来,所以丙酸酸性比乙酸弱;相反,由于氯原子吸电子诱导效应的影响,同样可以沿着 Cl—C—C—O—H 链传递,但电子转移的方向与丙酸相反,因此使 O—H 键结合减弱,氢原子容易以质子形式解离出来,故氯乙酸酸性比乙酸强。丙酸和氯乙酸分子中诱导效应的传递可示意如下:

$$CH_3 \rightarrow CH_2 \rightarrow C \rightarrow O \rightarrow H \qquad H—CH_2—C—O—H \qquad Cl \leftarrow CH_2 \leftarrow C \leftarrow O \leftarrow H$$
$$\underset{O}{\|} \qquad\qquad \underset{O}{\|} \qquad\qquad \underset{O}{\|}$$

另外,考查羧酸根负离子的稳定性也可以得出同样的结论。当羧酸根负离子与供电基相连时,由于供电诱导效应的影响,使羧酸根负离子的负电荷更加集中而不稳定,不易生成,故酸性较弱;反之,羧酸根负离子与吸电基相连时,由于吸电诱导效应的影响,羧酸根负离子的负电荷得到分散而较稳定,因此容易生成,故酸性较强。

通过上述讨论可知,在羧酸分子中,当与羧基相连的供电基越多和/或离羧基越近,则酸性越弱;相反,吸电基越多和/或离羧基越近,则酸性越强。(参阅表 9-2)

不同原子和基团,其诱导效应的大小(强弱)是不同的。一些常见基团的诱导效应大小顺序是(由于选择母体及各种影响因素不同,所得取代基的诱导效应大小不完全相同):

吸电基:$-NO_2 > -CN > -F > -Cl > -Br > -I > -C \equiv CH > -OCH_3 > -OH > -C_6H_5 > -CH = CH_2 > -H$

供电基:$-O^- > -COO^- > -C(CH_3)_3 > -CH(CH_3)_2 > -CH_2CH_3 > -CH_3 > -H$

芳环上的取代基对芳香族羧酸酸性的影响,与其在饱和脂肪酸碳链上对酸性的影响不完全相同。芳环上取代基对酸性的影响,除诱导效应外,还有共轭效应等。芳环上取代基对芳酸酸性的影响,不仅与取代基的性质,而且与取代基在芳环上的位置有关。

当芳环上的取代基位于羧基的间位时,由于两者通过苯环并未形成共轭体系,取代基对羧基的影响只有诱导效应。当取代基是供电基时,该取代酸的酸性比苯甲酸弱;当取代基是吸电

基时,其酸性比苯甲酸强。例如:

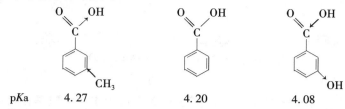

| pKa | 4.27 | 4.20 | 4.08 |

在间甲基苯甲酸分子中,甲基是供电基。由于甲基供电诱导效应的影响,羧基中的 O—H 键较难断裂,因此酸性变弱;在间羟基苯甲酸分子中,羟基是吸电基。由于羟基吸电诱导效应的影响,羧基中的 O—H 键较易断裂,因此酸性变强。

当取代基位于羧基的对位时,取代基通过苯环与羧基形成了共轭体系,因此分子中存在着共轭效应。但由于取代基与羧基相距较远,诱导效应的影响几乎很小。例如:

| pKa | 4.38 | 4.20 | 4.57 |

在对甲基苯甲酸分子中,甲基的超共轭效应通过苯环影响到羧基,使羧基碳原子上的电子云密度增高,从而也使羟基氧原子上的电子云密度增高,不利于羟基中氢原子的解离,故酸性变弱;在对羟基苯甲酸分子中,虽然羟基氧原子的电负性比碳原子大,羟基是吸电基,但由于羟基与羧基相距较远,羟基的吸电诱导效应很小。而羟基中氧原子未共用电子对所在 p 轨道,通过苯环的 π 轨道与羧基形成共轭体系,由于 p,π-共轭效应的影响,羧基中羟基的氢原子同样较难离去,故酸性变弱。由于羟基的 p,π-共轭效应比甲基的超共轭效应强,因此对羟基苯甲酸的酸性比对甲基苯甲酸的酸性还弱。

通过上述讨论可以看出,使芳酸酸性变弱的取代基,是取代苯在亲电取代反应中活化苯环的基团;使酸性变强的取代基,则是取代苯在亲电取代反应中钝化苯环的基团。其活化或钝化程度越大,则对酸性影响越大。

问题 9-5

(1)试将下列化合物按酸性由强到弱排列。

| COOH | CH$_2$COOH | CH$_3$CH$_2$COOH |
| COOH | Cl | |

(2)比较下列羧酸根负离子的稳定性。

| CH$_2$COO$^-$ | CH$_2$COO$^-$ | CH$_2$COO$^-$ |
| F | OH | Br |

9.4.2 羟基被取代的反应

羧酸分子中的羟基可被卤原子(—Cl、—Br、—I)、烷氧基(—OR)、酰氧基

（ —O—C—R ），氨基（—NH$_2$）等原子或基团取代,分别生成酰卤、羧酸酯、酸酐、酰胺等羧酸
　　　　‖
　　　　O

衍生物。可用通式表示如下:

$$R—C—OH + H—Nu \rightleftharpoons R—C—Nu + H_2O$$
　　‖　　　　　　　　　　‖
　　O　　　　　　　　　　O

反应结果相当于在 H—Nu 分子中引入了一个酰基,故这类反应也称为酰基化反应。

1)酰卤的生成

羧酸与三卤化磷、五卤化磷或亚硫酰氯等卤化试剂作用,则分子中的羟基被卤原子取代,生成酰卤。例如:

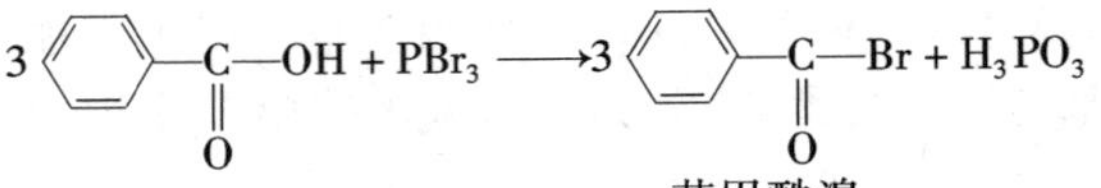

$$3\ \text{C}_6\text{H}_5—C—OH + PBr_3 \longrightarrow 3\ \text{C}_6\text{H}_5—C—Br + H_3PO_3$$

苯甲酰溴

$$CH_3(CH_2)_6C—OH + PCl_5 \longrightarrow CH_3(CH_2)_6C—Cl + POCl + HCl\uparrow$$

辛酰氯

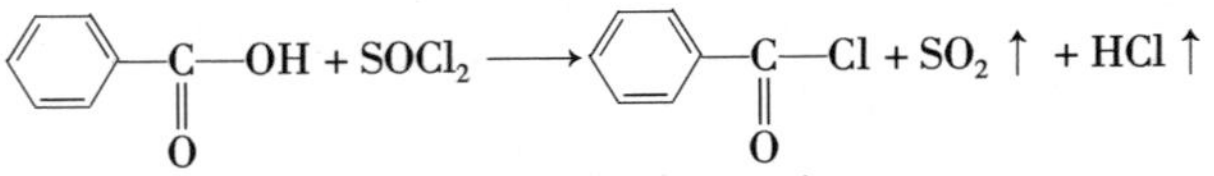

$$\text{C}_6\text{H}_5—C—OH + SOCl_2 \longrightarrow \text{C}_6\text{H}_5—C—Cl + SO_2\uparrow + HCl\uparrow$$

苯甲酰氯

羧酸与亚硫酰氯的反应,除产物酰氯外,副产物(SO$_2$ 和 HCl)均为气体,容易提纯;过量的亚硫酰氯的沸点(76℃)也较低,容易分离。因此,羧酸与亚硫酰氯的反应,是实验室制备酰氯的较好方法。

2)酯的生成

在酸催化下,羧酸与醇作用生成羧酸酯,这类反应称为酯化反应。例如:

$$CH_3—C—OH + HOC_2H_5 \xrightarrow{\ H_2SO_4\ } CH_3—C—OC_2H_5 + H_2O$$

乙酸乙酯

酯化反应是可逆反应。反应达到平衡时,仅有一部分原料生成酯。例如,1 mol 乙酸和 1 mol 乙醇反应,平衡时只生成 2/3 的乙酸乙酯。为了提高产率,或将反应物之一的量加大,或从反应体系中蒸出产物之一,使平衡向生成酯的方向移动。

不同结构的醇,酯化反应的速率不同,其活性顺序是

$$CH_3OH > RCH_2OH > R_2CHOH > R_3COH$$

3)酸酐的生成

羧酸(甲酸除外)在脱水剂(如五氧化二磷、乙酐等)作用下加热,发生分子间脱水,生成酸酐。例如:

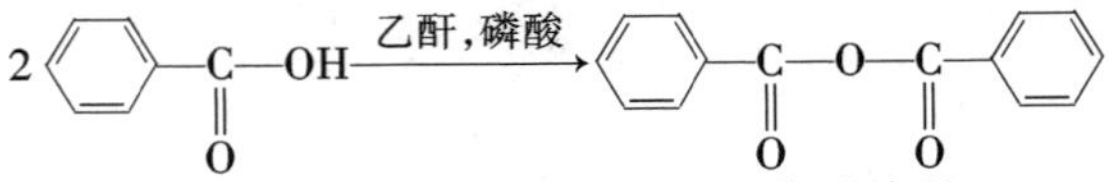

$$2\ \text{C}_6\text{H}_5—C—OH \xrightarrow{\ \text{乙酐,磷酸}\ } \text{C}_6\text{H}_5—C—O—C—\text{C}_6\text{H}_5$$

苯甲酸酐

某些二元酸(如丁二酸、戊二酸、邻苯二甲酸等)加热则发生分子内脱水,生成环状(通常是五元环或六元环)酸酐。例如:

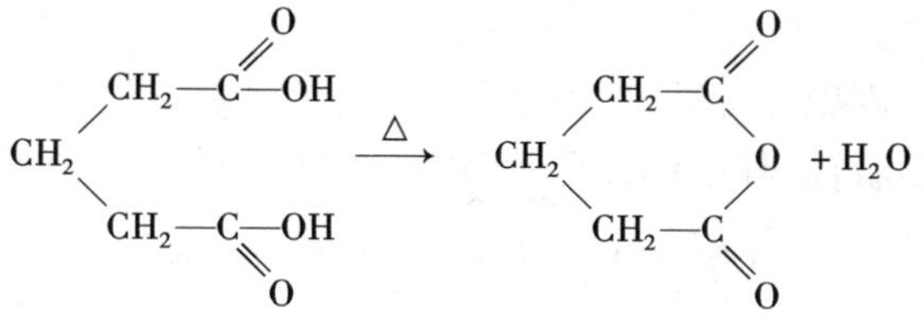

戊二酸酐

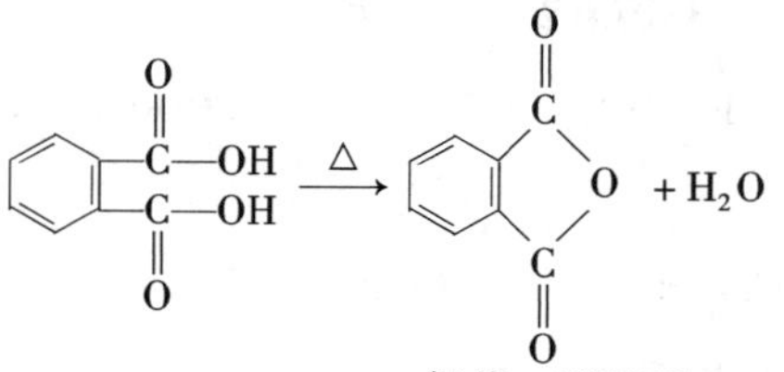

邻苯二甲酸酐

4）酰胺的生成

羧酸与氨作用首先生成铵盐，受热则脱水，生成酰胺。例如：

正丁酰胺

羧酸与胺在加热下反应则得到酰胺。例如：

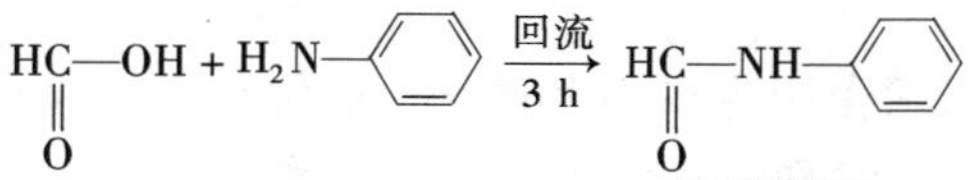

甲酰苯胺

9.4.3 还原反应

在一般情况下，羧酸很难被还原。因为羧基中的羰基在羟基的影响下（p,π-共轭效应），活性降低，与醛和酮中的羰基不同，难进行还原反应。但用强的还原剂（如氢化铝锂）还原，羧酸也可被还原成相应的伯醇。例如：

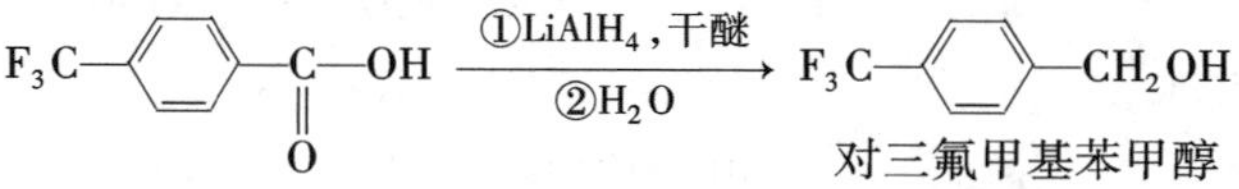

对三氟甲基苯甲醇

利用氢化铝锂还原羧酸时，不仅产率较高，而且分子中的碳碳重键一般不受影响。例如：

$$CH_3(CH_2)_7CH\!=\!CH(CH_2)_7COOH \xrightarrow[\text{②}H_2O,H^+]{\text{①}LiAlH_4,\text{干醚}} CH_3(CH_2)_7CH\!=\!CH(CH_2)_7CH_2OH$$

油酸   油醇

问题 9-6 完成下列反应式：

(1) 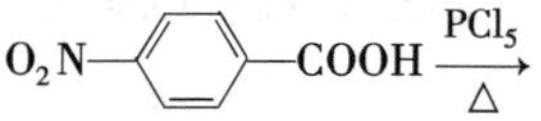 $O_2N\!-\!\!\bigcirc\!\!-\!COOH \xrightarrow[\triangle]{PCl_5}$

(2) 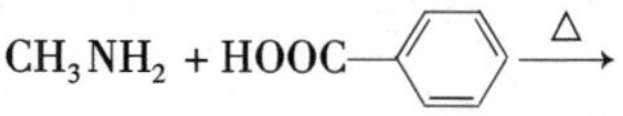 $CH_3NH_2 + HOOC\!-\!\!\bigcirc \xrightarrow{\triangle}$

(3) $2F_3CCOOH \xrightarrow{P_2O_5}$

(4) $C_6H_5CH_2CH_2COOH \xrightarrow[\text{②}H_2O,H^+]{\text{①}LiAlH_4,\text{干醚}}$

9.4.4 脱羧反应

无水羧酸的碱金属盐与碱石灰共热，则失去二氧化碳（脱羧），生成烷烃。例如：

183

这是实验室制备纯甲烷的方法。

高级脂肪酸脱羧时,因副反应较多,产物复杂,因而无制备价值。当羧酸的 α-碳原子上连有强吸电基时,受热容易脱羧,其中以 β-酮酸和二元酸的脱羧在有机合成中最重要。例如:

$$CH_3CCH_2C\!\!-\!\!OH \xrightarrow{\triangle} CH_3CCH_3 + CO_2$$

β-丁酮酸

$$HOOCCH_2COOH \xrightarrow{\triangle} HCH_2COOH + CO_2$$

问题 9-7 完成下列反应式:

(1) $HOOCCOOH \xrightarrow{\triangle}$ (2) $CH_3CH(CH_2COOH)_2 \xrightarrow{\triangle}$

9.4.5 α-氢原子的卤化反应

在羧酸分子中,受羧基吸电诱导效应的影响,α-氢原子具有一定的活泼性,但其活性比醛和酮的 α-氢原子差。

在少量红磷存在下,羧酸与氯或溴作用,羧酸分子中的 α-氢原子被氯或溴原子取代,生成卤(氯、溴)代酸。例如:

$$CH_3COOH + Cl_2 \xrightarrow{P} CH_2COOH + HCl$$
$$\qquad\qquad\qquad\qquad\quad | $$
$$\qquad\qquad\qquad\qquad\; Cl$$

红磷的作用是首先与卤素作用生成卤化磷,后者将不易进行 α-卤代的羧酸,转变为较易进行 α-卤代的酰卤,然后 α-卤代酰卤再转变为 α-卤代酸。

$$2P + 3Cl_2 \longrightarrow 2PCl_3$$

$$3CH_3COOH + PCl_3 \longrightarrow 3CH_3COCl + H_3PO_3$$
乙酰氯

$$CH_3COCl + Cl_2 \longrightarrow ClCH_2COCl + HCl$$
氯代乙酰氯

$$CH_3COOH + ClCH_2COCl \longrightarrow CH_3COCl + ClCH_2COOH$$

问题 9-8 完成下列反应式:

(1) $CH_3CH_2CH_2COOH + Br_2 \xrightarrow[\triangle]{P}$ (2) $\begin{matrix} CH_2\!\!-\!\!COOH \\ | \\ CH_2\!\!-\!\!COOH \end{matrix} + Br_2(过量) \xrightarrow[\triangle]{P}$

9.4.6 甲酸的特殊反应

甲酸是羧酸中的第一个成员,似应具有羧酸所具有的性质,但由于分子中的羧基直接与氢原子相连,故没有烃基所发生的反应。然而这种结构特征,使得甲酸既有羧基也有醛基:

醛基 → $\begin{matrix} H\!\!-\!\!C\!\!-\!\!OH \\ \| \\ O \end{matrix}$ ← 羧基

因此,甲酸除具有羧酸一些特性外,也具有醛的某些特性。例如,甲酸与醛相同,也能发生银镜反应,也容易被一般氧化剂氧化。

$$H\!\!-\!\!C\!\!-\!\!OH \xrightarrow{氧化} CO_2 + H_2O$$
$$\quad \| $$
$$\quad O$$

由此可知,甲酸是还原剂,它是羧酸同系物中唯一具有还原性的酸。这又一次说明,同系物中的第一个成员,往往具有一些特殊性质。又如,甲酸与浓硫酸共热失水生成一氧化碳,而不是生成酸酐。

$$HCOOH \xrightarrow[60\sim80\text{℃}]{\text{浓 }H_2SO_4} CO + H_2O$$

这是实验室制备纯一氧化碳的方法。

第 2 节　羧酸衍生物

9.5　羧酸衍生物的命名

酰卤的命名:由酰基名加卤原子名而得。例如:

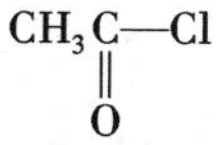

乙酰氯 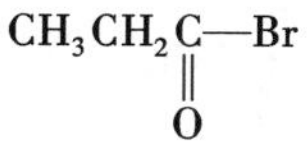　　　　　　丙酰溴 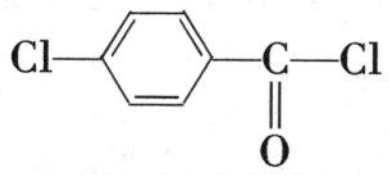　　　　　　　对氯苯甲酰氯

酸酐的命名:羧酸名加酐字即可,但有时"酸"字可省略。例如:

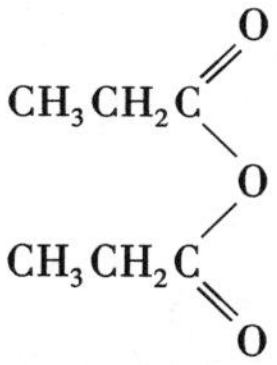

丙(酸)酐 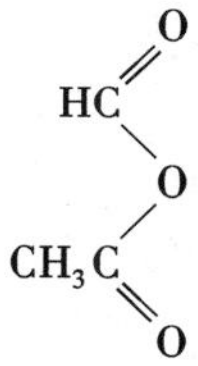　　　　甲乙(酸)酐 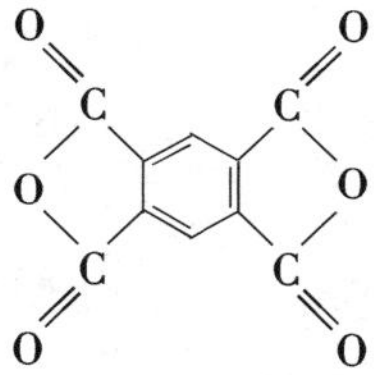　　　均苯四甲酸二酐

酯的命名:根据相应的羧酸和醇命名,即羧酸名加烃基(醇的烃基)名即得。例如:

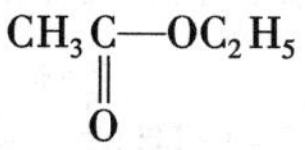

乙酸乙酯 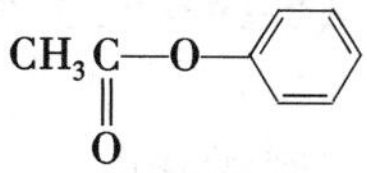　　　　　　乙酸苯酯 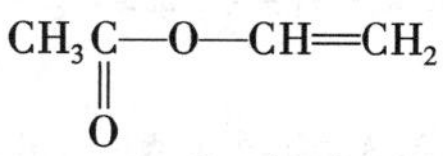　　　　　　　乙酸乙烯酯

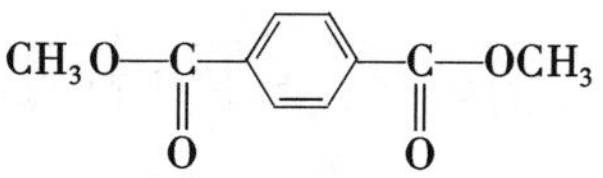

对苯二甲酸二甲酯 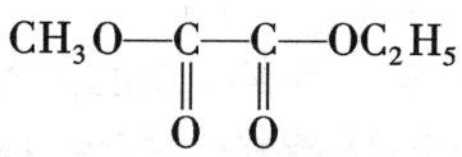　　　　　　乙二酸甲乙酯

羧酸与多元醇生成的酯,除可按上面方法命名外,也可以将醇的名称放在前面,酸的名称放在后面。例如:

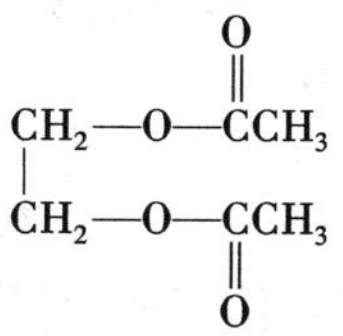

乙二醇二醋酸酯
或乙二醇-1,2-二乙酸酯

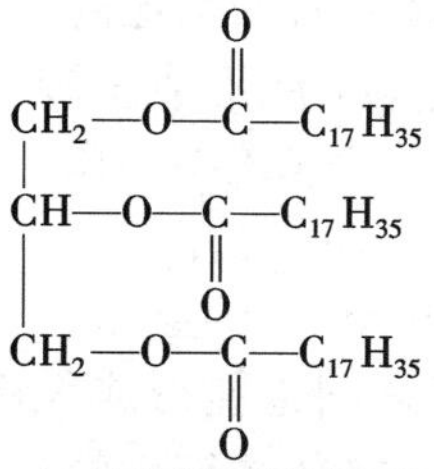

(三)硬脂酸甘油酯
或甘油(三)硬脂酸酯

酰胺的命名:根据相应的酰基来命名。例如:

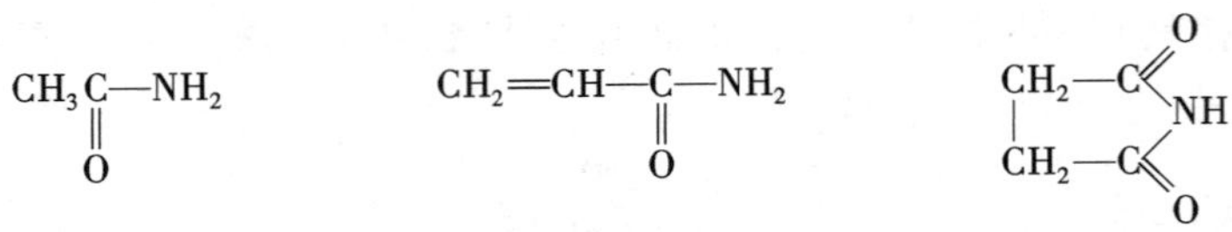

乙酰胺　　　　　　　　丙烯酰胺　　　　　　　　丁二酰亚胺

如果酰胺分子中的氮原子上连有取代基,命名时称为 N-某烃基某酰胺。例如:

N-甲基苯甲酰胺　　　　N,N-二甲基甲酰胺　　　　N-乙基丁二酰亚胺

问题 9-9 命名下列化合物或写出构造式:

(1) (CH₃CHCH₂CO)₂O
　　　　　　|
　　　　　CH₃

(2) 环己基—C—Cl
　　　　　　‖
　　　　　　O

(3) Br—CCH₂C—Br
　　　‖　　　‖
　　　O　　　O

(4) 苯基—C—O—苯基
　　　　　‖
　　　　　O

(5) C₆H₅CH=CHC—NH₂
　　　　　　　　‖
　　　　　　　　O

(6) 异戊酸苄酯

(7) 邻苯二甲酸单丁酯

(8) 3,5-二硝基苯甲酰氯

9.6　羧酸衍生物的物理性质

酰氯是最常见的酰卤化合物。最简单而又稳定存在的酰氯是乙酰氯,是无色有刺激味的液体,高级酰氯是固体。酰氯不溶于水,酰氯很容易发生水解,乙酰氯遇空气中的水气即能水解。

酸酐中最简单的是乙酐。低级酸酐是有刺激味的液体,高级酸酐是固体。酸酐遇水也分解,但比酰卤缓慢。

低级酯是有香味的液体,如乙酸异戊酯具有香蕉香味,正戊酸异戊酯具有苹果香味等,可用来调配食品和化妆品香精。低级酯微溶于水。

酰卤、酸酐和酯分子间不能形成氢键,故其沸点要比相对分子质量相近的羧酸低得多。然而,酰胺则不同。酰胺由于氮原子上连有两个较活泼的氢原子,分子间能形成很强的氢键,故其沸点比相对分子质量相近的羧酸还高。但当分子中氮原子上的氢原子被烃基取代后,由于形成氢键的能力降低,甚至不能形成氢键,虽然相对分子质量增加,沸点反而相应降低。例如:

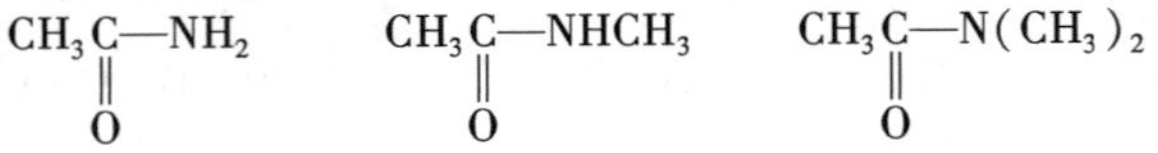

	CH₃C—NH₂	CH₃C—NHCH₃	CH₃C—N(CH₃)₂
沸点(℃)	221	204	165

另外,酰胺与水分子之间也能形成氢键,故低级酰胺可溶于水,但随相对分子质量的增加,在水中的溶解度降低。一些羧酸衍生物的物理常数如表 9-3 所示。

表 9-3　一些羧酸衍生物的物理常数

名称	沸点(℃)	熔点(℃)	名称	沸点(℃)	熔点(℃)
乙酰氯	51	−112	甲酸甲酯	32	−100
丙酰氯	80	−94	甲酸乙酯	54	−80
正丁酰氯	102	−89	乙酸乙酯	77	−83
苯甲酰氯	197.2	−1	乙酸异戊酯	142	−78
乙酸酐	140	−73	苯甲酸乙酯	213	−32.7
丙酸酐	169	−45	甲酰胺	200(分解)	2.5
丁二酸酐	261	119.6	乙酰胺	221	82
苯甲酸酐	360	42	N,N-二甲基甲酰胺	153	−61

9.7　羧酸衍生物的化学性质

9.7.1　取代反应

羧酸衍生物可用通式表示如下：

$$R—CH_2—C\underset{Z}{\overset{O}{\lessgtr}}\qquad Z = X, OCOR, OR', NH_2\ 等$$

分子中都含有酰基,与试剂(如 H_2O、ROH、NH_3 等)作用发生 C—Z 键断裂,同时在试剂分子中引入了酰基(羧酸衍生物与羧酸相似,也是酰基化试剂),但由于酰基所连接的原子或基团不同,它们的酰化能力不同。

在羧酸衍生物分子中,Z、O 和与之相连的碳原子处于同一平面内,分子中存在着 p,π-共轭效应:

$$R—C\underset{\ddot{Z}}{\overset{O}{\lessgtr}}$$

实验证明,它们发生共轭效应的程度不同,其强弱程度是

$$\underset{O}{R—C}—NH_2 > \underset{O}{R—C}—OR' > \underset{O}{R—C}—O—\underset{O}{C}—R > \underset{O}{R—C}—Cl$$

这种强弱程度的差异表现在其物理和化学性质上。例如,由于酰胺分子中的共轭效应最强,故酰胺是最弱的酰基化试剂;酰氯的共轭效应最小(几乎没有),酰氯是最活泼的酰基化试剂。所以羧酸衍生物酰基化能力的强弱顺序是

$$\underset{O}{R—C}—Cl > \underset{O}{R—C}—O—\underset{O}{C}—R > \underset{O}{R—C}—OR' > \underset{O}{R—C}—NH_2$$

羧酸衍生物与水、醇、氨等试剂反应,其结果是羧酸衍生物分子中的 Z 被另一种负性基(OH、OR 或 NH_2)所取代。

1)水解反应

羧酸衍生物与水作用,分子中的—Cl、—OCOR、—OR′或—NH_2(—NHR 等)分别被水中羟基取代,称为水解反应,反应的主要产物都是羧酸。

$$\begin{array}{l}
R-\underset{\underset{O}{\|}}{C}-Cl \\[4pt]
R-\underset{\underset{O}{\|}}{C}-O-\underset{\underset{O}{\|}}{C}-R \\[4pt]
R-\underset{\underset{O}{\|}}{C}-O-R' \\[4pt]
R-\underset{\underset{O}{\|}}{C}-NH_2
\end{array}
\quad + H-OH
\qquad
\begin{array}{l}
\xrightarrow{\text{室温}} \\
\xrightarrow{\text{沸腾}} \\
\xrightarrow[\triangle]{H^+\ 或\ OH^-} \\
\xrightarrow[\text{回流}]{H^+\ 或\ OH^-}
\end{array}
\qquad
R-\underset{\underset{O}{\|}}{C}-OH\ +\
\begin{array}{l}
H-Cl \\[4pt]
H-O-\underset{\underset{O}{\|}}{C}-R \\[4pt]
H-OR' \\[4pt]
H-NH_2
\end{array}$$

酯在碱性水溶液中(如 NaOH 水溶液)水解时,得到羧酸盐(钠盐),由于高级脂肪酸的钠盐用作肥皂,故酯的碱性水解反应称为皂化反应。

2)醇解反应

羧酸衍生物与醇反应,称为醇解。醇解的主要产物都是酯。酯与醇反应,生成另外的酯和醇,又称酯交换反应。酯交换反应通常在酸的催化下进行,也可在醇钠等碱的催化下进行。酰胺难进行醇解反应。

$$\begin{array}{l}
R-\underset{\underset{O}{\|}}{C}-Cl \\[4pt]
R-\underset{\underset{O}{\|}}{C}-O-\underset{\underset{O}{\|}}{C}-R + H-OR'' \\[4pt]
R-\underset{\underset{O}{\|}}{C}-OR'
\end{array}
\qquad
\begin{array}{l}
\longrightarrow \\[4pt]
\xrightarrow{\triangle} \\[4pt]
\underset{\displaystyle \rightleftharpoons}{\xrightarrow{\triangle}}
\end{array}
\qquad
R-\underset{\underset{O}{\|}}{C}-OR''\ +\
\begin{array}{l}
H-Cl \\[4pt]
H-O\underset{\underset{O}{\|}}{C}R \\[4pt]
H-OR'
\end{array}$$

3)氨解反应

羧酸衍生物与氨或胺反应,称为氨(胺)解,其主要产物都是酰胺。酰胺的氨(胺)解比较困难。

$$\begin{array}{l}
R-\underset{\underset{O}{\|}}{C}-Cl \\[4pt]
R-\underset{\underset{O}{\|}}{C}-O-\underset{\underset{O}{\|}}{C}-R + H-NH_2 \\[4pt]
R-\underset{\underset{O}{\|}}{C}-OR'
\end{array}
\qquad
\begin{array}{l}
\xrightarrow{NH_3} \\[4pt]
\xrightarrow{NH_3} \\[4pt]
\xrightarrow{NH_3}
\end{array}
\qquad
R-\underset{\underset{O}{\|}}{C}-NH_2\ +\
\begin{array}{l}
NH_4Cl \\[4pt]
NH_4O\underset{\underset{O}{\|}}{C}R \\[4pt]
H-OR'
\end{array}$$

问题 9-10 完成下列反应:

(1) $(CH_3)_3CCOCl + C_2H_5OH \xrightarrow{OH^-}$

(2) $CH_3CH_2CH_2COOCH_3 + C_4H_9OH \xrightarrow{H^+}$

(3) 对苯二甲酸二甲酯 $\begin{array}{c}COOCH_3\\ \text{（苯环）}\\ COOCH_3\end{array}$ + $\underset{\underset{OH}{|}}{CH_2}-\underset{\underset{OH}{|}}{CH_2}$ $\xrightarrow[\triangle]{\text{乙酸锌}}$

(4)
$$\text{C}_6\text{H}_5\text{COCl} + \text{NH}_3 \xrightarrow[35 \sim 40\text{℃}]{(\text{NH}_4)_2\text{CO}_3}$$

(5) $(\text{CH}_3\text{CO})_2\text{O} + \text{C}_6\text{H}_5\text{NH}_2 \xrightarrow{\triangle}$

9.7.2 还原反应

与羧酸相似,羧酸衍生物分子中的羰基也可被还原,且比羧酸容易。它们被还原的难易程度,与前面讨论的酰化能力的强弱次序是一致的。

与羧酸相同,酰氯、酸酐、酯和酰胺也可被氢化铝锂还原。除酰胺生成胺外,其他均生成伯醇。

$$
\begin{array}{ll}
\underset{\overset{\|}{O}}{\text{R}-\text{C}}-\text{Cl} & \text{R}-\text{CH}_2\text{OH} + \text{HCl} \\[4pt]
\underset{\overset{\|}{O}}{\text{R}-\text{C}}-\underset{\overset{\|}{O}}{\text{OCR}} & \text{R}-\text{CH}_2\text{OH} + \text{RCH}_2\text{OH} \\
\end{array}
\xrightarrow[\text{②H}_2\text{O}]{\text{①LiAlH}_4}
$$

$$
\begin{array}{ll}
\underset{\overset{\|}{O}}{\text{R}-\text{C}}-\text{OR}' & \text{R}-\text{CH}_2\text{OH} + \text{R}'\text{OH} \\[4pt]
\underset{\overset{\|}{O}}{\text{R}-\text{C}}-\text{NH}_2 & \text{R}-\text{CH}_2-\text{NH}_2 \\
\end{array}
$$

在一定条件下,采用某些还原剂也可将酰卤、酰胺等还原成醛。其中较常用的是采用硫脲或硫-喹啉部分毒化了的 Pd-BaSO₄ 为催化剂,使酰氯加氢,可得到高产率的醛。例如:

$$\text{CH}_3\text{CH}_2\text{CH}_2\underset{\overset{\|}{O}}{\text{C}}-\text{Cl} + \text{H}_2 \xrightarrow[\text{硫-喹啉}]{\text{Pd-BaSO}_4} \text{CH}_3\text{CH}_2\text{CH}_2\underset{\overset{\|}{O}}{\text{CH}} + \text{HCl}$$
$$(80\% \sim 90\%)$$

$$\text{C}_{10}\text{H}_7\underset{\overset{\|}{O}}{\text{C}}-\text{Cl} + \text{H}_2 \xrightarrow[\text{硫-喹啉}]{\text{Pd-BaSO}_4} \text{C}_{10}\text{H}_7\underset{\overset{\|}{O}}{\text{CH}} + \text{HCl}$$
$$(74\% \sim 81\%)$$

酯还能被钠和乙醇或 LiBH₄ 还原成伯醇。例如:

$$(\text{CH}_3)_3\text{CCOOC}_2\text{H}_5 \xrightarrow[\triangle]{\text{Na} + \text{C}_2\text{H}_5\text{OH}} (\text{CH}_3)_3\text{CCH}_2\text{OH} + \text{C}_2\text{H}_5\text{OH}$$
$$(88\%)$$

这是通过酯还原羧酸的方法,在有机合成中常被采用。

工业上应用催化加氢法在高温高压下使酯还原,最常用的催化剂是铜铬氧化剂(如 CuO-Cr₂O₃、CuO-CuCrO₄)。例如:

$$\text{C}_6\text{H}_5\underset{\overset{\|}{O}}{\text{C}}-\text{OC}_2\text{H}_5 + 2\text{H}_2 \xrightarrow[125\text{℃},30\text{ MPa}]{\text{CuO-CuCrO}_4} \text{C}_6\text{H}_5-\text{CH}_2\text{OH} + \text{C}_2\text{H}_5\text{OH}$$
$$(65\%)$$

酯的催化加氢主要用于植物油和脂肪的催化氢解,以便获得制备洗涤剂等的原料。

问题 9-11 完成下列反应式:

(1) $\text{C}_6\text{H}_5\text{CH}=\text{CHCOOC}_2\text{H}_5 \xrightarrow[\text{②H}_2\text{O}]{\text{①LiAlH}_4}$

$$(2)\ CH_3(CH_2)_{14}COOC_4H_9 \xrightarrow[\text{②}H_2O]{\text{①}LiBH_4}$$

$$(3)\ C_{11}H_{23}COOC_2H_5 \xrightarrow[\triangle]{Na+C_2H_5OH}$$

9.7.3　与格利雅试剂的反应

羧酸衍生物均可与格利雅试剂发生反应。其中酰氯和酸酐在低温即可发生反应;酸酐和酰胺消耗试剂较多,一般不用于合成,常用的是酰卤和酯;在有机合成中,常用酯制备醇。

酯与格利雅试剂反应,甲酸酯最后生成仲醇,其他酯最后都生成叔醇。反应首先生成酮,由于酮比酯更容易与格利雅试剂反应,一般不停留在酮阶段,而继续与格利雅试剂反应,最后生成醇。例如:

$$C_6H_5\overset{O}{\underset{}{\overset{\|}{C}}}-OC_2H_5 + C_6H_5MgBr \xrightarrow{\text{乙醚-苯}} C_6H_5\overset{C_6H_5}{\underset{OMgBr}{\overset{|}{C}}}-OC_2H_5 \xrightarrow{-Mg(OC_2H_5)Br}$$

$$C_6H_5\overset{O}{\underset{}{\overset{\|}{C}}} \xrightarrow{C_6H_5MgBr} C_6H_5\overset{C_6H_5}{\underset{OMgBr}{\overset{|}{C}}}-C_6H_5 \xrightarrow[(NH_4Cl)]{H_2O} C_6H_5\overset{C_6H_5}{\underset{OH}{\overset{|}{C}}}-C_6H_5$$
$$(89\% \sim 93\%)$$

问题 9-12　完成下列反应式:

$$(1)\ HCOOC_2H_5 + 2C_4H_9MgBr \xrightarrow[\text{②}H_2O,H^+]{\text{①}干醚,回流}$$

$$(2)\ CH_3COOC_2H_5 + 2C_2H_5MgBr \xrightarrow[\text{②}H_2O,H^+]{\text{①}干醚}$$

$$(3)\ (CH_3)_3CMgCl + CO_2 \xrightarrow[\text{②}H_2O,H^+]{\text{①}干醚}$$

9.7.4　酯缩合反应

与羧酸相似,羧酸衍生物的 α-氢原子也显示一定的活泼性。例如,含有 α-氢原子的酯,在强碱的作用下,首先转变成相应的碳负离子,后者与另一分子酯的羰基发生亲核加成反应,最后脱去烷氧基生成 β-酮酸酯。例如:

$$CH_3\overset{O}{\underset{}{\overset{\|}{C}}}-OC_2H_5 \xrightarrow{C_2H_5ONa} {}^-CH_2\overset{O}{\underset{}{\overset{\|}{C}}}-OC_2H_5$$

$$CH_3\overset{O}{\underset{}{\overset{\|}{C}}}-OC_2H_5 + {}^-CH_2\overset{O}{\underset{}{\overset{\|}{C}}}-OC_2H_5 \longrightarrow \left[CH_3\overset{OC_2H_5}{\underset{O^-}{\overset{|}{C}}}CH_2\overset{O}{\underset{}{\overset{\|}{C}}}-OC_2H_5\right] \longrightarrow CH_3\overset{O}{\underset{}{\overset{\|}{C}}}-CH_2\overset{O}{\underset{}{\overset{\|}{C}}}-OC_2H_5 + C_2H_5O^-$$

$$\Longleftarrow CH_3\overset{O}{\underset{}{\overset{\|}{C}}}-\overset{-}{C}H-\overset{O}{\underset{}{\overset{\|}{C}}}-OC_2H_5 + C_2H_5OH \xrightarrow{H^+} CH_3\overset{O}{\underset{}{\overset{\|}{C}}}-CH_2-\overset{O}{\underset{}{\overset{\|}{C}}}-OC_2H_5 + C_2H_5OH$$
$$\text{β-丁酮酸乙酯}$$

这种在碱的催化作用下，两分子含有 α-氢原子的酯脱去一分子醇，缩合生成 β-酮酸酯的反应，称为酯缩合反应，也叫克莱森(Claisen)酯缩合反应。它在有机合成中具有重要用途，如上例是利用乙酸乙酯合成 β-丁酮酸乙酯(乙酰乙酸乙酯)的方法。又如，两分子丙酸乙酯在乙醇钠存在下加热，再酸化，则得到 β-酮酸酯。

$$2\ CH_3CH_2\overset{\displaystyle O}{\underset{\displaystyle \|}{C}}-OC_2H_5 \xrightarrow[\text{②}CH_3COOH,H_2O]{\text{①}C_2H_5ONa,C_2H_5OH,\triangle} CH_3CH_2\overset{\displaystyle O}{\underset{\displaystyle \|}{C}}-\underset{\displaystyle CH_3}{\overset{\displaystyle |}{CH}}-\overset{\displaystyle O}{\underset{\displaystyle \|}{C}}-OC_2H_5 + C_2H_5OH$$

2-甲基-3-戊酮酸乙酯(81%)

问题 9-13 完成下列反应式：

(1) $CH_3CH_2CH_2CH_2\overset{\displaystyle O}{\underset{\displaystyle \|}{C}}-OC_2H_5 \xrightarrow[\text{②}HCl,H_2O]{\text{①}C_2H_5ONa,C_2H_5OH}$

(2) $HC\overset{\displaystyle O}{\underset{\displaystyle \|}{}}-OC_2H_5 + CH_3\overset{\displaystyle O}{\underset{\displaystyle \|}{C}}-OC_2H_5 \xrightarrow[\text{②}H^+,H_2O]{\text{①}C_2H_5ONa,C_2H_5OH}$

9.7.5 酰胺的特殊反应

1)酸碱性

与氨相比，在酰胺分子中，由于 p,π-共轭效应的影响，氮原子上的电子云密度降低，因此氮原子与质子的结合能力下降，故酰胺与氨相比，碱性明显减弱，只有在强酸作用下才显示弱碱性。例如，将氯化氢通入乙酰胺的乙醚溶液中，生成不溶于乙醚的盐。

$$CH_3-\overset{\displaystyle O}{\underset{\displaystyle \|}{C}}-NH_2 + HCl \xrightarrow{\text{乙醚}} CH_3-\overset{\displaystyle O}{\underset{\displaystyle \|}{C}}-NH_2\cdot HCl\downarrow$$

这种盐不稳定，遇水即分解为乙酰胺。

在酰胺分子中，同样由于氮原子上的电子云密度的降低，使得 N—H σ 键的电子云密度偏向氮原子，有利于氢原子以质子的形式解离下来，而显示酸性。例如，酰胺与钠或氨基钠在乙醚溶液中作用，生成钠盐。

$$CH_3-\overset{\displaystyle O}{\underset{\displaystyle \|}{C}}-NH_2 + NaNH_2 \xrightarrow{\text{乙醚}} CH_3-\overset{\displaystyle O}{\underset{\displaystyle \|}{C}}-NH^-\ Na^+ + NH_3$$

这种盐遇水分解，表明酰胺具有弱酸性。

通过以上讨论可以看出，酰胺具有弱酸和弱碱性。在通常条件下，酰胺对 pH 试纸显中性，其 pKa 值约为 16。然而，酰亚胺则具有较明显的酸性，生成的盐也比较稳定。例如：

2)失水反应

酰胺与脱水剂(如 P_2O_5、$SOCl_2$、$POCl_3$ 等，其中以 P_2O_5 最常用)作用，失水生成腈。例如：

$$(CH_3)_2CH—C—NH_2 \xrightarrow[200\sim220℃]{P_2O_5} (CH_3)_2CH—C\equiv N$$
$$\underset{\text{异丁腈}(86\%)}{}$$

（苯环结构）$—C—NH_2 \xrightarrow[\triangle]{P_2O_5}$ （苯环结构）$—C\equiv N$
$$\underset{\text{苯甲腈}}{}$$

3）霍夫曼酰胺降级反应

酰胺在碱液中与溴（NaOBr）或氯（NaOCl）作用，生成少一个碳原子的伯胺的反应，称为霍夫曼（Hofmann）酰胺降级反应，例如：

$$(CH_3)_3CCH_2C—NH_2 \xrightarrow{NaOH,Br_2} (CH_3)_3CCH_2—NH_2$$
$$\underset{\text{2,2-二甲基丙胺}(94\%)}{}$$

此反应是一种减碳反应。它是由羧酸制备少一个碳原子的伯胺的方法，所得伯胺纯度较好，且产率较高。

问题 9-14　完成下列反应式：

(1) （邻氯苯甲酰胺结构，CONH₂ 和 Cl）$\xrightarrow[\triangle]{P_2O_5}$

(2) $C_{15}H_{31}C—Cl \xrightarrow{NH_3} ? \xrightarrow{Br_2}{NaOH} ?$

(3) （邻苯二甲酰亚胺结构，NH）$\xrightarrow{NaOH} ? \xrightarrow{Cl_2}{NaOH} ? \xrightarrow{H^+}{H_2O}$

9.8　丙二酸二乙酯和乙酰乙酸乙酯在有机合成中的应用

丙二酸二乙酯（ $C_2H_5OCCH_2COC_2H_5$ ）和 β-丁酮酸乙酯（ $CH_3CCH_2COC_2H_5$ ）分子中都

是具有 $—C—CH_2—C—$ 基本构造的化合物，称为 1,3-二羰基化合物，或 β-二羰基化合物。

它们在性质上和有机合成的应用中都有一些相似之处。

9.8.1　丙二酸二乙酯的特性及其在有机合成中的应用

在丙二酸二乙酯分子中，α-氢原子受两个酯基的吸电诱导效应和超共轭效应的影响，变得很活泼，具有微弱的酸性（$pK_a = 13.3$），能与强碱（如乙醇钠）作用，生成丙二酸二乙酯的钠盐：

$$CH_2\begin{smallmatrix}COOC_2H_5\\\\COOC_2H_5\end{smallmatrix} + C_2H_5ONa \longrightarrow \left[CH\begin{smallmatrix}COOC_2H_5\\\\COOC_2H_5\end{smallmatrix}\right]^- Na^+ + C_2H_5OH$$

丙二酸二乙酯钠盐分子中的 α-碳原子带有负电荷，它是一种碳负离子，具有亲核性，能与卤代烃发生亲核取代反应，生成 α-烃基丙二酸二乙酯：

192

$$R-X+Na^+ \,^-CH(COOC_2H_5)_2 \longrightarrow R-CH(COOC_2H_5)_2+NaX$$
α-烃基丙二酸二乙酯

生成的 α-烃基丙二酸二乙酯再进行水解,即得一取代丙二酸,后者经加热脱羧生成一取代乙酸:

$$R-\underset{\underset{COOC_2H_5}{|}}{\overset{\overset{COOC_2H_5}{|}}{CH}} \xrightarrow[\text{②}H^+]{\text{①}OH^-} R-\underset{\underset{COOH}{|}}{\overset{\overset{COOH}{|}}{CH}} \xrightarrow[-CO_2]{\triangle} R-CH_2COOH$$
一取代乙酸

如果一取代丙二酸二乙酯再依次与醇钠、卤代烃作用,然后水解、脱羧则可以得到二取代乙酸:

$$R-\underset{\underset{COOC_2H_5}{|}}{\overset{\overset{COOC_2H_5}{|}}{CH}} \xrightarrow{C_2H_5ONa} \left[R-\underset{\underset{COOC_2H_5}{|}}{\overset{\overset{COOC_2H_5}{|}}{C}} \right]^- Na^+ \xrightarrow{R'X} \underset{R}{\overset{R'}{\underset{|}{\overset{|}{C}}}} (COOC_2H_5)_2$$

$$\xrightarrow[\text{②}H^+]{\text{①}OH^-} \underset{R}{\overset{R'}{C}}(COOH)_2 \xrightarrow[-CO_2]{\triangle} \underset{R}{\overset{R'}{CH}}-COOH$$
二取代乙酸

通过以上讨论可以看出,利用丙二酸二乙酯可以合成下列两种类型的取代乙酸:

$$R-\boxed{CH_2COOH} \qquad \overset{R'}{\underset{R}{>}}\boxed{CHCOOH}$$
一取代乙酸　　　　　　二取代乙酸

利用丙二酸二乙酯合成取代乙酸和其他羧酸的方法,称为丙二酸酯合成法。丙二酸二乙酯是合成取代乙酸等的常用试剂,现举例如下。

1)合成一取代乙酸

由丙二酸二乙酯合成 3-甲基戊酸($CH_3CH_2\underset{\underset{CH_3}{|}}{CH}CH_2COOH$)。

从 3-甲基戊酸的构造式可以看出,它是一个仲丁基取代的一取代乙酸。因此,用丙二酸二乙酯合成 3-甲基戊酸时,需采用仲丁基溴作为烷基化试剂。反应式如下:

$$CH_2(COOC_2H_5)_2 \xrightarrow[C_2H_5OH]{C_2H_5ONa} Na^+ \,^-CH(COOC_2H_5)_2 \xrightarrow{CH_3CH_2\underset{\underset{CH_3}{|}}{CH}-Br}$$

$$CH_3CH_2\underset{\underset{CH_3}{|}}{CH}CH(COOC_2H_5)_2 \xrightarrow[\triangle]{\text{浓 } HCl} CH_3CH_2\underset{\underset{CH_3}{|}}{CH}CH_2COOH$$
仲丁基丙二酸二乙酯　　　　　　　3-甲基戊酸
（80%~81%）　　　　　　（62%~65%）

2)合成二取代乙酸

由丙二酸二乙酯合成 2-甲基庚酸($CH_3(CH_2)_4-\underset{\underset{CH_3}{|}}{CH}COOH$)。

从 2-甲基庚酸的构造式可以看出,它是由正戊基和甲基取代的二取代乙酸。因此,合成 2-甲基庚酸时,需分别采用正戊基溴和甲基碘作为烷基化试剂,分两次引入。当两个烃基不同

193

时,一般先引入较大基团(利用空间效应,尽量减少同二取代副产物的生成)。

$$CH_2(COOC_2H_5)_2 \xrightarrow[\text{②}CH_3(CH_2)_4Br]{\text{①}C_2H_5ONa,\ C_2H_5OH} CH_3(CH_2)_4CH(COOC_2H_5)_2$$

正戊基丙二酸二乙酯

$$\xrightarrow[\text{②}CH_3I]{\text{①}C_2H_5ONa,\ C_2H_5OH} CH_3(CH_2)_4\underset{\underset{CH_3}{|}}{C}(COOC_2H_5)_2 \xrightarrow[\text{②}HCl,\triangle]{\text{①}NaOH,\ H_2O} CH_3(CH_2)_4\underset{\underset{CH_3}{|}}{C}HCOOH$$

α-甲基-α-戊基丙二酸二乙酯　　　　　　　　　2-甲基庚酸
(80%)　　　　　　　　　　　　　　　　(99%)

问题 9-15 根据丙二酸二乙酯与卤烷的反应实质,说明伯、仲、叔三种卤烷是否都适用?为什么?

问题 9-16 由丙二酸二乙酯合成下列化合物(其他原料任选):

(1) $CH_3(CH_2)_3CH_2COOH$　　　　(2) ⬡—CH_2COOH

(3) 2-乙基戊酸　　　　　　　　　(4) ⬡—$COOH$

9.8.2 乙酰乙酸乙酯的特性及其在有机合成中的应用

与丙二酸二乙酯相似,在乙酰乙酸乙酯分子中,α-氢原子同样受到两个羰基的吸电子效应的影响,尤其是其中之一的"真正的"羰基影响更大,因此,其 α-氢原子比在丙二酸二乙酯中的 α-氢原子还要活泼些,所显示出的弱酸性($pKa=11$)也略强一些,与醇钠等强碱作用时,生成乙酰乙酸乙酯的钠盐。此钠盐与卤烷作用,生成烷基取代的乙酰乙酸乙酯:

$$CH_3\overset{\overset{O}{\|}}{C}CH_2COOC_2H_5 \xrightarrow[-C_2H_5OH]{C_2H_5ONa} \left[CH_3\overset{\overset{O}{\|}}{C}CHCOOC_2H_5\right]^-Na^+ \xrightarrow{RX} CH_3\overset{\overset{O}{\|}}{C}-CH-\overset{\overset{O}{\|}}{C}-OC_2H_5$$

一取代乙酰乙酸乙酯

所得产物用稀的氢氧化钠溶液进行水解,然后再酸化,则得到一取代乙酰乙酸,后者加热则脱羧生成一取代丙酮,这种分解方式称为酮式分解。

$$CH_3-\overset{\overset{O}{\|}}{C}-\underset{\underset{R}{|}}{C}H-\overset{\overset{O}{\|}}{C}-OC_2H_5 \xrightarrow[H_2O]{5\%\ NaOH} CH_3-\overset{\overset{O}{\|}}{C}-\underset{\underset{R}{|}}{C}H-\overset{\overset{O}{\|}}{C}-ONa \xrightarrow{H^+}$$

$$CH_3-\overset{\overset{O}{\|}}{C}-\underset{\underset{R}{|}}{C}H-\overset{\overset{O}{\|}}{C}-OH \xrightarrow[(\text{酮式分解})]{\triangle,\ -CO_2} CH_3-\overset{\overset{O}{\|}}{C}-CH_2-R \quad 一取代丙酮$$

即一取代乙酰乙酸乙酯经酮式分解,得到一取代丙酮。

如果一取代乙酰乙酸乙酯与浓的氢氧化钠共热,则在 α-和 β-碳原子之间发生断裂,生成一取代乙酸。这种分解方式称为酸式分解。

$$CH_3-\overset{\overset{O}{\|}}{C}-\underset{\underset{R}{|}}{C}H-\overset{\overset{O}{\|}}{C}-OC_2H_5 \xrightarrow{40\%\ NaOH} CH_3-\overset{\overset{O}{\|}}{C}-ONa + CH_2-\overset{\overset{O}{\|}}{C}-ONa + C_2H_5OH$$
$$\hspace{9.5cm} \underset{R}{|}$$

即一取代乙酰乙酸乙酯的酸式分解,生成一取代乙酸。

如果一取代乙酰乙酸乙酯再依次与醇钠、卤烷作用,将得到二取代乙酰乙酸乙酯。后者若进行酮式分解,则得到二取代丙酮;若进行酸式分解,则得到二取代乙酸。

$$CH_3-\overset{\overset{O}{\|}}{C}-\underset{\underset{R}{|}}{C}H-\overset{\overset{O}{\|}}{C}-OC_2H_5 \xrightarrow[\text{②}R'X]{\text{①}C_2H_5ONa} CH_3-\overset{\overset{O}{\|}}{C}-\underset{\underset{R}{|}}{\overset{\overset{R'}{|}}{C}}-\overset{\overset{O}{\|}}{C}-OC_2H_5$$

二取代乙酰乙酸乙酯

$$\begin{array}{l} \xrightarrow{\text{酮式分解}} CH_3-\underset{\underset{O}{\|}}{C}-CHRR' \quad \text{二取代丙酮} \\ \xrightarrow{\text{酸式分解}} CH_3\underset{\underset{O}{\|}}{C}-OH + RR'CHCOOH + C_2H_5OH \quad \text{二取代乙酸} \end{array}$$

通过上述讨论可以看出,利用乙酰乙酸乙酯可以合成下列两种类型的取代丙酮:

$$CH_3-\underset{\underset{O}{\|}}{C}-CH_2-R \qquad\qquad CH_3-\underset{\underset{O}{\|}}{C}-CH\underset{R'}{\overset{R}{\big<}}$$

    一取代丙酮   二取代丙酮

也可以合成下列两种类型的取代乙酸:

$$R-CH_2COOH \qquad\qquad \underset{R'}{\overset{R}{\big>}}CHCOOH$$

    一取代乙酸   二取代乙酸

由于成酸分解产物中也可能有成酮分解产物,因此,乙酰乙酸乙酯在取代丙酮的合成中应用较广。利用乙酰乙酸乙酯合成取代丙酮(甲基酮)等化合物的方法,称为乙酰乙酸乙酯合成法。乙酰乙酸乙酯是合成取代丙酮(甲基酮)等常用的试剂,下面举例说明。

1)合成一取代丙酮

由乙酰乙酸乙酯合成 2-庚酮($CH_3-\underset{\underset{O}{\|}}{C}-CH_2-(CH_2)_3CH_3$)。

由 2-庚酮的构造式可以看出,2-庚酮可以看成是一个正丁基取代的丙酮,卤代烃为正丁基卤。因此需首先合成一正丁基取代的乙酰乙酸乙酯,然后进行酮式分解,即可得到所需产物。反应式如下:

$$CH_3CH_2\underset{\underset{O}{\|}}{C}-OC_2H_5 \xrightarrow[C_2H_5OH,\text{回流}]{C_2H_5ONa} \left[CH_3CHC-OC_2H_5 \right]^- Na^+ \xrightarrow[\text{回流}]{CH_3(CH_2)_3Br}$$

$$CH_3\underset{\underset{O}{\|}}{C}-\underset{\underset{(CH_2)_3CH_3}{|}}{CH}-COOC_2H_5 \xrightarrow[\text{回流}]{\text{稀 NaOH}} CH_3\underset{\underset{O}{\|}}{C}-\underset{\underset{(CH_2)_3CH_3}{|}}{CH}-COONa \xrightarrow{H^+}$$

2-正丁基乙酰乙酸乙酯
(69%~72%)

$$CH_3\underset{\underset{O}{\|}}{C}-\underset{\underset{(CH_2)_3CH_3}{|}}{CH}-COOH \xrightarrow[-CO_2]{\triangle} CH_3\underset{\underset{O}{\|}}{C}-CH_2-(CH_2)_3CH_3$$

2-庚酮
(52%~61%)

2)合成二取代丙酮

由乙酰乙酸乙酯合成 3-甲基-2-己酮($CH_3\underset{\underset{O}{\|}}{C}-\underset{\underset{CH_3}{|}}{CH}CH_2CHCH_3$)。

3-甲基-2-己酮可看成是分别被甲基、正丙基二取代的丙酮。因此,首先合成二取代乙酰乙

酸乙酯,然后进行酮式分解。反应式如下:

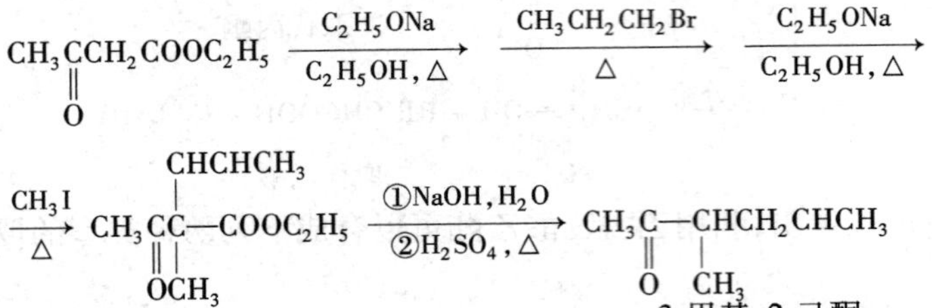

$$CH_3CCH_2COOC_2H_5 \xrightarrow[C_2H_5OH,\triangle]{C_2H_5ONa} \xrightarrow[\triangle]{CH_3CH_2CH_2Br} \xrightarrow[C_2H_5OH,\triangle]{C_2H_5ONa}$$

（CH₃CCH₂COOC₂H₅ 中 C 下带 O 双键）

$$\xrightarrow[\triangle]{CH_3I} CH_3C-C-COOC_2H_5 \xrightarrow[②H_2SO_4,\triangle]{①NaOH,H_2O} CH_3C-CHCH_2CHCH_3$$

（结构：CH₃C（=O）—C（CHCHCH₃ 及 OCH₃）—COOC₂H₅ → CH₃C（=O）—CHCH₂CHCH₃，带 CH₃支链）

3-甲基-2-己酮

值得注意,在合成取代丙酮时,由于所用 RX 不一定是卤代烃,也可以是其他卤化物（如卤代酮、卤代酸酯、酰卤等）,因此所合成的产物是多样的,但从结构上分析,应属于取代丙酮。利用丙二酸二乙酯合成法也同样如此。例如,用乙酰乙酸乙酯与 α-卤代酮作用,再经酮式分解可以得到 γ-二酮:

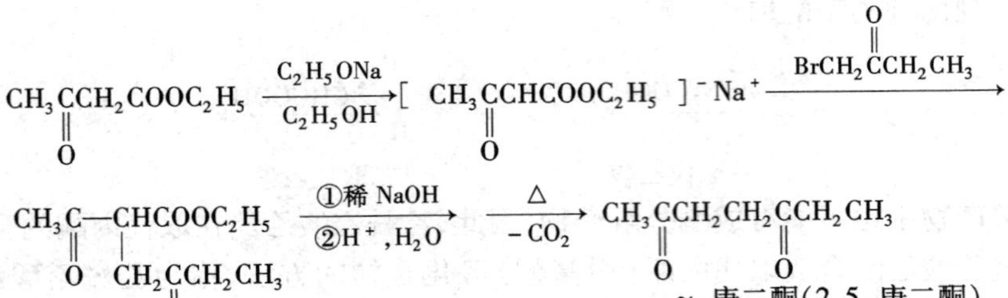

$$CH_3CCH_2COOC_2H_5 \xrightarrow[C_2H_5OH]{C_2H_5ONa} [\ CH_3CCHCOOC_2H_5\ ]^- Na^+ \xrightarrow{BrCH_2CCH_2CH_3}$$

$$CH_3C-CHCOOC_2H_5 \xrightarrow[②H^+,H_2O]{①稀\ NaOH} \xrightarrow[-CO_2]{\triangle} CH_3CCH_2CH_2CCH_3$$
（中间体含 CH₂CCH₂CH₃ 支链）

γ-庚二酮（2,5-庚二酮）

3)合成取代乙酸

与合成取代丙酮相似,首先合成取代乙酰乙酸乙酯,不同之处是进行酸式分解。例如:

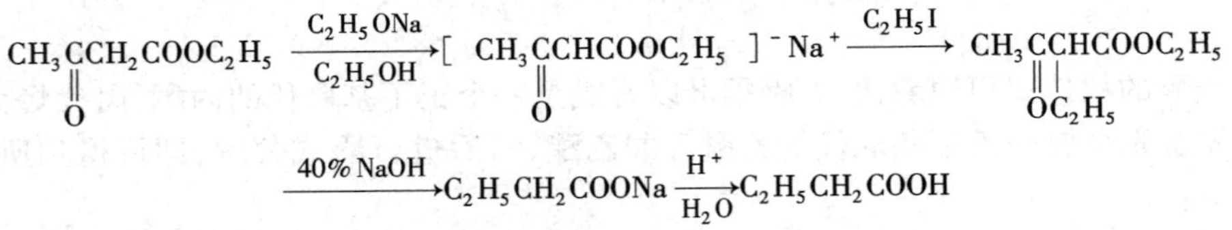

$$CH_3CCH_2COOC_2H_5 \xrightarrow[C_2H_5OH]{C_2H_5ONa} [\ CH_3CCHCOOC_2H_5\ ]^- Na^+ \xrightarrow{C_2H_5I} CH_3CCHCOOC_2H_5$$
（产物带 OC₂H₅ 支链）

$$\xrightarrow{40\%\ NaOH} C_2H_5CH_2COONa \xrightarrow[H_2O]{H^+} C_2H_5CH_2COOH$$

合成取代乙酸一般采用丙二酸二乙酯合成法,而乙酰乙酸乙酯合成法只在某些情况下采用。

9.8.3　互变异构

丙二酸二乙酯和乙酰乙酸乙酯由于结构上的相似性,即两个吸电基连在同一碳原子上,分子中亚甲基的氢原子具有活泼性（常称活泼亚甲基化合物）,因此它们在性质上和用途上有很多相似之处。但由于两个化合物的吸电基不完全相同,因此在性质上又有不同之处。

乙酰乙酸乙酯能与羟氨、苯肼、亚硫酸氢钠、氢氰酸反应,说明乙酰乙酸乙酯具有酮式结构:

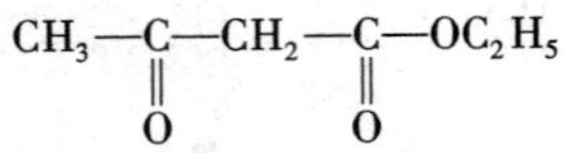

$$CH_3-C-CH_2-C-OC_2H_5$$
（两个 C 均带 O 双键）

乙酰乙酸乙酯与 Na 作用放出氢气,与 PCl₅ 作用生成3-氯-2-丁烯酸乙酯,说明乙酰乙酸乙酯分子中含有羟基。乙酰乙酸乙酯能使溴的乙醇溶液褪色,说明分子中具有碳碳双键。另外,乙酰乙酸乙酯与三氯化铁溶液作用呈现紫红色,这种显色反应是具有烯醇式结构化合物的特征反应。以上这些事实说明乙酰乙酸乙酯具有烯醇式结构:

196

$$CH_3-\underset{\underset{OH}{|}}{C}=CH-\underset{\underset{O}{\|}}{C}-OC_2H_5$$

事实上,在一般情况下,乙酰乙酸乙酯是由上述两种异构体组成的,它们在体系中处于动态平衡:

$$CH_3-\underset{\underset{O}{\|}}{C}-CH_2-\underset{\underset{O}{\|}}{C}-OC_2H_5 \rightleftharpoons CH_3-\underset{\underset{OH}{|}}{C}=CH-\underset{\underset{O}{\|}}{C}-OC_2H_5$$

3-丁酮酸乙酯   3-羟基-2-丁烯酸乙酯
酮式(92.5%)   烯醇式(7.5%)

这种能够相互转变的两种异构体之间存在的动态平衡现象,称为互变异构现象。这种异构体称为互变异构体。乙酰乙酸乙酯的这种互变异构是酮式和烯醇式互变异构。实验证明,在平衡体系中酮式占92.5%,烯醇式占7.5%。

互变异构是官能团异构的一种特殊表现形式,它属于构造异构。

然而,在一般情况下,丙二酸二乙酯中只含有0.1%的烯醇式。由此可以看出,化合物的烯醇式含量与其结构有关。又如:

$$CH_3-\underset{\underset{O}{\|}}{C}-CH_2-\underset{\underset{O}{\|}}{C}-CH_3 \rightleftharpoons CH_3-\underset{\underset{OH}{|}}{C}=CH-\underset{\underset{O}{\|}}{C}-CH_3$$

2,4-戊二酮   4-羟基-3-戊烯-2-酮
酮式(24%)   烯醇式(76%)

从丙二酸二乙酯、乙酰乙酸乙酯和2,4-戊二酮($pKa=9$)的烯醇式含量可以看出,亚甲基的氢原子越活泼(pKa值越小),其烯醇式含量越高,即亚甲基碳原子所连的吸电基越强越多,烯醇式含量越高。

问题9-17 以乙酰乙酸乙酯为主要原料合成下列化合物:

(1)3-甲基-2-戊酮   (2)4-甲基-2-戊酮

问题9-18 下列化合物能否用乙酰乙酸乙酯合成法合成? 为什么?

(1)2-庚酮   (2)4-庚酮

(3)3-庚酮   (4)$CH_3COCH_2C(CH_3)_3$

(5)$(CH_3)_3CCOOH$ (6)$(CH_3)_3CCH_2COOH$

问题9-19 将下列化合物按亚甲基氢原子的活性由大到小排列成序。能否说明理由?

$CH_3COCH_2COOC_2H_5(A)$; $CH_3COCH_2COCH_3(B)$;

$CH_3COCH_2CH_3(C)$; $CH_2(COOC_2H_5)_2(D)$

第3节 碳酸衍生物

碳酸($H-O-\underset{\underset{O}{\|}}{C}-O-H$)是一种二元酸,不能稳定存在。它可看成是羟基甲酸,分子中也含有羧基。其分子中的一个或两个羟基被其他原子或基团(如 Cl、OR、NH_2 等)取代后的化合物,称为碳酸衍生物。例如:

一元衍生物

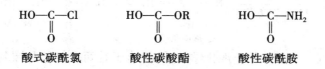

酸式碳酰氯   酸性碳酸酯   酸性碳酰胺

二元衍生物

$$Cl-\underset{\underset{O}{\|}}{C}-Cl \qquad RO-\underset{\underset{O}{\|}}{C}-OR \qquad H_2N-\underset{\underset{O}{\|}}{C}-NH_2$$

碳酰氯 碳酸酯 碳酰胺

　　碳酸的一元衍生物不稳定,很难单独存在;二元衍生物则比较稳定,具有实用价值。例如,碳酰氯是有用的试剂,碳酸二乙酯是纤维素醚和树脂等的溶剂,碳酰胺是重要的化工产品。

9.9　碳酰氯

　　碳酰氯俗称光气。工业上是由一氧化碳和氯气通过活性炭制备:

$$CO + Cl_2 \xrightarrow[200℃]{活性炭} COCl_2$$

　　光气是无色气体(沸点 8.2℃),味甜、有毒、有窒息性,使用时应注意安全。光气遇水即逐渐水解,生成二氧化碳和氯化氢,故使用时应避免水。

　　光气具有酰氯的典型化学性质,容易发生水解、醇解和氨解等反应。例如:

$$Cl-\underset{\underset{O}{\|}}{C}-Cl + C_2H_5OH \xrightarrow{-HCl} Cl-\underset{\underset{O}{\|}}{C}-OC_2H_5 \xrightarrow[-HCl]{C_2H_5OH} C_2H_5O-\underset{\underset{O}{\|}}{C}-OC_2H_5$$

氯代甲酸乙酯 碳酸二乙酯

$$Cl-\underset{\underset{O}{\|}}{C}-Cl + NH_3 \xrightarrow{-HCl} H_2N-\underset{\underset{O}{\|}}{C}-Cl \xrightarrow[-HCl]{NH_3} H_2N-\underset{\underset{O}{\|}}{C}-NH_2$$

氨基甲酰氯 碳酰胺

　　光气也可在同一分子内分别进行醇解和氨解。例如:

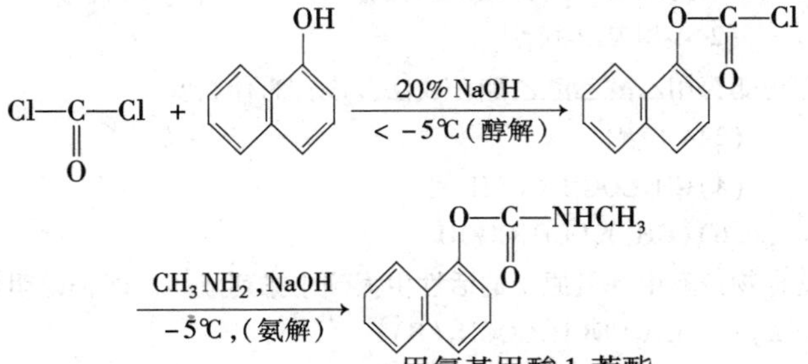

甲氨基甲酸-1-萘酯

　　甲氨基甲酸-1-萘酯也称甲萘威或西维因,可防治果树、蔬菜、棉花等许多作物的害虫,对人畜毒性低,是一种高效低毒农药。

　　光气是生产某些染料、医药、农药以及聚碳酸酯和二异氰酸酯的原料。

9.10　碳酰胺

　　碳酰胺又称脲或尿素,存在于人和哺乳动物的尿中。工业上是用二氧化碳与氨在高温高压下反应制备:

$$2NH_3 + CO_2 \xrightarrow[13.8～24.6\ MPa]{180～200℃} H_2N-\underset{\underset{O}{\|}}{C}-ONH_4 \longrightarrow H_2N-\underset{\underset{O}{\|}}{C}-NH_2 + H_2O$$

氨基甲酸铵 脲

　　脲具有酰胺结构,故具有酰胺的一般化学性质,但由于有两个氨基与羰基直接相连,它们相互影响的结果,又与一般酰胺有所不同。

9.10.1 碱性

在脲分子中,两个氮原子上的未共用电子对均与羰基 π 电子发生 p,π-共轭效应,与酰胺相比,氮原子上的电子云密度降低较少,与质子的结合能力较强,所以脲的碱性比酰胺略强,能与强酸生成盐。例如:

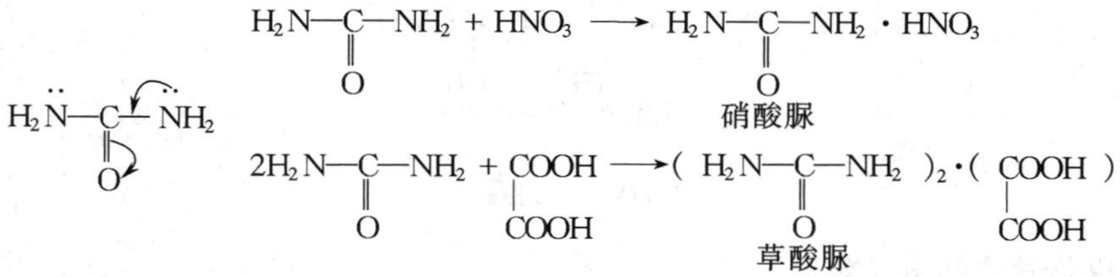

$$H_2N-\underset{\underset{O}{\|}}{C}-NH_2 + HNO_3 \longrightarrow H_2N-\underset{\underset{O}{\|}}{C}-NH_2 \cdot HNO_3$$

硝酸脲

$$H_2\ddot{N}-\underset{\underset{O}{\|}}{C}-\dot{N}H_2$$

$$2H_2N-\underset{\underset{O}{\|}}{C}-NH_2 + \underset{\underset{COOH}{|}}{COOH} \longrightarrow (H_2N-\underset{\underset{O}{\|}}{C}-NH_2)_2 \cdot (\underset{\underset{COOH}{|}}{COOH})$$

草酸脲

这些盐都是晶体,微溶于水,不溶于浓酸中,利用这种性质可从尿中把脲分离出来。

9.10.2 水解

在酸、碱或尿素酶的作用下,脲易发生水解反应,生成氨和二氧化碳,因此脲是一种高效氮肥。

$$H_2N-\underset{\underset{O}{\|}}{C}-NH_2 + H_2O \xrightarrow[\text{或尿素酶}]{H^+ \text{或} OH^-} 2NH_3 + CO_2$$

脲除用作肥料外,也是重要工业原料。它用于生产脲醛树脂,制造染料,制造除草剂、杀虫剂,制造药物等。例如,脲与丙二酸二乙酯作用生成丙二酰脲,俗称巴比土酸,后者衍生物是一类安眠药,如鲁米那等。其构造式如下:

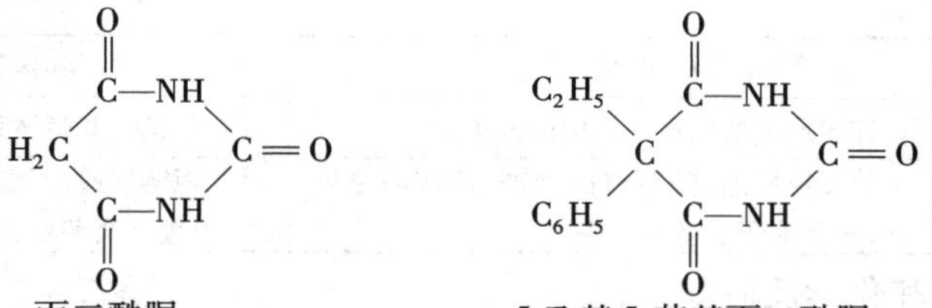

丙二酰脲
(巴比土酸)

5-乙基-5-苯基丙二酰脲
(鲁米那)

另外,脲还可用来分离直链和支链化合物。这是由于脲的结晶是筒状螺旋体,中间有一直径为0.5 nm的孔道,直链有机化合物分子能进入其中,而带有支链的化合物不能进入其中,因此,可利用脲分离直链和支链化合物。脲与直链化合物(如直链的烃、卤烃、醇、酮、酯等)形成的结晶形复合物,称为包合物。例如,利用脲处理航空煤油或润滑油等油品,则这些油品中的石蜡(直链烷烃)与脲形成不溶于油的包合物而沉淀下来,从而将石蜡从油品中分离出来,达到使油品凝固点降低的目的。

9.11 胍

胍的构造式为 $H_2N-\underset{\underset{NH}{\|}}{C}-NH_2$,可看成是脲分子中的氧原子被亚胺基($\rangle$NH)取代的化合物。工业上是由双氰胺和过量氨加热得到:

$$\underset{\text{双氰胺}}{H_2N\text{—}\underset{\overset{\|}{NH}}{C}\text{—NHCN}} + 2NH_3 \longrightarrow \underset{\text{胍}}{2H_2N\text{—}\underset{\overset{\|}{NH}}{C}\text{—NH}_2}$$

胍具有很强的碱性,其碱性接近氢氧化钠,能吸收空气中的二氧化碳。

胍的许多衍生物在生理上有重要作用,故可作为药物。例如,抗病毒药吗啉双胍即是胍的衍生物,其构造式如下:

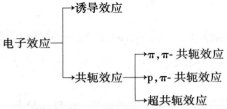

吗啉双胍(ABOB)

小　结

(一)有机化学中的电子效应

至本章止,有机化学中的电子效应已基本讨论完。现将本书涉及到的电子效应总结如下:

电子效应
- 诱导效应
- 共轭效应
  - π,π-共轭效应
  - p,π-共轭效应
  - 超共轭效应

分子内原子间的相互影响,除电子效应外,还有空间效应。这些效应都是由于分子内的原子或基团引起的,故统称为取代基效应。在电子效应中普遍存在的是诱导效应和共轭效应,其主要区别如下:

	诱导效应	共轭效应
存在	存在于原子的电负性不同的分子中	存在于具有共轭体系的分子中
传递	沿分子链传递,随距离的增加,依次明显减弱,三个原子后基本消失	沿共轭链传递,不随共轭链的增长而明显减弱,且极性交替变化

(二)羧酸的制法和化学反应如下:

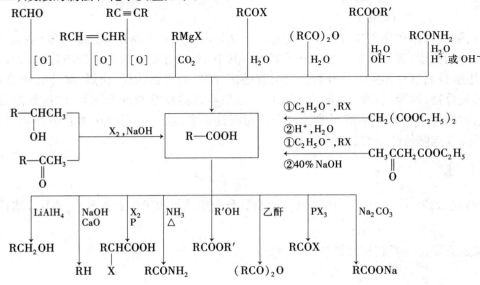

（三）羧酸衍生物的制法和化学反应如下：

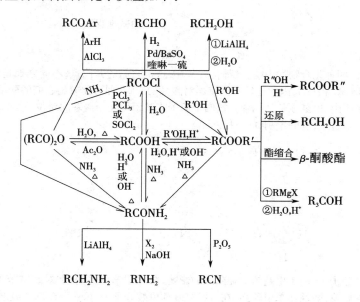

例 题

（一）比较下列化合物的酸性强弱：

醋酸、丙二酸、草酸、苯酚、乙醇和甲酸。

解：首先分析所给化合物是否属于同一类。对于不同类型的化合物，需按每一类化合物所具有的共性进行比较；若属同一类型的化合物，则需考查它们在结构上的差异，然后进行比较。这是解这类题目的通则。

本题中所给出的六个化合物共属三类：醇、酚、酸。根据它们分子中与氧原子相连的氢原子的活泼性得知，其酸性由强到弱的顺序是：酸＞酚＞醇。即该六种化合物的酸性是：

$$CH_3COOH、HOOCCH_2COOH、HOOCCOOH、HCOOH > \underset{OH}{\bigcirc} > C_2H_5OH$$

下一步应考查四种酸的酸性强弱。

从四种酸的构造式可以看出：乙酸、丙二酸、草酸可以看成是甲酸分子中与羧基相连的氢原子，分别被甲基、羧甲基、羧基取代的化合物：

$$CH_3—COOH \quad HOOCCH_2—COOH \quad HOOC—COOH \quad H—COOH$$

已知—CH_3 是供电基，由于供电诱导效应的影响，不利于羧基中氢原子的解离，故酸性比甲酸弱；—COOH 是吸电基，由于吸电诱导效应影响，有利于羧基中氢原子的解离，故酸性比甲酸强；在 $HOOCCH_2$—中，—COOH的吸电性比—CH_2 的供电性强，因此 $HOOCCH_2$— 仍表现为吸电基，故丙二酸的酸性比乙酸强。但其吸电诱导效应的影响比 HOOC—弱，因此丙二酸的酸性比乙二酸弱。

乙二酸和丙二酸的酸性强弱，还可从以下方面来分析：乙二酸是吸电基（羧基）与羧基直接相连，而丙二酸则是吸电基与羧基相隔一个碳原子，吸电基离羧基越远，影响越小，酸性越弱。

综上所述，这些化合物的酸性由强到弱的顺序是：

$$HOOCCOOH > HOOCCH_2COOH > HCOOH > CH_3COOH > \underset{OH}{\bigcirc} > C_2H_5OH$$

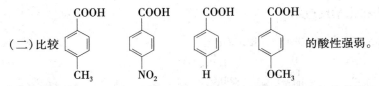

（二）比较 的酸性强弱。

解：题中所给出的四种化合物均为酸，且都含有苯环，这是它们的共同点；不同之处是在羧基对位分别连有—CH₃、—NO₂、—OCH₃ 和—H，因此比较不同基团对酸性的影响，即可比较出它们的酸性强弱。

在四个原子或基团中，以氢原子为标准。这四个原子或基团均处于羧基的对位，距羧基较远，因此诱导效应的影响较弱，主要是共轭效应的影响，如下所示：

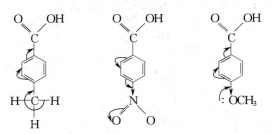

在对甲基苯甲酸分子中，由于甲基超共轭效应的影响，酸性比苯甲酸弱；在对硝基苯甲酸分子中，由于硝基的吸电共轭效应的影响，酸性比苯甲酸强；在对甲氧基苯甲酸分子中，虽然甲氧基是吸电基，但距羧基较远，吸电诱导效应影响较小，而 p, π-共轭效应的影响较大，因此总体表现出供电共轭效应，其影响比甲基的影响还要强，因此其酸性比对甲基苯甲酸弱。

综上所述，它们的酸性由强到弱的顺序是：

$$\underset{NO_2}{\bigcirc}^{COOH} > \bigcirc^{COOH} > \underset{CH_3}{\bigcirc}^{COOH} > \underset{OCH_3}{\bigcirc}^{COOH}$$

（三）以乙烯、甲苯和丙二酸二乙酯为主要原料，合成 2-乙基-3-苯基丙腈（ Ph—CH₂—CH—CN ）。
$$\underset{C_2H_5}{\qquad\qquad\qquad\qquad}$$

解：根据已学过的知识得知，合成腈的方法有：
①伯和仲卤烷与氰化钠（钾）作用；
②羰基化合物与氢氰酸的加成；
③酰胺脱水。

根据题意，原料之一是丙二酸二乙酯。已知丙二酸二乙酯是制备取代乙酸的常用试剂，从 2-乙基-3-苯基丙腈的构造式分析可以看出，它可以看成是二取代乙酸的衍生物：

$$Ph—CH_2—\boxed{\;CH—CN\;}$$
$$\underset{C_2H_5}{\qquad\qquad}$$

因此，应首先合成 Ph—CH₂—CH—COOH ，然后再将—COOH 转变为 CN 即可。PhCH₂—可由甲苯提供，而
$$\underset{C_2H_5}{\qquad\qquad\qquad}$$
C₂H₅—可由乙烯提供。

综上所述，其合成方法如下。
（1）合成所需原料：

$$\bigcirc—CH_3 + Br_2 \xrightarrow[\triangle]{光} \bigcirc—CH_2Br$$

$$CH_2{=}CH_2 + HBr \longrightarrow CH_3—CH_2—Br$$

$$CH_2\!=\!CH_2 + H_2O \xrightarrow[\triangle]{H^+} CH_3\!-\!CH_2\!-\!OH \xrightarrow{Na} CH_3\!-\!CH_2\!-\!ONa$$

（2）合成产物：

$$CH_2(COOC_2H_5)_2 \xrightarrow{C_2H_5ONa} [CH(COOC_2H_5)_2]^-Na^+ \xrightarrow{PhCH_2Br}$$

$$PhCH_2CH(COOC_2H_5)_2 \xrightarrow{C_2H_5ONa} [PhCH_2C(COOC_2H_5)_2]^-Na^+$$

$$\xrightarrow{C_2H_5Br} PhCH_2\underset{\overset{|}{C_2H_5}}{C}(COOC_2H_5)_2 \xrightarrow{OH^-} PhCH_2\underset{\overset{|}{C_2H_5}}{C}(COO^-)_2$$

$$\xrightarrow{H^+} PhCH_2\underset{\overset{|}{C_2H_5}}{C}(COOH)_2 \xrightarrow[-CO_2]{\triangle} PhCH_2\underset{\overset{|}{C_2H_5}}{CH}\!-\!COOH$$

$$\xrightarrow[\triangle]{NH_3} PhCH_2\underset{\overset{|}{C_2H_5}}{CH}\!-\!CONH_2 \xrightarrow[-H_2O]{P_2O_5} PhCH_2\underset{\overset{|}{C_2H_5}}{CH}\!-\!CN$$

习　题

（一）命名下列化合物：

（1）$(CH_3)_2CH\!-\!\underset{\overset{|}{Cl}}{CH}\!-\!COOH$

（2）$CH_3C\!\equiv\!CCH\underset{\overset{|}{CH=CH_2}}{}CH_2COOH$

（3）$\underset{C_2H_5}{\overset{CH_3}{}}C\!=\!C\underset{COOH}{\overset{H}{}}$

（4）$HOOC\!-\!\bigcirc\!\begin{smallmatrix}-COOH\\-COOH\end{smallmatrix}$

（5）$CH_3COOCH_2CH_2CH(CH_3)_2$

（6）$CH_3COOCH_2\!-\!Ph$

（7）$CH_3\!-\!\bigcirc\!\begin{smallmatrix}-COCl\\-OCH_3\end{smallmatrix}$

（8）$\begin{matrix} CH_3\overset{O}{\overset{\|}{C}}\\ \ \ \ \ O\\ CH_3CH_2\underset{\|}{\underset{O}{C}} \end{matrix}$

（9）$(CH_3)_2\underset{\overset{|}{OH}}{C}\!-\!COOH$

（10）$ClCOOC_2H_5$

（11）$O\!=\!C(OC_2H_5)_2$

（12）

（二）写出下列化合物的构造式：

（1）α,γ-二甲基己酸

（2）顺-2-丁烯酸

（3）(E)-4-甲基-3-己烯酸

（4）己二酸甲乙酯

（5）水杨酸甲酯

（6）N-乙基丁二酰亚胺

（7）丙烯酰溴

（8）丙三醇三甲酸酯

（三）在下列各组化合物中,哪一个沸点高? 为什么?

（1）乙酸(相对分子质量60)和乙酰氯(相对分子质量78.5)

（2）乙酐(相对分子质量102)和戊酸(相对分子质量102)

（3）乙酸乙酯(相对分子质量88)和正丁酸(相对分子质量88)

（四）将下列各组化合物按酸性由强到弱排列成序:

（1）![结构式] CH₂COOH 、![结构式] CHCOOH(Br) 、![结构式] CHCOOH(CH₃)

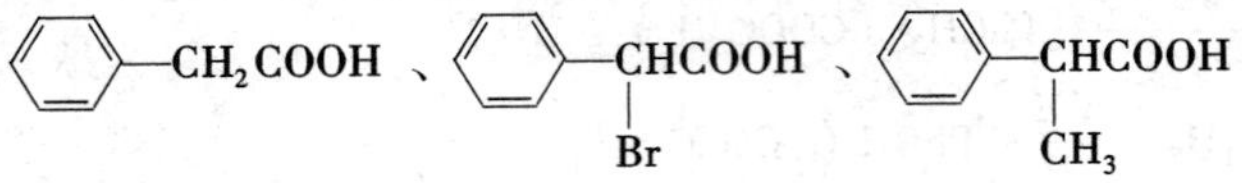

（2）$CH_3C \equiv CCOOH$、$CH_3CH = CHCOOH$、$NCCOOH$

（3）$CH_3CH_2CH_2CONH_2$、![丁二酰亚胺结构式 含 CH₂C=O NH CH₂C=O]

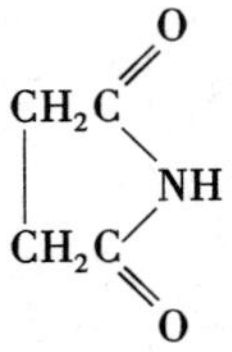

（4）![对硝基苯甲酸结构 COOH ... NO₂] 、![对氨基苯甲酸结构 COOH ... NH₂] 、![苯甲酸结构 COOH]

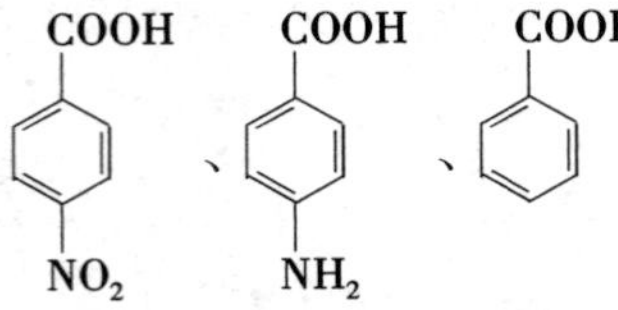

（5）CH_3COOH、$(CH_3)_2CHCOOH$、CF_3COOH

（6）CH_3COOH、$HOOCCH_2COOH$、$HOOCCH_2COO^-Na^+$

（五）回答下列问题:

（1）常温时,乙酸甲酯在水中的溶解度是 33 g/(100 g 水),乙酸乙酯是 8.5 g/(100 g 水)。为什么?

（2）在 $HOOCCHCH_2CH_2COOH$（Br 在第二个碳上）分子中,哪一个羧基容易解离? 为什么?

（3）如何除去乙酸正丁酯中的少量乙酸?

（4）高级酰胺不溶于水,但能溶于浓硫酸中,为什么?

（六）完成下列反应式:

（1）$CH_3CH = CHCH_2COOH + HBr \longrightarrow$

（2）![邻羟基苯甲酸结构 OH ... COOH] $+ NaHCO_3 \longrightarrow$

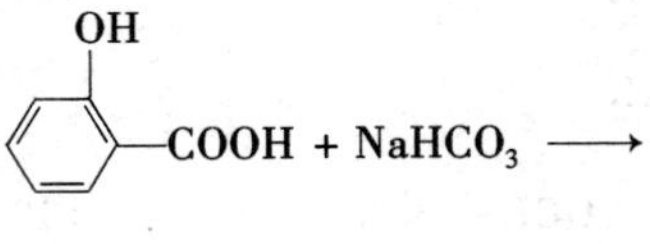

（3）![乙酐结构 CH₃C=O—O—CH₃C=O] $\xrightarrow{?} CH_3COOCH(CH_3)_2$

（4）$CH_3COCl + HN$![环结构] $\longrightarrow$

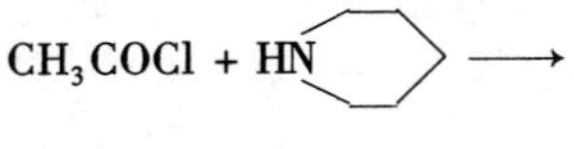

（5）$CH_3COOCH_3 + NH_3$(醇溶液)$\longrightarrow$

（6）![乙酰苯胺结构 NHCOCH₃] $+ ClCH_2C-Cl(=O)$ $\xrightarrow{AlCl_3}$

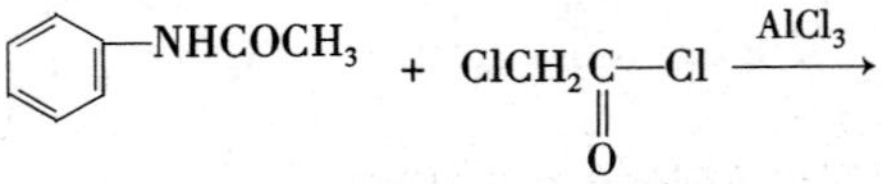

（7）![对苯二甲酸二甲酯结构 COOCH₃ ... COOCH₃] $+ 2(CH_3)_3COH$ $\xrightarrow[\text{5A 分子筛}]{\text{叔丁醇钾}}$

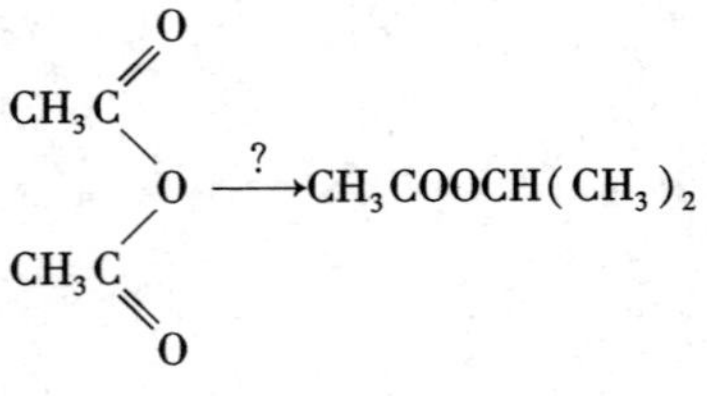

（8）![对甲基苯甲酰二甲胺结构 CH₃ ... CON(CH₃)₂] $\xrightarrow{LiAlH_4}$

204

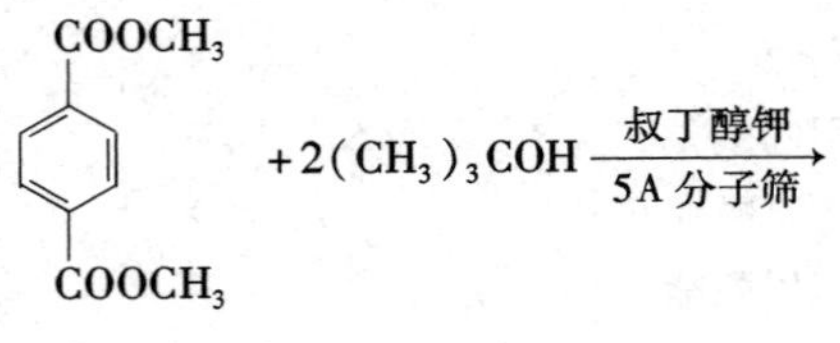

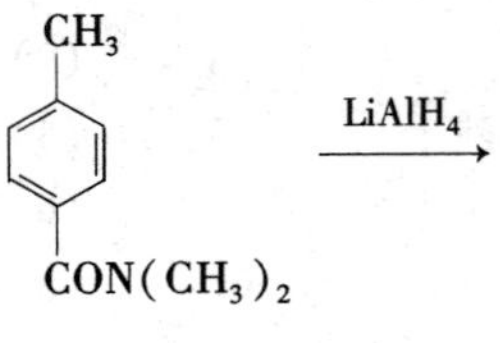

(9)

$$\text{(9)} \quad \underset{\text{O}}{\overset{\text{O}}{\parallel}} \quad \xrightarrow[\text{(1 mol)}]{\text{(CH}_3\text{)}_2\text{NH}} \quad ? \quad \xrightarrow{\text{LiAlH}_4}$$

(10) $CH_3CH_2\overset{O}{\overset{\parallel}{C}}-\underset{\underset{COOH}{|}}{CH}-CH_2COOH \xrightarrow{\triangle}$

（七）鉴别下列各组化合物：

(1) 乙二醇和乙二酸（均为水溶液）

(2) 甲醇、乙醇、甲醛、乙醛、丙酮、甲酸和乙酸（均为水溶液）

(3) 乙酸、乙酸铵、乙酰胺（均为水溶液）

(4) 正丁醇、正丁醚、正丁醛和正丁酸

(5) 对甲苯酚、苯甲醇、苯甲醛和苯甲酸

(6) 苯甲酸、水杨酸、水杨醛（邻羟基苯甲醛）、和水杨醇（邻羟基苯甲醇）

（八）分离下列各组化合物：

(1) 正己醇、正己醛和正己酸　　(2) 正己醇、苯酚和正己酸

（九）完成下列转变：

(1) 乙烯——乙酸乙酯　　(2) 丙酸——2-乙基己酸

(3) 乙炔——乙酰胺　　(4) 烯丙基氯——乙烯基乙酸

(5) 正丁醇——正丙胺　　(6) $CH_3CH_2\overset{CH_3}{\overset{|}{\underset{\underset{O}{\parallel}}{\underset{|}{C}}}}-Br \longrightarrow CH_3CH_2\overset{CH_3}{\overset{|}{\underset{\underset{O}{\parallel}}{\underset{|}{C}}}}-COOH$

（十）填空

(1) $-CHO + (CH_3CH_2CO)_2O \xrightarrow[②H^+]{①丙酸钠} ? \xrightarrow[Pd]{H_2} ? \xrightarrow{SOCl_2} ? \xrightarrow{NH_3} ? \xrightarrow[NaOH]{Br_2} ?$

(2)

(3) $CH_3C{\equiv}CH \xrightarrow{CH_3MgBr} ? \xrightarrow[②H^+,H_2O]{①CO_2} ? \xrightarrow[H_2SO_4]{H_2O,HgSO_4} ?$

（十一）下列化合物哪些能进行克莱森酯缩合反应？写出反应式。

(1) 甲酯乙酯　　　　　(2) 乙酸正丁酯

(3) 丙酯乙酯　　　　　(4) 三甲基乙酸乙酯

（十二）以甲醇和乙醇为主要原料，经丙二酸二乙酯合成下列化合物：

(1) 2,3-二甲基丁酸　　　　(2) 3-甲基戊二酸

(3) β-甲基己二酸

（十三）以甲醇和乙醇为主要原料，经乙酰乙酸乙酯合成下列化合物：

(1) 3-甲基-2-丁酮　　　　(2) 3-乙基-2-戊酮

(3) 2,3-二甲基丁酸

（十四）合成下列化合物：

(1) 以1-丁烯为主要原料合成丁酰胺。

(2) 以四个碳以下有机物为主要原料合成：正己酸、2-乙基己酰氯、氯乙酸叔戊酯、2,2-二甲基丙腈。

(3)以苯、甲苯为主要原料合成:4-硝基-2-氯苯甲酸、3,5-二硝基苯甲酰氯、对甲基苯甲酸苄酯、对甲基苯乙酸苯酯。

(十五)有机化合物结构的推导:

(1)化合物 A(C_9H_{12}),经高锰酸钾氧化后生成化合物 B($C_8H_6O_4$)。B 与 Br_2/Fe 作用,只得到一种产物 C($C_8H_5BrO_4$)。试写出 A、B、C 的构造式。

(2)A、B、C 三种化合物的分子式均为 $C_3H_6O_2$。A 与碳酸钠作用放出二氧化碳,而 B 和 C 不能。B 和 C 分别在氢氧化钠溶液中加热水解,B 的水解蒸出物能发生碘仿反应,C 则不能。试写出化合物 A、B、C 的可能构造式。

(3)两个芳香族化合物 A 和 B,分子式都是 $C_8H_8O_2$,都不溶于水和稀酸,但溶于稀碱。将它们的钠盐与碱石灰共热,都生成甲苯。它们用高锰酸钾氧化,A 生成苯甲酸,B 则生成邻苯二甲酸。试写出 A 和 B 的构造式。

(4)化合物 A 和 B,分子式均为 $C_8H_8O_3$,不溶于水和稀酸。A 可溶于氢氧化钠和碳酸氢钠溶液,B 则仅溶于氢氧化钠溶液。A 用氢碘酸处理得邻羟基苯甲酸,B 与稀酸溶液共热也得到邻羟基苯甲酸。推测 A 和 B 的结构。

第10章 有机含氮化合物

有机含氮化合物是指分子中含有氮原子与碳原子相连形成的有机化合物。有机含氮化合物种类很多,本章只讨论硝基化合物、胺、重氮和偶氮化合物、腈等。

第1节 芳香族硝基化合物

芳环上的氢原子被硝基取代后的化合物,称为芳香族硝基化合物。硝基(—N⟨O/O) 是它的官能团。

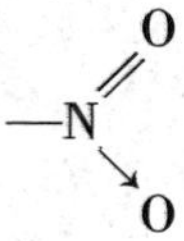

芳香族硝基化合物的命名,通常是以芳烃为母体,硝基作为取代基来命名的。例如:

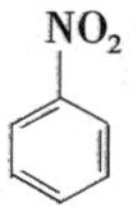

| 硝基苯 | 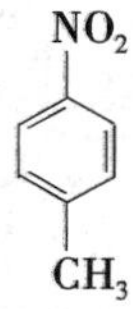 对硝基甲苯 | 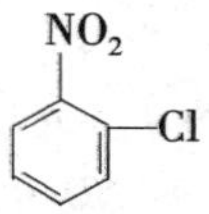 邻硝基氯苯 | 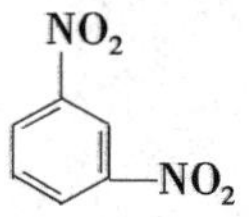 间二硝基苯 |

问题 10-1 命名下列化合物:

(1) 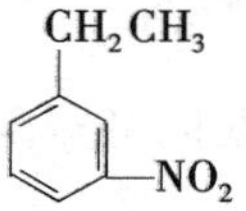 (2) 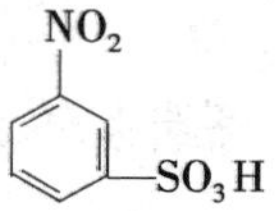 (3) 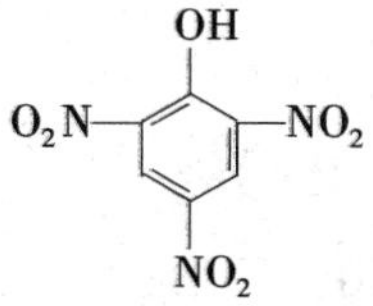 (4)

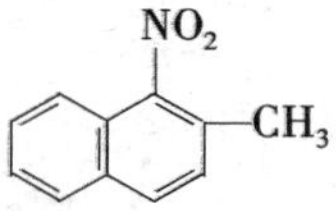

10.1 芳香族硝基化合物的物理性质

芳烃的一硝基化合物为无色或淡黄色液体或固体,多硝基化合物是黄色晶体。它们不溶于水,溶于有机溶剂。多硝基化合物通常具有爆炸性,可用作炸药。例如:

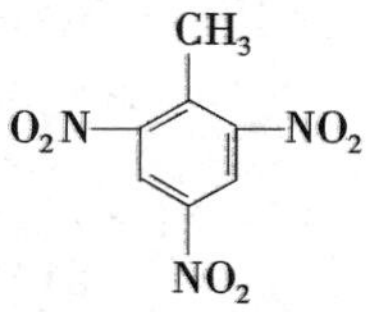

2,4,6-三硝基甲苯　　1,3,5-三硝基苯
（TNT）　　　　　　（TNB）

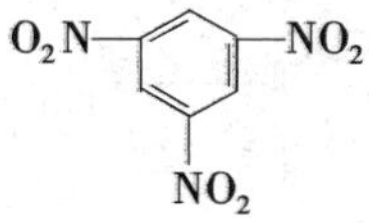

都是军用的猛烈炸药。但是有的多硝基化合物具有香味,可用作香料。例如:

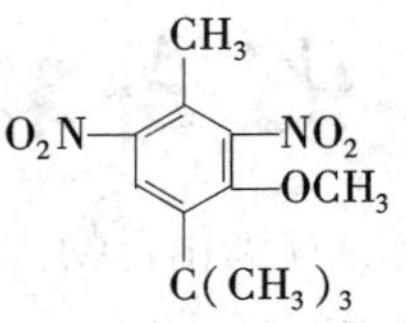

葵子麝香 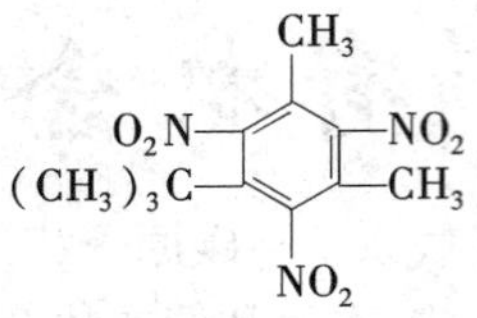　　　　　　　二甲苯麝香 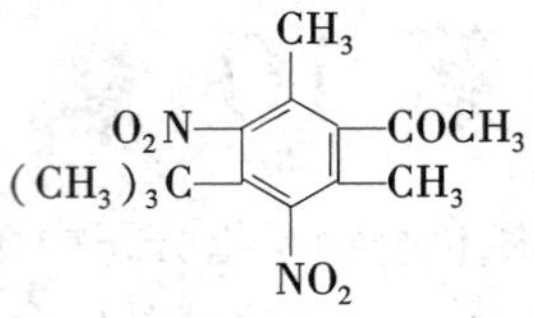　　　　　　酮麝香

由于芳香族硝基化合物有一定毒性,因此上述香料(统称硝基麝香)已被限制使用。

10.2　芳香族硝基化合物的化学性质

10.2.1　还原反应

在强烈条件下,采用催化加氢法或化学还原剂还原,芳香族硝基化合物被还原成相应的胺。常用的还原剂有 $Fe + HCl$、$Zn + HCl$、$SnCl_2 + HCl$ 等。例如:

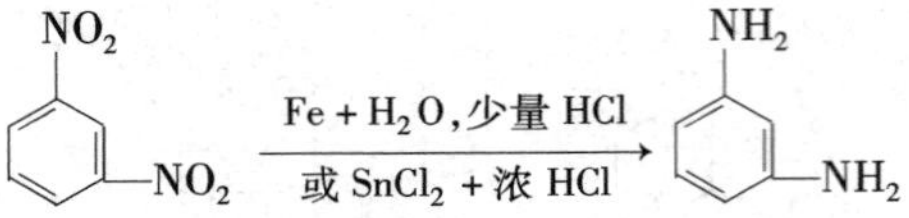

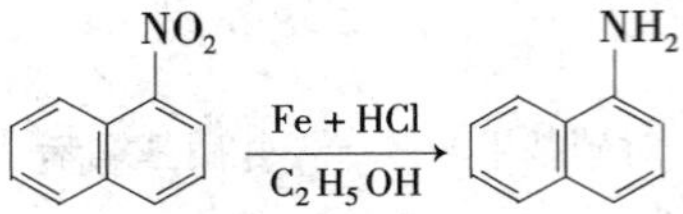

利用化学还原剂,尤其是 $Fe + HCl$ 还原时,虽然工艺简单,不需特殊设备,但"三废"污染严重。因此,在工业上已逐渐被催化加氢法代替。

采用硫化钠(铵)、硫氢化钠(铵)或多硫化铵,在适当条件下,可以选择性地将多硝基化合物中的一个硝基还原成氨基。例如:

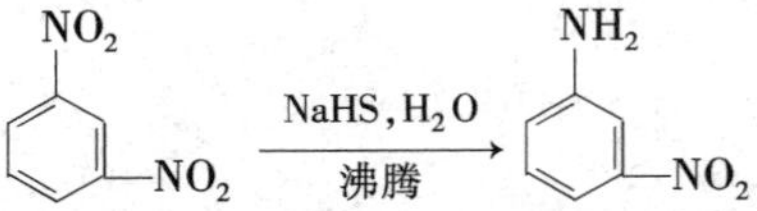

由于催化加氢法可以减少"三废"污染,故工业上被越来越多地采用。例如:

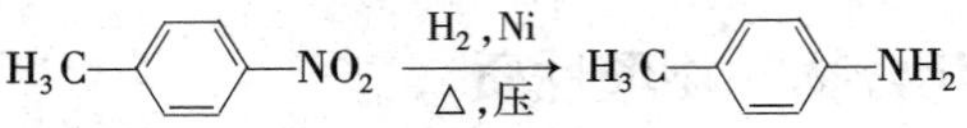

10.2.2　芳环上的取代反应

硝基是很强的第二类定位基,不仅定间位,且使苯环钝化,因此连有硝基的苯环只能与强的亲电试剂发生亲电取代反应。例如:

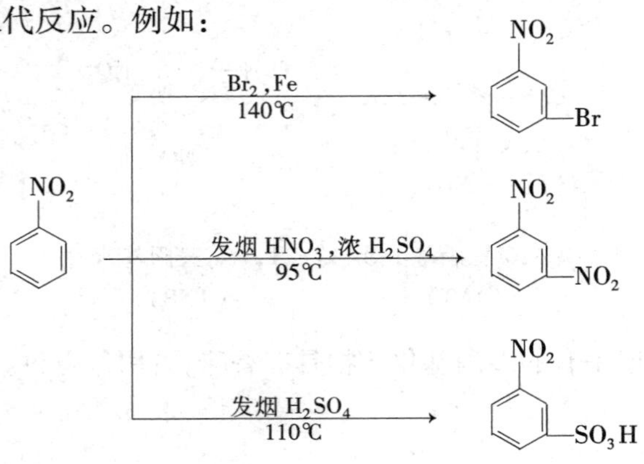

208

10.2.3 硝基对处于其邻位和对位基团的影响

硝基对处于其邻位和对位上基团的化学性质有较大的影响。例如,氯苯分子中的氯原子不活泼,与氢氧化钠水溶液加热至200℃也不发生水解反应。但当氯原子的邻和/或对位连有硝基时,则氯原子比较活泼,容易进行水解反应,邻、对位上硝基越多,水解越容易。例如:

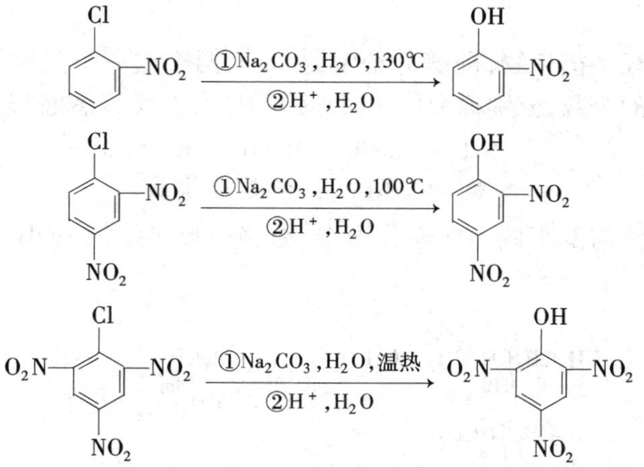

这是由于硝基强的吸电诱导和共轭效应的影响,使苯环上的电子云密度降低,尤其是其邻位和对位降低更多,因此有利于亲核试剂 OH^- 的进攻,发生取代反应。硝基越多,这种影响越大,越容易进行亲核取代反应。

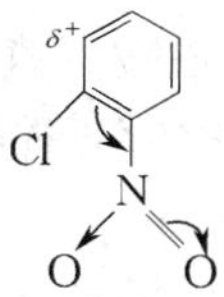

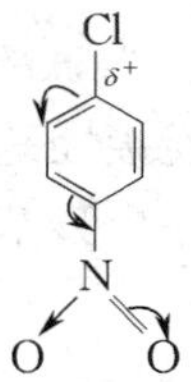

当硝基处于氯原子的间位时,硝基与氯原子相连的碳原子之间只存在吸电诱导效应,使与氯原子相连的碳原子的电子云密度降低较少,因此氯原子较难被亲核试剂取代。除硝基外,其他吸电基对卤原子的活性也有类似的影响。

硝基不仅对处于其邻位或对位的卤原子的活性有影响,对其他基团也有类似的影响。例如,酚羟基的邻和/或对位上连有硝基时,酚的酸性增强;苯甲酸羧基的邻和/或对位上连有硝基时,芳酸的酸性也增强。这些已在前面有关章节中讨论过了,这里不再赘述。另外,当苯胺的氨基的邻位和/或对位上连有硝基时,芳胺的碱性降低,将在本章下一节讨论。

问题 10-2 完成下列反应式:

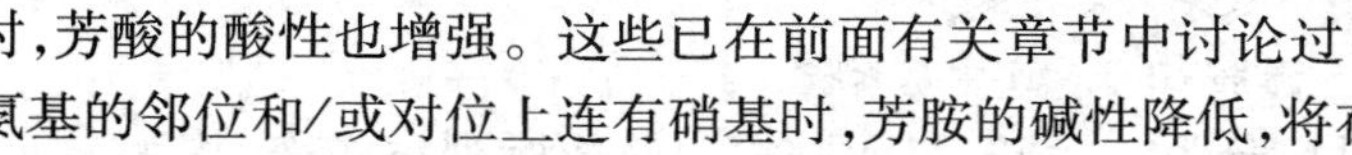

问题 10-3 以适当的芳烃为原料,合成下列化合物:

(1)邻甲苯胺　　　(2)对氨基苯甲酸

(3)2,4-二硝基苯酚　(4)2,4-二硝基苯乙醚

第2节 胺

10.3 胺的分类和命名

10.3.1 分类

胺可以看做氨的烃基衍生物,即氨分子中的一个、两个或三个氢原子被烃基取代的化合物。按氢原子被取代的个数,分别称为伯胺(1°胺)、仲胺(2°胺)、叔胺(3°胺),即

$$NH_3 \qquad RNH_2 \qquad R_2NH \qquad R_3N$$
$$\text{氨} \qquad \text{伯胺} \qquad \text{仲胺} \qquad \text{叔胺}$$

胺的这种分类方法与醇不同。在醇分子中,伯、仲、叔醇是指—OH 分别与伯、仲、叔碳原子相连。例如:

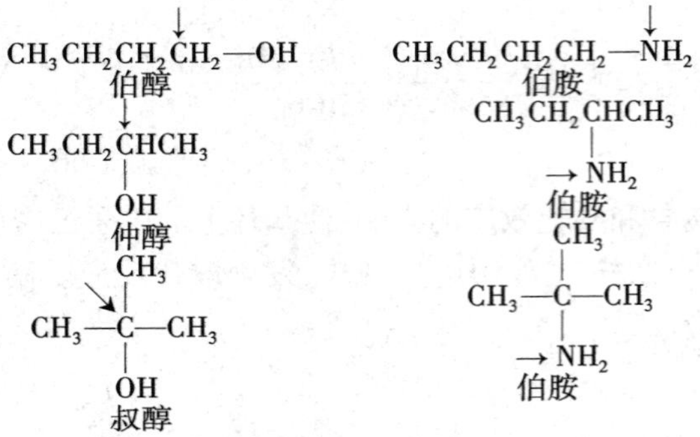

$$CH_3CH_2CH_2CH_2\text{—OH}$$
伯醇

$$CH_3CH_2CHCH_3$$
$$|$$
$$OH$$
仲醇

$$CH_3$$
$$|$$
$$CH_3\text{—}C\text{—}CH_3$$
$$|$$
$$OH$$
叔醇

$$CH_3CH_2CH_2CH_2\text{—}NH_2$$
伯胺

$$CH_3CH_2CHCH_3$$
$$\rightarrow NH_2$$
伯胺

$$CH_3$$
$$|$$
$$CH_3\text{—}C\text{—}CH_3$$
$$\rightarrow NH_2$$
伯胺

胺类还根据氮原子所连接烃基的不同,分为脂肪胺和芳香胺。氮原子上只连接脂肪烃基的胺,称为脂肪胺;至少有一个芳基与氮原子直接相连的胺,称为芳香胺,或芳胺。例如:

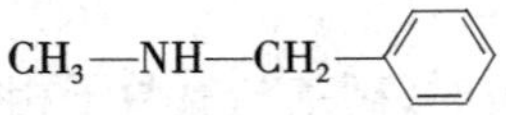

脂肪胺

$$C_2H_5\text{—}NH_2 \qquad CH_3\text{—}NH\text{—}CH_2\text{—}\bigcirc$$
$$\text{乙胺} \qquad\qquad \text{甲(基)苄(基)胺}$$

芳香胺

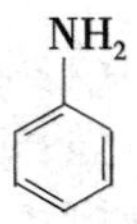

NH₂ 苯胺 NH—CH₃ N-甲基苯胺

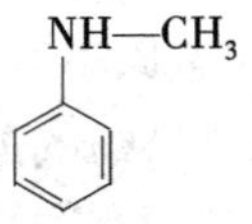

胺又可根据分子中氨基的数目,分为一元胺、二元胺等。前面所列举的胺,均为一元胺。二元胺例如:

$$H_2NCH_2CH_2NH_2 \qquad H_2N\text{—}\bigcirc\text{—}NH_2 \qquad H_2N\text{—}\bigcirc\text{—}\bigcirc\text{—}NH_2$$
$$\text{乙二胺} \qquad\qquad \text{间苯二胺} \qquad\qquad\qquad \text{联苯胺}$$

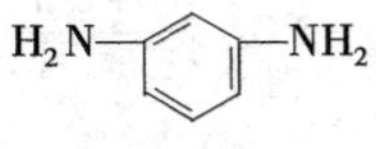

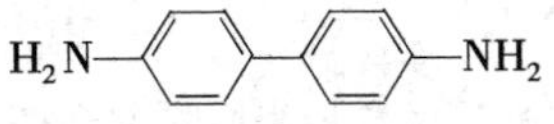

四价氮的盐和氢氧化物,称为季铵化合物。其中相当于氢氧化铵的化合物称为季铵碱,相当于铵盐的化合物称为季铵盐。例如:

季铵碱

$$NH_4OH \qquad\qquad (CH_3)_4N^+OH^-$$

210

季铵盐

$$NH_4X \qquad\qquad (CH_3)_4 N^+ Cl^-$$

10.3.2 命名

简单的胺习惯上按所含的烃基命名,即烃基名加"胺"字。例如:

$$(CH_3)_2CHNH_2$$

异丙胺

环己胺

对甲苯胺

对于仲胺和叔胺,相同基注明数目;不同基,将次序规则中的优先烃基放在后面。例如:

$$CH_3-N-CH_3$$
$$\quad\;\; |$$
$$\quad\; CH_3$$

三甲胺

二苯胺

$$CH_3CH_2CH-NH-CH_3$$
$$\qquad\quad\; |$$
$$\qquad\quad CH_3$$

甲仲丁胺

当氮原子上同时连有芳基和脂肪烃基时,在芳胺名称前加"N"字,以表示脂肪烃基连在氮原子上。例如:

N-甲基苯胺

N,N-二甲基苯胺

N,N'-二甲基间苯二胺

比较复杂的胺则用系统命名法,即以烃为母体,氨基作为取代基命名。例如:

$$CH_3CH_2CHCH_2CHCH_3 \qquad CH_3CH_2CH-NH-CH_3$$
$$\qquad\quad | \qquad\quad\; | \qquad\qquad\qquad\quad |$$
$$\qquad\; NH_2 \quad\;\; CH_3 \qquad\qquad\qquad CH_3$$

5-甲基-3-氨基己烷 　　 2-甲氨基丁烷

季铵化合物的命名,则与氢氧化铵或铵盐的命名相似,即将阴离子和取代基名称放在"铵"字之前来命名。例如:

$$[(C_2H_5)_4\overset{+}{N}]\overset{-}{O}H \qquad [CH_3(CH_2)_{11}\overset{+}{N}(CH_3)_3]\overset{-}{B}r$$

氢氧化四乙铵 　　　 溴化三甲基十二烷基铵

问题 10-4 命名下列化合物:

(1) $CH_3CH_2CH-NH_2$
$\qquad\qquad\quad |$
$\qquad\qquad\; CH_3$

(2) $-CH_2NH_2$

(3) $\left(\text{}\right)_3 N$

(4)

(5) $H_2NCH_2CH_2CH_2CH_2NH_2$

(6) $CH_3-\underset{\underset{CH_3}{|}}{\overset{\overset{CH_3}{|}}{C}}-CH_2-\underset{\underset{CH_3}{|}}{N}CH_3$

(7) $[(CH_3)_2\overset{+}{N}H_2]\overset{-}{C}l$

(8) $[(CH_3)_3\overset{+}{N}C_2H_5]\overset{-}{C}l$

问题 10-5 写出下列化合物的构造式:

(1)叔丁胺 　　　　　　　 (2)二乙异丙胺

(3)对硝基-N-乙基苯胺 　　 (4)2,3-二甲基-1,4-丁二胺

10.4　胺的结构

胺的结构与氨相似,分子中的氮原子也是 sp^3 杂化,氮原子的三个 sp^3 杂化轨道与氢原子

211

的 1s 轨道和其他基团的碳原子的杂化轨道交盖,形成三个 σ 键,未共用电子对占据另一个 sp³ 杂化轨道,分子也呈棱锥形结构,如图 10-1(Ⅰ)所示。芳胺(如苯胺)分子虽然也是棱锥形结构,但氮原子未共用电子对所在的 sp³ 杂化轨道,比氨分子中氮原子未共用电子对所在的 sp³ 杂化轨道具有更多的 p 轨道性质,能与苯环的 π 轨道构成共轭体系。如图 10-1(Ⅱ)所示。共轭的结果,使氮原子上的电子云向苯环偏移,降低了氮原子与质子的结合能力,同时活化了苯环进行亲电取代反应的能力。

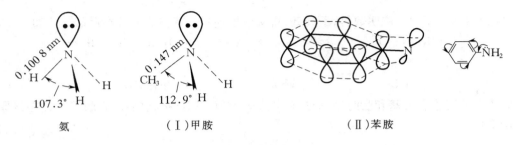

图 10-1　胺的结构

10.5　胺的物理性质

在常温下,甲胺、二甲胺、三甲胺和乙胺是气体,其他胺均为液体或固体。低级胺具有不愉快的气味,如三甲胺有鱼腥气味,1,4-丁二胺(俗称腐胺)和1,5-戊二胺(俗称尸胺)具有腐烂肉的恶臭味。高级脂肪胺和芳香胺气味较小,但芳胺有毒,吸入其蒸气或与皮肤接触均可引起严重中毒。另外,某些芳胺(如联苯胺、2-萘胺等)还有很强的致癌性,现已禁止使用。

伯胺和仲胺由于氮原子上还连有氢原子,因此低级伯胺和仲胺分子间能形成氢键,故其沸点比相对分子质量相近的烷烃高。例如:

	$CH_3CH_2CH_2CH_2NH_2$	$(CH_3CH_2)_2NH$	$CH_3(CH_2)_3CH_3$
相对分子质量	73	73	72
沸点(℃)	77.8	55	36

但由于氮原子的电负性比氧原子小,故其分子间的氢键比醇分子间的氢键弱,沸点比相对分子质量相近的醇低。例如:

	$CH_3CH_2CH_2—NH_2$	$CH_3CH_2CH_2—OH$
相对分子质量	59	60
沸点(℃)	49	97

与醇相似,低级胺也能与水形成氢键,故易溶于水。高级胺难溶或不溶于水。某些胺的物理常数如表 10-1 所示。

表 10-1　胺的物理常数

名称	熔点(℃)	沸点(℃)	溶解度(g/100g 水)
甲胺	-92	-7.5	易溶
二甲胺	-96	7.5	易溶
三甲胺	-117	3	91
乙胺	-80	17	∞
乙二胺	8	117	溶
己二胺	42	204~205	溶

名称	熔点(℃)	沸点(℃)	溶解度(g/100g 水)
苯甲胺		185	∞
苯胺	−6	184	3.7
N-甲基苯胺	−57	196	微溶
N,N-二甲基苯胺	3	194	1.4

10.6　胺的化学性质

胺发生化学反应的部位如下所示：

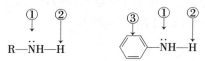

①未共用电子对与 H$^+$ 结合,呈碱性
②氢原子被取代(亲核取代反应)
③芳环上的亲电取代反应

10.6.1　碱性

与氨相似,胺分子中氮原子上的未共用电子对,也能与质子结合而显碱性。

$$R— \overset{..}{N} H_2 + HCl \longrightarrow R—\overset{+}{N}H_3Cl^- \text{ 或 } R—NH_3Cl$$

在胺分子中,由于烷基供电诱导效应的影响,氮原子上的电子云密度增加,有利于与质子结合,因此胺的碱性比氨强。例如：

	NH_3	CH_3NH_2	$(CH_3)_2NH$
pK_b	4.76	3.38	3.27

由 NH_3、CH_3NH_2、$(CH_3)_2NH$ 的 pK_b 值可以看出,CH_3NH_2 和 $(CH_3)_2NH$ 的碱性都比氨强(pK_b值越小,碱性越强);由 NH_3 到 CH_3NH_2,即 H 换成 CH_3,碱性增强很多(pK_b 值减少很多),但 CH_3NH_2 和 $(CH_3)_2NH$ 相比,碱性增强不大(pK_b 值减少很少),说明影响胺碱性强弱的因素不止电子效应一种。事实证明,影响胺碱性强弱的因素,除电子效应外,空间效应以及溶剂的性质等都对胺的碱性产生影响。例如三种甲胺在气相时的碱性强弱次序为

$$(CH_3)_3N > (CH_3)_2NH > CH_3NH_2 > NH_3$$

然而,在水溶液中它们的碱性强弱次序为

$$(CH_3)_2NH > CH_3NH_2 > (CH_3)_3N > NH_3$$

在芳胺分子中,氮原子上的未共用电子对所在轨道与苯环 π 轨道形成共轭体系,由于 p,π-共轭效应的影响(见10.4),氮原子上的电子云密度降低,与质子结合的能力降低,所以芳胺的碱性比氨弱。例如：

$$NH_3 \qquad \text{（苯环）}—NH_2$$

| pK_b | 4.76 | 9.40 |

当苯环上有取代基时,由于取代基的性质和在苯环上的位置不同,对碱性的影响不同。当取代基处于氨基的间位时,吸电基使碱性减弱,供电基使碱性增强。例如：

| pK_b | 11.53 | 9.40 | 9.28 |

因为取代基处于间位时只有诱导效应的影响。当取代基处于氨基的对位时,供电基(如甲基)使碱性增加,吸电基(如硝基、氯原子等)使碱性减弱。例如:

$$pK_b \quad\quad 11.53 \quad\quad\quad 10.48 \quad\quad\quad 9.40 \quad\quad\quad 9.28$$

当取代基是 OH、OR、NH₂ 等时,它们具有吸电诱导效应,也具有供电共轭效应,由于 p,π-共轭效应大于吸电诱导效应,故总的结果表现为供电性,使碱性增强。例如:

$$pK_b \quad\quad 9.40 \quad\quad\quad\quad 8.66$$

季铵碱具有很强的碱性,其碱性强弱与苛性碱相当。

问题10-6　在下列各组化合物中,哪一个碱性较强?

(1) $CH_3CH_2NH_2$,$ClCH_3CH_2NH_2$

(2) $CH_3CH_2NH_2$,$NCCH_2CH_2NH_2$

(3) ⬡—NH_2 ,　⬡—$N(CH_3)_2$

(4) ⬡—NH_2 ,　⬡—$NHCCH_3$
　　　　　　　　　　　　　‖
　　　　　　　　　　　　　O

(5) CH_3NH_2,　⬡—NH_2

10.6.2　烷基化

在第六章已经讨论过,卤代烷(有时也用醇代替卤烷)与氨作用生成胺(伯胺)。胺还可以与卤代烷继续反应,依次生成仲胺、叔胺和季铵盐。例如:

$$C_2H_5NH_2 + C_2H_5I \longrightarrow (C_2H_5)_2\overset{+}{N}H_2 I^- \xrightarrow{NH_3} (C_2H_5)_2NH + NH_4I$$

$$(C_2H_5)_2NH \xrightarrow{C_2H_5I} (C_2H_5)_3\overset{+}{N}HI^- \xrightarrow{NH_3} (C_2H_5)_3N + NH_4I$$

$$(C_2H_5)_3N + C_2H_5I \longrightarrow (C_2H_5)_4N^+I^-$$

在上述反应中,与氨相似,胺作为亲核试剂与卤代烷发生了亲核取代反应。反应的总结果得到混合物,工业上是采用精馏的方法将它们分离。

10.6.3　酰基化

与氨相似,伯胺和仲胺与酰氯或酸酐等酰化剂作用,分别生成相应的 N-取代酰胺和 N,N-二取代酰胺。叔胺分子中的氮原子上没有氢原子,不发生酰基化反应。例如:

$$CH_3CH_2NH_2 + CH_3\overset{}{C}\!\!-\!\!Cl \longrightarrow CH_3\overset{}{C}\!\!-\!\!NHCH_2CH_3 + HCl$$
$$\quad\quad\quad\quad\quad\quad\; \|\quad\quad\quad\quad\quad\quad\; \|$$
$$\quad\quad\quad\quad\quad\quad\; O\quad\quad\quad\quad\quad\quad\; O$$

N-乙基乙酰胺

$$(CH_3CH_2)_2NH + CH_3\overset{O}{\underset{||}{C}}-Cl \longrightarrow CH_3\overset{O}{\underset{||}{C}}-N(CH_2CH_3)_2 + HCl$$

N,N-二乙基乙酰胺

有时也可用羧酸代替酰氯或酸酐作为酰化剂,但需在反应进行中逐渐除去反应中生成的水,以使反应顺利进行。例如,工业上生产乙酰苯胺就是采用这种方法。

$$\bigcirc\!\!-NH_2 + CH_3COOH \xrightarrow[\text{去水}]{\text{回流}} \bigcirc\!\!-NHCCH_3 + H_2O$$

胺的酰基化在工业上具有重要意义。例如,聚酰胺纤维——尼龙-66,就是由己二胺和己二酸缩聚而成。

$$n\ H_2N-(CH_2)_6-NH_2 + HO-\overset{O}{\underset{||}{C}}-(CH_2)_4-\overset{O}{\underset{||}{C}}-OH \longrightarrow$$

$$\sim\!\!\!\sim\!\!\!\sim H_3\overset{+}{N}(CH_2)_6\overset{+}{N}H_3\overset{O}{\underset{||}{C}}\!\!-\!\!(CH_2)_4\!\!-\!\!\overset{O}{\underset{||}{C}}-O^-\!\!\sim\!\!\!\sim\!\!\!\sim$$

$$\xrightarrow[-H_2O]{250℃} \overset{}{\underset{}{\left[NH(CH_2)_6NH-\overset{O}{\underset{||}{C}}-(CH_2)_4\overset{O}{\underset{||}{C}}\right]_n}}\quad 尼龙-66$$

酰胺通常是结晶固体,且具有一定熔点,故可通过酰基化反应鉴定伯胺和仲胺,从伯、仲、叔胺混合物中分离出叔胺。又因酰胺在酸或碱作用下可以水解成原来的胺和酸,故可用酰基化反应来保护氨基(因为氨基容易被氧化)。

10.6.4 磺酰化

与胺的酰基化反应相似,若用磺酰氯(如苯磺酰氯、对甲苯磺酰氯等)代替酰氯与伯胺和仲胺反应,则在胺分子中引入了磺酰基,生成相应的磺酰胺,称为磺酰化反应,又称兴斯堡(Hinsberg)反应。例如:

磺酰胺通常是黄色结晶固体,具有一定熔点。因此,利用磺酰化反应所生成的磺酰胺可以鉴别伯胺和仲胺。

磺酰胺不溶于水。但伯胺生成的磺酰胺分子中,由于磺酰基是强的吸电基,它吸引电子的结果,使与氮原子相连的氢原子具有较强的酸性,能与浓氢氧化钠水溶液反应生成钠盐而溶于氢氧化钠水溶液中:

$$CH_3\!\!-\!\!\bigcirc\!\!-SO_2NHC_2H_5 + NaOH(浓) \longrightarrow CH_3\!\!-\!\!\bigcirc\!\!-SO_2\overset{-}{N}C_2H_5Na^+ + H_2O$$

在仲胺生成的磺酰胺分子中,氮原子上没有氢原子,不能与氢氧化钠反应生成钠盐,故不溶于氢氧化钠水溶液;叔胺分子中的氮原子上没有氢原子,不与磺酰氯反应。利用这些性质,可以鉴别和分离伯胺、仲胺、叔胺。

10.6.5　与亚硝酸反应

伯、仲、叔胺与亚硝酸(NaNO$_2$ 和 HCl 或 H$_2$SO$_4$)的反应各不相同。伯胺与亚硝酸反应生成重氮盐,其中脂肪族重氮盐很不稳定,立即分解放出氮气,同时生成醇、烯烃、卤烷等复杂的混合物。例如:

$$CH_3CH_2NH_2 \xrightarrow[HCl]{NaNO_2} CH_3CH_2-\overset{+}{N}\equiv NCl^-$$

重氮盐(不稳定)

$$\begin{cases} \xrightarrow{H_2O} CH_3CH_2OH \\ \xrightarrow{-H^+} CH_2=CH_2 \\ \xrightarrow{Cl^-} CH_3CH_2Cl \end{cases}$$

由于产物是混合物,故无合成价值。但放出的氮气是定量的,可用于伯胺的定性和定量分析。

芳香族伯胺在过量稀无机酸溶液中、于较低温度下与亚硝酸反应,生成重氮盐,此反应称为重氮化反应。例如:

$$\text{◯}-NH_2 + NaNO_2 + 2HCl \xrightarrow{0\sim5℃} \text{◯}-N_2^+Cl^- + 2H_2O + NaCl$$

重氮化反应所用的酸,通常是盐酸和硫酸,温度一般为 0 ~ 5℃。干燥的重氮盐一般极不稳定,受热或振动容易发生爆炸,而在水溶液中和低温时比较稳定,升高温度则会逐渐分解,因此重氮盐制备后应尽快使用。

脂肪族和芳香族仲胺与亚硝酸反应生成亚硝基胺。例如:

$$(C_2H_5)_2NH + NaNO_2 + HCl \longrightarrow (C_2H_5)_2N-N=O + H_2O + NaCl$$

N-亚硝基二乙胺

$$\text{◯}-\overset{H}{\underset{CH_3}{N}} + NaNO_2 + HCl \xrightarrow{0\sim10℃} \text{◯}-\overset{N=O}{\underset{CH_3}{N}} + H_2O + NaCl$$

N-甲基-N-亚硝基苯胺

N-亚硝基胺为黄色油状液体,不溶于水,但与稀酸共热则水解为原来的仲胺,可利用这个反应分离或提纯仲胺。

脂肪族叔胺一般不与亚硝酸反应。芳香族叔胺与亚硝酸作用,在芳环上发生亲电取代反应,生成对亚硝基化合物。例如:

$$(CH_3)_2N-\text{◯} + NaNO_2 + HCl \xrightarrow{\sim8℃} (CH_3)_2N-\text{◯}-NO + H_2O + NaCl$$

对亚硝基-N,N-二甲基苯胺

对亚硝基-N,N-二甲基苯胺为绿色固体,难溶于水。

由以上讨论可以看出,伯、仲、叔胺与亚硝酸的反应常被用来鉴别伯、仲、叔胺。

问题 10-7　对比乙胺、二乙胺和三乙胺与下列试剂的反应:

(1)CH$_3$I(过量)　　(2)乙酐

(3)苯磺酰氯和氢氧化钠(过量)

问题 10-8　完成下列反应式:

(1) $\text{◯}-NH_2 \xrightarrow[\triangle]{CH_3I}$

(2) $\text{◯}-NHCH_3 \xrightarrow[H_2SO_4,\triangle,压]{CH_3OH}$

(3) $\text{◯}-NHCH_3 \xrightarrow{CH_3COCl}$

(4) $\text{◯}-SO_2Cl + \text{◯}-NH_2 \xrightarrow{NaOH}$

10.6.6 氧化反应

胺很容易被氧化,尤其是芳胺。例如,纯的苯胺是无色油状液体,但被空气氧化颜色逐渐变深(氧化产物很复杂),因此长期放置的苯胺在使用前需进行处理(如蒸馏)。胺的氧化产物因氧化剂和反应条件不同而异,其中只有少数具有实用价值。例如:

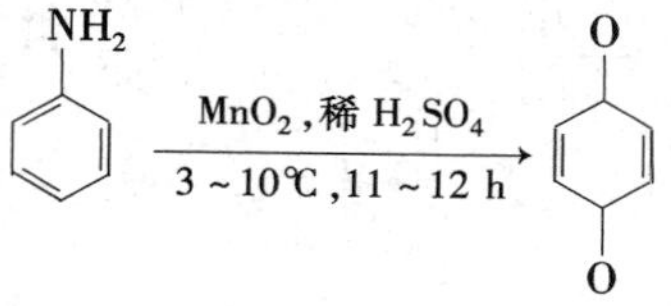

这是实验室和工业上制备对苯醌的方法。对苯醌主要用于制备对苯二酚和染料等。

大多数氧化剂将胺氧化成焦油状的复杂物质,但叔胺与过氧化氢或过氧酸作用,则主要生成胺氧化物。例如:

$$C_{12}H_{25}N(CH_3)_2 + H_2O_2 \longrightarrow C_{12}H_{25}N(CH_3)_2$$
$$\downarrow$$
$$O$$

二甲基十二烷基铵氧化物是一种表面活性剂(属于氧化胺类),它除具有洗涤等性能外,主要作为泡沫稳定剂(稳泡剂)或洗涤增效剂使用。

10.6.7 芳环上的取代反应

氨基是很强的第一类定位基,它活化苯环,且使亲电取代反应主要发生在氨基的邻和对位,因此芳胺(如苯胺等)的环上容易进行亲电取代(如卤化、硝化、磺化等)反应。

1)卤化

苯胺与氯和溴容易发生取代反应。例如,在苯胺的水溶液中加入少量溴水,则立即生成2,4,6-三溴苯胺白色沉淀。

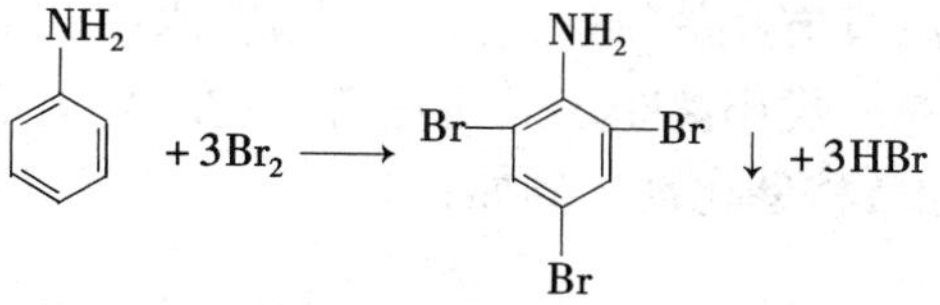

此反应很灵敏,且是定量完成,故可用于苯胺的定性和定量分析。

为了获得一卤代物,通常是将致活性很强的氨基转变为较弱的乙酰氨基(—NHCOCH$_3$),然后进行卤化,待引入卤原子后再水解去掉乙酰基。但由于乙酰氨基体积较大,空间阻碍大,故取代反应主要发生在对位。例如:

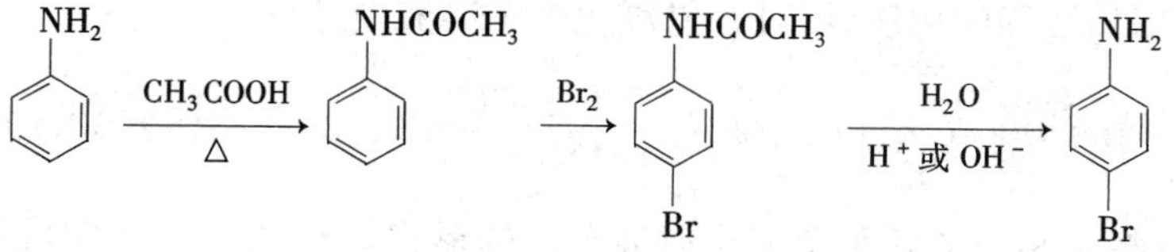

2)硝化

苯胺与硝酸反应时常伴有氧化反应。为了避免苯胺被硝酸氧化,需要保护氨基。例如:

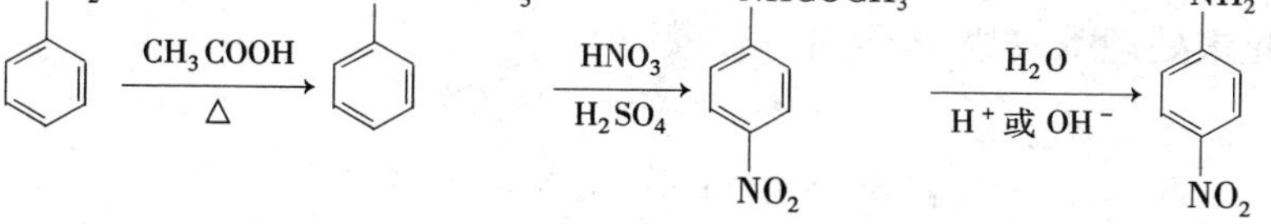

217

同样由于空间效应的影响,产物以对位异构体为主。为获得邻位异构体,可以采取将乙酰苯胺先磺化,然后再硝化,最后去掉乙酰基和磺基的方法。在这里,磺化的目的是利用磺基起"占位"的作用(因为磺化反应是可逆反应)。

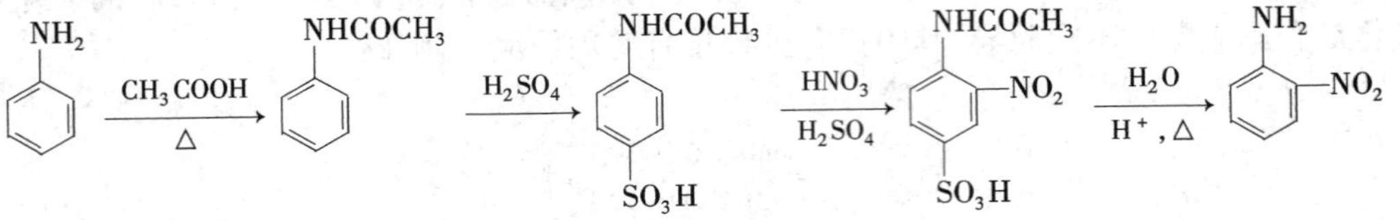

3)磺化

苯胺与浓硫酸作用,首先生成硫酸盐,然后在 180～190℃烘焙,则得到对氨基苯磺酸。

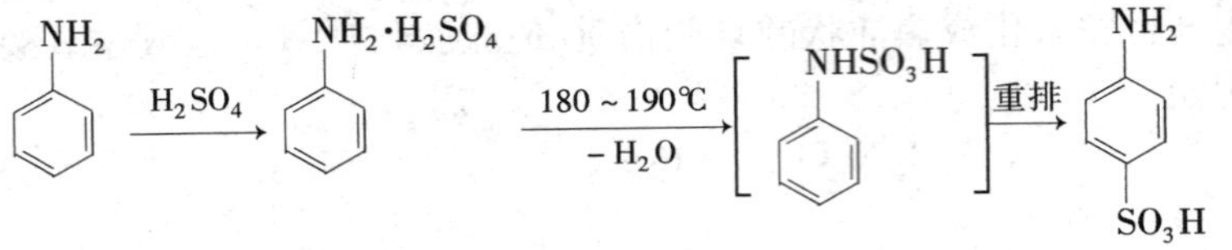

这是工业上制备对氨基苯磺酸的方法。

对氨基苯磺酸分子中兼有酸性基和碱性基,故分子内可以形成盐($H_3\overset{+}{N}$—⟨⟩—SO_3^-),这种盐称为内盐。它在 280～300℃分解,难溶于冷水和有机溶剂,较易溶于沸水。此盐可用作防治麦锈病的农药(称敌锈酸),主要用于制造染料。

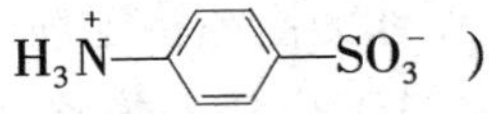

10.7 季铵盐和季铵碱

10.7.1 季铵盐

季铵盐为白色结晶固体,具有盐的特性,易溶于水,在水中全部解离。具有一定结构的季铵盐有一定表面活性作用,是一类阳离子表面活性剂(将在第 11 章中讨论)。另外,相对分子质量较大的季铵盐可作为相转移催化剂。例如:

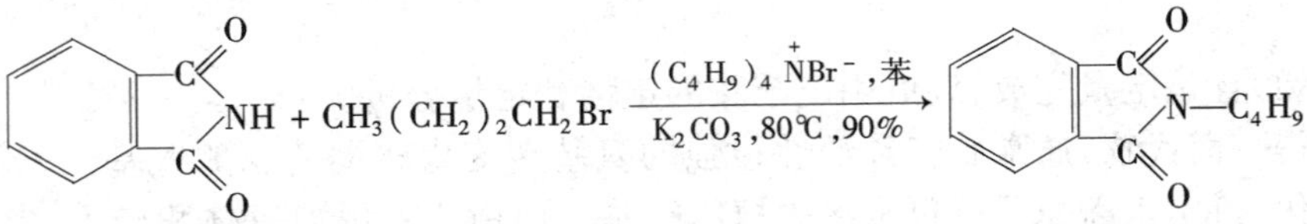

又如,利用威廉森合成混醚的方法,通常是利用醇与强碱(如 Na)等作用生成醇钠,然后与卤烷作用而得。若采用相转移催化法,则可在氢氧化钠水溶液中进行。

$$CH_3(CH_2)_3OH + CH_3(CH_2)_5Cl \xrightarrow[50\%\ NaOH]{(C_4H_9)_4\overset{+}{N}HSO_4^-} CH_3(CH_2)_3—O—(CH_2)_5CH_3$$

季铵盐的作用,是将水相中的烷氧负离子以离子对的形式〔$(C_4H_9)_4\overset{+}{N}\cdot\overset{-}{O}R$〕带到有机相与卤烷作用,不但提高了反应速率,且可不用金属钠等强碱。

10.7.2 季铵碱

用湿的氧化银处理季铵盐,可得到季铵碱:

$$Ag_2O + H_2O \Longrightarrow 2AgOH$$

$$R_4\overset{+}{N}X^- + AgOH \longrightarrow R_4\overset{+}{N}OH^- + AgX \downarrow$$

218

季铵碱是强碱,能吸收空气中的二氧化碳,易潮解,能溶于水。受热(>125℃)发生分解,分解产物与氮原子上连接的烃基有关。例如,加热氢氧化四甲胺,生成甲醇和三甲胺:

$$CH_3\overset{\overset{\displaystyle CH_3}{|}}{\underset{\underset{\displaystyle CH_3}{|}}{N^+}}CH_3 \ \overline{O}H \xrightarrow{\triangle} (CH_3)_3N + CH_3OH$$

如果分子中有比甲基大的烷基,且有β-氢原子时,则分解为叔胺和烯烃。例如:

$$(CH_3)_3\overset{+}{N}-CH_2-CH_2-H \ \overline{O}H \xrightarrow{\triangle} (CH_3)_3N + CH_2=CH_2 + H_2O$$

此反应也是消除反应(β-消除)。如果季铵碱具有两类或更多不同类型的β-氢原子可供消除时,氢原子通常是从含氢较多的β-碳原子上除去,即生成双键碳原子上连有较少烷基的烯烃。这种消除反应的定向,称为霍夫曼(Hofmann)规则。它与扎依采夫规则正好相反。例如:

$$CH_3-\overset{\overset{\displaystyle H}{|}}{CH}-\overset{\overset{\displaystyle H}{|}}{\underset{\underset{\displaystyle \overset{+}{N}(CH_3)_3\overline{O}H}{|}}{CH}}-CH_2 \ \begin{cases} \xrightarrow{95\%} CH_3CH_2CH=CH_2 + N(CH_3)_3 + H_2O \\ \xrightarrow{5\%} CH_3CH=CHCH_3 + N(CH_3)_3 + H_2O \end{cases}$$

问题 10-9 完成下列反应式:

(1) $CH_3CH_2CH_2\overset{\overset{\displaystyle CH_3}{|}}{\underset{\underset{\displaystyle CH_3}{|}}{N^+}}CH_2CH_3 \ \overline{O}H \xrightarrow{\triangle}$ (2) 环己基 $\overset{\overset{\displaystyle CH_3}{|}}{\underset{\underset{\displaystyle \overset{+}{N}(CH_3)_3\overline{O}H}{|}}{}} \xrightarrow{\triangle}$

第3节 重氮化合物和偶氮化合物

重氮化合物和偶氮化合物分子中都含有—N_2—基团,若其两端都分别与烃基相连,则该化合物称为偶氮化合物。例如

$$CH_3-\overset{\overset{\displaystyle CH_3}{|}}{\underset{\underset{\displaystyle CN}{|}}{C}}-N=N-\overset{\overset{\displaystyle CH_3}{|}}{\underset{\underset{\displaystyle CN}{|}}{C}}-CH_3$$

偶氮二异丁腈   偶氮苯

若该基团的一端与烃基相连,另一端与其他非碳原子或基相连,则该化合物称为重氮化合物。例如:

$$\text{苯}-N_2^+Cl^-$$ $$\text{苯}-N=N-NH-\text{苯}$$

氯化重氮苯   苯重氮氨基苯

在上述两类化合物中,以芳香族重氮化合物和偶氮化合物的重要性更大。

10.8 重氮盐的性质及其在合成上的应用

重氮盐很活泼,能发生多种反应。这些反应可归纳为两大类:放出氮的反应、保留氮的反应。

10.8.1 放出氮的反应

重氮盐在一定条件下分解,重氮基可被氢原子、卤原子、羟基、氰基等原子或基团取代,同

时放出氮气。

1）被氢原子取代

重氮盐与乙醇或次磷酸等还原剂作用，则重氮基被氢原子取代：

$$Ar\overset{+}{N}_2SO_4\overset{-}{H} + H_3PO_2 + H_2O \longrightarrow Ar—H + H_3PO_3 + N_2\uparrow + H_2SO_4$$

$$Ar\overset{+}{N}_2SO_4\overset{-}{H} + C_2H_5OH \longrightarrow Ar—H + CH_3CHO + N_2\uparrow + H_2SO_4$$

此反应在有机合成上可作为去氨基的方法。通过在芳环上引入氨基和除去氨基的方法，可以合成出用其他方法不易得到或不能得到的一些化合物。例如：

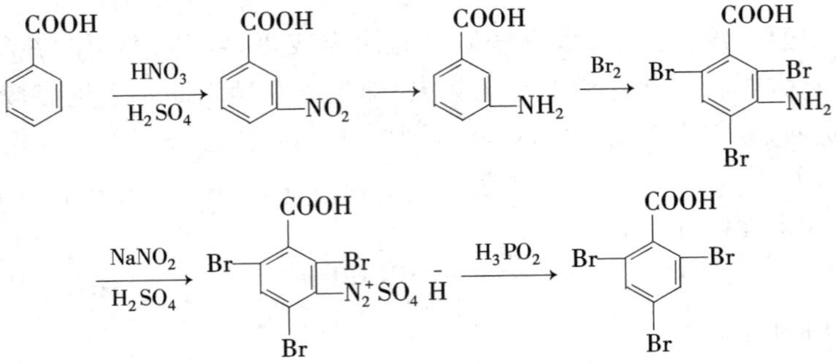

2）被羟基取代

重氮盐在强酸溶液（一般是 40% ~50% 硫酸溶液）中加热，则分解放出氮气，同时生成酚。这是将羟基引入苯环上的一种方法。例如：

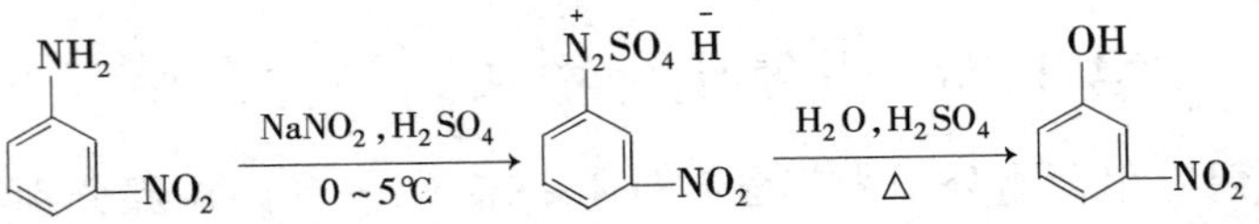

此反应在水解时，通常用硫酸而不是盐酸。原因为：Cl^- 是比 SO_4H^- 更强的亲核试剂，Cl^- 较易发生亲核取代，生成氯代芳烃副产物；另外，盐酸溶液加热到一定温度有氯化氢逸出，使加热温度不能达到预期的较高温度。

3）被卤原子取代

在氯化亚铜或溴化亚铜催化作用下，重氮盐与相应的氢卤酸共热，重氮基可以被氯原子或溴原子取代，称为桑德迈尔（Sandmeyer）反应。例如：

制备碘化物则不需要催化剂，而是将重氮盐与碘化钾水溶液共热，生成较高产率的产物。例如：

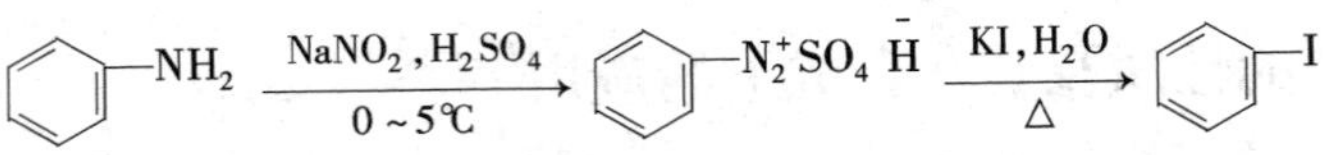

为了得到氟化物，不能采用上述方法，因为 F^- 的亲核性比 Cl^- 和 Br^- 更弱。一般是重氮盐与氟硼酸反应，得到不溶解的氟硼酸重氮盐沉淀，滤出沉淀并干燥，然后加热使之分解，则得到氟取代物。例如：

220

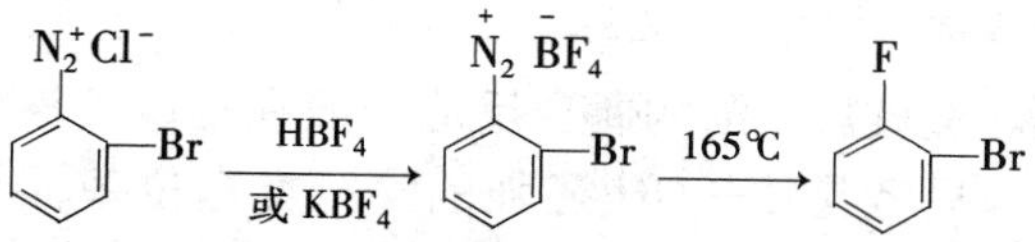

为了提高氟化物的产率，可制成六氟磷酸（HPF_6）重氮盐，然后使之分解。

4）被氰基取代

重氮盐与氰化亚铜的氰化钾水溶液作用，或在铜粉存在下与氰化钾溶液反应，则重氮基被氰基取代。例如：

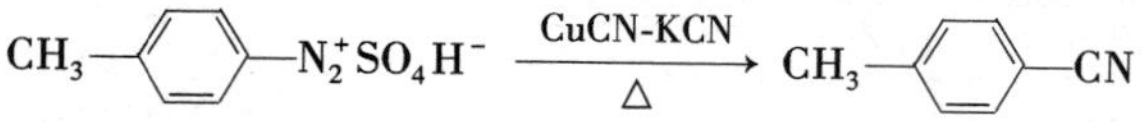

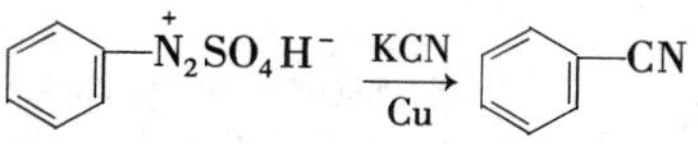

由于氰基可以水解成羧基，这是通过重氮盐在苯环上引入羧基的一种方法。

问题 10-10 完成下列反应式：

（1）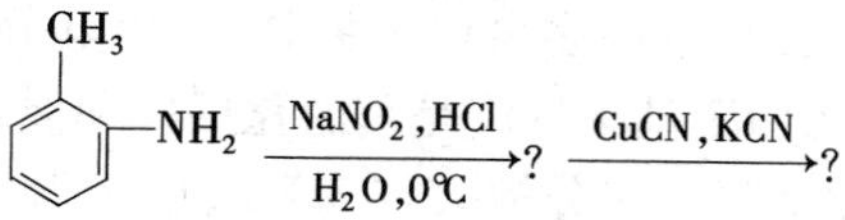

（2）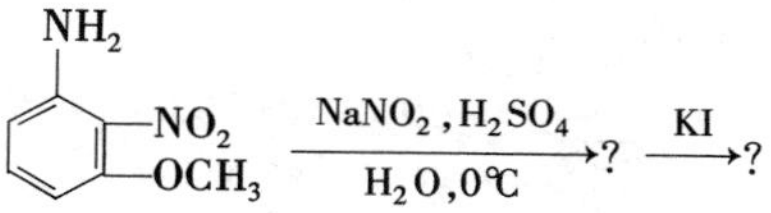

（3）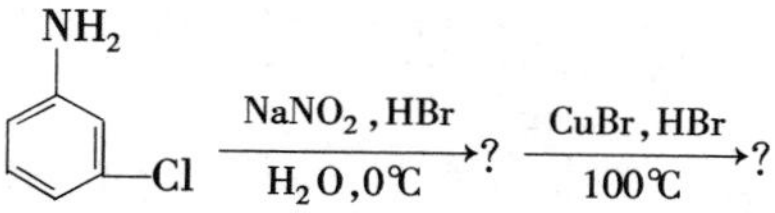

（4）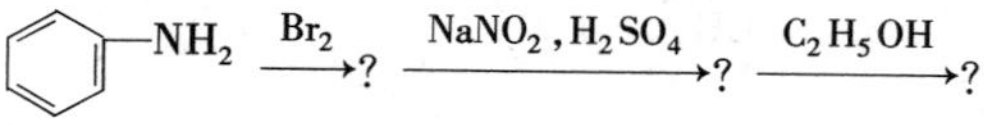

10.8.2 保留氮的反应

保留氮的反应是指重氮盐反应后，重氮基的两个氮原子仍保留在产物的分子中。

1）还原反应

重氮盐可被二氯化锡和盐酸或亚硫酸钠等还原剂还原，生成肼的衍生物。例如：

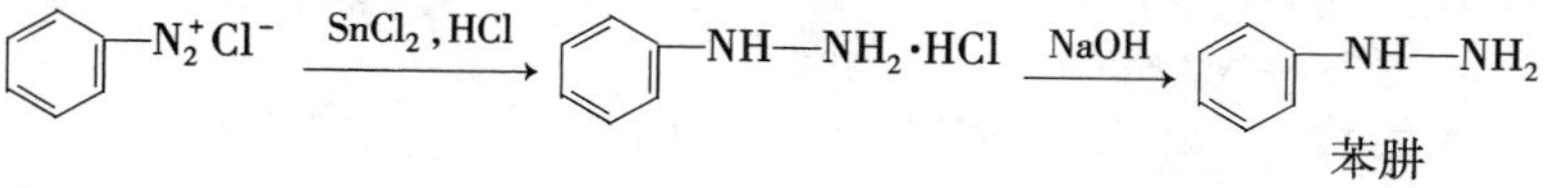

苯肼

2）偶合反应

在适当条件下，重氮盐与酚或芳胺作用生成偶氮化合物的反应，称为偶合反应。例如：

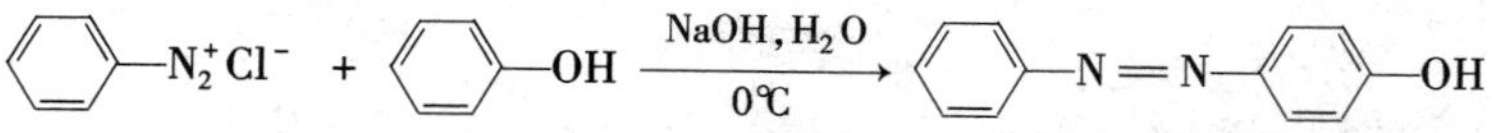

对羟基偶氮苯（橘红色）

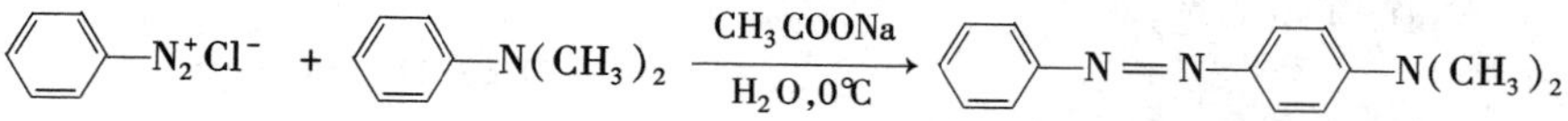

对二甲氨基偶氮苯（黄色）

参加偶合反应的重氮盐称为重氮组分，酚和芳胺等称为偶合组分。偶合反应实质上是亲电取代反应，其中重氮正离子（ArN_2^+）是亲电试剂。由于它是一个弱的亲电试剂，通常只能进攻像酚和芳胺这类活性很高的芳环。

偶合反应与介质有关。重氮盐与酚的偶合反应一般在稀碱溶液中进行。在碱中，酚羟基转变为氧负离子基（$—O^-$），后者是比—OH 还强的第一类定位基，因此有利于弱亲电试剂重氮正离子进行亲电取代反应。芳胺的偶合，一般在弱酸性或中性溶液中进行。因为强酸会使氨基转变为铵基（$—\overset{+}{N}H_3$），后者是第二类定位基，它钝化芳环，不利于重氮正离子的进攻。

重氮盐与酚或芳胺的偶合反应，由于电子效应和空间效应（亲电试剂 ArN_2^+ 的体积较大）的影响，反应一般发生在羟基或氨基的对位，当对位有其他取代基占据时，则发生在邻位，但绝不在间位反应。例如：

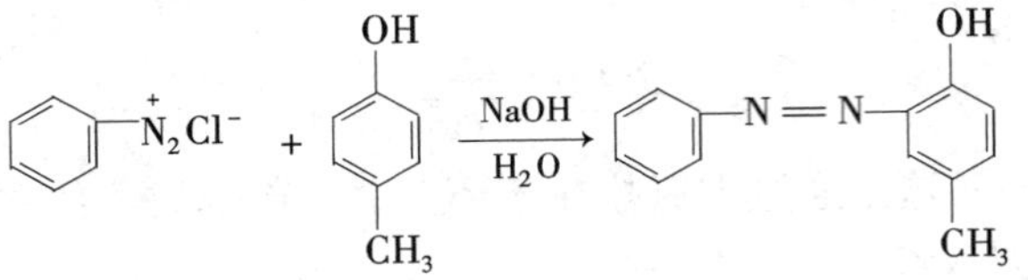

重氮盐与酚或芳胺偶合，通常得到有颜色的物质，其中许多可作为染料，因为其分子中均含有偶氮基，故称偶氮染料。制备偶氮染料最常用的两个基本反应是重氮化反应和偶合反应。例如，一种适用于高温热熔染色耐升华的 S-型分散染料——分散大红 3GFL，属于偶氮染料。它是由 4-硝基-2-氯苯胺经重氮化后，与 N-取代苯胺偶合而成。

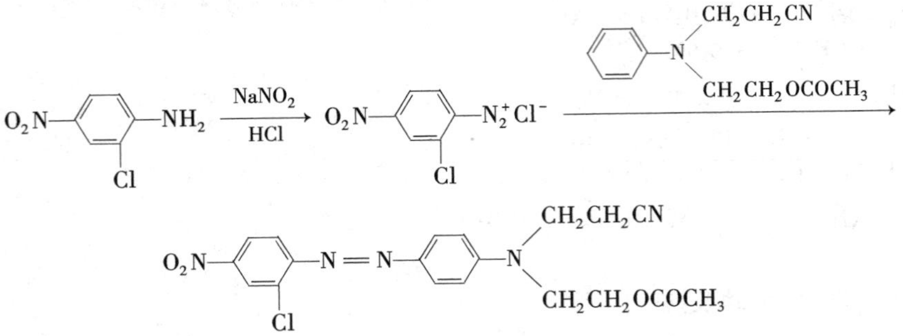

又如甲基橙，是由对氨基苯磺酸经重氮化后，与 N，N-二甲基苯胺偶合而成。

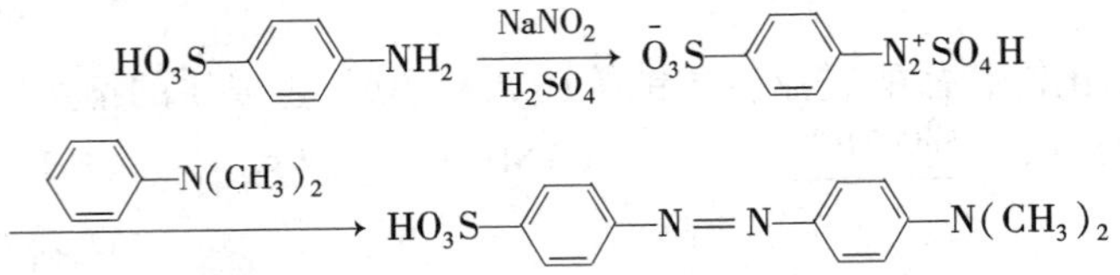
甲基橙

甲基橙由于颜色不稳定且不牢固，所以不适于作为染料。但由于它在酸碱溶液中结构发生变化，显示不同的颜色，因此被用作酸碱指示剂。

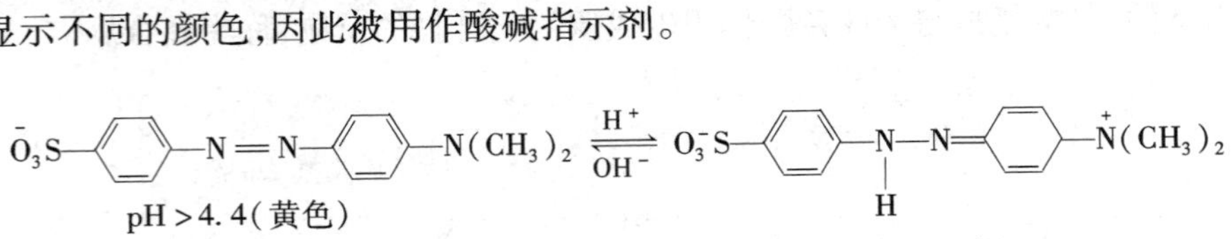

pH＞4.4（黄色）　　　　pH＜3.1（红色）

问题 10-11　完成下列反应式：

（1）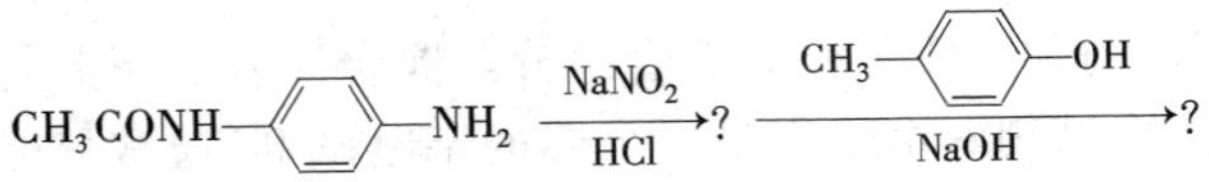

(2)

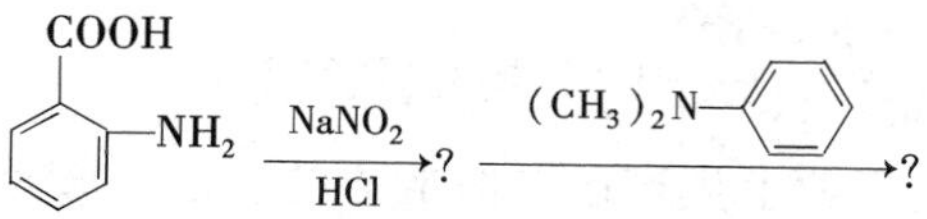

（结构式：苯环，上有COOH和NH₂）$\xrightarrow[\text{HCl}]{\text{NaNO}_2}$? $\xrightarrow{(CH_3)_2N-\text{苯环}}$?

(3) $Na^+\bar{O}_3S-$（苯环）$-NH_2 \xrightarrow[\text{HCl}]{\text{NaNO}_2}$? $\xrightarrow[\text{NaOH}]{\text{萘-OH}}$?

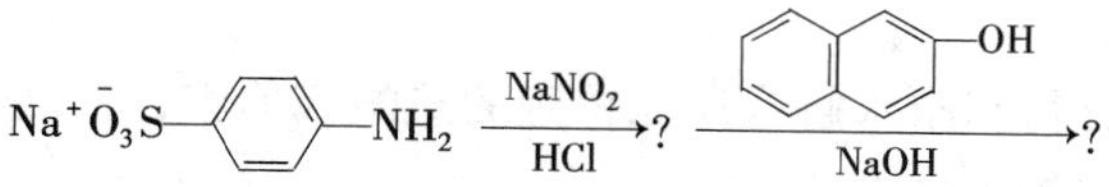

问题 10-12 由指定原料合成：

(1) 甲苯——→对甲苯肼　　(2) 苯——→对硝基对羟基偶氮苯

第 4 节　腈

腈可以看作是氢氰酸分子中的氢原子被烃基取代后的化合物，通式为 R—CN 或 Ar—CN。氰基（—CN）是腈的官能团。

10.9　腈的命名

腈的命名是根据腈分子中所含的碳原子数，称为某腈；或以烃为母体，氰基作为取代基，称为氰基某烃。例如：

$CH_3—CN$
乙腈
氰基甲烷

$CH_3-\underset{\underset{CH_3}{|}}{CH}-CN$
异丁腈
2-氰基丙烷

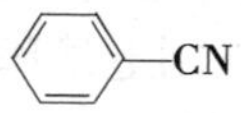

（苯环）$—CN$
苯甲腈
氰基苯

10.10　腈的性质

低级腈为无色液体，高级腈为固体。

腈的构造为 $R—C\equiv N$，由于氮原子的电负性比碳原子大，氰基是吸电基。腈是极性分子，分子间的吸引力较大，因此腈的沸点比相对分子质量相近的烃、卤烃、醚、醛、酮和胺都高，与醇相近，比羧酸低。

乙腈能与水混溶，腈随相对分子质量增加，在水中的溶解度迅速下降，丁腈以上的腈难溶于水。

氰基中的三键，一个是 σ 键，两个是 π 键，其典型的化学反应是水解和还原。

10.10.1　水解

腈与酸或碱的水溶液共沸，水解生成羧酸或羧酸盐。例如：

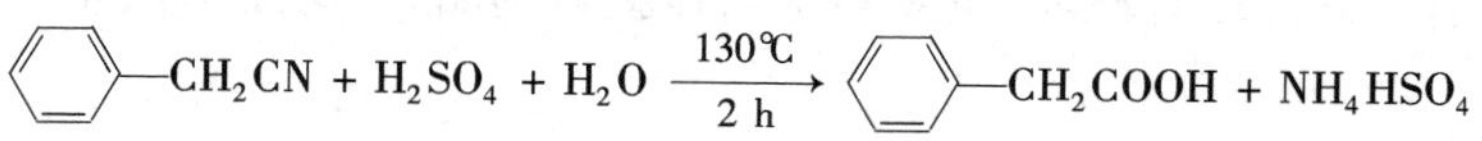

（苯环）$—CH_2CN + H_2SO_4 + H_2O \xrightarrow[\text{2 h}]{130℃}$ （苯环）$—CH_2COOH + NH_4HSO_4$

$(CH_3)_2CHCH_2CH_2CN + NaOH + H_2O \longrightarrow (CH_3)_2CHCH_2CH_2COONa + NH_3$

这是合成羧酸的一种方法。上面第一个反应，是工业上生产苯乙酸的方法。

10.10.2　还原

腈用氢化铝锂或催化加氢还原生成伯胺。例如：

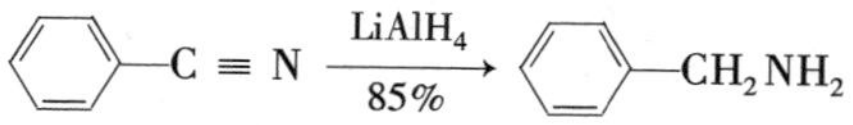

（苯环）$—C\equiv N \xrightarrow[\text{85\%}]{\text{LiAlH}_4}$ （苯环）$—CH_2NH_2$

223

$$NC(CH_2)_4CN + 4H_2 \xrightarrow[\text{2~3 MPa,97\%}]{Ni,C_2H_5OH,70\sim90℃} H_2N(CH_2)_6NH_2$$

这是制备伯胺的一种方法。上面第二个反应,是工业上生产己二胺的方法。己二胺是合成尼龙-66 的单体之一。

如果腈是由卤代烷与氰化钠作用而得,则腈水解或还原得到的羧酸或伯胺,将比卤代烷增加一个碳原子,这是有机合成中增长碳链的一种方法。

10.11 丙烯腈

丙烯腈是无色液体(沸点 78℃),是重要的有机原料之一。

丙烯腈分子中含有 C═C 双键,与烯烃相似,可以发生聚合反应,其聚合产物在工业和民用上均具有较重要的用途。

在过氧化苯甲酰等引发剂作用下,丙烯腈能聚合生成高分子化合物——聚丙烯腈。

$$n\text{CH}_2{=}\text{CH} \xrightarrow{\text{引发剂}} {-}\!\!\!\left[\text{CH}_2{-}\text{CH}\right]\!\!\!{-}_n$$
$$\underset{\text{CN}}{|} \qquad\qquad\qquad \underset{\text{CN}}{|}$$

聚丙烯腈

聚丙烯腈制成的合成纤维,称为腈纶,俗称"人造羊毛"。腈纶手感柔软温暖,弹性很好,耐光性和耐候性优良,用于制造纺织品、针织品、毛毯、帐篷和滤布等。

丙烯腈还能与其他含有 C═C 双键的化合物发生共聚合反应。例如,丙烯腈可与 1,3-丁二烯共聚,生成丁腈橡胶:

$$n\text{CH}_2{=}\text{CH} + m\text{CH}_2{=}\text{CH}{-}\text{CH}{=}\text{CH}_2 \xrightarrow{\text{引发剂}} \sim\!\!\text{CH}_2{-}\text{CH}{-}\text{CH}_2{-}\text{CH}{=}\text{CH}{-}\text{CH}_2\!\!\sim$$
$$\underset{\text{CN}}{|} \qquad\qquad\qquad\qquad\qquad\qquad\qquad \underset{\text{CN}}{|}$$

丁腈橡胶耐油、耐热、耐磨和耐老化性好,用于制造各种耐油垫圈、飞机油箱、电缆材料等。

丙烯腈还可与 1,3-丁二烯和苯乙烯共聚,生成的共聚物简称 ABS 树脂。

$$n\text{CH}_2{=}\text{CH} + m\text{CH}_2{=}\text{CH}{-}\text{CH}{=}\text{CH}_2 + l\text{CH}{=}\text{CH}_2 \xrightarrow{\text{引发剂}}$$

$$\sim\!\!\text{CH}_2{-}\text{CH}{-}\text{CH}_2{-}\text{CH}{=}\text{CH}{-}\text{CH}_2{-}\text{CH}{-}\text{CH}_2\!\!\sim$$

ABS 树脂

ABS 树脂具有良好的综合性能,主要用作工程塑料制品,广泛用于汽车、飞机、建筑材料、电器制品等。

问题 10-13 完成下列转变:

(1)正丁醇——→正戊腈   (2)甲苯——→苯甲腈

(3)甲苯——→苯乙酸乙酯   (4)丙烯腈——→正丙胺

小　结

（一）胺的反应

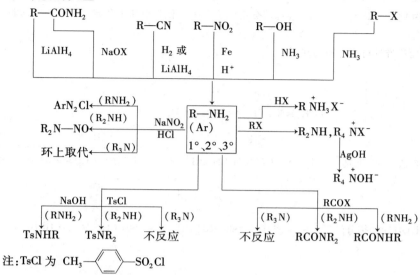

注：TsCl 为 CH₃—⟨苯环⟩—SO₂Cl

（二）苯胺的特殊反应

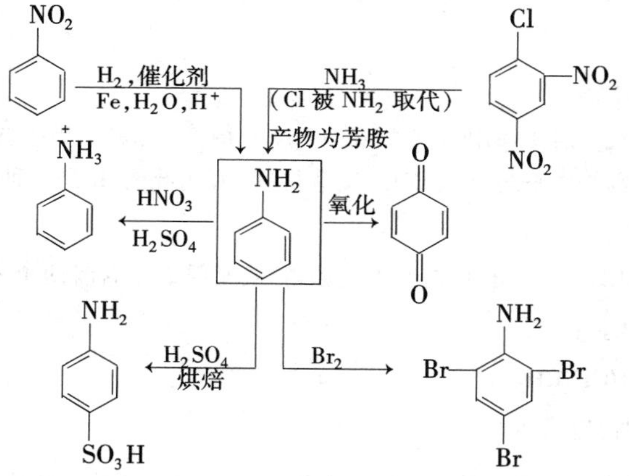

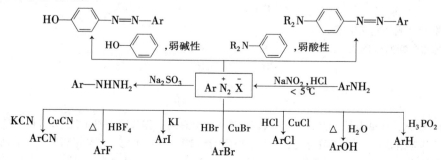

（三）重氮盐的反应

225

例 题

（一）分子式为 $C_5H_{11}NO_2$ 的化合物 A,能还原成分子式为 $C_5H_{13}N$ 的化合物 B,B 用过量 CH_3I 反应后再与 AgOH 作用得到分子式为 $C_8H_{21}NO$ 的产物 C,C 经加热分解生成三甲胺和 2-甲基-1-丁烯。试写出化合物 A、B 和 C 的构造式。

解:此题由"后"往"前"推导可能更容易些。

根据题意:

$$C \xrightarrow[\text{分解}]{\triangle} (CH_3)_3N + CH_2=\underset{CH_3}{\overset{CH_3}{C}}-CH_2CH_3$$

说明 C 为季铵碱,其构造式可能是 $(CH_3)_3\overset{+}{N}CH_2\underset{CH_3}{\overset{CH_3}{CH}}CH_2CH_3OH^-$ 或 $(CH_3)_3\overset{+}{N}\underset{CH_3}{\overset{CH_3}{C}}-CH_2CH_3OH^-$ 。由于

$(CH_3)_3\overset{+}{N}-\underset{CH_3}{\overset{CH_3}{C}}-CH_2CH_3OH^-$ 加热分解后可能生成 $CH_2=\underset{CH_3}{\overset{CH_3}{C}}-CH_2CH_3$（主）和 $(CH_3)_2C=CHCH_3$（次）;而

$(CH_3)_3\overset{+}{N}CH_2\underset{CH_3}{\overset{CH_3}{CH}}CH_2CH_3OH^-$ 加热分解后只能得到 $CH_2=\underset{CH_3}{\overset{CH_3}{C}}-CH_2CH_3$ 。因此,C 的构造式为 $(CH_3)_3\overset{+}{N}CH_2\underset{CH_3}{\overset{CH_3}{CH}}CH_2CH_3OH^-$ 。

因为 C 是由 B 经与过量 CH_3I 作用后又与 AgOH 反应得到,已知 C 为季铵碱,它是由相应的季铵盐与 AgOH 作用得到,而季铵盐则是由胺与过量 CH_3I 反应得到,由此推论,B 是一种胺。再根据季铵碱的构造推测,B 应为 $H_2NCH_2\underset{CH_3}{\overset{CH_3}{CH}}CH_2CH_3$ 。由于 B 是由 A 还原得到,又因 A 中含有两个氧原子,所以 A 应是硝基化合物,其构造式为 $O_2NCH_2\underset{CH_3}{\overset{CH_3}{CH}}CH_2CH_3$ 。

综上所述 A、B 和 C 的构造式如下:

A 为 $CH_3CH_2\underset{CH_3}{\overset{\quad}{CH}}CH_2NO_2$;B 为 $CH_3CH_2\underset{CH_3}{\overset{\quad}{CH}}CH_2NH_2$;C 为 $CH_3CH_2\underset{CH_3}{\overset{\quad}{CH}}CH_2\overset{+}{N}(CH_3)_3OH^-$ 。

（二）由甲苯合成间硝基甲苯。

对比原料和产物的构造式

可知,在原料中引入一个硝基即可得到产物。然而,苯环上原有的甲基是第一类定位基,若将甲苯直接硝化,将主要得到邻和对硝基甲苯,这不符合题意。为了得到间硝基甲苯,可考虑在苯环上引入一个新的取代基,该新的取代基不仅能指导硝基进入甲基的间位,而且在反应完毕后还应容易除去。根据这个原则,可以考虑在甲基的对位引入一个氨基,由于氨基是比甲基强的第一类定位基,它可以指导硝基进入其邻位,也正是甲基的间位。氨基虽然容易除去,但它容易被氧化,因此硝化时需进行保护,使之转变为乙酰氨基（CH_3CONH-）。

226

这样不仅避免了氨基被氧化,而且乙酰氨基也是比甲基强的第一类定位基,它同样指导硝基进入其邻位,也正是甲基的间位。另外乙酰氨基也容易被除去。最后一个问题是:在甲苯的苯环上直接引入氨基是非常困难的,但氨基可以由硝基还原得到;而甲苯硝化可以得到对硝基甲苯,这正是所需要的。

综上所述,由甲苯合成间硝基甲苯的合成路线如下:

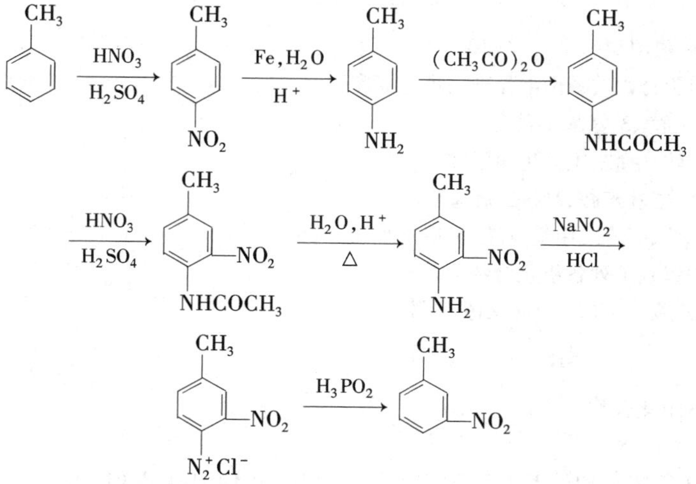

（三）自选原料合成甲基橙: HO_3S—〈〉—N＝N—〈〉—$N(CH_3)_2$ 。

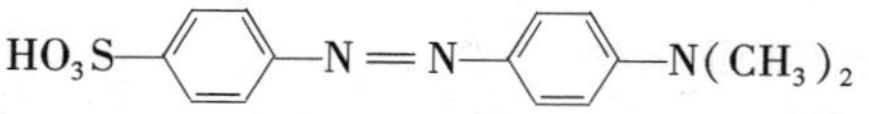

由甲基橙的构造式可以看出,它是偶氮化合物,是由重氮组分与偶合组分经偶合反应而得,故可将其分为

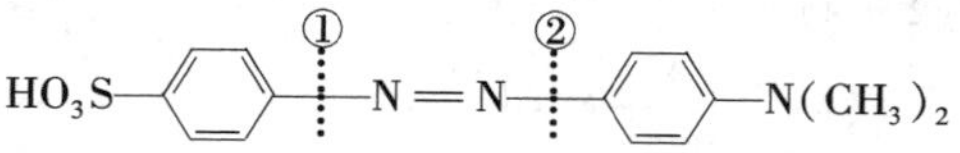

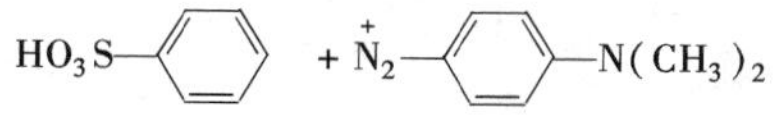

已知重氮盐是很弱的亲电试剂,它一般只与芳环上具有较高电子云密度的芳胺或酚进行偶合;另外,当重氮盐的芳环上,尤其是重氮基的邻位和/或对位上,有很强的吸电基时,由于能增加重氮基上的正电荷,使亲电取代反应容易进行,即容易发生偶合反应。当甲基橙按①分解时,所得重氮组分与偶合组分均不具备以上两个条件;而按②分解时,所得重氮组分与偶合组分均符合上述两个条件。因此,合成甲基橙时,应采用对氨基苯磺酸与 N,N-二甲基苯胺为原料。其反应式如下:

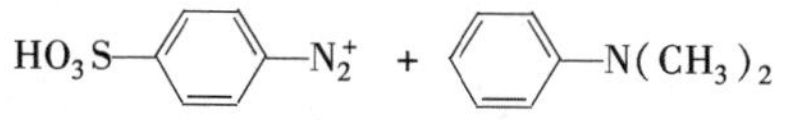

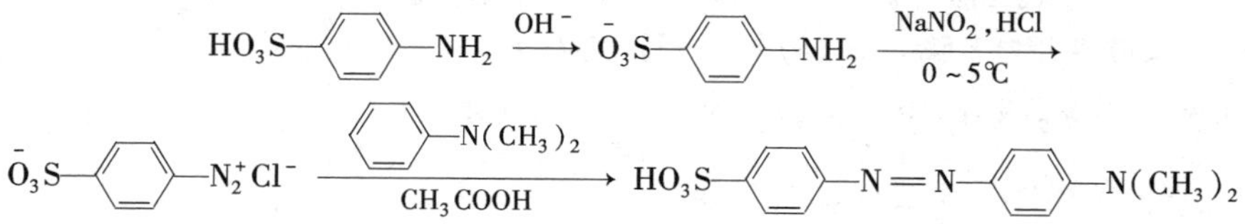

习　　题

（一）命名下列化合物或写出构造式:

(1) 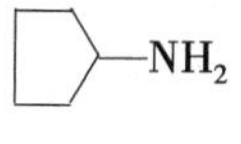 〈〉—NH_2

(2) 〈〉—$N(CH_2CH_3)_2$

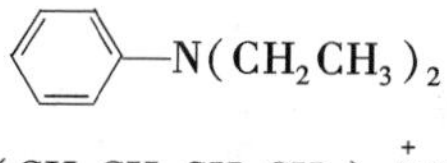

(3) $CH_3CH_2CH_2CN$

(4) $(CH_3CH_2CH_2CH_2)_4\overset{+}{N}\overset{-}{O}H$

227

(5) 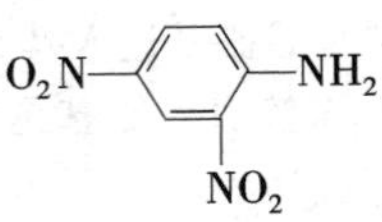 O₂N—⟨苯环⟩—NH₂ 带NO₂ (6) 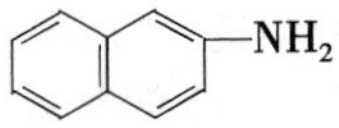 ⟨萘环⟩—NH₂

(7) 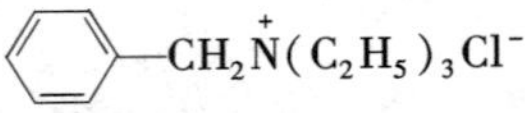 ⟨苯环⟩—CH₂N⁺(C₂H₅)₃Cl⁻ (8) (C₄H₉)₄N⁺SO₄H

(9)间硝基苯基三氯甲烷 (10)二乙异丙胺

(二)将下列各组化合物按碱性由强到弱排列成序：

(1)乙胺、2-氨基乙醇、3-氨基-1-丙醇

(2)苯甲酰胺、苯胺、甲胺、氢氧化四甲铵

(3)甲胺、苯胺、对硝基苯胺、2,4-二硝基苯胺

(4)苯胺、乙酰苯胺、邻苯二甲酰亚胺、N-甲基苯胺

(三)用化学方法鉴别下列各组化合物：

(1)乙醛、乙酸、乙胺 (2)苯胺、乙酰苯胺

(3)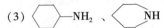

(四)分离下列各组化合物：

(1)硝基苯和苯胺

(2)CH₃CH₂CH₂CH₂NH₂、CH₃CH₂CH₂CH₂NHCH₃ 和 CH₃CH₂CH₂CH₂N(CH₃)₂

(3)苯甲醇、对甲苯酚、苯甲醛、苯甲酸和对甲苯胺

(五)写出苯胺与下列试剂作用的反应式：

(1)稀 H₂SO₄ (2)CH₃I(2 mol)

(3) 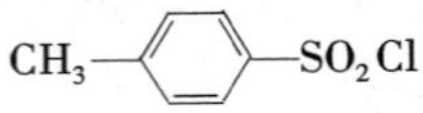 CH₃—⟨苯环⟩—SO₂Cl (4) 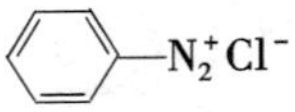 ⟨苯环⟩—N₂⁺Cl⁻

(六)试写出 CH₃—⟨苯环⟩—N₂⁺Cl⁻ 与下列试剂作用的产物。

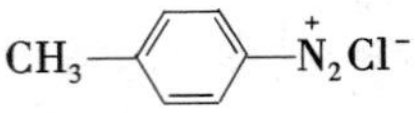

(1)CuCl,HCl (2)CuBr,HBr

(3)KI,△ (4)KCN,Cu

(5)C₂H₅OH (6)H₂O,△

(7) 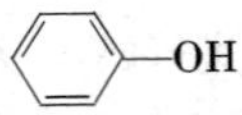 ⟨苯环⟩—OH（弱碱性介质） (8) 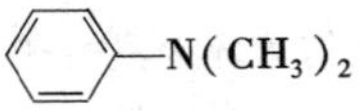 ⟨苯环⟩—N(CH₃)₂（弱酸性介质）

(七)合成下列化合物：

(1)CH₂=CH₂——→CH₃CH₂CN (2)丁醇——→丙胺

(3)苯——→1,3,5-三溴苯 (4)甲苯——→邻硝基甲苯

(5)1,3,-丁二烯——→己二胺 (6)甲苯——→3-溴-4-甲基苯胺

(7)甲苯——→2-溴-4-甲基苯胺 (8)苯——→间氯苯酚

(9)苯、甲醇、甲苯——→ CH₃—⟨苯环⟩—N=N—⟨苯环⟩—N(CH₃)₂

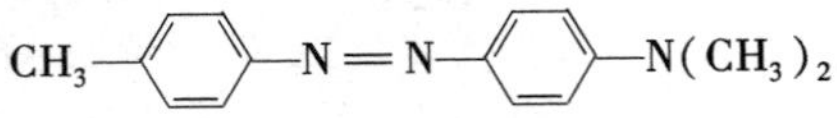

(10)苯、β-萘酚——→ ⟨萘环⟩连接 N=N—⟨苯环⟩—Br，萘环上带—OH

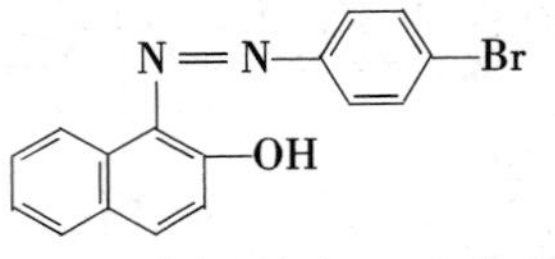

(八)某芳香族化合物 A,分子是由一个苯环连接一个 NO₂、一个 Cl 和一个 Br 组成。可表示为 C₆H₃—带NO₂、Cl、Br。试根据下列反应推测 A 的结构。

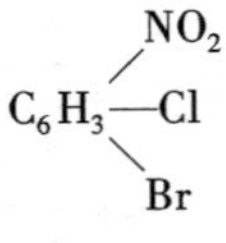

228

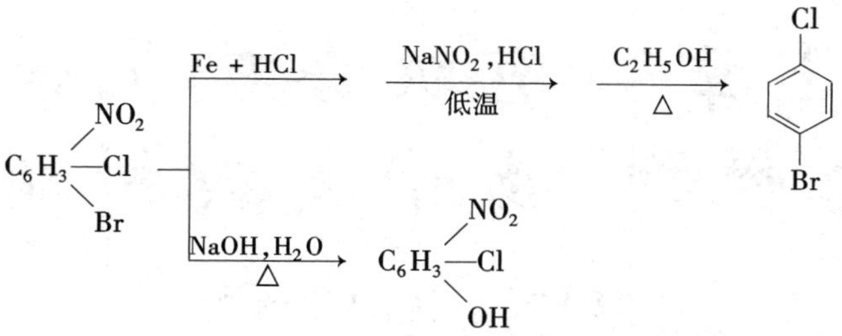

（九）分子式 $C_7H_7NO_2$ 的化合物 A，与 Sn + HCl 反应生成分子式为 C_7H_9N 的化合物 B；B 和 $NaNO_2$ + HCl 在 0℃下反应生成分子式为 $C_7H_7ClN_2$ 的一种盐 C；在稀酸中 C 与 CuCN 反应生成分子式为 C_8H_7N 的化合物 D；D 在稀酸中水解得到分子式为 $C_8H_8O_2$ 的有机酸 E；E 用 $KMnO_4$ 氧化得到另一种酸 F；F 受热时生成分子式为 $C_8H_4O_3$ 的酸酐 G。试写出 A～G 的构造式。

（十）某化合物 A，分子式为 $C_7H_{15}N$。A 进行催化加氢得到分子式为 $C_7H_{17}N$ 的化合物 B，A 与 CH_3I 反应生成一种分子式为 $C_8H_{18}\overset{+}{N}I^-$ 离子化合物 C。C 用湿的氧化银处理，然后加热，得到一种化合物 D。D 能吸收 2 mol H_2，转变为分子式为 C_5H_{12} 的化合物 E。化合物 A 与 5-氯-1-戊烯和二甲胺反应所得到的化合物相同。试推测 A～E 的结构。

第11章 有机含硫化合物、表面活性剂、离子交换树脂、助剂

第1节 硫醇和硫酚

硫醇和硫酚的分子结构与含氧化合物醇和酚的结构类似,不同之处是其中的氧原子被硫原子代替,即 SH 代替了 OH。 —SH 称为巯基或氢硫基,是硫醇和硫酚的官能团。硫醇和硫酚可用通式表示如下:

$$R—SH \qquad\qquad Ar—SH$$
$$\text{硫醇} \qquad\qquad\quad \text{硫酚}$$

11.1 硫醇和硫酚的命名

硫醇和硫酚的命名,一般只需在相应的含氧化合物名称中的"醇"或"酚"之前加上"硫"字即可。例如:

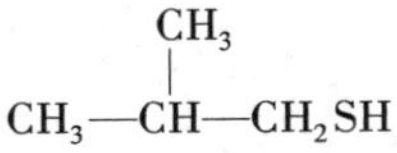

$$CH_3—CH—CH_2SH \qquad CH_2=CH—CH_2—SH \qquad \bigcirc—SH$$
$$\overset{|}{CH_3}$$

异丁硫醇   烯丙硫醇   环己硫醇

2-甲基-1-丙硫醇

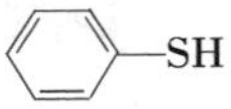

苯硫酚 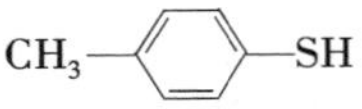   对甲基苯硫酚

在含巯基的多官能团化合物中,巯基有时作为取代基,有时作为母体,将根据"多官能团化合物的命名"原则而定。例如,在下列化合物(Ⅰ)中,由于羟基优先于巯基,故将巯基作为取代基来命名;而在化合物(Ⅱ)中,由于巯基优先于甲基和氯原子,故将巯基作为母体来命名。

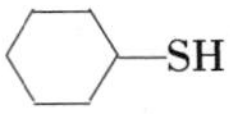

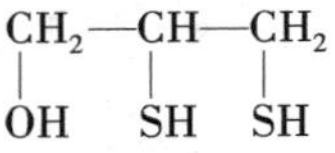

$$\underset{OH}{CH_2}—\underset{SH}{CH}—\underset{SH}{CH_2}$$

2,3-二巯基-1-丙醇(Ⅰ) 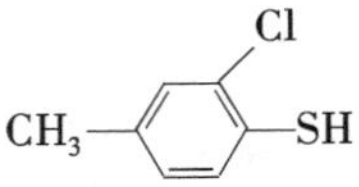   4-甲基-2-氯苯硫酚(Ⅱ)

已知石油中含有硫醇,已分离和鉴定出约50余种,其中以烷基硫醇居多。

问题 11-1 下列硫醇存在于某些石油中,试命名之。

(1) $CH_3CH_2CH_2CH_2SH$ (2) $(CH_3)_3CSH$

(3) 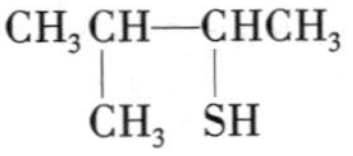 $CH_3CH—CHCH_3$
$\qquad\quad\overset{|}{CH_3}\ \overset{|}{SH}$

(4) 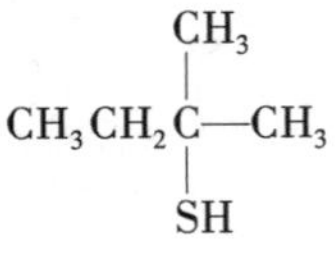 $CH_3CH_2—\overset{\overset{\textstyle CH_3}{|}}{\underset{\underset{\textstyle SH}{|}}{C}}—CH_3$

问题 11-2 命名下列化合物:

(1) 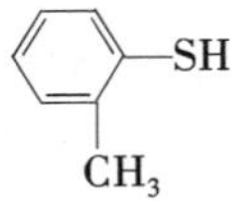 $\bigcirc—SH$
$\qquad\underset{CH_3}{}$

(2) 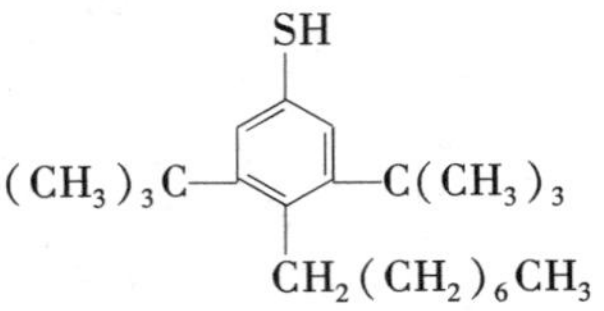 $(CH_3)_3C—\bigcirc—C(CH_3)_3$ ，苯环上方有 SH，下方有 $CH_2(CH_2)_6CH_3$

11.2 硫醇和硫酚的物理性质

低级硫醇有毒且有恶臭的气味,即使浓度很低也有很强的气味。例如,每升空气中含有 1×10^{-8} g 乙硫醇时,即可嗅到其臭味,故可用作易燃气体的警告剂。在煤气中加入少量乙硫醇,可用来检查煤气管线是否漏气。黄鼠狼受到攻击时,能分泌出含有多种硫醇(如 3-甲基-1-丁硫醇等)的物质,利用硫醇散发出的臭气,防御外敌。随碳原子数增加,臭味逐渐变弱,大于 C_9 的硫醇已没有不愉快气味。某些含有巯基的化合物,由于具有特殊的气味(和味道),可作为食品添加剂而用于食品行业。例如:

$$\underset{\underset{\text{SH} \quad \text{OH}}{|\qquad|}}{CH_3CH-CHCH_3} \qquad \underset{\underset{\text{SH} \quad \text{SH}}{|\qquad|}}{CH_3-CH-CH-CH_3}$$

3-巯基丁-2-醇   2,3-丁二硫醇

(具有葱油香味)   (具有牛肉香味)

由于硫原子的电负性比氧原子小,硫醇与醇不同,硫醇分子之间及硫醇与水分子之间形成氢键的能力差。因此,硫醇与相应醇相比,沸点及其在水中的溶解度都较低。例如:

化合物	沸点(℃)		溶解度(g/100 g 水)	
	X = S	X = O	X = S	X = O
CH_3XH	5.96	64.5	23.3	∞
C_2H_5XH	34.7	78.3	6.76	∞
$CH_3CH_2CH_2XH$	67.5	97.2	1.96	∞

苯硫酚是无色液体,沸点 169.5℃,有恶臭味。

11.3 硫醇和硫酚的化学性质

11.3.1 酸性

由于硫的原子半径比氧大,S—H 键比 O—H 较容易解离,因此硫醇和硫酚的酸性比相应的醇和酚强。例如,乙硫醇($pKa = 10.6$)的酸性比乙醇($pKa = 15.9$)强,易溶于氢氧化钠水溶液(因生成盐而溶解)。

$$C_2H_5SH + NaOH \longrightarrow C_2H_5SNa + H_2O$$

但硫醇呈弱酸性,其盐用强酸处理又重新生成硫醇。例如:

$$C_2H_5SNa + HCl \longrightarrow C_2H_5SH + NaCl$$

硫醇等含硫化合物对石油加工和石油产品的质量有很大影响。利用上述性质可从石油馏分或其他物质中除去硫醇,或鉴别硫醇。

硫酚的酸性更强。例如苯硫酚($pKa = 7.8$)的酸性不仅比苯酚($pKa = 10$)强,而且比碳酸($pKa_1 = 6.35$,$pKa_2 = 10.33$)略强,故可溶于碳酸钠水溶液中。

硫醇和硫酚的酸性还表现在能与重金属盐反应,生成相应的不溶于水的硫醇盐和硫酚盐(如铅盐、汞盐、铜盐、银盐等)。例如:

$$2C_2H_5SH + HgO \longrightarrow (C_2H_5S)_2Hg \downarrow + H_2O$$
乙硫醇汞

$$2C_6H_5SH + HgCl_2 \longrightarrow (C_6H_5S)_2Hg + 2HCl$$
苯硫酚汞

上述性质不仅可以用来鉴别硫醇和硫酚,而且在某些方面有重要应用。例如,医学上用

2,3-二巯基-1-丙醇和二巯基丁二酸钠($NaOOCCHSHCHSHCOONa$)等作为重金属中毒的解毒药;1,2-己二硫醇($HSCH_2CHSH(CH_2)_3CH_3$)和1,6-己二硫醇($HS(CH_2)_6SH$)等可作为铜、铅、锌和铁等多种金属硫化矿的捕收剂。

11.3.2 氧化反应

硫与氧不同,硫能形成四价和六价等高价化合物。因此,硫醇和硫酚均能发生氧化反应,使硫原子价态升高。

在较缓和的条件下,如用过氧化氢或次碘酸钠(碘和氢氧化钠)作氧化剂,则硫醇被氧化成二硫化物。例如:

$$2C_2H_5SH + I_2 + 2NaOH \longrightarrow CH_3CH_2—S—S—CH_2CH_3 + 2NaI + 2H_2O$$
二乙基二硫(二硫化物)

分子中的 —S—S— 称为二硫键。二硫化物与还原剂作用又生成硫醇。

$$R—S—S—R \xrightarrow[\text{氧化}]{\text{还原}} 2R—SH$$

这种氧化还原反应常见于生物体内。

在强氧化条件下,如用高锰酸钾、浓硝酸等作氧化剂,则硫醇、硫酚被氧化成磺酸。例如:

$$CH_3CH_2SH \xrightarrow[\text{H}^+]{\text{KMnO}_4} CH_3CH_2SO_3H$$
乙(基)磺酸

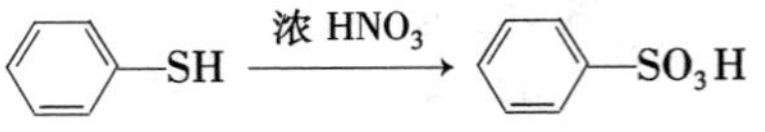

苯磺酸

问题 11-3 完成下列反应式:

(1) —SH + $Na_2CO_3 \longrightarrow$ (2) CH_3—SH + 浓 $HNO_3 \longrightarrow$

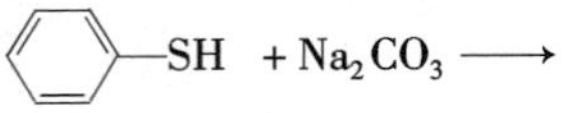

第 2 节 硫 醚

硫醚相当于醚分子中的氧原子被硫原子取代后的化合物,可用通式 R—S—R 或 R—S—R′ 表示。

硫醚的命名与醚相似,只需在"醚"字之前加"硫"字即可。例如:

$$CH_3CH_2—S—CH_2CH_3 \qquad C_2H_5—S—\bigcirc \qquad \bigcirc—S—\bigcirc$$
乙硫醚   乙环己硫醚   二苯硫醚

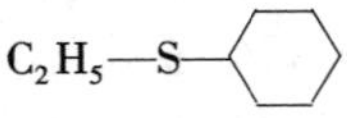

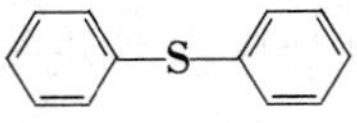

问题 11-4 命名下列化合物或写出构造式:

(1) CH_3—S—$CH(CH_3)_2$ (2) CH_3—S—

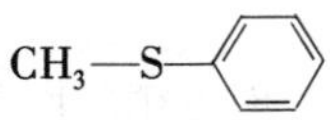

(3) $(CH_3)_2CH$—S—   (4) $(CH_2$=$CHCH_2$$)_2$S

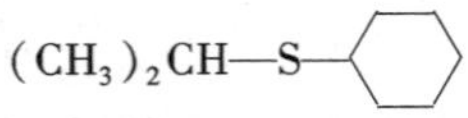

(5)甲基对甲氧苯基硫醚   (6)β-羟基二乙硫醚

硫醚在自然界中存在很少,但分布广泛。例如,薄荷油中含有甲硫醚,大蒜和葱头中含有乙硫醚和烯丙基硫醚等。硫醚多数存在于石油和石油馏分中。

11.4 硫醚的性质

低级硫醚是无色液体,有臭味,不溶于水,溶于醇和醚,其沸点比相应的醚高。例如:

$$CH_3—S—CH_3 \qquad CH_3—O—CH_3$$

沸点(℃)   37.6   −23.6

11.4.1 氧化反应

硫醚在室温下与过氧化氢或硝酸等作用,生成亚砜,后者用强氧化剂氧化则生成砜。例如:

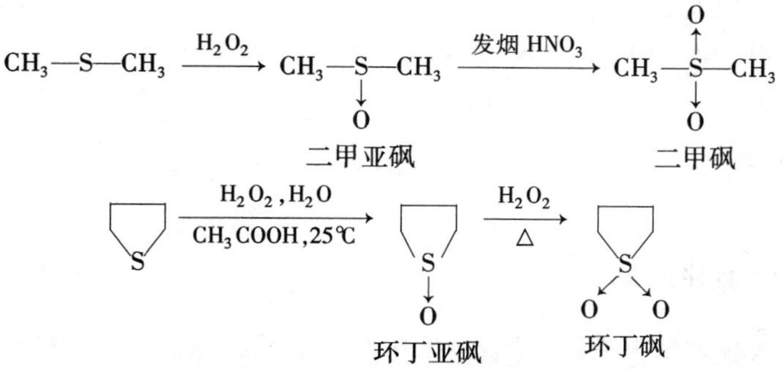

二甲亚砜   二甲砜

环丁亚砜   环丁砜

硫醚的氧化产物在工业上具有重要用途。例如,二甲亚砜既能溶解有机物,又能溶解无机物,是一种优良溶剂,可用于从石油馏分中萃取芳烃;还可以从高温裂解气中萃取乙炔等。环丁砜可用作液-气萃取的选择性溶剂,萃取芳烃的溶剂,以及吸收 H_2S 和 CO_2 等气体的净化剂等。

问题 11-5 完成下列反应式:

(1) $C_6H_5—S—CH_3 \xrightarrow[0℃]{NaIO_4,H_2O}$

(2) $CH_3SCH_3 \xrightarrow{H_2O_2} ? \xrightarrow{RCO_3H} ?$

11.4.2 锍盐的生成

与醚相似,硫醚与硫酸也能生成盐,称为锍盐。例如:

$$R—\overset{..}{S}—R + H_2SO_4 \Longleftrightarrow [\ R—\overset{H}{S}—R\ ]^+ HSO_4^- (R\ 为烷基)$$

另外,硫醚还能与卤代烷作用生成锍盐。例如:

$$C_2H_5—S—C_2H_5 + CH_3I \longrightarrow [\ C_2H_5—\underset{CH_3}{S}—C_2H_5\ ]^+ I^-$$

利用硫醚与卤代烷作用生成锍盐的反应,可从石油馏分中分离出硫醚。

锍盐较锌盐稳定,也是离子型化合物,不仅易溶于水,也溶于某些有机溶剂,如氯仿等。

第 3 节 磺 酸

硫酸($HOSO_2OH$)分子中去掉一个羟基后余下的基团($—SO_2OH$ 或 $—SO_3H$)称为磺酸基,简称磺基。磺(酸)基与烃基相连的化合物称为磺酸,其中,芳基与磺基直接相连的化合物称为芳磺酸。磺基是磺酸的官能团。磺酸的命名,通常是以"磺酸"为母体,即烃基名加"磺酸"二字。例如:

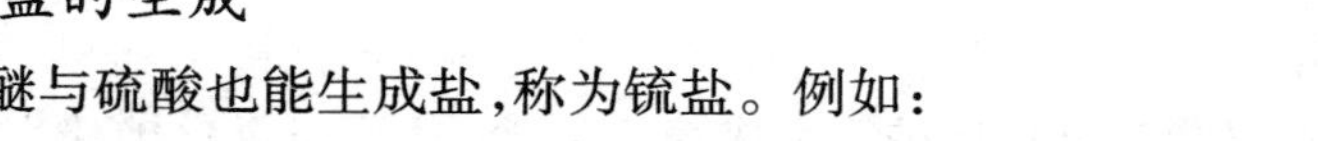

$$CH_3CH_2SO_3H$$

乙磺酸   对甲苯磺酸 β-萘磺酸

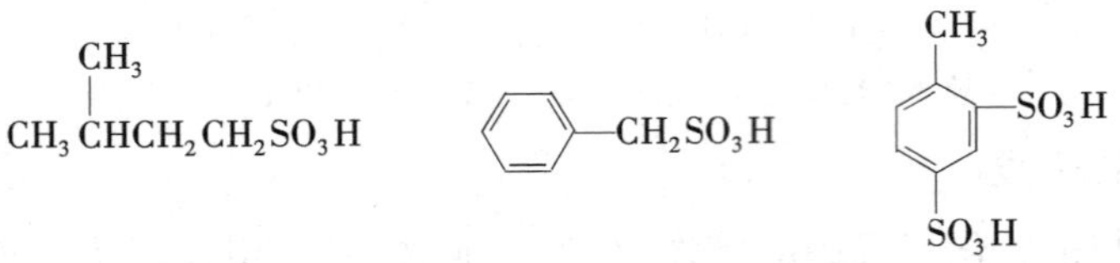

$$CH_3CHCH_2CH_2SO_3H$$ 上有 CH_3

$$\text{(苯基)}—CH_2SO_3H$$

甲苯环 CH_3 / SO_3H / SO_3H

3-甲基丁（基）磺酸 　　　　苄磺酸 　　　　4-甲基-1,3-苯二磺酸

问题 11-6 命名下列各化合物：

(1) $CH_3(CH_2)_8CH=CH—CH_2—SO_3H$ 　　　(2) $ClCH_2CH_2C(CH_3)_2SO_3H$

(3) 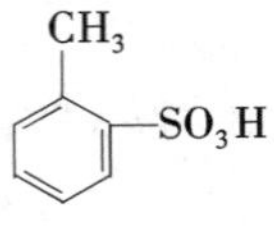 苯环 CH_3 / SO_3H

(4) 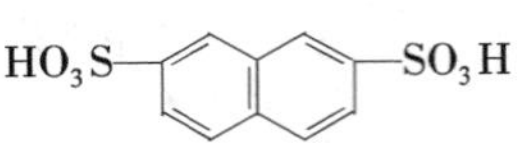 HO_3S—萘环—SO_3H

11.5 磺酸的物理性质

常见的脂肪族磺酸为粘稠液体，芳香族磺酸均为无色晶体。与硫酸相似，磺酸不易挥发，易溶于水，具有很强的吸湿性，故很难得到无水纯晶，通常制成钠盐或钾盐。钠盐、钾盐均溶于水，甚至钙、钡、铅盐也溶于热水。在有机分子中引入磺基，可增加其水溶性，这在染料、药物和表面活性剂等的合成中，具有重要意义。

11.6 磺酸的化学性质

脂肪族和芳香族磺酸具有一些共性，但由于芳香族磺酸含有苯环，故又有其特性。芳香族磺酸的应用比较广泛，这里仅以芳香族磺酸为例进行讨论。

11.6.1 酸性

芳磺酸是强酸，不仅能与氢氧化钠等生成稳定的盐，且可与氯化钠建立平衡，生成盐。例如：

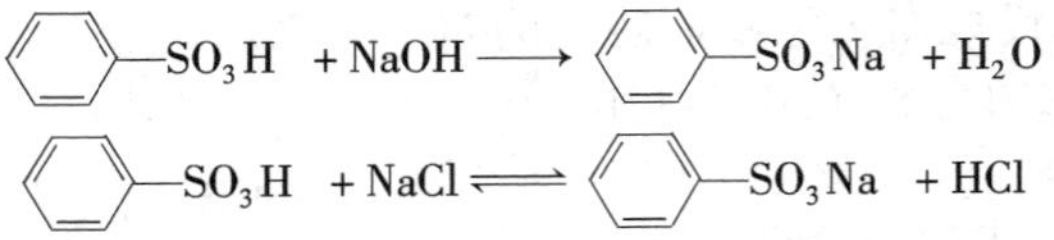

$$\text{苯}—SO_3H + NaOH \longrightarrow \text{苯}—SO_3Na + H_2O$$

$$\text{苯}—SO_3H + NaCl \rightleftharpoons \text{苯}—SO_3Na + HCl$$

由于磺酸的酸性与硫酸相近，且能溶于有机物中，同时又比硫酸引起的副作用少，因此在有机合成中常用它代替硫酸作催化剂。

11.6.2 磺（酸）基中羟基的反应

与羧基中的羟基相似，磺（酸）基中的羟基也能被卤原子、氨基、烷氧基取代，生成一系列磺酸衍生物。例如，芳磺酸（盐）与 PCl_3、PCl_5、$ClSO_3H$ 或 $POCl_3$ 反应，羟基被氯原子取代，生成芳磺酰氯。

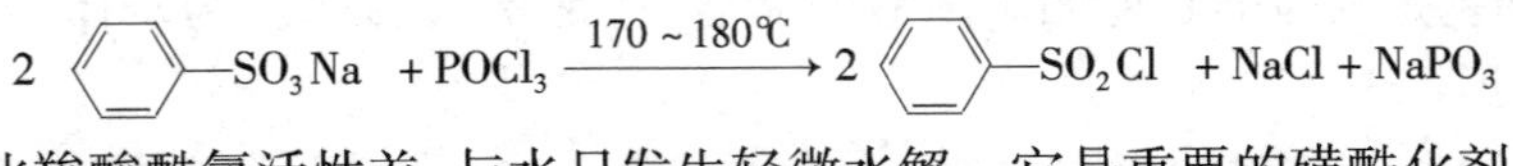

$$2\,\text{苯}—SO_3Na + POCl_3 \xrightarrow{170\sim180℃} 2\,\text{苯}—SO_2Cl + NaCl + NaPO_3$$

芳磺酰氯比羧酸酰氯活性差，与水只发生轻微水解。它是重要的磺酰化剂，能与醇和胺反应，分别生成磺酸酯和磺酰胺（见第 10 章）。

芳磺酰胺的衍生物已在某些方面得到应用。医药中使用的磺胺类抗菌药，它们是磺酰胺基上的氢原子被复杂的有机基团取代后的化合物。例如：

3-磺胺-5-甲基异噁唑
（SMZ，新诺明）

N-乙酰基对氨基苯磺酰胺
磺胺醋酰（SA）

SMZ 与 TMP（甲氧苄氨嘧啶，H_2N——〔结构〕）等按一定比例配制的抗菌
药，称为"复方磺胺甲噁唑片"（复方新诺明片）。SA 是一种外用磺胺药，"磺胺醋酰钠滴眼液"
中含有 15% SA 的钠盐。

芳磺酰氯也能与芳烃及其衍生物反应，在芳环上引入芳磺酰基生成砜。例如：

$$Cl——\bigcirc——SO_2Cl + \bigcirc——Cl \longrightarrow Cl——\bigcirc——\overset{\overset{O}{\|}}{\underset{\underset{O}{\|}}{S}}——\bigcirc——Cl$$

4,4′-二氯二苯砜

4,4′-二氯二苯砜是制造工程塑料聚砜的原料之一。

11.6.3　磺（酸）基的反应

芳磺酸中的磺基可以被氢原子和羟基等原子或基团取代。在第 4 章芳烃的磺化反应中已
经提到，磺化的逆反应即脱磺基反应。当芳磺酸在酸存在下与水共热，则脱去磺基。例如：

$$\bigcirc——SO_3H + H_2O \xrightarrow[150℃]{HCl} \bigcirc + H_2SO_4$$

脱磺基的反应在有机合成中具有重要意义，分别见第 4 章芳烃的磺化反应和第 10 章芳胺
环上的取代（硝化）反应。

芳磺酸钠（或钾）与氢氧化钠（或钾）共熔，则磺基被羟基取代生成酚。例如：

$$\bigcirc\bigcirc——SO_3Na \xrightarrow[\sim320℃]{NaOH} \bigcirc\bigcirc——ONa \xrightarrow{H^+} \bigcirc\bigcirc——OH$$

这是制备酚类的方法之一（称为磺化—碱熔法）。

第 4 节　表面活性剂

具有能显著降低水（或溶剂，一般是水）的表面张力或两种液体（如水和油）之间界面张力
特性的物质，称为表面活性剂。在表面活性剂分子中，一般总是由两种性质相反的部分组成，
一种是亲油（疏水）性的部分，另一种是亲水（疏油）性部分，这两部分分别处于分子的两端。
因此，表面活性剂具有既亲油又亲水的两亲性质，是一种两亲分子，如图 11-1 所示。

图 11-1　表面活性剂分子模型图

具有两亲性质的表面活性剂,聚集(吸附)在水和油相互排斥的界面上,起到降低表面张力的作用。与表面活性剂的基本性质直接有关的作用有:润湿,乳化,起泡、消泡和洗涤作用等。与表面活性剂的基本性质间接有关的作用有:润滑、均染、防静电、杀菌和防锈作用等。

表面活性剂的分类有多种方式,如可根据使用目的或化学结构的不同来分类。根据使用目的不同,表面活性剂可分为:洗涤剂、乳化剂、润湿剂、分散剂和发泡剂等。最常用也是最方便的是按化学结构分类。即按其溶于水时能否电离,以及电离后生成离子的种类可分为:阴离子、阳离子、两性和非离子表面活性剂。这种分类方法有多种优点。例如,已知某表面活性剂为阴离子型,使用时就不能与阳离子型表面活性剂混用,因为两者混合将产生沉淀;另外,从实际使用来看是有区别的,如用于洗涤剂多采用阴离子型或非离子型表面活性剂,而不用阳离子型表面活性剂。根据亲水基——离子型基团的性质,可以了解表面活性剂的大体性质。对于每一种离子型表面活性剂还可按亲水基的种类细分为多种类型,如图 11-2 所示。

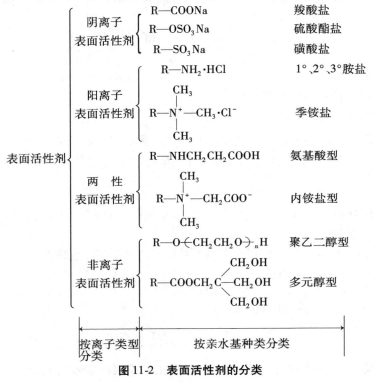

图 11-2　表面活性剂的分类

11.7　阴离子表面活性剂

当表面活性剂溶于水时,附着在亲油基上的部分变成阴离子,即阴离子是其活性部分,这类表面活性剂称为阴离子表面活性剂。它是最早应用的一类表面活性剂,即使现在其用量也约占全部表面活性剂的一半。

11.7.1　羧酸盐

羧酸盐主要包括肥皂。最早是将天然油脂与氢氧化钠水溶液一起加热并搅拌,水解生成肥皂(高级脂肪酸的碱金属盐)和甘油,故此反应也称皂化反应。

$$\begin{matrix} RCOOCH_2 \\ | \\ RCOOCH \\ | \\ RCOOCH_2 \end{matrix} + 3NaOH \xrightarrow{\triangle} 3RCOONa + \begin{matrix} HOCH_2 \\ | \\ HOCH \\ | \\ HOCH_2 \end{matrix}$$

油脂 　　　　　　　　　　　　　　肥皂

肥皂主要指 $C_{12\sim18}$ 脂肪酸的钠盐或钾盐。例如：

$$CH_3(CH_2)_{10}COO^-Na^+ \quad CH_3(CH_2)_{16}COO^-Na^+ \quad CH_3(CH_2)_7CH{=}CH(CH_2)_7COO^-Na^+$$

月桂酸钠　　　　　　　硬脂酸钠　　　　　　　　油酸钠

月桂酸钠是由椰子油制造的肥皂的主要成分,由于其亲油(疏水)基较短,故易溶于水,且有很好的洗涤力(C_{12}以下虽更易溶于水,但洗涤力却差很多)。硬脂酸钠是由固体油脂(如硬化油等)制造的肥皂的主要成分,由于其亲油基较大,水溶性较差,故在低温下洗涤力不好。油酸钠是由橄榄油等制造的肥皂的主要成分,它虽然也含 18 个碳原子,但分子中有 C=C 双键,也具有一定亲水性,因此既溶于水且洗涤力也强。

一般肥皂的水溶性较小,浓度增加会加大粘度,放置时将会凝胶化。

肥皂水溶液呈碱性,变成中性时将失去效果,因为在中性和酸性情况下,羧酸将游离出来而无表面活性剂性质。另外,在硬水中因生成钙皂沉淀,同样失去效果：

$$2RCOONa + Ca^{2+} \longrightarrow (RCOO)_2Ca + 2Na^+$$

洗温泉浴时不能使用肥皂,就是这个道理。由以上可知,肥皂不宜在硬水、酸性溶液和海水中使用。

肥皂除具有洗净作用外,还具有润湿、乳化和发泡作用。

11.7.2 硫酸酯盐

硫酸酯盐是硫酸酸性酯(单酯)的盐(一般是钠盐),可用通式 $R{-}OSO_3Na$ 表示。

硫酸酯盐可由高级醇、烯烃、含有羟基或双键的羧酸及其酯,与硫酸、发烟硫酸或氯磺酸等作用后,再用碱中和而得。例如：

$$C_{12}H_{25}OH \xrightarrow[25\sim30℃]{H_2SO_4} C_{12}H_{25}OSO_3H \xrightarrow{NaOH} C_{12}H_{25}OSO_3Na$$

月桂醇(十二醇)　　　　　　　月桂醇硫酸酯　　　　　月桂醇硫酸酯钠

对于高级醇的碳原子数,要求与肥皂相同,也是以 $C_{12\sim18}$ 为宜。烷基碳原子数与硫酸酯盐的水溶性和洗涤性能之间的关系与肥皂相似。

高级醇硫酸酯盐的水溶性、洗涤性均优于肥皂。其水溶液呈中性,对羊毛等无损害,在硬水中也能使用,但遇强酸则水解为原来的醇,遇高温分解。

因亲油基不同,硫酸酯盐还有其他类型。例如：

$$C_{12}H_{25}O(CH_2CH_2O)_nSO_3Na \qquad \begin{matrix} CH_3(CH_2)_7CHCH_2(CH_2)_7COOC_4H_9 \\ | \\ OSO_3Na \end{matrix}$$

月桂醚硫酸酯(钠)盐　　　　　　　　　　　硫酸化油酸丁酯(钠)盐

月桂醚硫酸酯盐是月桂醇与环氧乙烷的加成物(式中 n 一般为 $2\sim4$),再依次与 H_2SO_4 和 NaOH 作用而得。由于分子中 $-CH_2-CH_2-O-$ 结构单元的存在,比月桂醇硫酸酯盐的水溶性高,在硬水中的起泡性大,因此广泛用作香波的原材料。硫酸化油酸丁酯钠盐是土耳其红油的改良品种,具有很好的性能。因为结合硫酸量高,渗透力强,起泡性低,可作染色助剂。

11.7.3 磺酸盐

磺酸盐的通式为 $R{-}SO_3Na$,它与硫酸酯盐虽然只差一个氧原子,但由于 C—S 键与

C—O 键不同,因而性质上有不同之处。如磺酸盐遇强酸或加热均不易分解。

磺酸盐型表面活性剂以烷基苯磺酸钠应用最广。其中最具代表性的是十二烷基苯磺酸钠,它是通过下列反应制得:

$$\text{苯} + CH_2=CH-C_{10}H_{21} \xrightarrow{\text{催化剂}} \text{正十二烷基苯} \xrightarrow[40\sim45℃]{\text{发烟 } H_2SO_4}$$

正十二烷基苯
(含量≥95%)

$$C_{12}H_{25}\text{—苯—}SO_3H \xrightarrow{NaOH} C_{12}H_{25}\text{—苯—}SO_3Na$$

十二烷基苯磺酸钠广泛用于工业中和家庭中,它是市售合成洗涤剂的主要成分之一,洗涤力强,在硬水中也具有良好的去污力。十二烷基苯磺酸钙则广泛用作农药乳化剂。另外,十二烷基苯磺酸钠被广泛作干洗用洗涤剂的原料以及切削油等矿物油乳化剂成分,其钙盐或钡盐可用作防锈油等。

烷基苯磺酸钠中的烷基,要求是直链烷基。虽然直链和支链烷基苯磺酸钠的性能大体相同,但支链烷基苯磺酸钠难被微生物降解,因而被禁止使用和生产。

值得注意,阴离子表面活性剂不能与阳离子表面活性剂一同使用,但可与非离子表面活性剂一同使用。

11.8 阳离子表面活性剂

当表面活性剂溶于水时,附着在亲油基上的部分变成阳离子,即阳离子是其活性部分,这种表面活性剂称为阳离子表面活性剂。这类表面活性剂价格较高,洗涤力较差,但具有很强的杀菌能力和润湿、起泡、乳化等性能,以及容易吸附在无机盐(如硅酸盐)表面、金属表面和纤维表面等,因此可用作杀菌剂、纤维柔软剂、矿石浮选剂、乳化剂、分散剂、金属防锈剂、抗静电剂和匀染剂等。

阳离子表面活性剂主要包括胺盐型和季铵盐型两大类。

胺盐型表面活性剂是伯胺、仲胺或叔胺与醋酸或盐酸等形成的盐。例如:

$$C_{12}H_{25}NH_2 \cdot CH_3COOH$$
月桂基胺醋酸盐

胺盐类表面活性剂可在酸性介质中用作乳化剂、分散剂、润湿剂和浮选剂等。但当溶液的 pH > 7 时,则分解析出胺而失去表面活性。

阳离子表面活性剂中最常用的是季铵盐。例如:

$$C_{12}H_{25}\overset{\overset{\displaystyle CH_3}{|}}{\underset{\underset{\displaystyle CH_3}{|}}{N^+}}-CH_2\text{—苯—} \quad Br^- \qquad C_{16}H_{33}-\text{吡啶}^+ \quad Cl^-$$

溴化二甲基十二烷基苄基铵 　　　氯化-N-十六烷基吡啶

溴化二甲基十二烷基苄基铵又称新洁而灭,其氯化物称洁而灭。它们用作杀菌消毒剂,在医院等处被广泛使用。它是通过下列反应制备:

$$C_{12}H_{25}\overset{\overset{\displaystyle CH_3}{|}}{\underset{\underset{\displaystyle CH_3}{|}}{N}} + BrCH_2\text{—苯—} \xrightarrow{\triangle} C_{12}H_{25}\overset{\overset{\displaystyle CH_3}{|}}{\underset{\underset{\displaystyle CH_3}{|}}{N^+}}-CH_2\text{—苯—} \quad Br^-$$

氯化-N-十六烷基吡啶和其相应的溴化物,一般用作助染剂或杀菌剂等。它可通过下列反应制得:

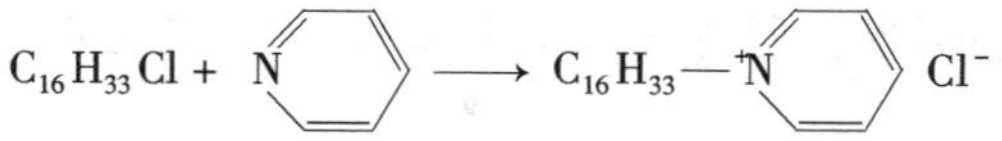

$$C_{16}H_{33}Cl + \langle N \rangle \longrightarrow C_{16}H_{33}—\overset{+}{N}\langle \rangle \quad Cl^-$$

11.9 两性表面活性剂

两性表面活性剂一般是指分子内同时含有阳离子和阴离子的一类表面活性剂。阳离子部分是胺盐或季铵盐,阴离子部分是羧酸盐、硫酸盐等。两性表面活性剂在水中电离时显示两种电荷。在酸性介质中显示阳离子性质,在碱性介质中显示阴离子性质,在适当介质中显示阴离子和阳离子相等的等电点。这类表面活性剂易溶于水,杀菌作用比较温和、刺激性小、毒性小,可用作洗涤剂、柔软剂、染色助剂、抗静电剂、分散剂和缓蚀剂等。这类表面活性剂以羧酸盐型最常见,其中包括氨基酸型和内铵盐(亦称甜菜碱)型。内铵盐型表面活性剂在洗涤力、渗透力和抗静电能力方面,一般均比氨基酸型更好。

内铵盐型两性表面活性剂的重要代表物有:

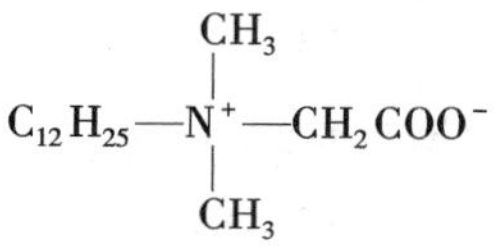

$$C_{12}H_{25}—\overset{CH_3}{\underset{CH_3}{\overset{|}{\overset{+}{N}}}}—CH_2COO^-$$

二甲基十二烷铵基乙酸盐

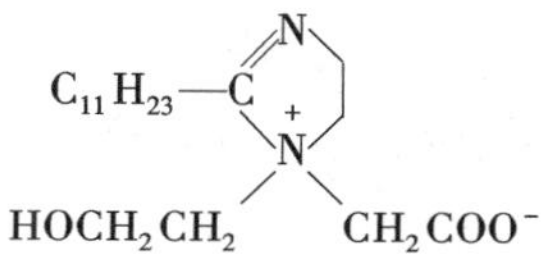

1-羟乙基-1-羧甲基-2-十一烷基咪唑啉

二甲基十二烷铵基乙酸盐溶于水呈透明液体,易起泡、洗涤力很强,用作洗涤剂。可通过下列反应制备:

$$C_{12}H_{25}N(CH_3)_2 + ClCH_2COONa \xrightarrow{60\sim80℃} C_{12}H_{25}\overset{+}{N}(CH_3)_2CH_2COO^- + NaCl$$

1-羟乙基-1-羧甲基-2-十一烷基咪唑啉具有低毒、低刺激性,去污力强,且配伍性(指与其他表面活性剂混用)好,可用作洗涤剂、柔软剂、抗静电剂等,广泛应用于制造高档香波。可通过下列反应合成:

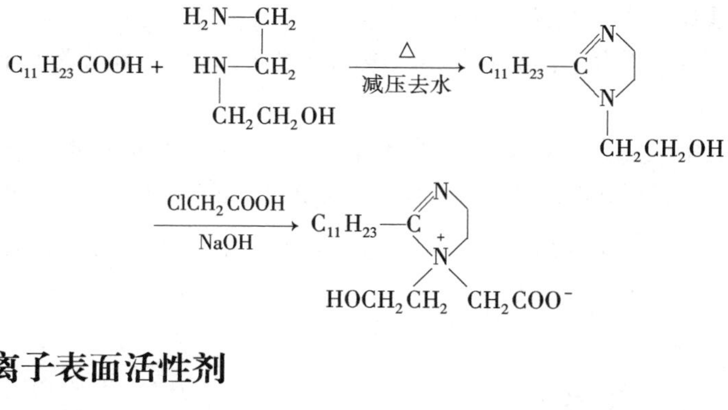

$$\xrightarrow{\text{ClCH}_2\text{COOH}} \overset{}{\underset{\text{NaOH}}{}}$$

11.10 非离子表面活性剂

非离子表面活性剂在水中不电离,是以羟基(—OH)或醚键(—O—)等作为亲水基的表面活性剂。由于 —OH 和 —O— 不电离,亲水性很弱,因此需要多个这样的基团集合起来才能发挥亲水性作用。由于在溶液中不电离,因此稳定性高,不易受酸、碱、盐的影响,与其他类型表面活性剂的配伍性好。非离子表面活性剂是继阴离子表面活性剂以后用量最大的一类,也是很重要的。其中聚乙二醇型非离子表面活性剂性能优良,用途广泛,占有重要地位。它大多易溶于水,主要用作洗涤剂、助染剂和乳化剂等,少数用作纤维柔软剂。

聚乙二醇型非离子表面活性剂是在疏水基原料上与环氧乙烷加成制成亲水基而得。例如:

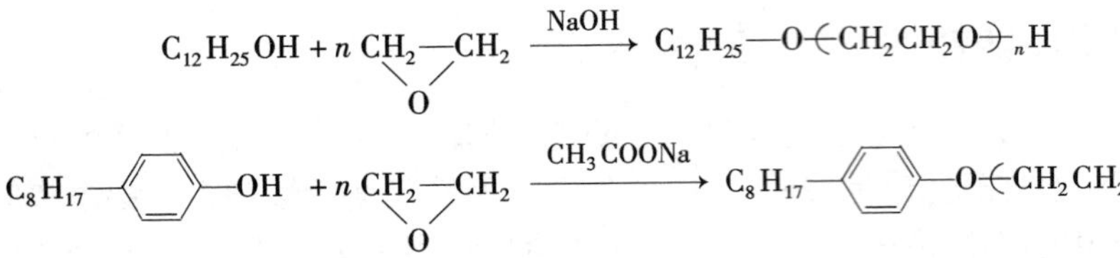

$$C_{12}H_{25}OH + n\ CH_2{-}CH_2 \xrightarrow{NaOH} C_{12}H_{25}{-}O{\left(CH_2CH_2O\right)}_n H$$

$$C_8H_{17}{-}\!\!\left\langle\!\!\bigcirc\!\!\right\rangle\!\!{-}OH + n\ CH_2{-}CH_2 \xrightarrow{CH_3COONa} C_8H_{17}{-}\!\!\left\langle\!\!\bigcirc\!\!\right\rangle\!\!{-}O{\left(CH_2CH_2O\right)}_n H$$

多元醇型非离子表面活性剂通常是由丙三醇或季戊四醇等多元醇与高级脂肪酸作用而得。例如:

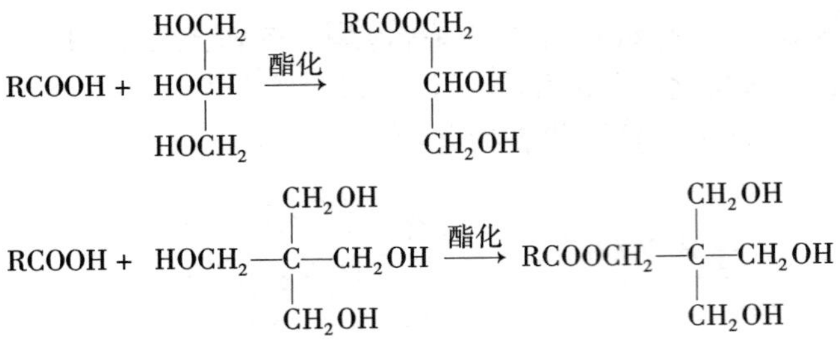

$$RCOOH + \begin{array}{l}HOCH_2\\HOCH\\HOCH_2\end{array} \xrightarrow{酯化} \begin{array}{l}RCOOCH_2\\CHOH\\CH_2OH\end{array}$$

$$RCOOH + HOCH_2{-}\overset{\displaystyle CH_2OH}{\underset{\displaystyle CH_2OH}{C}}{-}CH_2OH \xrightarrow{酯化} RCOOCH_2{-}\overset{\displaystyle CH_2OH}{\underset{\displaystyle CH_2OH}{C}}{-}CH_2OH$$

分子中的 R 是亲油基,而许多 —OH 则是亲水基。

除上述类型表面活性剂外,由于需要不同,又制备出一些具有特殊用途的表面活性剂。例如,氟表面活性剂,是指表面活性剂中碳氢链中的氢原子被氟原子取代的一类表面活性剂,$CF_3CF_2CF_2OCF(CF_3)CF_2OCF(CF_3)COONa$是其中之一。由于氟表面活性剂具有高度稳定性(如耐高温、耐强酸和强碱、耐强氧化剂)和高表面活性,可用于镀铬电解槽中,防止铬酸雾逸出,以保障工人健康。其他还有硅表面活性剂、高分子表面活性剂等。

第 5 节 离子交换树脂

离子交换树脂是具有离子交换作用的一类高分子化合物。它由两部分组成:一部分是具有一定交联结构的高分子骨架,不溶于水、酸、碱和有机溶剂;另一部分是具有可交换离子的官能团。

工业上和实验室中应用最广的离子交换树脂,其高分子骨架是由苯乙烯和总量约10%的二乙烯苯共聚而成。二乙烯苯的作用是将苯乙烯交联成体型结构,如下式所示:

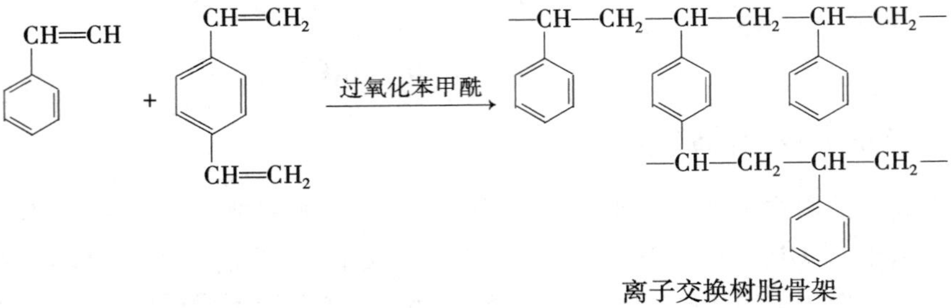

离子交换树脂骨架

具有可交换离子的官能团分为酸性和碱性两种。酸性官能团如 $-SO_3H$ 、$-COOH$ 等,具有这种官能团的树脂,称为阳离子交换树脂,它能够交换阳离子。碱性官能团如 $—NH_2$ 、 $—NHR$ 、 $—NR_3OH$ 等,具有这种官能团的树脂,称为阴离子交换树脂,它能交换阴离子。

离子交换树脂按其官能团的酸性强弱,又可分为强酸性和弱酸性阳离子交换树脂;强碱性和弱碱性阴离子交换树脂。

11.11 阳离子交换树脂

聚苯乙烯磺酸型阳离子交换树脂,可通过下列方法制备:

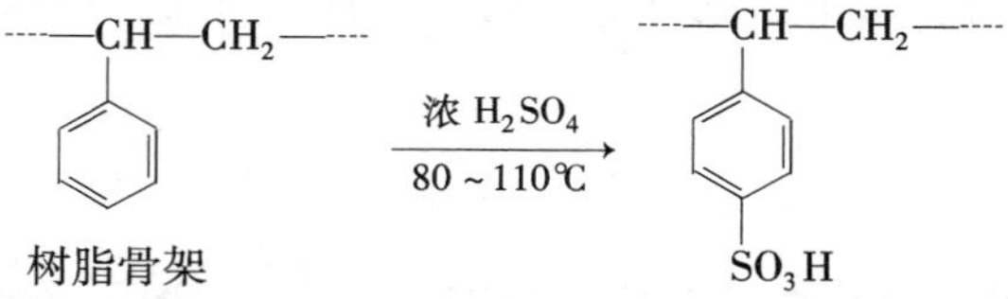

这类树脂可以交换阳离子。利用这一性质可以分离金属离子,

$$2\boxed{R}{-}SO_3H + Ca^{2+} \underset{再生}{\overset{交换}{\rightleftharpoons}} (\boxed{R}{-}SO_3)_2Ca + 2H^+$$

$$\boxed{R}{-} \quad 代表离子交换树脂骨架$$

或使硬水软化。

$$2\boxed{R}{-}SO_3Na + Ca^{2+} \underset{再生}{\overset{交换}{\rightleftharpoons}} (\boxed{R}{-}SO_3)_2Ca + 2Na^+$$

11.12 阴离子交换树脂

聚苯乙烯季铵盐型阴离子交换树脂,可利用下列反应合成:

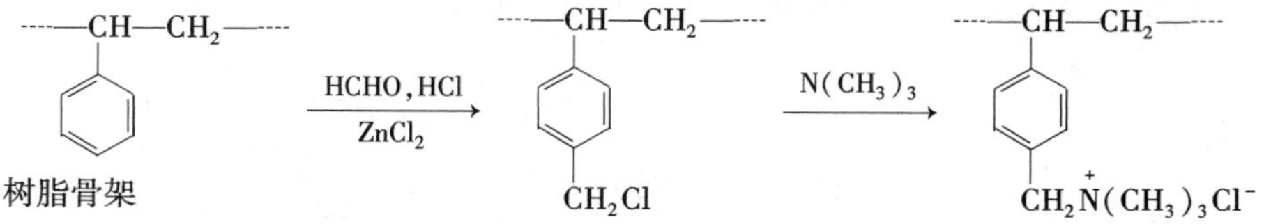

最后用 NaOH 处理,即得强碱性阴离子交换树脂:

$$\boxed{R}{-}\overset{+}{N}(CH_3)_3Cl^- + NaOH \longrightarrow \boxed{R}{-}\overset{+}{N}(CH_3)_3OH^- + NaCl$$

阴离子交换树脂能够交换阴离子。例如可与水中的氯离子交换:

$$\boxed{R}{-}\overset{+}{N}(CH_3)_3OH^- + NaCl \underset{再生}{\overset{交换}{\rightleftharpoons}} \boxed{R}{-}\overset{+}{N}(CH_3)_3Cl^- + NaOH$$

由以上讨论可以看出,普通水经过强酸性阳离子交换树脂和强碱性阴离子交换树脂处理后,水中的阳、阴离子均可被除去,得到无离子水。

离子交换树脂使用一段时间以后,其交换能力下降,需分别用酸(一般为 5% ~ 10% 的盐酸)或碱(一般为 4% ~ 10% 的氢氧化钠溶液)处理,使其恢复原来的交换功能,这称为离子交换树脂的"再生"。实际上树脂进行离子交换的逆反应,即为树脂的再生过程。阳、阴离子交换树脂的再生可用下式表示:

$$(\boxed{R}{-}SO_3)_2Ca + 2HCl \longrightarrow 2\boxed{R}{-}SO_3H + CaCl_2$$

$$\boxed{R}{-}\overset{+}{N}(CH_3)_3Cl^- + NaOH \longrightarrow \boxed{R}{-}\overset{+}{N}(CH_3)_3OH^- + NaCl$$

离子交换树脂具有广泛用途,可用于水的纯化,硬水的软化,有色金属和稀有金属的回收、提纯和浓缩,抗生素和氨基酸等的提纯与净化,含酚废水等污水处理,以及有机合成中用作酸、碱催化剂等。

第6节　助剂

助剂亦称添加剂。一般是指工业中用于使用过程或生产过程中所填加的辅助化学品。其特点是品种多、用量较少、有特定功能、供复配使用等。许多表面活性剂也是助剂,因其结构上的特点以及均具有表面活性,故单独进行了讨论。本节仅简要介绍与本书内容有关的几个常用的助剂。

11.13　交联剂

能使多个线型分子相互键合交联成网状(体型)结构的物质,称为交联剂。例如,在合成离子交换树脂时,与许多苯乙烯相互作用(交联)成体型结构的对二乙烯基苯即是一种交联剂;在热固性酚醛树脂(电木)的合成中,过量的甲醛也是一种交联剂;来自橡胶树的天然橡胶,是许多异戊二烯单体组成的线型高分子化合物(平均相对分子质量20万~50万),为了更好地利用它,通常用硫磺与之反应,生成体型结构,这里硫磺即是交联剂(也叫硫化剂)。

11.14　阻燃剂

能使材料或物品(如纺织品、塑料等)不易燃烧(即增加难燃性)的物质,称为阻燃剂(有时亦称防火剂)。其作用主要是能生成较多的不可燃气体或药剂薄膜,将材料或物品复盖,从而阻止了进一步燃烧。使用的有机阻燃剂多为含氯、溴的有机物。例如,氯化石蜡、六溴苯、四氯(溴)邻苯二甲酸酐、磷酸三(2,3-二氯丙基)酯、四溴双酚 A 等:

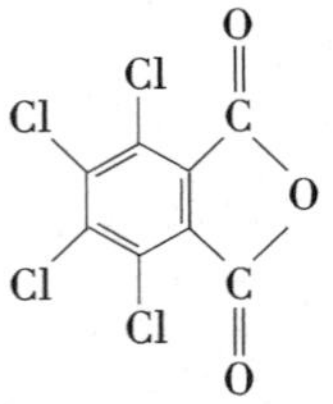

四氯邻苯二甲酸酐　　　磷酸三(2,3-氯丙基)脂　　　　　四溴双酸 A

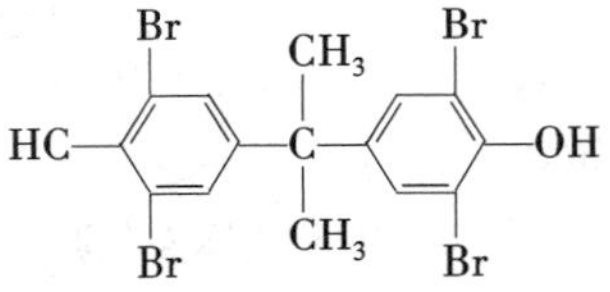

其中四溴双酚 A 是具有多种用途的阻烧剂,可用作反应型阻燃剂,具有抗静电效果,用于聚烯烃、环氧树酯、不饱和聚酯及合成纤维等。也可用作添加型阻燃剂,用于聚苯乙烯、AB5 树脂和酚醛树脂等;磷酸三(2,3-二氯丙基)酯阻燃效果好、挥发性小、有耐油(水)性、对紫外线亦较稳定、较便宜,用途较广泛。

11.15　偶联剂

能在无机材料或填料与有机材料之间起偶联作用的一类物质,称为偶联剂。它能增加材料与偶联物(如树脂等)界面的结合力。这类物质主要有硅烷衍生物、钛酸酯类、锆酸酯类等。例如三氯乙烯基硅烷、乙烯基三乙氧基硅烷等。

$$CH_2{=\!\!=}CHSiCl_3 \qquad\qquad CH_2{=\!\!=}CHSi(OC_2H_5)_3$$

三氯乙烯基硅烷　　　　　　乙烯基三乙氧基硅烷

其中三氯乙烯基硅烷用于聚酯、玻璃纤维的偶联;乙烯基三乙氧基硅烷用于乙丙橡胶、硅橡胶、聚烯烃、聚酰亚胺、不饱和聚酯等的偶联。

11.16　发泡剂

发泡剂亦称起泡剂,是一类能在特定条件下,产生无害气体使一定粘度的液体或可塑的橡胶或塑料形成微孔结构的物质。这类物质按其状态分为气、液、固三种,按其作用可分为物理发泡剂和化学发泡剂两种。

物理发泡剂是利用压缩气体的膨胀或液体的挥发等物理过程产生气孔,其本身应无活性、无毒、无臭、无腐蚀性,与树脂易混合。例如压缩空气、二氧化碳、氮气等。用于生产泡沫塑料。

化学发泡剂是物质因受热分解放出气体形成的。产生的气体应无毒、无腐蚀性、无引火性,如碳酸氢钠、碳酸氢铵、偶氮二异丁腈等。用于聚合物中产生气泡。

11.17　增塑剂

增塑剂是一种加入到高分子聚合物(如塑料和橡胶)中能增加其可塑性和柔软性的物质。其种类繁多、性能不同、用途各异,但应无色、无毒、无臭、不燃、互溶性和化学稳定性好、挥发性小。从结构上分析,使用较多的是有机酸酯。例如:脂肪族二元羧酸酯(如己二酸二辛酯、癸二酸二丁酯等);邻苯二甲酸酯(如邻苯二甲酸二丁酯、邻苯二甲酸二辛酯等);多元醇酯(如双季戊四醇酯、多元醇苯甲酸酯等)等。

$$(RCOOCH_2)_3C—CH_2OOC(CH_2)_nCOOCH_2C(CH_2OOCR)_3$$
双季戊四醇酯　式中 $R = C_{4-9}$ 烷基, $n = 4$—10

小　　结

(一)硫醇、硫酚和硫醚的主要性质

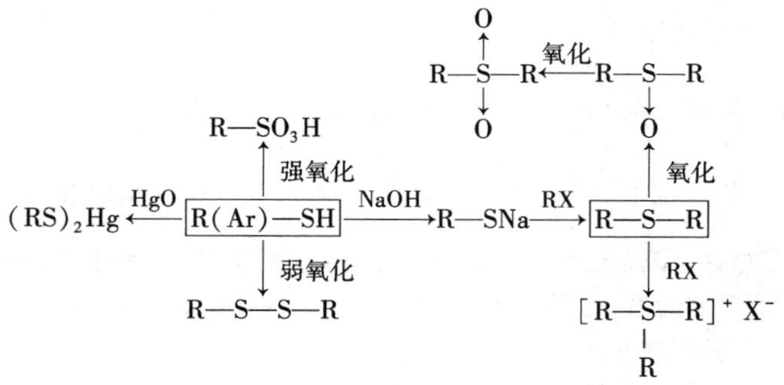

（二）芳磺酸和芳磺酰氯

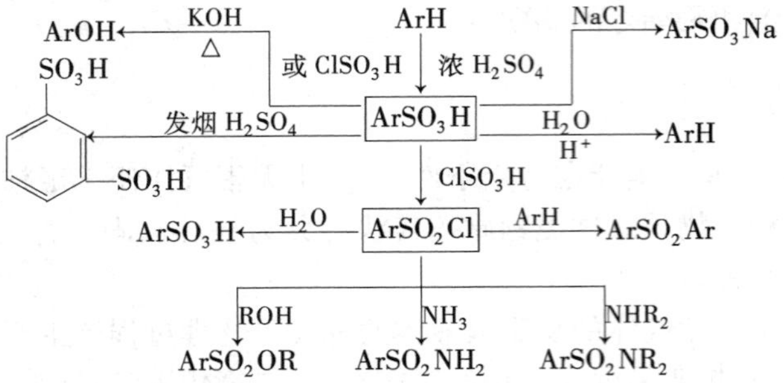

例　题

（一）试用化学方法鉴别下列化合物：

（A）$(CH_3CH_2)_2S$、（B）CH_3CH_2OH 和（C）CH_3CH_2SH

解：对比三个化合物可知，这是三类不同的化合物，因此，利用各类化合物的共性（也是特性）将其鉴别。

已知 C 是酸性化合物，能与 NaOH 水溶液作用生成盐而溶解。A 和 B 为中性化合物，不与 NaOH 水溶液作用，故不溶于 NaOH 水溶液。但 B 是含活泼氢的化合物，能与 Na 作用放出 $H_2\uparrow$，而 C 则不能。

（二）以甲苯为主要原料合成消炎药对氨甲基苯磺酰胺。

解：首先写出原料和产物的构造式：

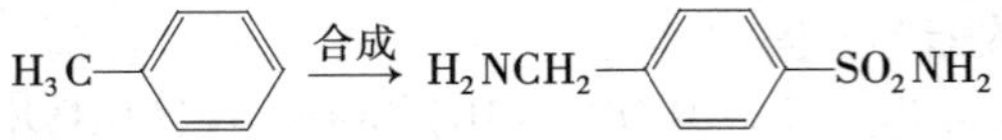

通过对比可知，$H_2NCH_2—$ 由 $NH_2—$ 取代 $—CH_3$ 上的一个 H 后形成，但 $NH_2—$ 直接取代 $—CH_3$ 上的 H 是困难的，通常是由 $—NH_2$ 取代 $ClCH_2—$ 上的 $—Cl$ 来完成。$—SO_2NH_2$ 处于 $H_2NCH_2—$ 的对位，直接引入它是困难的，但可以通过先磺化再与氨作用来实现，然而需要考虑何时引入磺基。它有三种可能的途径：

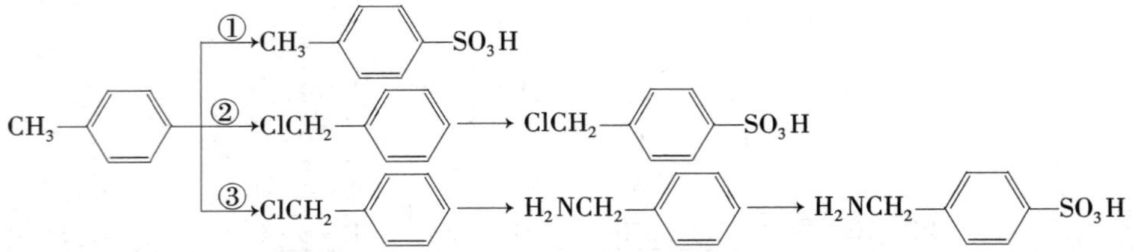

就引入磺基而言，途径①较好。因为在途径②和③中，氯甲基中的氯原子和氨甲基中的氨基是吸电基。因此，氯甲基和氨甲基都是比甲基弱的第一类定位基，从而间位异构体增多。另外，在途径③中，由于氨基具有碱性，易与硫酸成盐而不利于反应的进行。

综上所述，由甲苯合成对氨甲基苯磺酰胺的较合理路线是：

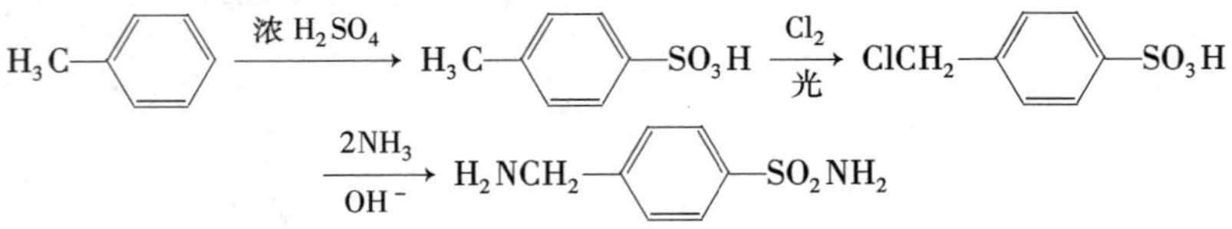

习　题

（一）回答下列问题：

（1）CH_3CH_2OH 的沸点 78.3℃，无限溶解于水；

244

CH_3CH_2SH 沸点 37℃，常温时水中溶解度为 1.5 g/(100 g)水。

（2）$CH_3CH_2OCH_2CH_3$ 沸点 34.5℃，略溶于水；$CH_3CH_2SCH_2CH_3$ 沸点为 92.1℃，不溶于水。

（3）阴离子表面活性剂和阳离子表面活性剂能否混用？为什么？

（4）乙硫醇的酸性比乙醇强。

（二）用化学方法鉴别下列化合物：

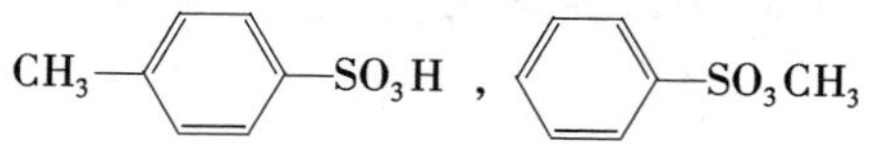

$CH_3-\langle\rangle-SO_3H$ ， $\langle\rangle-SO_3CH_3$

（三）完成下列反应式：

（1） $CH_3CH_2-S-CH_2CH_3 \xrightarrow[\text{室温}]{H_2O_2} ? \xrightarrow[\text{加热}]{H_2O_2} ?$

（2） 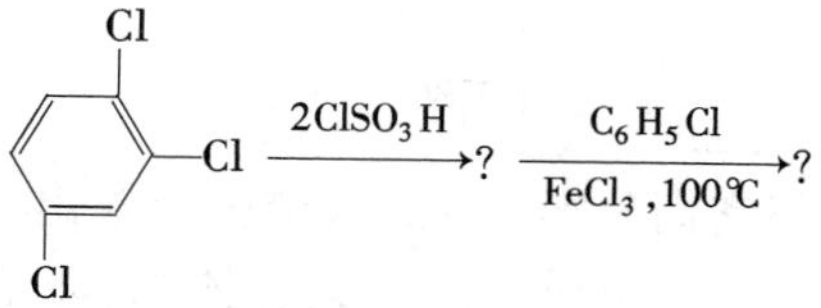 （二氯苯结构） $\xrightarrow{2ClSO_3H} ? \xrightarrow[\text{FeCl}_3,100℃]{C_6H_5Cl} ?$

（四）合成下列化合物：

（1）由乙烯合成二乙砜；

（2）由萘合成 β-萘酚。

（五）化合物 $C_7H_7BrO_3S$ 具有下列性质：（1）去磺基后生成邻溴甲苯；（2）氧化生成一个酸 $C_7H_5BrO_5S$，后者与碱石灰（作用同 NaOH）共热生成间溴苯酚。写出 $C_7H_7BrO_3S$ 所有可能的构造式。

第 12 章　杂环化合物

组成环的原子除碳原子外还有其他原子的一类环状化合物，称为杂环化合物。其他原子称为杂原子，最常见的杂原子有氧、氮和硫原子。在前几章中已经遇到了一些杂环化合物，例如：

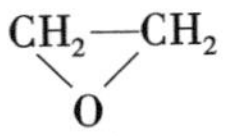

环氧乙烷

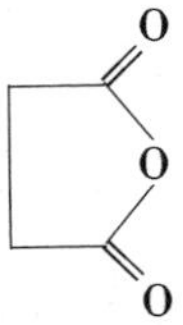

丁二酸酐

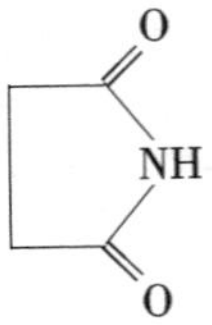

丁二酰亚胺

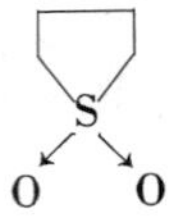

环丁砜

这些化合物的性质与相应的链状化合物相似，因此，将它们分别放在相关的脂肪族化合物中讨论。本章讨论的杂环化合物，是一类比较稳定的有六个 π 电子的闭合共轭体系，即是一类具有芳香性的杂环化合物。

杂环化合物广泛存在于自然界中。例如：在动植物体内起着重要生理作用的血红素、叶绿素以及核酸中的碱基，均是含氮杂环化合物；药物中的奎宁、吗啡、黄连素等，也都是含氮杂环化合物；石油、煤焦油等也有含硫、氧和氮的杂环化合物。杂环化合物在理论研究和实际应用上都很重要。人们不仅可以模拟、改造活性天然杂环化合物为人类造福，而且可以根据需要设计一些具有特殊功能和用途的杂环化合物，已在药物、有机导体和超导材料、生物模拟材料、贮能材料、工程高分子材料等诸多方面获得成功。

12.1　杂环化合物的分类和命名

杂环化合物通常按组成环的原子数分为五元环和六元环两大类。在每一类中，又可按其所含杂原子的种类、数目以及单环和稠环等再行分类，如表 12-1 所示。

表 12-1　杂环化合物的分类和命名

类别		含一个杂原子	含两个杂原子
五元环	单环	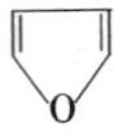 呋喃 furan　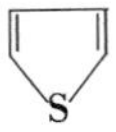 噻吩 thiophene　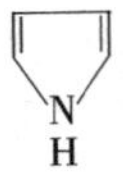 吡咯 pyrrole	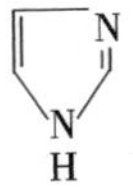 咪唑 imidazole　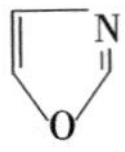 噁唑 oxazole　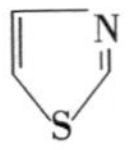 噻唑 thiazole
	稠环	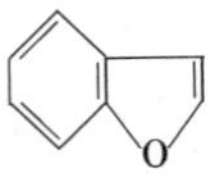 苯并呋喃 benzofuran　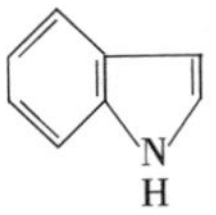 吲哚(苯并吡咯) indole	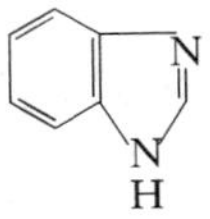 苯并咪唑 benzoimidazole　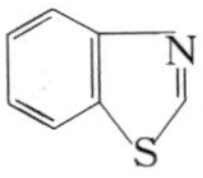 苯并噻唑 benzothiazole

类别		含一个杂原子		含两个杂原子
六元环	单环	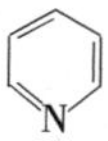 吡啶 pyridine		 嘧啶 pyrimidine
	稠环	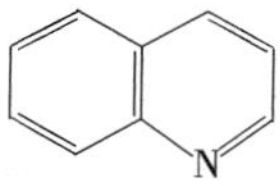 喹啉 quinoline 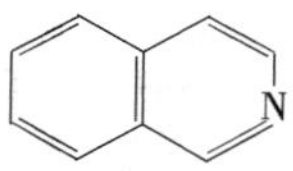	异喹啉 isoquinoline	 酞嗪 phthalazine

杂环化合物的命名一般采用音译法。即杂环化合物的名称是英文的音译，一般在同音汉字的左边加一"口"旁，如表 12-1 所示。

在杂环化合物中，杂环上原子的编号一般是从杂原子数起，用 1,2,3……表示。环上有取代基时，应使取代基的位次尽可能小；或将靠近杂原子的位置称为 α 位，依次称 β 位和 γ 位。五元杂环中只有 α 和 β 位，六元环中有 α、β 和 γ 位。例如：

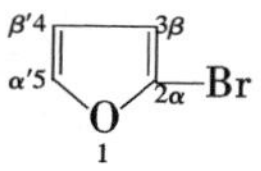

2-溴(代)呋喃   3-甲基吡啶   2-呋喃甲酸

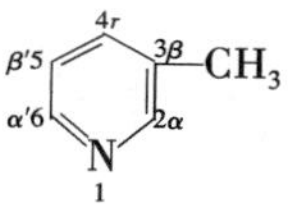

α-溴(代)呋喃 β-甲基吡啶 α-呋喃甲酸

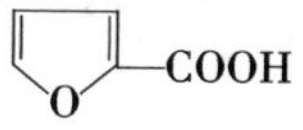

如果环上有两个或两个以上杂原子时，按 O、S、N 的次序编号，且使杂原子的位次号尽可能小。例如：

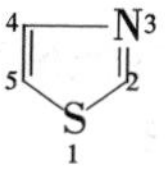

噻唑 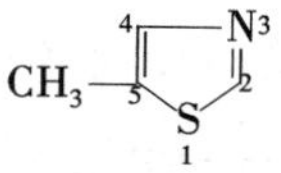   5-甲基噻唑 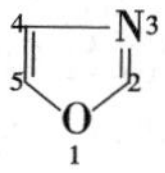   噁唑

问题 12-1 命名下列化合物：

(1) 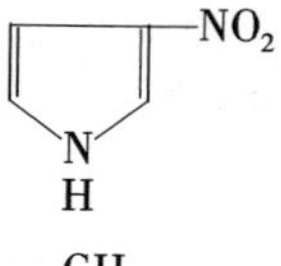   (2) 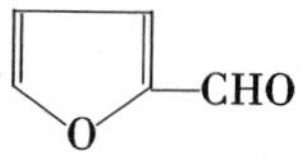   (3)

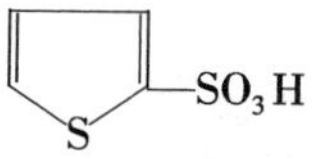

(4) 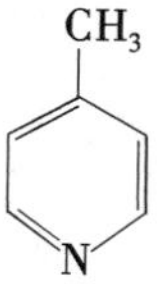   (5) 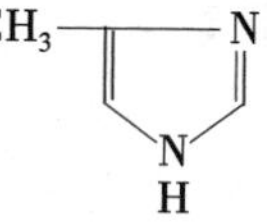   (6)

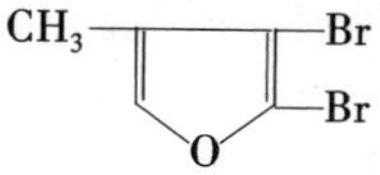

12.2 五元杂环化合物的结构和芳香性

在呋喃、噻吩和吡咯五元杂环化合物分子中,组成环的五个原子位于同一平面上,碳原子与杂原子均以 sp^2 杂化轨道彼此连接成 σ 链,每个原子还有一个 p 轨道,这五个 p 轨道都垂直于环所在平面,且相互平行,它们在侧面相互交盖构成闭合离域体系。每个碳原子的 p 轨道上分别有一个电子,杂原子的 p 轨道上有两个电子,形成了一个环状闭合的 6π 电子的共轭体系,符合休克尔 $4n+2$ 规则($n=1$)。这些杂环化合物具有芳香性,被称为芳香杂环化合物。

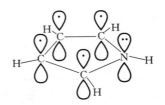

图 12-1 吡咯的轨道结构

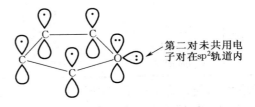

图 12-2 呋喃的轨道结构

噻吩与呋喃有类似的结构,这里不再画出。

实验证明,噻吩、吡咯和呋喃虽然均具有芳香性,但三者芳香性的大小是不同的,而且均比苯的芳香性小。其芳香性由大到小的次序是

苯 > 噻吩 > 吡咯 > 呋喃

12.3 五元杂环化合物的化学性质

12.3.1 亲电取代反应

由于呋喃、吡咯和噻吩分子中的杂原子的 p 电子对参与环上的共轭,使环上碳原子的电子云密度增加,因此,它们比苯还容易发生亲电取代反应,其进行亲电取代反应的活性与苯酚和苯胺相似。由于它们高度的活泼性以及呋喃和吡咯对无机强酸的敏感性,因此进行亲电取代反应时,需在较温和的条件下进行,或采用温和的亲电试剂。

1)卤化

NBS 即 N-溴代丁二酰亚胺,是一种温和的溴化试剂。

2)硝化

3）磺化

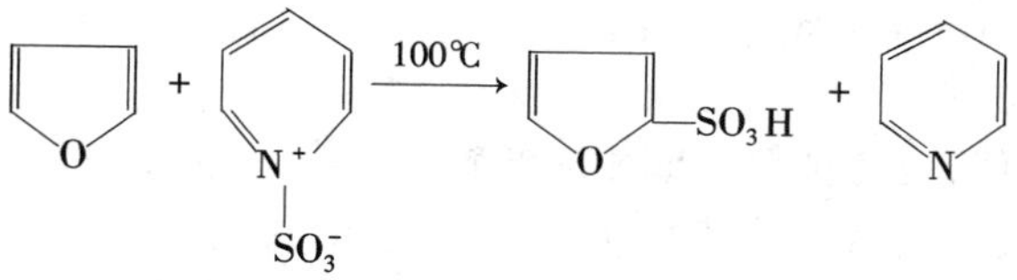

吡啶三氧化硫加成物

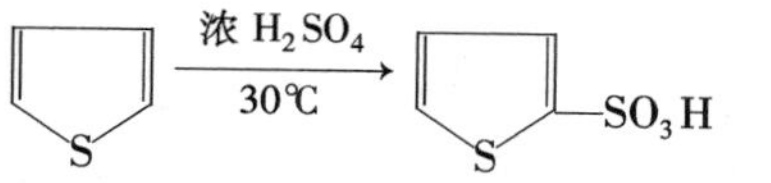

吡啶三氧化硫加成物是一种温和的磺化试剂。吡咯的磺化也通常采用这种试剂。α-噻吩磺酸溶于浓硫酸，因此利用上述反应可以从苯中除去噻吩。

4）付列德尔-克拉夫茨酰基化

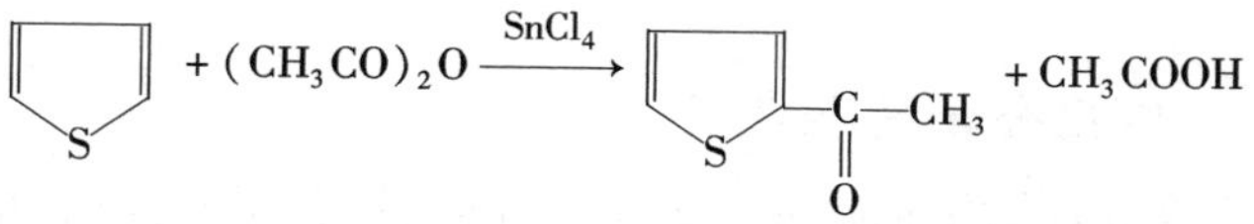

呋喃和噻吩进行此反应时，需用四氯化锡作催化剂，因为它较氯化铝温和；而吡咯进行酰基化时可以不用催化剂。

由上述反应可以看出，这些五元杂环化合物的亲电取代反应主要发生在 2 位（α 位）。

12.3.2　加成反应

利用催化加氢的方法，可使呋喃、吡咯和噻吩加氢生成相应的饱和杂环化合物。由于硫化物会使催化剂中毒，因而需要过量的催化剂，故很少用催化加氢法还原噻吩。

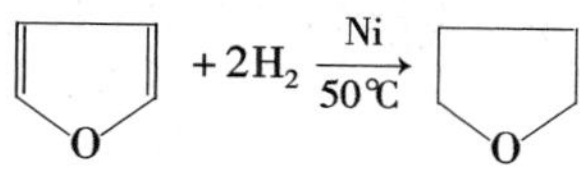

四氢呋喃

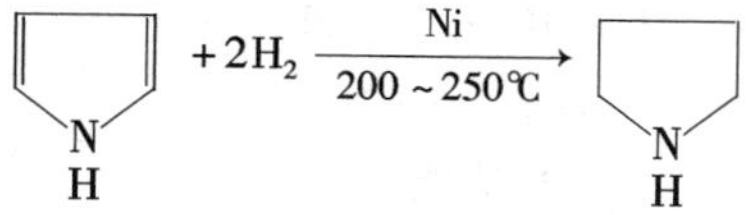

四氢吡咯

呋喃、吡咯和噻吩杂原子的未共用电子对与环上 π 电子形成共轭体系，很难再与质子结合，因此吡咯不显碱性，呋喃和噻吩也缺乏醚和硫醚的性质。然而它们的加氢产物，四氢吡咯则具有仲胺的性质，四氢呋喃和四氢噻吩具有醚和硫醚的典型性质。

四氢呋喃是良好的有机溶剂以及有机合成原料。例如，四氢呋喃通过下列反应生成己二酸和己二胺，它们是制备尼龙-66 的原料。

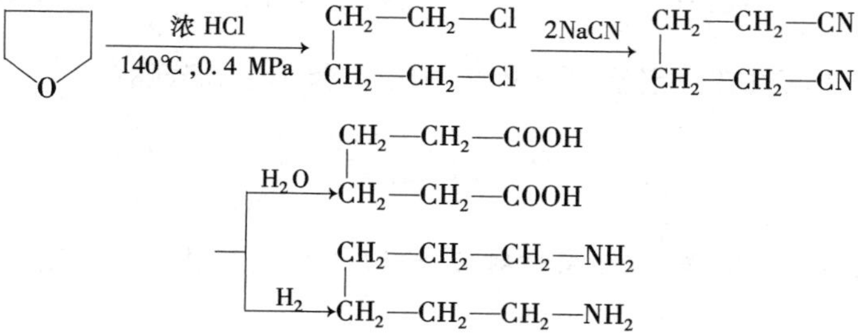

$$n\text{H}_2\text{N}(\text{CH}_2)_6\text{NH}_2 + n\text{HOOC}(\text{CH}_2)_4\text{COOH} \longrightarrow$$

$$\text{H}\overbrace{\left[\text{NH}(\text{CH}_2)_6\text{NHCO}(\text{CH}_2)_4\text{CO}\right]}_n\text{OH} + (2n-1)\text{H}_2\text{O}$$

尼龙-66

四氢噻吩与硫醚相似,也能被氧化成相应的砜(见第 11 章第 2 节)。

呋喃不仅容易进行加氢,由于其芳香性弱,还表现出共轭二烯的性质,容易进行双烯合成反应;而吡咯和噻吩则不易进行这种反应。例如,呋喃可以很容易与顺丁烯二酸酐发生 1,4-加成反应:

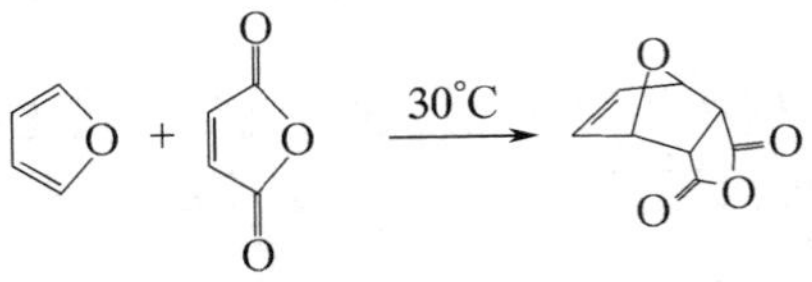

12.3.3 五元杂环化合物的颜色反应

呋喃、吡咯和噻吩能分别发生不同的颜色反应,利用这些特性反应,可用来分别检验它们的存在。其中,呋喃能使浸过盐酸的松木片显绿色;吡咯蒸气遇浸过盐酸的松木片显红色;噻吩与靛红在浓硫酸中一起加热则显出蓝色。

12.4 糠醛

呋喃甲醛俗称糠醛。它可由农副产品大麦壳、玉米芯、麦杆、高粱杆等水解得到。这些原料中含有戊醛糖(见 13 章碳水化合物)的高聚物——戊聚糖或多缩戊糖。戊聚糖用稀酸(如稀硫酸或盐酸)处理并加热,则解聚变为戊醛糖,然后再失水生成糠醛:

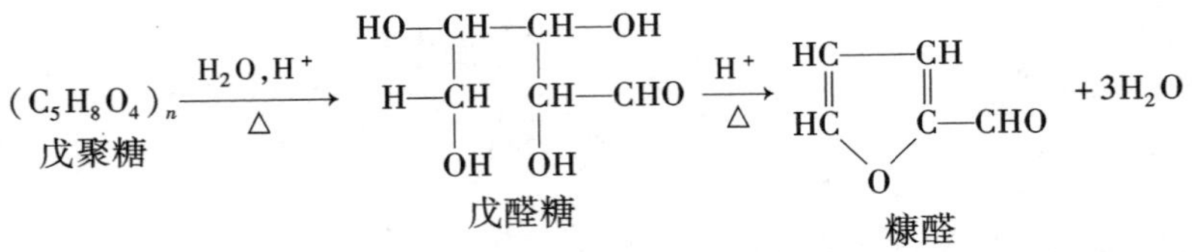

糠醛是无色液体,沸点 162℃。糠醛与苯胺在醋酸存在下能产生亮红色,此反应可用来检验糠醛的存在。

糠醛的化学性质与苯甲醛相似。例如,糠醛与浓碱作用也能发生康尼查罗反应(歧化反应),生成糠醇和糠酸钠盐:

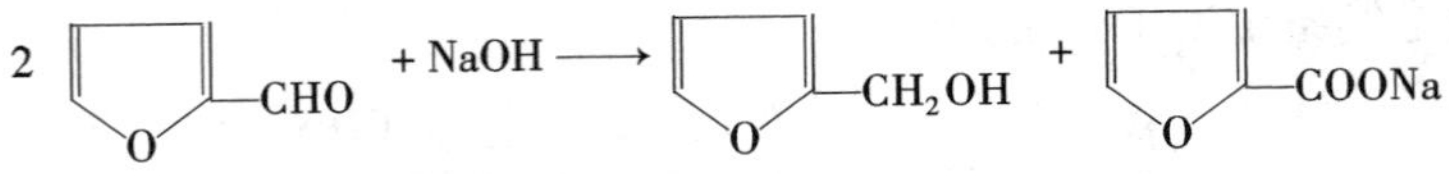

糠醛(蒸气)与水蒸气在一定条件下反应,则脱去羰基生成呋喃:

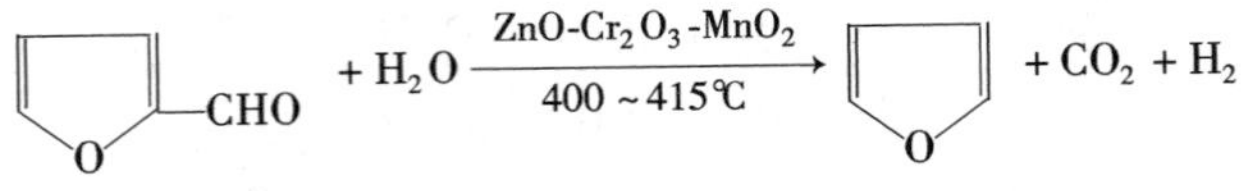

糠醛可用于制造合成树脂、电绝缘材料、药物以及其他产品。它也是一种优良溶剂,应用于石油工业中。

250

12.5 六元杂环化合物——吡啶和喹啉

12.5.1 吡啶的结构

在吡啶分子中,组成环的五个碳原子和一个氮原子处于同一平面上,每个原子均以 sp^2 杂化轨道和两个相邻原子的 sp^2 杂化轨道彼此交盖形成 σ 键。环上每个原子还各有一个 p 轨道,它们垂直于环的平面,且相互平行,在侧面相互交盖构成闭合的分子轨道。环上每个原子的 p 轨道均有一个 p 电子,组成闭合的六电子 π 体系。其 π 电子数符合休克尔 $4n+2$ ($n=1$) 规则,故吡啶具有芳香性,是一个典型的芳香族杂环化合物。在吡啶的氮原子上还有一对未共用电子,它们是在 sp^2 杂化轨道上,不参与 π 体系。结构如图 12-3 所示。

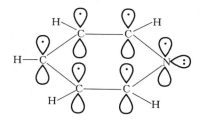

图 12-3 吡啶的轨道结构

吡啶与苯不同。由于氮原子的电负性较强,吡啶环上的电子云密度不是平均分布的,氮原子的作用相当于一个第二类定位基,如硝基,故吡啶类似于硝基苯。

12.5.2 吡啶的性质

吡啶是具有特殊臭味的无色液体,沸点115℃,可与水、乙醇、乙醚等混溶。吡啶是一种很好的溶剂,能溶解多种有机物和无机盐。

1)吡啶氮原子上的反应

与吡咯不同,由于吡啶氮原子上的未共用电子对未参与 π 体系,可与质子结合而显碱性。吡啶的碱性($pK_b=8.8$)比吡咯($pK_b=13.6$)和苯胺($pK_b=9.3$)强,但比脂肪胺(如 CH_3NH_2 的$pK_b=3.36$)弱得多。

吡啶能与质子酸生成盐。例如:

$$\text{N} + HCl \longrightarrow \text{N}^+HCl^-$$

常利用吡啶吸收反应中生成的酸,因而被称为缚酸剂。

吡啶也能与三氧化硫作用生成加成物:

$$\text{N} + SO_3 \longrightarrow \text{N}^+\text{—}SO_3^-$$

正如在五元杂环化合物中提到的,吡啶三氧化硫加成物是温和的磺化剂,可用来磺化对强酸不稳定的化合物。

吡啶氮原子上的未共用电子对也能与烷基结合,生成相当于季铵盐的吡啶鎓盐。

$$\text{N} + C_{16}H_{33}Br \xrightarrow{140\sim150℃} \text{N}^+\text{—}C_{16}H_{33}Br^-$$
$$\text{(或Cl)} \qquad\qquad (Cl^-)$$

这是一种阳离子型表面活性剂,一般用作助染剂或杀菌剂,最大用途是纤维用疏水剂。

2)吡啶环上的取代反应

在吡啶分子中,由于氮原子的电负性比碳原子强,使环上碳原子的电子云密度降低,其中

尤以 α 位的电子云密度降低最多，β 位次之。因此，亲电取代反应比较容易发生在 β 位；而亲核取代反应则容易发生在 α 位。例如，吡啶与溴化、硝化和磺化试剂作用，发生亲电取代反应，生成相应的 β 取代产物。

卤化

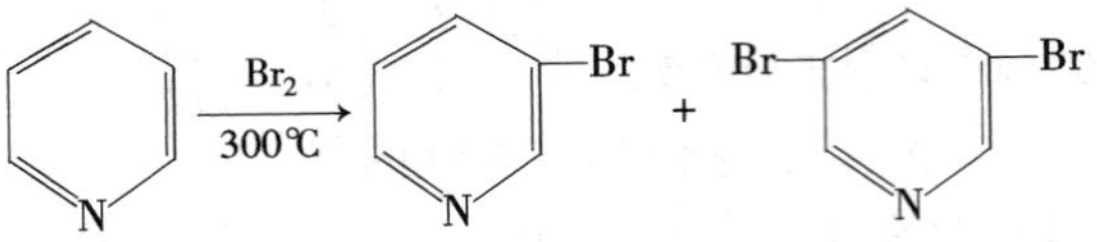

硝化

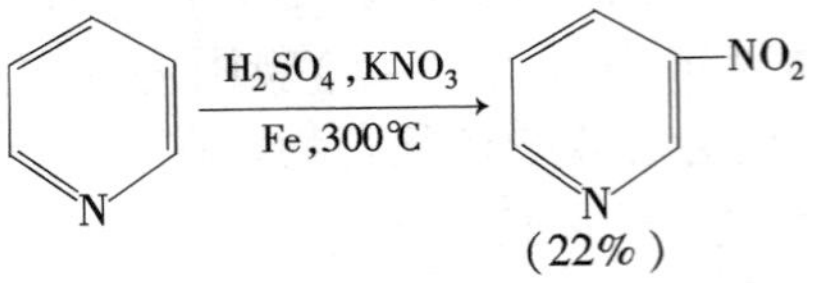

磺化

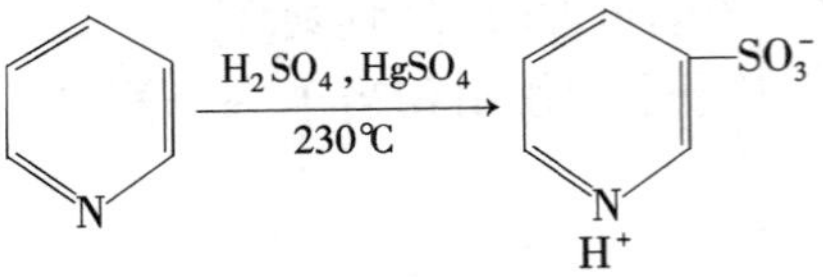

当吡啶与氨基钠和苯基锂等亲核试剂作用，则发生亲核取代反应，生成相应的 α 取代物。

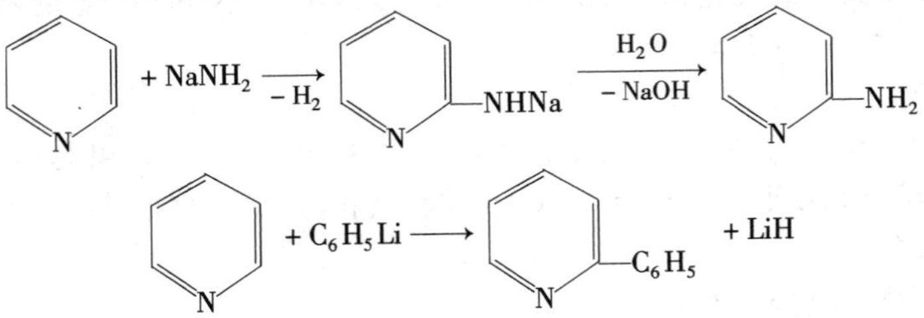

3）加氢

在催化剂的作用下，吡啶加氢生成饱和的六氢吡啶（哌啶）：

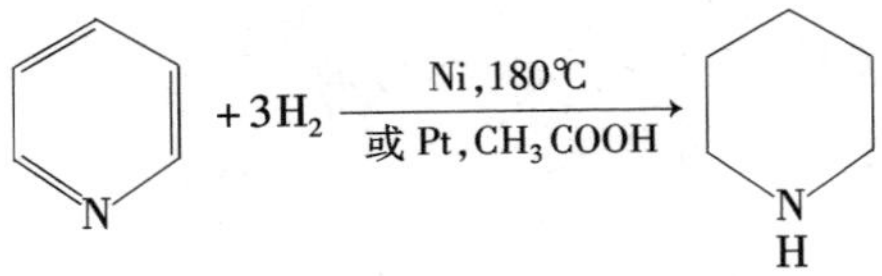

六氢吡啶

吡啶加氢比苯容易，产物六氢吡啶有胡椒的气味，沸点 106℃，能溶于水、乙醇和乙醚等溶剂，是一种强的有机碱（仲胺）。它被用于制造药物和其他有机物，还可用作环氧树脂的熟化剂。

12.5.3 喹啉

喹啉是具有特殊气味的无色油状液体，沸点 238℃，难溶于水，易溶于乙醇、乙醚等有机溶剂。

喹啉分子是由一个苯环和一个吡啶环稠合而成，故与苯和吡啶相似，能发生多种反应。

1）取代反应

喹啉既可以发生亲电取代反应，也可以发生亲核取代反应。其亲电取代反应一般发生在苯环上；而亲核取代则发生在吡啶环上。例如：

252

亲电取代

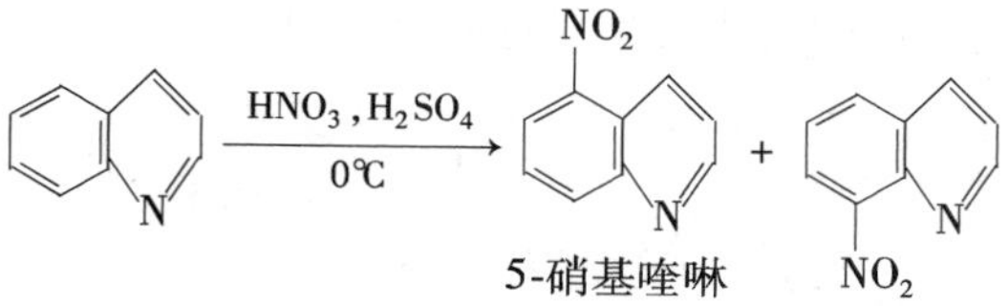

5-硝基喹啉 + 8-硝基喹啉

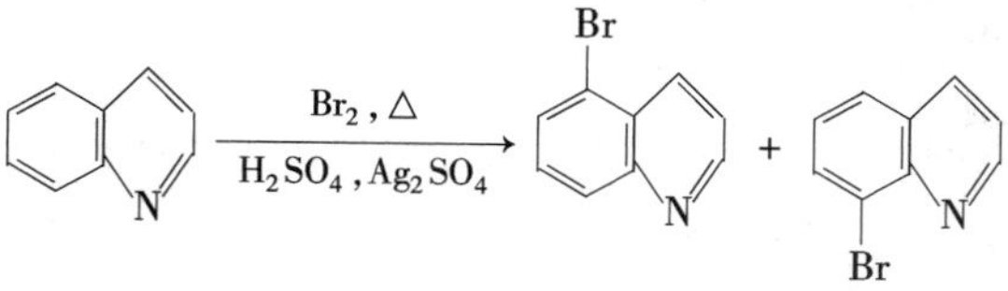

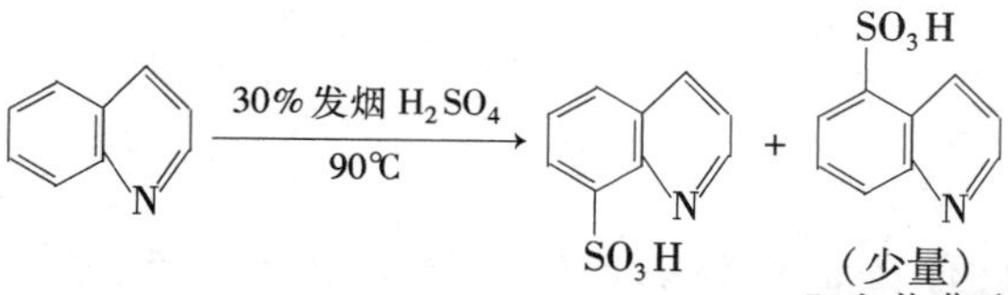

8-喹啉磺酸 + （少量）5-喹啉磺酸

亲核取代

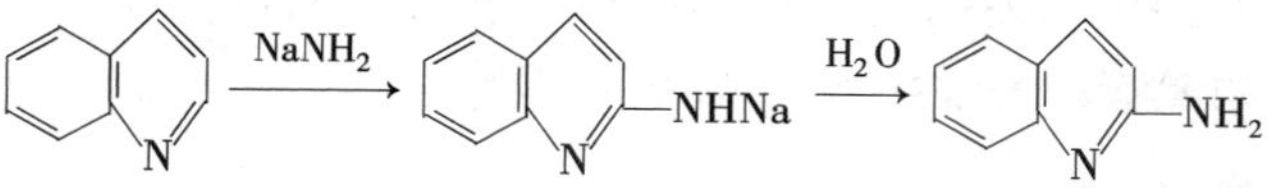

2-氨基喹啉

2）氧化反应

喹啉氧化时，苯环发生破裂，最后生成 β-吡啶甲酸（烟酸）。

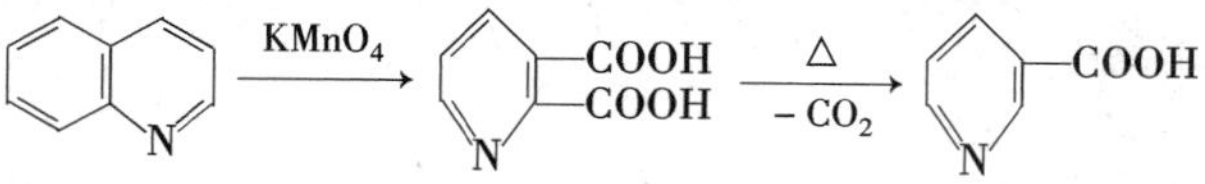

2,3-吡啶二甲酸 → β-吡啶甲酸

12.6 生物碱

生物碱是一类主要存在于植物中具有显著生理效应的碱性含氮有机化合物。分子中的氮原子多数以杂环形式存在，如吡啶、喹啉等，其中大多数是结构复杂的多环杂环化合物，它们多与有机酸（如乳酸、柠檬酸、苹果酸、酒石酸、草酸等）结合成盐而存在于植物体内。

很多生物碱对人有很强的生理作用，因此可以作为药用。例如吗啡是一种使用较早的镇痛剂。我国使用的中草药中，其有效成分许多是生物碱，如麻黄、甘草、黄连等。然而，有些生物碱具有很强的毒性，少量即可致死，应引起足够重视。例如马钱子碱，白鼠口服最低致死量为 5 mg/kg。

生物碱大多数是固体，难溶于水，能溶于乙醇等有机溶剂。大部分生物碱还具有旋光性。现举几例如下。

12.6.1 烟碱

烟碱又称尼古丁，存在于烟叶中。分子中含有吡啶环，是微黄色液体，沸点 246℃，溶于水。分子中有一个手性碳原子，有旋光性，天然烟碱是左旋的。它有毒，40 mg 能使人致死。少量有兴奋中枢神经、升高血压的作用；量大则能抑制中枢神经系统，使心脏麻痹致死，因此不能作药用。烟碱(一般是其硫酸盐)可用作农业杀虫剂,杀灭蚜虫、蓟马、木虱等,但对人畜毒性大,使用时防止接触或吸入。烟碱氧化可生成烟酸:

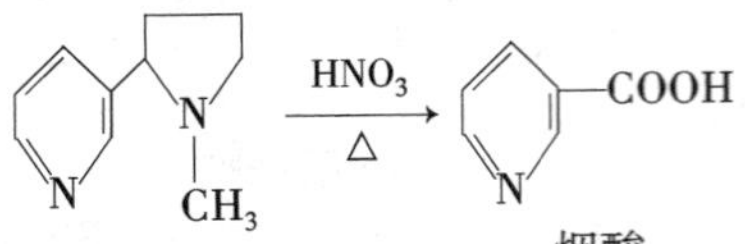

烟碱 → 烟酸

12.6.2　奎宁

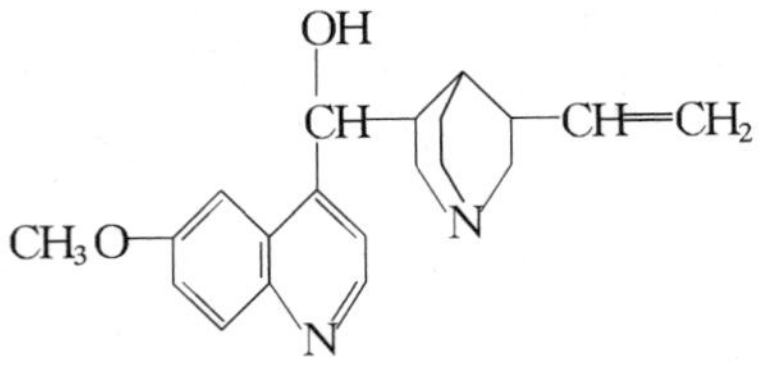

奎宁 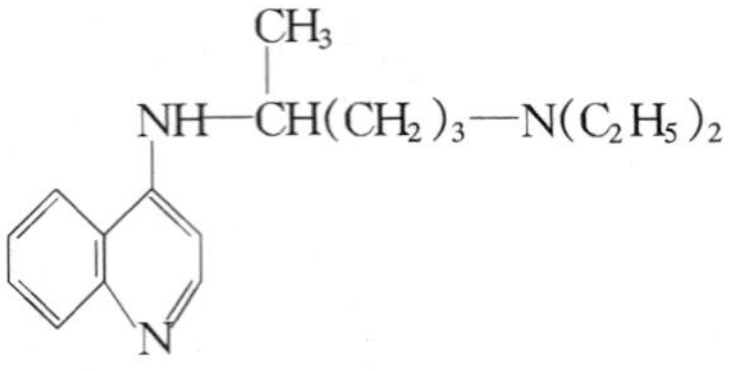　　　　　　　　　　　氯喹

奎宁又称金鸡纳碱,存在于金鸡纳树中。分子中含有喹啉环。它是针状结晶,熔点177℃,微溶于水,易溶于乙醇和乙醚等有机溶剂。奎宁是最早使用的一种抗疟药,自20世纪30年代后,由于安全高效的合成抗疟药如氯喹、氨酚喹等的问世,已不作为首选抗疟药,而被氯喹等代替。但若是耐氯喹的恶性疟疾,仍需使用奎宁。

12.6.3　咖啡碱

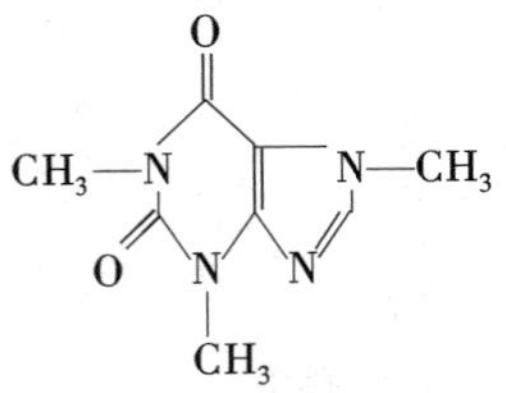

咖啡碱　　　　　　　　可可碱　　　　　　　　茶碱
(1,3,7-三甲基黄嘌呤)　(3,7-二甲基黄嘌呤)　(1,3-二甲基黄嘌呤)

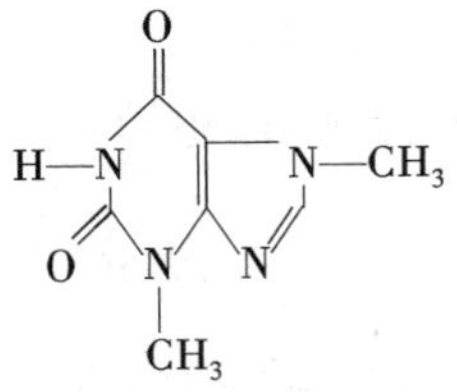

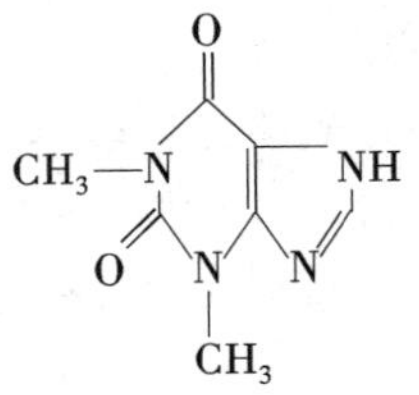

咖啡碱又称咖啡因,存在于咖啡、茶叶等中。分子中含有嘌呤环,属黄嘌呤类。咖啡碱为白色针状晶体,能溶于热水,对中枢神经兴奋作用较强,主要用作中枢兴奋药。咖啡碱对大脑皮层有选择性兴奋作用,因此咖啡和茶叶早已成为兴奋性饮料。可可碱存在于可可豆和茶叶等中,其生理作用与咖啡碱相似。茶碱少量存在于茶叶中,除了对中框神经有兴奋作用外,还有很强的利尿作用。

小　结

（一）五元杂环化合物

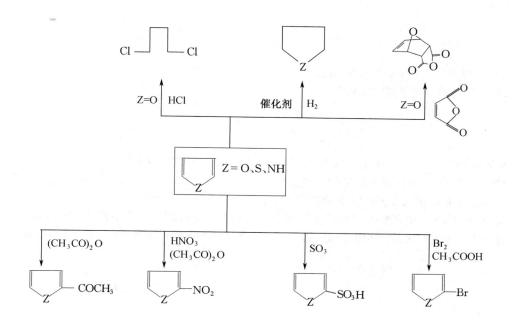

（二）吡啶

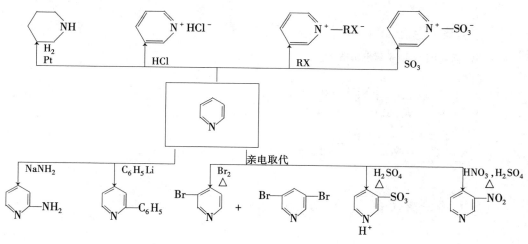

例　题

（一）写出 β-噻吩甲酸的一溴化产物。

解：首先写出 β-噻吩甲酸的构造式：

255

已知噻吩及其衍生物的溴化是亲电取代反应,亲电试剂主要进攻噻吩的 α 位。由 β-噻吩甲酸的构造式可以看出,噻吩的两个 α 位都是空着的,哪一个 α 位似乎均可被取代。但由于羧基吸引电子的结果,使距离羧基最近的 α 位上的电子云密度降低较多,因此溴进攻没有羧基一侧的 α 位,生成 α'-溴(代)-β-噻吩甲酸(5-溴-3-噻吩甲酸),即

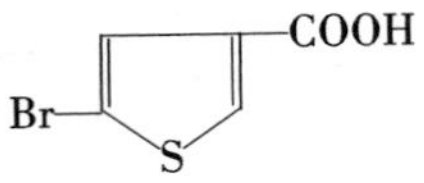

(二)由呋喃合成 5-硝基-2-呋喃甲酸。

解:首先写出原料和产物的构造式:

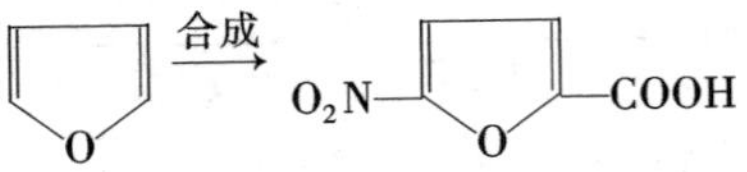

从原料和产物对比可以看出,在呋喃的 α 位和 α' 位分别引入硝基和羧基即可得到产物。由于呋喃遇强酸易树脂化,故不能先用混酸或硝酸硝化,需在很温和的条件下进行。通常在低温下进行,且先生成加成物,慢慢升温后再消除,才得到产物,反应较难。因此,可以考虑先引入一个第二类定位基使呋喃环钝化,然后再硝化,但要求该第二类定位基不仅应容易引入,而且要容易转变成羧基。由于直接引入羧基困难,可先引入乙酰基,然后用硝酸硝化,最后用次氯酸钠氧化(强氧化剂将破坏呋喃环)即得产物。其合成路线如下:

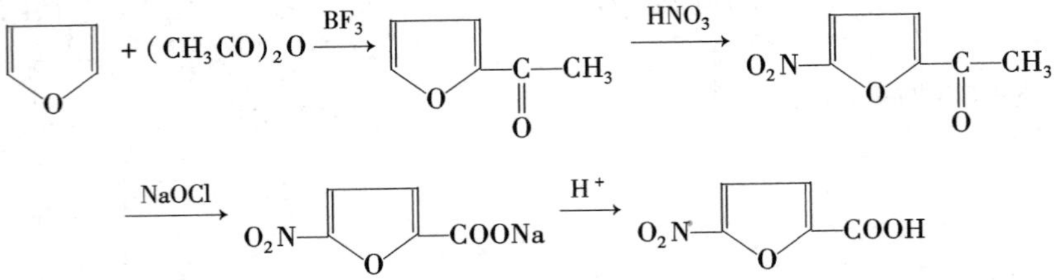

习　题

(一)命名下列化合物或写出构造式:

(1)

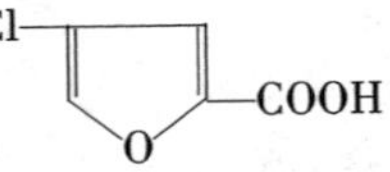

(2)

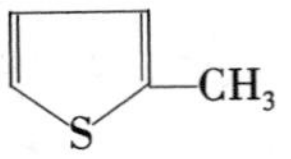

(3)

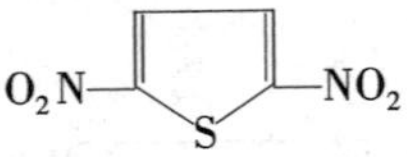

(4)

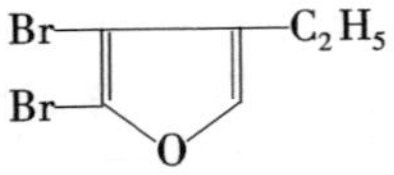

(5)

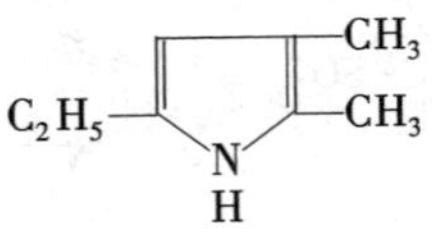

(6)

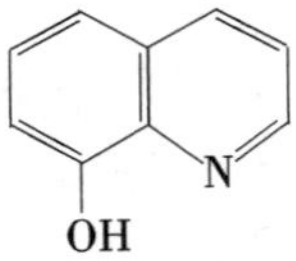

(7)

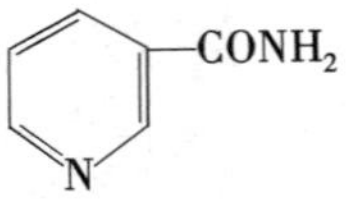

(8)

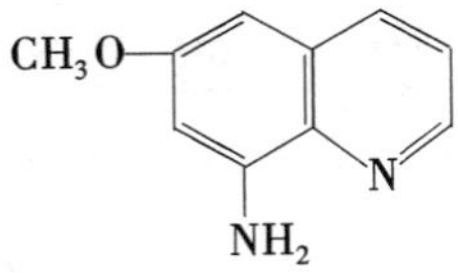

(9)α-苯基噻吩

(10)2-氨基吡啶

(11)α-呋喃甲醇

(12)糠酸

(13)烟酸

(14)溴化-N-甲基吡啶

（二）完成下列反应式：

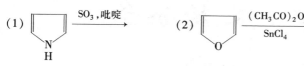

(1) 吡咯 $\xrightarrow{\text{SO}_3,\text{吡啶}}$

(2) 呋喃 $\xrightarrow[\text{SnCl}_4]{(\text{CH}_3\text{CO})_2\text{O}}$

(3) 吡啶 $\xrightarrow{\text{CH}_3\text{I}}$

(4) 甲氧基噻吩(—OCH$_3$) $\xrightarrow[\text{H}_2\text{SO}_4]{\text{HNO}_3}$

(5) 乙酰基噻吩 $\xrightarrow[\text{H}_2\text{SO}_4]{\text{HNO}_3}$

(6) 吡啶 $\xrightarrow[\text{AlCl}_3]{\text{CH}_3\text{COCl}}$

(7) 噻吩 $\xrightarrow[\text{CH}_3\text{COOH}]{\text{Br}_2(1\,\text{mol})}$? $\xrightarrow[\text{干醚}]{\text{Mg}}$? $\xrightarrow[\text{②H}^+,\text{H}_2\text{O}]{\text{①CO}_2}$?

(8) 吡啶 $\xrightarrow[\text{H}_2\text{SO}_4]{\text{HNO}_3}$? $\xrightarrow{\text{Fe},\text{HCl}}$? $\xrightarrow[\text{HCl}]{\text{NaNO}_2}$? $\xrightarrow[\text{稀 NaOH}]{\text{C}_6\text{H}_5\text{OH}}$

（三）判断下列反应是否正确？如有错误，请改正。

(1) 呋喃 + 顺丁烯二酸酐 $\xrightarrow{\text{KMnO}_4,\text{H}_2\text{SO}_4}$ （桥环酸酐）

(2) 喹啉 $\xrightarrow{\text{HNO}_3,\text{H}_2\text{SO}_4}$ 3-硝基喹啉(—NO$_2$)

（四）将下列化合物按碱性由强到弱排列成序：

(1) 吡咯、吡啶、哌啶

(2) 甲胺、苯胺、吡咯、吡啶、氨

（五）用化学方法区别下列各组化合物：

(1) 噻吩和苯　　　　(2) 呋喃和四氢呋喃

(3) 吡咯和吡啶

（六）由指定原料合成下列化合物：

(1) 3-甲基吡啶(—CH$_3$) $\xrightarrow{\text{合成}}$ 3-（N,N-二乙基甲酰胺基）吡啶 —C(=O)—N(C$_2$H$_5$)$_2$

(2) 噻吩 $\xrightarrow{\text{合成}}$ 2-噻吩甲酸(—COOH)

257

第13章 生物分子

第1节 类脂化合物

油脂、蜡、磷脂、萜类和甾族化合物等天然产物,不溶于水而溶于有机溶剂,这一性质与油脂相似,被称为类脂,但这些化合物在结构和性质上差异较大。许多生物化学家则倾向于认为:水解时能生成脂肪酸的天然产物,如油脂、蜡、磷脂等,称为类脂。类脂与碳水化合物和蛋白质相似,也是维持生命活动不可缺少的物质。

本节只简单介绍油脂、磷脂和蜡。

13.1 油脂

油脂是油和脂肪的总称。常温下是固体或半固体的称为脂肪,有时简称脂,如可可脂等;常温下是液体的称为油,如花生油、豆油等。这两个名词在使用时并无严格区别,例如,猪油、牛油和羊油是脂肪而不是油,鱼脂在常温下是液体而不是固体等。一般来自动物的多数是脂肪,而来自植物的多数是油。油脂广泛存在于动植物中。

13.1.1 油脂的组成

油脂的主要成分是直链高级脂肪酸的甘油脂。由于甘油是三元醇,可以和三个相同的脂肪酸生成酯,称为简单甘油酯或甘油同酸酯;也可以和不同的脂肪酸生成酯,称为混合甘油酯或甘油混酸酯。例如:

$$
\begin{array}{ll}
CH_2OCO(CH_2)_{14}CH_3 & CH_2OCO(CH_2)_{14}CH_3 \\
CHOCO(CH_2)_{14}CH_3 & CHOCO(CH_2)_{16}CH_3 \\
CH_2OCO(CH_2)_{14}CH_3 & CH_2OCO(CH_2)_7CH\!=\!CH(CH_2)_7CH_3
\end{array}
$$

$$\text{简单甘油酯} \qquad\qquad \text{混合甘油酯}$$

油脂是简单甘油酯和混合甘油酯的混合物。三个脂肪酸可以相同,也可以不同;可以是饱和的,也可以是不饱和的。它们主要是含偶数碳原子的直链羧酸。其中常见的饱和羧酸有:

十二酸(月桂酸) $CH_3(CH_2)_{10}COOH$

十四酸(豆蔻酸) $CH_3(CH_2)_{12}COOH$

十六酸(软脂酸) $CH_3(CH_2)_{14}COOH$

十八酸(硬脂酸) $CH_3(CH_2)_{16}COOH$

常见的不饱和酸有:

顺-9-十八碳烯酸(油酸) $CH_3(CH_2)_7CH\!=\!CH(CH_2)_7COOH$

顺,顺-9,12-十八碳二烯酸(亚油酸) $CH_3(CH_2)_4CH\!=\!CHCH_2CH\!=\!CH(CH_2)_7COOH$

顺,顺,顺-9,12,15-十八碳三烯酸(亚麻酸)

$$CH_3CH_2CH\!=\!CHCH_2CH\!=\!CHCH_2CH\!=\!CH(CH_2)_7COOH$$

在甘油三羧酸酯中,若三个羧酸都是饱和的,由于分子的形状较为规整,分子间排列较紧密,因而熔点较高。如果其中有一个是不饱和酸,由于烯键部分一般是顺式构型,分子的形状不规整,分子之间很难紧密排列,故熔点较低。常温下为液体的油,分子中含有较多的不饱和酸,若将这种油进行部分催化加氢,则得到固体的人造脂肪(如人造黄油)。

13.1.2 油脂的性质

油脂的相对密度小于1,不溶于水,溶于有机溶剂,如乙醚、丙酮、苯和氯仿等。天然油脂由于都是混合物,故无固定的熔点和沸点。

1)水解

油脂与强碱的水溶液一起加热,则水解生成甘油和脂肪酸盐。因高级脂肪酸的钠盐被用作肥皂(见第11章第4节),该反应也称为皂化反应(简称皂化)。

$$
\begin{array}{c}
R_1-\overset{O}{\overset{\|}{C}}-O-CH_2 \\
R_2-\overset{O}{\overset{\|}{C}}-O-CH \\
R_3-\overset{O}{\overset{\|}{C}}-O-CH_2
\end{array}
+3NaOH \longrightarrow
\begin{array}{c}
R_1-\overset{O}{\overset{\|}{C}}-ONa \\
R_2-\overset{O}{\overset{\|}{C}}-ONa \\
R_3-\overset{O}{\overset{\|}{C}}-ONa
\end{array}
+
\begin{array}{c}
HO-CH_2 \\
HO-CH \\
HO-CH_2
\end{array}
$$

油脂   脂肪酸钠   甘油

检验油脂质量的一项指标是皂化值。皂化值是皂化1 g油脂所需氢氧化钾的质量(mg)。一般说来,油脂中的游离脂肪酸多,或形成油脂的脂肪酸相对分子质量小,皂化值高。

2)酸败

油脂放置过久,受空气中的氧气或微生物的作用,经一系列变化,部分生成相对分子质量较小的脂肪酸、脂肪醛(如庚醛、壬醛等),产生难闻的气味。这种现象称为酸败或发酵,俗称哈喇。油脂分子中含有碳碳双键时,更易发生酸败,湿气、热和光对酸败都有促进作用。酸败的油脂不宜食用。为了防止或延缓酸败的发生,商品食用油中常添加少量的二六四(见7.8.2.4)。

3)碘值

油脂的不饱和程度通常可用碘值大小来衡量。碘值是指100 g油脂(或其他样品)所吸收碘的质量(g)。碘值越大,油脂的不饱和程度越大;反之,碘值越小,油脂的不饱和程度越小。例如,大豆油的碘值是124~136,奶油的碘值是26~45,说明大豆油的不饱和程度比奶油大。

4)干性油

在空气中于室温下能干燥结成固体薄膜的油类,称为干性油。分子中含有较多的具有三个碳碳双键的脂肪酸,碘值一般在130以上,例如桐油、亚麻油等。它们用于制造油漆、油墨、油毡和油布等。

在空气中加热后才能干燥形成固体薄膜的油类,称为半干性油。分子中主要含有两个碳碳双键的脂肪酸,碘值在100~130,例如豆油、棉子油等。它们可用作食用油,也用于制造肥皂、油漆等。

在空气中即使在较高温度也不干燥形成固体薄膜的油类,称为非干性油。分子中脂肪酸的不饱和程度较低,只有少量双键数大于1,碘值在100以下,例如,蓖麻油、椰子油等。它们可用作食用油和润滑油,也用于肥皂和医药等工业中。

5)氢化

含有不饱和脂肪酸的油脂,可在镍或镍合金等催化剂作用下进行加氢,使之转化成含有饱和脂肪酸的油脂。液态的油经催化加氢转化成固体或半固体的脂肪,称为油脂的硬化。形成的固体或半固体脂肪,称为硬化油或氢化油。

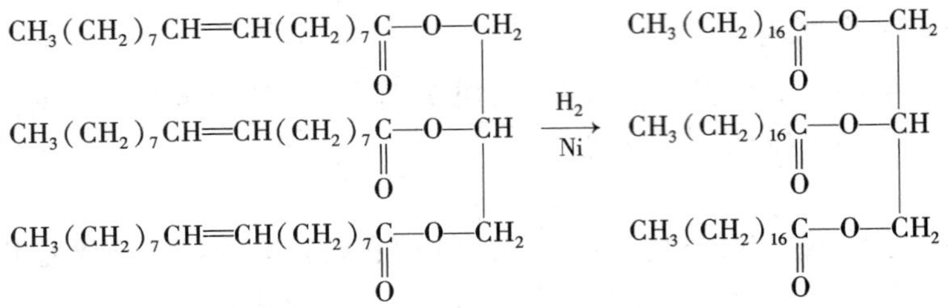

甘油三油酸酯（熔点 -4℃）　　甘油三硬脂酸酯（熔点71℃）

硬化油能保存较长时间，且不易酸败，在工业上有广泛用途，如用于食品、肥皂和脂肪酸等工业。

13.2　磷脂

磷脂是含磷的类脂化合物，广泛存在于动物和植物体内，如存在动物的脑、肝和蛋黄以及大豆等植物的种子中。例如，卵磷脂、脑磷脂等，其构造式如下：

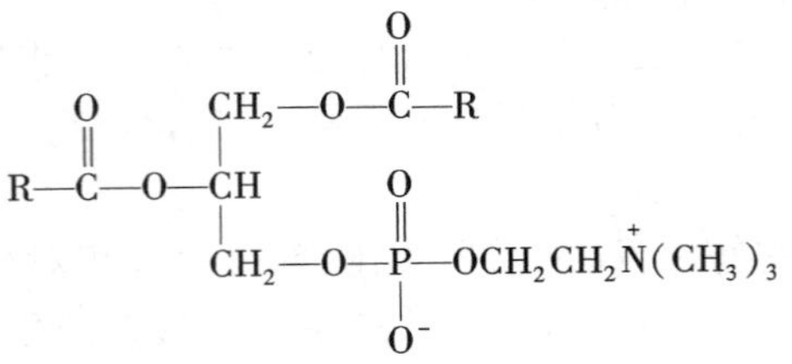

卵磷脂

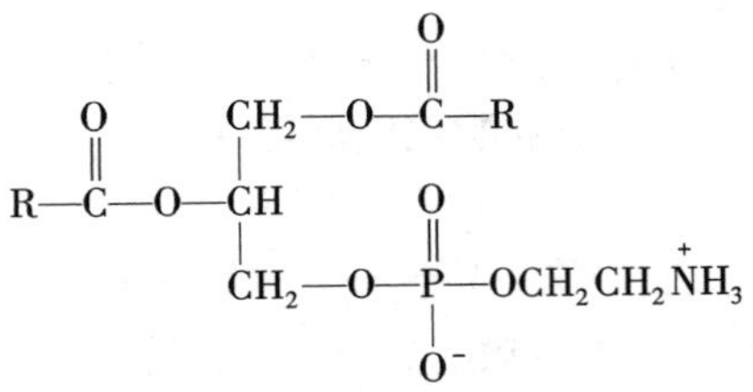

脑磷脂

卵磷脂主要存在于蛋黄中，脑磷脂主要存在于动物的脑中。上式中的 R 代表硬脂酸和软脂酸的烃基；R′代表不饱和脂肪酸的烃基。

磷脂是由脂肪酸、甘油、磷酸以及含醇羟基的化合物形成的酯。其中脂肪酸通常是软脂酸、硬脂酸、亚油酸和油酸等；含有醇羟基的化合物通常是氨基乙醇（乙醇胺）、胆碱、丝氨酸和肌醇等。

磷脂与油脂不同，它是二羧酸甘油磷酸酯，分子中既带正电荷，也带负电荷，是以偶极离子的形式存在，这一部分是亲水部分；另一部分则是长链的烃基，是疏水部分。磷脂的这种结构特点，使之成为生物膜的主要成分。生物膜在细胞吸收外界物质和分泌代谢产物的过程中起着重要的作用。由此可见，磷脂具有重要的生理功能。

13.3　蜡

蜡广泛存在于自然界，按来源分类可分为：植物蜡，如米糠蜡、巴西棕榈蜡等；动物蜡，如虫蜡、鲸蜡等；矿物蜡，如石蜡。与前两者不同，石蜡是含 20 ~ 30 个碳原子的高级烷烃的混合物。植物蜡和动物蜡是一种酯，其主要成分是高级脂肪酸和高级一元醇形成的酯。例如，从米糠油中提取到的米糠蜡，其主要成分是蜡酸蜂酯（蜡酸是正二十六酸，蜂花醇为正三十醇和正三十二醇的混合物）和蜡酸蜡酯（醋醇是正二十六醇）；从蜜蜂的蜂巢中得到的蜂蜡，主要含有正十六酸蜂酯（约 75%），其次是正二十六酸蜂酯（约 10%）和石蜡（约 15%）；从抹香鲸头部提取的鲸蜡，主要成分是软脂酸鲸蜡酯（鲸蜡醇为正十六醇）。它们的构造式为：

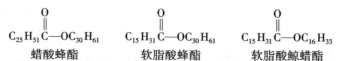

蜡酸蜂酯　　　　　软脂酸蜂酯　　　　软脂酸鲸蜡酯

蜡主要用于制造蜡烛、蜡纸、香脂、软膏、化妆品、上光剂、鞋油等。蜡经水解,可制备相应的醇和酸。

第 2 节　碳水化合物

碳水化合物也称为糖,是由碳、氢、氧三种元素组成的。人们最初发现,这类化合物除碳原子外,氢原子数与氧原子数之比为 2:1,与水相同,故将这类化合物统称为碳水化合物。后来发现:这类化合物并非完全符合这一规律;这类化合物中的个别化合物(如鼠李糖,$C_6H_{12}O_5$、2-脱氧核糖 $C_5H_{10}O_4$)分子中的氢和氧原子数之比不是 2:1;一些非碳水化合物(如醋酸,$C_2H_4O_2$)分子中的氢和氧原子数之比也是 2:1,但结构和性质与碳水化合物不同。由于该名词应用已久,现仍在使用。从结构上看,碳水化合物是多羟基醛或多羟基酮,以及能水解生成多羟基醛或多羟基酮的一类化合物。

碳水化合物广泛存在于自然界,是绿色植物光合作用的主要产物。它是生物的主要能量来源,植物细胞壁的"建筑材料",也是工业原料之一。

13.4　碳水化合物分类

按分子的大小分类,碳水化合物可分为三大类。

(1)单糖,不能水解成更小分子的多羟基醛或多羟基酮,如葡萄糖和果糖等。

(2)低聚糖,能水解成二个、三个或几个分子单糖的碳水化合物,也称为寡糖。其中最重要的是二糖,例如蔗糖、麦芽糖和纤维二糖等。

(3)多糖,水解后能生成较多分子单糖的碳水化合物,如淀粉和纤维素等。

13.5　单糖

按分子中所含碳原子的数目,单糖可分为丙糖、丁糖、戊糖和己糖等。分子中含有醛基的叫醛糖,含有酮基的叫酮糖。自然界所发现的单糖,主要是戊糖和己糖。其中最重要的戊糖是核糖和脱氧核糖,己糖是葡萄糖和果糖。

13.5.1　葡萄糖的结构

1)开链式结构

葡萄糖的分子式为 $C_6H_{12}O_6$。通过一系列实验证明,葡萄糖是一个五羟基己醛,属于己醛糖。己醛糖的构造式:

$$\underset{\underset{OH}{|}}{CH_2} - \overset{*}{\underset{\underset{OH}{|}}{CH}} - \overset{*}{\underset{\underset{OH}{|}}{CH}} - \overset{*}{\underset{\underset{OH}{|}}{CH}} - \overset{*}{\underset{\underset{OH}{|}}{CH}} - CHO$$

己醛糖分子中含有四个手性碳原子,因此,它具有 $2^4 = 16$ 个立体异构体。从自然界得到的葡萄糖是右旋的,它只是这 16 个异构体中之一。(+)-葡萄糖的构造式可用费歇尔投影式表示如下:

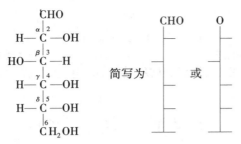

与其他单糖分子构型的命名一样,(+)-葡萄糖分子的构型通常仍采用 D,L 命名法(标记法):葡萄糖分子中距羰基最远的手性碳原子(第 5 个碳原子)与 D-(+)-甘油醛构型相同时,称为 D 型;与 L-(−)-甘油醛构型相同时,称为 L 型。(+)-葡萄糖分子的构型属于 D 型,称为 D-(+)-葡萄糖。从自然界得到的糖多为 D 构型。

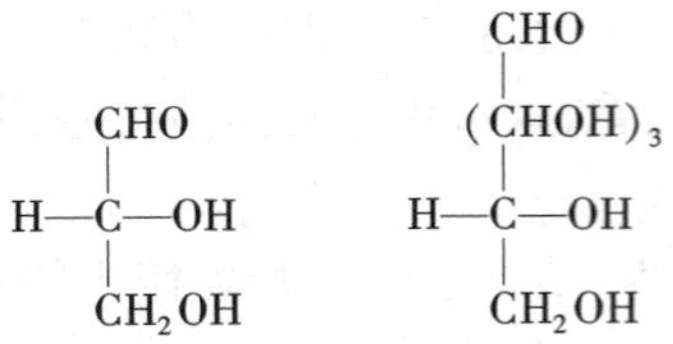

$$
\begin{array}{ccc}
\text{CHO} & & \text{CHO} \\
\text{H---C---OH} & & (\text{CHOH})_3 \\
| & & \text{H---C---OH} \\
\text{CH}_2\text{OH} & & \text{CH}_2\text{OH} \\
\text{D-(+)-甘油醛} & & \text{D-(+)-葡萄糖}
\end{array}
$$

问题 13-1 丁酮糖有几个立体异构体? 写出所有 D-型丁酮糖的费歇尔投影式。

2)氧环式结构

D-(+)-葡萄糖在水中于不同温度下结晶,或在不同溶剂中结晶,能得到两种晶体:一种熔点为 146℃, 比旋光度为 +112°;另一种熔点为 150℃, 比旋光度为 +19°。其中任何一种溶于水后,比旋光度都逐渐变成 +52.5°。像葡萄糖这样新配制的糖溶液,随着时间变化,比旋光度逐渐减小或增大,最后达到恒定值的现象,称为变旋光现象。

葡萄糖的开链式结构不能解释 D-(+)-葡萄糖具有变旋光现象。实际上,D-(+)-葡萄糖主要是以 δ-氧环式存在,即 δ-碳原子(第 5 个碳原子)上的羟基与醛基作用生成了环状半缩醛(见下页上图)。

式中的(Ⅰ)式是费歇尔投影式,(Ⅱ)式是哈沃斯(Haworth)式。哈沃斯式是用五元环或六元环平面来表示单糖氧环式中各原子在空间排布的构型式。

对比开链式和氧环式可以看出,氧环式比开链式多一个手性碳原子,因此有两个异构体存在。这个手性碳原子(半缩醛的碳原子)叫苷原子,它所连接的羟基(半缩醛的羟基)叫苷羟基。其中苷羟基与 C_5 上的羟甲基处在环的异侧者,称为 α-D-(+)-葡萄糖(Ⅱₐ);处于同侧者称为 β-D-(+)-葡萄糖(Ⅱ_b)。两者的差别,只是第一个手性碳原子的构型不同,其他手性碳原子的构型完全相同,它们是差向异构体(在具有两个或两个以上手性碳原子的立体异构体中,只有一个手性碳原子的构型相反而其他手性碳原子的构型相同者,称为差向异构体)。在糖类中,这种差向异构体称为异头物,苷原子称为异头碳。

δ-氧环式的骨架与吡喃(⬡)环相似,因此把具有六元环的糖类称为吡喃糖。同理,具有五元环结构的糖类称为呋喃糖。

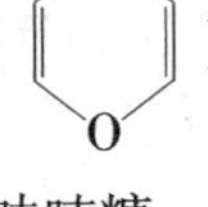

葡萄糖的 δ-氧环式是六元环,与环己烷相似,最稳定的构象是椅式构象(见下式)。在 β-D

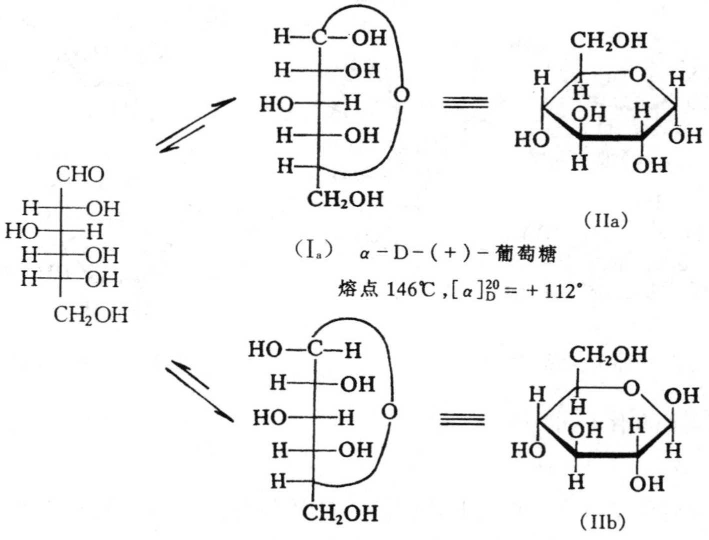

（Ⅰₐ） α－D－（＋）－葡萄糖

熔点 146℃，$[\alpha]_D^{20} = +112°$

（Ⅰᵦ） β－D－（＋）－葡萄糖

熔点 150℃，$[\alpha]_D^{20} = +19°$

-（＋）-葡萄糖分子中，所有大基团（ —CH_2OH 、—OH ）都处于平伏键上。而在 α-D-（＋）-葡萄糖分子中，则有一个羟基（苷羟基）处于直立键上。由于羟基处在平伏键上比处在直立键上的能量低，所以 β-D-（＋）-葡萄糖比 α-D-（＋）-葡萄糖稳定。在葡萄糖水溶液中，α-氧环式和 β-氧环式两种异构体通过开链式逐渐达到动态平衡，发生变旋光现象。由于 β-异构体较稳定，在平衡时 β-异构体约占 64%，α-异构体约占 36%，开链式极少（ <0.01% ）。

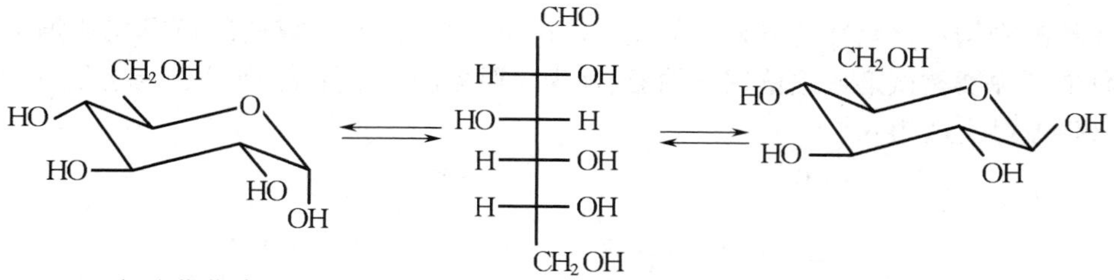

α-D-（＋）葡萄糖

$[\alpha]_D^{20} = +112°$

D-（＋）-葡萄糖

平衡混合物 $[\alpha]_D^{20} = +52.5°$

β-D-（＋）葡萄糖

$[\alpha]_D^{20} = +19°$

13.5.2 果糖的结构

果糖的分子式与葡萄糖一样，也是 $C_6H_{12}O_6$，但果糖属于己酮糖。己酮糖分子中有三个手性碳原子，因此有 $2^3 = 8$ 个立体异构体，D-（－）-果糖是其中之一。

D-（－）-果糖具有开链式和氧环式结构。游离的 D-（－）-果糖是 δ-氧环式结构，称为 D-（－）-吡喃果糖。构成蔗糖的果糖则是 γ-氧环式结构，称为 D-（－）-呋喃果糖。在水溶液中，开链式和氧环式处于动态平衡，所以也有变旋光现象。果糖的开链式以及吡喃果糖和呋喃果糖的结构式（哈沃斯式）如下所示：

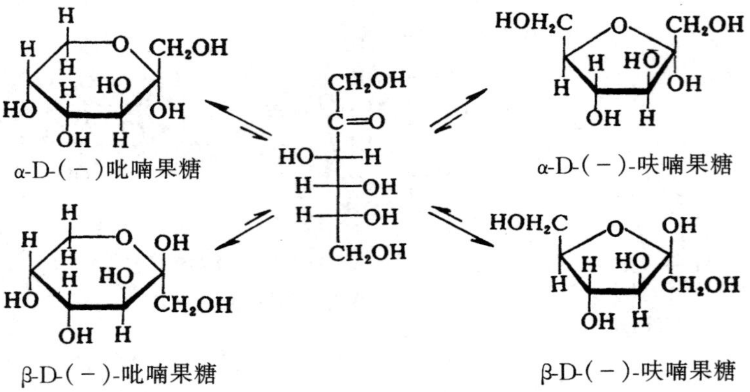

α-D-(−)吡喃果糖   β-D-(−)-吡喃果糖   α-D-(−)-呋喃果糖   β-D-(−)-呋喃果糖

13.5.3 单糖的化学性质

1)氧化

单糖可被多种氧化剂氧化,表现出还原性。所用氧化剂不同,氧化产物不同。醛糖能被弱氧化剂如溴水氧化生成糖酸,被强氧化剂硝酸氧化生成糖二酸。例如:

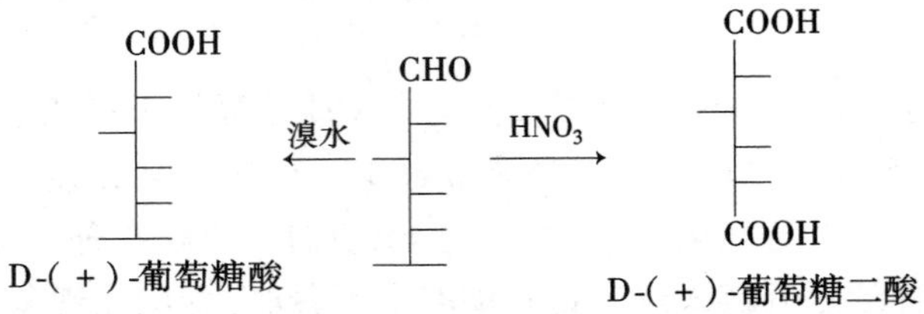

D-(+)-葡萄糖酸   D-(+)-葡萄糖二酸

酮糖比醛糖较难氧化。例如,果糖不被溴水氧化,用硝酸氧化则发生碳链断裂,生成碳原子较少的二元酸。由此可见,醛糖和酮糖虽然都含有羰基,但性质差别较大。

醛糖和酮糖均可被碱性的费林试剂或土伦试剂氧化,分别生成砖红色氧化亚铜沉淀或银镜。这种能还原费林试剂或土伦试剂的糖,称为还原糖。在工业上,葡萄糖与土伦试剂的反应用于在玻璃制品上镀银:

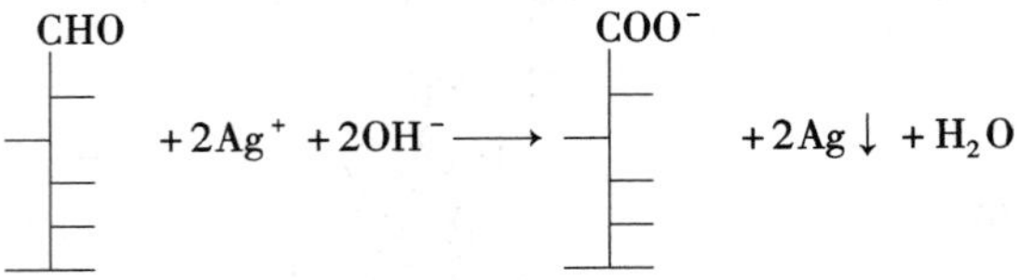

2)还原

与醛和酮的羰基相似,糖分子中的羰基也能被还原成羟基。例如,工业上采用催化加氢的方法,将 D-葡萄糖还原成山梨糖醇:

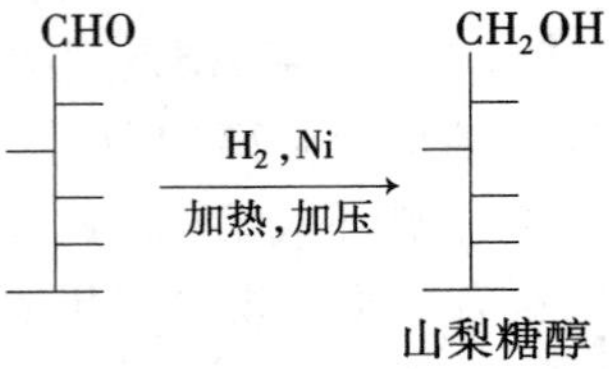

山梨糖醇

山梨糖醇主要用作合成维生素 C、树脂、表面活性剂和炸药等的原料,也用作牙膏和食物等的水分控制剂。

264

碳水化合物是维持人类生命的重要能量来源之一,但过量食用会造成肥胖并诱发心脑血管等疾病,现已证实,蔗糖及其他糖类的超量食用已经给人类健康带来了严重的威协。生物化学研究证明,糖进入人体后,其羰基与体内的酶结合,并在其催化下最终分解为二氧化碳和水,同时为生命过程提供能量。如果将糖分子中的羰基加氢还原,就可以制成相应的糖醇,糖醇是一类不被人体吸收的低卡(甚至零卡)的甜味剂。该种甜味剂由于口感酷似蔗糖,因而受到食品工业的青睐,常用的有木糖醇、甘露醇、麦芽糖醇以及异麦芽糖醇等。考虑到原料来源,加工生产等因素,目前使用量最大的是木糖醇,我国的产量已超过 2 000 吨/年,其合成方法为:

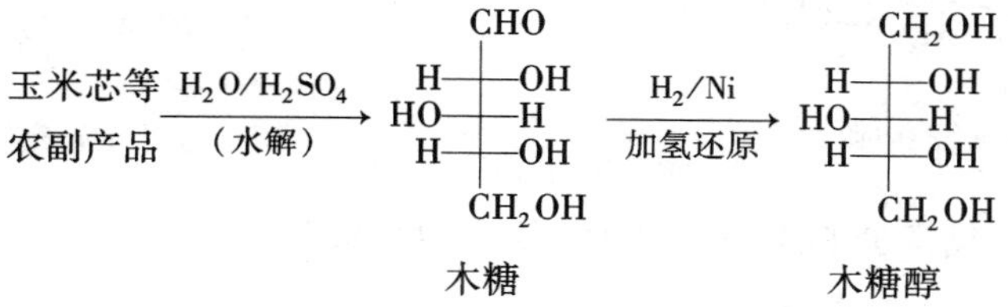

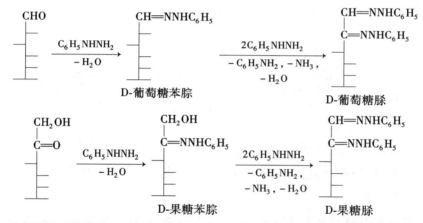

3)脎的生成

与醛和酮相似,醛糖和酮糖与苯肼反应也生成苯腙;但当苯肼过量时,则进一步反应生成脎,而醛和酮则不能。例如:

脎的生成只发生在 C_1 和 C_2 上,因此,只是 C_1 和 C_2 不同的糖。例如葡萄糖和果糖,将生成相同的脎,但生成脎和析出脎的时间是不同的。

糖脎是黄色难溶于水的晶体。不同的脎有不同的晶形。不同的糖一般生成不同的脎,即使生成相同的脎,由于生成和析出脎的时间不同,因此可以利用生成脎的反应鉴别糖。

4)苷的生成

在糖分子中,苷羟基上的氢原子被其他基团取代后的化合物称为配糖体或苷。苷的生成类似于由半缩醛(酮)转变成缩醛(酮)。例如,在氯化氢作用下,D-(+)-葡萄糖与甲醇作用,生成 D-(+)-甲基葡萄糖苷。

从结构上看,苷是缩醛(酮),比较稳定。糖形成苷后,苷羟基(半缩醛的羟基或半缩酮的羟基)已不存在,因此,不能再转变成开链式,α 型和 β 型之间也不能再相互转变,从而使得单糖的一些特性(如还原性、成脎)和变旋光现象等不复存在。但在稀酸或酶的作用下,甲基葡萄糖苷等容易水解生成原来的糖和甲醇。

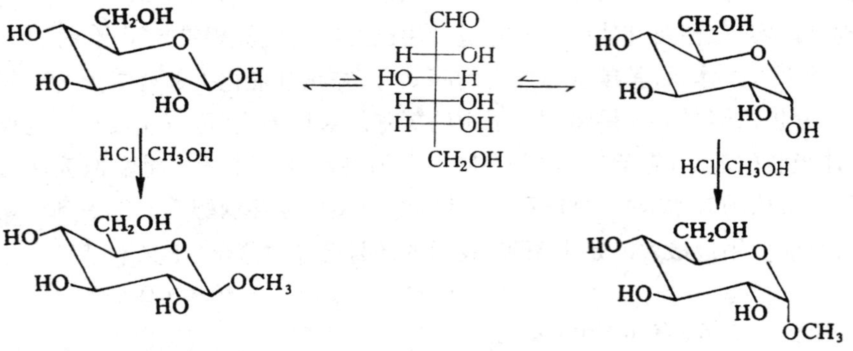

β-甲基葡萄糖苷   α-甲基葡萄糖苷

苷广布于自然界,低聚糖和多糖的分子中就有苷的结构。

13.5.4　核糖和2-脱氧核糖

天然的核糖是 D-(−)-核糖,分子式为 $C_5H_{10}O_5$,是最重要的戊醛糖之一。D-(−)-核糖 C_2 上去掉氧原子后的化合物,称为 2-脱氧-D-(−)-核糖。它们均广泛存在于生物体中。其结构式如下所示:

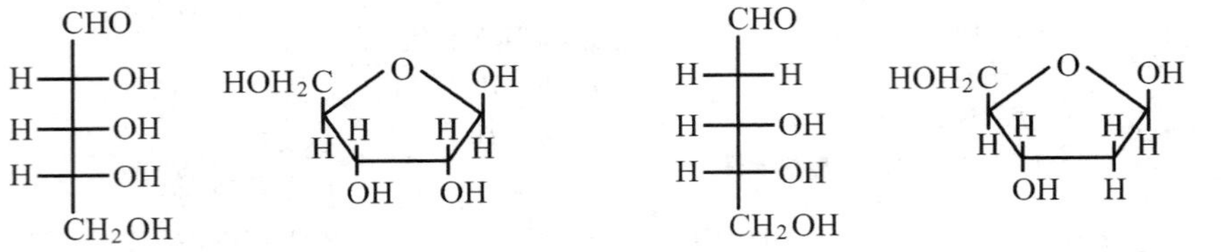

D-(−)-核糖　　β-D-呋喃核糖　　2-脱氧-D-(−)-核糖　β-2-脱氧-D-呋喃核糖

核糖和脱氧核糖是核酸的重要组成部分。核酸将在本章第4节中介绍。

13.5.5　氨基糖

糖分子中除苷羟基外其他羟基被氨基取代后的化合物,称为氨基糖。例如:

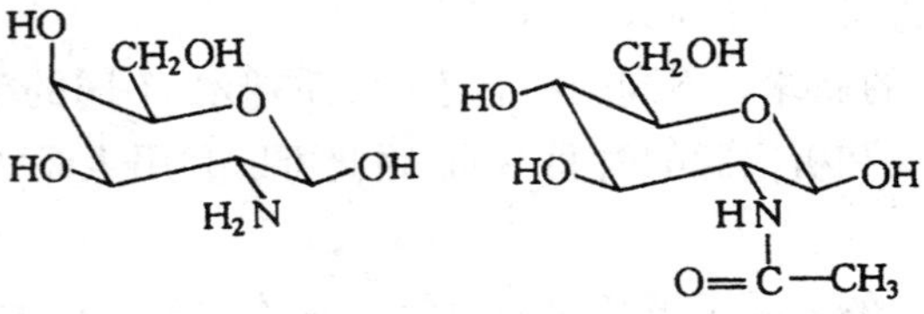

2-氨基-D-半乳糖　　　2-乙酰氨基-D-葡萄糖

多数天然氨基糖是己糖分子中 C_2 上的羟基被氨基取代的化合物。它们是很多糖和蛋白质的组成部分,广泛存在于自然界,具有重要的生理作用。例如,2-乙酰氨基-D-葡萄糖是甲壳质的组成部分。甲壳质存在于虾、蟹和某些昆虫的甲壳中,其天然产量仅次于纤维素。另外,一些抗生素药物,如链霉素、庆大霉素、卡那霉素和新霉素等,分子中也含有氨基糖组分。

13.6 二糖

二糖是一个单糖分子中的苷羟基和另一个单糖分子的苷羟基或醇羟基之间脱水后的缩合物。最常见的二糖有蔗糖和麦芽糖等。

13.6.1 蔗糖

蔗糖是自然界分布最广的二糖,在甘蔗和甜菜中含量很多,故又称甜菜糖。它是无色晶体,熔点180℃,易溶于水,是日常生活中常用的食糖,其甜味比葡萄糖甜,但不如果糖。

蔗糖的分子式为$C_{12}H_{22}O_{11}$,是由α-D-(＋)-葡萄糖C_1上的苷羟基和β-D-(－)-果糖C_2上的苷羟基缩水而成。其结构如下所示:

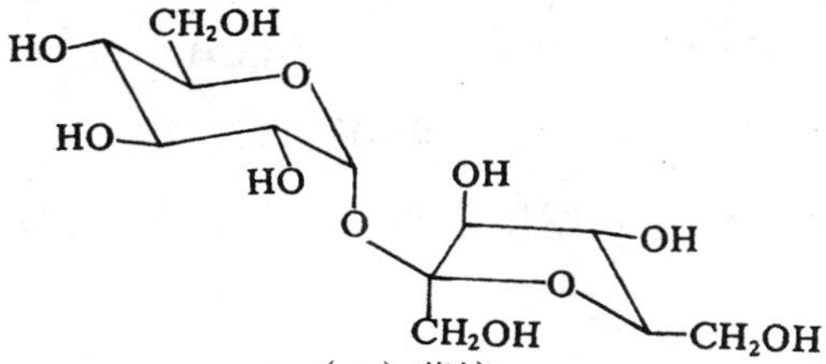

（＋)-蔗糖

由于蔗糖分子中没有苷羟基,不能再转变成开链式,故不能还原费林试剂和土伦试剂,也无变旋光现象。蔗糖是一种非还原糖。

蔗糖水解生成等量的葡萄糖和果糖的混合物。蔗糖是右旋的,葡萄糖是右旋的,果糖是左旋的。由于果糖比旋光度的绝对值比葡萄糖大,所以蔗糖水解生成的混合物是左旋的。蔗糖在水解过程中,比旋光度由右旋逐渐变化,最后变为左旋。因此,蔗糖的水解也称为蔗糖的转化,水解生成的葡萄糖和果糖的混合物称为转化糖。

$$C_{12}H_{22}O_{11} + H_2O \xrightarrow{H^+} C_6H_{12}O_6 + C_6H_{12}O_6$$

蔗糖	D-(＋)-葡萄糖	D-(－)-果糖
$[\alpha]_D^{20} = +66°$	$[\alpha]_D^{20} = +52.5°$	$[\alpha]_D^{20} = -92.4°$
右旋	转化糖,左旋	

13.6.2 麦芽糖

淀粉经麦芽或唾液酶作用,部分水解生成麦芽糖,故咀嚼淀粉食物会感到有些甜味。麦芽糖也可作为甜味食物,但没有蔗糖甜。

麦芽糖是无色晶体,易溶于水,是右旋的。

麦芽糖的分子式也是$C_{12}H_{22}O_{11}$,是一分子α-D-(＋)-葡萄糖C_1上的苷羟基与另一分子α-或β-D-(＋)-葡萄糖C_4上的醇羟基缩水而成。其分子中还含有一个苷羟基,可以转变成开链式,因此具有还原性,是还原糖,也能与苯肼作用生成脎,有变旋光现象。

麦芽糖的α-异头物的比旋光度$[\alpha]_D^{20} = +168°$,β-异头物的比旋光度$[\alpha]_D^{20} = +112°$,在水溶液中经变旋光达到平衡后,其比旋光度$[\alpha]_D^{20} = +136°$。（见下页上图）。

13.6.3 纤维二糖

纤维二糖是白色晶体,熔点225℃,溶于水,由纤维素部分水解而得。

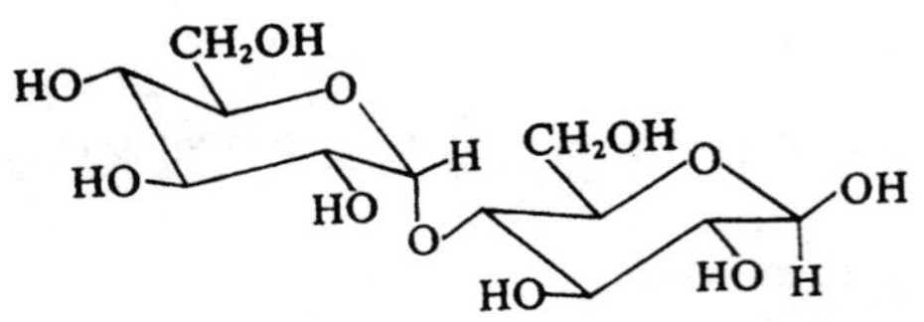

D-麦芽糖(β-异头物) 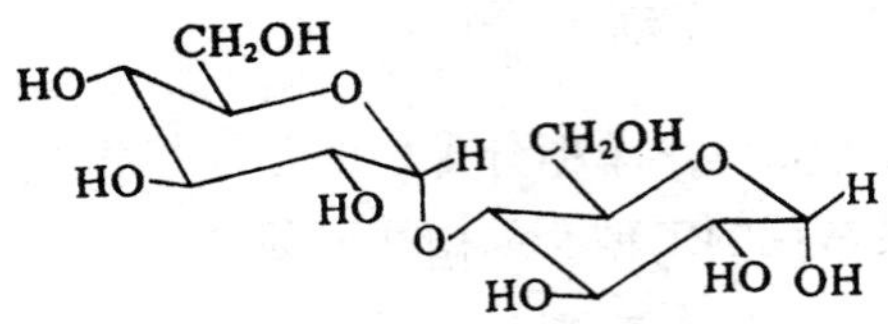　　　　　　　　D-麦芽糖(α-异头物)

纤维二糖分子式也是 $C_{12}H_{22}O_{11}$，由一分子 β-D-(+)-葡萄糖中 C_1 上的苷羟基与另一分子 α-或 β-D-(+)-葡萄糖中 C_4 上的醇羟基缩水而成。纤维二糖的 β-异头物结构如下：

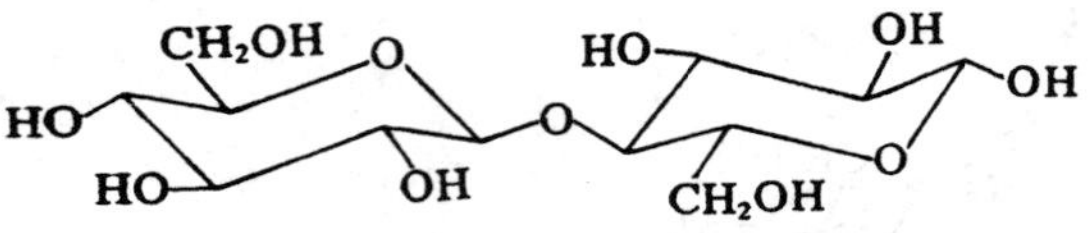

β-纤维二糖

纤维二糖与麦芽糖是异构体，麦芽糖是 α-葡萄糖苷，纤维二糖是 β-葡萄糖苷。

13.7 多糖

多糖是由许多单糖分子通过苷键结合而成的高分子化合物，广泛存在于动植物中。多糖在性质上与单糖和低聚糖不同，通常不溶于水和有机溶剂，一般无甜味，也没有还原性和变旋光现象。多糖中最常见和最重要的是淀粉和纤维素。

13.7.1 淀粉

淀粉是绿色植物进行光合作用的产物，存在于许多植物的种子和块根中，它是植物的能量储备，也是人类食品中碳水化合物的主要来源。

淀粉的分子式为 $(C_6H_{10}O_5)_n$。它在酸催化下水解，首先生成糊精，继而生成麦芽糖和异麦芽糖，最后产物是 D-(+)-葡萄糖。

$$(C_6H_{10}O_5)_n \xrightarrow[H^+]{H_2O} (C_6H_{10}O_5)_m \xrightarrow[H^+]{H_2O} C_{12}H_{22}O_{11} \xrightarrow[H^+]{H_2O} C_6H_{12}O_6$$

淀粉　　　　糊精 $m<n$　　　麦芽糖和　　D-(+)-葡萄糖
　　　　　　　　　　　　　　异麦芽糖

淀粉是由直链淀粉和支链淀粉组成。

直链淀粉是由葡萄糖通过 α-1,4-苷键连接而成。其结构如下：

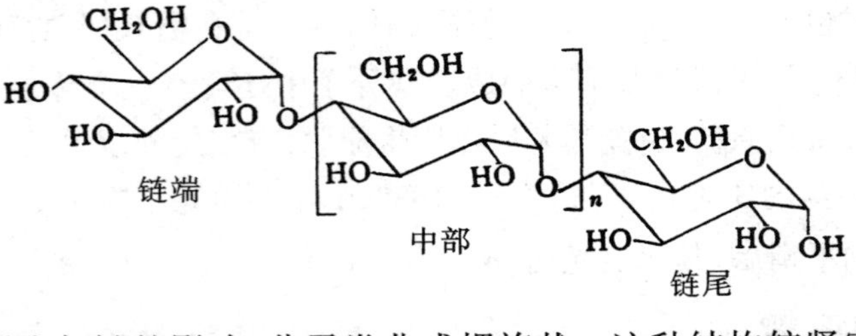

链端　　　　　　中部　　　　　　链尾

直链淀粉因分子内氢键的影响，分子卷曲成螺旋状。这种结构较紧密，不利于水分子接

268

触,故不溶于水。碘分子能钻入螺旋的空隙中形成络合物而呈蓝色。

支链淀粉是由葡萄糖通过 α-1,4-苷键和 α-1,6-苷键连接而成。其结构如下：

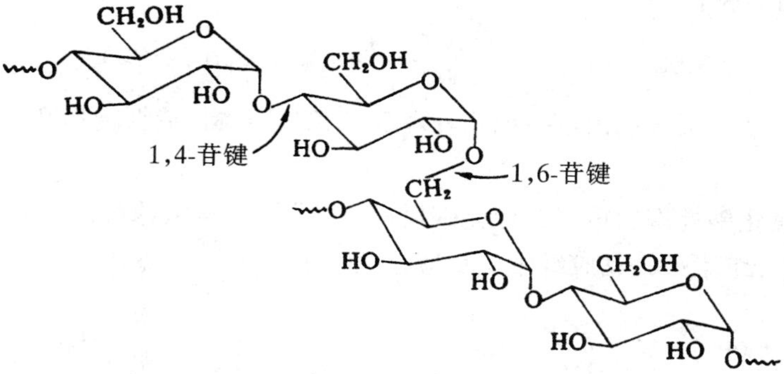

支链淀粉是带有许多支链的线型高分子化合物。由于分子中支链较多,容易与水分子接触,故能溶于水。支链淀粉遇碘呈紫红色。

淀粉经不同的处理而具有不同的用途。例如,淀粉经某种特殊酶(如环糊精糖基转化酶)水解,可以得到 6 个、7 个或 8 个等葡萄糖单位组成的"筒形"结构的化合物,被称为环糊精。其作用类似于冠醚,在有机合成与医药等工业中具有重要应用价值。又如,淀粉经水解、糊精化或化学试剂处理,改变淀粉分子中某些葡萄糖单元的化学结构,称为淀粉的改性。淀粉经改性后的产物,在工业、农业、食品和卫生等领域中均有一定用途。

13.7.2 纤维素

纤维素在自然界中分布很广,是构成植物的主要成分,如棉花中含有 90% 以上,木材中含 50%。

纤维素的分子式也是 $(C_6H_{10}O_5)_n$,是不含支键的线性高分子化合物。纤维素水解较淀粉困难,需在酸催化下加热和加压才能进行,水解可得到纤维二糖,但最终产物也是 D-(+)-葡萄糖。纤维素是由葡萄糖通过 β-1,4-苷键结合而成的天然高分子化合物,其结构如下：

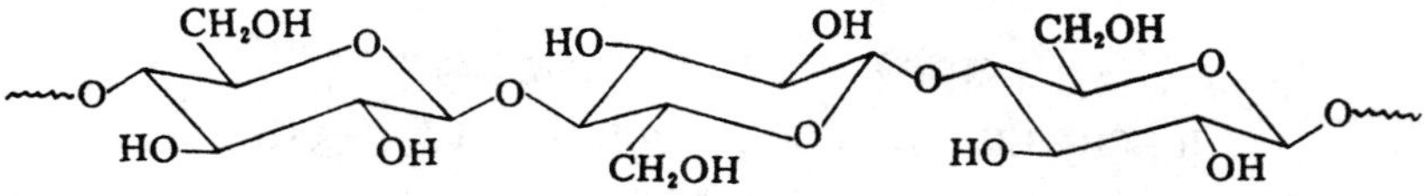

在纤维素分子中,由于每个葡萄糖单元含有三个醇羟基,它与醇相似,也能生成酯和醚。

1)纤维素酯

在少量硫酸催化下,乙酐和乙酸混合物与纤维素作用,生成纤维素醋酸酯(醋酸纤维素)：

$$[C_6H_7O_2(OH)_3]_n + 3n(CH_3CO)_2O \xrightarrow{H_2SO_4} [C_6H_7O_2(OOCCH_3)_3]_n + 3nCH_3COOH$$

三醋酸纤维素酯易变脆,一般将其部分水解,可得到二醋酸纤维素。后者不易燃,可用来制造人造丝、胶片和塑料等。

纤维素也可以与混酸(浓硫酸和浓硝酸)作用,生成纤维素硝酸酯。因酯化程度不同,含氮量不同。含氮量约在 13% 的称为火棉,易燃、有爆炸性,是制造无烟火药等的原料。含氮量在 11% 左右的叫胶棉,易燃、无爆炸性,是制造喷漆和赛璐珞等的原料。

2)纤维素醚

纤维素与碱作用生成的钠盐再与卤烷反应,则得到纤维素醚。若以氯乙酸钠代替卤代烷,则得到羧甲基纤维素钠。

$$\left[C_6H_9O_4(OH)\right]_n \xrightarrow[\text{NaOH}]{\text{ClCH}_2\text{COONa}} \left[C_6H_9O_4(OCH_2COONa)\right]_n$$

羧甲基纤维素钠可用作油田钻井泥浆处理剂、纺织品浆料、造纸增强剂等。

3)粘胶纤维

纤维素用氢氧化钠处理后再与二硫化碳反应,生成纤维素黄原酸酯的钠盐。后者在稀酸中水解,又转变成纤维素——粘胶纤维。反应过程如下:

$$-\overset{|}{\underset{|}{C}}-OH \xrightarrow[-H_2O]{\text{NaOH}} -\overset{|}{\underset{|}{C}}-ONa \xrightarrow{S=C=S} -\overset{|}{\underset{|}{C}}-O-\overset{S}{\underset{\|}{C}}-SNa \xrightarrow[-CS_2,\ -Na_2SO_4]{\text{H}_2\text{SO}_4} -\overset{|}{\underset{|}{C}}-OH$$

纤维素　　　　　　　　　　　　　　　　纤维素黄原酸酯钠　　　　　　　　　　　　再生纤维素

这种再生纤维素的长纤维称为人造丝,可供纺织和针织用;其短纤维称为人造棉、人造毛,供纯纺和混纺用。

第3节　氨基酸和蛋白质

13.8　氨基酸

羧酸分子中烃基上的氢原子被氨基取代后的化合物,称为氨基酸。分子中同时含有氨基和羧基两种官能团。

13.8.1　氨基酸的分类和命名

氨基酸可按其分子中氨基和羧基相对位次的不同分为 α-,β-,γ-,$\cdots$,ω-氨基酸:

$$\underset{\underset{NH_2}{|}}{R-CH-COOH} \qquad \underset{\underset{NH_2}{|}}{R-CH-CH_2-COOH}$$

α-氨基酸　　　　　　　　　　β-氨基酸

$$\underset{\underset{NH_2}{|}}{R-CH-CH_2CH_2-COOH} \qquad \underset{\underset{NH_2}{|}}{CH_2-(CH_2)_n-COOH}$$

γ-氨基酸　　　　　　　　　　ω-氨基酸

构成天然蛋白质的氨基酸均为 α-氨基酸。

氨基酸的系统命名,是以羧酸为母体、氨基作为取代基命名的。但从蛋白质分离得到的二十余种 α-氨基酸,通常都有简单的俗名,并已被广泛使用。例如:

$$\underset{\underset{NH_2}{|}}{CH_2-COOH} \qquad \underset{\underset{CH_3}{|}}{CH_3CHCH_2}\underset{\underset{NH_2}{|}}{CHCOOH} \qquad HOOCCH_2\underset{\underset{NH_2}{|}}{CHCOOH}$$

氨基乙酸　　　　　　4-甲基-2-氨基戊酸　　　　　2-氨基丁二酸

（甘氨酸）　　　　　　（亮氨酸）　　　　　　　（天门冬氨酸）

由蛋白质水解得到的 α-氨基酸,除最简单的甘氨酸外,都含有手性碳原子,有旋光性,其构型均为 L 型。

在 α-氨基酸分子中,若氨基和羧基数目相等时,称为中性氨基酸;若羧基多于氨基,称为酸性氨基酸;若氨基多于羧基,称为碱性氨基酸。

问题 13-2 用系统命名法命名下列氨基酸:

(1) $\underset{\underset{CH_3}{|}}{CH_3CH_2CHCHCOOH}\ \underset{NH_2}{|}$

(2) $\underset{\underset{OH}{|}\ \underset{NH_2}{|}}{CH_3CHCHCOOH}$

(3) $\underset{\underset{NH_2}{|}}{HOOCCH_2CH_2CHCOOH}$

(4) $\underset{\underset{NH_2}{|}}{CH_2CH_2CH_2CH_2CHCOOH}\ \underset{NH_2}{|}$

13.8.2 氨基酸的性质

氨基酸为无色晶体,熔点较高,溶于水,不溶于醚等非极性有机溶剂。

氨基酸分子中含有羧基和氨基,因此具有羧基和氨基的典型性质。例如,与羧酸相似,氨基酸也能与醇反应生成相应的酯;与胺相似,也能与酰氯或酸反应生成相应的酰胺等。另外,由于羧基和氨基的相互影响,又具有某些特殊性质。

1)两性和等电点

氨基酸因含氨基能与酸生成铵盐,因含羧基能与碱生成羧酸盐,是两性化合物。分子内的氨基和羧基也能相互作用生成盐,称为内盐或偶极离子。氨基酸与酸碱的反应可表示如下:

$$\underset{\underset{^+NH_3}{|}}{RCHCOOH} \underset{OH^-}{\overset{H^+}{\rightleftharpoons}} \underset{\underset{^+NH_3}{|}}{RCHCOO^-} \underset{H^+}{\overset{OH^-}{\rightleftharpoons}} \underset{\underset{NH_2}{|}}{RCHCOO^-}$$

$$\quad\text{正离子}\qquad\qquad\text{偶极离子}\qquad\qquad\text{负离子}$$

氨基酸在碱性溶液中以负离子的形式存在,此时在电场中,氨基酸向正极移动;在酸性溶液中,以正离子的形式存在,在电场中氨基酸向负极移动。当溶液为某一个 pH 时,正、负离子浓度相等,净电荷等于零,氨基酸在电场中既不向正极也不向负极移动,这时溶液的 pH 值称为该氨基酸的等电点。不同的氨基酸具有不同的等电点。中性 α-氨基酸的等电点约在 5 ~ 6.3 之间;酸性 α-氨基酸约在 2.8 ~ 3.2 之间;碱性 α-氨基酸约在 7.6 ~ 10.8 之间。在等电点时,偶极离子的浓度最大,氨基酸在水中的溶解度最小,因此利用调节等电点的方法,可以分离氨基酸。

2)与水合茚三酮反应

α-氨基酸水溶液与水合茚三酮反应,生成蓝紫色物质。此反应很灵敏,可用于 α-氨基酸的定性和定量测定。

13.9 多肽

α-氨基酸分子间的氨基与羧基之间脱水,通过酰胺键连接而成的化合物称为肽。其中酰胺键($-\overset{\|}{\underset{O}{C}}-NH-$)又称肽键。由二个、三个或多个氨基酸组成的肽,分别称为二肽、三肽或多肽。组成肽的氨基酸可以相同也可以不同。

最简单的肽是二肽。当两个不同的氨基酸分子形成二肽时,可能形成两种不同的构造。

例如：

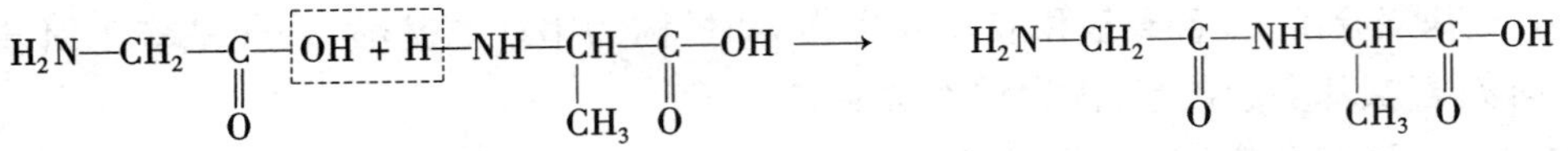

甘氨酸　　　　　　丙氨酸　　　　　　　　　　　　　　甘氨酰丙氨酸

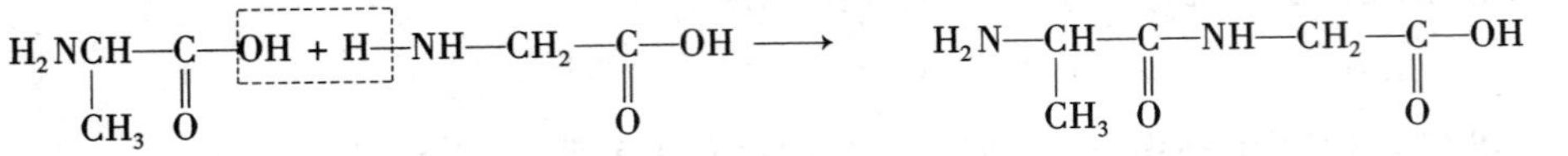

丙氨酸　　　　　　甘氨酸　　　　　　　　　　　　　　丙氨酰甘氨酸

一些肽以游离状态存在于自然界，它们在生物体中起着不同的作用，有些是生物化学反应的催化剂，有些具有抗菌素的性质，有些则是激素。例如胰脏中分泌的胰岛素是一种多肽类激素，它是控制碳水化合物等正常代谢必需的物质，是治疗糖尿病的最主要药物。

13.10　蛋白质

蛋白质是生物体内一切组织的基础，承担着各种生理作用和机械功能。肌肉、毛发、指甲、酶、血清和血红蛋白等，都是由不同的蛋白质构成的。

蛋白质也是由许多氨基酸通过肽键连接而成的高分子化合物，其相对分子质量通常在1万以上（相对分子质量在1万以下，能透过半透膜，不被三氯乙酸或硫酸沉淀者称为多肽）。另外，有些蛋白质水解后，除生成 α-氨基酸外，还生成糖类、核酸、含磷或含铁等非蛋白质物质。

13.10.1　蛋白质的性质

1）两性和等电点

与氨基酸相似，蛋白质也是两性物质，与强酸强碱都能生成盐。在酸性溶液中带正电，在碱性溶液中带负电。调节溶液的 pH 值，使蛋白质的净电荷为零，在电场中不移动，此时溶液的 pH 值就是该蛋白质的等电点。不同的蛋白质等电点不同，如卵清蛋白的等电点是4.9，而血红蛋白则是6.8。与氨基酸相似，在等电点时，氨基酸的溶解度也最小，利用这一性质，可将蛋白质从溶液中分离出来。

2）盐析

在蛋白质溶液中加入无机盐（如硫酸铵、硫酸镁、氯化钠等）溶液，蛋白质则从溶液中析出，这种作用称为盐析。盐析出来的蛋白质还可以溶于水，不影响其性质。

3）变性

在热、酸、碱、紫外线、X 射线或重金属盐等的作用下，蛋白质的溶解度降低，甚至凝固，性质发生变化，这种现象称为蛋白质的变性。变性的蛋白质不仅丧失了原有的可溶性，也失去了许多生理活性。

4）变色反应

在蛋白质水溶液中加入碱和硫酸铜，则溶液显红紫色（此反应称为缩二脲反应）；蛋白质与茚三酮反应，生成蓝紫色物质；某些含有苯环的 α-氨基酸构成蛋白质后，仍保持苯环的性质，与硝酸作用，能生成硝基化合物而显黄色。

272

13.10.2 蛋白质的结构

蛋白质的结构很复杂,不仅有多肽链内氨基酸的种类和排列顺序问题,也有肽链本身或几条肽链之间的空间结构问题。蛋白质有四级结构。

蛋白质分子中氨基酸的种类、数目和排列顺序是最基本的结构,称为一级结构。由于肽链不是直线形的,一条肽链可以通过一个酰胺键中的氧原子与另一酰胺键中氨基的氢原子形成氢键,使之绕成螺旋形,称为 α-螺旋(如图 13-1 所示);或几条肽链通过氢键拉在一起,形成折叠状,称为 β-折叠。这两种形式构成蛋白质的二级结构。蛋白质的三级结构则是在二级结构的基础上进一步卷曲折叠,构成一定形态的紧密结构。在一些蛋白质中,不止有一个多肽链,其中每个多肽链可认为是一个亚单位或亚基。蛋白质的四级结构则涉及到整个分子中亚基的聚集状态,情况复杂。

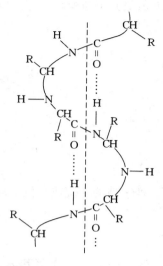

图 13-1　二级结构(α-螺旋)

第4节　核　　酸

核酸是具有重要生理作用的生物高分子,存在于细胞核中,对遗传信息的储存和传递以及蛋白质的合成起着重要作用,与生命活动和代谢有密切关系。

核酸由核蛋白水解得到,若用稀酸、稀碱进行水解,其逐步水解产物如下:

$$\text{核蛋白}\begin{cases}\text{蛋白质}\\\text{核酸}\rightarrow\text{核苷酸}\begin{cases}\text{核苷}\begin{cases}\text{戊糖}\\\text{杂环碱(碱基)}\end{cases}\\\text{磷酸}\end{cases}\end{cases}$$

从核酸完全水解得到的戊糖是核糖和 2-脱氧核糖,见本章第 3 节。核酸完全水解得到的碱基是嘌呤和嘧啶的衍生物。嘌呤是由一个咪唑环和一个嘧啶环稠合而成的杂环化合物。

咪唑　　嘧啶　　　嘌呤

从核酸中得到的嘌呤和嘧啶的衍生物,主要有以下五种,其构造式为:

腺嘌呤	鸟嘌呤	胞嘧啶	尿嘧啶	胸腺嘧啶
(adenine,简称 A)	(guanine,简称 G)	(cytosine,简称 C)	(uracil,简称 U)	(thymine,简称 T)

碱基与糖形成苷时,碱基总是连接在糖的 1′位碳原子(为了区别于嘌呤环和嘧啶环的编号,糖分子的碳原子用 1′、2′、3′、4′、5′等编号)的苷羟基上,嘌呤以 9 位氮原子与糖相连,嘧啶

以 1 位氮原子与糖相连,并且都形成碳氮键,其结构式如下:

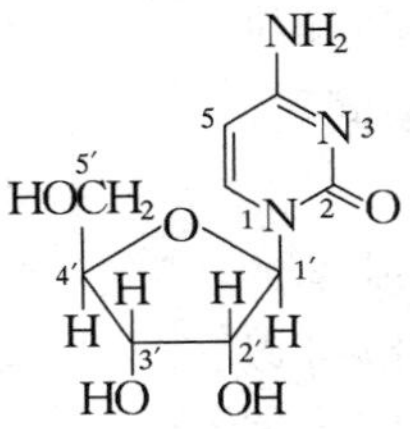

胞嘧啶核苷 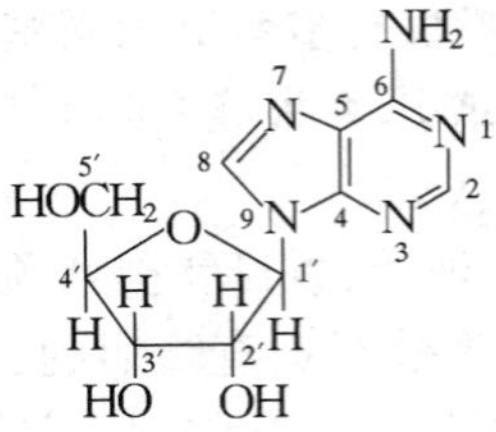　　　　　　　　　腺嘌呤核苷

处于糖的 3 位或 5 位上羟基与磷酸酯化得到核苷酸,其结构式如下:

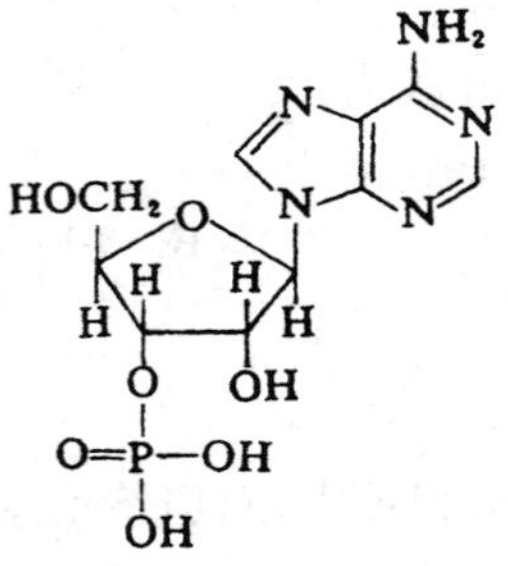

腺苷-3′-磷酸 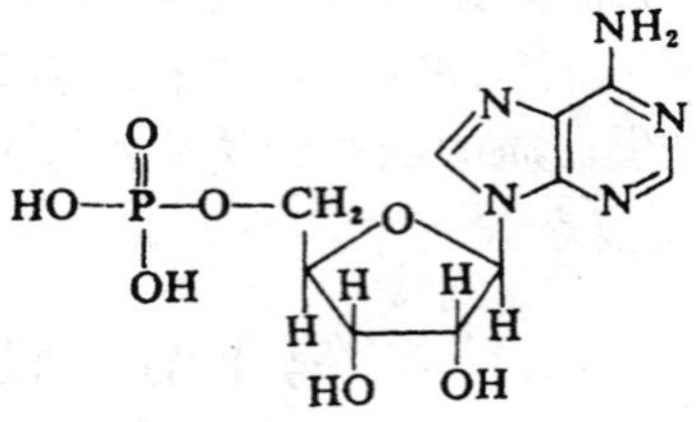　　　　　　　　腺苷-5′-磷酸

若核苷酸分子之间分别以其糖的 3 位上羟基与 5 位上的磷酸基酯化,则相互连接成多核苷酸,直至形成高分子化合物——核酸。

核酸是由许多核苷酸单元按一定顺序连接所组成的多核苷酸。根据核苷酸单元中的糖组分不同,核酸分为两大类:脱氧核糖核酸(DNA),其糖组分是 2-脱氧-D-核糖;核糖核酸(RNA),其糖组分是 D-核糖。现以 DNA 为例,其分子中的部分链段结构(部分一级结构)如图 13-2 所示。经研究证明,DNA 分子是由两条多聚脱氧核糖核苷酸链组成的,两条链以相反方向围绕同一轴按右旋相对盘绕,碱基在螺旋内,形成右旋的双螺旋结构(二级结构)。其两条链之间通过 A 与 T 配对和 C 与 G 配对,由碱基之间形成的氢键相互结合在一起(见下页上图)。

与人的指纹相似,每个人的 DNA 都是不一样的。因此可以利用 DNA 识别每个人,现已被用来确认罪犯。另外,当细胞分裂时,DNA 的两条链可以拆开,分别在两个细胞中复制出一条与母链相同的新链,这样,就将遗传信息传给下一代。因此,利用测定 DNA 的方法可以进行亲子鉴定,其误差只有三百亿分之一。

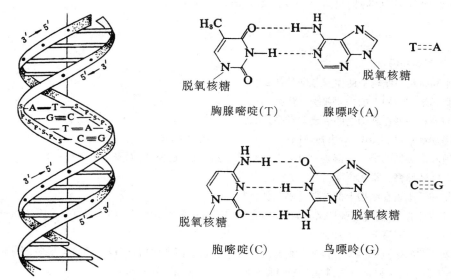

图 13-2　DNA 双螺旋结构模型
骨架含有脱氧核糖(S)和磷酸二酯键(P),
两股的方向相反

小　结

（一）本章重点掌握:油脂、磷脂和蜡的区别;单糖的化学性质;α-氨基酸和蛋白质的主要用途。

（二）本章一般了解:还原糖和非还原糖;淀粉和纤维素在结构上的不同点;多肽和蛋白质无严格区别,应知道一般的区别方法;对 DNA 应有初步的了解。

例　题

（一）用化学方法区别下列各组化合物:

（1）D-葡萄糖和 D-果糖　　　（2）蔗糖和淀粉

解:（1）D-葡萄糖是醛糖而 D-果糖是酮糖,因此可以利用醛糖与酮糖的不同特性区别之。已知醛糖的还原性比酮糖强,能被溴水氧化,同时溴水褪色,因此能使溴水褪色者是 D-葡萄糖。

（2）蔗糖是二糖且是非还原糖,无苷羟基,不能发生糖的一般反应。淀粉是多糖,也无糖的一般反应。已知淀粉遇碘呈深蓝色,故可利用淀粉这一特性将淀粉与蔗糖区别开。

（二）将丙氨酸溶在水中,要使之达到等电点需加酸还是加碱?（丙氨酸的等电点为6.02）

解:丙氨酸含有一个羧基和一个氨基,是中性氨基酸,以内盐形式存在。由于羧基的电离比氨基接受质子的能力大,故其在纯水溶液中呈弱酸性。

丙氨酸为两性离子,既可与酸反应,也可与碱反应:

$$
\underset{(\mathrm{I})}{\underset{\mathrm{NH_2}}{CH_3CHCOO^-}}
\underset{OH^-}{\overset{H^+}{\rightleftharpoons}}
\underset{(\mathrm{II})}{\underset{^+NH_3}{CH_3CHCOO^-}}
\underset{OH^-}{\overset{H^+}{\rightleftharpoons}}
\underset{(\mathrm{III})}{\underset{^+NH_3}{CH_3CHCOOH}}
$$

从上述平衡可以看出,因丙氨酸在纯水溶液中显酸性,所以负离子（Ⅰ）的浓度要比正离子（Ⅲ）的浓度大一些。然而在等电点,离子（Ⅰ）和（Ⅲ）的浓度应相等,所以调节等电点时,需在丙氨酸的纯水溶液中加入适

275

量的酸,以抑制两性离子(Ⅱ)向负离子(Ⅰ)变化,从而达到等电点。

习　　题

(一)回答下列问题:

(1)油脂和磷脂在结构上的主要差别是什么?

(2)油脂和蜡在结构上的主要差别是什么?

(3)葡萄糖和果糖在结构上的主要差别是什么?

(4)利用本章学过的知识,指出葡萄糖和果糖在化学性质上的异同点。

(5)蔗糖和麦芽糖的分子式都是$C_{12}H_{22}O_{11}$,为什么蔗糖没有还原性,而麦芽糖则有还原性?

(6)什么叫还原糖?举例说明。

(7)淀粉和纤维素在结构上的主要差别是什么?

(8)氨基酸具有两性,既有酸性又有碱性,但它们的等电点都不等于7。即使只有一个氨基和一个羧基的氨基酸,其等电点也不等于7,为什么?

(9)氨基乙酸的熔点(292℃,分解)比相对分子质量相近的丙酸的熔点(141.1℃)高很多,为什么?

(10)多肽和蛋白质都是α-氨基酸分子间脱水的产物,一般如何划分两者?

(11)DNA 和 RNA 两者在结构上的主要差别是什么?

(二)用化学方法区别下列化合物:

(1)油酸和三硬脂酸甘油脂　　(2)己六醇和葡萄糖

(3)葡萄糖和蔗糖　　　　　　(4)葡萄糖和淀粉

(5)麦芽糖和蔗糖　　　　　　(6)淀粉和纤维素

(三)下列哪些是还原糖?哪些是非还原糖?

(1)α-D-葡萄糖　　　　　　(2)2-脱氧核糖

(3)甲基-α-D-葡萄糖苷　　　(4)纤维二糖

(四)下列化合物哪些有还原性?

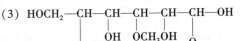

$$(1)\ HOCH_2—\underset{\underset{O}{|}}{CH}—\underset{OH}{\overset{|}{CH}}—\underset{OH}{\overset{|}{CH}}—CH—O—CH_3 \qquad (2)\ HOCH_2—CH—\underset{OH}{\overset{|}{CH}}—\underset{OCH_3}{\overset{|}{CH}}—\underset{O}{\overset{|}{CH}}—CH—OH$$

$$(3)\ HOCH_2—CH—\underset{OH}{\overset{|}{CH}}—\underset{OCH_3}{\overset{|}{CH}}—\underset{OH}{\overset{|}{CH}}—CH—OH$$

(五)下列化合物哪些有变旋光现象?

(1)蔗糖　　　　(2)麦芽糖　　　　(3)纤维素

(六)α-D-(+)-葡萄糖和β-D-(+)-葡萄糖哪一种稳定?为什么?

(七)试写出 D-(+)-葡萄糖与下列试剂反应的主要产物:

(1)羟胺　　　　(2)苯肼　　　　(3)Br_2/H_2O

(4)HNO_3　　　(5)费林试剂　　(6)CH_3OH/HCl

(八)试写出下列α-氨基酸在一定 pH 值的构造式。

(1)甘氨酸在 pH = 3 时(甘氨酸的等电点为5.91)。

(2)谷氨酸在 pH = 6 时(谷氨酸的等电点为3.22)。

(九)试用石蕊试纸检验下列各化合物的酸碱性:

(1)CH_3NHCH_2COOH　　　　(2)$HOOCCH_2\underset{NH_2}{\overset{|}{C}H}COOH$
　　　　　$\overset{|}{C}H_3$

276

（3） $H_2NCH_2CH_2CH_2CHCOOH$　　（4） $H_2NCH_2CH_2COOH$
　　　　　　　　　　　$|$
　　　　　　　　　　　NH_2

（十）化合物 $C_5H_{10}O_5$（A）与乙酐作用，得到四乙酸酯，A 用溴水氧化得到一个酸 $C_5H_{10}O_6$，A 用碘化氢还原得到异戊烷。写出 A 的构造式。（提示：碘化氢能还原羟基和羰基为烃基，即 $-\overset{|}{\underset{|}{C}}-OH \xrightarrow{HI} \overset{|}{\underset{|}{C}}H$，

$\overset{}{\underset{}{C}}=O \xrightarrow{HI} \overset{}{\underset{}{C}}H_2$ ）

第14章 红外光谱与核磁共振谱

测定有机化合物结构的方法,除化学分析方法之外,普遍使用了波谱分析方法。

波谱是直接向人们传递物质内部情况的一种原始信号。通过波谱仪使人们有可能深入了解有机分子的真实结构。因此,它作为测定有机化合物结构的分析方法,在20世纪60年代就获得很快发展,现已被广泛使用。它通常具有样品用量少、测定时间短等优点。

测定有机化合物结构的波谱方法有:红外光谱、核磁共振谱、紫外光谱和质谱。其中最常见的是红外光谱(infrared spectra,简称IR谱)与核磁共振谱(nuclear magnetic resonance spectra,简称NMR谱)。本章只简要介绍这两种光谱。

14.1 分子结构与吸收光谱

光是电磁波,包括波长很短的宇宙射线直至波长较长的无线电波。它可用波长、频率或波数来描述:

$$\nu = \frac{c}{\lambda}$$

式中:ν 代表频率,是1秒钟时间内波振动的次数,用 Hz(赫兹)表示;c 代表光速,约为 3×10^8 m/s(米/秒);λ 代表波长,单位用 m(米)表示。

波数(σ)是指1 cm长度内波的数目。它与波长之间的关系是:

$$\sigma = \frac{1}{\lambda}$$

式中波数单位是 cm^{-1}(厘米$^{-1}$),称做厘米倒数。

当有机分子吸收光能后,分子从低能级的状态激发到高能级的激发状态,因而产生光谱。吸收光的频率与能量差(ΔE)[单位为 J(焦)]和普朗克(Plank)常量($h = 6.63 \times 10^{-34}$ J·s)之间有如下关系:

$$E = h\nu = h\frac{c}{\lambda}$$

每一种波长的电磁波具有一定的能量。由上式可以看出,波长越短,频率越高则能量越高。一般使用的能量大小,因光谱不同而异。不同电磁波的相应波长及能量等,如表14-1所示。

表14-1 电磁波与光谱

电磁波	光 谱	波 长[1]	激发能(kJ/mol)	分子激发的种类
紫外线	紫外光谱	200~400 nm	580~301	π电子跃迁
可见光线	可见光谱	400~800 nm	301~150.5	π电子跃迁
红外线	红外光谱	2.5~15 μm	46~0.8	化学键振动能级的改变
无线电波	核磁共振谱	0.5~5 m	$2.4 \times 10^{-4} \sim 2.4 \times 10^{-5}$	核自旋跃迁

[1] 1 μm(微米) $= 10^{-3}$ mm $= 10^{-6}$ m;1 nm(纳米) $= 10^{-6}$ mm $= 10^{-9}$ m。

红外光谱与核磁共振谱属于吸收光谱。

14.2 红外光谱

14.2.1 基本原理

1) 分子的振动

在有机分子中,原子与原子之间的键长和键角不是固定不变的。如果把分子中的原子看成小球,则各原子之间的键像弹簧一样,把小球联接在一起。整个分子一直在不停地振动着。现以乙醇为例,分子中的原子和键可用图 14-1 来表示。

当光照射到有机分子后,若其能量与该分子振动能级差(ΔE)一致时,光能即被吸收,分子的振动能级于是发生跃迁。

红外光的波长约在 $2.5 \sim 15 \mu m$ 之间,其波长较长,频率和能量使分子发生振动能级的改变。因此红外光谱是反映分子振动能级变化的谱图。

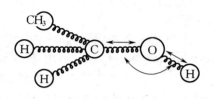

图 14-1　乙醇分子的机械模型

一个多原子的有机分子,振动方式大致可分为伸缩振动和弯曲(变形)振动两种。伸缩振动是原子沿键轴伸长或缩短的瞬间运动,它并不改变键角,如图 14-2(Ⅰ)所示。弯曲振动是在不改变键长的情况下,在键轴上下或左右改变键角的振动,如图 14-2(Ⅱ)所示。

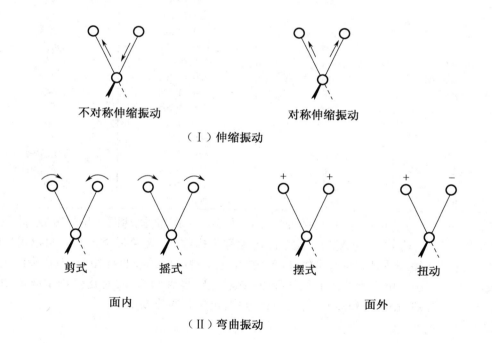

不对称伸缩振动　　对称伸缩振动

（Ⅰ）伸缩振动

剪式　　摇式　　摆式　　扭动

面内　　　　　　　面外

（Ⅱ）弯曲振动

图 14-2　分子的振动

图 14-2 是有机分子振动的立体表示形式。圆圈表示原子,直线表示处在纸面上的键,虚线表示指向纸面后面的键,楔形线表示指向纸面之上的键,箭头表示在纸面上的运动方向,"＋""－"号表示与纸面垂直但方向相反的运动。

需要注意的是,并非所有的分子振动能级跃迁都能明显地吸收红外光,只有在分子振动能够使分子的偶极矩发生变化时才如此。有机分子中构成官能团的化学键,在其振动能级改变时一般具有明显的红外吸收,因此红外光谱非常适于鉴别各种官能团的存在,并确定有机化合物的类型。

2)键与吸收位置

红外光谱图中吸收峰的位置反映的是分子中不同原子所构成的化学键的振动情况,即有机分子中的各种官能团一般都具有其特征吸收频率。

红外光谱图的频率范围一般在 4 000 ~ 650 cm^{-1} 之间,通常在 ~1 300 cm^{-1} 处将其划分为两个区域。

有机分子中各化学键伸缩振动所产生的红外吸收,一般都出现在 4 000 ~ 1 300 cm^{-1}(或 4 000 ~ 1 000 cm^{-1})的区域内,所以该区域常称做官能团区(亦称特征频率区)。表 14-2 列出了有机分子中常见化学键(官能团)伸缩振动的特征吸收峰位置。从中可以看出,有些化学键的伸缩振动吸收峰位置已经远超出这一区域,往往会给判别带来困难;但多数情况下,各主要官能团的吸收峰位置相对比较固定。为了解析红外谱图,除了要记牢各主要官能团化学键的吸收峰位置,还要掌握各种吸收峰的其他特征(如峰的强度及峰形等)。

表 14-2　官能团的红外吸收频率

键　型	化合物类型	吸收位置(cm^{-1})	强　度
C—H	烷烃	2 960 ~ 2 850	强
C—C	烷烃	1 200 ~ 700	弱
=C—H	烯烃及芳烃	3 100 ~ 3 010	中等
C=C	烯烃	1 680 ~ 1 620	可变
≡C—H	炔烃	3 300	强
C≡C	炔烃	2 700 ~ 2 100	可变
C=O	醛	1 740 ~ 1 720	强
	酮	1 725 ~ 1 705	强
	酸及酯	1 770 ~ 1 710	强
	酰胺	1 690 ~ 1 650	强
—O—H	醇及酚	3 650 ~ 3 610	可变,尖锐
—NH$_2$	胺	3 500 ~ 3 300	中等,双峰
C—Cl	氯化物	750 ~ 760	中
C—Br	溴化物	700 ~ 500	中

在 1500 ~ 650 cm^{-1} 区域,除单键的伸缩振动外,还有因弯曲振动而产生的吸收,故在这个区域内出现的红外光谱图非常复杂。这个区域被称为指纹区,就像每个人都有自己的特征指纹那样。结构相似的不同化合物,虽然在特征频率区出现的红外吸收峰相似,但在指纹区是不同的,尽管差别较小。由于指纹区的红外吸收峰很复杂,很难判断,故对化合物中官能团的鉴别意义不大,但对判断两种物质是否是同一化合物,仍然是很重要的。

14.2.2　谱图说明举例

红外光谱分析为确定有机化合物的结构提供了重要的依据。它既可用于定性分析也可用来作定量分析,因此谱图分析的重要性是显而易见的。

红外光谱图通常以波长(μm)或/和波数(cm^{-1})为横坐标,表示吸收峰的位置;以透光度(T%)为纵坐标,表示光的吸收强度。吸收峰的"谷"越深,代表吸收越大。吸收的强度通常分为:很强(vs)、强(s)、中(m)、弱(w)、可变(v)、宽(b,表示峰形)。

谱图分析的一般步骤是:首先在高波数一端的特征频率区寻找基团的特征吸收带,然后在低波数一端的指纹区通过吸收峰来论证该基团与其他基团的结合方式,最后通过综合考虑来确定化合物的结构。分析谱图是很困难的,尤其是对指纹区,而且在很大程度上依赖于实践经验。现以几个具体化合物的红外光谱图为例,仅就特征频率区的基团主要吸收峰简单说明如下。

例1:正辛烷的红外光谱图见图14-3。

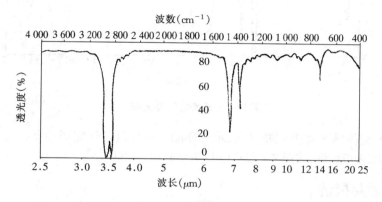

图14-3　正辛烷的红外光谱

正辛烷只含有碳氢两种原子,因此只有 C—H 和 C—C 键振动,所以红外光谱图比较简单。由图14-3可以看出,正辛烷有4个明显的吸收峰:2 925 cm^{-1} 附近有 C—H 键伸缩振动吸收峰;1 465 cm^{-1} 和 1 380 cm^{-1} 附近分别为 C—H 面内弯曲振动吸收峰;720 cm^{-1} 附近为 C—H 面外弯曲振动吸收峰。

例2:正丁醇的红外光谱图见图14-4。

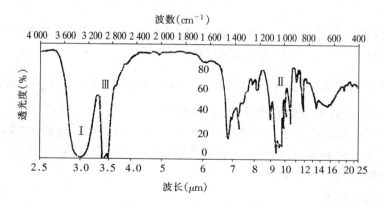

图14-4　正丁醇的红外光谱

正丁醇的官能团是羟基,故应有 C—O 和 O—H 的特征吸收峰。图14-4中的Ⅰ表示 O—H 键伸缩振动吸收峰,Ⅱ表示 C—O 键伸缩振动吸收峰,Ⅲ表示 C—H 键伸缩振动吸收峰。

例3:苯胺的红外光谱图见图14-5。

苯胺的官能团是氨基,应包括 C—N 和 N—H 键振动的特征吸收峰。因其是芳胺,故与脂肪胺不同,特征吸收区略移向高波数一端。图14-5中的Ⅰ与Ⅱ均为 N—H 的伸缩振动吸收

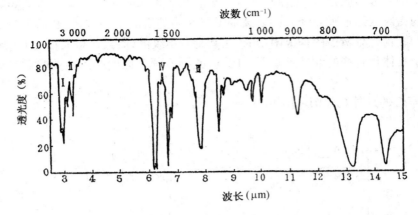

图 14-5　苯胺的红外光谱

峰,Ⅲ表示 C—N 键伸缩振动吸收峰,Ⅳ表示芳环的 C═C 键的伸缩振动吸收峰。

问题 14-1　你能否用红外光谱图来区别 CH_3CH_2CHO 和 CH_3COCH_3。

14.3　核磁共振谱

与红外光谱相似,核磁共振谱是测定有机化合物结构最有用和最有力的工具之一。

14.3.1　基本原理

质量数与原子序数两者中至少有一个为奇数的原子核,如 ^1_1H、$^2_1H(D)$ 以及 $^{13}_6C$ 等,能自旋而产生磁矩。在外磁场的作用下,核自旋所产生的磁矩有两种取向:一种取向与外磁场的磁力线方向一致,能量较低,称为 α 态;反之为 β 态。其能量差

$$\Delta E = \gamma \frac{h}{2\pi} H_0$$

式中:h 为普郎克常数;γ 是由核决定的常数,称做磁旋比或磁回比,对 ^1H 核而言,其量值约为 $2.675 \times 10^8 \ A \cdot m^2 \cdot J^{-1} \cdot s^{-1}$;$H_0$ 为外磁场强度。

当某一频率的电磁波(其能量与上述能量差相当,即 $\Delta E = h\nu = \gamma \dfrac{h}{2\pi} H_0$)照射到磁场中的原子核时,该原子核吸收电磁波的能量,以 α 态跃迁到 β 态,称之为核磁共振。这里只讨论最常见的 ^1H 核磁共振,也称做质子磁共振(proton magnetic resonance,简称 PMR)。用来测定核磁共振的仪器叫做核磁共振仪,所产生的核磁共振谱图(如图 14-6 所示)通常是以磁场强度为横坐标,以吸收能量的强度为纵坐标。

14.3.2　化学位移

有机分子中质子周围的电子,在外磁场的作用下,会产生对抗外磁场的感应磁场,至使质子在高场发生共振,这种现象称为屏蔽效应。在另外一种情况下,质子附近的电子,在外磁场的作用下,所产生的感应磁场会与外磁叠加,而使质子在低场发生共振,这种现象称为反屏蔽效应。总起来看,有机分子中的不同质子,由于所处的化学环境不同,因而在外磁场中,发生共振的位置也将不同。如果用化学位移标明共振位置,则有机分子中的不同质子将具有不同的化学位移值。

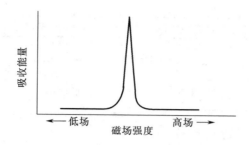

图 14-6 核磁共振谱示意图

以甲醇分子为例,如图 14-7 所示,它有两种质子。其中甲基上的质子 a,与电负性较小的碳原子相连,因而 a 质子周围的电子云密度较大;按照屏蔽效应解释,a 质子在外磁场中所受到的屏蔽作用较大,应该在高场发生共振,其化学位移值较小。反之,与电负性较大的氧原子相连的 b 质子,则应在低场发生共振,其化学位移值较大。

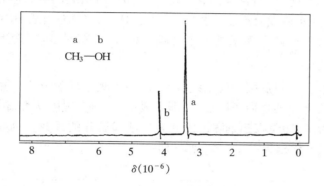

图 14-7 甲醇的核磁共振谱

核磁共振谱图还能给出一些其他的关于有机分子结构的信息。比如,不同质子的峰面积之比等于有机分子中相应质子的数目之比。a 与 b 的质子数之比是 3∶1,反映在谱图中,其峰面积之比也是 3∶1。

质子的化学位移(δ)是一个相对数值,通常以四甲基硅烷〔$Si(CH_3)_4$、tetramethyl silane、缩写 TMS〕为基准,将化学位移定义为:

$$\delta = \frac{H_{TMS} - H_{样品}}{H_{TMS}} \times 10^6$$

式中:H_{TMS} 为基准物的共振磁场强度;$H_{样品}$ 为有机分子中某种质子的共振磁场强度。因为 H_{TMS} 与 $H_{样品}$ 的差值很小,为表示方便乘以 10^6,所以化学位移值 δ 的单位是 ppm。常见基团中质子的化学位移如表 14-3 所示。

表 14-3 质子的化学位移

质子的类型	化学位移(10^{-6})	质子的类型	化学位移(10^{-6})
—CH_3	0.9	I—C—H	2~4
—CH_2	1.3	R—O—H	1~5
—CH	1.5	Ar—O—H	4~12
C=C—H	4.6~5.9	—O—CH_3	3.5~4

283

质子的类型	化学位移(10^{-6})	质子的类型	化学位移(10^{-6})
Ar—H	7~8	—CHO	9~10
Ar—CH$_3$	2.3	—COCH$_3$	2~3
C≡C—H	2~3	—COOH	10.5~12
Cl—C—H	3~4	R—NH$_2$	1~5
Br—C—H	2.5~4		

14.3.3 自旋偶合与自旋裂分

在许多有机化合物的核磁共振谱中,有些质子的吸收峰不是单一峰,而是复杂的一组多重峰。这种同一类质子吸收峰增多的现象叫裂分。核磁共振信号裂分的原因,是由于一个质子所感受到的外加磁场,要受邻近质子因自旋而产生的感应磁场的影响。一个邻近质子所产生的感应磁场可以增强外加磁场的强度,也可以减弱外加磁场的强度,所以一个质子的吸收峰可以裂分成两个。换言之,吸收峰的裂分是由于相邻质子之间的自旋相互作用而产生的。这种相邻质子之间的自旋相互作用叫自旋偶合。由自旋偶合所引起的吸收峰谱线增多(裂分)的现象叫自旋裂分。由于自旋偶合产生于相邻原子上的质子之间的相互作用,而相隔较远的质子则几乎不发生。所以,当两个质子被三个键隔开(C—C)时,可以发生裂分;而相隔四个
                                    | |
                                    H H

以上键时,则不发生裂分。自旋裂分的谱线数目,即一个吸收峰裂分为多重峰的数目,依赖于相邻质子的数目,通常等于相邻质子数加一,即一般符合 $n+1$ 规律,n 是相邻的质子数。

在一组多重峰中,各峰的强度(面积)比例为二项式展开的系数。例如,二重峰的强度比例为1:1,三重峰的强度比例为1:2:1等,见表14-4。

表14-4 峰面积比

相邻质子数	峰的总数	峰面积比
0	1	1
1	2	1:1
2	3	1:2:1
3	4	1:3:3:1
4	5	1:4:6:4:1
5	6	1:5:10:10:5:1

现以溴乙烷为例说明如下。溴乙烷的核磁共振谱见图14-8。溴乙烷分子中有两类不同的质子,CH$_3$质子和CH$_2$质子。CH$_3$质子除受外加磁场影响外,还受相邻CH$_2$质子自旋的影响。CH$_2$有两个质子,它们在外加磁场中的自旋取向有三种可能(应为四种取向,因其中两种相同,故实为三种):一种取向与外加磁场一致(↑↑),这时CH$_3$质子实际感受到的磁场要比没有CH$_2$质子存在时大些,结果使CH$_3$质子在较低的外加磁场中即可产生信号出现吸收峰,即吸收峰移向低场;一种取向与外加磁场相反(↓↓),这时减弱了磁场强度,故CH$_3$质子需要在较高的外加磁场中出现吸收峰,即吸收峰移向高场;还有一种取向是两个质子自旋方向相反(↑↓或↓↑,这两种情况),这种取向对磁场强度无影响,故对CH$_3$质子吸收峰出现的位置没有影响。由于相邻CH$_2$质子自旋的影响,CH$_3$质子吸收峰出现三次,即裂分为三重峰,符合 $n+1$ 规律,$n=2$。它们的相对强度之比为1:2:1。同理,CH$_2$质子受相邻CH$_3$质子自旋的影响,裂分成四重峰,符合 $n+1$ 规律,$n=3$。相对强度之比为1:3:3:1。

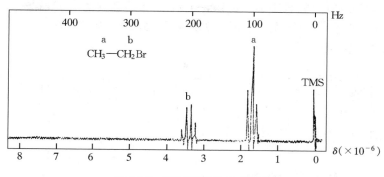

图 14-8　溴乙烷的核磁共振谱

问题 14-2　下列化合物标出的质子,哪个 δ 值最大? 哪个离 TMS 峰最近?

14.3.4　谱图说明举例

认识有机化合物的核磁共振谱图,主要从三方面着手:①根据吸收峰(组峰)的多少,找出分子中质子的种类;②根据吸收峰的强度,找出各种类型质子的相对数目;③根据吸收峰的位置和裂分情况,判断质子的化学环境。然后将三者结合起来就可以对一个具体化合物有一初步认识,若与化学分析和红外光谱等其他波谱分析相结合,可以推测出有机化合物的结构。下面利用几个已知化合物的核磁共振谱进行说明,作为谱图分析前的练习是很有好处的。

例 1:碘乙烷的核磁共振谱见图 14-9。

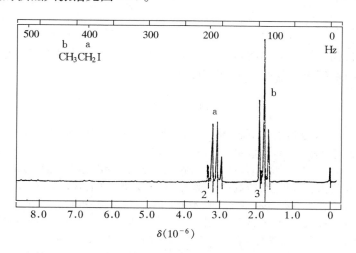

图 14-9　碘乙烷的核磁共振谱

由图 14-9 可以看出,此化合物有两组峰,说明它有两类不同质子。碘乙烷确有两类不同质子:CH_3 和 CH_2 质子。两组峰总面积比为 3:2,符合 CH_3 和 CH_2 质子数之比。在碘乙烷分子(C—C—I)中,由于碘的电负性比碳大,同时这两类质子(Ha、Hb)不同程度地都受碘电负性的影响,因此都向低场位移,其中 Ha 质子峰与 Hb 质子峰相比更移向低场。Ha 质子有三个邻近质子,它裂分为四重峰。Hb 质子有两个邻近质子,故裂分为三重峰。

例2:乙醛的核磁共振谱见图 14-10。

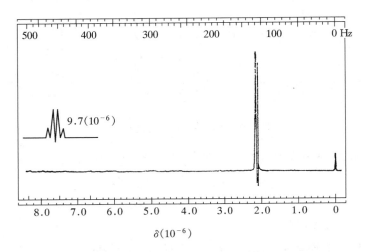

图 14-10　乙醛的核磁共振谱

乙醛有两类不同质子,故谱图上有两组峰。两组峰总面积之比为 3:1,符合两类质子数之比。醛基上的质子,因受羰基极性的影响,质子峰移向低场,δ 值约在 9.5(ppm)处。这与碳碳双键上的质子不同,后者的质子峰约在 5(ppm)处。CH_3 质子峰被醛基质子裂分为二重峰,在 $\delta = 2.2$(ppm)处。醛基的质子峰被 CH_3 质子裂分为四重峰。

小　　结

对于红外光谱,在了解官能团的特征吸收的基础上,认识谱图;对于核磁共振谱,在了解化学位移、自旋偶合与自旋裂分的基础上,重点认识谱图。

例　　题

(一)化合物 A 的分子式为 $C_2H_3Cl_3$,其 NMR 谱图在 $\delta 3.95$ 处有一个二重峰,在 $\delta 5.77$ 处有一个三重峰。峰面积之比为 2:1。试问化合物 A 的构造式是什么?

解:首先根据化合物的分子式推测出其可能的构造,然后根据 NMR 谱确定这些可能的构造中是哪一个。

分子式为 $C_2H_3Cl_3$ 的化合物可能的构造式有两种:(Ⅰ)CH_3CCl_3,(Ⅱ)$CHCl_2CH_2Cl$。

从 A 的 NMR 谱图可知:A 有两组峰,说明有两类不同的质子;在 $\delta 3.95$ 处有一组二重峰,说明该质子有一个相邻质子(根据 $n+1$ 规律);同理,在 $\delta 5.77$ 处有一组三重峰,根据 $n+1$ 规律,说明该质子有两个相邻质子;由于质子所连接的碳原子与电负性较大的氯原子相连,质子峰移向低场,说明在 $\delta 5.77$ 处为 $CHCl_2$ 质子峰,在 $\delta 3.95$ 处为 CH_2Cl 质子峰;峰面积之比为 2:1,说明两类质子数之比是 2:1。由上述分析可知,化合物 A 的构造式是(Ⅱ)而不是(Ⅰ)。

(二)化合物 A 的分子式为 $C_9H_{10}O$,它不起碘仿反应,红外光谱在 1 690 cm^{-1} 处有强吸引峰。核磁共振谱图表明:$\delta 1.2$(3H)三重峰;$\delta 3.0$(2H)四重峰;$\delta 7.7$(5H)多重峰。试推测 A 的构造式。

解:从 A 的分子式 $C_9H_{10}O$ 可以看出,它是一个高度不饱和化合物,分子式相当于芳烃通式去掉两个 H 换上一个 O。因 A 不起碘仿反应,说明分子中无 —CH—CH$_3$ 或 —C—CH$_3$ 结构。因其红外光谱图在
　　　　　　　　　　　　　　　　　　　　　　　|　　　　　‖
　　　　　　　　　　　　　　　　　　　　　　OH　　　　O

1 690 cm^{-1}处有强吸收峰,说明 A 是羰基化合物。由核磁共振谱可知:A 有三类不同质子:在$\delta 1.2(3H)$处的质子峰因是三重峰,故有两个相邻质子;在$\delta 3.2(2H)$处因是四重峰,故有三个相邻质子;在$\delta 7.7(5H)$处因有多重峰,这是苯环质子峰的特征。已知质子数之比为$3:2:5$。从化学位移值可知:CH_2 比 CH_3 质子峰移向低场,说明 CH_2 与极性的 $C=O$ 相连,而 CH_3 则不与之相连;因苯环所产生的感应磁场的影响,使苯环质子的化学位移异常出现在低场。综上所述,A 的构造式为

$$\text{苯环}-\overset{\displaystyle C}{\underset{\displaystyle O}{\|}}-CH_2-CH_3$$

习　题

（一）解释下列名词:
(1)键的伸缩振动　　　(2)特征频率
(3)化学位移　　　　　(4)自旋裂分
（二）乙醛的红外光谱图如下,指出醛基的 $C=O$ 伸缩振动吸收峰。

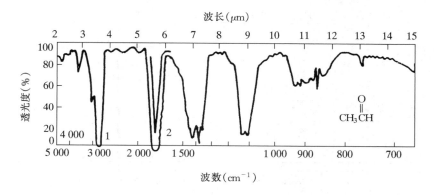

（三）某纯液体化合物的分子式为 $C_6H_{12}O_2$,其红外光谱与核磁共振谱如下页图所示。试问与之相当的化合物是下列(A)还是(B)?

（A）　$CH_3CO_2C(CH_3)_3$　　　　（B）　$(CH_3)_3CO_2CH_3$

（四）某化合物 A,分子式为 C_9H_{12},用 NMR 谱测得数据是:$\delta = 2.25$(单峰),$\delta = 6.78$(单峰),相应的峰面积之比为$3:1$。试推测化合物 A 的构造式。

（五）下页图为分子式 C_7H_8O 的红外光谱,试问与之相当的化合物是下列哪一个?

（A）　2-甲基苯酚(CH_3取代的—OH苯)　　（B）　苯甲醚($—OCH_3$苯)

（六）下列核磁共振谱数据分别与下面 $C_5H_{10}O$ 异构体中的哪一种化合物相对应?
(1)$\delta 1.02$(双峰),$\delta 2.13$(单峰),$\delta 2.22$(七重峰)
(2)$\delta 1.05$(三重峰),$\delta 2.47$(四重峰)
(3)两个单峰

（A）$CH_3-\overset{\displaystyle CH_3}{\underset{\displaystyle CH_3}{C}}-CHO$　　（B）$CH_3-\overset{}{\underset{\displaystyle CH_3}{CH}}-\overset{\displaystyle O}{\underset{}{C}}-CH_3$　　（C）$CH_3CH_2CH_2-\overset{\displaystyle O}{\underset{}{C}}-CH_3$

（D）$CH_3CH_2\overset{\displaystyle O}{\underset{}{C}}CH_2CH_3$　　（E）$CH_3\overset{}{\underset{\displaystyle CH_3}{CH}}CH_2CHO$

287

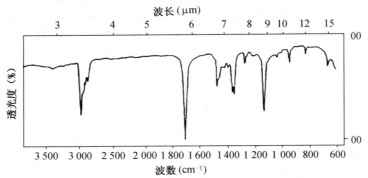

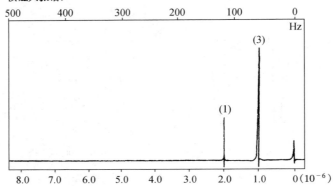

题（三）附图

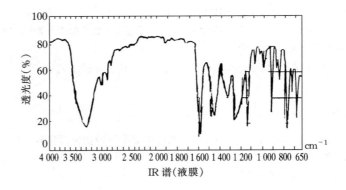

题（五）附图

（七）指出下列化合物在 PMR 谱图中主要有几组峰。

（1）$C_6H_5CH_3$ （2）$(CH_3)_2CO$

（3）$CH_3CH_2CH_2OH$ （4）CH_3CHO

（八）化合物 A 的的分子式为 $C_9H_{10}O$，其红外光谱在 1 705 cm^{-1} 处有强吸收峰，核磁共振谱图为：$\delta 2.0$

(3H)单峰;δ3.5(2H)单峰;δ7.1(5H)多重峰。试推测 A 的构造式。

（九）给出与下列各组核磁共振数据相符的有机化合物的构造式。

（1）C_4H_9Br

δ1.04(6H)二重峰;δ1.93(1H)多重峰;δ3.33(2H)二重峰。

（2）$C_3H_5ClO_2$

δ3.81(3H)单峰;δ4.08(2H)单峰

（十）下列哪些化合物的 NMR 谱中只有两个信号,而且其峰面积之比是 3:1。

（1）$CH_2\!=\!CHCH_3$ （2）$CH_2\!=\!C(CH_3)_2$

（3）CH_3COOCH_3 （4）CH_3CHCl_2

实　　验

　　有机化学是一门实践性很强的学科。有机化学实验知识和有机化学理论知识是紧密相关的,由于侧重面不同,被人为地分为理论教学和实验教学两部分。

　　有机化学实验一般包括有机化合物的性质实验、基本操作与合成实验三部分。有机化合物的性质实验通常在试管中进行,它是通过化学反应在试管中所呈现的现象(如反应前后的温度变化、颜色变化和有沉淀、气体或气味产生等)来说明化学反应的发生,以便验证和掌握这些化合物的化学性质。由于这些实验比较简单,而实验学时数又比较少,故在多数有机化学实验书中不再列入。掌握有机化学的实验技术和有机化合物的合成方法,是处理和解决实际问题所必须具备的条件。因此,有机化学实验无论是单独设课,还是与其他化学实验一起设课,都包括这两部分内容。

　　因学时数所限,本书是将基本操作技能的训练结合在合成实验中进行。若所选合成实验未介绍基本操作时,请到有关实验的附录中查找。合成实验选择了液体和固体两类化合物的合成。原则是:合成方法具有代表性,且容易操作;每个实验均能与最常用的基本操作紧密结合,以便通过少数实验对有机化学实验有一较全面概括的了解。在选做实验时,若只选两个实验,液体和固体化合物最好各选一个,因为这样所涉及到的基本操作较多,收益较大。

实验1　溴乙烷的制备

1. 原理

　　实验室中制备溴乙烷,通常采用浓硫酸和溴化钠与乙醇作用。其中浓硫酸与溴化钠首先反应生成 HBr,后者立即与乙醇作用,则乙醇中的羟基被溴原子取代,生成溴乙烷。

　　主反应

$$NaBr + H_2SO_4 \longrightarrow HBr + NaHSO_4$$

$$C_2H_5OH + HBr \underset{\triangle}{\overset{}{\rightleftharpoons}} C_2H_5Br + H_2O$$

　　副反应

$$C_2H_5OH \xrightarrow[\triangle]{H_2SO_4} CH_2{=\!=}CH_2 + H_2O$$

$$2C_2H_5OH \xrightarrow[\triangle]{H_2SO_4} C_2H_5OC_2H_5 + H_2O$$

2. 药品及产品的物理性质[1]

　　乙醇(CH_3CH_2OH)　无色液体,有特殊气味,易燃;mp − 114.7℃,bp78.5℃;$d_4^{20}0.789\ 3$,$n_D^{20}1.136$;它与水、乙醚、氯仿等许多有机溶剂互溶。

　　溴化钠(NaBr)　白色晶体粉末,mp750℃,bp1 392℃,密度 3.211 g·cm^{-3};易溶于水,在水中的溶解度为 47.5(20℃)、116(50℃)、121(100℃)。

　　在 15～20℃时,自水中结晶出的溴化钠为二水合物 NaBr·2H₂O(超过30℃则析出无水溴化钠)。它是无色晶体粉末,易潮解,mp50.7℃,密度 2.176 g·cm^{-3};热至 50℃以上时易失去结晶水;易溶于水,在水中的溶解度为 79.5(50℃)、118.5(50.5℃);能溶于无水甲醇(15℃时溶解度为 17.42)和乙醇(25℃时溶解度为 2.31)。

硫酸(H_2SO_4）　纯品为无色油状液体，$d_4^{20}1.834$；98.3% 的 H_2SO_4 水合物，bp330℃；硫酸具有很强的吸水性和氧化性，能与水猛烈结合并放出大量热，故硫酸稀释时，应慢慢加入水中并很好地搅拌；能与棉麻织物、纸张等作用而使之炭化；能与许多金属或其氧化物作用，生成硫酸盐。工业品硫酸，因常含有杂质而呈黄或棕色。

亚硫酸氢钠（$NaHSO_3$）　白色晶体或结晶粉末，密度 $1.48\ g\cdot cm^{-1}$，在熔点分解；溶于水（溶解度为 29），不溶于乙醇和丙醇，有强还原性。饱和亚硫酸氢钠溶液在使用前配制，其配制方法是：将 $NaHCO_3$ 或 $Na_2CO_3\cdot 10H_2O$ 与水混合，所用水量为 1 g $NaHCO_3$ 约需 5～7.5 mL 水。采用 $Na_2CO_3\cdot 10H_2O$ 时，所用水量以使粉末上只盖有一薄层水为宜，然后通入用水洗涤过的 SO_2，直至几乎完全没有 CO_2 放出为止。

溴乙烷（CH_3CH_2Br）　无色液体，mp –119℃，bp38.4℃，$d_4^{20}1.460\ 4$，$n_D^{20}1.423\ 9$；在水中的溶解度为 1.067（0℃）、0.965（10℃）、0.914（20℃）、0.896（30℃），溶于乙醇、乙醚等有机溶剂。

3. 药品规格及用量

乙醇（95%）　C.P.（化学纯）10 mL（0.165 mol）

无水溴化钠　C.P. 13g（0.126 mol）

浓硫酸（$d_4^{20}1.84$）　C.P. 19 mL（0.34 mol）

饱和亚硫酸氢钠溶液　实验室自制

4. 仪器规格及数量

本实验所用主要仪器有：圆底烧瓶（100 mL，3），75°弯管、直形冷凝管（2）、接引管（2）、锥形瓶（50 mL 或 100 mL，3）、烧杯（200 mL，2）、蒸馏头（1）、温度计（100 ℃，1）、分液漏斗（1）。

5. 实验所需时间　约 4 h

6. 实验步骤

在 100 mL 的圆底烧瓶中加入 9 mL 水[2]，在振荡下慢慢加入 13 g 研细的溴化钠[3]，待溶解后，圆底烧瓶在冷却和不断振荡下，慢慢向其中加入 19 mL 浓硫酸，再加 10 mL95% 乙醇，最后加入 2～3 粒沸石[4]。将盛有反应物的圆底烧瓶冷却、待用。

在铁架台前放好热源（如煤气灯），铁架台上固定一个铁环[5]，环上放一石棉网，将盛有反应物的圆底烧瓶用铁夹固定在石棉网上，然后将圆底烧瓶与 75°弯管的一端连接[6]。在另一个铁架台上，用铁夹夹住直形冷凝管的中部[7]。调整铁架台的位置和铁架的高度，将冷凝管的上口与弯管的另一端连接。冷凝管夹套的下口用橡皮管与水龙头相连，上口用橡皮管引至水槽中。冷凝管下口与接引管相连，接引管再与接受器相连。接受器中放入一定量的水，水量多少以接引管下端斜口几乎全部浸入水面下为宜[8]，然后接受器放在冰水浴中冷却。实验装置见图 1-1。

仪器安装完毕后，打开水龙头，使冷凝管夹套中充满冷水，并从上口慢慢流出[9]。点燃煤气灯，用小火加热烧瓶[10]。不久，圆底烧瓶中有气泡产生，冷凝管下端有油状物流出，沉于接受器水层底部。调节火焰，使油状物逐渐慢慢蒸出[11]，约半小时后，逐渐加大火焰，直至无蒸出物为止[12]。

反应完毕后拆卸仪器，顺序依次是：将接受器移开[13]，停止加热；关闭冷却水，并将夹套中的冷却水放掉；取下接引管，取下冷凝管，取下 75°弯管；趁热将圆底烧瓶中的残液倒出[14]；将上述使用过的仪器放好待洗。

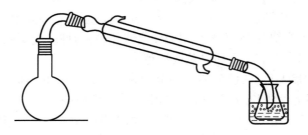

图 1-1　制备溴乙烷装置图

将接收器中的液体倒入分液漏斗(见本实验附录(一))中,静置。分层后,将下层的粗溴乙烷放入干燥的小锥形瓶中[15];然后将锥形瓶放入冰水浴中,在振荡下慢慢滴加浓硫酸,直至溴乙烷澄清,且分层为止(约需4~5 mL浓硫酸)[16]。用干燥的分液漏斗仔细地分去下面的硫酸层,再从分液漏斗的上口将溴乙烷倒入干燥干净的50 mL圆底烧瓶中[17]。

在装有粗溴乙烷的圆底烧瓶中加入2~3粒沸石,按本实验附录(二)中的图1-4安装好蒸馏装置。由于溴乙烷沸点较低,故采用水浴加热,同时接受器用冰水浴冷却。将冷凝器套管中通入冷却水,然后加热,进行蒸馏,收集37~40℃的馏分。产量约10 g。

7. 理论产量和产率的计算

进行合成实验,一般并不完全按照反应式所示比例投料,而是使其中一种原料过量。究竟使哪一种原料过量,则根据反应完后是否容易除去或回收,能否引起副反应,价格是否便宜等诸因素决定。

根据反应式和药品用量(以其中用量最少者为基准),计算理论产量和产率。理论产量是指作为基准的原料全部转变为产品时所得到的产量。由于许多有机反应不能完全进行,或有副反应发生,以及操作中的损失等,产品的实际产量通常比理论产量低,故需计算产品的产率。实际产量与理论产量的百分比称为产率。产率的高低是评价一个实验方法和考核实验者实验技能的一个重要指标。

本实验是以溴化钠为基准,其产率可按下式计算:

$$百分产率 = \frac{实际产量}{理论产量} \times 100\%$$

8. 清洗仪器

实验完毕后必须立即清洗仪器,应养成这种习惯。仪器使用完后立即洗刷,不但容易洗净,且可根据情况了解残渣,便于采用相应措施进行洗涤。例如,碱性残渣可用酸液处理,酸性残渣可用碱液处理,残渣除去后,倒入存废液的缸中,然后再用一般方法洗涤。

最简便洗涤仪器的方法,是用毛刷和去污粉擦洗;也可用洗衣粉或肥皂掺入一些去污粉擦洗,效果很好。擦洗后再用清水将仪器洗净。

洗净后的仪器进行干燥,以备下次实验时使用。

注　释

[1]实验前熟悉原料和产物的物理性质,将有利于实验的进行。例如,粗溴乙烷在用分液漏斗分离时,由于这次是分离溴乙烷和水,已知溴乙烷 d_4^{20} 是1.460 4,比水重,故溴乙烷在下层;而溴乙烷与硫酸溶液分离时,溴乙烷比硫酸溶液轻而在上层。由于知道了各种化合物的相对密度,分离时才不会发生错误。

［2］加入少量水的作用是：反应进行时可防止产生大量泡沫，减少副产物乙醚的生成，避免氢溴酸的挥发。

［3］溴化钠研细并在搅拌下加入水中，是为了防止溶解时结块而影响反应的进行。

［4］在反应或蒸馏等操作中，沸石起搅拌作用，以防局部过热。

［5］铁环的高度，以便于加热或撤去热源为宜。若使用热包作为热源，则不需要铁环，将圆底瓶直接放在热包中即可。

［6］使用磨口仪器时，应在磨口处涂一薄层凡士林，然后轻轻转动弯管（或其他仪器），使磨口处透明，这样连接紧密而不漏气。

［7］铁夹在使用前应贴上衬布或橡皮，以免铁器直接夹紧玻璃而损坏仪器；铁架在固定横放的仪器时，铁架的旋扭需朝向，即在仪器的上方，以免固定不紧或拆卸时仪器脱落而破损。另外，用铁夹固定冷凝器中间时，冷凝器两端应受力均匀，避免因受力不均而损坏。

［8］由于溴乙烷沸点低，且在水中的溶解度甚小，因此，在接受器中加入少量水，同时接引管末端稍微浸入水中，以防溴乙烷挥发。

［9］冷却水量的大小，视溴乙烷冷却效果而定。若溴乙烷蒸气来不及冷却，为防止溴乙烷损失，可将冷却水量加大。

［10］开始加热时常有泡沫产生，若大火加热，会使反应物冲出。

［11］蒸馏速度不宜太快，否则，蒸气来不及冷却将造成损失。

［12］整个反应过程约需 0.5～1 h。反应终了时，圆底烧瓶中的反应混合液由浑浊变为清亮透明。另外，如果接受器中收集的粗溴乙烷带有黄色或棕黄色，可加入 5 mL 饱和亚硫酸氢钠溶液，以除去颜色。

［13］反应完毕后，在停止加热前，应首先移开接受器，以防倒吸。在反应过程中，也应密切注意防止倒吸。一旦发生倒吸，应将接受器放低，使接引管下端离开水面，并适当加大火焰，待有馏出液出来时，再恢复原状。

［14］趁热将残液倒出，是防止因硫酸氢钠冷后结块而不易倒出。

［15］应避免将水带入分出的溴乙烷中，否则，用浓硫酸处理时，因有水存在而产生热量，使产品挥发造成损失。

［16］加入浓硫酸是为了除去少量的乙醚、乙醇和水等杂质。操作时应在冷却下进行，以防止溴乙烷挥发。

［17］溴乙烷从分液漏斗上口倒出，是为了避免从下口流出时，进一步带入漏斗颈壁上附着的硫酸和水等杂质。在从分液漏斗上口倒出时，应尽量远离上口的通气孔，以免造成损失。

思 考 题

（1）在本实验中，哪一种反应物是不过量的？为什么选择它不过量？

（2）为了减少溴乙烷因挥发而造成损失，本实验中采取了哪些措施？

（3）粗产物中可能含有什么杂质？是如何除去的？

附 录

（一）分液漏斗的使用

1. 分液漏斗

分液漏斗如图 1-2 所示。使用前需要试漏（一般用水试验），以检查上塞和下塞（旋塞）是否紧密；然后将旋塞擦干，涂上少许凡士林，转动旋塞至均匀透明。为防止使用过程中旋塞移动，可套上橡皮圈加以保护。

分液漏斗使用完毕后洗净，上、下塞与漏斗分放（由于分液漏斗不是标准磨口，故每一套分液漏斗的上、下塞不能与另一套混用），或上、下塞涂好凡士林后安装好，以防使用时上、下塞不能打开。

2. 分液漏斗的使用

分液漏斗的主要用途是：两种不相混溶液体的分离；从液体混合物中提取所需要的物质——萃取；从液体

中洗去少量杂质——洗涤。

  分离 将分液漏斗放在铁架台的铁环上,然后将被分离的液体通过小玻璃漏斗倒入分液漏斗中(或从分液漏斗上口直接倒入,此时应远离通气孔,以防液体流出),盖好上盖,对好通气孔,静置,分液漏斗下面放好接受器。待两液层界面分清后,打开分液漏斗下面的旋塞,令下层液体流入接受器中。当分液漏斗中下层液体较少,应减慢液体流出速度;当两液体界面接近旋塞,或分液漏斗壁上沾有下层液体或悬浮物时,应暂时关闭旋塞。摇动分液漏斗,使分液漏斗内液体作圆周运动,使壁上附着物下沉,静置,当界面平稳后,慢慢放出下层全部液体。余下的上层液体由分液漏斗的上口倒入接受器中。

  萃取和洗涤 萃取和洗涤的操作相同。操作方法是,将待处理的液体和萃取用或洗涤用的溶剂倒入分液漏斗中,盖好上塞,用力振荡,使液体充分接触。振荡时的操作方法是:将分液漏斗倾斜,使上口略朝下,右手握住漏斗上口颈部,并用食指压紧塞子,以免塞子松开;左手握住旋塞,以免振动时旋塞转动或脱落,但仍需能够灵活扭动,如图1-3所示。振荡后,漏斗仍保持倾斜状态,转动旋塞,放出气体,使内外压力平衡,以免放置时上塞被气体冲出。放气后,关闭旋塞。重复上述操作数次,然后将分液漏斗放在铁环上,打开通气孔静置。待两液相完全分开(两相界面平稳)后,按上述分离方法进行分离。为获得满意的萃取或洗涤结果,此操作可重复数次(但溶剂用量应尽可能少)。在萃取或洗涤过程中,一定量的溶剂分多次萃取或洗涤要比一次的效果好。

  在萃取或洗涤时,上下两层液体都应保留至实验完毕,否则,如果判断和操作发生错误,将无法补救。

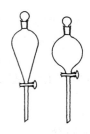

图1-2 分液漏斗

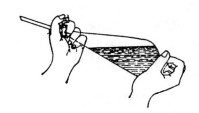

图1-3 用分液漏斗萃取或洗涤的操作

(二)蒸馏

1.蒸馏及其应用

  将液体加热至沸腾,则液体转变为蒸气,然后再将蒸气冷凝成液体,这种操作方法称为蒸馏。蒸馏分为普通蒸馏、减压蒸馏和水蒸气蒸馏。在常压下进行的蒸馏称为普通蒸馏。这里只介绍普通蒸馏。普通蒸馏是分离和提纯液态有机化合物最常用且较简便的方法之一。它可应用于以下几个方面:①分离液体混合物(混合物中各组分的沸点一般相差30℃以上为好);②提纯液体或低熔点固体;③回收溶剂或浓缩溶液;④测定化合物的沸点。

2.蒸馏装置和操作

  普通蒸馏最常用的装置,主要是由圆底烧瓶、蒸馏头(使用非磨口仪器时,这两种装置为蒸馏瓶所代替)、温度计、直形冷凝管、接引管、接受器(圆底烧瓶或锥形瓶)组成。蒸馏装置如图1-4所示。

  在铁架台前放好热源(如煤气灯),铁架台上固定好铁环,其高度应便于加热和撤去热源,铁环上面放一石棉网(或水浴锅或油浴锅),将圆底烧瓶用铁夹固定在石棉网上,瓶口安装上蒸馏头(磨口处涂上少许凡士林,转动蒸馏头使凡士林均匀,磨口处呈透明状,磨口处均需照此处理)。在另一铁架台上,用铁夹夹住冷凝管中部,冷凝管下口用橡皮管与水嘴相连,上口用橡皮管通入水槽中,使两个铁架台在一条直线上(横线)。调整冷凝管,使冷凝管的中心线与蒸馏头支管的中心线在一条直线上(横线),然后将冷凝管上口与蒸馏头支管相连,冷凝管下口与接引管上口相连接,接引管下口再与接收器相连。

  将需要蒸馏的液体,从蒸馏头上口经玻璃漏斗倒入圆底烧瓶中,然后放入2~3粒沸石,在蒸馏头上口安装上温度计(注意水银球上端需要与蒸馏头支管的下侧处于同一直线上,见图1-4)。将冷凝管套管中通入冷却水(水流大小视蒸馏液沸点高低而定),最后加热。当圆底烧瓶中的液体开始沸腾时调节火焰,使蒸出的冷

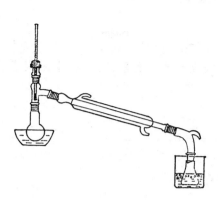

图1-4(Ⅰ) 溴乙烷蒸馏装置

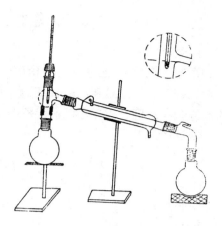

图1-4(Ⅱ) 普通蒸馏装置

凝液滴出的速度约为2~3滴/秒。当温度恒定后,换另外一个接受器,收集所需冷凝液,待温度有明显变化或圆底烧瓶内所剩残液很少时,停止加热。(从收集第一滴冷凝液至停止蒸馏为止,此时的温度即为该液体的沸点范围。)关闭并放掉冷却水,依次取下接受器、接引管、冷凝管、温度计、蒸馏头、圆底烧瓶、石棉网、铁环、热源。

将玻璃仪器洗净后干燥。

实验2 乙酸乙酯的制备

1. 原理

在硫酸催化下,乙酸和乙醇作用生成乙酸乙酯。由于酯化反应是可逆反应,达到平衡时,一般只有2/3的乙醇和乙酸转变为乙酰乙酯。为了得到较高产率的乙酸乙酯,通常采用过量的乙醇和在反应过程中不断蒸出乙酸乙酯。

主反应

$$CH_3C\!\!-\!\!OH + HOCH_2CH_3 \underset{}{\overset{H_2SO_4,\triangle}{\rightleftharpoons}} CH_3C\!\!-\!\!OCH_2CH_3 + H_2O$$
$$\underset{O}{\|} \qquad\qquad\qquad\qquad \underset{O}{\|}$$

副反应

$$CH_3CH_2OH + HOCH_2CH_3 \xrightarrow[\triangle]{H_2SO_4} CH_3CH_2\!\!-\!\!O\!\!-\!\!CH_2CH_3 + H_2O$$

2. 药品及产品的物理性质

冰醋酸(CH_3COOH) 即纯醋酸,因在较低温度下呈冰状结晶而得名。无色透明液体,有刺激性,mp16.7℃,bp118℃,d_4^{20}1.0492,n_D^{20}1.371 8。它能与水、乙醇、乙醚和四氯化碳等混溶。

乙醇(CH_3CH_2OH) 见实验1。

浓硫酸(H_2SO_4) 见实验1。

碳酸钠(Na_2CO_3) 白色粉末,mp 854℃,密度 2.533 g·cm^{-3}。它易溶于水(20℃时为17.8%),同时放热,水溶液呈碱性,不溶于乙醇、乙醚。

氯化钙($CaCl_2$) 白色晶体物质,有吸湿性,mp772℃,密度 2.512 g·cm^{-3}(25℃)。它极易溶于水(20℃时为42.7%),同时放出大量热,在乙醇和丙酮中比在水中的溶解度小。

氯化钠($NaCl$) 立方形白色晶体或细小结晶粉末,mp 800.3~801.3℃,密度 2.165 g·cm^{-3}。它易溶于水(25℃时为26.54%),不溶于乙醇。

碳酸钾(K_2CO_3) 白色晶体粉末,在湿空气中潮解,mp 891±5℃,密度 2.428 g·cm^{-3}(19℃)。极易溶于水(20℃时为52.8%),不溶于乙醇和乙醚。

3. 药品规格及用量

冰醋酸 C.P. 14.3 mL(0.25 mol)

乙醇(95%) C.P. 23 mL(0.37 mol)

浓硫酸 C.P. 3 mL

饱和碳酸钠溶液

饱和氯化钙溶液

饱和食盐水

无水碳酸钾

4. 仪器规格及数量

本实验所用主要仪器有:三口瓶(100 mL)、滴液漏斗、温度计(100℃和150℃各一支)、分馏柱、蒸馏头、直形冷凝管、接引管、圆底烧瓶(100 mL)、锥形瓶(100 mL)。(各种仪器各1个)

5. 实验所需时间 约4~6 h

6.实验步骤

在干燥的 100 mL 三口瓶中,加入 3 mL 乙醇[1],在摇动下慢慢加入 3 mL 浓硫酸,并使之混合均匀,投入 2~3 粒沸石;在干燥的锥形瓶中,加入 20 mL 乙醇,在摇动下慢慢加入 14.3 mL 冰醋酸,并使之混合均匀[2],待用。

在铁架台前放好热源(如煤气灯),在铁架台上固定好铁环,其上放石棉网,将盛有反应物的三口瓶固定在石棉网上(铁夹夹在中间颈上),在三口瓶的中间口安上分馏柱[3],分馏柱上口与蒸馏头下口相连,蒸馏头上口安装 100℃温度计。蒸馏头支管与直形冷凝管相连[4],冷凝管下口与接引管相连,接引管下口再与圆底烧瓶相连。冷凝管夹套下口用橡皮管与水嘴相连,上口用橡皮管引入水槽中。在三口瓶的一个侧口安装 150℃温度计,且使其水银球浸入液面以下,距瓶底约 0.5~1 cm。在滴液漏斗中加入已配制好的 20 mL 乙醇和 14.3 mL 冰醋酸的

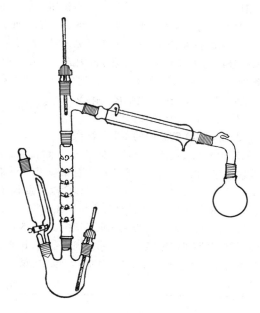

图 2-1　制备乙酸乙酯的反应装置图

混合液,然后将滴液漏斗安装在三口瓶的另一个侧口上。反应装置如图 2-1 所示。

仪器安装后,打开冷却水,加热三口瓶。当瓶中液体的温度达到 115~120℃时,慢慢滴加乙醇和冰醋酸的混合物[5],则逐渐有产物蒸出。调节滴加速度,使之与蒸出产物速度大致相同。观察温度,此时液相温度约为 120~125℃,气相温度约为 80℃以下。加料完毕后(约 1.5 h),在 120~125℃下继续加热(约 10 min),直至无液体蒸出为止。

取下接受器圆底烧瓶,将饱和碳酸钠溶液分批少量(每次约 1~2 mL)加入到圆底烧瓶中,同时不断摇动,直至无 CO_2 气逸出为止[6]。然后将此混合液倒入分液漏斗,静置分层,分出下面水层[7],用石蕊试纸检查上面酯层,若仍显酸性,则需要再用饱和碳酸钠溶液洗涤[8],直至不显酸性为止。

酯层用等体积的饱和食盐水洗涤[9],分出下面水层,再用等体积的饱和氯化钙溶液洗涤两次[10],分出水层。最后将酯层从分液漏斗上口倒入干燥的小锥形瓶中,然后加少量的无水碳酸钾进行干燥[11]。

将干燥的粗乙酸乙酯倒入圆底烧瓶中,按实验 1 中附录的说明安装好蒸馏装置,然后利用水浴加热进行蒸馏。收集 74~78℃的馏分,产量约为 14~16 g。

注　释

[1]本实验采用乙醇过量和反应过程中随时蒸出产物的方法来提高产率,同时采用边加料边蒸出产物的方法。因此,在反应瓶中预先只放入少量乙醇和催化剂硫酸即可。

[2]乙醇和浓硫酸一定要混合均匀,否则将影响浓硫酸的催化效果。

[3]三口瓶中间口安装分馏柱等仪器时,受力较均匀,虽然安装的仪器较多,也不易损毁。

[4]见实验 1 注释[6]。

[5]利用本实验方法,乙酸乙酯产量高低的关键是控制反应温度和滴加速度。温度过低,酯化反应不完全;温度过高(>140℃),乙醇在硫酸的作用下易发生脱水和被氧化,分别生成乙醚、乙醛和乙酸等副产物。滴加速度太快,大量乙醇来不及反应即被蒸出,而使酯的产率降低;滴加速度太慢,则浪费时间。

[6]加饱和碳酸钠水溶液是为了除去粗乙酸乙酯中的酸性杂质乙酸和亚硫酸。反应生成的盐和多余的碳酸钠还起盐析作用,减少乙酸乙酯因溶于水而造成的损失。若用水洗,不仅效果较差,乙酸乙酯会因在水中溶解度较大而损失;同时,水与乙酸乙酯的相对密度和颜色均较接近,水洗后分层较困难。用饱和碳酸钠水溶液分批少量洗涤的原因,见实验1附录。

[7]见实验1附录中的分离。

[8]见实验1附录中的萃取与洗涤。

[9]用饱和食盐水溶液洗涤的目的,是除去粗乙酸乙酯中因用饱和碳酸钠溶液洗涤而残留的碳酸钠。若有碳酸钠存在时,再用饱和氯化钙溶液洗涤,则碳酸钠与氯化钙作用,在分液漏斗中形成不溶的絮状碳酸钙,堵塞分液漏斗,无法进行分离。用饱和食盐水而不用水洗的原因,见本实验注释[6]。

[10]用饱和氯化钙水溶液洗涤粗乙酸乙酯,是为了除去酯中含有的乙醇(反应时乙醇过量,酯中含乙醇的量较多)。因为乙醇能与氯化钙形成配合物,故氯化钙溶液能有效地除去乙醇。当乙酸乙酯中含有较多的乙醇时,在蒸馏时二者能形成二元共沸混合物,其沸点较乙酸乙酯低,在乙酸乙酯被蒸之前即被蒸出(前馏分),使乙酸乙酯受到损失,产率降低。例如,乙酸乙酯、乙醇和水可以形成二元和三元共沸混合物,其沸点及组成如下:

沸点(℃)	组 成(%)		
	乙酸乙酯	乙醇	水
71.8	69.0	31.0	
70.4	91.9		8.1
70.2	82.6	8.4	9.0

[11]也可用无水硫酸镁作干燥剂。硫酸镁($MgSO_4$)是白色结晶粉末,mp1 124℃,d_4^{20}2.66,溶于水和乙醇等。

思 考 题

(1)为什么要用过量的乙醇?

(2)粗乙酸乙酯中主要含有哪些杂质? 应如何除去?

(3)能否用氢氧化钠溶液代替碳酸钠溶液洗涤粗乙酸乙酯?

实验 3   乙酰苯胺的制备

1. 原理

在加热条件下，冰醋酸与苯胺作用，失水生成乙酰苯胺。反应式如下：

$$\underset{\text{NH}_2}{\bigcirc} + CH_3\underset{\text{O}}{C}-OH \xrightleftharpoons{\triangle} \underset{\text{NH}\,C\,CH_3}{\bigcirc} + H_2O$$

本实验采用冰醋酸过量及利用分馏的方法从反应体系中除去生成的水的两种措施，来提高平衡转化率。

2. 药品及产品的物理性质

冰醋酸（CH_3COOH）   见实验 2

锌粉（Zn 粉）   锌粉通常含 Zn80% ~ 90%、ZnO5% ~ 15%、Cd 及 Fe 的含量不定，有时还含有少量的 As、Sb、Cu、SiO_2，并总含有约 0.4% 的 Zn_3N_2（氮化锌）。锌粉是极细的深灰色粉末，具有很强的还原性，是一种重要的还原剂。

活性炭（C）   是一种具有多孔结构的黑色细小颗粒或粉末，含碳量 10% ~ 98%。1 g 活性炭的表面积可达 500 ~ 1 000 m^2，具有极强的吸附能力，能吸附气体、蒸气或胶态固体。

苯胺（C_6H_5—NH_2）   无色油状液体，有特殊气味，mp – 6℃，bp184.4℃，d_4^{20}1.021 73，n_D^{20}1.585 5。苯胺能随水蒸气挥发，在水中的溶解度为 3.4（20℃）、3.5（25℃）、3.7（30℃）、6.4（90℃），并能与乙醇、乙醚和苯等混溶。

乙酰苯胺（ $\underset{\text{O}}{\bigcirc}$—$\underset{\text{O}}{NHCCH_3}$ ）   无色闪光鳞片状晶体或白色粉末，mp114℃（115 ~ 116℃），bp303.8℃。在水中溶解度为 0.52（20℃）、5.8（90℃）、6.5（100℃），能溶于乙醇、乙醚、氯仿和苯等有机溶剂。

3. 药品规格及用量

苯胺   C. P. 5.1 g 5 mL（0.055 mol）

冰醋酸   C. P. 7.8 g   7.4 mL（0.13 mol）

锌粉   C. P. 0.1 g

活性炭   0.5 g

4. 仪器规格及数量

本实验所用的主要仪器有：圆底烧瓶（100 mL）、分馏柱、蒸馏头、温度计（150℃）、接引管、量筒（10 mL）、烧杯（250 mL，3）、布氏漏斗、吸滤瓶、保温漏斗。（其他仪器各 1 个）

5. 实验所需时间   6 h

6. 实验步骤

在铁架台前放好热源（如煤气灯），铁架台上固定一铁环，高度以便于加热和撤去热源为宜，铁环上面放一石棉网。

在 100 mL 圆底烧瓶中加入 5 mL 新蒸馏过的苯胺[1]、7.4 mL 冰醋酸、0.1 g 锌粉[2]。将此圆底烧瓶用铁夹固定在石棉网上，圆底烧瓶上装一分馏柱[3]，并用铁夹固定在铁架台上，柱顶安装蒸馏头，蒸馏头上口安装一支 150℃温度计，侧口与接引管相连，接引管下口处放一小量

299

筒作为接受器,收集反应生成的水以及被水携带出的未反应的醋酸。装置如图3-1所示。

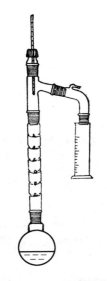

用小火加热放在石棉网上的圆底烧瓶至其中液体沸腾,逐渐观察到蒸气沿分馏柱上升,温度约达105℃时即有蒸出物流出。在105℃左右保持约1 h,反应所生成的水和少量未反应的醋酸可完全蒸出。当圆底烧瓶中出现白雾或温度出现上下波动时,反应即告完成,停止加热。

依次取下量筒[4]、接引管、温度计、蒸馏头、分馏柱和圆底烧瓶。将圆底烧瓶中的混合物趁热倒入不断搅拌下盛有100 mL冷水的烧杯中,并继续搅拌,冷却烧杯,则粗乙酰苯胺以细粒状析出。用减压过滤的方法滤出析出的固体[5],即将烧杯中固体和液体倒入布氏漏斗中,抽气过滤,用玻璃塞把固体压碎,再用5~10 mL水洗涤[6]。将粗乙酰苯胺用水进行重结晶[7],即将粗乙酰苯胺倒入盛有150 mL热水中[8]加热煮沸,直至油珠全部消失为止。若仍有油珠未消失,需补加热水,直至油珠全部溶解[9]。稍冷后(停止沸腾),加入0.5 g活性炭[10],搅拌均匀,煮沸约5 min。停止加热,趁热用保温漏斗过滤[11]。将滤液冷却,则析出白色片状乙酰苯胺沉淀。减压过滤,用玻璃盖压干,将产品倒在表面皿上干燥。产量约5 g(产率约75%)。

图3-1　制备乙酰苯胺的装置

产品干燥后,测定熔点。

注　释

[1]久置的苯胺因被空气氧化而有颜色(杂质),这会影响产品乙酰苯胺的质量,故使用前应进行蒸馏。新蒸馏的苯胺为无色或淡黄色液体。

[2]加少量锌粉是为了防止苯胺在反应中被氧化。但锌粉量不能过多,否则在后处理时将生成不溶于水的氢氧化锌,影响后处理。

[3]见实验1注释[6]。

[4]观察量筒中液体的数量,根据其量可粗略地估算出反应是否完全(应比估算的水量多,在馏出液中还含有醋酸)。

[5]减压过滤见附录中的(4)。

[6]洗去残留的酸。

[7]重结晶操作见附录。

[8]乙酰苯胺用水作溶剂进行重结晶,具有操作简便、价格便宜、环境污染少等优点。使用热水是为了减少乙酰苯胺溶解的时间,避免较长时间在水中加热而造成损失(尤其酸未洗净时损失更多些)。

[9]油珠是熔融状态的含水乙酰苯胺(83℃时含水13%,低于83℃时乙酰苯胺以固体存在),而非杂质。无油珠时,才说明乙酰苯胺已经全部溶解。

[10]活性炭在这里作为脱色剂。当溶液沸腾时加活性炭会引起突然暴沸,使溶液冲出烧杯造成损失,故应稍冷后加入活性炭。加入活性炭后,不宜加热时间过长,否则产品被活性炭吸附造成损失。

[11]过滤时应使溶液和漏斗的温度尽可能高,以免乙酰苯胺在漏斗中析出而损失。保温漏斗过滤见附录。

附　录

（一）重结晶和过滤

重结晶是纯化固体有机物常用的重要方法之一。利用有机反应制备的产物，常常含有少量杂质，除去这些杂质最常用的方法之一，是选择合适的溶剂，使被提纯的有机物在该溶剂中高温时溶解，低温时难溶或溶解度变小，而杂质或溶解或不溶，趁热过滤除去不溶杂质；将滤液冷却，则被提纯物在溶剂中的溶解度降低而结晶析出，溶解的杂质仍留在溶液中。过滤、洗涤晶体、除去吸附在晶体表面上的杂质，从而得到纯的有机物。将有机物干燥，测定熔点，若发现其纯度不符合要求，可重复进行重结晶，直至熔点不再改变为止。重结晶过程如下。

1. 溶剂的选择

重结晶时，选择合适的溶剂至关重要。在选择溶剂时，首先应考虑被溶解物质的组成和结构，一般根据"相似互溶"的原理来确定溶剂。根据这一原理可知，溶解不同种类物质所需溶剂的类型是不完全相同的，它们之间的关系大致如下。

物质的种类：　　　溶剂的类型（最常用溶剂举例）：

烃
卤代烃｝
醚
　　　　烃（石油醚、苯、二甲苯），醚（乙醚、四氢呋喃），卤代烃（氯仿、四氯化碳、二氯乙烷）等
胺
酯｝　　　酯（乙酸乙酯、乙酸戊酯）
硝基化合物
腈｝
酮｝　　　醇（甲醇、乙醇），噁烷（二噁烷）
醛　　　　酮（丙酮），羧酸（甲酸、乙酸）等
酚
酰胺
醇｝　　　醇，水
羧酸
磺酸
盐　　　　　水

所选溶剂必须符合下列条件：

（1）不与被提纯物质发生化学反应；

（2）被提纯物质在溶剂中的溶解度，温度高时较大，温度低时很小；

（3）杂质在溶剂中的溶解度很大或很小；

（4）溶剂和被提纯物容易分离。

另外，也应考虑溶剂的毒性、易燃性、价格以及回收再利用等因素。

2. 制备饱和溶液

通常将被提纯物质置于锥形瓶中，加入比需要量（根据被提纯物质的溶解度计算）稍微少的适量溶剂，加热至微沸，然后逐渐添加溶剂，并随时保持沸腾，直至被提纯物在沸腾下全部溶解为止。为防止溶剂挥发、易燃溶剂着火或受毒性溶剂的侵害，应在锥形瓶上口安装球形冷凝管，冷凝管夹套下口通过橡皮管与水嘴相连，上口用橡皮管通入水槽中，夹套通入冷却水。装置如图 3-2 所示。当用水作溶剂制备饱和溶液时，也可用烧杯代替锥形瓶。为防止水挥发，可在烧杯上面盖上表面皿。当被提纯物在沸腾下全部溶解或/和加入活性炭煮沸约 5 min 后，即可进行热过滤。

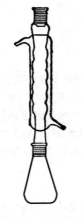

图 3-2　制备饱和
溶液

被提纯物重结晶后的产量和质量与溶剂用量有关。溶剂过量,被提纯物在溶剂中损失较大;溶剂量少,在热过滤时,被提纯物将在滤纸上结晶析出,既防碍过滤产品又有损失。

根据溶剂的沸点和易燃性不同,可选择不同热源。溶剂的沸点在83℃以下,可用水浴加热;溶剂的沸点高时,可用油浴或电热包等加热。

3. 热过滤

为了防止热的饱和溶液遇冷析出结晶,需用保温漏斗趁热过滤。保温漏斗如图3-3所示,外壳是铜制的,内装玻璃漏斗,外壳与玻璃漏斗之间装水。在外壳支管处加热,将水加热至沸而使漏斗保温。过滤时需用折叠滤纸,以加大过滤面积,使热的饱和溶液尽快过滤,以免在滤纸上析出结晶。

折叠滤纸的折叠方法如下:

将选定的大小适宜的圆形滤纸等折成四面,得折痕2-1,2-3,2-4;然后以2为中心点,在1与4之间折出2-5,在3与4之间折出2-6,如图3-4(a)所示;在1与6之间折出2-7,在3与5之间折出2-8,如图3-4(b)所示;在1与5之间折出2-9,在3与6之间折出2-10,如图3-4(c)所示;从上述折痕的相反方向,在相邻两折痕之间(如1和9之间、9和5之间等)再等折一次,最后1和3处各向内再等折叠一个小折面(此折面是其他折面的1/2),则呈双层扇状,如图3-4(d)所示;然后打开双层,即得折叠滤纸,如图3-4(e)所示。

在每次折叠时,切勿重压折纹集中的圆心处,否则在过滤时滤纸的中央容易破裂。

过滤前,先将折叠滤纸放在已加热好的保温漏斗中。若过滤的饱和溶液的溶剂不易燃时,保温漏斗的柄部还可加热。漏斗下面放一烧杯,漏斗柄的下口与烧杯壁靠近,以免液体流下时四溅。过滤时,将热的饱和溶液逐渐倒入漏斗中,每次倒入漏斗中的液体不宜过多,以免析出结晶,不仅堵塞滤纸,且造成损失。另外,为防止热的饱和溶液在过滤过程中因温度降低而析出结晶,在过滤间隙中,饱和

图 3-3　保温漏斗

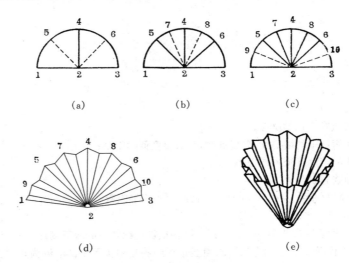

(a)　　　　　　(b)　　　　　　(c)

(d)　　　　　　　　　　(e)

图 3-4　折叠滤纸折叠法示意图

溶液可继续加热保温,直至过滤完毕。

粗制的有机物常含有色杂质或/和某些树脂状物质,它们通常不能用一般过滤方法除去,如果在溶液中加

入少量活性炭(一般为粗产品重量的1%～5%),并煮沸数分钟(约5 min左右),则它们可被活性炭吸附。趁热过滤出活性炭,此时有色物质和/或树脂状物质即可一并被除去,得到较好的结晶。

4.减压过滤(抽气过滤)

为了将固体物质从母液中分离出来,通常采用减压过滤。减压过滤的装置如图3-5所示。将配有橡皮塞的布氏漏斗安装在吸滤瓶上,使漏斗的下口尖端背离吸滤瓶的支管。吸滤瓶的支管用橡皮管接在安全瓶上,后者再用橡皮管与抽气装置(水泵或油泵)相连。

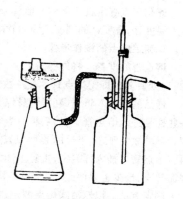

过滤前,在布氏漏斗中铺上圆形滤纸,该滤纸的直径应比漏斗内径小一些,但能完全盖住所有的小孔,并将其紧贴在漏斗底壁,用少量溶剂将滤纸润湿,打开抽气装置将滤纸吸紧,以防止固体在减压过滤时从滤纸边沿吸入瓶中。然后将被过滤的混合物分批倒入漏斗中,使固体均匀地分布在整个滤纸面上,抽气过滤,直至无液体流出为止。为了尽量将液体除净,可用玻璃瓶塞挤压过滤的固体(滤饼)。过滤完毕后,慢慢打开安全瓶放气阀放气,使系统与大气相通,最后关闭抽气装置。

图3-5　减压过滤装置

滤饼要用重结晶所用的同一溶剂洗涤,以除去结晶表面上附着的母液及其夹带的杂质。洗涤滤饼的方法是:将少量溶剂均匀洒在滤饼上,使溶剂正好能复盖住滤饼。静置片刻,让溶剂渗透滤饼,待滤液从漏斗中滴下时,重复减压过滤操作。重复几次后,可将滤饼洗净。最后将滤饼抽干、压干,取出放在表面皿上进行干燥。

注意:用水泵减压过滤时,若先关闭水门,水将被倒吸而进入吸滤瓶内;若用油泵,吸滤瓶与油泵之间应连接能吸收水气的干燥装置和缓冲瓶,以免母液的蒸气进入油泵而使油泵受到损坏。

(二)熔点的测定

通常,当结晶物质加热到一定温度时,从固态转变为液态(熔化态)时的温度可视为该物质的熔点。严格地讲,物质的固态与其液态(熔化态)在大气压下成平衡时的温度才称为该物质的熔点。纯物质的熔点范围(是指固体从开始熔化到完全熔化为液体的温度范围,亦称熔程)为0.5～1.0℃。如含有杂质,则熔点较低,且熔程较大。因此,测定熔点是鉴别固体有机物的重要方法之一。

1.测定熔点的装置

测定固体有机化合物的熔点,通常采用齐勒(Thiele)熔点测定管或双浴式熔点测定器或显微熔点测定器,如图3-6(Ⅰ)、(Ⅱ)和(Ⅲ)所示。

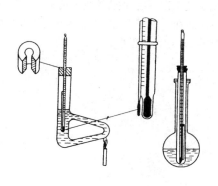

(Ⅱ)齐勒熔点测定管　(Ⅰ)双浴式熔点测定器　　(Ⅲ)显微熔点测定器

图3-6　测熔点的装置

双浴式熔点测定器　由一个 250 mL 长颈圆底烧瓶、有棱缘的试管和温度计组成。烧瓶内盛有约占烧瓶容量 1/2～2/3 的液体作为溶液。试管的底部距离烧瓶的底部约为 1 cm,试管口安装一开口软木塞,插入温度计,温度计的刻度应面向木塞开口,其水银球的底部应距试管底部 0.5 cm。

齐勒熔点测定管　又称 b 形管。内盛液体作为溶液,液面高度略高于上侧口。管口安装一开口软木塞,插入温度计,温度计的刻度应面向软木塞开口,温度计的水银球应位于齐勒管两侧口中间。

2. 测定熔点的操作步骤

熔点管的准备　将外径为 1～1.5 mm、长为 40～50 mm 的毛细管的一端用煤气灯的外焰烧结,使之封口(封口处要薄),即得熔点管。准备数支备用。

样品的装入　将干燥的待测样品少许放在干净的表面皿上,用玻璃棒研细,将熔点管开口插入样品中,使一些样品进入熔点管中,然后将熔点管口朝上,放入长约 50～60 cm 的垂直放置的干净、干燥的玻璃管中(玻璃管下端放一干净、干燥的表面皿),使熔点管从玻璃管上端自由落下,重复数次,使熔点管底部填紧样品。再将熔点管口插入样品中,重复上述操作,直至熔点管中的样品高度约为 2～3 mm 为止。装样品的熔点管一般需三支,最少也要两支。

测定方法　以双浴式熔点测定器为例说明。

先将铁架台放好,台前放好煤气灯,在灯上的合适位置上将铁环固定在铁架台上,环上放一石棉网,在石棉网上将双浴式熔点测定器固定在铁架台上。再用一个橡皮圈将装好样品的熔点管固定在温度计上,熔点管底部装有样品的部位应处于温度计水银球中部,然后将温度计放入双浴式熔点测定器的试管中(见图 3-6(Ⅰ)和 1. 中的说明)。

加热双浴式熔点测定器,保持温度计每分钟上升 5℃ 左右,记下固体开始软化(有湿润现象)至全部转变为液态时的温度。这样得到的熔点是近似值。然后将热浴冷却(至少使热浴温度降至近似熔点的 20～30℃ 以下),再换上另一个装有样品的熔点管,进行第二次熔点测定。

进行第二次熔点测定时,开始升温可稍快些(每分钟约使温度上升 10℃,以后减至约 5℃),至温度到达第一次所测近似熔点之下 10℃ 时,放慢加热速度,使温度缓缓上升(每分钟约上升 1℃),同时注意观察熔点管中样品的变化,记录下熔点管中液体开始软化至全部转化为液体时的温度,此即为该样品的熔点(熔程)。

第三次熔点测定与第二次熔点测定的方法完全相同。若第二次与第三次所测熔点相同,此熔点值即为样品的熔点;若两次测定结果相差较大,仍需进行第四次测定,直到测定值不变为止。

测定熔点时,为避免温度计本身的误差,一般须将温度计进行校正(温度计的校正这里不再讨论),若使用未校正的温度计,通常注明“温度计未校正”字样。

利用显微熔点测定器测定熔点时,首先要仔细阅读仪器的使用说明书,按说明书的要求小心操作,认真观察现象,仔细记录。测定熔点时,将微量(< 0.1 mg)待测样品放在样品板上,在显微镜下观察样品的熔化过程。从样品的结晶棱角开始变圆至结晶完全消失,即为该样品的熔点(熔程)。

实验4　对甲苯磺酸钠的制备

1. 原理

对甲苯磺酸通常是由甲苯和浓硫酸反应来制备,属于苯环上的磺化反应。由于甲基是邻、对位定位基,产物有两种:邻甲苯磺酸和对甲苯磺酸。因受空间效应的影响,产物以对甲苯磺酸为主。

对甲苯磺酸是一种很强的有机酸,不仅能与碱作用生成盐,而且可与氯化钠建立平衡生成盐。

主反应

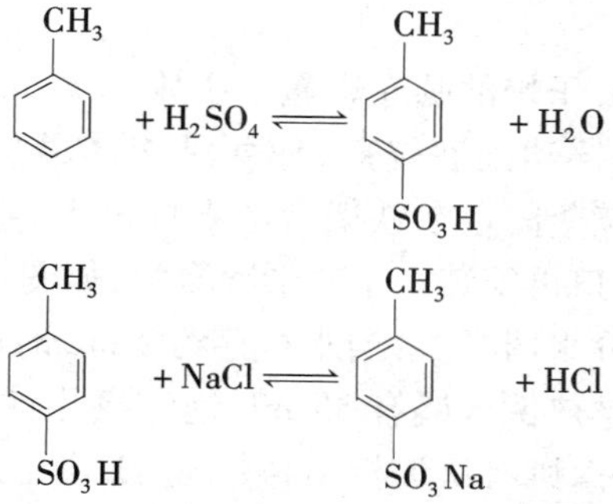

副反应

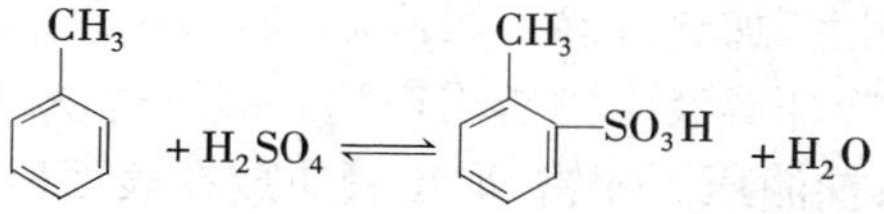

2. 药品及产品的物理性质

甲苯(C_6H_5—CH_3)　无色可燃液体,mp $-95℃$,bp110.6℃,d_4^{20}0.866,n_D^{20}1.496 7。甲苯不溶于水,溶于乙醇、乙醚、氯仿及冰醋酸等。

硫酸　见实验1。

氯化钠($NaCl$)　见实验2。

活性炭(C)　见实验3。

对甲苯磺酸()　是白色叶状或柱状结晶,mp106 ~ 107℃(104 ~ 105℃),bp140℃(2.67 kPa)。它易溶于水,溶于乙醇、乙醚,能形成一分子和四分子水合物。$·H_2O$　为无色单斜晶体,mp96℃。

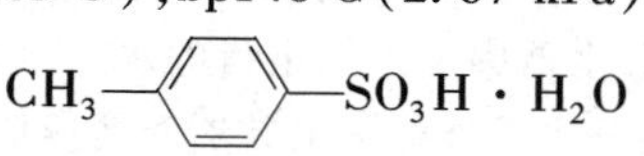

对甲苯磺酸钠()　是白色斜方片状结晶,熔点大于300℃,易溶于水。

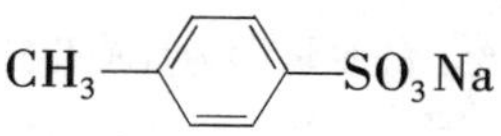

邻甲苯磺酸()　是无色结晶,mp67.5℃,bp128.8℃(3.3 kPa),溶于水、乙醇和乙醚。

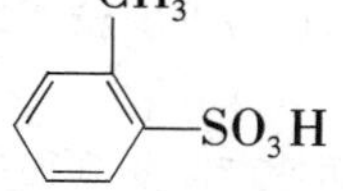

3. 药品规格及用量

甲苯　25 mL(21.7g,0.24 mol)

浓硫酸($d = 1.84$)　5.5 mL(0.10 mol)

饱和食盐水

活性炭

4. 仪器规格及数量

本实验所需的主要仪器有:圆底烧瓶(50 mL)、分水器、球形冷凝管、烧杯(200 mL 的 2 个,500 mL)、布氏漏斗、吸滤瓶。(其他仪器各 1 个)

5. 实验所需时间　4～6 h

6. 实验步骤

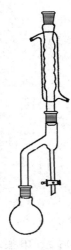

图 4-1　回流分水装置

在 50 mL 干燥的圆底烧瓶[1]中放入 25 mL 甲苯,慢慢加入 5.5 mL 浓硫酸[2],并不断摇动圆底烧瓶,使两种液体尽量混合均匀。然后加入几粒沸石。将圆底烧瓶固定在铁架台的石棉网上,在圆底烧瓶上口安装一个分水器,分水器上口再安装一个球形冷凝管,如图 4-1 所示。加热回流,此时逐渐有水积累在分水器中[3],当水积存约 2 mL 时(约回流 2 h),可停止反应。

反应液趁热倒入盛有 35 mL 饱和氯化钠水溶液的烧杯中[4],搅拌并用冷水冷却烧杯,则有沉淀析出,减压过滤,滤出粗产品。

将粗产物放入盛有 35 mL 25% 氯化钠溶液的烧杯中[5],将烧杯放在铁架的石棉网上,加热煮沸。微冷后,加入 0.2 g 活性炭[6],再煮沸 2～3 min,趁热过滤,冷却滤液[7]则析出产物。减压过滤,用饱和氯化钠溶液洗涤滤饼 1～2 次[8],抽滤压干滤饼,取出滤饼放在表面皿上干燥。称重,计算产率。

注　释

[1]甲苯用浓硫酸磺化,除生成甲苯磺酸外,还生成水。因此,反应所用仪器有水时,对反应不利。

[2]磺化反应是放热反应,为防止局部过热,加浓硫酸时应慢慢滴加,并摇动圆底烧瓶,使反应物混合均匀。

[3]磺化反应是可逆反应,为使反应有利于产物的生成,本实验采用加大甲苯用量和从反应体系中除去水的方法。即生成的水被冷凝器冷却后滴入分水器中,从而脱离了反应体系。在分水器中,除水外还有甲苯。由于甲苯的相对密度比水小,甲苯在上层。当分水器盛满液体后,冷凝液中的甲苯从分水器侧口溢回圆底烧瓶,水则停留在分水器中。为了不使较多的甲苯停留在分水器中,事先可在分水器中加入一定量的水。(原用水量加上约 2 mL 水后仍需与分水器侧口有一定距离,此水量应记下,并在分水器外标记出其液面。)反应完毕后,将下层水慢慢放出,当水面降至标记处时停止放水,流出的水量即为反应生成的水量。若分水器中预先不加水时,则分水器中所示水量即为反应生成的水量。

[4]对甲苯磺酸与氯化钠作用生成对甲苯磺酸钠,后者难溶于氯化钠溶液,因而析出沉淀。

[5]利用氯化钠水溶液代替水进行重结晶,是为了减少产品的损失,但溶解度较大的少量甲苯二磺酸钠仍可除去。

[6]不能在溶液沸腾时加入活性炭,否则将产生暴沸,溶液会溢出而使产品受到损失。加入活性炭可以除去有色杂质。

[7]若冷却还不能析出结晶,可用玻璃棒摩擦烧杯的器壁,以加快结晶的析出。

〔8〕利用饱和氯化钠水溶液代替水洗涤产品，可减少产品的损失。

思 考 题

（1）本实验为何使甲苯过量？计算反应产率时应以何种物质为基准？

（2）本实验中生成的邻甲苯磺酸是如何除去的？

（3）在本实验中，将反应液倒入饱和氯化钠水溶液中（第一次使用饱和氯化钠溶液），而在实验后期，则用饱和氯化钠溶液洗涤产物（第二次使用饱和氯化钠溶液）。这两次氯化钠的作用各是什么？

实验 5　呋喃甲醇和呋喃甲酸的制备

1. 原理

在浓碱的作用下,无 α 氢原子的呋喃甲醛与其他无 α 氢原子的醛(如甲醛、苯甲醛等)相似,也发生歧化反应。即一分子呋喃甲醛被氧化成呋喃甲酸(在碱中生成相应的盐),另一分子呋喃甲醛被还原成呋喃甲醇。反应式如下所示:

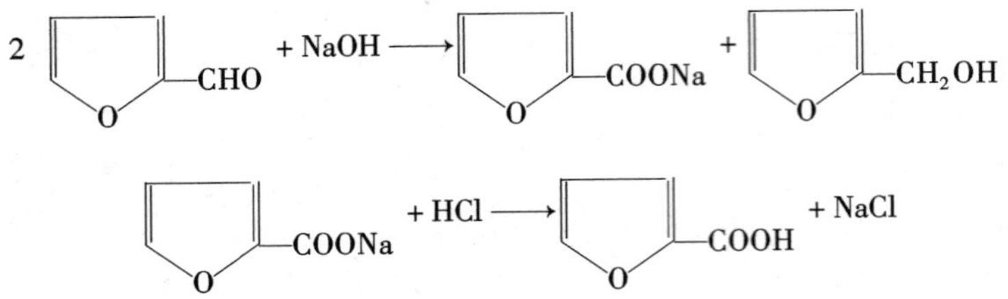

2. 药品及产品的物理性质

呋喃甲醛()　又称糠醛,是无色(纯品)至黄色油状液体,在光、热或空气中易变成红棕色,久置会发生聚合。mp −36.5℃,bp161.7℃,$d_4^{20}1.1594$,$n_D^{20}1.5261$。它可溶于水,与乙醇、乙醚和乙酸混溶。

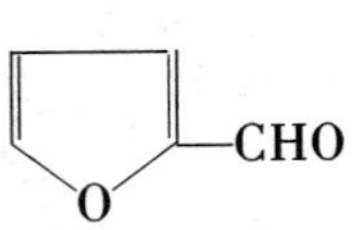

氢氧化钠(NaOH)　俗名烧碱、火碱、苛性钠。是无色晶体,在空气中很快吸收 CO_2 和水分,潮解并转变为 Na_2CO_3。mp326.7~328.5℃,bp1 390℃,密度2.130 g·cm^{-3}。它易溶于水(18℃时为51.7%),很易溶于乙醇,不溶于乙醚。对皮肤、织物和纸张等有强腐蚀性。

乙醚(C_2H_5—O—C_2H_5)　是易挥发的无色液体,略有甜味。对中枢神经系统有抑制作用,中毒后昏迷、嗜睡,最后失去知觉。mp −116℃,bp34.5℃,$d_4^{20}0.7138$,$n_D^{20}1.3526$。在水中溶解度较小,能与乙醇溶混,溶于丙酮、氯仿和苯等。

盐酸(HCl)　又称氢氯酸,是氯化氢的水溶液。浓盐酸含37%~38%氯化氢,纯品为无色,$d_4^{20}1.1593$。

无水硫酸镁($MgSO_4$)　白色结晶粉末,密度2.66 g·cm^{-3}。于1 127℃分解并释放出 SO_3,具有吸湿性,与水能形成 $MgSO_4 \cdot 7H_2O$ 水合物,后者易溶于水(20℃时,无水盐为26.2%)。

α-呋喃甲醇()　又称糠醇,无色液体。暴露于日光下和空气中颜色变深(棕色或深红色),有特殊气味。bp171℃,$d_4^{20}1.1296$。能溶于水、乙醇和乙醚。

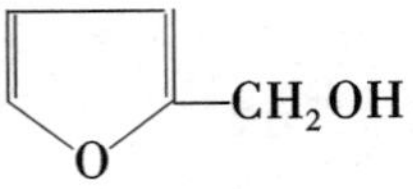

α-呋喃甲酸()　又称糠酸,白色针状晶体,mp134℃。能微溶于冷水,溶于热水、乙醇和乙醚。

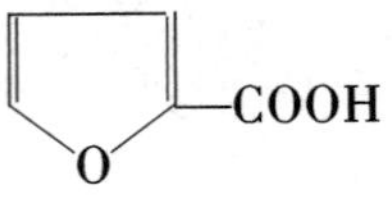

3. 药品规格和用量

呋喃甲醛　新蒸馏的(C. P.),38 g(0.4 mol)

308

氢氧化钠　C. P. 16 g(0.4 mol)

乙醚　C. P. 和盐酸 C. P.

无水硫酸镁　C. P. 或无色碳酸钾 C. P.

4. 仪器规格及数量

本实验所用的主要仪器有:烧杯(250 mL)、滴液漏斗、圆底烧瓶(50 mL)、蒸馏头、温度计(200 ~ 250℃)、直形冷凝管、接引管、锥形瓶(50 mL)、布氏漏斗、吸滤瓶。

5. 反应所需时间　约 6h

6. 实验步骤

在 250 mL 烧杯中加入 38 g 新蒸馏的糠醛[1]。另外,在烧杯中加入 32 mL 水,再加入 16 g 氢氧化钠,使之溶解。然后将此氢氧化钠溶液经滴液漏斗慢慢滴入糠醛内(约 40 min),一边滴加一边搅拌,使温度维持在 8 ~ 12℃[2]。碱加完后,继续在此温度下搅拌 1 h,停止反应[3]。

在搅拌下加入适量水(约 30 mL)至沉淀恰好溶解为止[4],通入二氧化碳并达到饱和,然后滤出析出的碳酸钠,用 100 mL 乙醚分四次萃取滤液,合并乙醚溶液,用无水硫酸镁或无水碳酸钾干燥[5]。

干燥后,将乙醚溶液倒入干燥的蒸馏瓶中,注意勿将干燥剂倒入蒸馏瓶中[6]。安装好蒸馏装置,在水浴上蒸出乙醚,然后用热包加热,蒸出呋喃甲醇,收集 169 ~ 172℃ 的馏分,产量约 15 g(产率约 78%)。

用乙醚萃取后的水溶液中主要含有呋喃甲酸钠。为了获得呋喃甲酸,在搅拌下用 25% 盐酸酸化[7](约需 30 ~ 32 mL)该水溶液,直至刚果红试纸变蓝为止。冷却酸化后的水溶液,使呋喃甲酸析出完全。减压过滤[8],用少量水洗涤滤饼(呋喃甲酸)。为获得纯呋喃甲酸,可用水对粗产品进行重结晶[9],得到白色针状结晶的呋喃甲酸,产量约 16 g(产率约 71%)。

注　释

[1]糠醛易被氧化,较长时间放置的糠醛因部分被氧化而呈棕褐色,使用前需要进行蒸馏,以除去杂质。

[2]温度超过 12℃ 时,由于反应是放热反应,反应温度极易升高而难以控制,使反应物呈深红色;温度低于 8℃ 时,反应太慢,同时造成氢氧化钠积累,大量的氢氧化钠会突然引发反应,过于激烈的反应使温度升高,最终也使反应物变成深红色,使产率降低。

[3]用苯胺盐酸盐溶液润湿滤纸,加 1 ~ 2 滴反应液于滤纸上,若不显红色,说明无糠醛,表明反应已完成。

[4]反应液中有许多呋喃甲酸钠析出,加入适量水使之溶解,则黄色浆状物转变为溶液。

[5]加入干燥剂后,若干燥剂溶解或部分溶解形成乳白色溶液(在下层),则需将乙醚溶液转移到另一个干燥的锥形瓶中,重新加入新的干燥剂进行干燥。

[6]干燥剂倒入蒸馏瓶后,蒸馏时,干燥剂所吸水分受热将施放出来,未达到干燥除水的目的;同时,干燥剂附着瓶底不利于蒸馏。

[7]酸化时应避免二氧化碳泡沫溢出,以免造成产品损失。

[8][9]减压过滤和重结晶操作均见实验 3 附录。

思　考　题

(1)呋喃甲醇和呋喃甲酸的分离提纯根据什么原理?

(2)乙醚萃取过的水溶液,若用 50% 硫酸酸化,是否合适?

(3)利用坎尼札罗反应,怎样将呋喃甲醛全部转化成呋喃甲酸?

实验 6 苯甲酸的制备

1. 原理

在一烷基取代苯分子中，当烷基含有 α 氢原子时，无论烷基大小，用强氧化剂氧化，一烷基取代苯均被氧化成苯甲酸。本实验是甲苯与高锰酸钾反应，甲苯被氧化成苯甲酸盐，后者经酸化转变成苯甲酸。反应式如下：

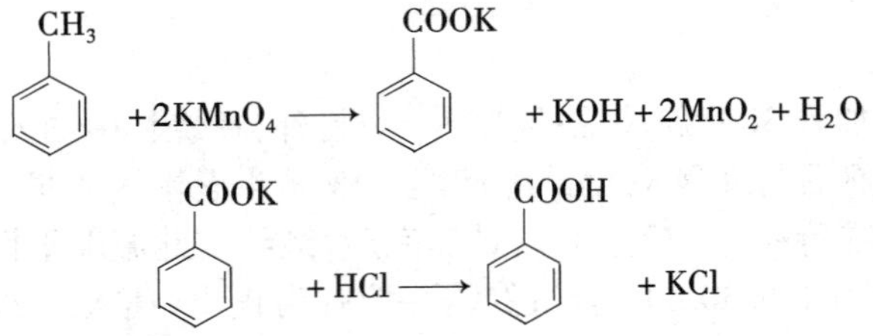

2. 药品及产品的物理性质

甲苯（C_6H_5—CH_3）　见实验 4。

高锰酸钾（$KMnO_4$）　紫红色斜方晶系晶体，有金属光泽，mp240℃（分解），密度 2.703 $g \cdot cm^{-3}$。溶于水（20℃为 6%，溶液呈深紫色），也溶于丙醇和乙酸。

盐酸（HCl）　见实验 5。

无水碳酸钠（Na_2CO_3）　白色粉末，密度 2.533 $g \cdot cm^{-1}$，mp854℃。易溶于水（20℃时为 17.8%），同时放热。

四丁基氯化铵（$(C_4H_9)_4N^+Cl^-$）　英文缩写 TBAC。毒性小，溶于水，也有一定油溶性，常用作相转移催化剂。

苯甲酸（C_6H_5—COOH）　白色片状或针状晶体，mp122.4℃，bp249.2℃。加热至 100℃左右开始升华，370℃时分解为 CO_2 和苯，同时有少量分解为 CO 和苯酚。微溶于水，溶于乙醇、乙醚、氯仿、二硫化碳和苯等。不同温度时在水中的溶解度为 0.17（25℃）、0.95（50℃）、2.75（80℃）、6.8（95℃），也有文献报道为 1.8（4℃）、0.27（18℃）、2.2（75℃）。

3. 药品规格及用量

甲苯　C.P. 2.3 g（2.7 mL，0.025 mol）

高锰酸钾　C.P. 8.5 g（0.054 mol）

无水碳酸钠　C.P. 1 g

氯化四丁基铵　C.P. 0.5 g

浓盐酸　C.P.

4. 仪器规格及数量

圆底烧瓶（250 mL）、球形冷凝管、热过滤漏斗、烧杯（400 mL，2）、布氏漏斗、吸滤瓶。

5. 实验所需时间　方法一约 8h，方法二约 5～5.5h

6. 实验步骤

方法一

在 250 mL 圆底烧瓶中放入 2.7 mL 甲苯和 100 mL 水，安装上球形冷凝管，用铁架固定好后加热至沸。（可用煤气灯在石棉网下加热，也可用热包加热）从冷凝管上口分批加入 8.5g 高锰酸钾，附着在冷凝管内壁的高锰酸钾用水（约 25 mL）冲洗至圆底烧瓶中。继续加热，经常摇动烧瓶，直至甲苯层几乎消失，回流液不再出现明显油珠为止(约需 4 ~ 5 h)。

将反应后的混合液趁热减压过滤[1]，用少量热水洗涤滤渣[2]。将滤液放在冰水浴中冷却，然后用浓盐酸酸化至刚果红试纸变色为止[3]，此时苯甲酸全部析出。

将析出的苯甲酸减压过滤，用少量冷水洗涤滤饼，挤压除去水分。将制得的苯甲酸放在沸水浴上干燥，干燥后称重，产量约 1.7 g。

若要得到纯的苯甲酸，可在水中进行重结晶。

方法二

在 250 mL 圆底烧瓶中加入 7.5 g 高锰酸钾、1 g 无水碳酸钠、80 mL 水，用小火加热使高锰酸钾全部溶解，冷却，然后加入 0.5 g 氯化四丁基铵[4]、2.5 mL 甲苯。安装好仪器(与方法一相同)。加热回流，并经常摇动圆底烧瓶，直至甲苯层几乎消失，回流液不再出现明显油珠为止(约需 1.5 ~ 2 h)。

将反应后的混合液进行一系列处理，得到产品。处理方法与方法一相同，产量约 1.6 g。

注　释

[1]若滤液呈紫色，表明有未反应的高锰酸钾，此时应在滤液中慢慢加入少量亚硫酸氢钠并搅拌，直至紫色消失为止。亚硫酸氢钠是还原剂，将高锰酸钾还原成二氧化锰，故紫色消失。然后重新减压过滤，以除去二氧化锰。

[2]滤渣为二氧化锰。用热水冲洗是为了洗出附着在二氧化锰沉淀中的苯甲酸钠。

[3]刚果红试纸的变色范围是 pH = 3 ~ 5。控制此 pH 值是为了确保溶液为酸性，以使苯甲酸析出完全，而盐酸又不过量太多。

[4]氯化四丁基铵在这里用作相转移催化剂，它将 $KMnO_4$ 由水相转移到油相(甲苯层)，使甲苯与 $KMnO_4$ 在均相中反应，从而有利于反应的进行。

在用 $KMnO_4$ 氧化甲苯制备苯甲酸的反应中，所用相转移催化剂除氯化四丁基铵外，还可使用氯化三乙基苄基铵、溴化三甲基十六烷基铵和二环己基18-冠-6 等。采用二环己基18-冠-6 作相转移催化剂时，产率可达 100%。有关相转移催化反应可参阅本书第 7 章第 3 节冠醚部分。

思　考　题

(1)在用高锰酸钾氧化甲苯制备苯甲酸的反应中，影响苯甲酸产率的主要因素有哪些?

(2)通过本实验由甲苯制备苯甲酸的两种方法，你认为相转移催化反应的优越性有哪些?

(3)制备苯甲酸还有什么方法?

实验 7 苯乙酮的制备

1. 原理

在无水氯化铝的催化作用下,苯与亲电试剂乙酐作用,在苯环上发生亲电取代反应,引入乙酰基,生成苯乙酮。反应式如下:

$$\text{C}_6\text{H}_6 + (\text{CH}_3\text{CO})_2\text{O} \xrightarrow{\text{AlCl}_3} \text{C}_6\text{H}_5\text{COCH}_3 + \text{CH}_3\text{COOH}$$

$$\text{C}_6\text{H}_5\text{COCH}_3 + \text{AlCl}_3 \longrightarrow \text{C}_6\text{H}_5\text{C(CH}_3)\text{O}\cdot\text{AlCl}_3 \xrightarrow[\text{H}_2\text{O}]{\text{H}^+} \text{C}_6\text{H}_5\text{COCH}_3 + \text{AlCl}_3$$

$$\text{CH}_3\text{C(O)OH} + \text{AlCl}_3 \longrightarrow \text{CH}_3\text{C(O)OAlCl}_2 + \text{HCl}$$

2. 药品及产品的物理性质

苯(C_6H_6) 无色可燃液体,有特殊气味,吸入其蒸气或与皮肤接触可引起中毒。mp5.5℃,bp80.1℃,d_4^{20}0.879。不溶于水,溶于乙醇、乙醚、丙酮和冰醋酸等。

无水氯化铝($AlCl_3$) 无色透明六方晶系片状晶体,密度2.44 g·cm^{-3}。溶于水(形成 $AlCl_3 \cdot 6H_2O$)、乙醇和乙醚,同时放出大量的热。在常压下于179.7℃升华而不熔融,能吸收空气中的水分,同时部分水解而放出氯化氢气体。

乙酐〔(CH_3CO)$_2O$〕 无色液体,有刺激性气味和腐蚀性,mp-73℃,bp139℃,d_4^{15}1.080,n_D^{20}1.390 9。略溶于水,在水中慢慢分解生成乙酸,能与氯仿、苯和乙酸乙酯等混溶,对眼睛和呼吸道粘膜有强烈刺激性。

浓盐酸(HCl) 见实验5。

浓硫酸(H_2SO_4) 见实验1。

氢氧化钠(NaOH) 见实验5。

无水硫酸镁($MgSO_4$) 见实验5。

苯乙酮($C_6H_5COCH_3$) 低温下为无色晶体,室温为无色或淡黄色油状液体。有山楂、橙子果树花香气,mp20.5℃,bp202℃,d_4^{20}1.028 1,n_D^{20}1.534 18。微溶于水,溶于乙醇、甘油、氯仿、乙醚和苯等。溶于浓硫酸显橙色,能与水蒸气一同挥发。

3. 药品规格及用量

苯 25 mL(22 g,0.282 mol)

无水氯化铝 16 g(0.12 mol)

乙酐 4.7 mL(5.1 g,0.05 mol)

浓盐酸、浓硫酸、5%氢氧化钠水溶液

无水硫酸镁 C.P.

4. 仪器规格及数量

三口瓶(100 mL)、液封搅拌器、滴液漏斗、球形冷凝管、氯化钙干燥管、烧杯(400 mL,2)、小漏斗、分液漏斗、蒸馏瓶、直形冷凝管、空气冷凝管、锥形瓶(3)、温度计(250℃)。(其他均为1)

实验所需时间 8h

5. 实验步骤

取 100 mL 干燥的三口烧瓶[1]，在中间瓶口安装上液封搅拌器(液封管内放入浓硫酸)，两个侧口分别安装滴液漏斗和球形冷凝管，球形冷凝管上口安装连有吸收装置的氯化钙干燥管[2]，如图 7-1 所示。

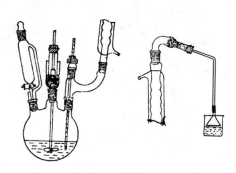

图 7-1　苯乙酮的制备装置

在三口烧瓶中迅速加入 16 g 无水氯化铝[3]和 20 mL 苯[4]，在滴液漏斗中加入 4.7 mL 乙酐[5]和 5 mL 苯的混合液，在搅拌下慢慢滴加乙酐和苯的混合物[6]。反应很快发生，并有氯化氢气体放出，氯化铝逐渐溶解，反应物温度也逐渐升高。此时应控制乙酐和苯混合物的滴加速度，维持苯缓慢回流，加料时间约需 10 min。加料完毕后，关闭滴液漏斗旋塞，然后将三口烧瓶放在水浴上加热[7]，保持缓慢回流 1 h[8]。

待反应物冷却后，将反应物倒入盛有 50 g 碎冰的 400 mL 烧杯中[9]，在倒入时应不断搅拌。然后在搅拌下慢慢加入浓盐酸至氢氧化铝沉淀全部溶解为止(约需 30 mL 浓盐酸)。将烧杯中的液体全部倒入分液漏斗中，分出苯层[10]，水层用 20 mL 苯分两次萃取。萃取后的苯溶液与最初分离出的苯溶液合并，然后用 15 mL 5% 氢氧化钠溶液洗涤，再用 10~15 mL 水洗。分出苯层，用无水硫酸镁干燥[11]。

将干燥后的苯溶液倒入 50 mL 圆底烧瓶中，按图 7-2(Ⅰ)安装好蒸馏装置。在接引管的侧口上连一橡皮管通入水槽中或引至室外。在水浴上加热蒸馏，直至无苯蒸出为止。将水浴锅换成石棉网，然后加热蒸出残留的苯。当温度升至 140℃ 左右时停止加热[12]。稍冷后，改换空气冷凝管和接收瓶，如图 7-2(Ⅱ)所示。再加热进行蒸馏，收集 195~202℃ 的馏分[13]。产量约 3.5~4 g。

注　释

[1]本实验所用仪器除烧杯和分液漏斗外，其他必须是干燥的，否则反应较难进行或产量较低。

[2]氯化钙干燥管的作用是防止水蒸气进入反应器内，而使无水氯化铝失效，影响反应结果。

[3]在空气中，无水氯化铝极易吸水分解而失效，因此无水氯化铝在称量和倒入烧瓶前操作要迅速，以减少在空气中暴露的时间。

[4]本实验所用的苯和其他反应物均需无水。由于苯的来源不同所含杂质不完全相同，利用煤焦油分离得到的苯，通常含有少量噻吩，由于噻吩也能与乙酐反应，因此使用这种苯时要除去噻吩。

苯中是否含有噻吩可用下列方法检验：取 1 mL 样品，加 2 mL 0.1% 靛红在浓硫酸中的溶液，振动几分钟，当有噻吩存在时，酸层呈浅蓝绿色。

当苯中含有少量噻吩时，可用下列方法除去：将苯和相当于苯体积 15% 的浓硫酸依次加入分液漏斗中，

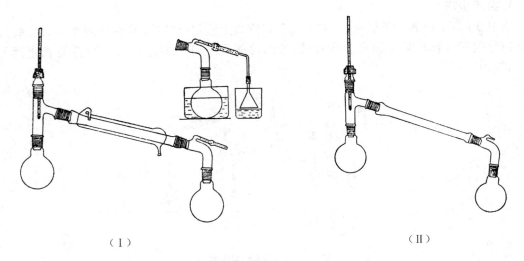

| （Ⅰ） | （Ⅱ） |

图 7-2　蒸馏装置

安好上塞,用力摇荡,静置分层,分出下层酸层;再用浓硫酸洗涤,直至不含噻吩为止;然后依次用水、10%氢氧化钠水溶液、水洗涤至中性,再用无水氯化钙干燥,最后蒸馏,即得无噻吩苯。

　　[5]乙酐最好用新蒸馏过的(为什么)。

　　[6]关于搅拌知识见附录(一)。

　　[7]水浴温度在 60～100℃ 均可。

　　[8]回流时间以 0.5～1 h 为宜,其产率约为 60%～70%。

　　[9]此操作应在通风柜内进行,以避免因氯化铝水解产生的大量氯化氢气体散发室内。

　　[10]注意苯层在上层。

　　[11]也可用无水氯化钙代替无水硫酸镁作干燥剂。

　　[12]100℃ 以前的馏分主要是苯,100℃ 以后的馏分主要是苯乙酮。

　　[13]苯乙酮的最后纯化也可采用减压蒸馏方法,见附录(二)。当采用减压蒸馏时,收集 86～90℃ (1.6 kPa)的馏分。苯乙酮的沸点与压力的关系如下:

压力(kPa)	26.7	20	8.0	6.7	5.3	4.0	3.3	1.6
压力(mmHg)	200	150	66	50	40	30	25	12
沸点(℃)	155	146	120	115.5	110	102	98	88

思　考　题

(1)为什么用过量的苯和无水氯化铝?

(2)为什么要缓慢滴加乙酐?

(3)为什么要将反应后的混合物倒入冰水中? 直接倒入水中是否可以?

附　　　录

(一)搅拌

　　当固体和液体或互不相溶的液体进行反应时,为了使反应物之间充分接触,通常进行搅拌。在较长时间的搅拌实验中,通常采用电动搅拌器,它具有效率高、节省人力和缩短反应时间等优点。

　　实验室最常用的机械搅拌的反应装置如图7-3和图7-1所示。

　　仪器的安装　首先安装带有套管或液封管的搅拌棒。采用套管密封时,套管与搅拌棒之间用乳胶管"封闭",涂少许甘油后能转动即可(转动时不能太紧也不能太松)。将搅拌棒与搅拌器轴调整在垂直线上,并用短橡皮管将两者连接在一起(两者之间不留空隙,且均与橡皮管紧密相连)。然后将搅拌棒的套管或液封管口与三口瓶中间口相连,使搅拌棒下端距三口瓶底部约 5 mm,将三口瓶中间颈夹紧,再根据需要安装其他仪器。

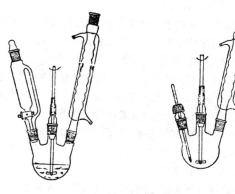

图 7-3　机械搅拌装置

(二)减压蒸馏

有机物的沸点随外界压力的降低而降低。在较低压力下进行蒸馏的操作称为减压蒸馏。它是分离和提纯有机物的重要方法之一,尤其适用于那些在常压下蒸馏时未达沸点就分解、氧化或聚合的物质。

1. 减压蒸馏装置

减压蒸馏装置由三部分组成:蒸馏装置、抽气装置(抽气泵)以及连接于两者之间的保护和测压装置。

1)蒸馏部分所需仪器及其安装

减压蒸馏部分所用仪器一般包括克氏蒸馏瓶(或由圆底烧瓶和克氏蒸馏头组成,或由圆底烧瓶、二口连接管和蒸馏头装配而成,见图7-4)、温度计、毛细管、直形冷凝管、双头(或多头)接引管、接受器(小圆底烧瓶)。

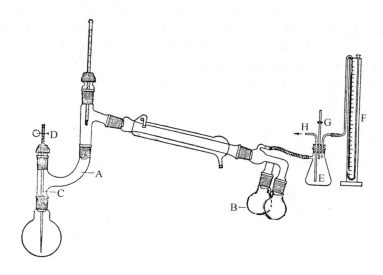

图 7-4　减压蒸馏装置

A—二口连接管　B—接受器　C—毛细管　D—螺旋夹　E—缓冲用的吸滤瓶
F—水银压力计　G—二通旋塞　H—导管

仪器安装　将圆底烧瓶固定在铁架台的合适位置上,在烧瓶口上安装二口连接管。在二口连接管的侧管口上安装蒸馏头,蒸馏头支管与直形冷凝管相连,并用铁夹固定在铁架台上。冷凝管下口与双头接引管相连,每个接引管下口均与一个圆底烧瓶相连。双头接引管的小侧管口与缓冲系统相连。在二口连接管与圆底烧瓶直接相通的口上安装毛细管,毛细管的上端装配螺口接头固定在二口连接管上。毛细管上口安上一段短的橡皮管,在橡皮管中插入一根直径约为 1 mm 的金属丝,用螺旋夹夹住皮管,以调节进入烧瓶中的空气量。毛细管下端应距离圆底烧瓶底约 1~2 mm。注意:仪器接口处需涂上一薄层真空油脂,并转动使之透明,这样既避免仪器之间粘结,又防止漏气。

315

2）抽气部分

实验室通常用水泵或油泵进行减压。水泵因受温度和水压影响及构造不同,其性能不同。当需要的真空度不高时可采用水泵,一般均采用油泵——真空泵。

3）保护及测压装置部分

当利用油泵减压时,为防止易挥发有机物、酸气和水气进入真空泵,必须在蒸馏液接收器与真空泵之间安装冷阱(冷阱外用冰-盐或干冰冷却)和2~3个吸收塔(每个塔内分别装入氯化钙、氢氧化钠,有时为了吸收烃类气体,可加一个装有石蜡片的吸收塔)。

为了便于操作和观察系统压力,在接收器与保护系统之间安装缓冲瓶和压力计。缓冲瓶上的二通活塞供调节系统压力和放气之用,压力计供观察减压系统的压力之用。

2.减压蒸馏操作

在进行减压蒸馏之前,应检查全部系统是否漏气。检查方法是:仪器安装好后,旋紧毛细管上口的螺旋夹,打开缓冲瓶上的二通活塞,使之与大气相通;开动真空泵,并慢慢关闭二通活塞。若能达到要求的真空度,并保持不变,说明无漏气;若达不到要求的真空度,或真空度达到后很快下降,表明有漏气。若漏气,则需检查各个部位,必要时各磨口处需重新涂上真空油脂,各接头处用石蜡密封。然后,再检查真空度直至不漏气为止。

在进行减压蒸馏时,将待蒸馏液体倒入圆底烧杯中,按仪器安装中叙述的次序将仪器安装好。开动真空泵,旋紧毛细管上口的螺旋夹,慢慢关闭缓冲瓶上的二通活塞,直至达到所要求的真空度为止。观察毛细管的进气量,以从毛细管底部尖端冒出连续的小气泡时为宜。小气泡是液体气化的中心,同时小气泡也起搅拌作用,以防止液体局部过热而暴沸。加热圆底烧瓶进行蒸馏,低沸点物收集在第一个接收器中;当温度升至所需液体的沸点时,转动双头接引管(注意不能有向外的拉力),用第二个接收器收集所需液体;当温度再次上升超过所需液体的沸点时,停止加热。略微开大毛细管上端的螺旋夹,使进气量大些,然后慢慢打开二通旋塞直至系统内外压力相等为止。关闭真空泵,减压蒸馏即告结束。

拆卸仪器的方法与简单蒸馏相似,即从后往前、从上往下拆。